新編
動物栄養試験法

監 修

日本獣医畜産大学 農学博士

石 橋　晃

2001

東 京
株式会社
養賢堂発行

執筆者一覧

【監　修　者】石橋　晃　　日本獣医畜産大学
【編集委員長】古谷　修　　財団法人畜産環境整備機構

【執筆者】　　＊編集委員

	朝井　　洋	日本中央競馬会 日高育成牧場
	阿部　又信	麻布大学 獣医学部
＊	阿部　　亮	日本大学 生物資源科学部
	天野　和宏	独立行政法人農業技術研究機構 畜産草地研究所
	甘利　雅拡	独立行政法人農業技術研究機構 畜産草地研究所
	石田　元彦	独立行政法人農業技術研究機構 畜産草地研究所
	石橋　　純	独立行政法人農業生物資源研究所
＊	板橋　久雄	東京農工大学 農学部
	大木　富雄	日本ペットフード株式会社
	太田　能之	日本獣医畜産大学 獣医畜産学部
＊	小野寺良次	宮崎大学 農学部
	梶　　雄次	独立行政法人農業技術研究機構 九州沖縄農業研究センター
	勝俣　昌也	独立行政法人農業技術研究機構 九州沖縄農業研究センター
	加藤　久典	東京大学大学院 農学生命科学研究科
＊	門脇　基二	新潟大学 農学部
＊	唐澤　　豊	信州大学 農学部
	喜多　一美	名古屋大学大学院 生命農学研究科
	久馬　　忠	信州大学 農学部
	栗原　光規	独立行政法人農業技術研究機構 畜産草地研究所
	久米　新一	独立行政法人農業技術研究機構 北海道農業研究センター
	神　　勝紀	信州大学 農学部
	佐藤　正寛	独立行政法人農業生物資源研究所
	菅原　邦生	宇都宮大学 農学部
	須藤まどか	独立行政法人農業技術研究機構 畜産草地研究所
	高田　良三	独立行政法人農業技術研究機構 畜産草地研究所
	高橋　和昭	東北大学大学院 農学研究科
	武田　隆夫	社団法人日本養鶏協会

＊	武 政 正 明	独立行政法人農業技術研究機構 東北農業研究センター
	立 花 文 夫	全国農業協同組合連合会 畜産生産部
＊	田 中 桂 一	北海道大学大学院 農学研究科
	田 中 秀 幸	宇都宮大学 農学部
＊	寺 島 福 秋	北里大学 獣医畜産学部
	寺 田 文 典	独立行政法人農業技術研究機構 畜産草地研究所
＊	豊 水 正 昭	東北大学大学院 農学研究科
	長谷川 信	神戸大学 農学部
	秦 寛	北海道大学大学院 農学研究科
	早 川 俊 明	独立行政法人肥飼料検査所 福岡事務所
	林 國 興	鹿児島大学 農学部
	日 野 常 男	明治大学 農学部
	平 本 恵 一	大阪市立大学大学院 医学研究科
＊	藤 原 勉	島根大学 生物資源科学部
＊	藤 村 忍	新潟大学 農学部
	古 瀬 充 宏	九州大学大学院 農学研究院
	古 田 賢 治	元琉球大学 農学部
	本 間 秀 彌	筑波大学 生物圏資源科学専攻
	柾 木 茂 彦	独立行政法人農業技術研究機構 畜産草地研究所
	松 井 徹	京都大学大学院 農学研究科
	三 津 本 充	独立行政法人農業技術研究機構 畜産草地研究所
	宮 重 俊 一	独立行政法人農業技術研究機構 九州沖縄農業研究センター
	宮 本 進	元農林水産省 畜産試験場
	村 上 斉	独立行政法人農業技術研究機構 畜産草地研究所
＊	村 松 達 夫	名古屋大学大学院 生命農学研究科
＊	矢 野 秀 雄	京都大学大学院 農学研究科
＊	矢 野 史 子	近畿大学 生物理工学部
	山 内 高 円	香川大学 農学部
	山 崎 信	独立行政法人農業技術研究機構 畜産草地研究所
	山 本 朱 美	財団法人畜産環境整備機構 畜産環境技術研究所
	吉 田 達 行	日本獣医畜産大学 獣医畜産学部
	米 持 千 里	社団法人日本科学飼料協会

(五十音順)

(2001年9月現在)

序　文

　世界的に家畜・家禽の頭羽数は第二次大戦後，人口の伸び，食生活の質の改善とともに伸び続けています．局地的には食料の不足，食料と飼料の競合の問題を抱えながら，この趨勢は今後も続くことが予想されます．畜産の本来の目的はヒトの食料と競合しない飼料を利用し，安全で，より栄養価の高い，美味しい食料を生産することです．そのためには栄養，飼養，管理などを含めたあらゆる分野での効率を高めることが必要です．その一つの結果として，家畜の飼養形態は大型化し，生産量は伸び続けています．その過程で，家畜の排泄物による土壌中への過剰のミネラルの蓄積，水質汚染，メタンガスの放出による大気汚染などいわゆる畜産公害が新たに生ずるようになりました．特に，わが国は飼料原料の大部分を海外からの輸入に依存しています．それが国の経済に与える影響は大きく，飼料原料の有効利用や新しい飼料原料の開発，畜産公害の解決や畜産物の安定供給，美味しさや安全性の確保という問題は他の国におけるよりも重要かつ身近な問題です．そのために多くの研究がなされてきました．そして国内ばかりでなく，国際的にも一層の研究が必要になってきています．

　本書に先立ち，森本　宏先生監修による動物栄養試験法（1971）が出版され，歴史的な役割を果たしてきました．絶版となりましたが，現在もよく引用されており，新しい本への要望が強くありました．本書はそうした要望に応えるために企画されました．確立された栄養試験法の原理は変わらなくても，時代とともに試験に使用することができる機器，機材，化学薬品などが大きく変わり，研究の対象も個体から器官，組織から細胞へ，そして細胞から分子レベルへと限りなく広がりを見せています．また実験計画法の進歩，コンピューターの普及により統計処理がより迅速に，より正確にできるようになりました．本書では動物栄養に関する基本的な実験方法から新しい学問分野までの方法を網羅するよう心がけました．

　動物を使った試験を始めるに当たっては，宗教によって生命観は大きく異なりますが，動物の福祉に関する精神をよく理解し，適切な実験計画に基づ

序文

いて研究を進められることを期待しています．

　ここに紹介した試験法は，多数の研究者の創意工夫に基づいてできてきたわけですが，それらのデータを単に羅列することは避けて，それらの方法を実際に活用されている先生方に執筆をお願いし，本書では文献の記載を最小限に止めました．巻末に付表として，主な家畜の養分要求量，飼料成分表および飼料添加物を日米の最新の飼養標準から引用させていただきました．また成書や原著からの引用に対しては原著者のご了解をお願いするとともに感謝申し上げます．

　なお，ここで用いられている用語は畜産学関係の用語にまとめられていますが，用語法は学会により若干異なり，学会の自主性に任されていますので，投稿などに際してはそれぞれの規定に従ってください．監修を終えるに当たり，まだ意を尽くしきれないところが多々ありますが，本書が動物の栄養のみならず，ヒトの栄養，食品の栄養価，さらには，医学，薬学，心理学などの分野に携わる方々の役に立てれば幸いです．

　本書の企画に際して，前書の編集委員長を務められた亀岡暄一先生から助言を頂き，また序文を頂けましたことは光栄の至りです．また，本書の上梓に当たり，貴重な時間を割いて御尽力いただきました編集委員ならびに執筆者の皆様，原稿の整理にご尽力頂きました新潟大学農学部 門脇基二，藤村忍の両先生，研究室の皆様，ならびに日本獣医畜産大学の太田能之先生に感謝します．さらには，財政的なご支援を賜りました矢野秀雄，矢野史子，戸塚耕二，堀口恵子，渡辺令子らの先生方ならびに旧家畜飼養学研究室出身の皆様に厚く御礼申し上げます．

　最後に，本書の企画にご賛同くださり，発刊に踏み切って頂いた養賢堂の及川 清社長，編集をご担当頂いた故大津弘一氏，奥山善宏氏ならびにご協力頂いた皆様に感謝いたします．

平成13年9月吉日

石橋　晃

新編 動物栄養試験法出版に寄せて

　旧版の動物栄養試験法が出版されて以来，早くも30年近い歳月が流れた．旧版は農林水産省畜産試験場栄養部長であった森本　宏博士の退官を記念して，門下生と関係者が中心となって企画出版されたものであった．森本博士には家畜栄養学と飼料学の優れた2著が既に出版されており，多くの関係者の座右の書として広く利用されていた．一方，これらの著書の基になっている知見は国内外の研究成果であり，研究成果は家畜・家禽もしくは飼料についての試験研究より導き出されたものである．

　試験研究の遂行にあたっては，研究者は対象動物の特質を熟知することはもちろんのこと，実験計画，各種分析技術等々を駆使し，またはこれらの技術に改良改善を加えるのは当然のことであり，個々の研究者は各自の研究分野について，それぞれの試験手段に習熟しているのは当然のことである．このため，本書のような広範にわたる分野の試験法を記すには，それぞれの分野にわたる数多くの研究者の協力が必要となる．小生は旧版において編集責任者を務めさせて頂いた関係から，数多くの人々から旧版改訂の奨めを頂いたが，上述のように，改訂にはすべての分野を網羅した第一線の研究者の協力が不可欠であり，しかも，改訂するための努力は大変なものとなる．そのため，小生は改訂作業に入ることをためらっているうちにいつしか時が流れていった．

　今回，石橋先生を中心として，わが国の第一線で活躍中の60名の執筆者により最新の試験法にのっとった新編動物栄養試験法の出版を見たことは誠に時宜に適したものであり，ご同慶の至りである．本書が十分に活用されることにより，家畜栄養学が益々発展することを信ずるとともに，医学や食品に関する学徒も大いに活用されることを望むものである．

平成13年9月吉日

(社)日本科学飼料協会

理事長　亀岡暄一

目 次

第1章 動物の飼育と福祉
―動物実験をはじめるにあたって― ………… 1
1.1 動物の飼育と管理のガイドライン ……………………… 1
1.2 米国のNIH指針 …………… 2
　1.2.1 研究所の規範と責任 …… 2
　1.2.2 動物の環境，住居および管理 ……………………… 4
　1.2.3 獣医学的管理 …………… 4

第2章 実験計画法と実験結果のまとめ方 ……………… 7
2.1 栄養試験を効率的に行うための実験計画法と要求量推定法 · 7
　2.1.1 経時的変化を検討する試験 7
　2.1.2 量的な差異を検討する試験 8
　2.1.3 出現頻度の比較 ………… 8
　2.1.4 動物の数を揃えにくいときの試験 …………………… 9
　2.1.5 栄養素要求量の推定 …… 9
2.2 実験計画法活用の前提条件 ··11
　2.2.1 データの分布 …………… 11
　2.2.2 平均と分散 ……………… 12
　2.2.3 独立性 …………………… 13
2.3 実験計画法の考え方 ……… 14
　2.3.1 反　復 …………………… 14
　2.3.2 無作為化 ………………… 15
　2.3.3 局所管理 ………………… 15
　2.3.4 因子と水準 ……………… 15

2.4 実験計画法の実例 ………… 16
　2.4.1 完全無作為化法 ………… 16
　2.4.2 二元配置法 ……………… 19
　2.4.3 乱塊法 …………………… 22
　2.4.4 ラテン方格法 …………… 23
　2.4.5 分割区法 ………………… 24
　2.4.6 枝分かれ実験 …………… 25
　2.4.7 回帰分析法 ……………… 26
2.5 SASの利用法 ……………… 27
2.6 注意事項 …………………… 28

第3章 動物の飼育法 ……… 30
3.1 小動物 ……………………… 30
　3.1.1 ミツバチ（蜜蜂） ……… 32
　3.1.2 マウス …………………… 35
　3.1.3 ゴールデンハムスター … 38
　3.1.4 ラット …………………… 41
　3.1.5 モルモット ……………… 45
　3.1.6 ウサギ（兎） …………… 48
　3.1.7 ネコ（猫） ……………… 51
　3.1.8 イヌ（犬） ……………… 53
3.2 家　禽 ……………………… 55
　3.2.1 ウズラ（鶉） …………… 56
　3.2.2 ホロホロチョウ ………… 58
　3.2.3 産卵鶏 …………………… 59
　3.2.4 ブロイラー ……………… 65
　3.2.5 アヒル（家鴨） ………… 68
　3.2.6 シチメンチョウ（七面鳥） 70
　3.2.7 ダチョウ（駝鳥） ……… 72
3.3 中・大型単胃動物 ………… 74

3.3.1　ブタ（豚）・・・・・・・・・・・・74
3.3.2　ウマ（馬）・・・・・・・・・・・・81
3.4　反芻動物・・・・・・・・・・・・・・・・・85
3.4.1　ヤギ（山羊）・・・・・・・・・85
3.4.2　ヒツジ（緬羊）・・・・・・・90
3.4.3　シカ（鹿）・・・・・・・・・・・・91
3.4.4　肉用牛・・・・・・・・・・・・・・・94
3.4.5　乳　牛・・・・・・・・・・・・・・100
3.4.6　スイギュウ（水牛）・・・・103
3.5　無菌動物・・・・・・・・・・・・・・・・107
3.5.1　無菌モルモット，マウス
　　　　およびラット・・・・・・・・・108
3.5.2　無菌家禽・・・・・・・・・・・・111
3.6　SPF動物・・・・・・・・・・・・・・・113
3.6.1　SPF鶏・・・・・・・・・・・・・114
3.6.2　SPF豚・・・・・・・・・・・・・117
3.7　手術を施した実験動物・・・・・120
3.7.1　手術に必要な事項・・・・・120
3.7.2　人工肛門鶏・・・・・・・・・・126
3.7.3　盲腸結紮鶏および盲腸
　　　　切除鶏・・・・・・・・・・・・・・130
3.7.4　小腸フィステル装着豚・・131
3.7.5　ルーメンフィステル装着
　　　　ヒツジ・ヤギ・・・・・・・・・134
3.7.6　ルーメンフィステル装着
　　　　成牛・・・・・・・・・・・・・・・・136

第4章　飼料の調製・・・・・・・・・138
4.1　飼料原料の選択法と加工法・・138
4.1.1　粗飼料原料の準備・・・・・138
4.1.2　高水分食品製造粕類・・・・139
4.1.3　乾燥濃厚飼料原料の準備139
4.2　飼料の配合法・・・・・・・・・・・・・140

4.2.1　配合設計・・・・・・・・・・・・140
4.2.2　配合方法・・・・・・・・・・・・141
4.2.3　ペレットの調製・・・・・・・143
4.2.4　精製飼料の調製・・・・・・・144

第5章　飼養試験・・・・・・・・・・・145
5.1　飼料の給与法・・・・・・・・・・・・・146
5.1.1　不断給餌と制限給餌・・・・146
5.1.2　飼料の給与回数と給与
　　　　方式・・・・・・・・・・・・・・・・147
5.1.3　飼料給与の個体管理・・・・147
5.2　小動物・・・・・・・・・・・・・・・・・・・148
5.3　家　禽・・・・・・・・・・・・・・・・・・・149
5.3.1　産卵鶏・・・・・・・・・・・・・・149
5.3.2　ブロイラー・・・・・・・・・・153
5.4　ブ　タ・・・・・・・・・・・・・・・・・・・158
5.5　反芻動物・・・・・・・・・・・・・・・・162
5.5.1　ヤ　ギ・・・・・・・・・・・・・・162
5.5.2　ヒツジ・・・・・・・・・・・・・・165
5.5.3　肉用牛・・・・・・・・・・・・・・165
5.5.4　乳　牛・・・・・・・・・・・・・・167

第6章　消化試験・・・・・・・・・・・174
6.1　小動物・・・・・・・・・・・・・・・・・・・174
6.2　家　禽・・・・・・・・・・・・・・・・・・・175
6.2.1　化学分析による測定法・・176
6.2.2　人工肛門法・・・・・・・・・・178
6.3　ブ　タ・・・・・・・・・・・・・・・・・・・181
6.3.1　酸化クロムを指示物質と
　　　　する消化試験法・・・・・・・・181
6.3.2　全糞採取法による消化
　　　　試験法・・・・・・・・・・・・・・184

6.3.3 真のタンパク質消化率の
推定法・・・・・・・・・・・・・・・184
6.4 ウ マ・・・・・・・・・・・・・・・・・・・186
6.4.1 酸化クロムを指示物質と
する消化試験法・・・・・・・・186
6.4.2 全糞採取による消化試
験法・・・・・・・・・・・・・・・・・188
6.5 反芻動物・・・・・・・・・・・・・・・・・190
6.5.1 消化率の測定方法・・・・・・190
6.5.2 消化試験の装置・・・・・・・・190
6.5.3 消化試験の実際・・・・・・・・192

第7章 呼 吸 試 験 法・・・・・・・・・・198
7.1 測定の原理・・・・・・・・・・・・・・・198
7.2 エネルギー代謝量の測定法・199
7.3 小動物の呼吸試験・・・・・・・・・・200
7.3.1 呼吸試験装置・・・・・・・・・・200
7.3.2 測定の手順・・・・・・・・・・・・205
7.3.3 計算法・・・・・・・・・・・・・・・206
7.4 反芻動物の呼吸試験法・・・・・・210
7.4.1 反芻動物に適用される各
種呼吸試験法の長短・・・・210
7.4.2 チャンバー法による呼吸
試験法・・・・・・・・・・・・・・・211
7.4.3 フード法・・・・・・・・・・・・・215
7.4.4 マスク法および気管カ
ニューレ法・・・・・・・・・・・・215
7.4.5 計算法・・・・・・・・・・・・・・・216

第8章 代 謝 試 験 法・・・・・・・・・・219
8.1 小動物・・・・・・・・・・・・・・・・・・・219
8.2 家 禽・・・・・・・・・・・・・・・・・・・219
8.2.1 代謝エネルギーの測定・・219

8.2.2 卵黄の脂肪酸組成の測定222
8.2.3 卵黄コレステロール含量
の測定・・・・・・・・・・・・・・・222
8.2.4 肝臓脂肪含量の測定と
色差計を用いた脂肪肝
の推定・・・・・・・・・・・・・・・223
8.2.5 腹腔脂肪・・・・・・・・・・・・・224
8.2.6 胆汁酸・・・・・・・・・・・・・・・224
8.2.7 糞尿中の脂肪含量の測定226
8.3 ブ タ・・・・・・・・・・・・・・・・・・・227
8.3.1 窒素出納試験・・・・・・・・・・227
8.3.2 代謝エネルギーの測定・・229
8.4 反芻動物・・・・・・・・・・・・・・・・・230
8.4.1 窒素出納の測定の意義と
その限界・・・・・・・・・・・・・231
8.4.2 窒素出納測定の実際・・・・231
8.4.3 窒素出納と同時に測定する
と有効なパラメーター・・233

第9章 屠 殺 試 験 法・・・・・・・・・・234
9.1 小動物・・・・・・・・・・・・・・・・・・・234
9.1.1 サンプル調製用器材・・・・235
9.1.2 サンプルの調製・・・・・・・・235
9.1.3 成分分析・・・・・・・・・・・・・237
9.1.4 成分蓄積量の算出・・・・・・237
9.2 ブ タ・・・・・・・・・・・・・・・・・・・238
9.2.1 サンプル調製用機材と
分析機器・・・・・・・・・・・・・238
9.2.2 サンプルの調製の準備・・238
9.2.3 分析用サンプルの調製・・240
9.2.4 成分分析・・・・・・・・・・・・・241
9.2.5 蓄積量の計算・・・・・・・・・・241
9.2.6 実際の測定例・・・・・・・・・・241

9.3 ウ　シ ･････････････････243
　9.3.1　サンプルの調製･･･････243
　9.3.2　成分分析･････････････244

第10章　生産物の品質評価法
　　　　　････････････････････246
10.1　卵　質････････････････････246
　10.1.1　卵　殻･･････････････246
　10.1.2　卵　白･･････････････247
　10.1.3　卵　黄･･････････････248
10.2　肉　質････････････････････248
　10.2.1　食鳥肉･･････････････248
　10.2.2　豚　肉･･････････････249
　10.2.3　牛　肉･･････････････250
10.3　肉質評価法･････････････････251
　10.3.1　成分分析による評価･･･251
　10.3.2　理化学的分析による
　　　　　評価･･････････････････251
10.4　乳　質････････････････････253
　10.4.1　牛乳の一般成分･･････253
　10.4.2　カゼインと乳中尿素･･･253
　10.4.3　乳脂肪中の脂肪酸････254
　10.4.4　その他の成分････････255
10.5　官能評価･･･････････････････255
　10.5.1　官能評価の実施方法･･･256
　10.5.2　評価試験実施上の条件･257

第11章　同位元素を用いる試験法
　　　　　････････････････････259
11.1　放射性同位元素（RI）･･････259
　11.1.1　取り扱い上の注意と
　　　　　RIの性質････････････260
　11.1.2　放射線量の測定装置･･･262

　11.1.3　RI実験の準備･･･････263
　11.1.4　RIを用いた代謝実験例 267
11.2　安定同位元素（SI）････････275
　11.2.1　SIトレーサー法････275
　11.2.2　トレーサーSIの測定法 276
　11.2.3　同位体効果･･････････279
　11.2.4　自然存在比の天然標識
　　　　　としての利用･･････････280

第12章　血液および尿成分の
　　　　　変化を指標とする栄
　　　　　養要求量推定試験法･･282
12.1　血中成分････････････････････282
　12.1.1　血漿（または血清）遊離
　　　　　アミノ酸･･････････････282
　12.1.2　血漿中尿素窒素･･････284
12.2　尿中成分･････････････････285
　12.2.1　3-メチルヒスチジン
　　　　　（3 MH）････････････285
　12.2.2　アラントイン･･･････287
　12.2.3　タウリン･････････････289
　12.2.4　カリウム･････････････294

第13章　顕微鏡による試験法
　　　　　････････････････････297
13.1　顕微鏡標本作製の概略････297
13.2　光学顕微鏡標本の作製法･･300
13.3　光学顕微鏡による観察例･･305
13.4　走査型ならびに透過型電子
　　　顕微鏡用材料の共通前処理 306
13.5　走査型電子顕微鏡標本の
　　　作製法････････････････････309

13.6 透過型電子顕微鏡標本の
　　　作製法 ················311
13.7 透過型電子顕微鏡による
　　　観察例 ················316
13.8 光学および電子顕微鏡によ
　　　る腸管の観察例 ········317

第14章 *In situ* および *In ovo* の試験法 ············326

14.1 灌流法 ····················326
　14.1.1 灌流装置と灌流液 ·····327
　14.1.2 解剖手技 ············329
　14.1.3 灌流の実際 ··········331
14.2 胚の栄養試験法 ··········332
　14.2.1 鶏胚への栄養素注入法 ·333
　14.2.2 卵殻開窓栄養操作法 ···337
　14.2.3 代理卵殻培養法 ······339
　14.2.4 鶏胚からの採血法 ····342
14.3 胚への遺伝子の導入；エレ
　　　クトロポレーション ······344
　14.3.1 エレクトロポレーショ
　　　　　ン法の原理 ·········345
　14.3.2 試験の準備 ··········346
　14.3.3 遺伝子導入操作と発現
　　　　　検出 ···············349
14.4 動物組織への遺伝子導入 ··352
　14.4.1 試験の準備 ··········354
　14.4.2 遺伝子導入操作 ······355
　14.4.3 発現検出 ············356

第15章 *In vitro* の試験法 ····359

15.1 単離細胞 ················359
　15.1.1 試験の準備 ··········359
　15.1.2 解剖方法および細胞
　　　　　分散法 ··············361
　15.1.3 肝実質細胞の精製法 ···362
　15.1.4 肝細胞の正常性の判定 ·363
15.2 ホモジネート ············365
　15.2.1 臓器・組織の保存 ····365
　15.2.2 溶媒 ················366
　15.2.3 ホモジナイズの方法 ···366
　15.2.4 ホモジネートの調製 ···367
15.3 リソソーム ··············368
　15.3.1 分画遠心法 ··········369
　15.3.2 密度勾配遠心法 ······369
15.4 ミトコンドリア ··········371
　15.4.1 肝臓ミトコンドリアの
　　　　　単離と呼吸機能の測定 ·371
　15.4.2 ピルビン酸脱水素酵素
　　　　　の活性測定 ·········375

第16章 分子生物学的手法 ············380

16.1 最適な方法の選択と計画 ··380
16.2 遺伝子発現量の解析 ······381
　16.2.1 RNA の調製法 ········381
　16.2.2 mRNA の調製法 ······384
　16.2.3 mRNA 解析のための
　　　　　プローブ ···········384
　16.2.4 リボヌクレアーゼプロ
　　　　　テクションアッセイ ··387
　16.2.5 RT-PCR を用いる方法 390
16.3 遺伝子発現調節機構の解析 391
　16.3.1 転写速度の解析 ······391
　16.3.2 転写調節機構の解析 ···392
　16.3.3 mRNA の安定性 ······392

16.4 翻訳調節機構の解析 …… 393

第17章 栄養と免疫 …… 394
17.1 獲得免疫の統合的測定 …… 395
　17.1.1 実験材料および器具 … 395
　17.1.2 操 作 …………… 396
17.2 T細胞とB細胞の状態 …… 398
　17.2.1 実験材料および器材 … 398
　17.2.2 免疫担当細胞の調製法 · 400
　17.2.3 脾臓細胞および胸腺細胞
　　　　 の調製法 ………… 401
　17.2.4 血液細胞の調製法 …… 402
　17.2.5 リンパ球増殖反応の測定
　　　　 ………………… 402
　17.2.6 注意事項 ………… 403
17.3 本来的な免疫能力 …… 404
　17.3.1 試験の準備 ……… 404
　17.3.2 腹腔細胞単離法 …… 404
　17.3.3 付着法によるマクロ
　　　　 ファージ単離 …… 405
　17.3.4 インターロイキン−1
　　　　 （IL-1）産生能による
　　　　 マクロファージ機能の
　　　　 検定 …………… 405
　17.3.5 注意事項 ………… 406

第18章 ルーメン機能解析法 ·· 407
18.1 ルーメン液成分の分析法 … 408
　18.1.1 ルーメン内容物採取法 · 408
　18.1.2 pHの測定 ………… 410
　18.1.3 アンモニアの定量 …… 410
　18.1.4 揮発性脂肪酸の定量 … 413

　18.1.5 ルーメンプロトゾアの
　　　　 計数 …………… 415
18.2 ルーメン微生物の培養法 … 417
　18.2.1 混合ルーメン微生物の
　　　　 培養 …………… 417
　18.2.2 ルーメンバクテリアの
　　　　 培養 …………… 420
　18.2.3 ルーメンプロトゾアの
　　　　 培養 …………… 425
　18.2.4 ルーメンファンジャイ
　　　　 の培養 ………… 430
18.3 ルーメン微生物の連続培養
　　 法・人工ルーメン …… 432
　18.3.1 狭義の連続培養法 …… 432
　18.3.2 広義の連続培養法・人工
　　　　 ルーメン ………… 437
18.4 ナイロンバッグ法 …… 440

第19章 試料の調製法 …… 442
19.1 粗飼料 ……………… 442
　19.1.1 乾燥飼料 …………… 442
　19.1.2 サイレージ ………… 442
　19.1.3 サイレージ抽出液 …… 443
19.2 濃厚飼料 …………… 443
　19.2.1 風乾飼料 …………… 443
　19.2.2 高水分材料 ………… 444
　19.2.3 脂肪含量の多い飼料 … 444
　19.2.4 均質な液状飼料 …… 444
19.3 糞 ………………… 444
19.4 尿 ………………… 447
19.5 血 液 ………………… 448
　19.5.1 血液の採取法 ……… 449
　19.5.2 血液の取り扱い法 …… 452

第20章 栄養実験のための分析法……455

- 20.1 一般成分（6成分）……455
  - 20.1.1 水分……455
  - 20.1.2 粗タンパク質……458
  - 20.1.3 粗脂肪……462
  - 20.1.4 粗繊維……464
  - 20.1.5 粗灰分……466
  - 20.1.6 可溶無窒素物……466
- 20.2 窒素化合物……467
  - 20.2.1 タンパク質……467
  - 20.2.2 ペプチド……469
  - 20.2.3 アミノ酸……471
  - 20.2.4 尿素……475
  - 20.2.5 アンモニア……476
- 20.3 脂質……478
  - 20.3.1 総脂質……478
  - 20.3.2 トリグリセリド……479
  - 20.3.3 リン脂質……481
  - 20.3.4 コレステロール……481
  - 20.3.5 遊離脂肪酸……482
  - 20.3.6 糖脂質……483
- 20.4 炭水化物……484
  - 20.4.1 単糖類および少糖類……484
  - 20.4.2 デンプン……486
  - 20.4.3 細胞壁物質と細胞内容物―中性デタージェント分析法……488
  - 20.4.4 細胞壁物質と細胞内容物―酵素分析法……491
  - 20.4.5 繊維とリグニン―酸性デタージェント法……494
- 20.5 サイレージ発酵産物……496
  - 20.5.1 有機酸―揮発性脂肪酸と乳酸……496
  - 20.5.2 揮発性塩基態窒素……500
- 20.6 ミネラル……501
  - 20.6.1 試料の調製……501
  - 20.6.2 定量法……504
  - 20.6.3 ナトリウムおよびカリウム……505
  - 20.6.4 カルシウムおよびマグネシウム……506
  - 20.6.5 亜鉛，銅，鉄，マンガンコバルトおよびモリブデン……507
  - 20.6.6 リン……510
  - 20.6.7 塩素……512
  - 20.6.8 セレン……513
  - 20.6.9 ヨウ素……514
- 20.7 ビタミン……516
  - 20.7.1 ビタミンA……516
  - 20.7.2 ビタミンD……519
  - 20.7.3 ビタミンE……519
  - 20.7.4 ビタミンK……522
  - 20.7.5 ビタミンB_1……522
  - 20.7.6 ビタミンB_2……525
  - 20.7.7 ビタミンB_6……525
  - 20.7.8 ビタミンB_{12}……526
  - 20.7.9 ナイアシン……526
  - 20.7.10 ビタミンC（アスコルビン酸）……528
- 20.8 ホルモン……530
  - 20.8.1 ラジオイムノアッセイ（RIA）……531

- 20.8.2 エンザイムイムノアッセイ（EIA）……………534
- 20.8.3 高速液体クロマトグラフィー（HPLC）……535
- 20.9 酵　素…………………538
  - 20.9.1 酵素を取り扱う際の基礎的注意……………538
  - 20.9.2 酵素活性または濃度の測定法………………541
  - 20.9.3 分光学的方法による肝臓ミクロソームのチトクロム P-450 量の測定……………………………541
  - 20.9.4 一酸化窒素合成酵素活性の測定……………542
  - 20.9.5 スーパーオキサイドジスムターゼの測定………544
- 20.10 核酸関連物質……………547
  - 20.10.1 総 DNA 量および総 RNA 量の測定………547
  - 20.10.2 総 mRNA 量の測定…549
  - 20.10.3 特定の mRNA およびヌクレオチドプール…552
- 20.11 消化試験などの指標物質…553
  - 20.11.1 酸化クロム……………553
  - 20.11.2 コバルト EDTA ……554
  - 20.11.3 希土類元素……………555
  - 20.11.4 ポリエチレングリコール………………………556
  - 20.11.5 リグニンおよびクロモーゲン………………557
  - 20.11.6 酸不溶性灰分…………558
  - 20.11.7 ワックスアルカン……559
- 20.12 エネルギー………………561
  - 20.12.1 熱量計の種類…………561
  - 20.12.2 装置および器具………562
  - 20.12.3 試薬および助燃剤……562
  - 20.12.4 試　料…………………563
  - 20.12.5 水当量の測定…………564
  - 20.12.6 測　定…………………564

第 21 章　飼料価値の評価 …566

- 21.1 粗飼料の採食量の測定……566
  - 21.1.1 乾草・サイレージ・生草の採食量の測定……566
  - 21.1.2 放牧草地における採食量の推定法……………568
- 21.2 飼料の消化管通過速度……569
- 21.3 飼料の物理性の評価………570
- 21.4 人工消化試験法……………572
  - 21.4.1 ペプシン消化率の測定法……………………572
  - 21.4.2 セルラーゼによる消化率の測定法……………574
  - 21.4.3 ブタの消化過程を模倣した人工消化試験法…575
  - 21.4.4 ルーメン液と人工唾液による消化率測定法…577
- 21.5 エネルギーを中心とする評価法…………………578
  - 21.5.1 総エネルギー…………579
  - 21.5.2 可消化エネルギー……580
  - 21.5.3 代謝エネルギー………580
  - 21.5.4 真の代謝エネルギー…580
  - 21.5.5 正味エネルギー………585
  - 21.5.6 可消化養分総量………587

21.6 アミノ酸を中心とする
　　　評価法 ……………587
21.6.1 アミノ酸の有効率……588
21.6.2 タンパク効率………590
21.6.3 正味タンパク比……590
21.6.4 窒素成長指数………591
21.6.5 タンパク価…………591
21.6.6 生物価………………591
21.6.7 窒素出納指数………592
21.6.8 ケミカルスコア……593
21.6.9 必須アミノ酸指数…593
21.6.10 栄養比………………593
21.6.11 主成分の含量比……594

第22章 飼料の鑑定法……595
22.1 五感による鑑定………596
22.2 篩分けによる鑑定……599
22.3 比重による鑑定………599
22.4 顕微鏡による鑑定……600
22.5 簡単な器具や薬品を使う
　　　鑑定法 ……………601

付　表…………………………603
和文索引………………………629
英文索引………………………641

第1章　動物の飼育と福祉
―動物実験をはじめるにあたって―

　動物実験にあたり，被実験動物の取り扱いは科学的であると同時に倫理的でなければならない．科学的とは，動物自体や環境を厳格にコントロールすることにより実験結果が合理的で，かつ再現性の高いものにすることである．倫理的とは被実験動物の虐待を防止し保護すること，すなわち動物の福祉に配慮することであるが，明らかに両者は両立しがたい面がある．とかく研究者は科学的であろうとするあまり福祉を忘れがちである．

　しかし，学術上の価値が高い論文でも，福祉に対する配慮が欠けるとの理由で掲載を拒否する学術誌が，特に外国誌には多くなった．中にはチックアッセイの羽数が多すぎるという理由で受理されなかった例もある．また，かつては実験動物やイヌ・ネコなどペット動物を用いた場合に限られていたのに，最近はウシ・ブタなどの産業動物を対象とした場合でも同様のケースが増えている．

1.1　動物の飼育と管理のガイドライン

　この両立しがたい二面をなんとか両立させるには，一方では動物実験を批判する世論を納得させ，他方では研究者の拠り所となるようなガイドラインが必要である．欧米を中心に古くから動物の保護，虐待防止に関する法律をもつ国は多かったが，世論の高まりを受けて1963年に米国のNational Institute of Health（NIH）から実験動物施設と管理に関する指針（Guide for Laboratory Animal Facilities and Care）が出版された．

　その後，この指針は実験動物の管理と使用に関する指針（Guide for the Care and Use of Laboratory Animals）と名前を変えて版を重ね，1996年に第7版が出版された．なお，これは日本語に訳されてソフトサイエンス社から発売されている．この発行母体は，現在，NRC傘下のInstitute of Laboratory Animal Resources（ILAR）に移管されているが，今なお NIH 指針と呼ばれる場合が多い．本指針は，Laboratory Animal とはいいながら実験動物と産業動物という分類は敢えて用いず，バイオメディカル用動物と農学用動物とに大別し，産業動物でもバイオメディカル研究に用いられる場合はこの指針が適用されるとして，ケージまたは舎飼いのヤギ，ヒツジ，ブタ，ウシ，ウマなども対象に含めている．

しかし，その後野外条件での飼育を含む農学用動物のみを対象として，1988年に農学研究および教育用動物の管理と使用に関する指針（Guide for the Care and Use of Agricultural Animals in Agricultural Research and Teaching）がだされた．これは NIH に対して Consortium とも呼ばれるが，両者には共通項が多く，基本的な考え方にも大きな違いはない．

一方，わが国では1973年に「動物の保護及び管理に関する法律」（法律第105号）が施行され，これに基づいて総理府から1980年に「犬及びねこの飼養及び保管に関する基準」，「展示動物等の飼養及び保管に関する基準」に次いで「実験動物の飼養及び保管等に関する基準」が告示された．ここでいう展示動物とは動物園などで飼育されている動物を指す．

しかし，この「基準」は NIH 指針とは異なり対象範囲が狭く，産業動物は実験用に供する場合も含めて対象外とされている．その理由は「産業動物の飼養及び保管に関する基準（仮称）」が将来作成されることを見越したためとされるが，その種の基準はまだない．また，NIH 指針はもっぱら動物の福祉を中心に据えているのに対し，わが国のすべての「基準」は，イヌ・ネコ，展示動物および実験動物の保護や福祉にも増して，人間の生活環境の保全や管理者の安全に力点に置いているのが特徴的である．（2000年に動物保護や福祉に重点を置いた法改正がなされた）．

1.2 米国の NIH 指針

1.2.1 研究所の規範と責任

NIH 指針（第7版，1996）の本文は4章からなり，第1章は「研究所の規範と責任」に当てられている．これは，第6版までは第3章の一部にすぎな

かった内容を抜本的に修正・拡充して第1章に昇格させたもので，ここに現在のNIHの動向，ひいては米国世論の動物実験に対する姿勢を読みとることができる．すなわち，本章では，実験者が所属する研究所ごとに動物の管理と使用に関する独自の所内委員会（Institutional Animal Care and Use Committee；IACUC）を設置し，実験者の実験計画が動物福祉の観点から適正かどうかを審査するよう勧告している．IACUCの構成メンバーには実験に関わる科学者の他，最低1名ずつの獣医師および第三者としての市民代表者が含まれるべきであるとしている．

さらに，IACUCが審査すべき項目として，

1）実験に動物を必要とする根拠と実験目的，
2）動物種と動物数の妥当性，できれば動物数を算出した推計学的根拠，
3）より浸襲性の低い実験方法（代替法）が可能かどうか，
4）実験者に対する教育・訓練が適切かどうか，
5）運動の制限を伴う場合の必要性，
6）鎮静，沈痛，麻酔処置が適切かどうか，
7）不必要な繰り返し実験にあたらないかどうか，
8）大規模な外科的手術を複数箇所に加える場合の必要性と術後管理，
9）激痛あるいは大きなストレスが予想される場合，実験中断時期や動物の開放に関する定義と手続き，
10）安楽死処置もしくは動物の処分方法，
11）実験従事者の労働環境の安全確保，

などを挙げている．

米国の学会誌には，論文投稿時に当該実験計画がNIHまたはConsortium指針に準拠したものか，それとも独自のIACUCで審査を受けて承認されたものかを明記する規程を設けているものがあり，後者の場合は承認番号も求められる（例：Journal of Animal Science）．栄養学に関わる動物実験で特に問題になりそうなのは，運動制限または身体の拘束，飼料および飲水制限，外科的手術，死後の剖検や屠体分析，異常な環境条件などを含む実験計画である．これらの問題については，第2章と第3章で具体的に述べられている．

1.2.2 動物の環境，住居および管理

　NIH指針の第2章は物理的環境，行動管理，飼育，集団管理の4項目からなり，特に重要なのは「物理的環境」と「飼育」の項である．前者では動物が置かれる環境をミクロまたは一次環境（ケージやペンなど動物が直接，接する環境）と，マクロまたは二次環境（飼育室や屋外飼育場）とに分けて解説している他，ミクロ環境については飼育面積，温度および湿度，換気，照明，騒音などが指針として示されている．動物種は多岐にわたり，飼育面積については実験用げっ歯類（マウス，ラット，ハムスター，モルモット），イヌ，ネコ，ウサギ，霊長類（サル，類人猿），鳥類（ハト，ウズラ，ニワトリ），その他の動物（ヒツジ，ヤギ，ブタ，ウシ，ウマ，ポニー）を単独，または規模の異なる群で飼育する場合の必要面積が数値で表示されている．温度および湿度についても同様である．

　一方，「飼育」の項は飼料，飲水，床敷，衛生管理，洗浄と消毒，廃棄物処理，害虫・害獣対策，緊急時・週末・休日の動物管理などの小項目を含んでいる．これらについては総論的記述に終始し，具体的な指針は示されていないが，栄養学研究に関係の深い飼料と飲水に関しては給餌・給水制限を特に問題とし，それらが研究上必要である場合の科学的根拠や，実験から動物を開放する際の基準（体重減少や脱水など）を明確にすることを求めている．

1.2.3 獣医学的管理

　NIH指針の第3章は動物の搬入および輸送時の管理，疾病予防，外科的処置，安楽死処置の4項目からなる．このうち，栄養学研究者にも関係が深いのは「外科的処置」と「安楽死処置」である．研究の場における外科手術は，獣医師資格の有無にかかわらず動物ごとに適切な手術法に習熟した術者により，全身または局部麻酔下で，緊急時を除いては専用の手術室において，無菌的になされなければならない．消化管など非無菌的部位を露出したり，当該手術によって免疫機能が低下する恐れのある場合は術前に抗生物質を投与するのが望ましい．

　NIH指針は手術を大規模と小規模手術に分け，それに加えて存命と非存命

手術に分けているが，非存命の場合は規模の大小にかかわらず全身麻酔から覚醒する前に安楽死させる．小規模存命手術は傷口の縫合，末梢血管へのカニューレ挿入，去勢や除角などを指し，これらでも無菌操作と適切な麻酔は最少限必要としている．大規模存命手術では，それ以外に適切な術後管理が必要である．術後は清潔で乾燥した場所に移して温度管理し，給餌・給水および排泄を介助するとともに，特に麻酔覚醒期には訓練された者が頻繁に観察して，疼痛や不快感を示唆するような行動が見られたら直ちに適切な処置をとらなければならない．なお NIH 指針は，術後に飼育を再開することを前提として同じ個体の複数箇所に大規模手術を加えることは避けるべきであるとしている．実験者によってその必要性が証明され，かつ IACUC がそれを承認した場合にのみ許容されると述べている．多重フィステル装着実験を計画する場合などは，このことに十分注意すべきである．

「安楽死処置」とは，疼痛や苦痛を伴うことなく速やかな意識消失と死亡を誘発する行為であると定義されている．安楽死処置はバルビタール注射や炭酸ガスの吸入など薬剤による方法が，頚椎脱臼，頭蓋打撲，断首，電撃などの物理的方法より優れているとしている．安楽死は動物実験の最終段階や，鎮痛剤，鎮静剤などでは軽減できないような苦痛から動物を開放する手段として容認されるが，いかなる方法を採るにしても IACUC による事前の承認が必要としている．

なお，意識消失までの過程で鳴き声をあげたり，フェロモンを放出して他の動物にストレスを与えることがあるので，他の動物がいる場所では決して安楽死処置をするべきではないと述べている．また，安楽死処置を命ぜられた職員や学生の中には，安楽死処置を心理的に耐え難いと感じる者もいるので，実験者は心しておくべきであるとも述べている．

NIH 指針（第 7 版）の第 4 章は「施設」であるが，これについては省略する．

最後に強調したいことは，動物実験における動物福祉は，あくまで実験者の責任においてなされなければならないことである．NIH 指針にはケージサイズなどいくつかの推奨値が示されているが，これについても NIH は読

者に強制するのではなく，実験者が自ら動物の行動観察を通して最適条件を見いだすべきであるとの姿勢を貫いている．IACUCの設置を勧告しているのも，実験者の自主性を重んじるからにほかならない． （阿部又信）

参考文献

1) Consortium, 1988. Guide for the Care and Use of Agricultural Animals in Agricultural Research and Teaching, Consortium for Developing a Guide for the Care and Use of Agricultural Animals in Agricultural Research and Teaching, Champaign, IL.

2) Institute of Laboratory Animal Resources, Commission on Life Science, NRC, 1996. Guide for the Care and Use of Laboratory Animals, 7th ed, National Academy Press, Washington, DC.

3) 実験動物飼育保管研究会編，内閣総理大臣官房管理室監修．1980．実験動物の飼養及び保管等に関する基準の解説，ぎょうせい．

4) 鍵山直子・野村達治監訳，1997．実験動物の管理と使用に関する指針，ソフトサイエンス．

第2章 実験計画法と実験結果のまとめ方

 実験データの解析に統計的方法を用いる目的には，1) 多くの測定データを要約する，2) 有効な情報を効率的に得る，3) 得られた情報から未知の，あるいは将来の情報を推測する，などがある．栄養学実験，特に動物実験では十分な例数を確保できない場合が多いため，2) の目的が重要であり，これを実現する手法の一つとして実験計画法が活用されている．本章では動物栄養学実験において有効な実験計画法の考え方といくつかの実例を紹介する．

 なお，基本的な統計的手法，統計的用語の解説は本章の目的ではないので，それらについては引用文献[1,2,3]を参照されたい．

2.1 栄養試験を効率的に行うための実験計画法と要求量推定法

 栄養試験における統計手法の原理，計算方法は以下に述べてあるし，成書によいものがでてきているのでそれを参照されたい[4]．ここでは，そうはいっても実際にどのような方法を使えばよいのか，どのように実行すればよいのか悩んでいる人を対象に述べる．

 栄養試験の基本的なものは，経時的変化を検討する試験と量的な差異を検討する試験の二つである．これに各栄養素の相互関係に関する試験，頻度（産卵率，孵化率など）を比較する試験などがあげられる．そこで本節では，これらの試験に前述の通り，どのような実験計画法を用いるかを順次解説する．

2.1.1 経時的変化を検討する試験

 経時的変化を検討する試験は，栄養素を対象となる動物に投与してから，指標が時間的にどのように変化していくのかを追っていく試験である．

 この試験は時間軸上にある変化を追った点を比較する，いわゆる時間ごとにグループができるイメージで，単純な一元配置分散分析で扱われることが

多い.

しかしながら，同一個体のデータを繰り返し追っていくことから，方法の解釈としては，「1個体が最初からどのように変化していくかを，各個体ごとについて調べる」という解釈になる．こういった同一個体について経時的にデータを取り，その変化を調べる方法としては反復測定による一元配置分散分析（繰り返しのない二元配置分散分析）である．

また，経時的変化をグループ間で比較する場合は，グループ差はグループ内の変化がほぼ均一であればグループ×測定時点の交互作用の大きさであるから，分割区法（split plot design）による分散分析を行うことが適当である．

しかし，最近，同一個体からの測定値は，その個体の持つ共通の影響を受けており，また近傍の測定時期の反応の間には相関関係があると考えられ，したがって通常の分割区法をそのまま用いるのではなく，個体の効果を変量効果とした混合モデルによる分散分析が推奨されている．この反復測定データの分析には統計パッケージ SAS に MIXED プロシジャーとして用意されている．

2.1.2 量的な差異を検討する試験

量的な差異を検討する試験は栄養素の量を変化させたとき，それに対する動物の各指標の反応を調べる試験で，要求量試験などもこのうちに含まれる．この場合，各グループごとに異なった栄養素量を投与し，結果として現れた変化をグループ間で比較することを前提に話を進める．

扱う栄養素が1種類の場合，一元配置分散分析にのっとった実験計画法でよい．平均値の差の検定は分散分析の後，グループ数によっては t 検定や多重範囲検定法を使い分けるとよい．

要求量の推定については以下に項目を設けてあるのでそちらを参照されたい．

2.1.3 出現頻度の比較

栄養素量の違いにより起こる頻度の違い，例えば生存率，奇形率などは個

体ごとに得られる値ではない．このような場合はノンパラメトリック法によるカイ自乗検定を用いる．一方，母鶏に栄養的処理を行ったときの，母鶏から生まれた複数の卵の孵化率や，産卵率は，母鶏ごとの孵化率や産卵率が得られるので，母鶏を複数用意することによって分散分析が可能になる．ただし，直接卵に対する処理が発生率や孵化率に及ぼす影響はカイ自乗検定を用いる．詳しい方法については成書を参照いただきたい[5]．

2.1.4 動物の数を揃えにくいときの試験

統計的に正確な実験結果をだすためには例数は多い方がよい．しかしながら，大動物や希少な種，もしくは特別な訓練や処理を施した動物は数を揃えたり，多数を維持するのが大変な場合がある．このような場合，個体差を因子としてとらえて分散分析を行うこと（乱塊法）が有効である．また個体差を少なくする手段としてはラテン方格法が有効である．詳しくは2.4.3，2.4.4を参照されたい．

2.1.5 栄養素要求量の推定

栄養素要求量を推定するための試験は，基本的に量的な差異を検討する試験である．

この場合も一つの栄養素の要求量を求める場合と，相互関係をもつ二つの栄養素の関係を考慮した試験がある．

1. 一つの栄養素要求量を求める試験

栄養素の要求量は，いくつかの水準の要求量を求めたい栄養素を含む飼料を動物に与え，栄養素水準に対する成長，飼料効率，産卵量，乳量などの指標の反応を調べて求める．

このとき，要求量を決定する場合，大まかに二つの方法がある．2直線の交点もしくは曲線と直線の交点を要求量と判断する方法[6,7]と，栄養素量に対する指標の反応に曲線を当てはめ，特定の点を要求量と定義して求める方法である[8,9,10]．直線および曲線を回帰であてはめるとき，回帰させる点は最低三つずつ必要である．だから，2直線のあてはめの場合は最低5水準，

曲線の場合は3水準の栄養素の水準の異なる飼料を用意する必要がある．ただし，点の数が多ければ多いほど精度は増すので，曲線あてはめでも飼料の栄養素水準は5点以上が望ましい．

さらに，それぞれあてはめていく2直線もしくは曲線には二つのタイプがある．栄養素量の増加に伴い，上昇（もしくは低下）し，その後一定となるタイプと，その後低下（もしくは上昇）するタイプである．2直線の交点を要求量とする場合はどちらも要求量の決定法は同じである．しかし，曲線をあてはめる場合，あてはめる曲線を変える必要があり，それに伴う要求量の定義も変化してくる．

まず，上昇（低下）後，一定となる場合は指数関数式をあてはめるのが一般的である．用いられる式はいくつか挙げられるが[8,9]，投与する栄養素と指標の栄養素量に対する反応によくあてはまる曲線を選択する．このとき，指数関数は漸近線をもち，最大（最小）値はもたずに無限に漸近線に近づき続ける．このため，栄養素要求量は漸近線の95〜99％とする．この95〜99％という数値は，経済的に投与量に対する見返りが得られる限界を考慮して選択すればよい．

一方，上昇後に低下（低下後に上昇）する場合は，単純な式として二次曲線を当てはめる場合がある[11]．しかしながら，二次曲線では上昇側と低下側の曲線の形状が対称となってしまうため，生命反応にうまくあてはまりにくい場合がある．このため，指数関数を組み合わせた複雑な式を利用したほうがよい[12]．要求量は通常最大（小）値を取る．しかし，最大（小）値で一定となる場合の指数関数式では計算上最大値は得られないため，両者を比較する場合は最大値が得られる場合でも最大値の95〜99％を要求量とする[10]．

2．二つの栄養素の相互関係を考慮してそれぞれの要求量を求める試験

いくつかの水準の，要求量を求めたい栄養素を含む飼料を動物に与え，栄養素水準に対する成長，飼料効率，産卵量，乳量などの指標の反応を調べて求めることは一つの栄養素について試験を行う場合と同じである．

二つの栄養素の相互関係を考慮してそれぞれの要求量を求める場合，基本的には二元配置と同じ設定で行うと分散分析も同時に行えるのでよい．この

場合は二つの栄養素量に対する指標の反応に曲面をあてはめ,三次元的に特定の点を要求量と定義して求める方法である[13].

曲面のあてはめの場合はそれぞれ3水準ずつの3×3の栄養素の水準の異なる飼料を用意する必要がある.ただし,やはり点の数が多ければ多いほど精度は増すので,それぞれの栄養素水準は多ければ多いほど望ましい.

最大値を示す点におけるそれぞれの栄養素量を要求量とする.

(吉田達行)

2.2 実験計画法活用の前提条件

ウシによるある飼料の採食量を知りたいと考えて実験を行う場合,知りたいのは個々のウシによる測定値(サンプル)ではなく,その測定値から推定される普通のウシによる一般的な採食量である.この普通のウシによる一般的な採食量を母集団といい,実験計画法ではその分布が正規分布しているものと見なして解析を行う.したがって,分析を行う前に解析の対象となる測定値の分布とその分散,独立性について必ず検討しておく必要がある.

2.2.1 データの分布

栄養試験において取り扱う数値には,体重や採食量のデータのような連続量(計量値)と整数値のみをとる離散量(計数値)の2種類がある.連続量か離散量かによってデータの取り扱いが異なってくる.

連続量のデータを多数集めてその度数分布を描くと一般になめらかな曲線を描くが,その代表的なものが平均(μ)と分散(σ^2)で決定される正規

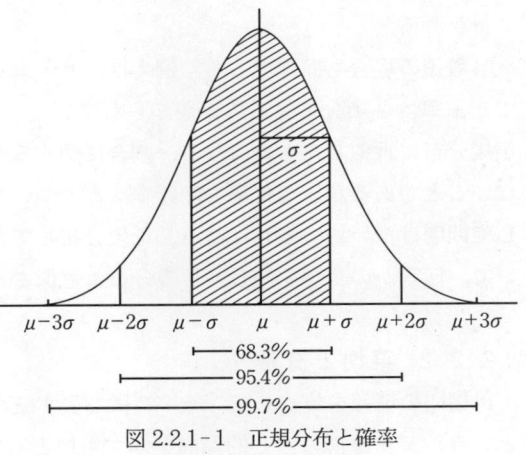

図 2.2.1-1 正規分布と確率

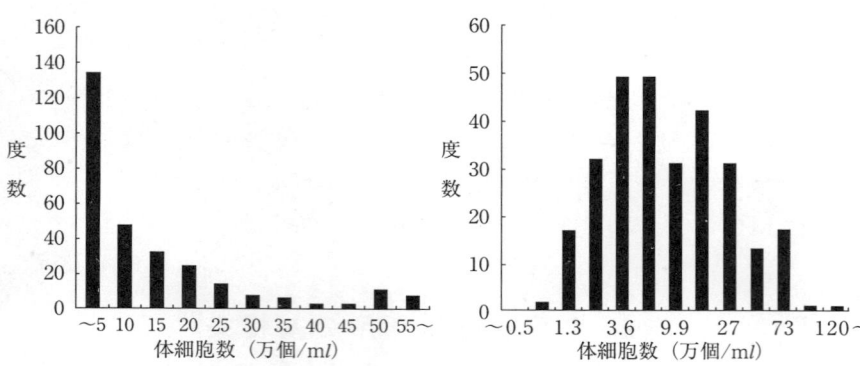

図 2.2.1-2 牛乳中の体細胞のヒストグラム
(左図は体細胞数の実測値を用いて,右図は対数(自然対数)変換した値を用いて作成した)

分布である (図 2.2.1-1).

　本章で対象としているデータは正規分布していることを前提としている.しかし,実際には,そうではないケースもある.図 2.2.1-2 はウシ乳中の体細胞数の調査成績であるが,左図が正規分布をしていないことは明らかである.しかし,これを対数変換(この場合は自然対数を用いている)することによって,右図に示したように正規分布に近似させることができる.このようなデータの変換法として,対数変換の他に,角変換,平方根変換などがよく行われる.

　計数値の場合も同様である.例えば,サイコロを振ったときの特定の目がでる確率は 2 項分布することが知られている.しかし,測定例数を増せば,正規分布に近似したものになる.割合に関するデータは必ずしも正規分布しないことがあるが,消化率や産卵率などについては正規分布するものと見なして問題はない.いずれにしろ,正規分布していない可能性があるものについて,何等かの変換を施し,正規分布に近似させる操作が必要になる.

2.2.2 平均と分散

　母集団の情報を集約して,その特徴を表す統計量を作ることを統計的記述という.データ群の中心的傾向を示すものとして,平均値 (mean),中央値

(median)，最頻値 (mode) があり，データの変動の程度を示すものとして，標準偏差 (standard deviation, SD)，標準偏差を自乗した分散 (variance) あるいは平均平方 (mean square, MS)，変動係数 (coefficient of variation, CV)，範囲 (range) などがある．

平均値 $(\bar{x}) = \Sigma x_i / n = (x_1 + x_2 + \cdots + x_n)/n$

　(x_i は i 番目のデータを，n はデータの総数を示す)

偏差平方和 (sum of square, S，単に平方和とも呼ばれる)
$$= (x_1 - \bar{x})^2 + (x_2 - \bar{x})^2 + \cdots + (x_n - \bar{x})^2$$
$$= \Sigma x_i^2 - (\Sigma x_i)^2 / n$$

標準偏差 $= \sqrt{S/(n-1)}$

中心的傾向を示すものとして平均値が多く使われ，二つの平均値の差を検定する場合には一般に t 検定が多用される．その場合，データに対応関係があるときとそうでないときとで計算方法が異なるので，注意が必要である．

データの変動を表すものとして標準偏差や分散が用いられることが多い．実験計画法においては分散が極めて重要であり，分析の対象とするグループ内の分散は同一であるとの前提の上で分散分析が行われる．したがって，分散の大きさが二つのグループで異なるのであれば，そのまま，分散分析を行うことは適当ではない．例えば，あるホルモンの注入に対する血液成分の応答をみようとした場合，投与水準によって桁の異なるような値が得られることがある．この場合，分散も投与水準によって異なる可能性があり，分散分析を行う前に分散の大きさがほぼ等しいと見なせる程度に変数変換処理を施しておく必要がある．

なお，分散が等しいか否かを検定する方法 (等分散の検定法) として，カイ自乗分布による検定，F 分布による検定などがある．

2.2.3 独立性

分散分析を行うにあたって，一つ一つのデータは相互に干渉されず，独立でなければならない．例えば，群飼されている家畜の採食量を個別に計量した場合，個体毎のデータは得られるが，群内の強弱関係が微妙に採食量に影

響することが考えられ，この場合，誤差は単飼した場合に比べて大きな値となる．逆に，同一家畜を用いて繰り返して測定した場合，その変動は同一個体内の変動であるから，一般に個体間の変動よりも小さいものとなる．実験計画法は平均値の差を誤差の大きさと比較することによって検討するので，その検討の対象とすべき誤差の次元，性質を十分に把握しておく必要がある．

2.3 実験計画法の考え方

実験計画法による処理効果の判定は差と誤差のそれぞれの大きさの比較によって行う．処理が2種類の場合は差/誤差の値はt分布するとされており，その有意性をt表を用いて判定することができる．処理が3種類以上になった場合は，F表を利用して処理効果に由来する分散の大きさと誤差分散の大きさを比較することによって判定する．

しかし，統計的方法による判定は絶対的なものではなく，常に，次のような過ちを犯す可能性があることに留意しなければならない．
1) 第1種の誤り「統計的に差があると判定されたにもかかわらず，実は差がなかった」というケース．
2) 第2種の誤り「統計的に差はないと判定されたにもかかわらず，実は差があった」というケース．何等かの原因で誤差分散の評価が過大になった場合にはこの過ちを犯しやすい．統計的方法では個々のデータの吟味が重要であることを忘れてはならない．

効率的に実験計画法を実施するための要点は，実験誤差の評価と制御であり，そのための基本原則をFisherの3原則という．すなわち，1) 反復，誤差分散の評価，2) 無作為化，系統誤差の克服，3) 局所管理，系統誤差の除去（実験精度の向上）である．

2.3.1 反　復

実験には誤差がつきものであるが，どのような実験であってもそれを実施するのに際しては，誤差をできるだけ小さくする努力をしなくてはならない．それと同時に誤差を正確に評価することが重要である．実験計画におけ

る誤差の評価は同一条件下で行われた反復によって得られる．
　したがって，反復数が多ければ多いほど正確な評価ができることになるが，実際には規模が大きくなりすぎた場合にはかえって実験の場の管理が不十分となり，誤差分散が大きくなることもある．

2.3.2　無作為化

　通常の栄養学実験における誤差には偶然誤差（random error）と系統誤差（systematic error）の二つがある．後者は実験の結果に偏りを与える誤差であり，その例として体重測定の順序や比色時の測定時間の影響などがある．この誤差は，本来は次に述べる局所管理によって除くべきものであるが，それができない場合は，実験配置を無作為に行うことによって偏りを避けなければならない．このような考え方で組み立てられた実験計画法の一つが完全無作為化法である．

2.3.3　局所管理

　実験規模が大きくなり，実験全体の均一な管理が困難になった場合，実験誤差がかえって大きくなる場合もある．これを避けるために局所（ブロック）ごとに実験の場の管理を行い，局所間のばらつきを系統誤差として取り除き，誤差分散の推定精度を高めるやり方がある．これが局所管理であり，乱塊法やラテン方格法がその代表的な手法である．

2.3.4　因子と水準

　実験を行う場合には，結果に影響を及ぼすいろいろな要因があらかじめ検討されるが，そのうちで実験計画法による解析の対象に取り上げるものを因子（factor）と呼び，その因子のとる条件を水準（level）という．
　因子には，制御因子（その最適条件（水準）を明らかにするために取り上げる因子），標示因子（その最適条件を知ることが直接の目的ではないが，その因子の水準によって制御因子の最適条件が変わるおそれがあるために取り上げる因子．ただし，制御因子と標示因子の区別は絶対的なものではない），ブ

ロック因子 (実験の精度を高めるために実験の場の局所管理に用いる因子), 層別因子 (ブロック因子と同様に実験の場を規定するものであるが, 層別に制御因子の最適条件が変わるものをいう. 年次や場所など) などがある. 因子の水準の設定にあたっては, 家畜の品種や飼料などのようにその水準が質的な分類基準によって決まるもの (質的因子) と粗タンパク質含量やTDN含量などのように量的な違いで設定されるもの (量的因子) とがある.

質的因子の水準は, 通常, その実験の目的と利用可能なものという観点から定まり, 母数模型 (fixed effects model) を仮定することが多く, 水準間の差が問題にされる.

一方, 水準による差そのものではなく, ばらつきの大きさだけを興味の対象にする場合は変量模型 (random effects model) を仮定することになる. 因子を母数模型として扱うか, 変量模型として扱うかによって検定方法が異なってくるので, 注意が必要である.

量的因子の水準数の設定はその後の解析方針を明確にした上で行うべきである. 通常は単に平均値の差を検討する場合が多いが, さらに, 回帰分析なども含めて最適水準の検討を併せて実施することもできる. この場合, モデルとしては母数模型として取り扱われることになる.

取り上げた因子の水準の総てを組み合わせて行う実験を要因実験計画 (factorial design) と呼んでおり, さらに, 1因子のみを解析対象としたものを1因子実験計画 (完全無作為化法, 乱塊法, ラテン方格法など), 複数の因子の効果とそれらの交互作用の検討を目的としたものを多因子実験計画 (二元配置法, 分割区法など) と呼んでいる.

2.4 実験計画法の実例

2.4.1 完全無作為化法

1試験区に4頭の乳牛を割りつけて, 給与飼料 (4種類) の違いが泌乳量に及ぼす影響について検討した例を考える (表2.4.1-1). 合計16頭を供試するので, 誤差の自由度は大きくなるが, 例えば全頭を同一畜舎で管理するとしても, 環境による影響 (例えば畜舎の南側と北側というような) やサンプ

表 2.4.1-1　4 種類の飼料が乳量に及ぼす影響を各区 4 頭を供試
して検討（例1）

飼料	乳量				合計	平均	平方和*
①	25.2	25.2	23.2	18.7	92.3	23.1	28.2
②	28.1	24.3	24.7	24.3	101.4	25.4	10.2
③	19.5	19.0	20.6	17.0	76.1	19.0	6.8
④	22.4	20.9	21.0	21.8	86.1	21.5	1.5
				総計	355.9		46.7

＊；各区の平方和は各区の平均値と個々のデータの差の自乗値を加えて算
出する

リング順序による影響などが生じることが考えられる．

さらに，多頭数の精密管理を実施することは非常に大変なので，誤差が大きくなりやすいなどのデメリットもある．このような場合，配置を乱数表などを活用してランダムにすれば畜舎内の配置などに由来する系統誤差の問題も回避される．また，計算も簡便であり，反復数が異なってもよいので，欠測値が生じたときの扱いが容易である．

完全無作為化法による解析の手順を以下に示す．
1) 修正項（CT）を求める．これは総和の 2 乗を総数で割る．

$$CT = (25.2 + 25.2 + \cdots + 21.8)^2 / 16 = 7916.6$$

2) 全体の平方和 S_{AR} を求める．これは個々のデータの 2 乗和から CT を引いて求める．

$$S_{AR} = 25.2^2 + 25.2^2 + \cdots + 21.8^2 - 7916.6 = 131.6$$

3) 飼料間平方和 S_A を求める．飼料毎の和の 2 乗を例数で割って加算し，CT を引く．

$$S_A = 92.3^2/4 + 101.4^2/4 + \cdots + 86.1^2/4 - 7916.6 = 84.9$$

4) 個体差，すなわち誤差の平方和 $S_{R(A)}$ を求める．この場合は，S_{AR} と S_A の差として計算することもできるし，飼料毎に平方和を計算し加算することによっても求められる．

$$\begin{aligned} S_{R(A)} &= S_{AR} - S_A = 131.6 - 84.9 = 46.7 \\ &= S_1 + S_2 + S_3 + S_4 = 28.2 + 10.2 + 6.8 + 1.5 = 46.7 \end{aligned}$$

第2章 実験計画法と実験結果のまとめ方

表 2.4.1-2　例1の分散分析結果

要因	平方和	自由度	平均平方	F 比	分散の期待値
A因子水準間	S_A	f_A	S_A/f_A	$(S_A/f_A)/(S_{R(A)}/f_{R(A)})$	$\sigma^2 + r\kappa_A^2$
同水準反復間	$S_{R(A)}$	$f_{R(A)}$	$S_{R(A)}/f_{R(A)}$		σ^2

r；反復数または有効反復数

要因	自由度	平方和	平均平方	F 比
飼料間	3	84.9	28.29	7.27**
個体間	12	46.7	3.89	

** ; $P < 0.01$.

5) 全体の自由度 (f_{AR})，飼料間の自由度 (f_A)，誤差項の自由度 ($f_{R(A)}$) を計算する．なお，n は各試験区のデータ数．

$f_{AR} = n_1 + n_2 + \cdots + n_4 - 1 = 16 - 1 = 15$

$f_A = 4 - 1 = 3$

$f_{R(A)} = f_{AR} - f_A = 12$

6) 分散分析表を作り F 検定を行う．

分散分析表の作成例を表 2.4.1-2 に示した．F 値は個体差に由来する平均平方で飼料間差の平均平方を割ることによって得られる．

7) 平均値間の比較

F 検定の結果，処理区間に有意差があると判定された場合，次に特定の区間の差について検討する必要がある．処理が2水準の場合は問題ないが，水準数が多くなった場合，比較する組み合わせも多くなる．この場合の検定法として，平方和を分割して検定する方法と多重比較法とがあり，後者には t を用いる最小有意差（LSD）法，student化した範囲 Q を用いる Tukey の方法などがよく使用される．

(1) 平方和の分割

この例で飼料 ①，② と飼料 ③，④ が実は類似した飼料であるとした場合，飼料間の平方和を（飼料 ①，②）:（飼料 ③，④）の比較に由来する平方和（$S_{(1,2):(3,4)}$）とその他の平方和（$S_{(1:2)}$，$S_{(3:4)}$）に次のようにして分割する

ことができる．

$$S_{(1,2):(3,4)} = (92.3+101.4)^2/8 + (76.1+86.1)^2/8 - 355.9^2/16$$
$$= 62.02$$
$$S_{(1,2)} = 92.3^2/4 + 101.4^2/4 - (92.3+101.4)^2/8 = 10.35$$
$$S_{(3:4)} = 76.1^2/4 + 86.1^2/4 - (76.1+86.1)^2/8 = 12.50$$

この例では飼料間の平方和84.9を飼料①，②と飼料③，④の比較，飼料①と②の比較，飼料③と④の比較による平方和に分割する形となっている．また，その際の自由度はそれぞれ1であり，それぞれ分割した平方和から求めた平均平方を誤差の平均平方で検定すると飼料①，②と飼料③，④の比較だけが有意となる（F 値 $= 62.0/3.89 = 15.9$ となり，$F_{(12, 1, 0.01)} = 9.33$ よりも大きいので1％水準で有意）．

(2) 多重検定法

LSD法は，2処理間の差と $D = \sqrt{2}\,t \cdot s_x$ によって求めた値とを比較して，差の方が大きい場合に有意と判定する（なお，ここで s_x は誤差分散を各試験区の反復数で割って平方根をとった，標準誤差である）．Tukey法では Q 表を用いて，$D = Q \cdot s_x$ によって求めた値と処理間差とを比較する．2水準の場合は $Q = \sqrt{2}\,t$ であるので，LSD法と同じになるが，3水準以上の場合はTukey法の方が判断基準が厳しくなる．

Tukey法による検定例を表2.4.1-3に示す．

$$S_x = \sqrt{3.89}/\sqrt{4} = 0.99$$
$$Q_{(4, 12; 0.05)} = 4.1987$$

したがって，$D = 0.99 \times 4.20 = 4.14$ であり，それ以上に差が大きい，飼料②と飼料③の間にだけ，5％水準で有意差があることになる．

表 2.4.1-3　Tukey法による平均値間の比較例

	飼料③	飼料④	飼料⑤
飼料②	6.4*	3.9	2.3
①	4.1	1.6	—
④	2.5	—	—

*；$P < 0.05$．

2.4.2 二元配置法

2種類の因子の効果について同時に検討する実験計画法が二元配置法である．表2.4.2-1に示した例2はエネルギー水準とタンパク質飼料の給与効果

表 2.4.2-1　エネルギー水準とタンパク質飼料の給与効果の検討（例2）

エネルギー水準	タンパク質飼料	乳量			
H	A	25.2	25.2	23.2	18.7
	B	28.1	24.3	24.7	24.3
L	A	19.5	19.0	20.6	17.0
	B	22.4	20.9	21.0	21.8

補助表

エネルギー水準	タンパク質飼料		
	A	B	
H	92.3	101.4	193.7
L	76.1	86.1	162.2
	168.4	187.5	

を検討した場合の計算例である．例1は，単純に4種類の飼料の比較になっているが，例2のような形で処理の割付を行えば，二つの要因を同時に検討することができる．また，エネルギーの給与水準によってタンパク質飼料の給与効果に違いがあるかどうか，すなわち，因子間に交互作用が存在するかどうかといった検討も可能になる．

　データ解析の手順を以下に示す．計算には個々のデータと補助表に示した処理毎の総和を用いて行う．

一元配置法としての解析

(1) 修正項 $(CT) = (\Sigma x_{ijk})^2 / abr = 7916.6$

(x_{ijk} はA因子 i 水準，B因子 j 水準の k 番目のデータを示す．また，a，b はA，B因子の水準数，r は反復数)．

(2) 全体の平方和 $(S_{ABR}) = \Sigma\Sigma x_{ijk}^2 - CT = 131.56$

(3) 一元配置法と見なした場合の処理間の平方和 (S_{AB})
　　$= (92.3^2 + 101.4^2 + 76.1^2 + 86.1^2)/4 - CT = 84.9$

(4) 個体差，すなわち誤差の平方和 $(S_{R(AB)}) = S_{ABR} - S_{AB} = 46.7$

二元配置法としての解析（補助表を用いて）．

(5) エネルギー水準間の平方和 $(S_A) = (193.7^2 + 162.2^2)/8 - CT = 62.0$

(6) タンパク質飼料間の平方和 $(S_B) = (168.4^2 + 187.5^2)/8 - CT = 22.8$

(7) 交互作用の平方和 $(S_{A \times B}) = S_{AB} - S_A - S_B = 84.9 - 62.0 - 22.8 = 0.1$

(8) 自由度を計算する．

表 2.4.2-2　例 2 における分散分析結果

要因	自由度	平方和	平均平方	F 比	分散の期待値
エネルギー水準間	1	62.0	62.0	15.9**	$\sigma^2 + br\,\kappa_A^2$
タンパク質飼料間	1	22.8	22.8	5.9*	$\sigma^2 + ar\,\kappa_B^2$
交互作用項	1	0.1	0.1	0.0	$\sigma^2 + r\,\sigma_{A\times B}^2$
誤差	12	46.7	3.89		σ^2

** ; $P < 0.01$. * ; $P < 0.05$.

(9) 分散分析表を作り，F 検定を行う．

　分散分析結果を表 2.4.2-2 に示したが，この場合，エネルギー水準，タンパク質飼料給与効果のいずれもが有意であり，交互作用は認められなかった．仮に，交互作用が有意となっていたら，エネルギー給与水準の違いによってタンパク質飼料の給与効果が異なることになり，エネルギー水準毎の検討が必要になる．

　このように，二元配置法は一元配置法に比べて情報量が多くなる利点があり，また，反復数が多くなることによって精度の向上が期待できるが，一方で，規模が大きくなることにより実施上の困難が増加する．これを克服するために，全ての組み合わせについて実施するのではなく，その組み合わせの一部だけを実施して，しかも，必要な情報は全て取り出せるという計画が考案されており，一部実施法または部分要因計画法と呼ばれている．また，農学の分野では直交表の活用も行われている．

　二元配置法の場合，1 区当たりの供試数は原則的に等しくなければならない．しかし，動物実験では，供試頭数を十分に集めることができなかった，何らかの理由により欠測値が生じてしまった，といったケースはよく起きる．欠測値が 1 点だけの場合には，簡便な補正も可能であるが，複数の欠測値が生じた場合には，最小自乗法により計算することが望ましい[3]．統計ソフトウエアパッケージの一つである SAS などを利用するとよい．

　なお，この例では因子はいずれも母数模型であるので，F 検定は総て誤差項で行うことになる．しかし，母数模型と変量模型が混合している場合，あるいは，いずれも変量模型の場合は，まず，交互作用項の検定を行い，これ

第2章 実験計画法と実験結果のまとめ方

表 2.4.2-3　二元配置法の場合の分散の期待値

	A, B : 母数	A : 母数, B : 変量	A, B : 変量
A	$\sigma^2 + br\kappa_A^2$	$\sigma^2 + r\sigma_{A \times B}^2 + br\kappa_A^2$	$\sigma^2 + r\sigma_{A \times B}^2 + br\sigma_A^2$
B	$\sigma^2 + ar\kappa_B^2$	$\sigma^2 + ar\sigma_B^2$	$\sigma^2 + r\sigma_{A \times B}^2 + ar\sigma_B^2$
A×B	$\sigma^2 + r\sigma_{A \times B}^2$	$\sigma^2 + r\sigma_{A \times B}^2$	$\sigma^2 + r\sigma_{A \times B}^2$
R	σ^2	σ^2	σ^2

が有意でないことを確認した後，主効果の検定を行うことになる点に注意が必要である（表 2.4.2-3 参照）．

2.4.3　乱塊法

乱塊法は先に述べた Fisher の3原則，すなわち，1) 反復，2) 無作為化，3) 局所管理を実現する最も基本的な実験計画である．乱塊法では処理の一揃いを一つのブロックにランダムに配置する計画で処理数とブロック数に制限はない．ただし，不必要にブロックを設定すると誤差の自由度が減少することになる．

ブロックの設定はブロック間の条件の差が大きく，また，ブロック内では条件がなるべく均一になるように構成する．例えば，例2におけるエネルギー水準を仮に乳量水準の異なる牛群とした場合，牛群をブロックにとって飼料のタンパク質水準の効果を検定することになる．この場合，ブロックは変量模型となるので，飼料の効果は交互作用項で検定することになる．

しかし，通常はブロック因子と処理因子の交互作用は認められないように設定するので，交互作用項と誤差項をプールして検定に用いることが行われる．乱塊法実験としての分散分析結果を表 2.4.3-1 に示した．

表 2.4.3-1　乱塊法実験の分散分析例（例3）

要因	自由度	平方和	平均平方	F 比
タンパク質飼料間	1	22.80	22.80	6.34*
ブロック間	1	62.02	62.02	17.25**
誤差	13	46.74	3.60	

** ; $P < 0.01$. * ; $P < 0.05$.

仮に，例2でブロックを設定せずに，一元配置法として実施したとすると，誤差項は自由度14，平均平方が7.77，F 値が2.93となり，処理間差は有意ではなくなる．

2.4.4 ラテン方格法

局所管理の考え方は，ブロック内のばらつきをできるだけ均一にすることである．誤差が生じる原因が一つの場合は乱塊法で対処できるが，2種類の誤差要因（系統誤差）がある場合にはラテン方格法が応用できる．

ラテン方格法では2種類の誤差要因による変動が処理効果を検討するための誤差項から取り除かれるので，誤差平方和は完全無作為化法や乱塊法に比べて小さくなる．しかし，誤差の自由度も小さくなるため，差の検出精度が必ずしも向上するとはいえない．また，処理数と反復数が等しくなければならないことから処理数の多い実験では規模が大きくなって実施が困難となる．

このため，大家畜を用いてラテン方格法により実験を実施する場合には，条件の揃った個体を複数頭ずつ，3群を用いる，あるいは例に示したような規模の小さいラテン方格を繰り返して行う，などの工夫が必要となる．

表2.4.4-1にラテン方格法による計算例を示した．具体的な計算手順は引用文献[3]を参照のこと．この例は乳量の変動について解析したものであるが，個体差に由来する変動をブロックとして除いているので，誤差の平均平方はかなり小さくなっ

表2.4.4-1 ラテン方格法による計算例（例4）

供試牛	時期			平均
	1期	2期	3期	
NO. 1	A : 31.6	B : 32.4	C : 30.9	31.6
NO. 2	C : 34.2	A : 32.3	B : 31.5	32.7
NO. 3	B : 39.5	C : 37.9	A : 31.8	36.4
平均	35.1	34.2	31.4	

給与飼料 A；31.9，B；34.5，C；34.3

	自由度	平方和	平均平方	F 値
飼料間	2	12.5	6.3	4.0
時期間	2	22.3	11.2	7.1
個体間	2	37.7	18.9	12.1
誤　差	2	3.1	1.6	

$F(2,2 ; 0.05) = 19.00$　$F(2,2 ; 0.01) = 99.00$

ており，F 値も大きいが，自由度が小さく有意な違いがあるとは結論づけることができない．

2.4.5 分割区法

条件の揃った実験動物を多数揃える大規模な実験は実行上種々の困難を伴う．それに対処する方法の一つとして乱塊法やラテン方格法を紹介したが，分割区法もそういった対処法の一種である．

いままで紹介してきた要因計画法では，各試験区の配置はランダムに行ってきた．しかし，因子の種類によってはその水準を試験区毎にランダムにかえることが困難な場合がある．特にその因子が標示因子であって，主効果についての情報は重要ではなく，その因子と制御因子との交互作用を知ることが実験の主要な目的である場合は，分割区法を採用すると実験がやりやすい．

また，経時的な変動パターンを問題とする場合にも分割区法は有用である．分割区法では一次単位に割りあてて行う実験を一次試験（主試験），一次単位を分割した二次単位に割りつける実験を二次試験（副試験）といい，二次誤差に比較して一般に一次誤差は大きく，その自由度も小さい場合が多い．したがって，一次誤差で検定する一次因子の主効果，交互作用の検出精度は低い．これに対し，二次誤差で検定する二次因子の主効果，交互作用および一次因子と二次因子の交互作用の検出精度は高い．これが分割区法の特徴であって，因子を割り付けるときに配慮するとよい．

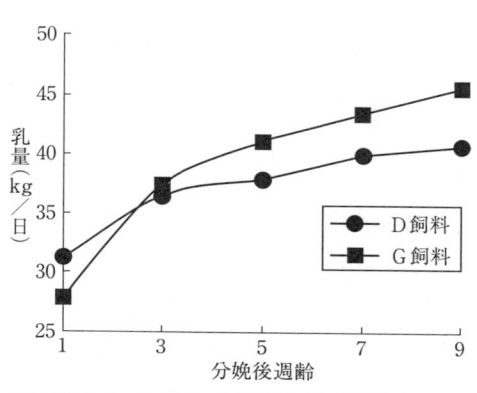

図 2.4.5-1　2種類の飼料給与時の泌乳パターン

例5は2種類の給与飼料を用いて（1区4頭を供試），分娩直後の泌乳パターンを比較

表 2.4.5-1　分割区法による分散分析例（例5）

	自由度	平方和	平均平方	F 値
主試験区				
給与飼料	1	33.3	33.3	0.3
ウシ（一次誤差）	6	734.8	122.5	17.0**
副試験区				
週次	4	920.6	230.2	31.9**
飼料×週次	4	85.9	21.5	3.0*
誤差（二次誤差）	24	173.4	7.2	

*；$p < 0.05$，**；$p < 0.01$

した成績であり（図 2.4.5-1），その分散分析結果を表 2.4.5-1 に示す．

　給与飼料の効果は一次誤差で検定を行うことになる．この例では，平均ではD飼料給与時の乳量が 37.3 kg，G飼料給与時が 39.1 kg と 2 kg 近い差があるものの，個体差が大きいために F 値は極めて小さくなり，給与飼料の効果は明らかではない．しかし，二次誤差で検定する飼料と週次の交互作用項は 5％水準で有意となっており，分娩後の乳量の立ち上がりに給与飼料による違いがあることがわかる．

2.4.6　枝分かれ実験

　ある母集団から無作為に取り出したサンプルからさらに副次サンプルを無作為に取り出し，副次サンプルからさらに副々次サンプルを取り出す場合がある．この種のサンプルを枝分かれ分類または巣ごもり標本とよび，一元配置法が積み重なった構造をとる．この場合，個々の処理効果よりも各段階における誤差分散の大きさを推定することが重要になる．

　例 6 は給与飼料，測定日および個体が反芻時間に及ぼす影響を見たものである（表 2.4.6-1 と 2）．それぞれの要因に対する平均平方の期待値から個々の分散成分を計算すると σ_A^2，σ_B^2，σ_C^2 の順に，20858，2658，350 となる．1 種類の飼料を 1 頭のウシに与え，1 日だけ測定したときのデータのもつ誤差分散は $\sigma_A^2 + \sigma_B^2 + \sigma_C^2 = 23866$ となり，その場合，全変動の 87％が飼料の変動に由来するものであり，ウシに由来するものが 11％，測定日に由来す

表 2.4.6-1 採食反芻時間の測定データ（例6）

飼料	ウシ		採食反芻時間（分）
飼料1	ウシ1	1日目	204
		2日目	190
	ウシ2	1日目	228
		2日目	204
飼料2	ウシ3	1日目	374
		2日目	384
	ウシ4	1日目	308
		2日目	324
︙	︙	︙	︙
飼料8	ウシ15	1日目	324
		2日目	322
	ウシ16	1日目	316
		2日目	326
		平　均	346
		最　小	190
		最　大	802

るものが1％で，測定精度の向上のためには供試頭数を増やすことが最も有効であることが分かる．なお，a 種類の飼料を b 頭に与え，c 日間測定したときの測定値に伴う誤差は，$\sigma_{\bar{x}}^2 = \sigma_A^2/a + \sigma_B^2/ab + \sigma_C^2/abc$ として示される．このような分散成分の推定値に関する情報を実験設計の際に活用するとよい．

表 2.4.6-2　枝分かれ実験データの分散分析（例6）

要因	自由度	平均平方	F 値
飼料（A）	7	89100　15.7 （$\sigma_C^2 + c\sigma_B^2 + bc\sigma_A^2$）	←
ウシ（B）	8	5665　16.2 （$\sigma_C^2 + c\sigma_B^2$）	←
測定日（C）	16	350 （σ_C^2）	

2.4.7　回帰分析法

本節で紹介した実験計画法の他に，実験データの解析に際して利用する機会が多い統計的方法の一つに回帰分析がある．また，回帰分析の実験計画法への応用として，測定値（x）と目的とする測定値（y）との間に回帰関係が認められる場合にその回帰関係を利用して初期条件 x による不均一性を補正しようとする共分散分析法などがある．

本書ではこれらについては触れないので，詳細については成書[1,2,3]を参考にされたい．

2.5 SASの利用法

統計データの解析のために各種の汎用統計パッケージが作成され，栄養学実験の解析ではSAS（Statistical Analysis System）の利用が一般化している．

SASの利用は，当初，大型汎用計算機から始まったが，その後，ミニコン，UNIXワークステーション，パソコン（DOS版とWindows版がある）とその動作可能な環境はどんどん拡がりつつある．SASでは広範な統計的手法が収載されているSAS/STATを基本に，時系列解析に関する手法を集めたSAS/ETS，線形計画法やオペレーションズリサーチの手法を集めたSAS/ORなど各種のオプションが提供されており，その汎用性が魅力の一つとなっている．

また，データの入出力形態が多様であり，複数のファイルの結合やデータの並び替えなどが簡単に実行できるなど，大変利用しやすい．

SASの実行の手順をWindows版（6.12）の例を用いて簡単に示すと次のようになる．

1．SAS実行ソフトの起動要求

SASが起動されると基本ウィンドウである，1) PGMウィンドウ：プログラムの編集を行う，2) LOGウィンドウ：実行時にSAS処理系からのメッセージが表示される，3) OUT-

```
data examplel;
input energy$ protein$ milk;
cards;
            H  A  25.2
            H  A  25.2
            H  A  23.2
            H  A  18.7
            H  B  28.1
            H  B  24.3
                ・
                ・
                ・
            L  A  17.0
            L  B  22.4
            L  B  20.9
            L  B  21.0
            L  B  21.8
;
run;
proc glm;
class energy protein;
model milk = energy protein energy * protein / ss3;
lsmeans energy protein / stderr;
run;
```

図2.5-1　SASプログラム例（例2）

PUTウインドウ：統計処理結果などが出力される，が表示される．

2．プログラムの入力，編集，実行

　PGMウインドウにプログラムを記載したファイルを読み込むか，PGMウインドウ上で作成する．プログラムの基本構成はデータ入力部分（DATAステップ）と統計処理法の指示部分（PROCステップ）とからなる．プログラムができあがったら，SUBMIT命令を実行，エラーをはじめ実行時の重要情報がLOGウインドウに表示されるので，うまく動かなかったときはその指示を参考にプログラムを修正する（プログラム例を図2.5-1に示す）．計算結果はOUT-PUTウインドウに表示される．計算結果はそのままプリントアウトすることも，また，ファイルに保存することもできる．

3．SASの終了

　メニューからSASの終了を選択する．

　SASを活用するためには簡単なプログラミングを行う必要がある．SASのプログラミングに関する解説，参考例は数多く出版されているので，詳細はそれらを参考にされたい（参考文献[14～17]参照）．　　　　　（寺田文典）

2.6　注意事項

　平均値の差の検定を行う場合，やってはいけないことがある．まず，2標本のt検定を繰り返し行うことは避けなければならない．

　また，実験計画法に基づきコンピューターで統計処理を行う場合，気をつけなくてはならない点として，現在では使用できない方法がソフトに含まれている場合があることである．

　特に，よく用いる多重検定ではDuncanの多重範囲検定法は今では用いてはならず，FisherのLSD法も4標本以上では使えない．

　くわしい理由については成書をご参考いただきたい[18]．　　　　（吉田達行）

参考文献

1) 畑村又好ら訳，1972．スネデカー・コクラン 統計的方法 第6版，岩波書店．
2) 応用統計ハンドブック編集委員会編，1978．応用統計ハンドブック，養賢堂．

3) 吉田 実，1975．畜産を中心とする実験計画法，養賢堂．
4) 石村貞夫，分散分析のはなし，1992．PP 73 – 161，東京図書．
5) 石村貞夫，すぐわかる統計処理，1994．PP 66 – 75，東京図書．
6) Ohtsuka Y., and M. Yoshihara, Applied Statistics, 1976. 5: 29 – 39.
7) Morris T. R. *et al*., Br. Poult. Sci., 1992. 33: 795 – 803.
8) Mercer L. P., J. Nutr., 1982. 112: 560 – 566.
9) Robbins K. R. *et al*., J. Nutr., 1979. 109: 1710 – 1714.
10) Ohta Y. and T. Ishibashi, Jpn. Poult. Sci., 1994. 31: 369 – 380.
11) Surisdiarto and D. J. Farrell, Poult. Sci., 1991. 70: 830 – 836.
12) Toyomizu M. *et al*., J. Nutr., 1988. 118: 86 – 92.
13) Totsuka K. *et al*., Jpn. Poult. Sci., 1993. 30: 1 – 15.
14) 市川伸一・大橋靖雄，1993．SASによるデータ解析入門(第2版)，東京大学出版会．
15) 芳賀敏郎ら，1989．SASによる実験データの解析，東京大学出版会．
16) 芳賀敏郎ら，1996．SASによる回帰分析，東京大学出版会．
17) 新村秀一訳，1986．SASによる回帰分析の実践，朝倉書店．
18) 永田 靖・吉田道弘，統計的多重比較法の基礎，1997．PP 9 – 31，サイエンティスト社．

第3章 動物の飼育法

地球上には130万種の動物がいる．それらの生態，食性のタイプは種の数と同じ位，多種多様である．人類が動物を飼い慣らしていく過程で，はじめは動物を飼うことは芸であった．経験を重ねて，家畜や家禽として身近に動物を飼えるようになるためには長い期間がかかり，また家畜化された後も長い年月が経過した．それらの動物を現在も家畜として，実験動物として，あるいは伴侶動物として飼育していくためには，まだまだ明らかにしていかなければならないことが多い．本章では，そのうち栄養に関する試験のために必要な知識を集めることとした．すべての動物については書ききれないため，表3-1に示した21種について記す．

3.1 小動物

ここでいう小動物とは比較的体が小さいということで，分類学的な共通性はない．家畜である昆虫目のミツバチ，実験動物としてのげっ歯目のマウス，ラット，ハムスター，モルモットおよびウサギ，実験動物および家畜としての食肉目のネコとイヌを体重の小さい順に取り上げた．

実験動物で得られた結果は信頼性と再現性のあるものでなければならない．実験動物に影響する要因には遺伝的要因と環境的要因とがある．環境コントロールの意義は再現性の保証が第一で，生産性や経済性を重視する畜産分野と快適さを求めるヒトの場合とでは異なる．実験動物施設基準研究会(1983)は多種多様の実験に対応でき，かつ経済性も加味した環境基準値をまとめている（表3.1-1）．厳密な環境コントロール下での実験から常に高い再現性が得られるとは限らない．特殊な実験の場合には，これらと異なるコントロールが必要であるが，環境コントロールの意義をよく理解しておく必要がある．

表 3-1 本章で取り扱う動物

門 Phylum	綱 Class	目 Order	科 Family	属 Genus	種 Species	家畜名
節足動物 Arthropoda	昆 虫 Insecta	膜 翅 Hymenoptera	ミツバチ Apidae	ミツバチ Apis	セイヨウミツバチ mellifera	(ミツバチ)
脊椎動物 Vertebrata	哺 乳 Mammalia	げっ歯 Rodentia	ネズミ Muridae	ハツカネズミ Mus	ハツカネズミ musculus	(マウス)
			ネズミ Muridae	ネズミ Rattus	ドブネズミ norvegicus	(ラット)
			キヌゲネズミ Cricetidae	ゴールデンハムスター Mesocricetus	ゴールデンハムスター auratus	(ハムスター)
			テンジクネズミ Caviidae	テンジクネズミ Cavia	テンジクネズミ porcellus	(モルモット)
		ウサギ Lagomorpha	ウサギ Leporidae	アナウサギ Oryctolagus	アナウサギ cuniculus	(ウサギ)
		食 肉 Carnivora	ネ コ Felidae	ネ コ Felis	ヨーロッパヤマネコ silvestris	(ネ コ)
			イ ヌ Canidae	イ ヌ Canis	イ ヌ familupus	(イ ヌ)
	鳥 Aves	キジ Galliformes	キジ Phasianidae	ウズラ Coturnix	ニホンウズラ coturinix	(ニホンウズラ)
				ホロホロチョウ Numida	ホロホロチョウ meleagris	
				ヤケイ Gallus	セキショクヤケイ gallus	(ニワトリ)
				シチメンチョウ Meleagris	シチメンチョウ gallopavo	(シチメンチョウ)
				アヒル Anas	マガモ platyrhynchos	(アヒル)
			ガンカモ Anseriformes	ガンカモ Anatidae		
		ダチョウ Struthiones	ダチョウ Struthinidae	ダチョウ Struthio	ダチョウ camelus	(ダチョウ)
	哺 乳 Mammalia	偶 蹄 Artiodactyla	イノシシ Suidae	イノシシ Sus	イノシシ scrofa	(ブ タ)
		奇 蹄 Perissodactyla	ウ マ Equidae	ウ マ Equus	ウ マ caballus	(ウ マ)
		偶 蹄 Artiodactyla	ウ シ Bovidae	ヤ ギ Capra	ヤ ギ aegarus	(ヤ ギ)
				ヒツジ Ovis	ヒツジ ammon	(ヒツジ)
			シ カ Cervidae	シ カ Cervus	ニホンジカ nippon	
			ウ シ Bovidae	ウ シ Bos	ウ シ primigenius	(ウ シ)
				アジアスイギュウ Bubalus	アジアスイギュウ arnee	(スイギュウ)

第3章　動物の飼育法

表 3.1-1　実験動物の環境基準値

	(マウス，ラット，ハムスター，モルモット)	(ウサギ，ネコ，イヌ)
温　度	20～26℃	18～26℃
湿　度	40～60％ (30％以下，70％以上になってはならない)	
換　気	アンモニア濃度で 20 ppm を越えない	
照　明	150～300 lx (床上 45～85 cm)	
騒　音	60 ホンを越えない．	

参考文献

田先威和夫監修．1996．新編畜産大事典．養賢堂．

3.1.1　ミツバチ（蜜蜂）(Honey bee)

　ミツバチ属 (*Apis*) は種分化に乏しく，主要種には，トウヨウミツバチ (*Apis cerana*)，セイヨウミツバチ (*A. mellifera*)，オオミツバチ (*A. dorsata*)，コミツバチ (*A. florea*) の4種だけで，現在提案されている新種および今後発見されるであろう新種を入れても10種は超えない．このうち養蜂種として飼養される種は前2種だけで，わが国で養蜂といえばセイヨウミツバチを示し，在来種であるニホンミツバチ (*A. c. japonica*：トウヨウミツバチの亜種) は一部で飼養されるにすぎない．家畜化の歴史が長いセイヨウミツバチは，飼養・管理が容易で大量に均質な個体（働き蜂および雄蜂）が得られ，雄は半数体で，遺伝子型と表現型が一致するため実験に適した昆虫といえる．

1. ミツバチの種類と購入方法

　セイヨウミツバチは遺伝的にもよく研究されており，家畜として育種された系統（亜種）を含め24亜種に分けられる．代表的な系統には，*A. mellifera mellifera* (品種名 *German dark bees*)，*A. m. lingustica* (〃 *Italian bees*)，*A. m. carnica* (〃 *Carniolan bees*)，*A. m. remipes* (〃 *Caucasian bees*) などがあり，イタリアンやカーニオランが世界的に普及している．国内で流布しているセイヨウミツバチはほとんどが系統間雑種であり，容易に養蜂業者から購入できる．純系統が必要な場合は養蜂業者に頼み，海外から純系の女王

を輸入する．

2．飼育に必要な設備

1）養蜂場

ミツバチは必要とする栄養をすべて花蜜（糖質）と花粉（タンパク質）から得る．したがって，飼養は屋外の植物（蜜源植物，花粉源植物）の多い場所が望ましい．薬剤散布などは論外である．花のない時期（蜜枯れ期）は，砂糖水と代用花粉を給餌することによりコロニー（群）の維持が図られる．給餌を慎重にすれば，閉鎖環境系であるガラス室や網室でも飼養は可能である．なお，自然光が入らない室での飼養では，働き蜂の定位飛行に必要な紫外線灯などの設置が必要となる．

2）飼育管理に必要な器具

家畜化の進んだセイヨウミツバチでは，巣箱，巣脾枠，給餌器，燻煙器をはじめ，様々飼養器具が考案されており，また，国際的にも規格の統一が図られている．これらの飼養用具は養蜂業者から一式購入できる．

3）飼　料

蜜枯れ期に給餌する砂糖水は砂糖（ざらめ糖が最適）と温湯を$1:1$（W/W）で混ぜたものを標準とし，越冬や越夏前などには少し濃厚にする．代用花粉には様々な商品が開発されており利用できる．

4）飼育管理

病気の予防，餌（花蜜，花粉）源の確保，厳冬期の防寒などに気を配れば，ミツバチコロニーの飼養は難しいことはない．しかし，ミツバチは刺針という強力な防御法を備えているので，コロニーの管理作業時には覆面布，手袋などを着けることをおろそかにしてはいけない．

5）繁殖および管理

一匹の妊性のある女王と数千から数万の妊性のない働き蜂および多数の雄蜂とで一つのコロニーを形成するミツバチは，コロニー自身が他の家畜の一個体に相当するとも見られる．したがって，繁殖には，女王の産卵によりコロニーを増大させる（健勢）面と，新女王が生まれコロニーが増加する（群殖）面とがある．この二面を管理することが飼養の技術となる．

6）健　勢

春～晩秋のシーズン中，女王は日に1,000～1,500個の働き蜂になる卵を産む．働き蜂の寿命は1～1.5ヵ月であるから，生と死のバランスがとれるのは概ね3～7万個体のコロニーに育ったときである．健勢を図るには日常の管理が重要となる．

7）群　殖

コロニー数が増える前には，働き蜂による王台（女王に育てるための巣房）の形成が見られる．すなわち，春期の繁殖期（分封王台）や女王が老衰して産卵力が低下したとき（女王更新王台），あるいは女王が死んだとき（変成王台）などである．こういった現象を利用して群殖を図るが，ミツバチを実験昆虫として利用する場合は，春期の分封群を収容すればよい．

8）栄養試験上の参考項目

ミツバチにとっての栄養源は原則として花粉と花蜜に拠っている．前者は主にタンパク源として幼虫に，後者は糖質源として成虫が摂食する．また，それらは個体の成長度合いと，コロニー全体としての成長度合い（健勢）とに反映される．

（1）個体の成長

女王蜂と働き蜂は同じ受精卵から発生するが，幼虫時に与えられる食物によって分化する．前者は，羽化後1週間ほどの働き蜂（育児蜂）が下咽頭腺から分泌するローヤルゼリーと蜂蜜の混合物が，後者は花粉と蜂蜜の混合物がそれぞれ与えられた場合である．ローヤルゼリーは花粉由来の分泌物で，タンパク質（40％）脂肪酸（15％）糖質（40％）その他ミネラル，ビタミンなど多様な成分を含有する．

この両者を実験室内で育て分けることができる．該当の飼料が入った小型容器に羽化直後の幼虫を移し，温度を34℃，相対湿度を96％以上に保ち，蛹化直前までその条件で飼育を行う．脱糞が始まったら蛹皿に移し湿度を80～60％に下げる．

ローヤルゼリーを与えられる自然状態ではほぼ100％女王が出現するが，人工飼料でのこれまでの実験では，生育が少し遅れ，形態も働き蜂に近い中

間型も出現するようである．

(2) コロニーの成長

活動時期のコロニーでは，女王は1日に自分の体重に相当する量の卵を産み，それらに給餌および世話をする働き蜂への食物は量的にも質的にも重要となる．コロニーへの一般的な給餌法を記す．

(3) コロニーへの給餌法

a) 糖液の給餌法

通常，枠型給餌器を使用する．枠型給餌器とは巣脾枠と同じ寸法の木箱で約 1.5 l の糖液が入る．これを巣箱内に巣脾枠にならべて懸けておき，必要時に糖液を規定量注ぎ込めばよい．多数のハチがその内壁を伝って多量の糖液を巣脾枠に運ぶことができる．他に，巣脾枠に直接糖液を流し込む「塗り餌」と呼ばれる方法もある．この場合はハチが直接糖液を摂食することができ，効果の現れるのが早い．

いずれにおいても，他コロニーからの盗蜂を防ぐために，巣箱の外側はもちろん内側にも糖液をこぼさないよう注意する必要がある．

b) 花粉相当飼料の給餌法

該当飼料に糖液を加えてダンゴ状に練ったものがよい．糖液は砂糖2に対して水1 (W/W) とする．この飼料を蜂球の中心部の巣脾枠上面に乗せ，乾燥を防ぐためにセロファンなどを被せる．働き蜂は飼料下側から喰いちぎり巣脾枠に運び込む．飼料の量は巣脾枠1枚に対し 100 g ほどが慣行である．

〈天野和宏〉

参考文献

1) 松香光夫，1998．ミツバチ科学，19：1－8．
2) Crane, E., 1990. Bees and Beekeeping, Heinemann Newnes.
3) 渡辺 寛・渡辺 孝，1991．近代養蜂，日本養蜂振興会．

3.1.2 マウス (Mouse, 複 Mice)

マウスはハツカネズミが実験動物化したものである．ヒトとの関わり合いは古いが，古い記録の中ではハツカネズミかラットか明らかではないものが

多い．マウスは約8～10週齢で性成熟に達し，1回約10頭の子を産む．平均寿命は1.5年と短い．成熟しても雄40g，雌30g以下と体重が少なく，飼料代，諸経費が安く，扱いやすい．突然変異や選抜によって200種以上が国際登録されている．現在は実験動物の主役となっているが，体が小さいため，複雑な手術がしにくく，血液，乳，組織，尿などが少ない欠点がある．

1．マウスの種類と購入方法

マウスには数多くの近交系，ミュータント系，クローズドコロニーが存在し，系統により異なる特性をもつものがあるため，実験目的にあった系統を選定し，入手することが望ましい．例えば，クローズドコロニーとして生産されているICR系は大型で採血量も多いが，近交系や近交系間F_1雑種に比べて，遺伝的な斉一性に劣る．通常，マウスは繁殖業者から購入するが，大学や研究所から譲り受けることができる系統もある．

2．飼育に必要な設備と器具

飼育室は直射日光や直風を避け，温度20～25℃，湿度50～60％とし，年間一定であることが望ましい．人工照明は一般に1日14時間あるいは12時間が広く用いられている．

飼育棚（ラック）は様々なものが市販されている．材質はステンレス製が優れている．また，壁に固定するものと可動式のものがあるが，消毒，清掃，作業時には可動式のラックのほうが便利である．また，作業面での利便性はもちろんのこと，人工照明がすべて均等に届くことや換気に留意した配置となることが望ましい．また，床面に近いほど温度が低く，細菌数も多いことなどから，棚の高さが飼育環境に与える影響を考慮する必要がある．

飼育箱（ケージ）は種々のタイプのものが市販されており，実験目的にあったものを選ぶ必要がある．成熟マウス1匹当たりの床面積の基準は，長期間飼育の場合で90～130 cm^2，短期間飼育の場合で60 cm^2 とされている．金属製あるいは合成樹脂製のものが消毒，洗浄，保存の点で優れている．床敷はかんな屑を滅菌したものが望ましい．また，市販されているものもあるが，大量の動物を飼育する場合にはコスト高になる．給餌器はステンレス製のものが耐久性に優れている．また，1回の給餌で4～7日位摂餌できる容

量のものが便利である．給水瓶は先管がステンレス製のものが使い勝手がよく，耐久性にも優れている．

3．飼料

栄養要求量を充足するように配合された一般飼育用，繁殖用，特殊飼料が市販されている．成熟マウスの摂取量は飼料の種類にもよるが，3～5gで，飲水量は5～7mlである．

4．飼育管理

通常の飼育には市販のマウス用育成飼料を給餌するが，発育のよくない近交系などにはマウスの繁殖用飼料を与えることもある．

床敷きの交換（床換え）は実験目的や飼育密度にもよるが，週1回以上行うことが望ましい．その際，ケージの洗浄を行い，必要に応じてケージの滅菌を行う．また，ラックも消毒液で棚の汚れを拭き取り消毒する．給餌器や給水瓶も同様に週1回以上の洗浄を行う．給水瓶内に糞が混入していることがあるので注意を要する．また，洗浄時には給水瓶のゴム栓部分のぬめりをきれいに取り去る．飼育器材は消毒液などに浸漬した後に洗浄すると付着物が落ちやすい．

個体識別は毛色にかかわらず耳パンチが利用できる．1ヵ月程度であれば白色マウスにはピクリン酸のエチルアルコール飽和溶液が有効である．

5．繁殖および子マウスの管理

繁殖は雄1匹に対し，雌1～4匹を同一ケージに同居させる．繁殖適期は8週齢以降，近交系では10週齢以降が望ましい．マウスの性周期は平均4または5日，妊娠期間は19～20日である．雌は出産数日前に腹部が大きくなり，体重が急増する．一般に雌は出産前に個別飼いにするが，雄1匹対雌1匹の交配であれば，雄を同居させておくことによって追いかけ妊娠（出産日に受胎）させることも可能である．産子数は系統や産次により大きく異なるが，10匹前後（6～14匹）である．

出産後2～3日間の雌親は興奮し，神経質になっているので，動物にはできるだけ触れないようにする．開眼は15日齢前後で，この頃から餌や水を摂りはじめる．離乳は通常21日齢で行う．ただし，追いかけ妊娠をさせた場

合には，最初の出産後 17〜18 日で離乳させた後に次の出産を行うようにする．早いものでは 6 週齢頃に性成熟に達するものがあるので，離乳時に雌雄鑑別を行い，雌雄別飼いにすると飼育管理が容易である．雌雄は，幼若期は肛門から陰部までの距離（長いものが雄）で，またそれ以降は雌の膣口や雄の陰嚢部などによって容易に判別することができる．交配を経験した雄同士は攻撃しあうため，できるだけ同居させないほうがよい．

　繁殖期には床敷きを多めに与えると保温性が高まる．また，繁殖期の給水瓶の水漏れのチェックは特に重要である．通常の繁殖には，市販のマウス用繁殖飼料を給与する．　　　　　　　　　　　　　　　　　（佐藤正寛）

3.1.3　ゴールデンハムスター（Golden hamster）

　ハムスターにはシリアン，チャイニーズ，アルタニアン，トルコ，ヨーロピアン，ジャンガリアンハムスターなどがある．実験に使われるのは主にシリアンハムスターでゴールデンハムスター（以下ハムスター）と呼ばれている．30〜90 日齢で生殖可能となり，生存率は 1.5 年で 70 % である．体重は成熟雄では 85〜140 g，雌では 95〜150 g である．細菌やウイルスに対する感受性が高いので，感染試験，毒性試験，発癌性試験，催奇形性試験などに多く用いられる．

1．種類と入手方法

　ハムスターはクローズドコロニーとして市販されており，近年一部の近交系も市販されるようになった．また，最近では多くの近交系が作出されるようになり，大学や研究所から譲り受けることができる系統もある．

2．飼育に必要な設備と器具

1）飼育室

　飼育室はマウスと同様あるいはやや低めの温度管理（20〜24 ℃）を行い，年間を通して一定であることが望ましい．また，適温の範囲外で飼育する場合には寒冷よりも暑熱を嫌うことに留意する．人工照明は 1 日 14 時間とするのが一般的である．

2）飼育棚

　飼育棚（ラック）は様々なものが市販されている．材質はステンレス製が優れている．また，壁に固定するものと可動式のものがあるが，消毒，清掃，作業時には可動式のラックのほうが便利である．また，作業面での利便性はもちろんのこと，人工照明がすべてに均等に届くことや換気に留意することが望ましい．また，床面に近いほど温度が低く，細菌数も多いことなどから，棚の高さが飼育環境に与える影響を考慮する必要がある．

3）飼育箱

　飼育箱（ケージ）は金属製，合成樹脂製などいくつかのタイプのものが市販されており，実験目的にあったものを選ぶ必要がある．シリアンハムスターの歯は強靱で，金網を切ることもある．したがってケージやその蓋はアルミニウム製は避ける方がよい．また集団で飼育する場合はケージの蓋を押し上げる習性があるので，蓋は留め金でしっかり固定できる物を選ぶ必要がある．ハムスターはストレスに対する感受性が高く，また頬袋で餌を運搬する習性があるため，床の構造は網張りのものを避ける．成熟ハムスター1匹当たりの床面積の基準は，個別飼育の場合で約 $750\ cm^2$，集団飼育用ケージとして $1,300〜1,400\ cm^2$ のものが市販されている．金属製あるいは合成樹脂製のものが消毒，洗浄，保存の点で優れている．金属製のものは耐久性に富み，合成樹脂製のものは動物の観察に便利である．床敷はかんな屑を滅菌したものが望ましく，ケージの高さにもよるが，2 cm 以上の高さまで床敷を入れてやる．特にハムスターの尿はケージに付着し乾燥すると落ちにくくなるため，床敷は多いほど望ましい．ケージの蓋はステンレス製の給餌器を兼ねているものが使いやすい．このようなケージでは1回の給餌で4〜7日位の分を補給できるようになっている．給水瓶は先管がステンレス製のものが使い勝手がよく，耐久性に優れている．

3．飼　料

　通常の飼育には市販のマウス・ハムスター用育成飼料を給餌する．また，ハムスターは粗飼料利用性に富んでいるため，草食動物用飼料でも育成できる．1日の摂食量は 10〜15 g，飲水量は 10〜30 g である．

4. 飼育管理

ハムスターは夜行性であり，照明時には睡眠中である場合が多い．熟睡中には全身の筋肉を弛緩し，覚醒しにくいので，死亡したものと見間違えることがある．

管理を行うときはハムスターであることを考慮する必要があり，特に浅い睡眠時に急に触ると，激しい声を発し噛みつくこともあるので注意が必要である．

床換えは実験目的や飼育密度にもよるが，週1回以上行うことが望ましい．その際，ケージの洗浄を行い，必要に応じてケージの滅菌を行う．また，ラックも消毒液で棚の汚れを拭き取り消毒する．ケージの蓋や給水瓶も同様に週1回以上の洗浄を行う．飼育器材は消毒液などに浸漬した後に洗浄すると付着物が落ちやすい．

ハムスターは保定が容易であるため，個体識別には耳パンチが利用できる．また，ハムスターは腹部が白色であるため，ピクリン酸のエチルアルコール飽和溶液による識別も有効である．

5. 繁殖管理

繁殖は雄1〜複数匹に対し，雌1〜3匹を同一ケージに同居させて行う．繁殖適期は8週齢以降，発育の遅い近交系では10週齢以降が望ましい．ハムスターの性周期は正確に4日，妊娠期間は16日である．雌は出産2〜4日前に腹部が大きくなり，体重が急増する．出産前に雌は個別飼いにし，雄を同居させないほうがよい．産子数は産次により異なるが，10匹前後（4〜16匹）である．出産翌日までに産子の間引きを行う雌親も少なくない．出産後の雌親は興奮し，神経質になっているので，できるだけ触れないようにする．開眼は14日齢前後で，この前後から餌や水を取りはじめる．離乳は通常21〜28日齢で行う．早いものでは6週齢以前に性成熟に達するものがあるので，それ以前に雌雄の別飼いを済ませておく．雌雄は，幼若期では肛門から陰部までの距離（長いものが雄），またそれ以降では雌の腟口や雄の陰嚢部の膨らみなどによって容易に判別することができる．ハムスターは雄よりも雌のほうが気が荒く，成熟後あるいは交配を経験した雌同士は攻撃し，ときに

は殺し合いになるので，同居は避けたほうがよい．また，交配時の雌雄の同居は8～16日以内に止めないと，雄が虐待され，死亡することもある．

　繁殖期には床敷きを多めに与え，繁殖期の給水瓶の水漏れのチェックを怠らないようにする．通常の繁殖には，市販のマウス・ハムスター用繁殖飼料を給与する．
　　　　　　　　　　　　　　　　　　　　　　　　　　　　　（佐藤正寛）

3.1.4　ラット（Rat）

　ラットはドブネズミが実験動物化したもので，大黒ネズミ，白ネズミなどとも呼ばれる．飼育に手がかからず，大きさは雄500g，雌300gとマウスよりも大きくて実験操作がやりやすく，安価に飼育できるばかりでなく，雑食性であることや雄が雌より大きいなどの生理的な点で人と類似しているところが多いため，実験動物として古くから利用されてきた．家畜の栄養の研究においても，その結果の適用限界さえはっきりさせておけば，1) 多数の動物を供用できること，2) 成長が速く繁殖周期が短いこと，3) 極端な栄養成分の偏りのある飼料でも摂取すること，4) 供試サンプル量が限られているときでも家畜と比べればはるかに少量で飼養試験ができること，5) 屠体の成分分析が容易であること，などの多くの利点を生かして有効に利用できる．

1．種類と購入方法

　現在，日本で主として使用されているラットの系統はウィスター Wistar（WS）および Sprague‐Dawley（SD）が多く，Fisher（F344），Donryu（DRY）なども用いられる．普通の栄養実験ではどの系統を用いても差し支えない．ただし，同じWS系であっても業者が異なるとその性質はかなり異なることがある．例えば，飼料摂取量は15～30g/日，増体量は5～10g/日ぐらいの開きがある．また，ある種の酵素活性は3倍程度の差が見られることもあり，実験の目的に応じて最適な系統，業者を選ぶことが望ましい．また，同一の業者であっても購入時期（季節）が異なると，その性質はやや違うようである．ラットは現在ではいくつかの業者が多くの数を扱っているため，常時簡単に購入することができる．

(42)　第3章　動物の飼育法

2．飼育に必要な設備

1）飼育室と飼育ケージ

　飼育室は $5\,m^2$（$1.8\,m \times 2.7\,m$）ほどの広さがあれば，実験の方法にもよるが，100〜200匹のラットを飼育できる．室内は $22 \pm 2\,℃$ に保つ．これが不可能な場合，冬でも $20\,℃$ 以下にならないように工夫をし，夏は特に通風をよくするように心がける．湿度は 50〜60％ がよいとされている．ラットの

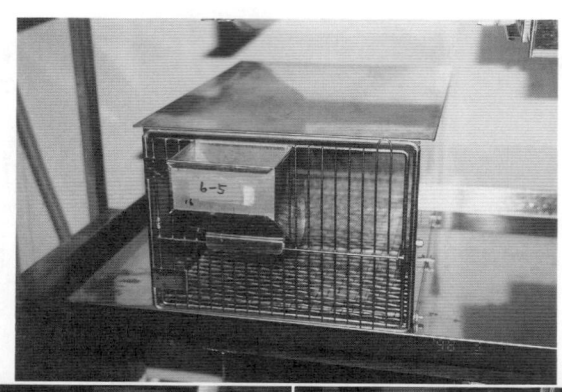

図 3.1.4-1　飼育ケージ（上段：一般飼育用，下段左・右：代謝用）

ケージだけを入れる恒温飼育戸棚も市販されている．採光はビタミンDのような特殊な実験以外は特別な考慮はいらない．

飼育ケージは金属でできたものが耐用年数や消毒の点で優れている．一般飼育用と繁殖用とがあり，糞尿の分離を目的とした代謝ケージもある（図3.1.4-1）．鉄のアングルで作った棚に飼育ケージを数段に並べた自在車付のものが便利である．

3．飼育管理に必要な器具

1）給餌器

固形飼料用および粉餌用がある．粉餌の場合にはラットが前肢でもちだすことがあるので飼料のこぼしを少なくする必要がある．そのため，粉餌用にはガラス製の目ざら付給餌器が市販されており，これを用いれば飼料のこぼしはかなり少なくすることができる．

2）給水器

ガラス製のものと合成樹脂製のものがある．合成樹脂のものはラットがかじって穴を開けることがあるので，ケージとの接触部分は金属板などをはさむとよい．容量は 200 ml 位のものが適当である．飲み口に水のこぼれを受ける容器のついた給水器も市販されている．これを使うとかなり正確な飲水量の測定が可能である．

3）体重秤

正確で感度がよく比較的安価に入手できる電子天秤（最大秤量 1 kg，感度 0.1 g）を用いるとよい．

4．飼料

市販の固形飼料を与える．これには一般飼育用，繁殖用などがある．特殊な飼料が大量に必要で自家配合の設備がない場合には，業者に頼めば調製してくれる．

通常の環境下で飼育されるラットの栄養研究のための標準飼料と

表 3.1.4-1　ラット用 AIN-93 精製飼料（g/kg飼料）[1]

コーンスターチ	397.486
カゼイン（>85%CP）	200.000
デキストリン（90-94%は4量体）	132.000
スクロース	100.000
大豆油（添加物なし）	70.000
繊維	50.000
ミネラル混合物	35.000
ビタミン混合物	10.000
L- smoll capital システン	3.000
重酒石酸コリン（41.1%コリン）	2.500
t-ブチルヒドロキノン（TBHQ）	0.014

して，アメリカの国立栄養研究所（American Institute of Nutrition, AIN）が推奨している標準精製飼料（AIN－93）[1]がある（表3.1.4-1）．配合原料のうち，コーンスターチはα−コーンスターチが手に入るのでこれを用いるとよい．繊維としては市販されている粉末沪紙が利用できる．ミネラル混合物，ビタミン混合物は業者から購入できる．

5．飼育管理

ラットは噛みつくことはまれであるが，時として飛びついてくることがある．軍手をはめて静かに体全体をつかむとおとなしい．このとき，背中からいきなりつかむと驚くため，腹の下に手を入れ，体全体をゆっくり持ち上げる．尾をつかむことはラットが嫌うため，極力避けた方がよい．

糞尿受皿には新聞紙を数枚重ねて敷き，2～3日に一度変える．使用したケージは数時間水に浸した後，洗浄，消毒する．給餌は実験の目的にもよるが，一般に自由摂取でよい．飼料量はラットの大きさ，系統によっても異なるが，1日の摂取量は10～30gである．水は毎日新しいものに替える．

栄養試験においては1ケージ1匹の単飼が原則である．成熟ラットは雌雄を分けて飼育するが，成熟ラット1匹当たりのケージ床面積は，長期間飼育の場合，200～300 cm^{2}が必要とされている．

6．繁殖管理

ラットは生後50～60日で妊娠可能となるが，雌雄とも100～120日齢で繁殖を開始させるのがよい．ラットの寿命は2～3年であるが，雌ラットの月経終止期は生後15～18ヵ月齢で，繁殖適齢は100～300日齢である．

1）妊　娠

繁殖を行うには繁殖適齢に達した雄ラット1匹と雌ラット2～3匹を飼育ケージに同居させる．ラットの発情周期は4日または5日とされているので，多くの場合はそれ以内に受精することになる．したがって，雌雄の同居は1週間でよい．同腹のラット同士を繁殖させてもさしつかえない．普通腹部が大きくなり，妊娠とわかったら1匹ずつ繁殖用のケージに移す．ケージの底にはかんな屑などの床敷を十分入れておく．床敷にはダニがつきやすいので清潔なものを使用する．ケージは人の出入りの少ない静かな場所におく

のがよい.

2) 分　娩

　妊娠期間は受精日から21〜23日目で,分娩は夜から朝にかけての場合が多い.哺育の上手な親は床敷で円形の巣を作ってその中に子ラットを集めるようにするが,哺育の下手な親や泌乳が十分でない場合にはケージ内に子ラットが散らばっている.1回の分娩頭数は4〜12匹で,7〜8匹が普通とされている.ウイスター系ではこれよりやや多いようである.乳子頭数が多いと子ラットの発育が悪く,不揃いになるので,10匹以下に限定した方がよい.子ラットの淘汰は3日齢で行う.乳子数の少ない雌ラットへ里子にだすことも可能である.雌雄の見分けは雄は外陰部が肛門と離れているが,雌では両者が近接している.

3) 子ラットの離乳と再繁殖

　子ラットは21〜22日齢で離乳が可能である.離乳の初期には離乳用飼料を与えるとよい.雌ラットを再び繁殖に供する場合にはその前に2週間程度の休止期をおいた方がよい.

(高田良三)

引用文献

1) Reeves, P. G. *et al*., 1993. J. Nutr., 123:1939-1951.

参考文献

1) 小山良修・藤井尋子,1969.動物実験手技,協同医書出版社.
2) 小山良修ら,1963.実験動物飼育管理の実際,医学書院.
3) Farris E. J. and J. Q. Griffith, 1949. The rat in laboratory investigation, 2nd ed., J. B. Lippincott Company, Philadelphia.

3.1.5　モルモット (Guinea pig)

　モルモットは南米原産で,平均68日齢で初発情が見られ,体長は25 cm位,成熟体重は雌500〜700 g,雄600〜900 gである.毛色は単色(白,黒など),2色,3色のものがあり一定でない.性質は温和で扱いやすいが臆病で特に音に敏感である.抗生物質,結核菌などに感受性が高い.

第3章　動物の飼育法

1. 種類と購入方法

モルモットの種類としては普通の短毛種であるイングリッシュ種，短毛でところどころ長毛のあるアビニシアン種，長毛のものとしてペルビアン種，アンゴラ種などがある．実験用として多く使用されているのは白色短毛種で，系統としてハートレイ系などがある．

モルモットを購入するには，まず実験目的に適した性別，成長段階（幼，成），体重などの条件をきめ，信用ある実験動物生産業者に早目に発注する．到着したら，7～10日間ほど予備飼育し，動物の異常の有無を調べ，新しい環境に馴れさせた後に供試するとよい．

2. 飼育に必要な設備

1）飼育室と飼育箱

（1）飼育室

モルモットは温度に対する抵抗性が弱いので，飼育室は夏には25～26℃以下，冬には20℃以上に，また，湿度は50～60％に保つことが望ましい．

（2）飼育箱

群飼方式では$2～4 m^2$の床（コンクリートがよい）に3～5 cm程度に切った稲わらやかんな屑などを十分に敷き，周囲および天井を板，金網などで囲う．その中に性別，大きさなどをできるだけ揃えた群を入れて飼育する．この方式は清掃がやりにくいが，簡単で費用もあまりかからない．

飼育箱を使う方式では1～5頭のモルモットを木製あるいは金属製の飼育箱で飼う．清掃に便利で，耐久力のある金属製がよい．床を7～8 mm目の金網にし，その下に糞尿を受ける引き出しをつける．また給餌器，給水瓶を適当な位置につける．引き出しになっていない場合には，床敷として細切した稲わら，かんな屑などを使用する．また，一つの飼育棚に約20個の飼育箱を収容する水洗方式のものもある．

2）飼育管理に必要な器具

（1）ケージ棚

飼育室を有効に使用できる．鉄アングル枠製が望ましいが木製でもよい．

(2) 給餌器

金属製あるいは陶器製のものを使う．モルモットは飼料の上に乗って食べるために汚すことが多いので，はめ込み式あるいは壁掛け式にするとよい．

(3) 給水器

金属製あるいはガラス製の給水管をつけた 250～500 ml のポリエチレン製あるいはガラス製のものを使う．

3. 飼　料

ウサギと同じように穀類および生草，野菜類で飼育できる．しかしビタミンCを合成することができないので，野菜類の給与またはビタミンC剤などを添加する必要がある．穀類，乾草（アルファルファなど），ミネラル，ビタミンなどを材料として固形化した飼料（ペレット）が市販されている．このペレットの価格はかなり高いが，手数がかからず，均質なので実験用飼料として適している．飼料の給与量は1日1頭当たり 30～40 g 程度である．緑餌は短期間ならば必要としない．緑餌としては，牧草類，キャベツなどがよく用いられる．乾草でもよい．大根葉，かぶ葉などは，モルモットに悪影響を与えることもあるので給与しない方がよい．緑餌を与えない場合は特に給水に気をつける．1日1頭当たりの飲水量は 70～100 ml 程度である．

4. 飼育管理

モルモットは飼育環境の急変を避け，清潔に，乾燥状態で飼育することが肝要である．飼育管理器具はしばしばクレゾール石鹸液などで消毒する．また，モルモットは外敵に弱いので，イヌ，ネコ，イタチなどに襲われないように注意する．

モルモットを2頭以上同居させるときは，できるだけ大きさを揃える．雄はよく闘争するので単独飼育した方がよい．モルモットを掴むには，静かに右手の親指と人さし指を背部から前肢の下に入れてもちあげ，すぐ左手を臀部にあてて支える．

個体間の識別法として，1) パンチで耳に孔を開ける，2) 耳に番号を打った金具を通す，3) ピクリン酸などで着色する方法などがある．

5. 繁殖管理

モルモットの雌の性周期は16〜17日で，生殖器の形態的な変化を伴う．大体，春秋二期に繁殖させるのが適当である．妊娠期間は65日前後で，他のげっ歯類に比べて長い．産子数は1〜5頭で2〜3頭の場合が多い．体重はハートレイ系では出生時80〜110gである．普通生後14〜21日で離乳するとよく，3頭位まで母モルモットに育てさせるとよい．離乳後から雌雄を分離して育てる．離乳時に性別を判定し，体重を測定して，性別・週齢，できれば体重などを揃えて飼育する．子モルモットの体重は生後1週間で約130g，1ヵ月で250g，2ヵ月で400〜450gとなり，3〜4ヵ月位から繁殖が可能となる．2年位まで使える． (宮本　進)

参考文献

1) 小山良修・藤井儔子，1969．動物実験手技，協同医書出版社．
2) 小山良修ら，1963．実験動物飼育管理の実際，医学書院．

3.1.6 ウサギ(兎)(Rabbit)

ウサギは草食性で元来，夜行性で群居する動物である．他の多くの哺乳動物と異なって，雌は雄より大きく，聴覚，嗅覚が鋭い．また，食子癖，食糞などの習慣性の癖をもっている．食糞を防ぐためには首輪をはめるなどの工夫が必要である．

1. 種類と入手方法

ウサギは微生物コントロールを受けていないコンベンショナルウサギ，微生物コントロールを受けているクリーンウサギやspecific pathogen free (SPF)ウサギがある．また，最近では少数であるものの有色種(ダッチ種，ヒマラヤン種など)の品種や高脂血症の疾患モデル(WHHL系)などが販売されるようになった．実験動物として使用されている主な品種は小型種ではダッチ，ポーリッシュ，中型種ではアンゴラ，ニュージーランドホワイト，日本白色種，大型種ではフレミッシュジャイアントなどがある．現在，わが国で飼われている品種は，日本白色種，ニュージーランドホワイト種が主体である．その他の系統として非近交系，近交系，ミュータント系がある．

2. 飼育に必要な設備

ウサギの飼育に必要な設備は，ウサギの使用目的によりかなり異なる．例えば，食肉用や毛皮用を目的とするものと実験動物に使用するもので異なり，また，同じ実験動物でも通常のものとクリーン，SPFでは異なる．通常のウサギの飼育に必要な設備は次の通りである．

1）兎舎

兎舎は木造舎でも鉄筋舎でもよいが，ウサギを飼養する飼育箱，飼育棚を一定の清潔な環境下に置くためには兎舎内の飼育環境が非常に大事である．床はコンクリート土間とし，清掃・洗浄・消毒ができるようにするとともに，夏場の換気に配慮する．

2）飼育箱

飼育箱は構造上，①動物にとって居住性（材質，型，床の構造など）がよいこと，②洗浄，消毒，滅菌が容易で耐久性があること，③動物の観察がしやすいこと，④取り扱いが容易で，飼育作業がやりやすいことなどの要件を充たす必要がある．実験用ウサギは舎飼，箱飼などよりもケージで飼われているものが多い．ケージは金属製（ステンレス製）のもので，ケージの底に引出し式の糞受けがついている架台へ置く方式と棚に吊り下げる方式がある．棚に吊り下げる方式の中には飼育規模にもよるが，3段式あるいは4段式として糞尿をベルトで受ける方式と架台についている糞尿受けに勾配がついている水洗式がある．成熟ウサギの飼育にはケージ床面積は約 $3,000 cm^2$，高さ 40 cm 程度のスペースが最低限必要である．

3）管理に必要な器具

ケージで飼育する場合は固形飼料が 200～300 g 程度入る給餌器，500～600 ml 容量の給水瓶が必要で，いずれも市販されている．

3. 飼料

ウサギは生草だけでも飼育できるが，通常，ウサギが必要とする栄養分を十分含む配合飼料を給与する．栄養素の要求量は米国のNRC飼養標準 (1977)[1] に示されている．特に，ウサギには粗繊維を飼料中に 10～15％含ませる必要がある．実験用ウサギはほとんど固形配合飼料（ペレット）で飼

育されている．飼料給与量は発育期，成熟期，妊娠期と体重により差はあるが，1羽1日当たり100～250 g である．

4．飼育管理

ウサギは高温，多湿に弱いので，飼養管理にあたっては温度，湿度に特に注意する．飼育箱（ケージ），給餌器，給水器は清掃，交換して常時動物を一定の清潔環境下で飼育する．

ウサギの疾病としては，細菌性のパスツレラ症，原虫病のコクシジウム症などがある．

5．繁殖管理

性成熟日齢は品種，飼養管理によって差があるが，発情は雌，雄とも生後3～5ヵ月である．交配開始の適齢は雄は生後10ヵ月，雌は生後8ヵ月を標準とし，雌雄とも3年以内のものを繁殖に供する．交配は雄ケージ内に雌を導入するか，交配用の箱に，まず雄を収容しておき，ある程度時間が経過したのち雌を同居させると交尾がスムーズに行える．交尾行動は約10分程度で終了し，交尾を確認できれば直ちに雌雄を離してよい．交尾後30～31日で分娩するので，分娩予定の1週間前に分娩・哺育用箱か分娩用ケージにかんな屑，稲わらなどの敷料を十分入れて移し替える．分娩は普通早朝に行われ，30分以内に終わるが，産子数などの確認は出産後3～5日に行う．子兎は生後20日頃から母兎の飼料を食べ始めるようになる．生後30～45日で成長のよいものから順次離乳を行う．当初は一腹の子を同じ箱で飼育してよいが，成長するにつれて分けて行き，生後4ヵ月以内に雌雄別飼にするとよい．離乳時には病気にかかりやすく，特に梅雨期にかかる場合は生後2ヵ月齢前後にスルファジメトキシン，スルファジメトキシンナトリウムを成分としたサルファ剤を注射，経口あるいは飼料に添加して投与し予防措置を施しておく必要がある．

（武田隆夫）

引用文献

1) NRC, 1977. Nutrient Requirements of Rabbits, National Academy Press, Washington, DC.

参考文献

1) 佐久間勇次監修, 1988. ウサギ, 近代出版.
2) 農山漁村文化協会編, 1980. 農業技術大系 畜産編 6 中小家畜, 農山漁村文化協会.

3.1.7 ネコ（猫）（Cat）

ネコはBC 3,000年頃エジプトで家畜化された．現在はネズミ捕りの役も少なくなり，伴侶動物 Companion animal として，人間生活と結びついている．ネコには長毛種と短毛種があるが，品種が固定されていないものも含めると40種以上いる．性成熟には通常6〜12ヵ月齢で達する．体重は2.5〜7 kgで，日本ネコは3 kg程度である．

清潔好きでセルフグルーミング（身繕い）をする．同じ食事に飽きやすく，同一飼料での長期試験では摂食量に変動がおきやすい．胃は成猫で約350 ml程度の容積であり，食物は少量ずつ食べる．

1．種類と入手方法

日本ネコは品種として扱われているが，遺伝的な均一性は少ない．実験に使われるネコの経歴は2通りある．実験目的に繁殖育成されたものと，野良猫や家庭で不要になったものである．前者はまだ世界的にも少ない．したがって，保健や動物管理センターなどや，個人的なつてで入手しなければならない．野良猫を使用する場合は疾病経歴などが明確でないため，少なくとも1週間以上の検疫期間を設けて予備飼育した後に供試すべきである．

2．飼育に必要な設備と器具

1）猫舎・猫房とケージ

へい獣処理等に関する法律にネコは含まれておらず，施設についての基準はない．

猫舎は尿臭の除去対策が必要であり，運動場はフェンスできちんと覆われていなければならない．猫房は床面より高い位置に休息場と寝床のスペースを確保する必要がある．イヌ以上に換気に気をつけることと冬期の暖房対策が必要となる．ケージは市販品がある．

2）飼育管理に必要な器具

　食器，飲水用容器，猫房にあっては寝箱やトレイがあるとよい．繁殖のためには分娩箱と暖房設備または器具と哺乳器，施設消毒用大型噴霧器，滅菌器，手提げケージ，体重計，秤，皮手袋，保定用台，飼料保管容器，体温計や駆虫薬など健康管理に必要な医薬品，ブラシ，櫛，爪とぎ用木材（短期飼育ではなくてもよい）が必要である．

3．飼　料

　NRC[1]とAAFCO[2]に各成長段階で必要な養分要求量が示されている．キャットフードとして，哺乳用ミルク，離乳食，幼猫食，成猫食などが市販されている．形態は，エクストルーダーにより加熱・成型されたドライフード，半湿潤フード，缶詰などがあり，ミルクには粉体と液体が，また，離乳食には顆粒状のものがある．キャットフードの給与量はNRCのエネルギー必要量[1]を参考にするとよい．キャットフードには水とそれだけで十分栄養が満たされるものと，他の食材を併せて給与する必要のあるものがあり，パッケージの表示をよく見て使用する．イヌとネコの市販飼料はフードと呼ばれている．

4．飼育管理

　ネコは雄同志では喧嘩することがあり，同一の猫房やケージに入れるのは危険である．成雄になると，縄張りの印にあちこちに尿をかけることから，猫房での飼育にあっては，設備や清掃に注意が必要である．飼料は，朝・夕の2回給与し，きれいな水をいつも飲めるようにする．長毛種を飼養する場合は，ブラシや櫛で頻繁に手入れして毛玉ができないようにする．

5．繁殖管理

　雌の発情は8～9ヵ月でくるが，交配は2回目の発情以降が好ましい．発情は1年に3回程ある．いきなり雄と雌とを一緒にせず，両方ともケージなどに入れて見合いをさせて慣らしてから，一緒にして交配させる．妊娠期間は63日前後で，産箱を用意して分娩させる．

　生まれた子猫は，生後2～3週間で乳歯が生え始めるので，徐々に離乳食を与え4～5週間で離乳し，以後8～9週まで離乳食を給与する．　　　（大木富雄）

引用文献

1) NRC, 1986. Nutrient Requirement of Cats, National Academy Press, Washington, DC.
2) AAFCO, Association of American Feed Control Officials, 1977, Official publication.

参考文献

1) 田嶋嘉雄編, 1972. 実験動物各論, 朝倉書店.

3.1.8 イヌ（犬）(Dog)

イヌは家畜の中でヒトとのつきあいが最も古く，BC約10,000年前に家畜化された．種類も多く，公認のものでも350種にのぼる．被毛についても長毛，短毛，無毛のものがある．種類によって性格も体格も異なる．

イヌは物を細かくすり潰す臼歯はなく，食べ物をある程度の大きさに砕いて飲み込むことから，唾液はデンプン消化酵素をほとんど含んでいない．

胃液のpHは0.8～1.0とかなり低く，暑熱期に食事の必要量が減ってくるときなど食事量に対する胃液の分泌量が多いので，草などを食べて余分の胃液を吐き出そうとする．汗腺が未発達でほとんど発汗せず，気温の高いときや運動時などにはパンティング（喘ぎ呼吸）により体熱の放散をはかる．

1．種類と入手方法

実験に使われるイヌの経歴はネコと同様二つに大別される．保健所や動物センターで保護された野良犬や家庭で不要になったイヌと，実験用として繁殖育成されたものである．後者の代表的なものがビーグルである．性質が温順で，成熟時でも10～15kgと小さく，短毛なので扱いやすい．最近は6～10kgに改良されたものもある．約1年で発情が見られ，産子数は平均6頭，寿命は15～20年である．雑種を使用せざるを得ない場合は，特に野犬を使用する場合にあってはその疾病経歴などが明確でないので，少なくとも1週間以上の検疫期間を設け予備飼育した後に，試験に供すべきである．

2. 飼育に必要な設備と器具

1) 犬舎・犬房とケージ

10頭以上のイヌを飼育する場合には，へい獣処理場等に関する法律第九条に飼養および施設の構造設備について許可の必要性が示されており，その施行令第三条に施設の基準が定められている．

犬舎や犬房についての具体的な定めはないが，犬舎内に運動場があり吠え声が外部に漏れず，防虫対策も配慮したクローズド犬舎や外部環境のよい所では屋外犬舎でもよい．

繁殖や育成のためには運動場（運動スペース）が必要である．繁殖・育成試験には運動スペースがあるペン型犬房が，また，生理・代謝試験にはケージが適する．

2) 飼育管理に必要な器具

食器，飲水用容器，犬房にあってはすのこ（寝板），繁殖のためには分娩箱と暖房設備または器具と哺乳器，施設消毒用大型噴霧器，滅菌器，体重計，秤，首輪，鎖，飼料保管容器，体温計，駆虫薬など健康管理に必要な医薬品，長毛犬用にはブラシや櫛が必要である．

3. 飼 料

ネコの場合と同様，NRC[1]やAAFCO[2]に各成長段階で必要な養分量が示されている．ドッグフードとして，哺乳用ミルク，離乳食，幼犬食，成犬食などが市販されている．形態は，エクストルーダーにより加熱・成型されたドライフード，半湿潤フード，缶詰などがある．ミルクには粉体と液体が，離乳食には果粒とフレーク状のものがある．ドッグフード給与量はNRCのエネルギー必要量を参考にするとよい．ドッグフードには，水とそれだけで十分栄養が満たされるものと，他の食材をも給与する必要のあるものがあり，パッケージの表示をよく見て使用する．

4. 飼育管理

イヌとの接し方が大切で，これを誤ると吠えたり怖がったりして逃げるだけでなく，噛みつかれたりする恐れがあり，ヒトがイヌに慣れることと，おとなしい性格のイヌを使用することが原則であるが，個体毎にかなり性質が

異なるので，日常の観察が大切である．また，イヌ同士の事故を防ぐために，個体ごとに飼育することが望ましい．イヌにストレスをかけないようにするためには，できるだけイヌに触れる機会を多くもつことが大切で，イヌに触れながら健康状態をチェックする．特にケージ飼いのイヌではそれが重要である．外部寄生虫の駆除を心掛け，屋外にイヌをだす場合はノミやダニ対策を講じる．

5．繁殖管理

発情は小型犬でおよそ8ヵ月，大型犬で12ヵ月でくるが，交配は2回目以降の発情からすることが望ましい．一般に春秋に発情期があり，出血した日から11～14日で交配するとよい．妊娠期間は9週間で，分娩室か分娩房を用意しイヌが落ち着いて分娩できるようにする．生まれた子犬は，生後3週間程度で乳歯が生え始める．この時期より徐々に離乳食を与え，6～7週で離乳して9～10週まで離乳食を給与する．

生後3ヵ月以上のイヌは，狂犬病予防法に基づく登録と予防注射が必要である．

（大木富雄）

引用文献

1) NRC, 1985. Nutrient Requirements of Dogs, National Academy Press, Washington, D. C.
2) AAFCO, Association of American Feed Control Officials, 1977，Official publication.

参考文献

1) 及川 弘，1969．犬の生物学，朝倉書店．
2) 田嶋嘉雄編，1972．実験動物各論，朝倉書店．

3.2 家禽（Poultry）

家畜化された鳥類にはハト，ウズラ，ニワトリ，ホロホロチョウ，アヒル，ガチョウ，バリケーン，シチメンチョウ，ダチョウなどがある．家畜はそれぞれ長い歴史をもっているが，ウズラは日本で，ホロホロチョウは北アフリカで20世紀に家畜化された．ここではハト，ガチョウ，バリケーンを除いた

3.2.1 ウズラ（鶉）（Quail）

ウズラは世代更新が早く，繁殖性に富み，ニワトリに比べ飼料費，飼育面積が少なくて済むなどの他，体が小さく扱いやすいなどの利点がある．このため，家禽の実験動物として米国を中心として遺伝・育種，生理学および栄養学的な研究分野などで利用されている．

1．種類と購入方法

現在，ウズラは世界各地に，亜種を含めて41種が分布している．これらのうち家禽化されたのは日本ウズラ（Japanese quail）で，採卵用，実験動物用として一般に飼育されている．ウズラは孵卵機に入卵後16～17日で孵化する．孵化時の体重は6～7gと小さく，生後40日前後で産卵を開始し，その後約9ヵ月産卵を続け，約250個以上産卵する．成体重は雄100～110g，雌120～130gで，雌の方が大きい．卵重は10～12gである．

ウズラを購入する場合は，豊橋養鶉農協孵化場（豊橋市）が専門に孵化，雌雄鑑別を行っているので，問合わせして注文すればよい．また，系統造成した雛を研究機関から譲り受けることができる．

2．飼育に必要な設備と器具

孵化時と成熟時とでは体温が大きく異なるので，育雛，中雛，大雛および産卵期の3期に分けた設備・施設が必要である．室全体を保温し，さらに育雛ケージを立体的に設置し，自動給餌器，給水器，調温器を組み込んだ育雛器が使われている．必要に応じ，床面積を広げ，温度を調節する．給餌，給水器はウズラ用にニワトリ用のものを小型化したものが市販されている．通常は群飼されるが，個体管理をしたい場合には，それぞれの時期の大きさに合わせた単飼ケージを作る．産卵成績を見る場合には $10 \times 10 \times 20$ cm のケージに入れ，ニワトリの単飼産卵ケージと同様に，卵が転がるように床に勾配がつくように配置する．あらかじめ，ケージの重さがわかっていれば，ケージごと重さを計って体重を求められる．

3．飼　　料

ウズラの飼料は，ニワトリのように幼雛用，中雛用，大雛用および成鶏用

のように発育に応じて区分されていない。一般的には孵化後から初産開始の40日齢前後までは育成用飼料を給与し，それ以降は産卵用飼料を給与する。育雛期間中の1羽当たりの飼料給与量はおおむね600gが標準であり，1日当たり給与量は14日齢頃まではその雛の日齢と同数字のg数を給与する。それ以降は2〜3日で1gを増してゆくことを目安とし，成ウズラでは1日1羽当たり20〜23gを給与する。市販のウズラ専用飼料を使用する。市販用飼料では育成用はCP 26％前後，成ウズラ用はCP 23〜25％である。

4. 飼育管理

　初生ウズラは体が小さいので外温の影響を受けやすく，温度に敏感である。育雛は育雛規模にもよるが羽数が多い場合はニワトリと同型式の電熱バタリー育雛器あるいは少羽数のときは電球を温源とする簡単な箱型育雛器を用いるとよい。育雛温度は35℃から開始して3週間で廃温にする。雛を適切に飼養管理するためには温度計だけに頼ることなく，雛の活動状況や就寝状況をよく観察して調節することが大切である。餌付けは孵化後30時間位が適当であり，敷物を敷いて餌付けを行うこともよいが，最初から餌箱へ育成用飼料を入れて不断給餌で行ってもよい。

　孵化後40日前後で産卵を開始するが，成鶉は闘争性が強く，また悪癖もあるので，単飼ケージで飼養することが望ましい。また，群飼する場合，8〜10羽のとき，1区当たりの間口，奥行，高さ（cm）は28×45×16〜20および56×45×16〜20程度である。密飼いになるとストレスによる事故が多くなる。産卵は光の影響を強く受けるため，1日14〜18時間の点灯による飼養管理が必要である。

　ウズラの産卵率は，初産後70日齢頃まで上昇してピークを迎え，以後数ヵ月80％以上を維持し，9ヵ月齢頃より産卵が急激に低下する。通常，生後11〜13ヵ月で淘汰する。

　ウズラの健康状態を維持するためには，病気の発生予防に努めることが大切である。特に，ウズラを淘汰した後は鶉舎，飼育箱（ケージなど），給餌・給水器などの清掃，水洗，消毒を励行するとともに，マレック病やニューカッスル病の発生予防にはワクチン接種を行う必要がある。その他の病気とし

てサルモネラ病，ウズラ病（潰瘍性腸炎），かび性肺炎（アスペルギルス病），コクシジウム症などがある． (武田隆夫)

参考文献

1) 農山漁村文化協会編, 1980. 農業技術大系, 畜産編 6, 中小家畜, 農山漁村文化協会.
2) 小宮山鐵朗ら編, 1997. 畜産総合事典, 朝倉書店.

3.2.2 ホロホロチョウ（Guinea fowl）

ホロホロチョウの肉質はキジに似て，しかも臭味がないため，近年消費が伸びている．日本で本格的に飼われるようになったのは 1970 年代以降で，現在年間 20 万羽が食用に供されている．

1. 種類と入手方法

ニワトリのような品種というべきものはないが，体の羽の色によって主として 3 種類に分けられる．真珠斑ホロホロチョウは，真珠大の白い斑点が羽全体に分布し，その斑点以外の部分は遠目には黒灰色に見える灰紫色を呈する．この羽装のものが一般的である．その他，皮膚色が真珠斑のものより明るく，羽色が純白の白色ホロホロチョウ，羽色が淡く明るい灰色か紫色で白い斑点をもったラベンダーホロホロチョウがある．

36 週齢程度で性成熟に達する．その時点で体重は 1.5〜1.8 kg で，雌は 40〜45 g の卵を産む．卵は 26〜27 日で孵化する．産卵時期は地域差があるが 3〜4 月から 9〜10 月までの間で，2〜3 歳で 80〜100 個の卵を産む．食鳥となる 1.0 kg には 9 週齢で到達する．ホロホロチョウの孵化業者はいないので，飼育者から卵を分けてもらい孵化するか，雛を分けてもらう．

2. 飼育に必要な設備と器具

飼育はニワトリに準じてケージや平飼いで単飼も群飼も可能である．したがって，器具や設備はニワトリ用のものでよい．

3. 飼料

ホロホロチョウの栄養生理はほとんど解明されていないため専用飼料はない．そのため産卵鶏用飼料やブロイラー用飼料が用いられている．食性とし

ては昆虫などを好んで食べる.

4. 飼育管理

実験のための飼育方式には,大きく分けてバタリー(ケージ)方式と平飼い方式がある.平飼い方式はさらに,床面の種類により,敷わら,チップ床,金網床,床面給温に分けられる.床面給温方式は育雛から成鳥になるまで飼育でき,成長がよく優れた方法である.

図 3.2.2-1 ホロホロチョウ

育雛舎,育雛器はニワトリに準ずるが,ホロホロチョウは行動が活発で脚を痛めやすいので,床面を滑りにくくすることが必要である.育雛温度はニワトリより約 5 ℃高めに,湿度は孵化後 1 週間は 60〜70 %,以後 55〜60 %とする.点灯は餌付け後 4 週間は $3.3 m^2$ 当たり 8〜10 ワット,以後 1 ワットとする.通常 24 時間連続点灯とするが,産卵試験を伴う場合には光線管理を行う.

ホロホロチョウは耐病性に優れ,強健である.ニューカッスル病,マレック病,コクシジウム症,白血病,慢性呼吸器病,黒頭病などの病気はホロホロチョウではほとんど見られない. (唐澤 豊)

参考文献

1) 白石幸司, 1997. ホロホロ鳥飼育技術の基礎, 農業技術体系, 6 巻追録 16, 農山漁村文化協会.

3.2.3 産卵鶏(Laying hen)

赤色,灰色,セイロンおよび青襟野鶏のうち,赤色野鶏が現在のニワトリに最も近い.19 世紀後半にニワトリの改良が進み,卵用,肉用,卵肉兼用種が成立した.現在,ニワトリの品種は 300 種を超える.

日本にはすでに弥生時代には入っていたが,特に江戸時代には長尾鶏,長

鳴鶏，チャボなどが観賞用に改良された．17品種が天然記念物に指定されているが，その祖型は土佐地鶏といわれている．日本で実用的な養鶏がはじまったのは明治以降で，第二次世界大戦後は事情が大きく変わり，外来種が多くなった．

1．種類と購入方法

卵用鶏は体躯はあまり大きくなく，動作は軽快であるがやや神経質である．性成熟は早く120～140日齢で産卵を始める．現在最も多く飼養されているのは白色卵を産む白色レグホーン種（White Leghorn）である．この他，白色レグホーン種と褐色卵を産むロードアイランドレッド種（Rhode Island Red）あるいは横斑プリマスロック種（Barred Plymouth Rock）を交配したものなどがある．その各々について改良が進められ，多くの系（line）が作られている．ここでは白色レグホーン種を対象として述べる．

実験に供試する雛は，孵化場や種鶏場の鶏群の能力，育種，管理の方法，防疫対策などについて，よく調査し，信用のあるところから，鶏種，系統の明確な雛を購入するとよい．

購入した雛のうち，次の項目に該当するものは淘汰して実験には用いない方がよい．1）羽毛に光沢がなく，元気がなく貧弱なもの，2）へそ締まりの悪いもの，3）体に弾力がなく軟らかいもの，4）体重の軽いもの，5）脚，嘴などが奇型なものなどである．健康な雛は活気があり，体が締まっている．

また，孵化場から有精卵を購入して孵化することもできるし，産卵開始前の大雛を購入することもできる．

2．飼育に必要な設備と器具

1）幼雛期

（1）バタリー育雛器

わが国でもっとも広く使われているのは金属性のバタリーで，金網床から糞が落下するようになっている．熱源

図3.2.3-1　バタリー育雛器

には温度の調整が簡単にできる電熱が多く用いられる．これは立体育雛方式と呼ばれている．雛と糞尿が常に分離された状態のため衛生的である（図3.2.3-1）．

(2) 傘型育雛器（傘型ブルーダー）

　この育雛器は，大群平飼い方式に用いられるもので，コンクリート床に敷わら，チップなどを敷き，その上に傘型の金属性の熱源部のある育雛器をおいて雛を育成する方法である．熱源には電熱，プロパン，石油などが用いられる．これを用いる場合は通常，チックガードと呼ばれる囲いを育雛器の周りに配置し，週齢を追ってその範囲を広げ，3週齢で取り除く．

(3) 舎内暖房設備

　育雛舎のコンクリート床の内部に温湯パイプを通じて給温するなど鶏舎内全体を暖房するもので，幼雛期あるいは中・大雛期まで飼育する．

2) 中雛期，大雛期

　中・大雛期はケージ方式での飼育が主流である．この方式は，雛の観察，雛の出し入れが容易であり，体重測定がしやすい．中・大雛ケージに産卵開始直前まで収容し，それ以後は産卵用ケージに移動する．

3) 成鶏期

　成鶏期は1羽当たり間口23 cm，奥行40 cm，高さ40 cm程度のケージを雛壇式あるいは直立式に重ねたものに1区画当たり1～2羽を収容して飼養するケージ飼養方式が主流である（図3.2.3-2）．この方式の利点は，駄鶏・病鶏の早期淘汰が可能であること，機械化により一人当たりの飼養可能羽数が多くできること，個体別の産卵記録がとりやすいことなどである．現在，雛壇方式では最高6段，直立方式では最高8段の高層システムがあるが，栄養試験では，ニワトリの観察や取り扱いの容易

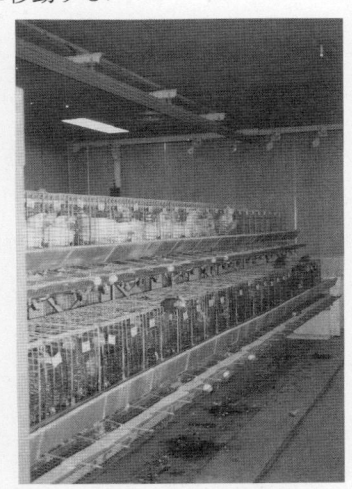

図3.2.3-2　雛壇式産卵ケージ（2段）

さを考えると2～3段のものが望ましい．

卵用鶏は開放鶏舎で飼養する場合が多いが，鶏舎の内側に断熱材を使い，さらに外部の影響を少なくするために窓をなくした無窓（ウインドレス，Windowless）鶏舎が用いられる．無窓鶏舎では，換気設備と照明設備が備えられており，これに調温や調光機能をつければ，舎内の温・湿度，照明時間，照度の制御が容易にできる．また，病気の予防もしやすく，生存率や飼料効率が開放鶏舎に比べて優れている．近年，悪臭，騒音など周りの環境に対する配慮から無窓鶏舎を導入する事例が増えている．開放鶏舎の開放部を黒沙などの遮光カーテンで遮り外光が入らないようにした簡易無窓鶏舎もある．

3．飼　料

幼雛期（初生～4週齢），中雛期（4～10週齢），大雛期（10週齢～初産）および産卵期の養分要求量は飼養標準[1]に示されている．飼料はこれらの栄養素要求量を充足するよう設計，調製する．通常の飼育では市販の専用飼料（幼雛用，中雛用，大雛用，産卵用）を用いる．中雛用飼料を使わず幼雛用から大雛用飼料へ直接切替えることもできる．飼料の粒度は幼雛期は直径1～1.5 mm程度，中雛期以後は直径2～3 mm程度のものがよい．

4．飼育管理

1）幼雛期

(1) 餌付けの時期と飼料給与

雛に初めて飼料を与える時期（餌付け時期）は，その後の雛の成長に影響を及ぼす．雛は孵化後も体内に卵黄をもっており，数日はこれから養分が補給されるので，孵化後48時間前後を目途に餌付けを行えばよい．しかし購入雛の場合は孵化時間が不明のものが多く，また個体により孵化時間の早いものもあるので，到着後はなるべく早く，餌付けをするほうがよい．

飼料をなかなか摂取し始めない群には育雛器の金網床の上に紙などを敷き，飼料を少量散布して雛に飼料のあり場所を教えるとよい．また，このような群にすでに飼料の食べ方を学習した雛を入れることも有効である．飼料の摂取開始が極度に遅れると雛は衰弱して食欲不振になり死亡することがある．

(2) 育雛の温度，湿度，換気

雛は特に3～4週齢までは体温調節能力が低いので，幼雛期は給温する．通常，入雛時は約35℃となるようにして，1週間ごとに3℃位ずつ低くする．すなわち，第2週は32℃，第3週は30℃，第4週は27℃にするのが基準とされている．しかし，雛は自分自身で，適温の場所に移動するので，雛の状態を観察しながら調節したほうがよい．すなわち，雛が電源部の真下に密集している場合は温度が低い状態であり，熱源より遠く散らばっている場合は高すぎる状態である．通常3～4週齢で廃温にする．

床面は乾燥しているほうがよいが，あまり乾燥するのも衛生上よくない．換気などで湿度を調整し湿度は60％程度に保つとよい．保温と換気は相反する．保温に気をとられ過ぎると，室内の空気は汚染されたままで，雛の発育に悪影響を及ぼす．また，換気が強過ぎると育雛器内の温度の低下を招く原因となるので，雛の状態を観察しながら換気する．

2) 中雛，大雛期

雛は4週齢で中・大雛ケージに移動する．この頃から雛の羽毛は一応ニワトリらしくなり，最初の換羽は一応終了する．密飼いの害が目立ってくるのがこの時期で，飼育設備にあった羽数に揃えることが肝要である．

(1) 飼育密度

適正な飼育密度は育成上最も大切なことであり，過度の密飼いでは雛の競合が激しく，発育の低下，悪癖発生の原因となる．飼育密度（$3.3\,m^2$当たりの羽数）は，ケージの場合は中雛期50～60羽，大雛期30～40羽，平飼いの場合は中雛期20～30羽，大雛期10～20羽を目安とする．

(2) 嘴の切除

尻つつきなどの悪癖の予防のため，雛の嘴を切断する．これを断嘴（デビーク）という．切断は2～3週齢または8～10週齢頃に行う．切断には断嘴器（デビーカー）を用いる．

(3) 雛の淘汰

4週齢時，10週齢時など適当な時期に虚弱な雛を淘汰する．

3）成鶏期

産卵鶏を飼養する場合に最も重要なことは，産卵鶏が長期間正常に産卵を続けるように管理することである．このために次のようなことに注意する．

（1）照 明

実際の現場では経済性などを考慮して育成期および産卵期に様々な光線管理が行われている．通常，産卵期は産卵を促進するため日照時間を含めた点灯時間を産卵初期から漸増していき14～17時間になったらそれ以降一定とする光線管理が行われている．しかし，栄養試験を行う場合は，光環境と関係する試験を除けば，日照時間を含めた点灯時間は育成期6～9時間，産卵期は14～17時間一定とすればよい．

（2）産卵用飼料への切替

鶏群の一部（5％を目安）が産卵を開始したとき（17～20週齢）に，成鶏舎への移動と産卵用飼料への切替えを同時に行う．

（3）強制換羽

近年，強制換羽は採卵1年目の後半から目立つようになる卵質の低下の回避および高い産卵率の持続性を活用することをねらいとして行われる．

絶食法では，絶食のほかに最初の2～3日は飲水も断つ絶食絶水法が広く普及している．絶食期間は夏期は14日，冬期は10日程度が目安となるが，この場合，環境温度差，ニワトリの種類や年齢などを考慮し，通常体重の25～30％減少を指標とする．絶食解除は数日かけて行う．

（4）鶏糞の処理

ケージ飼育では数日～数ヵ月間，ケージの下にためておくこともできるが，悪臭，ハエの発生源となること，また夏期になると飲水量が多く軟便になりやすいことなどから，定期的に除糞することが望ましい．最新のケージ舎や大群平飼い舎では自動除糞機，鶏糞の乾燥あるいは発酵処理設備が備えられているところがある．平飼いでは床に敷わらやチップを15～20 cm程度に敷き，飼育期間中は糞をそのままためておき，ニワトリをオールアウトしたときに清掃・消毒する方法もある．

5．衛生管理

養鶏場の衛生管理では，病原体の侵入防止，飼育環境の改善，ニワトリの体力強化，防疫プログラムの実行などが大切である．

病原体の侵入防止のためには，病原体に汚染されていない清浄鶏の導入が最も重要である．そのためには，衛生対策が確実な信用のできる孵化場や育成場からの導入に心掛ける．養鶏施設へのヒトの出入りや物品の持ち込み時には，病原体を持ち込まないよう十分に注意を払い，専用の衣服や履き物の着用，手指の消毒などを励行する．

鶏群の更新は原則として，鶏舎ごとにオールイン・オールアウト方式とし，更新ごとに十分な空舎期間をとり，鶏舎施設，器具の整備，消毒などを徹底する．

病原体の伝播，発症誘発および病勢の重篤化を招く要因として，飼育環境の悪化がある．ニワトリに対する種々のストレス（断餌，断水，強制換羽，ワクチン投与など）を軽減し，温度，風向，換気，通風などにより鶏舎環境を整えることが大切である． （武政正明）

参考文献

1) 農林水産技術会議事務局編，1997．日本飼養標準・家禽，中央畜産会．
2) 田先威和夫ら監修，1982．新編養鶏ハンドブック，養賢堂．

3.2.4 ブロイラー(Broiler chicken)

ブロイラーの産業的歴史は世界的に新しく，日本には1960年以降導入された．ブロイラーの食べ方は国によって異なるが，日本では大部分は正肉（皮つきの肉）として消費される．卵肉兼用種についてはそれぞれの特徴はあるが，産卵鶏とブロイラーに準じて飼育すればよい．

1．種類と入手方法

ブロイラーは発育が早く，産肉性に富み肉質もよい．現在，8週齢で体重3.0 kg以上，飼料要求率2.0程度である．産卵能力は卵用鶏に比べて低く，受精率および孵化率も卵用鶏に比較して劣る．白色コーニッシュ（White Cornish）と産卵能力の高い他品種との交雑種をブロイラーといい，白色コー

ニッシュ種の雄を白色プリマスロック（White Plymouth Rock）雌に交配したものがその大半を占めている．白色コーニッシュ種，横斑プリマスロック種（Barred Plymouth Rock），白色プリマスロック種（White Plymouth Rock）のほか，地鶏としておいしさを特徴とする名古屋種，比内地鶏，薩摩地鶏，シャモなども肉用鶏として飼育される．これら地鶏については，特定JASによる認証制度がある．孵化場からの購入にあたっては産卵鶏の場合と同じような注意を払う．孵化場から受精卵を購入して，孵化することもできる．

2．飼育に必要な施設と器具

鶏舎は，平飼いの無窓鶏舎が一般的である．コンクリート床に敷わら，チップなどを敷いた上で飼育するため設備費が少なくて済み，日常管理が容易である平飼いと，開放鶏舎に比べて飼育密度が高められ，悪臭，騒音が外部に漏れにくいなどの利点のある無窓鶏舎を組み合わせた方式である．卵用鶏雛の育成ではケージが用いられるが，ブロイラーでは，ケージは胸部水腫の発生，肉質への悪影響などの問題があるとされ，飼育密度を高めることができる，衛生的であるなどの利点があるもののほとんど用いられていない．

ただし，出納試験など精密な栄養試験を実施する場合は，平飼いは飼料摂取量の正確な把握や排泄物の採取ができないことから，ケージを用いる必要がある．

餌付けから3週齢頃までは卵用鶏育雛器と同様給温が必要である．給温は，小規模ではガスブルーダーが，大規模鶏舎では床面給温方式が多く用いられている．

この他の育雛に用いる設備は，基本的に卵用鶏の幼雛期と同じである．

3．飼　料

初生から3週齢までは前期飼料（スターター）を給与し，その後，後期（仕上げ）飼料に切り換え，7〜8週齢まで肥育する（日本飼養標準）．前期（0〜3週齢），育成期（3〜6週齢）および仕上期（6週齢以降）の3期に分けて飼料を給与する場合（NRC）もある．全期間を通して成長が旺盛で，タンパク質，エネルギー，ビタミンおよびミネラルなどの栄養素要求量が高いので，これらの栄養素を十分に与えなければならない．ブロイラー前期および後期の栄

養素要求量は飼養標準[1]に示されている（巻末参照）．飼料はこれらの栄養素要求量を充足するよう設計・調製する．通常は，市販のブロイラー専用飼料を用いる．飼料の粒度は産卵鶏の幼雛期と同様，直径 1～1.5 mm 程度のものがよい．ペレットを給与する場合は，直径 3～4 mm 程度のものがよい．

4. 飼育管理

1）温　度

初生時は 34 ℃，3 日目ごろから 1 週間に 2.5～3 ℃ずつ下げて 4 週齢以降 20 ℃程度とするのが一般的である．傘型ブルーダーでは初生時に傘内を 38 ℃とし舎内温度は 15～20 ℃で十分である．通常，夏期は 2～3 週齢，冬期は 4～5 週齢で廃温する．

2）湿　度

湿度は最初の 1 週間は 70～80 ％ に保つことが望ましいが，十分に飲水ができる条件を整えてやればあえて湿度を保持しなくても大きな支障はない．

3）換　気

無窓鶏舎は，特に夏期に必要な最大換気量が十分に得られる換気設備を備えていなければならない．

4）照　明

通常，24 時間照明とし，照度は入雛から 1 週間程度は 10～20 ルックス，それ以降は徐々に照度を落とし，3 週齢以降は 2～3 ルックス以下とする．

5）飼育密度

飼育形態，季節，換気量などによって異なるが，3.3 m^2 当たり飼育羽数は，無窓鶏舎では 50 羽，開放鶏舎では 40 羽程度を目安とする．

6）暑熱対策

夏期は熱射病が発生しやすいので，必要に応じて飼育密度を下げたり，鶏体への送風，屋根への散水，昼夜逆転点灯など適切な暑熱対策をとる．

5. 衛生管理

基本的に，ブロイラーの飼育法は卵用鶏の幼雛期の場合と同じであるので，衛生管理については，産卵鶏の該当部分を参照されたい．

（武政正明）

参考文献

1) 農林水産技術会議事務局編, 1997. 日本飼養標準・家禽, 中央畜産会.
2) 田先威和夫ら監修, 1982. 新編養鶏ハンドブック, 養賢堂.

3.2.5 アヒル（家鴨）(Duck)

　アヒルはユーラシア大陸に広く分布している渡り鳥のマガモを北半球の各地で家畜化したものである．アヒルは世界中の水の多い地域で多く飼育されている．これは原種のマガモが水禽であったためであるが，アヒルの飼育には必ずしも池や水溜りは要らない．

　世界でのアヒルの飼育数は家禽の中ではニワトリに次いで多い．世界の飼育数の86％が東南アジアであり，中でも中国が最も多く，肉用，卵用，兼用の数多くのアヒルが飼育されている．わが国では約35万羽のアヒルが飼育されており，ほとんどが肉用である．

1．種類と入手方法

　アヒルの在来種には，青首種（マガモのもつ野生羽装）と白色種がある．現在，わが国では大阪種と呼ばれる白色種と北京種を交配して作られた改良大阪種が大阪地方を中心に飼育されている．外国種では北京種の他，カーキキャンベル，エイルズベリー，ルーアン（フランス原産の青首），インディアンランナーなどがある．アヒルはしばしばバリケンと交配されて，その一代雑種が食肉用に利用されている．バリケンはアヒルとは属を異にし，わが国ではタイワンアヒルと呼ばれている．アヒルの飼育は関東以北は少ない．晩夏から秋にかけて産卵率が低下する．

2．飼育に必要な設備と器具

　飼育方式は平飼いあるいはケージ飼いである．平飼い飼育では傘型ブルーダー

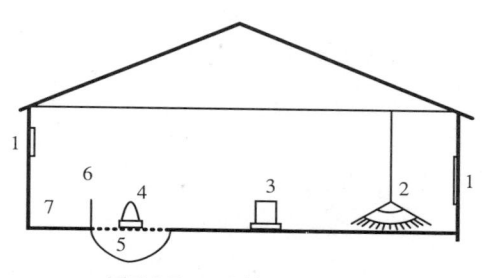

図3.2.5-1　平飼いアヒル舎
1．窓，2．ブルーダー，3．飼槽，4．飲水器，5．排水溝，6．ガード，7．通路

で保温し，おが屑あるいは細断した稲わらを敷材として5 cm 程の厚さに敷く．飲水器は敷材の敷いていないところに置く．ニワトリ用を使用できる．アヒルはよく水をこぼすので床や敷材が濡れないように工夫する必要がある．大規模な実験ではアヒル専用の育雛舎を作り，飲水器を置くところは幅の広い溝を作り，その上に金網を敷いてこぼれた水が流れるようにする（図 3.2.5-1）．

3．飼　料

アヒルの初生雛は，孵化後，直ちに水を飲ませ，その1時間後に餌付けする．餌は水を混ぜて練餌とし皿状の容器に入れて食べさせる．このような給餌方法で2～3日間飼育した後，雛用餌箱に換えて粉餌を給与する．

日本飼養標準[1] および NRC 飼養標準[2] に栄養素要求量が示されている．アヒルは成長が早いので比較的高タンパク質の飼料が必要である．アミノ酸，ビタミンおよびミネラルのうち，一部は要求量が明らかにされていないので，これらについてはニワトリの要求量を準用する．

中国では肉用アヒルには0～3週齢は ME 2,800 kcal/kg，CP 22 %，4～8週齢は ME 2,800 kcal/kg，CP 19 % の飼料が使用されている．繁殖用には ME 2,750 kcal/kg，CP 17.5 %，カルシウム 2.5 % の飼料が推奨されている．卵用アヒルには，0～2，3～8，9～18週齢の3期間ではそれぞれ，ME 2,750 kcal/kg と CP 20 %，2,750 kcal/kg と 18 % および 2,750 kcal/kg と 15 %，また産卵期は ME 2,650 kcal/kg と CP 18 %，カルシウム含量 2.5～3.5 % が推奨されている．

アヒル専用飼料は市販されていないので，試験を行う場合は栄養素要求量を充足するよう飼料を調製する．通常飼育では，栄養成分が類似していることから，肉用種アヒルにはブロイラー用飼料，卵用種アヒルには産卵鶏用飼料がよく使用される．

4．飼育管理

アヒルの初生雛は，ニワトリ雛と同様，寒さに弱いため保温式バタリー育雛器あるいは傘型ブルーダーを用いて保温する．初生から1週間は温度を32～34 ℃，以後徐々に温度を下げ，3週齢以後は廃温する．育雛器あるいは

傘型ブルーダーはニワトリの雛用のものを利用できる．温度が低いと集まって鳴くので雛の行動を観察しながら温度管理を行うとよい．アヒルはニワトリよりアンモニアに弱く，比較的低濃度のアンモニアでも成長に悪影響を及ぼし，失明することもあるので，敷材の湿度と糞や餌などによる汚染に注意し，こまめに交換し，舎内の換気をよくすることが大切である．床を金網（網目直径 1～1.5 cm）とし，その上に傘型ブルーダーをかけたアヒル舎もある．この方式では雛の体は常に乾燥しており衛生的で，糞の掃除も容易であるが，最初の3日間程度は金網の上に新聞紙などを敷く必要がある．ニワトリ用の保温式バタリー育雛器も利用できるが，アヒルはニワトリに比べて首が長いため2週齢までである．中雛アヒルの飼育密度は 1 m^2 当たり肉用種で 8～10 羽，兼用種で 10～15 羽を目安とする．多数の雛を群飼する場合は圧死に注意する．アヒルは交尾を水中で行うので，自然交配させるときには池や水溜まりを作る必要がある． (田中桂一)

引用文献

1) 農林水産技術会議事務局編，1997．日本飼養標準・家禽，中央畜産会．
2) NRC, 1994. Nutrient Requirement of Poultry, National Academy Press, Washington, DC.

3.2.6 シチメンチョウ（七面鳥）（Turkey）

シチメンチョウはメキシコの野生のシチメンチョウの亜種から家禽化された．食肉として欧米では関心が高いが，日本での飼育羽数は少ない．ニワトリに比べて体が大きく，世代の更新期間も長いので，実験動物としては使いにくい．

1. 種類と入手方法

現在，胸広ブロンズ種，ホワイトホーランド種，ベルツビルスモールホワイト種などが飼育されているが，成体重はそれぞれ，雄が 19, 15, 10 kg, 雌が 13, 8, 6 kg である．7～8ヵ月齢で性成熟に達し，重さ 80～85 g の卵を胸広ブロンズ種は年間 60～120 個，ベルツビルスモールホワイト種は 100～160 個産む．1年のうち多産期は 4～6 月と 10～12 月である．わずかではあ

るが専門業者がいるので，雛も受精卵も購入することができる．人工孵化の場合，温度 37.5 ℃，湿度 68 % の条件で 27～28 日経つと雛が孵化する．

シチメンチョウは肉生産を目的に飼養されるが，その中でブロイラー用，ロースター用および長期飼育する肉採取用に大別される．肉量が多く，また肉の脂肪が約 2.3 % と少ないため，米国では需要が多い．

2. 飼育に必要な設備と器具

飼育施設，設備，器具は基本的にはニワトリと類似しているが，ニワトリに比べて大きくなるので，その点に配慮して設計されている．鳥舎は開放式か無窓式で，飼育方式は稲わら，チップなどの敷料を使う土間床の平飼いとすのこあるいは金網床の立体飼育に分けられる．無窓鳥舎は，温度と点灯管理をするのに適している．産卵率は光線管理によってかなり改善される．

3. 飼　料

日本には七面鳥の飼養標準はなく，七面鳥用配合飼料も市販されていない．したがって，NRC 飼養標準[1]を参考に飼料を調製するか，既存のニワトリ用飼料に手を加えて使用する．七面鳥用飼料はニワトリの場合に比べて幼雛期に CP 含量が高く，通常 0～4 週齢は CP 28.0 %，4～8 週齢は CP 26 %，8～12 週齢は CP 22 %，12～16 週齢は CP 19 %，16～20 週齢は CP 16.5 % である．その他マンガン，亜鉛，銅などのミネラルやビタミン A, D_3, E, K の要求量がニワトリに比べて高い．

4. 飼育管理

発育段階によって初生雛期 (0～4 週)，中雛期 (4～8 週)，大雛期 (8～12 週)，肥育期 (12～16 週, 16～20 週, 20～24 週) に分ける．それぞれの時期に適した飼料を給与する．初生期で最も大切なことは，孵化後なるべく早く餌付けをすることである．48 時間を経過すると飼料や水を摂取しなくなり，死亡率が高くなる．35～38 ℃ の給温期間は夏 2 週間，冬 3 週間とし，中雛期の廃温まで徐々に温度を下げていく．

初生から中・大雛期までは雛の密集による圧死が見られるので，飼育密度に気をつけることが必要である．

ニワトリと同様，病気の主なものには，黒頭病，コクシジウム症，鶏痘，ニ

ューカッスル病，伝染性気管支炎などがある．これらの病気にはワクチン接種による予防法，薬剤による治療法が確立している． （唐澤　豊）

引用文献

1) NRC, 1994. Nutrient Requirement of Poultry, National Academy Press, Washington, DC.

参考文献

1) 鷹見銑三，1997．七面鳥飼育技術の基礎，農業技術体系，6巻追録16，農山漁村文化協会．
2) 山口保隆，1955．七面鳥の飼い方，泰文館．

3.2.7　ダチョウ（駝鳥）(Ostrich)

草類を好んで食べることから，新しい動物資源として注目を集めている．アフリカ原産で走鳥類に属し，飛ぶことのできない世界最大の鳥である．

1．種類と入手方法

野生には赤首系と青首系があり5種が知られているが，これらから作出され，家畜化したアフリカンブラック種が一般的に飼養されている．成鳥になると雌は体重約100 kg，体高2.1 m，雄は体重約140 kg，体高2.4 mに達する．性成熟に達するのは雌が2〜2.5歳，雄が2.5〜3歳で，発情期には雌は両翼を広げぶるぶると震わせる特異な行動を示すのに対し，雄は嘴，目の周り，前頭部，脚および足部のうろこが婚姻色を呈し，紅色になる．この時期，雄は縄張り行動を示し，少し攻撃的になる．羽根は翼端と尾羽が雌雄とも白いが，体色は雌が灰褐色，雄が黒色で異なっている．繁殖期は一般的には3月から9月で，この間に平均40個の有精卵を産む．卵は1.2〜1.5 kgと世界で一番大きい．有精卵は36.5℃，湿度30％の条件下で平均42日間でヒナが孵る．本来雑食性ではあるが，草類を好んで食べ，繊維などの構造性炭水化物をよく利用することができる．まだ日本では飼育の歴史も浅く専門の孵化場はないので，飼育者から雛または卵を入手する．

2．飼育に必要な設備と器具

育成のペン（囲い）は屋外の囲いに移す6週齢まで週齢ごとに用意する．

そして雛を1週間ごとに違うペンに移す．このペンは保温器を備えた屋内部分と屋外の運動場部分（3×25 m）に分かれ，屋内の床はコンクリートで，屋外の床は草との接触を防ぐ特別の床材で作る．駝鳥は足の故障が多いので育雛室や運動場の床は滑らない材質のもので作る．また，尿をよく吸収する材質がよい．運動場はよく動き回れる広さと構造が必要で，幅に対して奥行きのできるだけ長いものがよい．

屋外の運動場の床は固く砂利をつき固めた水はけのよいものがよい．フェンスには金網を用いる．

図3.2.7-1　ダチョウの雄（上）と雌（下）

給餌・給水器は体格に合わせて作ればよく，特別な構造でなくてよい．

3．飼料

駝鳥用の配合飼料が市販されている．配合飼料は成長段階に応じてプレスターター（0～2ヵ月齢），スターター（2～4ヵ月齢），グロワー（4～6ヵ月齢），フィニッシャー（6～14ヵ月齢）および維持用（14ヵ月齢以降）がある．粗飼料として，アルファルファが最も適した飼料といわれるが，その他の牧草，野菜類，畦畔草なども短く切って与えれば好んで食べる．

4．飼育管理

雛は一般に平飼いで，床は砂を敷くかプラスチック被覆の金網床の高床とし，36.5℃に保温した条件で飼育する．育雛室と器具は雛を入れる1週間前に消毒し，特に床の砂は病気の温床になりやすいので十分消毒するか新鮮な

ものと換える．このような条件で1ヵ月飼養し，その間加温を徐々に減らし約1ヵ月で22～23℃にする．

孵化後，雛には卵黄の消費を促すため4日間位水も餌も与えず，餌付けはそれから始める．市販の駝鳥用配合飼料を与えるが，柔らかい野菜や牧草を刻んだものも食べるようになるので適宜与えると健康上よい．1ヵ月齢までは下痢を起こしやすいので注意する必要がある．配合飼料は亜鉛バシトラシンなどの抗生物質が含まれている．1ヵ月齢以後には十分な運動ができるように飼育場には隣接した運動場を併設するとよい．

体の構造上，脚の異常，故障が多く見られる．また，駝鳥は嗉嚢をもっていないこと，ガラス，釘，砂などの異物を食べる食癖があることなどのため食滞を起こしやすい．特に幼鳥ではこれらや餌の過食による食滞を起こしやすいので注意する．

性成熟前は群飼できるが，性成熟した雄駝鳥は縄張り維持のため攻撃的行動を示すので，雄1に雌1，2または3を単位として飼養する．

一般的に肉や皮の生産のためには，7～14ヵ月齢まで飼育する．肉の生体歩留まりは50％で，そのうち脚部の割合が60％である．飼料要求率は，0～4ヵ月齢で2.4，6ヵ月齢で3.8，6～10ヵ月齢で5.5である．　　　（唐澤　豊）

参考文献

唐澤　豊，1997．産業としてのダチョウの飼い方・ふやし方，（財）富民協会．

3.3　中・大型単胃動物

ここでは生物学的な分類に関係なく，実験のやりやすさから小動物と区別して，ブタとウマを扱う．

3.3.1　ブタ（豚）（Swine, Pig）

ブタは野生のイノシシを家畜化したものである．ブタの消化器の構造は雑食に適しており，同じ偶蹄目に属するウシやシカなどが草食であるのに対し，動・植物性の多種多様の飼料を好食する．この食性の幅の広さが，ブタが反芻家畜とは異なる型の肉用家畜として利用されるゆえんでもある．また，ブタは飼料の養分，特にエネルギーを多量に摂取し，有効に利用する．

したがって，他の家畜に比べて成長が速く，飼料効率が優れ，屠肉の歩留まりもよい．さらに繁殖能力が高く，気候風土に対する適応性が強いことなども特徴である．一方，脂肪がつきやすい，伝染病や寄生虫に侵されやすいなどの問題もある．また，反芻家畜に比べると繊維質の消化能力が弱いために，草などの粗飼料の利用はかなり劣る．

1. 種類と入手方法

1) ブタの品種と飼育目的による区分

現在わが国で飼育されている肉豚の大部分は，ランドレース種（Landrace, L）と大ヨークシャー種（Large White, W）の交雑雌豚にデュロック種（Duroc, D）の雄を交雑した三元交雑種である．種雄豚はD種が大半を占め，次いでW種が多い．種雌豚の約70％はLWあるいはWLを主体とする交雑種であるが，純粋種ではL種とD種が多い．肉質のよさから，バークシャー種（Berkshire）あるいはそれとの交雑種が増加傾向にある．ブタを用途別に分けると，ベーコンタイプ（加工用），ポークタイプ（生肉用）およびラードタイプ（脂肪利用）となるが，最近はこの分け方ははっきりしていない．

ブタはその飼育目的によって肉豚と繁殖豚（種豚）に大別される．

2) 子豚の入手と符標の方法

供試豚は実験場内で生産するのが普通である．子豚を購入する場合には，品種，性別，体重，予防注射の有無などを確かめた上で，順調に発育しているものを選ぶ．できれば，常時購入先を決めて，契約導入するのがよい．

子豚を区別するために，生後数日以内に耳刻を行って番号をつける．耳刻の数の決め方は種々の方式があるが，その例を図3.3.1-1に示す．左の耳が

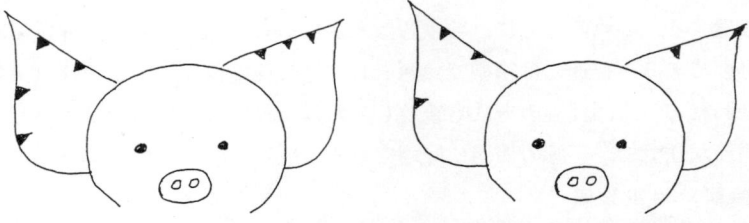

図3.3.1-1 畜試方式による耳刻 左の例では89を，右の例では173を示す

1の位と100の位で,右の耳が10の位を示し,また,耳の上辺は一つの刻みが3を,下辺は一つの刻みが1を表す.左耳の先端を刻むと100を意味し,結局この方式によれば1〜199まで区別できることになる.耳刻器は市販されている.耳刻の代わりに,ピクリン酸(黄色)などの色素でブタの体に直接番号を書いて識別してもよい.

2. 飼育に必要な設備と器具

　栄養試験に必要な豚舎,管理施設・器具などは,基本的には一般養豚用の施設・器具などがそのまま使えると考えてよい.ただし,試験によっては,糞を採取する必要があるので,豚房の床面は除糞作業の簡易化を目的としたすのこ床や発酵床ではなく,コンクリートの平床がよく,試験区をできるだけ多く設定する必要性から,狭くても豚房が多い方がよい.給餌器は残飼量が測定しやすい構造になっているなどの条件を備えているのが望ましい.

1)豚舎・豚房

　豚舎は壁構造の違いによって,ウインドレス型と開放型に大別される.前者は人為的環境調節ができ,外気条件の影響を受けにくい利点があるが,施設費,維持費が高くつく.豚房の1頭当たりの最小床面積(m^2)は,ブタの発育ステージや種類によって異なり,離乳子豚0.37,育成子豚0.56〜0.74,肥育豚0.93〜1.11,種雌豚1.39〜1.67,子付き母豚3.25などである.肥育豚房の場合は,1群頭数は15頭程度までとすべきである.栄養試験では個体ごとの成績が必要な場合も多く,1頭ずつ豚房に収容するが,豚房の数が足りない場合は代謝ケージに収容することがある.妊娠豚の場合は,単飼ストールに収容すれば,飼料給与量の制御が容易である.

　また,母豚の分娩およびその後の子豚の哺育のために分娩豚房内に分娩柵を設置する.これとともに,新生豚は寒さに極めて弱いため保温施設・器具も必要である.普通には箱型で熱源として赤外線電球を用いる子豚用保温箱が使われる.床面保温の方式も普及しており,設置にやや経費がかかるが温度調節が任意で,子豚の保温に好適である.

2)給餌,給水設備

　豚房内に飼槽や給餌器が設置される.飼槽は備え付けのもので制限給餌の

3.3 中・大型単胃動物

場合に用いるが，1頭当たりの飼槽の幅はブタの体幅を基準として設ける．この幅が十分でないと制限給餌であるため飼料摂取量に差がでて個体成績のばらつきが大きくなるので注意を要する．給餌器は主として不断給餌に用い，採食口一つに3～4頭を割り当てる（図3.3.1-2）．近年，飼料のこぼれ，舎内粉塵の防止，汚水量低減などのために，採食口に給水弁を併設したウエットフィーダが普及している（図3.3.1-3）．

給水器には，フロート式，押しベラ式，ニップル式など様々なものがあるが，要は新鮮な水が常時飲めるような状態にしておくことである．フロート式や押しベラ式ではカップ内に糞が排泄されると飲水が不能になることがある．一方，ニップル式ではこぼれ水が比較的多く，汚水量を増加させる．

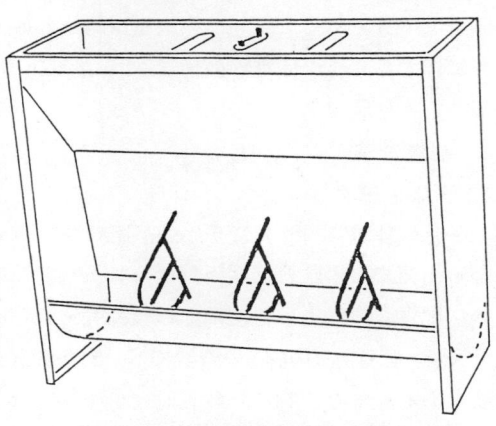

図3.3.1-2 不断給餌器模式図（岡田原図）

3）管理用器具

ブタの管理用器具としては，秤，運搬車，敷わらなどの切断用押切り，清掃用具，消毒用噴霧器などがある．秤はブタの体重や飼料などの重量を測るのに用いる．一般に秤量は300 kgまで，感量

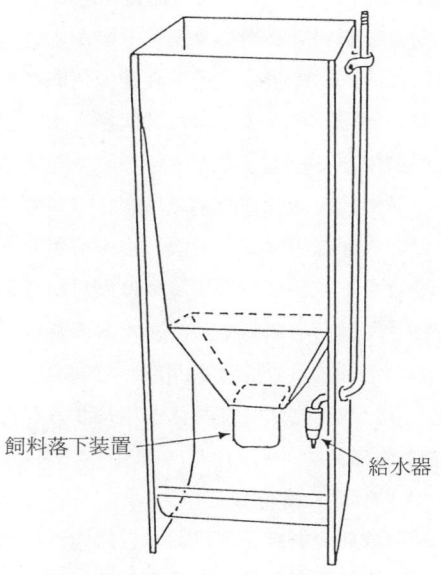

図3.3.1-3 ウエットフィーダ模式図（岡田原図）

は10〜100gでよい．体重測定のための専用の体重秤が市販されているが，普通の台秤に適当な大きさの木枠を作ってもよい．体重は10gの単位まで測れば十分である．飼料の摂取量は給餌器のままこの秤に乗せて残量を測って算出する．この体重秤の他に，1gあるいは0.1gの単位まで測れる自動秤があると便利である．

3．飼育管理
1）子豚・肥育豚

子豚は体重30kgまでをいい，肥育豚は体重30〜70kgの肥育前期とそれから出荷までの肥育後期に分けられるが，その区分は必ずしも明確ではない．肥育豚の仕上げ目標は，一般に6〜7ヵ月齢で，体重110kgである．

子豚・肥育豚（肉豚）の管理では，飼料や飼養環境の変化に対する考慮が重要である．また，特に，離乳直後の子豚では下痢の問題があり，これが試験成績に大きく影響する．飼料の急変は肉豚の発育に少なからぬ影響を及ぼす．したがって，飼料の品質が著しく異なるものに換える場合には，3〜4日かけて飼料を漸次切り換えるのがよい．また，外部より子豚を導入した場合には，飼料の摂取状況，糞便の状態などに注意して，例えば粉餌に馴れていないと思われる子豚には練餌を与え，徐々に粉餌に切り換えるなどの配慮も必要である．

ブタは，幼豚の時期には寒さに対する抵抗力が弱くて発育が停滞しやすいので，保温用マットや敷わらを使用し，豚舎の隙間風を防ぐなどの注意が必要となる．特に寒冷環境では飼料給与量を若干増やしたり，エネルギーを補強した飼料を給与する．また，肉豚は暑さのために飼料摂取量が減少し，体力が消耗する．豚舎を開放して通風をよくするとともに，日光の直射を避けたり，散水によって豚体を冷却するなどの工夫も必要である．

2）繁殖豚
（1）育成・種付け

育成期の飼養管理はおおむね肉豚に準ずればよいが，なるべく放飼いさせて十分に運動と日光浴をさせる．これは，筋肉，骨格および内臓諸器官を発達させるためである．繁殖用雌豚を肉豚と区別して育成し始めるのは体重

60 kg 頃でよい．

　育成豚の初発情発現は 200 日齢前後にくるのが普通であるが，170〜210 日齢，体重 80〜130 kg の幅がある．発情は雄豚の乗駕を許容することによって確かめることができる．その後約 21 日の周期で発情を繰り返すが，初回種付けは生後 8 ヵ月以上，体重 120 kg 以上に発育し，正規の発情を 2〜3 回繰り返したころに供用するのがよい．

（2）妊娠・分娩・授乳

　妊娠期も育成期と同様に自由に運動させるのがよい．妊娠日数は平均 114 日である．分娩予定日の 1 週間前，少なくとも 4〜5 日前には分娩豚房に収容して環境に馴れさせておく．この場合，飼料は妊豚の食欲を観察しながら分娩まで漸次減量する．

　分娩には助産の必要はほとんどないが，なるべく見回って正常に分娩しているかどうか確かめるのがよい．分娩所要時間は 3 時間半程度で，胎盤の排出はその 1〜2 時間後が普通である．分娩が終わったらまず胎盤を片づけて床面を乾燥させるように努める．

　一方，子豚は 1 頭ごとに点検して体重測定を行い，刺青（いれずみ），耳刻などの個体標識をつける．また，哺乳力のない子豚がいれば，最初の 2〜3 日間は乳付けを介添えしてやるのがよい．1 腹平均産子数は 11 頭，生時体重は 1.3〜1.7 kg である．

　なお，冬期の分娩には子豚の虚弱死および寒冷死が増加するので，新しい敷わらを多量に用いたり，保温箱を活用したりして十分に暖めてやる必要がある．その他，分娩時には種々の原因から，流産，早産，難産などが見られ，また，分娩時に起こる疾病としては，乳房炎，膣脱，子宮脱，産褥熱などがあるので，あらかじめそれぞれに対する予防，治療の対策をたてておけばあわてずに済む．日本脳炎による黒子は 6 月以降に分娩する若豚に多く見られるので，夏に入る前に予防注射が必要である．

　授乳豚の管理の要点は，十分に泌乳させるとともにこれによる体重の減耗をなるべく少なくして，子豚を離乳した後の発情を早く強く起こさせることにある．したがって，授乳期の飼料の給与量は，分娩後日数および子豚数の

他に泌乳能力や健康状態を観察して決めるのが望ましい．飼養管理が適切であれば，生まれた子豚が順調に育ち，離乳後4〜5日程度で発情再起する．母豚の乳房炎を予防するには，離乳の当日および離乳後の2〜3日間は飼料の給与量を極端に減らすのがよい．

(3) 哺乳豚と離乳

哺乳中の子豚には生後2週頃から人工乳を与え始め，哺乳によって満足されない栄養分の補給をはかる．生後3〜4週間，体重6kg以上で離乳し，その後人工乳のみで育成する．人工乳は一般に粉末状で，これを自由摂取させる．

離乳豚は環境の変化によるストレスをなるべく防ぐようにする．新鮮な水を適量飲ませる配慮も必要である．生後2ヵ月で人工乳から子豚用飼料に切り換える．

4．衛生管理

1) 予防注射

離乳の前後に豚コレラの予防注射を必ず実施する．豚丹毒の予防注射も行っておく．現在，わが国で実用化されている豚用ワクチンは，豚コレラ生ワクチン，日本脳炎ワクチン，豚伝染性胃腸炎(TGE)ワクチン，豚丹毒生ワクチン，萎縮性鼻炎(AR)ワクチン，豚オーエスキー症生ワクチンなど多数あるが，接種法，接種時期などについては成書を参照されたい．

2) 駆虫，皮膚病対策

回虫，糞桿虫などの内部寄生虫を駆除するには，離乳直後と生後3〜4ヵ月頃，駆虫薬を飼料または水に混ぜて与える．シラミなど外部寄生虫も防除しておく必要がある．皮膚病は外因性または内因性の各種の原因によって起こり，それぞれに予防手当法がある．

3) 豚舎の消毒，清掃など

豚舎の施設や器具の消毒は随時行い，また履き物や車の踏み込みも3〜5日ごとに新しい消毒液に取り換えるなどして，衛生対策に万全を期すべきである．毎日の清掃を欠かさないようにする必要がある．

4）子豚の下痢対策

　離乳後2～3日目に下痢の見られる場合があるが，多くの場合には食欲もあり，元気で，2～3日で治るのが普通である．下痢が長期間続く場合には，それが飼料に起因するものか否かを細かく観察しておく．下痢の原因は多種多様で，その対策も今のところこれといった決定打はないが，サルファ剤や抗生物質の投与が有効である場合がある．春先から梅雨期にかけては，子豚の下痢の発生が多い時期であるから，豚房や運動場を清潔に保ち，飼槽に腐敗した飼料が付着しないように気をつける．下痢が慢性化してヒネ豚になる場合もあるが，そのときは思いきって試験からはずした方がよい．

（古谷　修）

参考文献

1) 丹羽太左衛門, 1994. 養豚ハンドブック, 養賢堂.

3.3.2　ウマ（馬）（Horse）

　ウマが家畜化されたのはBC 3,500年前といわれ，農耕馬，労役馬，糞畜として利用されてきた．また，戦争のときには騎乗用として利用された．現在は動力機械に取って代わられ，ウマ飼育の目的の多くはスポーツとレジャーのためになった．また，最近はアニマルセラピーの対象として注目されている．

1．ウマの種類と特徴および購入方法

　ウマの品種は多く，品種の呼称も用途や体格で分類するなど，国によって異なる場合もあるが，わが国で一般的なウマは，軽種（Thoroughbred種，Arab種およびその交雑種であるAnglo-Arab種など），重種（Breton種，Percheron種など），中間種（軽種と重種の交雑種）および在来種（北海道和種，木曽馬，対州馬，御崎馬など認定8種）である．また，海外の在来小格馬を一般にポニーと呼ぶ．

　軽種は運動能力に優れ，乗用馬や競走馬として，重種は大型で力強く，農耕用あるいは肉用として用いられる．性質は軽種に比べ重種の方が温厚な場合が多いが，日常の扱い方によって変化することが多い．

第3章　動物の飼育法

在来種以外のウマは，家畜市場，農協，家畜商などを通じて購入することができる．また，廃用となった競走馬を馬主から譲り受けることもできる．

2．飼育に必要な設備と器具

1) 厩舎および馬房

厩舎には通常複数の馬房（ウマを個体ごとに収容する独房）の他，飼料倉庫やウマを保定する枠場（図3.3.2-1）などがある．厩舎構造は風通しや周囲の環境を考慮し，換気を良好なものとする．馬房内の床材はコンクリートの上にゴム張りあるいは粘土叩きが一般的であり，壁は板張りあるいはコンクリート下部ゴム張りが一般的である．馬房の広さは，床約3×4m，高さ約3mとするが，分娩馬房はいくぶん広く，4〜5m四方とする．前扉の幅は約1.2mとする．

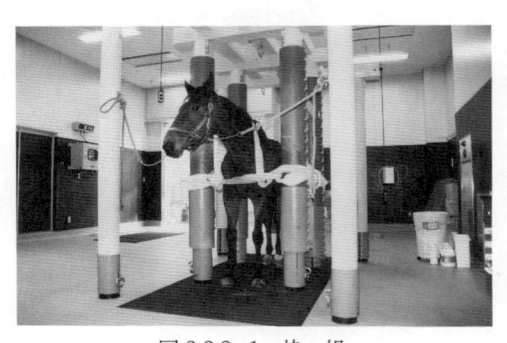

図3.3.2-1　枠場
採血や治療時にウマを保定する．

種雄馬は発情臭に敏感であるため，種雄馬厩舎は繁殖雌馬厩舎から距離をおき，風上に設置するようにする．

馬房内には，飼槽，給水器（バケツによる給水でも可）や草架を設置する．敷料は稲わらあるいは麦わらが一般的であるが，飼養試験の際には，採食防止のため新聞紙細片（ペーパーベッド）や段ボール細片などを使用する．

2) 放牧地，パドック

ウマを健康に飼育するためには，適度の運動が必要である．運動不足のウマは疝痛の発症率が高くなり，性質も荒くなる．十分な面積と豊富な植生を有する放牧地に放牧するのが理想的であるが，試験時などの条件によりこれが困難な場合は，草のない小さなパドックに放牧する．したがって，馬房裏扉から直接パドックに出られる構造が便利である．

ウマは寒冷環境によく耐え，周年放牧も可能である．しかし周年放牧を行

う場合は，乾草採食や飲水が可能な屋根つきシェルターを放牧地内に設け，冬期の風雪や夏期の日照から防御できるようにする必要がある．

ウマが好む放牧草種は，短草型のイネ科牧草やマメ科牧草の白クローバーなどであり，放牧草の生育最盛期には掃除刈りを頻繁に行うことにより，放牧地の利用域を拡大することができる．放牧草が衰退する時期には乾草を放牧地内草架に常時入れておく．

3．その他の設備

運動を負荷する場合は，騎乗運動のための走路や馬場あるいはトレッドミルやウォーキングマシーン（図 3.3.2-2）などの特殊機器などが必要となる．これらの施設を利用する際には，施設に対するウマの馴致を十分行う必要がある．また，ウマは運動時の発汗量が多いため，運動後の馬体を洗うための施設（ウマ洗い場）があると便利である．

図 3.3.2-2　ウォーキングマシーン

4．飼　料

パドック放牧程度の軽い運動しかしていないウマでは，イネ科牧草などの粗飼料を自由摂取させるだけでエネルギー要求量を満足させることができるが，騎乗運動やトレッドミル運動負荷時には，濃厚飼料を加えエネルギーの増給をはかる必要がある．

濃厚飼料としては，エンバク，オオムギ，トウモロコシの他，市販の配合飼料も利用できるが，ウマのモネンシンに対する抵抗性は低く，他動物用の配合飼料の利用には注意する必要がある．

粗飼料は牧草の他，野草，青刈り作物も利用できるが，繊維含量が高い低質のものに対しては消化率が急激に低下し，消化障害の原因となることもある．良質サイレージの利用も可能であるが，サイレージに対する嗜好性には個体差がある．

以上の他，ミネラルおよびビタミン総合添加飼料の追加給与が奨められるが，運動が負荷されているウマには少量の食塩を投与するか，塩塊を自由舐食させる．

5．飼育管理

総給与日量は乾物換算でウマの体重の2〜3％とし，これを1日3回なるべく等量に分けて与える．このうち濃厚飼料の給与量は，強い運動を負荷している場合であっても総給与量の半分を越えないようにしなければならない．また清潔な水を自由飲水させる．ウマはその消化管構造の特徴から，疝痛など消化障害を起こしやすい動物であり，これらのことに十分注意する必要がある．

粗飼料は必ずしも細切する必要はなく，イネ科乾草であれば濃厚飼料とは別に自由摂取させる．細切乾草を濃厚飼料と同じ飼槽から同時に摂取させることにより，咀嚼回数を増加させ採食速度を遅くさせる効果があるが，過度に細かくしたものは採食の際に鼻腔から吸い込み，呼吸器障害の原因となる．そのような場合には，水を適量かけ撹拌することにより飼料に吸着させて与える必要がある．

発育時期にあるウマでは，発育状況を把握した上で飼料給与にあたる必要がある．特に，生後から約1年間は，発育速度過剰が原因の一つとされる骨疾患の多発時期にあたり，濃厚飼料の多給に注意しなければならない．ウマの体重は，胸囲などから推定が可能である．

蹄の管理はウマの健康を維持する上でも重要であり，定期的に削蹄しなければならない．不適切な蹄の管理などが原因で四肢のうちのどれか1本でも障害を受けると，ウマは長時間の横臥に耐えられないので，他の健康蹄に過剰な負重が加わり蹄葉炎などを併発し，最終的に死に至ることもある．運動や不整地での放牧による蹄の過剰摩滅が認められる場合は，蹄鉄を装着する必要がある．

6．繁殖と育成

サラブレッドの妊娠期間は約338日であり，わが国における一般的なウマの分娩時期は3〜5月，種付け時期は4〜6月，発情周期は20〜23日であり，

産子数は通常1頭である．人工授精は可能であるが，現在のところわが国ではあまり普及していない．

妊娠末期の運動不足は難産の原因となるので，場合によっては引き運動やウォーキングマシーンによって運動不足を解消する必要がある．

ウマの生時体重は成熟時体重の約10％とされており，軽種馬では約50kgである．その後急速に増体し，生後1ヵ月で生時体重の約2倍に，生後6ヵ月で成熟時体重の約半分にまで達する．可能なかぎり放牧を主体とした飼養管理を行い，ブラッシングや蹄の手入れも日常的に行った方がよい．離乳は生後6ヵ月で行うのが一般的であるが，飼養環境によっては生後2～4ヵ月から少量の補助飼料を給与する． （朝井　洋）

参考文献

1) 日本中央競馬会競走馬総合研究所編，1996．馬の医学書，チクサン出版社．
2) 日本中央競馬会競走馬総合研究所編，1998．軽種馬飼養標準，アニマル・メディア社．

3.4　反芻動物（Ruminant）

3.4.1　ヤギ（山羊）（Goat）

ヤギは産業動物の中で最も早くから家畜化された反芻家畜であり，飼養が比較的容易であることと生産物（乳，肉，皮，毛）の利用範囲が広いこともあって，特に発展途上国では重要な家畜である．わが国でも1960年代前半までは全国的に，特に中山間地域でかなり飼育されていたが，昨今では肉用として九州南部地方（特に沖縄県）で飼育されている他は産業的には重要視されていない．しかし，大型反芻家畜の代替，あるいは血清製造用などの実験動物としては現在も重要な中小型反芻動物である．

1．種類と入手方法

主たる生産物の違いから用途別に分類すると，乳用種，肉用種および毛用種に大別されるが，それぞれの品種や亜種も多く，全体では500種以上に及ぶ．しかし，特殊な地域あるいは目的で飼育されている場合を除いて，わが国で実験動物として用いられるのは乳用種と肉用種が主体で，スイス原産の

代表的な乳用種であるザーネン種から改良された日本ザーネン種（Japanese Saanen）と日本在来種である肉用系のシバヤギ（Japanese Native Goat）がそれらの代表である．前者は被毛は白色で短く，成体重は雄で 70〜90 kg，雌で 50〜60 kg である．純粋種では，泌乳期間は 270〜350 日で，総泌乳量は年間に 500〜1,000 kg であり，優れた個体では 1,500 kg に達する場合もある．後者は成体重が 20〜30 kg，雌雄とも有角で，毛色は白色や褐色など様々な小型のヤギである．体質は強健で耐病性に優れ，粗食に耐え，明瞭な繁殖期をもたないのが特徴である．

2. 飼育に必要な施設と器具

ヤギは気候に対する適応性は広いが，湿気を嫌い，乾燥・冷涼な環境を好むので，舎飼いの場合は明るく，風通しのよい衛生的な環境を作ってやることが重要である．また寒さには比較的強いので，ヤギ舎は寒地では風雪を防げれば十分であるが，暖地ではできるだけ開放的に設計するとよい．床はやや高めにし，コンクリートで排水をよくするために傾斜（1/60）をつけ，さらにすのこを敷けば通気もよく敷料の節約にもなる．

舎内の広さは，個体ごとに仕切った房にする場合には 1.2×1.5 m 程度は必要で，分娩房を兼ねる場合は扉で仕切った子ヤギの育成室（1.2×1.2 m）をつけるとよい．また，多頭飼育の場合には繋留式にすると場所をとらず，個体観察が容易になる．給餌・給水には特別の設備は必要ないが，乾草などの粗飼料を給与するときには飼槽よりも壁（または柵）面に設置した草架を用いると飼料の無駄が少なくなる．給水はバケツなどで十分であるが，常備する鉱塩の場所とは少し距離をおくとよい．

また，ヤギは高所を好む習性があるので，運動のために房内に踏み台をおいて遊び場を作ってやるのも一つの方法である．実験室内で消化試験などを行う場合には，一般にケージ内に収容して飼育するが，場所が制限されるため餌箱や給水器に工夫をする必要がある．特に飼料の選り好みと関連するが，頭を振ったり，前足で掻き出したりすることが多いので，餌箱の前面を高めにしたり，また後面も前足が入らない程度に高くする．給水器もケージ前面の広さに併せて作成し，鉱塩と反対側に固定するとよい．

3. 飼料

ヤギは元来粗末な飼料にもよく耐えるので草類（生草・乾草）だけで十分であるが，草食（grazer）のヒツジと違って，比較的消化のよい木の芽や葉を好んで食べる性質（browser）があるので，できれば良質の牧草類が望ましい．粗飼料としてわら類などを給与する場合には濃厚飼料を補給する．濃厚飼料としては，ウシやヒツジの場合と同様に穀類をはじめ農産加工副産物などが用いられるが，主体は粗飼料で飼育することを心懸けるべきである．日本飼養標準にはヤギの養分要求量は示されていない．

4. 飼育管理

1）個体識別

個体管理のために，少頭数飼養の場合は個体の特徴を記憶するだけで十分であるが，多頭飼育の場合は何らかの方法で動物を識別する必要がある．その方法には耳標やネックタックの装着や入れ墨などがある．またピクリン酸のような薬品を用いて体側に個体番号などを大書するのも簡単な方法である．日本ザーネン種の登録規定では，登記を受けた個体については，左の耳に所定の入れ墨をするよう定められている．

2）除 角

角のある個体は，実験動物として用いる場合には便利なこともあるが，一般には飼養管理面で危険なこともあるので，生後2週間以内に除角することが多い．角が生えてくる個体（新生子）は，多くは角芽部（将来角が生える場所）に生じる旋毛で判別できる．その部分に突起が確認できるのは生後1週間過ぎであるが，確認できたらできるだけ早めに除角を行うと出血も少なく傷の治りも早い．伸長した角については適宜行う．除角の方法には新生子の場合は電気ゴテや苛性カリを用いて基質を焼く方法があり，角が伸びてしまった後での除角には，鋸での切断や角の根元にゴムをきつく巻きつけ血行を止めて脱落させる方法がある．

3）剪 蹄

舎内や運動場の床面がコンクリートなどで固く，また敷料が少ない状態では，蹄は磨耗して伸びることは少ないが，一般の舎飼では蹄が伸び，長く放

置すると蹄の形が変わり，肢蹄の疾病にかかりやすく，また姿勢も悪くなり，健康を害する原因となる．したがって，それぞれの状況に応じて2～3ヵ月に一度は園芸用の剪定鋏を用いて剪蹄するように心懸ける．剪蹄は剪毛の場合と同じように保定し，前蹄から後蹄の順に行う．蹄壁の前方および側面の部分を切って，蹄の裏と外側の角質とが平らになるように形を整える．深く切りすぎて出血したら，ヨードチンキなどを塗り包帯をする．剪蹄と同時に腐蹄症の予防のために硫酸銅溶液などで脚浴をするとよい．

4) 去　勢

雄子ヤギを実験動物として用いる場合には，性質を穏やかにし，取り扱いを容易にするために，生後2～3週間で去勢する．去勢の方法は，ゴムリング法，挫切鋏による方法，無血去勢器（精系切断）を用いる方法などがある．

5．繁殖管理

1) 繁　殖

ヒツジと同様季節繁殖動物であるが，繁殖季節は品種や飼育されている地域によって差がある．温帯地域でのヤギの繁殖期は秋から冬にかけての短日期にあり，わが国ではヒツジより若干遅く，9月上旬～10月上旬である．一般にヨーロッパ型の品種では季節繁殖性が明瞭であるが，在来のシバヤギやトカラヤギなどの小型種では周年繁殖の形態をとるものが多い．

2) 分娩前後の管理

分娩予定日の1週間位前から母山羊を観察し，分娩の徴候を確認した後，群飼の場合は分娩房へ移す．分娩房はできるだけ温かく清潔なところに設けて，敷料を十分に入れる．分娩が近づくと陰部が腫大し乳房も張ってくる他，食欲が低下する．分娩当日は，陣痛が始まると母山羊は落ち着きがなく房内を歩き回り，しきりに鳴くようになる．分娩に際しては胎位が正常であれば，特に看護の必要はなく，双子や三つ子の場合でも短時間に続けて娩出されることが多い．分娩直後の母山羊は疲労が激しいので，ふすま湯などを与えて元気の回復を促す．分娩後，0.5～4時間程度で後産が排出されるが，その後特に異常がなければ4～5週間で子宮の状態は回復する．

3）新生子の取り扱い・哺育・離乳
(1) 新生児の取り扱い

　生まれたばかりの子山羊は胎膜が付着しており，通常は母山羊がきれいに舐め取るが，母山羊が不慣れの場合には体温低下による消耗を防ぐために，乾いた布で拭き取ってやる必要がある．子山羊の鼻孔部に胎液などが付着していると，それを吸い込んで肺炎などの原因になるのできれいに拭き取る．臍帯は分娩時に自然に切れるので，2～3 cm 位残して切断し，化膿しないようにヨードチンキなどを塗布しておく．子山羊は生まれてまもなく立ち上がり，母親の乳房を探して初乳を飲み始めるが，子山羊に飲む気がなかったり，あるいは母山羊が初産の場合などで双方の呼吸が合わない場合は，管理者が補助してなるべく早く初乳を飲ませるようにする．

(2) 哺　　育

　哺育方法には，親子を離乳まで一緒にしておく自然哺育と，分娩後に子山羊を別にし飼育する人工哺育とがある．人工哺乳は手数はかかるがヒトによく慣れ，管理がしやすくなる利点がある．いずれの場合も離乳までの管理として重要なのは，できるだけ早くから固形飼料に慣れさせ，その摂取量を増加させて反芻胃の十分な発達を促すようにすることである．自然哺育の場合は哺乳は十分であり，同時に早くから母山羊の飼槽に近づいて乾草や濃厚飼料を口にするから特に問題はない．人工哺育の場合は牛用代用乳をベースにして調製したものを与える．この場合も早くから固形飼料を口にできるように，良質の乾草などを房内に置くようにするとよい．

(3) 離　　乳

　離乳は自然哺育の場合では生後 2～3 ヵ月で行うが，人工哺育の場合は生後 40～50 日で完全に固形飼料に切り替える早期離乳が一般的である．いずれの場合も子山羊の体重と固形飼料の摂取量から的確に判断することが重要である．日本ザーネン種での目安は，体重が雄で 20 kg，雌で 18 kg 程度であり，早期離乳の場合でも雌雄とも体重が 15 kg 以上であり，乾草などの固形飼料を十分摂取していることを確認してから行う．この時期には十分な運動と良質の粗飼料の給与が必須である．

6. 育成期の管理

子山羊の離乳後の体重増加の程度や発育速度には個体差があり，哺乳期間中の栄養状態や飼料の種類，あるいは運動量などによって大きく影響される．日本ザーネン種の成熟体重は雄で 85 kg，雌で 60 kg 位であるが，どちらも 24 ヵ月齢頃までは体重および体高は増加する．雌では成長の速いものでは当歳種付けが可能であるが，その場合はその後の体重および体高は伸びない傾向がある．育成の目安として表 3.4.1-1 に日本ザーネン種の月齢別の体重および体高を示した．

表 3.4.1-1　日本ザーネン種の月齢別の体重および体高

月齢	体重 (kg)		体高 (cm)	
	雄	雌	雄	雌
生時	3.6	3.2	37.2	35.8
3	23.2	20.6	56.0	52.5
6	35.8	30.7	67.0	64.7
12	63.6	53.3	78.1	72.2
24	85.6	65.7	85.5	76.9

（藤原　勉）

参考文献

1) Hetherington L. 1977. All About Goat. Farming Press Limited. Suffolk, England, UK.
2) 北原名田造，1982．ヤギ－飼い方の実際－，農山漁村文化協会．

3.4.2　ヒツジ（緬羊）（Sheep）

世界のヒツジの飼養頭数は約 10 億頭にも及び，主に羊毛および肉生産を目的として飼育されている．わが国では，産業動物としての他に動物園や観光牧場で飼育され，また実験動物として利用されているが，飼養頭数は多くない．実験動物としてのヒツジは反芻動物であることおよびその個体の大きさがほぼヒト並みであることに特徴があり，飼養管理の容易さや温順な性質と相まって家畜生産，医学関連，一般生物学などの研究分野の実験にしばしば用いられる．

1. 種類と入手方法

わが国で飼養されるヒツジの品種はメリノー（Merino），コリデール（Corriedale），サフォーク（Suffolk）種などである．一般に，これらのヒツジ

は性質が温順で群飼育に適しているが，大きさ，行動，産子数などは品種で異なるので，実験目的により品種を選択する必要がある．

2．飼育に必要な施設や設備

器具は，総てヤギと同様である．

3．飼　料

飼料はヤギに準じてよいが，日本飼養標準があるので参照すること．

4．飼育管理

ヒツジの特徴的な一般管理には，剪毛，断尾，削蹄などがある．剪毛は温暖な季節に行うのが通例である．剪毛作業はヒツジにとって強いストレスになると同時に無理な固定による腸捻転が起こることがあるので，剪毛前に飼料給与量を少な目にするなどの注意が必要である．断尾は生後1～2週間以内に実施するのがよい．

(寺島福秋)

3.4.3　シカ(鹿)(Deer)

シカは世界各地に広く棲息する反芻類シカ科の草食獣であり，有史以前から重要な狩猟動物として利用されてきたが，一部の地域，種類を除いては家畜化されなかった．近年，ニュージーランドなどでの養鹿産業の進展，野生鹿の保護管理と養鹿による中山間地振興策などから関心が高まり，各地で飼育が試みられている．しかし，実験動物としてのシカの飼育は，まだ事例も少なく，飼育管理の方法や生産能力の評価など十分に確立されていない．

1．種類と入手方法

世界のシカ科の種類は，17属，40種，約200亜種を数えるとされているが，家畜化あるいは半家畜化の状態にある主要なシカは，アカシカ(*Cervus elaphus*)，ニホンシカ(*Cervus nippon*)，ダマシカ(*Dama dama*)，トナカイ(*Rangifer tarandus*)などである．

アカシカはヨーロッパ原産であるが，改良の過程で北米産のワピチ(*Cervus canadensis*)などの交配があり，ニュージーランドの鹿肉生産の約80％を占めている．ニホンシカはサハリンから中国大陸，東南アジアまで棲息し，梅花鹿，エゾシカ，ホンシュウシカなどの亜種がある．トナカイ(北米で

はカリブー，中国では馴鹿）は，ツンドラとタイガ地帯を大群で季節移動するシカであり，一部は北欧などで家畜化された．ダマシカ（ファローシカ）は南欧原産種で，オーストラリアやニュージーランドなどで飼育されている．

シカは樹葉採食性（browser）で林縁部を中心に大小の群れで行動する．一般に，俊敏で四肢が長く跳躍力が強いために飼育管理が難しかったことが家畜化を阻んだ理由と考えられる．その生態，繁殖性，体格などは，種および棲息環境によって大きな変異があり，また成長や繁殖は季節（日長）による影響を受ける．シカは他の反芻家畜よりも一採食当たりの持続時間が短く，採食回数が多いことも特徴である．家畜化されたシカの成雄体重は，ダマシカの約 70 kg からトナカイの約 180 kg までの範囲にある．養鹿生産では鹿肉（ベニソン），鹿皮，鹿茸（ベルベット）などが生産されているが，今日でも野生鹿の狩猟による供給がかなりの割合を占めている．

2. 飼育に必要な設備

シカの飼育に必要な施設やその配置は，シカの行動生態の特性を考慮した特別の工夫が必要である．試験目的で飼育するにはフェンスで囲まれた運動場と誘導路（レースまたはトンネル）および体重測定や個体管理の可能な保定場を備えた鹿舎が必要である（図 3.4.3-1）．フェンスは高さ 2.3 m 程度の金網で囲い，さらに高さ 1 m 程度の外柵を設置することが望ましい．また，かなり馴化したシカでも突発的な音やイヌなどの出現に驚愕し暴走することがあるので，鹿舎または運動場の一画は周囲から隔てられた隠れ場所を確保する．小規模な飼育施設では誘導路の出口に保定箱を設置して個体管理や捕獲用とするが，多頭飼育施設では連続した

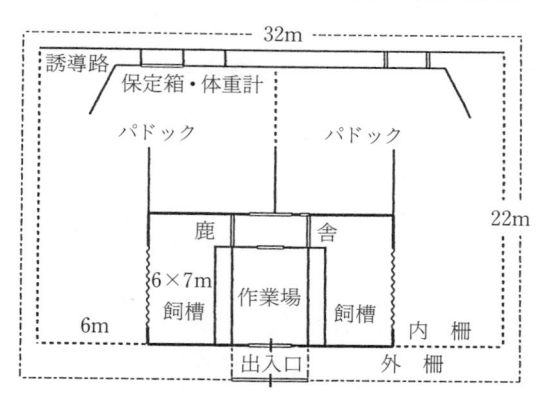

図 3.4.3-1　小規模（12頭程度）の試験用の対称型養鹿施設の例（平面図）

保定作業が可能なクレードル型またはクラッシュ型の保定施設を設置する．少頭数の簡易な体重測定には，飼槽の手前に木枠を乗せた電子秤を設置することで採食時の体重を容易に測定できる．

3．飼　料

飼育下のシカは，ヤギとほぼ同じ食性を示し，牧草類から穀実類，粕類，食品製造粕類などを摂取する極めて広食性である．粗飼料ではヘイキューブ，トウモロコシサイレージをよく採食し，これらの自由採食時の乾物摂取量は75～85 g/体重 $kg^{0.75}$ に達する．イネ科牧乾草はやや嗜好が劣り，わら類はほとんど採食しない．野生鹿がササ類や野草類，樹皮などを摂取していることから高繊維質飼料の利用性が高いと考えられるが，飼育下での試験では牧草繊維質の消化率はヒツジやウシよりもかなり低く，糖質ではほぼ同じである．これは反芻胃の容積が他の家畜より相対的に小さく，内容物の滞留時間が短いために，特に繊維質の消化率が低いと考えられている．

4．飼育管理

シカを飼育する上で最大の問題は取り扱いである．個体レベルの試験目的に供するシカは，飼育環境にできるだけ馴化させ，また個体管理の可能な設備が必要である．試験用のシカの導入にあっては，飼育下にある悪癖のないシカを選定するか，または子鹿の段階から育成したものを選ぶ．新生鹿の代用乳による人工哺乳も可能であり，最初は多労であるが確実に人慣れしたシカを準備することができる．雄は有角で春に脱角し，加齢とともに枝角が成長する．試験目的により 7 月頃の袋角時に除角するか去勢する．去勢により雄性は退化するが，角は貧弱ながら形成される．シカは季節繁殖性で約 18 ヵ月齢で性成熟に達し，晩秋頃に自然交配して妊娠期間 230 日前後，6 月～7 月に 1 子を分娩し，栄養状態がよければ 8 産まで連産が可能である．

シカの発育や増体は，季節によって異なり，4～9 月に大きく，2 月頃に最低となる傾向にある．これは採食量を反映している．成長中のシカは 200 g/日程度の増体を示すが，冬期はヘイキューブを自由採食で与えても 50 g/日程度である．シカの疾病予防のために結核検査やイベルメクチンなどの駆虫剤投与が必要であるが，衛生管理法はまだ確立されていない．シカの検査

や治療などの際には吹矢などによる筋弛緩剤の投与（キシラジンとケタミンの併用）が安全であるが，適切な鎮静を得るための適用量は個体差が大きい．

(久馬　忠)

参考文献

1) Asher G. W. and M. Langridgeed, 1992. Progressive fallow deer farming. 2nd ed., Hamilton, New Zealand.
2) 斉藤孝夫ら，1990. 新食肉資源としてのニホンシカの集約的飼育管理技術と鹿肉の利用性の開発，科研費成果報告書，宮城農業短期大学.

3.4.4 肉用牛 (Beef cattle)

肉生産を主な目的として飼育されるウシを肉用牛という．肉用牛には和牛などの肉専用種だけでなく，乳用牛の雄子牛や乳生産をしなくなった雌牛を肉用に飼育するものおよび乳用種雌牛に肉用種雄牛を交配して得られる F_1 去勢牛も含まれる．

1. 品種と入手方法

わが国固有の肉専用種は，黒毛和種（Japanese Black），褐毛和種（Japanese Brown），無角和種（Japanese Polled）および日本短角種（Japanese Shorthorn）の4種である．外国産肉専用種として，イギリス原産のヘレフォード種，アバディーンアンガス種，フランス原産のシャロレー種などが導入されたが，飼育頭数は多くない．また，肉用牛

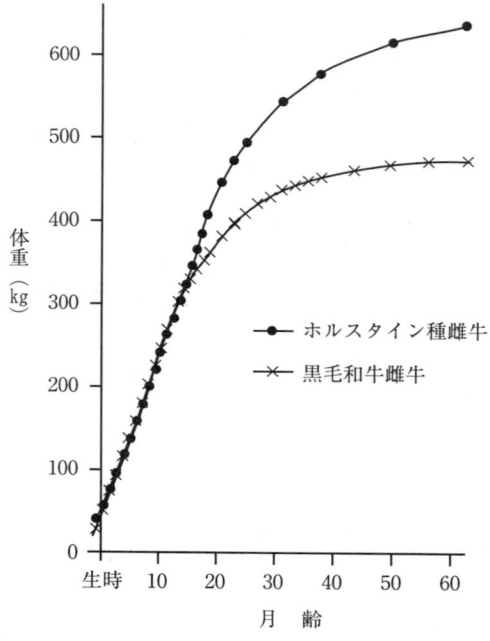

図 3.4.4-1　繁殖雌牛の発育基準
日本飼養標準，乳牛 (1999)，肉用牛 (2000)

として飼育されている乳用種はほとんどがホルスタイン種である．

供試牛は，市場で子牛を得る場合と繁殖牛を飼育してその雌牛から子牛を得る場合がある．性別，月齢，種雄牛を揃えようとするときは，大きな市場で子牛を購入する方が容易である．この場合，得られる子牛は一般的に9〜10ヵ月齢の育成終了時，去勢雄子牛の場合には肥育開始時になる．市場で子牛を購入する場合，標準以上の発育をしているものを選ぶ方がよい．

市場で購入するより月齢の若いウシの入手，特に哺乳期や育成期の肉用子牛を試験に用いる場合には自家生産によるか，あるいは農協，経済連（全農）などを通して直接和牛繁殖農家から入手することになる．

ホルスタイン種や F_1 の子牛を供試する場合には，市場あるいは大規模な哺育，育成農家があるので直接このような農家から購入することができる．

妊娠期や授乳期のウシの試験の場合には自場で繁殖させるか，市場または，農協などを通じて農家から妊娠中の雌牛を直接購入するなどの方法がある．

2．飼育に必要な設備と器具

栄養や飼料の試験にはスタンチョン式牛舎によって個体管理する方法，繋ぎ方式で個体管理する方法，独房で1頭ずつ管理する方法などがある．最近では放し飼い式牛舎で飼育し，ウシが飼槽に近づくと個体認識扉が開く装置（個体識別装置つき飼槽）を用いて，ウシの採食量や給与量を測定できる方法がある．供試牛の頭数が多い場合には，群単位で試験をすることがあるが，この方法では個体ごとの採食量，飼料効率などのデータがとれない．

スタンチョン牛舎の牛房は，1頭当たり幅1.3〜1.4 m，長さ1.5〜1.6 mが標準であり，1頭ごとに仕切られた飼槽と飲水器をつける．ロープなどでの繋ぎ方式で

図 3.4.4-2　個体識別装置つき飼槽

試験する場合もスタンチョン方式同様に，ある程度のウシの行動の自由を認める方がよい．床材としてはコンクリートの上にゴムマットを敷くか，あるいはその他の床材を用いて敷料を使用しなくてもよいようにする．群飼いのための牛房面積としては，1頭につき成雌牛と去勢牛 $3\sim 4\,m^2$，明け2歳牛は $2\sim 4\,m^2$，子牛つき雌牛は $10\sim 14\,m^2$ とし，飼槽，草架，水槽，運動場を備えたものとする．分娩予定牛，子牛つき雌牛の試験用には単房式牛舎とし，子牛の雌牛の単房には子牛専用飼槽をつける．

試験に直接供試しない牛群やフィステル装着牛の飼育のためには，寒冷積雪地帯を除けば必ずしも牛舎を必要としない．日除け，風除けがあればよく，この場合，簡単な屋根つき草架，飼槽，給塩台および給水設備を設ける．

放牧試験を行うためには，牧柵の必要性は当然であるが，給餌，給水，ミネラル給与施設，薬浴施設，牛衡施設の他に諸調査のためにウシを集め，捕える場所が必要である．

3ヵ月齢までの子牛の畜房は床面積として $1.5\,m$ 四方で十分であり，囲いの高さは $1.2\,m$ 位あればよい．飼槽としては濃厚飼料用と乾草用の2個必要で，乾草は草架におくこともできる．ウォーターカップ式の飲水器がない場合にはバケツに水を入れ，毎日取り替える．母牛から離して試験をする場合には哺乳用としてバケツか哺乳器を準備する．

幼齢子牛は寒冷や暑熱に対する抵抗性が弱いので，これらに対する保護に気をつけなければならない．特に哺乳子牛には気をつける必要がある．冬はできれば $10\,°C$ 以上になるように畜舎保温するのが望ましい．また夏は高温多湿になるので，換気に十分注意する．

3．飼　料

飼養標準と飼料成分表に基づいて給与量を決める．飼養標準に示されているように，肉用牛の飼料としては低タンパク質のものでよく，エネルギー含量も低いものでよい．粗飼料としては品質の低いものも利用でき，牧草や野草の生および乾草，サイレージ，わらなどを給与する．

濃厚飼料としてはエネルギー源としてはオオムギ，トウモロコシ，マイロ，糖蜜，タンパク質飼料としては大豆粕，ぬか類，ふすまなどが使われる．必

要に応じてミネラル，ビタミン剤を給与する．
4．飼養管理
1）哺乳期の飼養管理
（1）栄養管理
　母牛の泌乳量は子牛の成長に大きな影響を与える．泌乳量は分娩前後の母牛の栄養状態に左右されるが，個体，品種，年齢などによる差が大きい．母乳由来の ME，CP 摂取割合は 6 ヵ月齢離乳の子牛においても約 50 % を占める．品種別の泌乳量は表 3.4.4-1 に示しているように日本短角種で多く，黒毛和種，褐毛和種，無角和種，ヘレフォード種はほぼ同じである．

表 3.4.4-1　黒毛和種と日本短角種の平均的な泌乳量（kg／日）

品種＼週	1	4	8	12	16	20	24
黒毛和種（注）	6.9	7.0	6.3	5.6	4.9	4.2	3.6
日本短角種	8.8	10.2	10.0	9.8	9.1	8.0	7.1

（注）褐毛和種や無角和種，ヘレフォード種などの肉用種の平均的な泌乳量も黒毛和種の値とほぼ同程度である．

　泌乳量は初産では少ないが，その後 3〜4 産までは増加する傾向にある．
　哺乳期間中の 1 日当たり増体量として 0.6 kg 以上を期待する場合や母乳が不足して発育が劣る場合には濃厚飼料による別飼い（クリープフィーディング）を行い，栄養分を補充する．増体を期待して濃厚飼料を多給すると粗飼料摂取量が減少して反芻胃の発達が抑制され，過度の脂肪が蓄積するので，哺育期後半には別飼い飼料の給与量を制限する．
　哺乳子牛の離乳は 6 ヵ月前後であるが，最近では乳用雄子牛と同じように肉用種あるいは交雑種子牛においても早期離乳技術を用いて，より早く離乳させる飼養方法がある．
（2）去勢と除角
　雄子牛は血統，資質，増体能力などから種雄牛候補になるもの以外は去勢する．去勢の目的は，雄性ホルモンを除き，性質を温順化して，飼育，管理をしやすくすることと，若い月齢で脂肪蓄積を行わせ，良質な牛肉生産を可能にすることにある．

第3章 動物の飼育法

去勢の時期は哺乳中の2〜3ヵ月齢で行われる場合が多いが, 0〜6ヵ月齢の間であれば去勢は可能である. 去勢方法には, 陰囊を切開し, 精巣と精巣上体を除去する観血法と, 無血去勢牛器を用いて精巣を挫滅する精巣の吸収法とがある. 無血去勢には2〜3ヵ月齢のウシにゴムバンドを用いて精索部を結紮し, 陰囊全体を落とす方法もある.

除角は生後2〜3週間後, わずかに角の先が指の腹で固く感じられるようになったとき, 電気ゴテまたは棒状苛性カリなどで角根部を焼き切る. 伸長した角の除去には切断器を用いて, 前頭洞が見える程度に除去する. 出血が激しいので, 焼きゴテで血管を1本ずつ焼いて止血し, 止血剤, 化膿止めなどをつけたガーゼあるいは脱脂綿をつけておく.

2) 繁殖雌牛の飼養管理
(1) 育成牛雌牛

正常な栄養状態で雌牛を飼育すると約10ヵ月齢で性成熟に達する. 低栄養状態で飼育すると性成熟は遅れ15ヵ月齢前後になる. 逆に濃厚飼料を多給するような高栄養状態では日増体量は大きくなり, 早く性成熟に達する. しかし, 濃厚飼料多給による極端な高栄養状態で雌牛を育成すると受胎率の低下や難産を招くことになる. 6ヵ月齢の子牛は体重160〜170 kgになる. この時期には濃厚飼料を1日当たり体重の0.5%〜0.8%(0.8〜1.3 kg) とし, 他に生草またはこれに代わるものを体重の約1%(1.6〜1.7 kg) 給与し, 混播乾草を自由採取させる. 育成牛に対する運動負荷は重要なので, 育成牛舎の脇に運動場を設ける. 月齢差の大きなウシの場合は牛房を区分する. 牛房内の床は, 通風を良好にしてできるだけ乾燥状態に保持する.

(2) 繁殖雌牛

繁殖雌牛には繁殖, 哺育能力が発揮できるような飼養管理を行う. 日本飼養標準・肉用牛(2000)では, 成雌牛の維持に要する養分量, 妊娠末期2ヵ月間に加える養分量, 授乳中に加える養分量が示されている. 妊娠末期2ヵ月間には胎子発育のための増給が必要である. 妊娠牛は出産前後の事故に注意し, 予定日の1〜2週間前から単房の分娩室に移す. 分娩後は, 子牛の起立と哺乳を確認しなければならない. 雌牛を群飼する場合は除角をするとウシの

強弱の差が現れにくい．繁殖開始時の体格は品種や飼養状態によって多少異なるが，黒毛和種では従来約300 kg，体高116 cm前後とされてきた．しかし近年では，繁殖供用開始時の雌牛の月齢は14～15ヵ月齢であるが，体重約330kg，体高119 cmとやや大きな体型となっている．

　繁殖雌牛は自由に運動させる．特に繋ぎ飼いでは過剰給与とならないように注意する必要がある．栄養の過不足が原因となって繁殖上のトラブルが起こりやすいので，ウシの栄養状態を適度に保つことが重要である．

　試験のためには揃った月齢の妊娠牛や出生子牛が必要である．このためには種付け，分娩の時期をなるべく揃えなければならず，少なくとも2回の発情，すなわち40日の範囲内で受胎させることが望ましい．繁殖は一般に人工授精によるが，多数の雌牛を広い牧野に放牧している場合など，人工授精が困難な場合には，雌牛10～20頭につき種雄牛1頭程度の割合で放牧して自然交配させる方法もある．

3）肥育牛の飼育管理

　肉用種の肥育は品種，性，給与する飼料の種類，仕上げ時の枝肉形質などによって異なる．去勢牛の肥育では離乳後の子牛を成長させながら肥育する．給与飼料には濃厚飼料を主体とするが，このような肥育方式では，18ヵ月齢，体重約550 kgで仕上げるのが最も飼料効率がよい．これまでは24ヵ月齢で，仕上げ体重約600 kgの肥育牛が推奨されてきた．現在では肉質が上位の肥育牛に仕上げるため，26～28ヵ月齢，体重約650～700 kgで出荷される場合が多い．このように肥育期間を延ばし，仕上げ体重を大きくすると，飼料効率は悪くなり，飼料費は高くなる．

　乳用種去勢牛肥育の多くは哺育・育成期初期より濃厚飼料を主体に給与し，大型であるホルスタイン種の発育能力を最大限に発揮させようとするものである．現在の乳用種肥育は19～21ヵ月齢で700～750 kgの体重に仕上げる．近年ホルスタイン種雌牛に黒毛和種雄牛を交配して生産されたF_1交雑牛が肥育されるようになってきた．これは，脂肪交雑に優れた黒毛和種と増体能力の高いホルスタイン種の特徴を活用しようとするものである．

　去勢肥育牛の飼育には単房，群飼，個別繋留などがあるが，群房飼育が多

頭数のウシを省力的に飼育することができるために広く使用されている．群房飼育時の1頭当たりの面積は5〜10 m^{2}で通常40〜50 m^{2}に4〜8頭飼育される．ウシの成長や強弱関係に応じて頭数は増減させる．肥育牛には一般的に高いエネルギーの飼料を多給するため，夏期の採食量を減少させないよう暑熱対策が必要である．北海道や東北地方では冬期は寒冷になるため，熱損失を小さくする配慮も必要である． 　　　　　　　　　　　（矢野秀雄）

参考文献

1) 農林水産省農林水産技術会議事務局編，1994．日本飼養標準・乳牛．中央畜産会．
2) 農林水産省農林水産技術会議事務局編，2000．日本飼養標準・肉牛．中央畜産会．

3.4.5 乳 牛（Dairy cattle）

　乳生産を主な目的として飼育されるウシを乳牛という．その生産性向上は近年極めて著しく，乳量が1万 kg/年を超える高泌乳牛も多数飼養されている．乳牛の飼育法の基本は，このような高泌乳牛管理の現状を踏まえ，泌乳量，乳成分，繁殖成績などの能力に見合う飼養管理が重要といえる．また，農家では乳牛を自家育成する場合と市場などから購入する場合があるが，どちらにおいても高能力を発揮できるような飼養管理が必要になる．
　その基準としては，家畜改良事業団の「乳用牛群能力検定成績のまとめ[1]」が参考になる．1996年度の検定成績によると，305日乳量8,464 kg，乳脂率3.82％，タンパク質率3.18％，1頭当たり濃厚飼料給与量3,091 kg，初産月齢27ヵ月，分娩間隔418日，乾乳日数71日，搾乳日数347日となっている．このような検定成績に見合う飼養管理をするためには，日本飼養標準・乳牛に示された養分要求量を満たすように給与することが重要である．

1. 種類と入手方法

　わが国で飼育されている乳牛の大部分がホルスタイン（Holstein）種であり，乳用種の中でも乳量の多いことが特徴である．また，わが国ではジャージー（Jersey）種もわずかに飼育されているが，ジャージー種の特徴は乳脂肪などの乳成分が他の品種よりも高いことである．栄養試験では3ヵ月齢では性差が少ないので，雌雄どちらも利用することができる．1週齢以降各週齢，

各状態の乳牛を市場から入手できるが，知り合いの農協や研究機関に依頼するとよい．購入の際には，子牛は高価なので，健康状態，初乳をよく飲んだか，また糞便の状況などに注意することが大切である．

2．飼育に必要な設備と器具

乳牛を飼育する場合には，飼養管理に適した牛舎と付属施設が必要である．乳牛はスタンチョン式牛舎などの個体管理による牛舎，フリーストール牛舎などの群管理による牛舎で飼育される．付属施設としてはパイプラインミルカーやミルキングパーラーなどの搾乳施設が重要であるが，今後は適切な糞尿処理施設の設置が環境保全のために特に必要となる．

試験牛舎と付属施設については，第5章を参照されたい．

3．飼　料

乳牛の飼料には多くの種類があり，その特性も様々である．畜産先進国ではそれぞれの国情を反映した飼養標準を決めている．そこには養分要求量を示した表や式が示されている．育成，泌乳，乾乳および繁殖期などのウシの状態に応じた要求量を満たすように飼料を給与することが大切である．また同時に飼料の量，経済性，嗜好性，乳牛の健康や乳成分に悪影響がないことなどにも十分注意することが必要である．

維持に必要な分は粗飼料で，生産に必要な分は濃厚飼料でまかなう．濃厚飼料にはいろいろなタイプのものがある．子牛の飼料には液状（牛乳，代用乳）と固形飼料（粗飼料，人工乳，育成用飼料配合など）がある．粗飼料には乾草，サイレージ，生草，青刈飼料などがある．3ヵ月齢までは粗飼料としては乾草を給与する．3～6ヵ月齢，6ヵ月齢以降の子牛に対しては，それぞれ別の育成配合飼料が作られている．10～12ヵ月齢までは必要に応じて，濃厚飼料を給与し，それ以降放牧期までは粗飼料を主体とする．肉用育成の乳用雄子牛では濃厚飼料を主体として給与する．

4．飼育管理

1）子牛・育成牛の飼育管理

最近の特徴として，生産コスト低減のために増体率を高めて初産月齢を早める傾向があげられる．図3.4.5-1に，農水省北海道農業試験場の育成牛の

図 3.4.5-1　育成牛の発育曲線

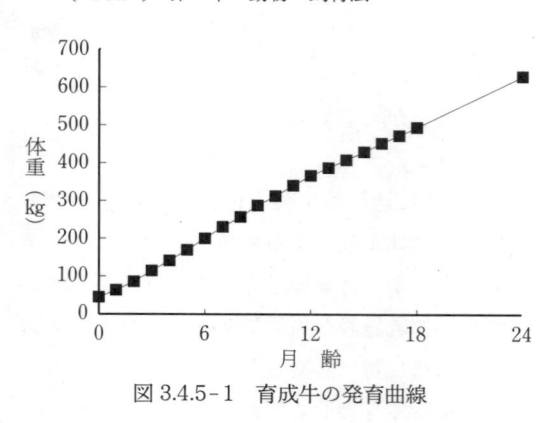

体重の変動を分娩時から 24 ヵ月齢まで示しているが，24 ヵ月齢で体重 628 kg（体高 142 cm）に達する．今後，初産月齢 24 ヵ月に向けた子牛・育成牛の飼養管理の改善が想定されるが，その場合には子牛の生存率向上，早期離乳などを含めた飼養管理が重要になる．

2）泌乳牛の飼育管理

農水省北海道農業試験場の泌乳牛の乳量の変動を図 3.4.5-2 に示す．305 日乳量で初産牛（7,351 kg），2 産牛（9,059 kg），3 産牛（9,364 kg），4 産牛（9,669 kg），5 産牛（10,004 kg），6 産以上の牛（9,913 kg）のように，初産牛と 2 産以上のウシで乳量に大きな相違がある．また，初産牛の泌乳末期（36 ヵ月齢）の体重（682 kg）と飼養標準の発育基準（587 kg）にも差が見られ，育成段階の早期発育がその後の乳量，体重の変動に影響を及ぼす．特に初産牛と経産牛で大きく異なることが最近の特徴としてあげられる．また，泌乳末期においても乳量が 20 kg を超えるため，その後の乾乳期に体調を整えることが重要になる．

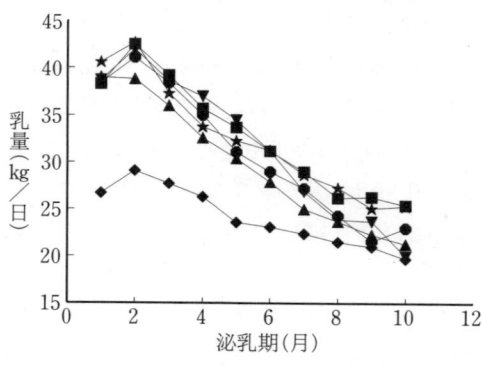

図 3.4.5-2　産次による乳量の変動（初産牛（◆），2 産牛（▲），4 産牛（▼），5 産牛（■），6 産牛以上（★））

高泌乳牛では分娩時から泌乳最盛期にかけてエネルギー不足になりやすく，その結果，体重減少，受胎率低

下,疾病増加などに陥りやすい.泌乳期の飼養管理の重要なポイントは,泌乳前期のエネルギー不足を解消するために分娩直後から乾物摂取量を早急に最大にすることといえる.

5. 乾乳牛の飼育管理

高泌乳牛の飼養管理で近年進展が著しいのは,乾乳(妊娠)末期の飼養管理である.今までは乾乳期を一つの要求量で示していたが,現在は乾乳前期と乾乳後期(分娩前3週間)の養分要求量は異なることが認められ,乾乳後期は乾乳前期よりも養分要求量が増加する.特に,1万kg/年レベルの高泌乳牛が増えるに従って,分娩前の乾物摂取量の増加とともに,乾乳後期のエネルギー,タンパク質,繊維,ビタミン,ミネラルの適正な栄養管理が分娩後の乾物摂取量,乳量や繁殖成績の改善に重要なことが認められている.

(久米新一)

引用文献

1) 家畜改良事業団,1997,乳用牛群能力検定成績のまとめ-平成8年度.

3.4.6 スイギュウ(水牛)(Buffalo)

スイギュウは世界中で約1.4億頭が飼育されており,ウシの約10%にあたる.その分布は96%が南アジアや東南アジアなど,熱帯圏の発展途上国に偏在しており,肉用,乳用および労役用の家畜としてこの地域の農業経済に重要な役割をはたしている.世界的な食料資源対策の観点からも,スイギュウについて詳細な研究が望まれる.

1. 種 類

家畜スイギュウはウシ科のスイギュウ属(*Bubalus bubalis*)に分類されており,いわゆるアフリカスイギュウ(Syncerus)やアメリカスイギュウ(Bison)とは異なった種類である.家畜スイギュウはリバー型(river type)とスワンプ型(Swamp type)の二つタイプに大別される.前者は主に乳用として利用され,5品種が確立しており,地中海や中近東まで比較的広く分布している.後者は労役用および肉用として主に東南アジアの水田地帯で飼育されているが,地域ごとに体格や体型のバラツキが大きく品種の確立には至って

いない．両タイプは染色体数が異なるが（リバー型：$2n=50$，スワンプ型：$2n=48$），交配は可能であり F_1 は $2n=49$ となる．体重は両タイプとも成雌で 450〜550 kg，成雄は雌よりも 10％程度重い．大きく重厚な角を有しているが，性質は温厚で賢く，世話をするとよく懐くようになる．

2．スイギュウの特徴

1）飼料の利用性

熱帯地域の飼料はわら類や野草が主体となるため必然的に低タンパク質・高繊維質のものが多い．スイギュウはこのような低品質飼料の利用性がウシよりも優れており，熱帯の反芻家畜としての重要な特徴の一つとされている．しかし，飼料の品質がよい場合には両者の差は見られない．

2）体温調節機構

スイギュウは水浴という習性を身につけ，湿潤熱帯の気候に適応している唯一の反芻動物である．汗腺も少なく，呼吸数も少ないので呼気や発汗による体温調節機能はむしろ劣っている．水浴による体温調節では体内の熱伝導性が高いので，環境温度の影響を受けやすいため半変温動物の性質をもつ．特に，夏期の直射日光は急激な体温上昇を招くので注意が必要である．

3）繁　殖

スイギュウの生時体重は 30〜35 kg で，1 日の増体量は 0.4〜0.5 kg と低い．したがって，性成熟までの期間はウシよりも長い．初回種付けは 24〜30 ヵ月（350 kg 位）であるが，飼養環境の違いにより大きく変動する．性周期はウシと同じく 21 日毎に繰り返されるが，発情は一般に不明瞭なので人工授精は難しい．妊娠期間は 300〜330 日でウシより長い．

3．スイギュウの入手方法

わが国では，沖縄県の離島でスワンプスイギュウが農業用として飼育されているが，その頭数はかなり減少している．しかし，沖縄県の家畜商を通して入手は可能である．また，アジアスイギュウの飼育・繁殖している動物園もいくつかある．動物商を通すか，または直接問い合わせて入手できる．

4．飼育に必要な設備と器具

個体管理をする場合はスタンチョン式牛舎に繋ぐが，首が太いのでウシ用

のパイプスタンチョンは使えない．ロープかチェーンでルーズに繫留する．給水にはウシ用のウォーターカップが使える．排糞や排尿はできるだけ離れた所にする習性をもっており，その回数もウシと比べると極端に少ない．

野外で群飼する場合は夏期の暑さ対策として必ず日陰を設ける必要がある．噴霧装置も暑さ対策には有効である．しかし水浴施設は温帯の温暖な地域で飼育する限り必ずしも必要でない．水浴場を設ける場合，そこが排糞，排尿の場となるので不衛生にならないように管理する．

冬期には体温が下がりすぎて（36℃以下）凍死する場合がある．隙間風が入らない南側の日あたりがよい場所に乾いた敷わらを厚く敷き保温に注意を払う．厳冬期には体高より 30 cm 位高い所に保温ランプを吊し補助暖房として用いる．風のない晴天の日は戸外で日光浴をさせた方がよい．

5．飼　料

スイギュウの飼育法は基本的にはウシと同様であり，青草，乾草，サイレージなど粗飼料のみで飼育できる．しかし，熱帯地域の劣悪な飼料事情では糖蜜，尿素入りミネラルブロック給与が飼育の改善に役立っている．体重あたりの採食量はウシよりも少ない，噛む動作も遅く全体としてウシよりも採食行動はゆっくりしている．

スイギュウの養分要求量に関してはデータの蓄積が十分とはいえないが，表 3.4.6-1 にインド（リバー型）とフィリピン（スワンプ型）で得られた結果を示した．飼料の給与法はウシと同様でよいが，スイギュウのルーメン内容物はウシよりも濃厚でアンモニア濃度が高いので，高タンパク質飼料やペレット状の配合飼料などは注意深く与える必要がある．

6．飼育管理

1）種付・分娩

種付は発情が不明瞭のことが多いので，自然交配がよい．分娩の兆候は 2 週間位前になると外陰部がおわんのように丸く外に張り出すので，この時期に分娩房に入れ，増飼い飼料を与える．2 日位前には体温が下がり始める．

2）哺乳・育成

スワンプスイギュウの場合，分娩後も泌乳量が 1～2 kg と少ないので，搾

表 3.4.6-1　スイギュウの養分要求量
（上段：リバー型，下段：スワンプ型）

体重 (kg)	DM (kg)	CP (g)	TDN	ME (Mcal)	Ca (g)	P (g)	カロチン (g)	ビタミンA (1,000IU)
200	3.5	150	1.7	6.0	8	7	27	9
	3.6	185	2.0					
250	4.0	170	2.0	7.2	10	9	26	11
	4.1	215	2.3					
300	4.5	200	2.4	8.4	12	10	32	13
	4.7	245	2.6					
350	5.0	230	2.7	9.6	14	11	37	15
	5.2	275	2.9					
400	5.5	250	3.0	10.8	17	13	42	17
	5.8	300	3.2					
450	6.0	280	3.4	12.4	18	14	48	19
	6.3	330	3.5					
500	6.5	300	3.7	13.2	20	15	53	21
	6.9	360	3.8					
550	7.0	330	4.0	14.4	21	16	58	23
	7.5	390	4.1					
600	7.5	350	4.2	15.5	22	17	64	26
	8.0	420	4.4					

Ranjhan S. K. and S. F. Patricio, 1992. Carabao Production in the Philippines.

乳は行わず，ミルクは全て哺乳にあてられる．子水牛は1年近くは母水牛につけて自然哺乳で育成する．乳用種であるリバースイギュウでは，哺乳量を節約するため，早期に人工哺乳を行う．スイギュウのミルクは濃厚なので，ウシのミルクや代用乳への切り替えは徐々に行う．幼畜は早い時期から良質の粗飼料を自由に採食させ，十分に運動させて育成する．

なお，実験などで全身麻酔をする場合は静脈注が確実である．スイギュウは皮膚層が厚いので筋注では麻酔の効き方が悪い．　　　　　（本間秀彌）

参考文献

1) 柏原孝夫，1984．熱帯の水牛，国際農林業協会．

3.5 無菌動物

3.5〜3.7 で扱う動物は分類学上の特殊な動物を指すのではなく，ある種の栄養現象をよりよく解析できるように特別な手を加えた動物のことである．ここではそのうち腸内菌叢を制御した無菌，SPF，ノートバイオート動物，および消化管内の微生物叢や栄養素の動態，消化・吸収の実相を解析するため消化管（ルーメンや腸）に外科手術を施した動物について紹介する．

高等動物は，出産あるいは孵化した時点で数多くの微生物に暴露，汚染される．その後，それらの微生物は宿主の腸管内に棲息し，腸内細菌叢を形成する．現在この腸内細菌叢が，宿主の代謝などに大きく関与することが広く知られている．この知見が得られる過程で有効な手段として用いられた動物が無菌（germ-free，GF）動物である．ここでいう無菌動物とは，体のあらゆる部分に他の生命体（バクテリア，菌類，プロトゾア，寄生虫など：ただしウィルスについてはその存在は確認されない）が存在しない動物である．

これに対して，体内外の微生物には特別の考慮はせず，また何等処置せずに飼育した動物を通常（conventional，CV）動物と呼ぶ．宿主と微生物の関

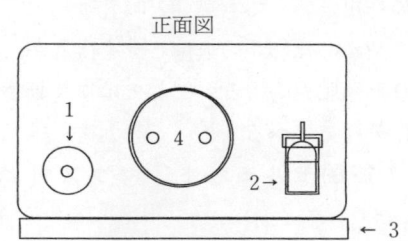

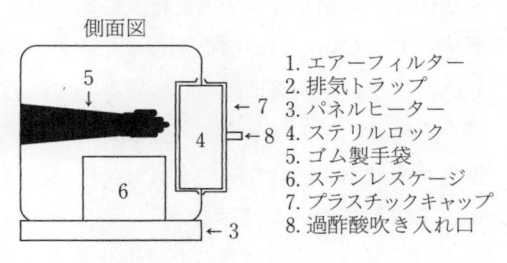

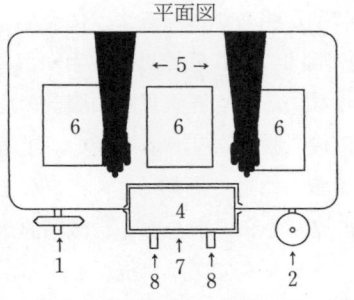

1. エアーフィルター
2. 排気トラップ
3. パネルヒーター
4. ステリルロック
5. ゴム製手袋
6. ステンレスケージ
7. プラスチックキャップ
8. 過酢酸吹き入れ口

図 3.5-1 プラスチックアイソレーターの模式図

係を表す用語には，ノートバイオート（gnotobiote）動物と呼ばれ，共存している全ての生命体が明らかになっているものと，SPF（specific pathogen free）動物と呼ばれ，特に指定された病原体をもたないものとがある．これらの動物も畜産学においては重要な知見をもたらすが，ここでは無菌動物に限定して述べる．微生物が充満しているこの有菌世界で無菌動物を飼育するにあたっては，その微生物から隔離した環境を作り出し，そこに動物を閉じこめなければならない．そのための装置（アイソレーター，図3.5-1）や滅菌法について述べる必要があるが，それらについては他を参照されたい[1]．無菌動物の作出といっても鳥類と哺乳動物ではおのずから異なる．鳥類では卵殻表面を消毒した卵から無菌ヒナを得るが，哺乳動物では妊娠母獣の帝王切開により無菌胎児を得る．ここでは無菌動物の作出と維持についてげっ歯類と鳥類に分けて述べる．

3.5.1 無菌モルモット，マウスおよびラット

1．作出法

無菌げっ歯類を作出するには，妊娠母獣が健康で，その胎盤絨毛が病気に感染していないことが前提となる．そのような条件の胎児は無菌であると判断されるが，手術後に微生物検査をして確かめなければならない．この妊娠母獣から無菌胎児を得るには，分娩直前に帝王切開を実施するが，この手術は外界から無菌的に全く隔絶された条件で行わなければならない．ここでは宮川の方法[1]について述べる．

1）まず，妊娠母獣はできるだけ近交系で，厳重に飼養管理されているものを選ぶ．分娩時期が明らかになるように交配の管理に注意が必要である．

2）帝王切開に際しては，妊娠母獣を手術台に固定する前に徹底的に消毒をしなければならない．まず妊娠母獣の腹部の皮毛をできるだけ広範囲に鋏で切り取り，その後，脱毛クリームを用い，毛根まできれいに抜き取り手術台に固定する．希釈した逆性石鹸（オスバンなど）を40℃に加温し10分間全身浴させ，特に皮脂をよく取り除く．滅菌温水で石鹸液を洗い去り，その後5分間はオスバンチンクでブラシ洗いをする．ブラシを変えてさらに5分間ブラシ洗いをした後に滅菌ガーゼで拭き取る．乾燥後に逆性石鹸の原液をかけ

て，紫外線殺菌灯下に 5 分間置く．これらの操作に先立ち母獣に麻酔をかけておくと作業が円滑に進み，その後の手術にも入りやすい．消毒された母獣の腹面を手術タンクの無菌小室に固定する場合は，無菌小室の障壁の一部が母獣の腹壁によって代行されるようにせねばならない．宮川[1]はモルモットについては手術タンクの隔板の中央に小孔を設け，それを耐熱性プラスチック膜で被い，その膜上に消毒液層を設けるように工夫している（図 3.5.1-1）．

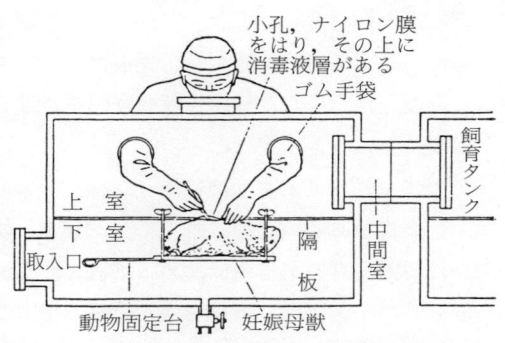

図 3.5.1-1　モルモットの無菌的帝王切開術ならびに装置の模式図（宮川[1]より）

3) 帝王切開は，安全かみそりの刃を利用したナイフで，消毒液中にてプラスチック膜と腹面を一緒に切り，皮毛を無菌空間に露出しないようにして，約 4 cm 切り開き，腹筋膜を露出させる．この腹筋膜を有鈎鉗子で摘み，ナイフで小孔を開ける．そこに舌圧子型の誘導鉗子を挿入し，それと腹膜内面の接触部に沿って切り開き，腹腔を無菌空間にさらけだす．これに伴い消毒薬は腹腔内に入り込む．そこで子宮を探し，コッヘルで把握して引き出し，子宮壁を切り，胎児を取り出し，速やかに顔面を被っている羊膜を取り除く．羊膜を取り除いた新生児が呼吸し始め，生きていることが確認されたならば，臍帯を切り，温かくしてある容器に入れる．この操作を残りの胎児についても繰り返す．したがって，手術に先立ち X 線で胎児数を確認しておく必要がある．

4) 全胎児について処置が終了したならば，胎盤ならびに臍帯の一部を微生物検査用試験管に取り，無菌胎児かどうかの判定に用いる．

5) ラットではプラスチック膜の代わりにセロファンを用い，セロファンと腹壁を切開するために電気メスを使用する．

6) マウスはラットに準じて行えばよいが，母獣がさらに小さくなるので装置

などに工夫が必要となる[1]．しかし帝王切開により行う方法はかなり難しいために，子宮切断術を施し新生児を得る方法もある．この方法では窒息死あるいは仮死状態にした妊娠母獣の身体を逆性石鹸で局所消毒し，腹腔を解放する．

その後，速やかに胎児が入った双角子宮の頸管部をピンセットで摘み上げ，止血鉗子あるいは吻状鉗子でクランプし切断する．切断端を消毒し，速やかに切断子宮を消毒槽に沈め，子宮表面を消毒した後にアイソレーター内に取り込む．アイソレーター内で素早く子宮壁を切開し，胎児を出し，羊膜をはがした後に乾燥ガーゼでマッサージをする．

2．飼育，維持および利用

1）飼　育

　無菌モルモットの新生児は1匹ずつ小ケージに入れ，27～30℃の温度で飼育する．ラットの胎児はモルモットに比べて極めて小さく，皮毛もなく横臥したままである．飼育タンクは34～36℃で湿度70％に保つ必要がある．マウスの新生児は33℃前後で保温する．脱糞と排尿をさせるために飼育者は，肛門と外生殖器のマッサージをしなければならない．これを怠たると尿閉のために新生児は死亡してしまう．出生後の哺乳は，モルモットの場合ラットやマウスとは異なる．モルモットは著しく成熟して生まれてくるので，強制哺乳の必要がない．この点が無菌モルモットの作出における利点である．一方，ラットやマウスは皮毛を欠いた閉眼の状態の未熟な新生児として得られるので，液体飼料を用いた強制哺乳を必要とする．液体飼料の組成，その滅菌や強制哺乳の方法は，他に詳しく述べられている[1]．

2）維　持

　離乳後は，動物の成長や維持に合わせ滅菌した固形飼料を与える．滅菌方法は種々ある．^{60}Coによる放射線滅菌では，飼料中のビタミンが破壊されてしまうために，特に水溶性ビタミンはすべて要求量の4倍量を添加しなければならない．放射線滅菌の有無で飼料中のビタミン含量などに違いがでるので，対照とする通常動物にも同じく放射線滅菌飼料を与える必要がある．

3) 利　用

　無菌げっ歯類の場合は，盲腸内に消化内容物が溜まってしまい，正常な成長は望めない．また得られた結果を家畜に応用する場合は，直接的でなく外挿となる難点がある．すでに，無菌動物の特徴は，通常動物との比較でかなりの部分が明らかになっているので[2]，現在ではむしろ無菌動物に特定の細菌を棲息させたノートバイオート動物が研究の中心となり，無菌動物はその対照として用いられる．ノートバイオート動物はプロバイオティクスとして知られる生菌剤の開発にも多く利用されている．なお，ノートバイオート動物の作出については成書[1]を参考にされたい．

3.5.2　無菌家禽

1. 作出法

　無菌雛は消毒した卵を孵化させて得るが，卵殻は細菌の透過を防いでいるものの，卵殻中には気室があり空気を取り入れているため，ときにはすでに卵白や卵黄が細菌に汚染されていること，消毒時間や消毒に用いる薬物により雛が孵化しなくなってしまうこと，一方，消毒が不十分であれば無菌雛が得られないことなどのため，卵の消毒の段階が難しい．近年，簡単な無菌雛の作出方法[3]が開発されたので，それについて述べる．

　1) まずできるだけ汚染されていない受精卵を得る．できればSPF鶏から受精卵を得ることが望ましい．通常鶏の場合には，金網製の卵座に卵を産むように訓練した種鶏から毎日新鮮な受精卵を得る．毎朝，卵座を逆性石鹸で洗浄し，1日に何度も鶏舎を訪れ，産卵直後で卵殻が汚れていない卵をプラスチック製手袋を用いて回収し，消毒を施した容器の中に保存する．夕刻には回収した卵の卵殻表面をホルマリン燻蒸し，必要個数が揃い，孵卵を開始できる日まで低温で保存する．

　2) 使用する孵卵器もホルマリン燻蒸をしておき，受精卵を導入し孵卵を開始するときに卵とともに再度燻蒸する．孵化予定日の3日前，すなわち鶏卵であれば孵卵18日目，鶉卵であれば14日目に受精卵をアイソレーター内に導入するので，その前に検卵を行う．卵殻表面の消毒は，2％過酢酸溶液を

用いて行う．2％過酢酸溶液は，市販の40％過酢酸溶液（9％のものもある）を希釈して調製する．9％原液を希釈した場合には酸濃度が高すぎて雛はほとんど孵化しない．

3）孵化までの残りの3日間は，アイソレーター内の温度が孵卵器と同様になるようにしなければならない．それにはアイソレーターを設置した空間の温度を高めるとともに，アイソレーターの下にパネルヒーター（図3.5-1）を設置し，アイソレーター内が37～38℃になるように調節する．その条件が整ったところで，受精卵を滅菌した容器の中に入れ，アイソレーターのステリルロック内に導入し，過酢酸溶液を噴霧する．25分放置した後にアイソレーター内に取り込み，ガーゼを敷いたケージ内に置いて孵卵を続ける．ケージの下にトレイを置き，その中に水を入れておくだけで孵卵に必要な湿度は十分に得られる．

2．飼育，維持および利用

1）飼　育

孵化後はアイソレーター内の温度を30℃前後にし，ヒナの成長に伴い徐々に温度を下げていく．孵化したヒナの総排泄腔，排泄物や体表面から微生物検査用サンプルを採取し，無菌検査を行う[2]．この操作は定期的に行う．雛は孵化後しばらくすると自ら固形飼料をついばむようになる．したがって，液体飼料を準備する必要はない．この点が無菌げっ歯類とは大きく異なり，無菌雛の飼育は比較的簡便である．

飼料の調製については，げっ歯類のものと栄養素の組成が異なる点を除けば大きくは違わない．

2）維　持

無菌のげっ歯類は作出は難しいが，一旦できればその継代は比較的簡単である．ところが無菌鶏の継代は，繁殖期間が長く，また，かなり大きくなるためにアイソレーター内の面積を考慮すると容易とはいえない．研究の目的にもよるが無菌鶉を用いれば繁殖期間や飼育面積の問題は解消する．

3）利　用

無菌の鳥類に関しても多くの研究がなされ[4]，無菌鳥類自体の特徴はかな

り明らかにされている．無菌げっ歯類とは異なり，極端な盲腸容積の増大がないために成長試験で得られた結果は理解しやすい．また，無菌家禽の場合には得られた結果をそのまま応用できる点で優れている． （古瀬充宏）

引用文献
1) 宮川正澄，1973．無菌動物－医学・生物学への応用，医歯薬出版．
2) 横田浩臣・古瀬充宏，1985，日畜会報，56：693－703．
3) Yokota H. *et al.*, 1984. Jpn. J. Zootech. Sci., 55：600－603.
4) Furuse M. and J. Okumura, 1994. Comp. Biochem. Physiol., 109A：547－556.

3.6 SPF動物

SPFは specific（specifiedと書かれることもある）pathogen free の頭文字を書き並べたもので，特定病原体不在と訳されている．SPF動物とは特定された疾病の病原体に感染していない，また過去にも感染したこと（感染歴）がない，したがって，それらの病原体に対する抗体を保有していない動物のことである[1]．ワクチンも接種しないのでワクチンにより産生される抗体ももっていない．特定された病原体は一つとは限らず複数である場合が多い．特定された病原体のみが不在であるから，特定されていない他の病原体に関しては存在の有無が問われない．

実験に供用する動物が病原体に感染したり，病原体に対する抗体を保有していると実験結果に影響し，正しい結果が得られない危険がある．実験材料として供試する動物の微生物を統御することで危険を回避できるのでSPF動物が作出された．マウス，ラットはもとよりウズラ，ニワトリ，ウサギ，ブタなど主要な動物種でSPF動物が作出され，実験に供用されている[1～3]．

1．SPF動物の施設と病原体の感染防止

SPF動物を作出し，維持するにはバリアー（barrier）により病原体の感染経路を遮断した環境が必要である[1～3]．SPF動物舎は常在の非病原体は棲息しているが，病原体の棲息がない無窓の建物である．空気感染による病原体の感染を防ぐため，SPF動物舎には高性能のフィルターにより微生物を沪過した空気を流入させる．

また，舎内の気圧を外部より僅かに高く保ち，病原体の舎内への侵入を防いでいる．接触感染を防ぐために動物舎内で必要とする管理器材や飼料は消毒してから舎内に搬入する．動物の飼育を担当する人は入浴またはシャワーを浴びて体表を洗浄し，動物舎内専用の消毒した作業服を着用して動物に接触する．入浴を省き，体表全体を消毒した衣服類で覆って皮膚の露出を皆無にし，皮膚からの微生物の飛散を防いで動物と接する方法もある．

なお，規模の小さな SPF 動物群では沪過した空気を流入するプラスチック製のアイソレーターで飼育される場合がある．アイソレーターの外部からゴム手袋を介して動物に接するが，維持管理などは SPF 動物舎の場合と原則的に同じである．

2．SPF 動物の作出と維持

SPF 動物の作出は哺乳類と鳥類で異なる[1~3]．哺乳類では帝王切開により一旦無菌動物を作出する．その後に SPF 動物舎に移すことで常在の非病原体に感染し，SPF 動物となる．以後は自然分娩による繁殖で世代が維持される．鳥類では病原体の垂直感染の危険のない種卵を SPF 動物舎内で孵化して作出される．以後，接触感染を防止すれば世代の維持が可能である．

3．病原不在の証明

SPF 動物は特定の病原について定期的に検査がなされ，病原不在であることが保証されている[1~3]．検査される病原は特定病原だけでなく近縁の複数の病原について検査，保証されている場合も多い．検査方法，検査の時間的間隔，検査する近縁の病原体などについては共通の規定がない．それぞれの SPF 動物群ごとに独自に定めている．

3.6.1 SPF 鶏

SPF 鶏は主として獣医学の実験動物として開発された．ニューカッスル病の実験に供用されるニワトリがニューカッスル病に不顕性感染していたり，ニューカッスル病ウイルスに対する抗体をもっていると正しい実験結果が得られない．動物栄養の実験においても疾病の不顕性感染などがあると結果に影響する危険が高い．ニューカッスル病不在の SPF 鶏を供試することで影響のない結果が得られる．

さらに，ニューカッスル病ウイルスだけでなく，他の多くの病原も不在であれば結果の信頼性は一層高まる．ニワトリの場合のSPFは単数の特定病原不在から複数の病原不在に発展し，現在では単数ではなく多数の一般的な病原について不在であることを意味している[4,5]．

1. SPF鶏の作出法

ニワトリが病原体に感染する経路は垂直感染と水平感染の二つがある[6]．垂直感染する病原体に感染していないことを確認した種鶏から種卵を採取する．SPF鶏舎内に設置した孵卵器を使って消毒した種卵を孵化する．種卵を介して母鶏から雛に受け継がれた移行抗体は3～4週齢までに消失する．垂直及び水平感染が防止されているので，移行抗体が消失した後は多数の一般的な病原不在のSPF鶏群が作出される．

2. SPF鶏の飼育，維持および利用

1) 鶏舎

SPF鶏を飼育する鶏舎の構造は前記したSPF動物舎と同じである．空気濾過陽圧型式（filtered air under positive pressure type[7]）が特徴であることからその頭文字を並べてFAPP鶏舎ともいわれ，病原体感染防止の主要なバリアーである．

2) 病原体の感染防止

水平感染が防止されていればSPF鶏に垂直感染が発生することは理論的にありえない．水平感染は空気感染と接触感染に分けられる．空気の濾過で空気感染を防止する．接触感染の媒体となる危険のある主なものは鶏舎，管理器材類，飼料，飲水，種卵，飼育管理者の体表と作業服などである．FAPP鶏舎は定期的に消毒する．種鶏舎は種鶏を淘汰した後に，育成舎は性成熟に達した次世代の種鶏を種鶏舎に移した後に消毒するのが一般的である．鶏舎の消毒が不完全な場合は鶏舎が接触感染の媒体となる危険がある．管理器材類などはFAPP鶏舎の一隅に設置してある消毒室で消毒して舎内に搬入する．飼料は放射線やエチレンオキサイドなどにより消毒して給与するが[1~3]，飼料をペレットに加工する際の湿熱を利用し，サルモネラ，大腸菌などの腸内細菌を殺したペレット飼料を給与する場合もある[4,8]．飲水には

水道水を給与する．日本の水道は微生物管理に優れているので水道水をそのまま給与できるが[4]，微生物管理が十分でない地域や国では水道水を再度濾過したり，煮沸消毒して給与している[5]．飼育管理者を介した病原体の伝播防止は前記したように入浴あるいはシャワーによる体表の洗浄による場合が多い．

3）日常管理

孵化から性成熟までの SPF 鶏はケージ方式による育成舎で，それ以後は種鶏舎で飼育されるのが一般的で，両鶏舎はともに FAPP 鶏舎である[4,7]．従来，種鶏舎は平飼い方式であったが，最近は種卵生産の可能な小型の群飼ケージによる方式が採用され始めている．孵卵機は育成舎内に設置され，種鶏舎で生産された種卵を育成舎に移して孵卵する．SPF 鶏の日常管理は原則として一般的なニワトリの場合と同じである．しかし，病原体の感染を警戒して，ニワトリの状態について日常の詳しい観察が要求される．飼料給与も手作業で行われるのが普通で，給餌に際して飼料の摂取状態，排泄された糞便の状態などの観察をする．

4）鶏群の維持

作出された SPF 鶏は閉鎖群として維持され，生産された種卵や雛が実験に供用される．ニワトリは近交系を作出するのが困難なため，マウスやラットで見られる近交による遺伝統御は不可能である[1〜3]．近交退化を防止するため，近交を避けるローテーション・システムにより交配して次世代の種鶏を生産し，鶏群を維持する[1]のが一般的である．

5）病原体不在の証明

SPF 鶏は多数の一般的な病原体について定期的に検査し，病原体が不在であることを保証しなければならない[1〜3]．SPF 鶏が維持されている国，あるいは地域に常在する病原体について検査するのが普通である[4,5]．

雛白痢やニューカッスル病は世界中で発生があるから，いずれの鶏群でも検査がなされている．わが国では家禽コレラや鳥結核は常在しないので，わが国で維持されている SPF 鶏ではこれらの病原体の検査は実施されていない[4]．検査は主に血清から病原体に対する抗体を検出することでなされる

が，原虫などの検査は血液や糞便の検鏡で行われる．

検出方法，検査実施の間隔，検査羽数などについては決まりがない．それぞれの SPF 鶏群ごとに実情に合わせた処置がとられ，病原体不在であることを保証している．

6）利　用

従来，動物栄養の実験には一般的な鶏が供用されることが多かった．病原体に不顕性感染しているニワトリでは飼料摂取量の低下，発育停滞などが生じることがある．このことから理解できるように，微生物が統御された SPF 鶏を供用することで一層正確で信頼できる結果を得ることができる．今後，栄養関係の実験にも SPF 鶏の供用が多くなるものと考えられる．

一方，ニューカッスル病をはじめとする各種疾病の生ワクチン[1]の製造には SPF 鶏の種卵が不可欠であり[6]，医薬品の薬効評価やワクチンの品質判定にも SPF 鶏の種卵や雛が使用され[6]，SPF 鶏は産業動物としても重要である．SPF 鶏を食料生産に利用する試みもなされたが，生産費が高くなり実用化されるまでには至っていない．　　　　　　　　　　　　　　（古田賢治）

引用文献

1) 田嶋嘉雄編，1970．実験動物学総論，朝倉書店．
2) 江崎孝三郎ら編，1991．実験動物学，朝倉書店．
3) 長澤　弘ら編，1983．実験動物ハンドブック，養賢堂．
4) Furuta K. *et al*., 1980. Lab. Anim., 14 : 107 – 112.
5) Zhu G. *et al*., 1988. Jpn. Poult. Sci., 25 : 241 – 248.
6) 獣医学大辞典編集委員会編 1989．獣医学大辞典，チクサン出版社．
7) Drury L. N. *et al*., 1969. Poult. Sci., 48 : 1640 – 1649.
8) Furuta K. *et al*., 1980. Lab. Anim., 14 : 293 – 296.

3.6.2　SPF 豚

SPF 豚の定義は国ごとで内容が多少異なっている．わが国では日本 SPF 豚協会によって，特定の疾病を排除するために，健康な母豚から帝王切開法，あるいは子宮切断法といった外科的手段によって無菌的に作出したブタ（第

一次豚，または primary SPF swine），およびその子孫（第二次豚，または secondary SPF swine）であり，さらに協会によって定める基準を満たし，SPF 状態を維持していると認定された農場で飼育されたブタであると定義されている[1,2]．対象となる疾病は，ブタの慢性疾病のうち生産性を低下させることで特に経済的な影響が大きい，マイコプラズマ性肺炎，豚赤痢，萎縮性鼻炎，オーエスキー病およびトキソプラズマ病である．

1．作出法

　SPF 種豚を供給している会社などの原々種豚場（nucleus herd）では，育種改良の段階で母豚を帝王切開法，あるいは子宮切断法によって無菌的に子豚を取り出し，SPF 豚化を行っている．このように摘出されたプライマリー SPF 豚は母豚から移行抗体を受け取っていないため，病原体への抵抗力が全くなく，最初は無菌室や無菌飼育装置などで人工哺育によって育成し，能動免疫が成熟するまでの期間，外部から厳密に隔離して飼育する．

　その後，徐々に一般の微生物に馴致・感作させ，SPF 農場の舎飼いで飼育が可能なだけの免疫力を付与させる．こうしたプライマリー SPF 豚は純粋種で，原々種豚場（nucleus herd）や育種農場で飼育される場合が多いことから，一般には流通することは少なく，通常 SPF 豚とはその子孫であるセカンダリー SPF 豚のことをさす．雌系は SPF ピラミッドの下部にあたる原種豚場（multiply herd）でランドレース×大ヨークシャー（LW 種）の二元交雑種とし，一般の農場では雄系のデュロック種などの純粋種を交配して三元交雑種で肉豚生産することが一般的である．セカンダリー SPF 豚は，SPF 状態を維持するために防疫管理は一般豚より厳重に行わなければならないが，自然分娩で繁殖を継代していることから，防疫管理以外の飼育に関しては一般のブタとなんら変わるところはない．

2．維持，飼育および利用

1）維持と飼育法

　SPF 豚としての衛生状態を維持し，本来の生産能力を十分に発揮させるには，再感染を防止し，疾病の発生を防ぐ必要がある．このために厳重な防疫規制を実施した畜舎環境下で飼育する．施設面では，外部農場とはできるだ

け隔離できるようなところに設置するのが原則である．農場の立地にはその周囲2km以内に養豚場がないことが望ましいが，やむをえない場合には，レイアウト，施設構造などを考慮することで防疫体制を強化しなければならない．

　飼育管理面では，外部から農場に入るヒト，導入豚，飼料・資材，および農場から外部へと搬出される出荷豚，糞尿処理など外部との接点からの病気の侵入を防止するように十分注意して行う．具体的には，農場の外周にはフェンスを設置し，部外者や野犬などの侵入を防ぎ，農場入り口には車両消毒装置，踏み込み消毒槽を設置する．部外者，および外部の車両は極力内部へ入れないようにすることも重要である．器具・器材は消毒したうえで搬入する．農場作業者は自農場以外のブタに接触する機会のないようにし，農場に入る際にも，できるだけシャワーで全身を洗い，農場内部では清潔な専用の衣服を着用する．給与する飼料は，飼料を介しての微生物汚染を防止する目的で，ペレット飼料を用いることが多い．実験の目的でマッシュ飼料を使わなければならない場合もあるが，その際は，エチレンオキサイド（EO）ガス，放射線（γ線）などで殺菌処理，あるいはホルマリン燻蒸消毒を行う．

　なお，飼料工場から飼料を配送する場合，SPF豚農場に限定した専用バルク車によることが望ましく，バルク車は場外からフェンス越しに場内の飼料タンクに直接入れる．SPF農場では，外部からブタを導入する場合には，衛生レベルが上位のSPF種豚場（GPあるいはGGP農場）からのみ行い，同レベルのSPF農場から導入してはならない．上位のSPF種豚場から人工授精用精液を入れてもよい．

2）利　用

　家畜衛生分野では無菌豚やSPF豚は感染試験に用いることが多く，また，栄養試験でもSPF豚を利用する意義は大きい．疾病の存在はブタの増体や飼料効率を低下させるだけでなく，豚群内での発育成績のばらつきを大きくする．このため，疾病の発生のある豚群での栄養試験では，ブタの個体差が大きくなるために試験区間に差を求めるのには困難が生じ，場合によっては多くの試験の繰り返しが必要となる．SPF豚では疾病の影響が少ないため，

効率がよくて精度の高い実験計画を立てることが可能となる．
　また，SPF豚は系統造成豚など遺伝的に均一化が進んでいるブタを基礎豚にしていることが多く，このことも豚群内の均質なデータを得るのに大きく寄与している．また，SPF豚を清浄な環境で飼育するとブタの免疫応答レベルが低く維持できる．アミノ酸などの栄養要求量はブタの免疫レベルに影響されるが，SPF豚を実験動物として用いることで，より正確な栄養要求量を得ることが可能となる．
　　　　　　　　　　　　　　　　　　　　　　　　　　（立花文夫）

引用文献

1) 日本SPF豚協会編，2000．SPF豚認定制度規則集，日本SPF豚協会．
2) 日本SPF豚協会編，1985．ピッグ・ヘルス・コントロール，チクサン出版社．

3.7　手術を施した実験動物

　手術を施し特別の条件をもった動物を栄養学的実験に用いることが有効な場合がある．ニワトリや多くの家禽は排泄腔の構造から糞，尿を混合物として排泄するため，栄養学的実験をこれらの動物で行う場合には，人工肛門造成手術を施した人工肛門鶏を作らなければならない．またブタ，ヤギ，メンヨウ，ウシで各消化管部位における栄養素の消化の実態を知りたい場合には，消化管各部位にフィステルをつけた動物を使うことは大変有効な手段である．実験の目的によって部位や手術法も多種多様であるが，栄養学的な実験で多用される手術による実験動物の作出の代表的な方法について述べる．

3.7.1　手術に必要な事項

　手術には，手術前の準備，手術の手技術式，術後の管理世話まで含む事柄が関係する．手術に先立って，まず術者の服装が手術するのにふさわしいでたちでなければならない．すなわち清潔で活動的な白衣，ズボン，長靴，帽子，マスク，および手袋を着用する．

　外科手術は多種多様であるので，ここでは一般外科手術に共通して必要なもの，事柄，および処置について記す．

1. 手術材料および手術補助器具

1）手術器具（図3.7.1-1）

手術の種類によって，また対象とする動物の大小によって必要な道具は異なるが，ここで述べるのは外科手術に最低限必要なものである．

（1）メ　ス

固定刃と付け替え刃のものがあり，刃の形もいろいろあるが，小動物では市販の安全かみそり刃や簡便かみそり刃での代用も可能である．

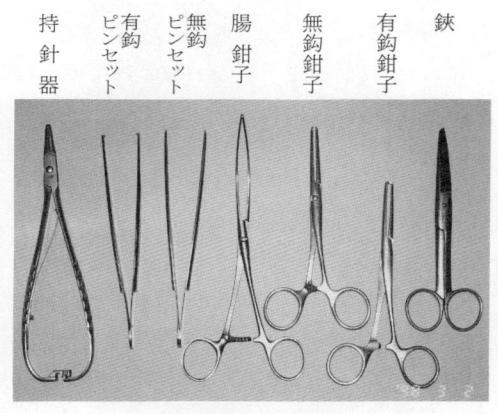

図3.7.1-1　手術器具

（左から：持針器，有鈎ピンセット，無鈎ピンセット，腸鉗子，無鈎鉗子，有鈎鉗子，鋏）

（2）鋏（ハサミ）

内臓の切離や，結紮糸，縫合糸の切離に用いる．直鋏，曲鋏がある．

（3）止血鉗子

鉗子の先端に鈎が有るか無いかで，有鈎鉗子（中型はコッヘルと呼ばれる）と無鈎鉗子（中型はペアンと呼ばれる）とに分類される．有鈎鉗子は皮膚組織，筋膜，体壁などの確実な把握牽引や出血個所の挫滅に用い，無鈎鉗子は体腔内諸組織の出血を挫滅し，糸で結紮するのに用いる（小出血は3〜4分挫滅したままで置けば，糸で結紮する必要はない）．

（4）ピンセット

無鈎と有鈎の2種類があり，後者はほとんど皮膚縫合と筋膜縫合にのみ用いられ，前者は内臓など傷つくおそれのあるものの操作に用いられる．

（5）縫合針

大きく分けると湾曲針と直針の2種類で，湾曲針には湾曲の度合いによって弱湾と強湾があり，また断面の形によって角針と丸針がある．角針は皮膚，筋膜などの硬い組織の縫合に，丸針は内蔵などの軟らかい組織の縫合に用いられる．また，これらは頭に糸を通す一般的なものと，頭の裂隙から糸

を挟み込むバネ針，そしてあらかじめ頭に糸を埋め込んで取り付けてある型の3種類がある．

(6) 持針器

Richter氏型と鉗子型のHegar氏型の2種類があり，前者は縫合に力が必要な皮膚，筋膜などの縫合に，後者は血管，腸管縫合など微細な手法を要する場合に用いられる．

(7) 開創器

腹腔や胸腔の内臓手術の際，腹壁や胸壁に掛けて開いたまま保持するためにこの開創器を使う．

2) 手術材料（図3.7.1-2）

(1) 糸

一般的には，絹糸が用いられるが，木綿糸，ナイロン糸も用いられる．糸の太さは数字で示されるが，数字の大きいものほど太くなる．通常皮膚の縫合には3番か4番を使う．

(2) ガーゼ

血を拭い，消化管内容物などを拭い取って，手術部位を清潔に保つために使う．

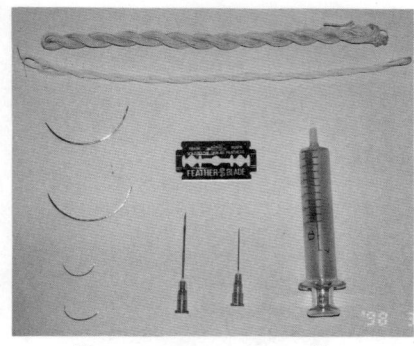

図3.7.1-2 手術材料

縫合針（バネ）
上．かみそり刃
下．注射針
注射器（5ml）
絹糸8号
〃 3号

(3) 手袋，マスク，帽子，白衣，ズボン，長靴（大動物の場合）

これらは実験動物と手術者間の病気感染を防ぐために着用される．手袋，マスク，帽子は消毒済みの使い捨て用のものが市販されており，最近はこれら市販品が一般に使われる．

(4) 布

手術部分以外を覆うため

の布で，手術部分を清潔に保ち，病気感染の危険性を減らすために使う．

3）手術補助器具

(1) 手術台，保定台

手術の作業を円滑に行えるように動物を固定するもので，市販のステンレス製の高価なものもあるが，使いやすいものを自分で工夫して使っている例が多い．

(2) 注射器

麻酔に用いる．動物の大小によって注射器と針を選ぶ．針には皮下用，筋肉内用，静脈内用の別と大小がある．針の太さは 19 G（ϕ 1.10 mm），22 G（ϕ 0.70 mm）というように表し，G の数字が小さいほど太くなる．注射器は従来のガラス製に加えてプラスチック製の使い捨てタイプのものが，針も滅菌済みの使い捨てタイプがよく使われている．

(3) 洗面器

手，指の消毒のための消毒液を入れる．

(4) 照明ランプ，無影灯

手術の手元を照らすためで，通常の照明ランプから無影灯までいろいろのタイプのものがあるので目的に合ったものを選ぶ．

(5) かみそり（剃刀）

手術部位の毛を剃りとるために使う．

2．消毒法

手術の成否に関係する一つが，手術に伴う病気感染を防ぐことである．そのためには手術中の適切な処置によって感染を予防するとともに術後の感染の危険性を減らすような処置が必要である．動物によって細菌感染の感受性は異なるが（ニワトリは化膿しにくい），十分な消毒と器具の滅菌によって感染の機会を最小限に抑えることが重要である．

1）手術部位の消毒

手術部位よりやや広い部分を電気バリカンで刈った後，逆性石鹸液で濡らし剃刀で毛を剃る．その後，5％ヨードチンキ塗布乾燥後，消毒用アルコール（70％）綿で拭き取るか，2％逆性石鹸液（ハイアミン，オスバンなど）あ

るいは2％マーゾニンで5分間拭き取り塗布する．手術は，対象部位の大きさの穴の空いた滅菌済みの布をかけて，手術時に非消毒部分が露出しないようにして行う．

2）手術者の消毒

まず石鹸で洗い，水を拭き取った後，1％逆性石鹸液（ハイアミン，オスバンなど）で5分間ブラシまたはスポンジで手指はもちろん前腕全体をよくこする．その後消毒済みの手袋をはめる．

3）手術器具，材料の消毒

手術器具，注射器，針，糸などの消毒は，30分間煮沸消毒するか，121℃で15分間オートクレーブ（高圧加熱滅菌装置）する．一般にガーゼ，布，手袋などはオートクレーブするが，メス，鋏，ピンセットなどの手術器具は煮沸滅菌を行う．このような消毒ができない手術台などは，アルコールを浸したガーゼに点火し，炎で表面を殺菌する．最近は簡便な方法として，5％ヒビテン1,000倍液あるいは10％オスバン1,000倍液の入った超音波洗浄機に器具や手を30秒間浸漬する消毒法が用いられる．

3．麻　酔

麻酔の目的は，動物の苦痛を和らげ，手術の実施を円滑にするためである．しかし，麻酔が効きすぎると動物は死亡することがあり，術後の回復が思わしくない場合もある．

したがって，前記目的を達成することができれば，麻酔はできるだけ軽度であることが望ましい．動物と手術の種類によって，適切な麻酔薬，麻酔薬の量および麻酔方法が用いられなければならない．

1）局所麻酔

この麻酔は小手術に用いられる．0.5％塩酸プロカイン（ノボカイン，リドカイン，キシロカインなど）を注射器で手術部位の浅層から深層に浸潤させる．

2）吸入麻酔

エーテルを入れたガラス器中に小動物を入れて麻酔のかかった状態を見極めてから取り出して手術する．麻酔を持続させるためにはエーテルを吸着さ

せた脱脂綿を入れたビーカーを動物の鼻に被せて少量のエーテルを吸入させ続ける．

3）静脈内注射または筋肉内注射による麻酔

ペントバルビタールナトリウム（ネンブタール）やチオペンタール（ラボナール）が一般的に用いられる．麻酔の持続時間は，前者が60〜90分，後者が10〜15分と短い．筋肉内投与は，麻酔の発現時間が遅いため適量の判断が難しく，ときとして過多になり死に至らしめる結果となる．これに対し静脈内投与は，麻酔の効きが良くて発現時間が早いので適量の判断は比較的楽にできるが，ゆっくり注入しないと死んでしまうことになる．手術が長引く場合には追加の注射を静脈内または腹腔内に行うが，あらかじめ長引くことが予想される場合には手術中5％グルコースかリンゲル氏液を点滴静注し，これに麻酔を追加する方法も考えられる．

4．動物の手術前準備

最善の健康状態の動物が，栄養学的実験に用いる動物を作出する手術のために選ばれるべきである．消化管の手術の際には，消化管の中の内容物が残っていないように24時間絶食させ，水も2時間前には与えないようにする．手術前に抗生物質を投与しておくことも，手術によって体力の落ちる動物の病気予防のためには有効である．

5．組織の縫合

1）縫合方法

組織の接着のために縫合を行うが，他に接着剤，メタルクリップによる接着法もある．縫合法は，針をかけるたびに結節する結節縫合

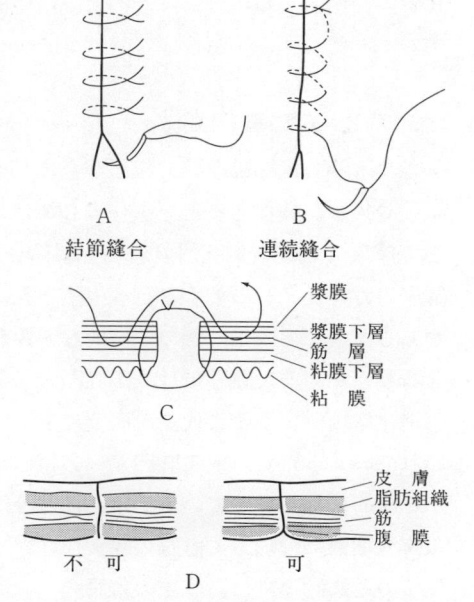

図3.7.1-3 組織の縫合法（広田，1971）

と毎回結節しないで連続して縫い最初と最後だけ結節する連続縫合がある（図3.7.1-3）．その他巾着袋を締める要領で縫う巾着縫合などがある．

2）正しい縫合

組織の縫合は生体自身の治癒能力を助けるように行うに過ぎない．皮膚と皮膚，筋肉と筋肉，腹膜と腹膜を正しく合わせて離れない程度に固定できればよい．縫合部に十分血液が供給されないほど硬く結紮すると，組織の癒合が遅く不完全になる．細かい縫合と糸の締めつけに注意しなければならない．消化管の縫合は，全層縫合してからさらに縫合線をはさんで対称に漿膜面に針を掛け二重縫合するとよい．

3）術後管理

手術ショックに対する手当てとして，有効なのは保温と輸液である．輸液は5％グルコース液とリンゲル氏液の混合液を大量に皮下注射する．術後麻酔から覚めるまで，呼吸が楽にできるような体位の維持に気をつける．消化管の手術をした場合には，消化のよい流動食から普通食に時間をかけて戻す．　　　　　　　　　　　　　　　　　　　　　　　　　　（唐澤　豊）

3.7.2　人工肛門鶏

ニワトリでは総排泄腔で糞尿が合体し混合物として排泄されるため，消化試験や代謝試験など糞と尿を分離しなければならない実験では，糞尿を分離して採取できる人工肛門設着鶏を準備しなければならない．人工肛門には，従来のカニューレの装着を行う方法とカニューレを全く使わない直腸反転法がある．後者は人工肛門の定期的な手入れも不要で，長期にわたって飼養できる利点がある．雌鶏では人工肛門設着後産卵させることもできる．

消化率の測定や窒素代謝の研究に人工肛門鶏を用いることは問題ないといわれている．ただ，人工肛門鶏は多量の水を飲み，多量の尿を排泄することが一般的に観察されている．手術に伴う消化管の癒着，便秘とも呼ばれる糞の排泄困難に付随して直腸の膨大化なども見られる．総排泄腔から直腸にかけての逆蠕動運動による尿の盲腸内への流入が人工肛門の造成によって阻止される．このような人工肛門鶏の特徴をよく理解した上で，実験に用いるこ

とが必要である．
　ここでは，直腸粘膜反転法について述べる．

1．作出法
1）対象鶏
　通常4週齢から成鶏に至るまで，雌雄とも人工肛門を設着することができる．技術が高度になるともっと若いニワトリにも設着できる．年齢が若いニワトリほど手術もやりやすく，傷口の治癒回復も早く成功率が高い．ニワトリの方法はアヒルにも応用できる．腸の内容物を少なくし手術中のおう吐や誤嚥を防ぐため，術前には24時間絶食させ，2時間絶水させておく．

2．必要な器具
1）保定台（図3.7.2-1）
　ニワトリを保定して手術をやりやすくする．ニワトリは仰向けにして手術をするので，寝かせたニワトリの幅と長さがある厚い板の側面に釘を打って保定の紐がかけられるようにする．

2）保定の紐
　木綿製の撚り合せた紐が丈夫でしかもあたりが柔らかく使いやすい．

3）手術用具
　有窓布50×50 cm（中央に直径約5 cmの穴の開いた布），注射器（静脈注射用5 ml 2本），メス（1本），鋏両鈍直（2本），ピンセット有鈎（2本）無鈎（2本），止血鉗子有鈎（10本）無鈎（10本），腸鉗子（小1本），持針器（2本），針（強湾，角および丸3 cm），糸（3号および8号），麻酔薬ネンブタール（ペントバルビタールナトリウム）

図3.7.2-1　手術保定台

4）カニューレ（図 3.7.2-2）

　通常法では人工肛門の閉塞を防ぐため開口部に取り付ける．ニワトリの体の大小によって長さと太さを加減する．成鶏で長さ 2～3 cm，直径（外径）1 cm．

5）プロテクター

　手術直後鶏が患部をつつかないように 500 ml の広口プラスチック瓶の口を含む約 1/4 上の部分をカットしたものを手術部位に被せ，口と反対の切断縁を皮膚に縫い付ける．栓をしておけばニワトリはつつかない．

図 3.7.2-2　糞尿採取器具およびカニューレ

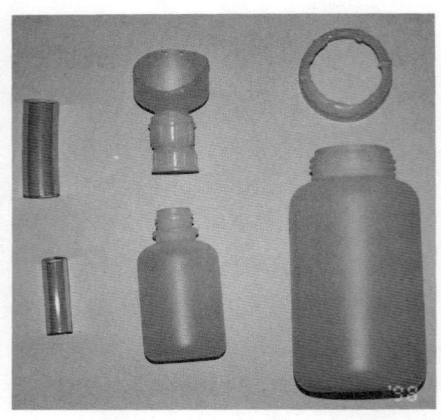

（カニューレ用ポリエチレン 大 小／尿採取用 栓 ボトル／糞採取用 栓 ボトル）

6）糞採取器具（図 3.7.2-2）

　糞採取には人工肛門口に，直径 40 mm，高さ 150 mm のポリエチレン製のボトルのスクリュー栓の縁以外をくりぬいたものをスクリュー部を上に向けて皮膚に縫いつけ 8 号の糸で固定し，ボトル部をそのスクリュー部にねじ込むことによってこのボトル内に糞を採集することができる．これによって，従来の塩化ビニールの袋を装着して集める方法での袋が破れる問題を克服することができ，糞の入ったボトルは取り外してそのまま保存ができる．

7）尿採取用器具

　尿の採取も図 3.7.2-2 のようなポリエチレンのボトルを利用することによって容易に行うことができる．ボトルの栓を互いに接着し，中をくりぬいた片方のスクリュー部には上部を斜めに切ったボトルを連結し，この切断部を総排泄腔の周りに縫いつけ，片方の栓には完全なボトル部をねじ込むことによって尿を採取する．従来のやり方と比べたときこの方法の利点は糞の場合と同じである．

3. 手術法 [1,2)]

現在一般的に，直腸の粘膜を反転させる一色の直腸粘膜反転法が用いられる (図 3.7.2-3)．本法は，直腸の閉塞に伴う排糞阻害を防ぐように工夫された方法で，うまくできたものはカニューレなしで長期間にわたって飼養でき，日常の管理を必要としない．また雌では産卵を続けることもできる．

1) ニワトリは，ネンブタールの静脈（翼下静脈）内注射 (0.5 ml = 25 mg ペントバルビタールナトリウム/kg 体重) により全身麻酔をかけ，保定台に背位保定する．竜骨と総排泄腔の間の羽毛を抜き取った後，この部分を消毒用アルコール (70 %) できれいに拭き，有窓布を掛け手術に備える．

2) 切開部位は雌鶏の場合は正中線よりやや右を，雄鶏の場合にはやや左側の胸骨と総排泄腔のほぼ中間を 4～5 cm 縦に切開する．出血部位はその都度，鉗子で丁寧に止血する．

3) 皮膚，筋肉，腹膜を切開すると下方に直腸が見えるので，総排泄腔の近位側を鉗子で挟んで前方に手繰り寄せ，総排泄腔に結紮糸をまわして尿管（雌では輸卵管を含む）とファブリシウス嚢を後方に押し下げ，総排泄腔の 1/3 近位で固く結紮し，その 0.3 cm 近位側を切断して縫合糸の一端を右腹壁の最尾側部に縫合する．直腸に付随する腸間膜や血管を傷つけないように直腸の断端を体腔外に引き出し腸鉗子で軽く挟んで保持する．

次に腹膜と直腸漿膜，腹筋と直腸漿膜の縫合を行う．縫合は総排泄腔側と胸骨側のみに行い，この両側の腹膜，腹筋，それぞれに通した糸は直腸漿膜との結紮部の直腸断端からの距離が胸骨側と総排泄腔側でずれるように，直

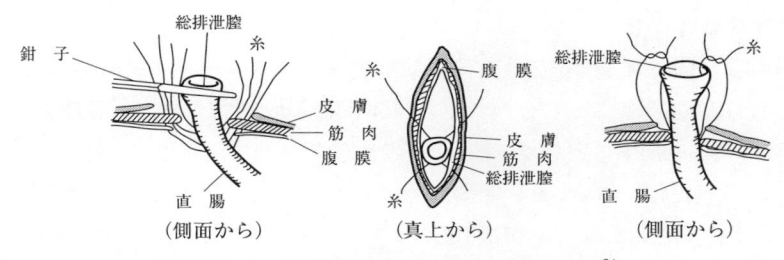

図 3.7.2-3 直腸と腹腔の縫合法（一色，中広 [2)]）

腸断端からの距離を胸骨側約4 cm近位とすると，総排泄腔側はそれよりさらに約5 mm近位の位置に通す．直腸の周りに十分余裕があるように結紮縫合を行う．腹筋と漿膜面を縫合した胸骨側と総排泄腔側の2本の結紮糸は，さらに直腸の断端の全層を通して直腸を反転させ粘膜面を外に出し結紮する．さらに左右の中間点も断端の全層と腹筋，皮膚を一括して縫合する．最後に切開部の皮膚を縫合し，傷口に抗生物質の軟膏を塗る．プロテクターをつけて手術は終了する．

4. 術後の管理

手術後はしばらく暖かい部屋におくと麻酔からの回復も早い．単飼ケージに収容し，水と消化のよい幼雛用飼料を与え，初めての排糞があるまで注意深く観察する．絶えず排糞の難易を観察し，排糞に困難が見られる場合にはカニューレを直腸内に挿入し，外に出る端を開口部付近の皮膚に4個所等間隔で縫いつける．反転法ではなく，カニューレを着けた場合はこの部分を定期的に点検清掃し必要な処置をする．術後のニワトリの食欲と体重の変化を記録し，実験に用いる時期を判断する．

3.7.3 盲腸結紮鶏および盲腸切除鶏[3)]

ニワトリは体重に比し大きな盲腸を2本もっている．ここには多くの微生物が棲息するため，この微生物が栄養素の消化率に影響する可能性がある．この可能性を除去するため，あるいはニワトリの栄養における盲腸の役割を研究する手段として，盲腸結紮あるいは盲腸切除鶏が使われる．

1. 作出法

1) 盲腸結紮手術

約12時間絶食したニワトリを所定の用量のネンブタールで麻酔した後，保定台に背位保定し，右側胸骨下の腹部を約3 cm横に切開し，結腸と盲腸を体外に引き出すことなく，結腸から上に手繰って盲腸起始部を見つけ，できるだけ盲腸起始部に近いところをナイロン糸（No. 1.5，ϕ 0.205 mm，Gin-rin）で結紮する．この後腹腔内にスルフイソミジン（岩城製薬（株））を少量入れてから所定の方法で腹膜，筋肉，皮膚を縫い合わせる．

2) 盲腸切除手術

盲腸結紮の場合と同様に，腹部を切開し，盲腸を体外に引き出した後盲腸起始部を見つけ，できるだけ起始部に近い部位を縫合糸（絹糸 No. 4）で結紮する．盲腸末端部から回腸と盲腸を出血しないように慎重に指で切り離して，最後に結紮部に近接した遠位側を切り離し盲腸を除去する．

2．維持，管理

術後の管理は，人工肛門鶏よりは楽で，麻酔から回復後食欲があれば消化のよい飼料から徐々に普通の飼料に切り替えることができる．術後4週間ほどで実験に用いることができるが，実験終了時には解剖して結紮部あるいは切除部が完全であるかどうかを確認することが必要である．　　　（唐澤　豊）

引用文献

1) Okumura J., 1976. Br. Poult. Sci., 17 : 547 − 551.
2) 一色　泰，中広義雄，1989. 香川大学農学部学術報告. 41 : 1 − 14.
3) 孫　章豪，1996. 博士論文 (岐阜大学).

3.7.4　小腸フィステル装着豚

ブタでは，飼料のアミノ酸の有効性を回腸末端の消化率として測定するのが簡単かつ最も信頼できる方法とされている．回腸末端でのサンプル（小腸内容物）の採取法はいくつかあるが，T字型カニューレによる方法が最も一般的である．この方法ではサンプルは部分採取であるため，マーカー（指標物質，普通酸化クロムを用いる）が必要であると同時に，代表的なサンプルを得るための給飼とサンプル採取の時刻と回数を設定する必要がある[1]．

小腸フィステル装着豚（図 3.7.4-1）は，人工消化試験に用いる小腸液の採取や腸管における栄養素の消化吸収実験など広範囲に利用される[2]．

1．作出法
1) 必要な器具および薬品
(1) 準備する器具

小腸用T字型カニューレ（ポリプロピレン製1組），外科刀（円刃，尖刃各1本以上），電気メス（1本），外科鋏（直剪刀，毛刈剪刀各1本），止血鉗子（5

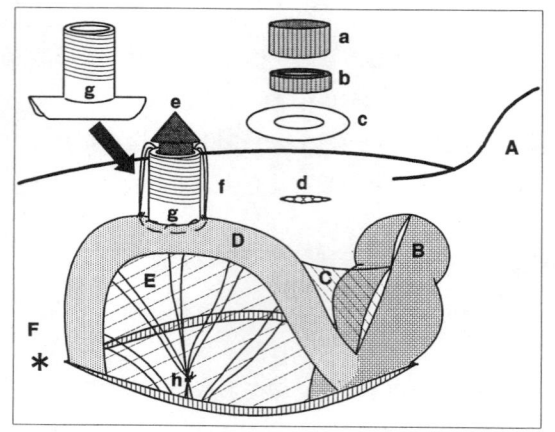

図 3.7.4-1　ブタの回腸末端フィステル装着手術
A：左後肢　B：盲腸　C：回盲腸間膜　D：回腸　E：腸間膜　F：臍　a：キャップ　b：固定ネジ　c：固定用円盤　d：フィステル装着創口　e：矢印型木片　f：腸線　g：T字型カニューレ本体　h：腸管膜血管結紮部

本），把針器（3本），縫合針（外科用半弯，開腹手術用全弯各5本），縫合糸（絹糸3，4，6号）適量，滅菌腸線（糸サイズ USP 1，糸長 150 cm，1本），矢印型木片，滅菌布（1枚），ピンセット（3本），かみそり（1本），滅菌ガーゼ，脱脂綿，注射筒，注射針．

(2) 薬　品

希ヨードチンキ，消毒用アルコール，逆性石鹸液，アザペロン，硫酸アトロピン，塩酸ケタミン，塩酸プロカイン，ペニシリン注射液，滅菌生理食塩水．

2）手術前の準備

(1) ブタの準備

健康状態が良好な体重30 kg程度のブタを選定し，手術前日午後から飼料給与および飲水を中止する．

(2) 麻　酔

アザペロン 2 mg/体重 kg と硫酸アトロピン 0.05 mg/体重 kg を筋注し，10分後に塩酸ケタミン 20 mg/体重 kg を筋注して全身麻酔をかける．麻酔の効果は，注射後10〜15分後に現れ，60〜70分持続する[3]．

(3) 術　部

腹部正中線に沿って臍から後方へ 15 cm および左後肢のつけ根から前方 3 cm の部位を選定し，術部は広く毛刈剪刀で剪毛後かみそりで剃毛する．

(4) 保　定

中動物用の手術台を浅い V 字型とし，仰臥位に保定する．

(5) 術部の消毒

2％逆性石鹸液で洗浄後，ガーゼで水分を拭き取り，希ヨードチンキを塗布する．

3) 手術法

(1) 術部（腹部）を滅菌布で覆い，アルコール綿で希ヨードチンキを拭き取る．
(2) 切開部の両側皮下に塩酸プロカインを投与し，局所麻酔をかける．
(3) 雌の場合は，臍の後方から正中線を 15 cm 程度切開し，腹膜に達するのを確認する．雄の場合は正中線と平行に 2 cm 程度左側を臍の後方から 15 cm 程度切開し，筋層の次に脂肪層に達したら鈍性に脂肪層を切開して腹膜に達するのを確認する．
(4) 滅菌ガーゼを滅菌生理食塩水で濡らし，創口の周囲に 4 枚広げる．
(5) ピンセットで腹膜を摘み上げ，メスで小孔を開け，直剪刀で腹膜を切開．
(6) 盲腸（灰色）を探して，回盲腸間膜を確認する．回盲腸間膜に沿って回腸末端を確認し，回腸末端から 30 cm の部位（フィステル装着部）を引き出す．
(7) 上記部位を助手が両手の手指で保持し，フィステル装着部を支配する血管を腸間膜根付近で結紮する．
(8) 回腸のフィステル装着部を 2 cm 程度切開する．切開時に腸管は縮むので切開しすぎないように注意する．電気メスで切開部漿膜下層を焼灼止血する．
(9) 腸線（150 cm）を 4 等分する．腸線で創口を括約縫合し，カニューレを挿入して結紮する．
(10) 上記の縫い目の 3 mm 程度外側を，別の腸線で巾着縫合し，結び目が (9) と反対側になるように結紮する．カニューレに綿栓をする．
(11) 後肢が腹部に移行する部位の延長線上 3 cm 前方で 1 cm 程度正中線寄りの部位を，2 cm 程度腹膜まで切開する（カニューレが辛うじて挿入可能な創口とする）．
(12) カニューレの綿栓を外し，腸線をカニューレ内に収納して，矢印型木片で栓をする．

(13) (12)のカニューレを(11)の切開部に挿入し皮膚側にだす．2組の腸線をそれぞれ創口両端の皮膚に縫い通して結紮し，固定用円盤，固定ネジ，綿栓，キャップをする．固定ネジは軽く抵抗を感じる程度に締める．
(14) 抗生物質を腹腔内および創口に散布して，腹膜および筋層，結合組織，皮膚を縫合し，術部を希ヨードチンキで消毒する．

2．術後管理と維持

1) 抗生物質を3日間筋注し，1週間程度術部を消毒する．
2) 飼料は手術の翌日から給与し，5日程度で食欲はほぼ回復する．飲水は自由とする．
3) 7日後に抜糸し，術後14日目より実験に使用できる． （梶　雄次）

引用文献

1) 古谷　修, 1989. 日畜会報, 60 : 899 − 907.
2) 古谷　修, 1990. 日豚会誌, 27 : 123 − 134.
3) 熊谷哲夫ら編, 1987, 豚病学<第三版>, 近代出版.

3.7.5　ルーメンフィステル装着ヒツジ・ヤギ

　ルーメンフィステル（rumen fistula）の装着は反芻動物の消化生理やルーメン発酵の研究に最も広く用いられている実験手法の一つである．ルーメンが腹壁に密着していることを利用して，ルーメンにカニューレを挿入して固定することにより，ルーメン内容液やガスを採取して発酵状態を測定したり，あるいはナイロンバッグ法で飼料成分の消化性を調べることなどに用いられる．フィステル用のカニューレにはいくつかの市販品があり，また，自作することもできる．術式にもいくつかあるが，以下，ヒツジ・ヤギの場合とウシの場合についてそれぞれ述べる．

1．手術前の準備

1) フィステル用のカニューレは目的によって大きさが異なり，市販品もあるが（図 3.7.5-1），自作することもできる．軽くて丈夫であり，組織に刺激を与えない材質がよく，アクリル樹脂，エポキシ樹脂などが用いられる．
2) ルーメン切開時に内容物の吹きこぼれによる術部の汚染を防ぐために，動

物には手術当日の飼料給与はやめ，飲水も前日夕方から中止する．ヒツジ・ヤギの場合，全身麻酔を行い，中動物用の手術台に右側臥位に保定して手術を実施する．

　術部は左側最終肋骨から腰角との中間で，できるだけ最終肋骨の起部，背部に近いところを選定する．術部を広く剪毛し，逆性石鹸，ヒビデンで洗い，乾いた後，ヨードチンキ液を塗布する．

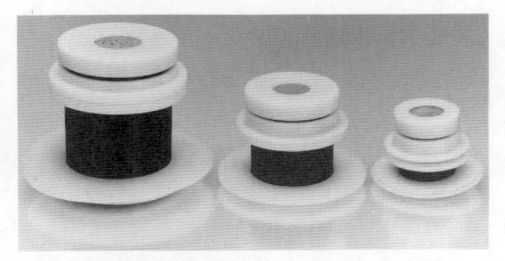

図 3.7.5-1　第一胃フィステル用カニューレ（市販品）左より成牛用，育成牛用，ヒツジ・ヤギ用

3) 麻酔はネンブタール (5 %) またはセラクタール (2 %) などを用いる．体重 50 kg の動物では，前者は 12〜15 ml を静注し，後者は約 0.2 ml 筋注する．
4) 器具としては，外科刀，止血鉗子，外科剪刀直および曲，持針器，縫合針 (外科強彎 No. 5 および No. 7)，縫合糸 (絹糸 No. 5, No. 7)，電気焼灼器，ピンセット，注射筒および注射針などを準備しておく．薬品としては，逆性石鹸液，消毒用アルコール，稀ヨードチンキ，サルファ剤粉末，ペニシリン注射液 (獣医用)，ネンブタール，セラクタールを準備しておく．

2．手術の方法
1) 最終肋骨起部から 4〜8 cm 離れたところから斜め下方に約 10 cm 切皮する．切開創はカニューレ本体が入る大きさとする．
2) 創口周辺の皮膚を筋層よりわずかに剥離する．次に，3 層の腹筋を筋繊維の方向に従い，指頭で鈍性に分ける．
3) 現れた腹膜を切り，ルーメンを探ってカニューレの取り付け位置を確かめ，止血鉗子でその部分の胃壁をつまんで，体外にわずかにだす．
4) カニューレを装着する部位の周囲のルーメン壁の筋層と腹膜とを数カ所結節縫合する．次に，ルーメン壁筋層と筋肉とを同じように結節縫合する．
5) ルーメン壁を摘み，十字に焼灼切開する．胃内容物の吹きこぼれによる術部の汚染を防ぐために，切開口の周辺に滅菌ガーゼをタンポンしておく．必

要に応じ，抗生物質（ペニシリンなど）を注入し，サルファ剤を塗布する．
6) 胃壁の切断端を鉗子でつまみ，皮膚の外に出してからカニューレ本体を切開口から胃内に強く押し入れる．次に固定用リングを胃内に入れ本体にはめ込み，本体の他端を第一胃の外に引きだす．
7) 創口にサルファ剤をふりかけ，カニューレに接合リングと栓を軽くはめる．カニューレと創口との間が大きく開いているときは，ルーメン壁の断端を外部にわずかにだしたまま，筋層ならびに皮膚を縫合して，締める．
8) 術部を消毒し，止血のためにカニューレの接合リングを強く締める．ただし，手術の翌日はリングを2〜3回転させて緩める．
9) 抗生物質（ペニシリン600万単位/20 ml など）を2〜3 ml 筋注し，これを4〜7日間続ける．

3. 術後の処置

飼料は手術の翌日から給与する．食欲は1〜3日で回復する．術後7日目前後に抜糸を行い，創口をアクリノールその他で消毒する．第一胃壁などの壊死はその後遅れて現れるが，これは除去洗浄する．術後2週間を経たら実験に使用できる．

〈板橋久雄〉

3.7.6 ルーメンフィステル装着成牛

1. 準　備

子牛の場合はヒツジ・ヤギと同様に全身麻酔で横臥位保定で行うが，成牛は枠場内起立位保定で局所麻酔で手術することが多い．近年，成牛には樹脂製のカニューレ（バーダイアモンド社製，図3.7.5-1）が多く用いられている．これは樹脂製のため，牛舎の壁や柵との接触によるカニューレの破損などがなく，キャップの脱着も容易という利点がある．ここではこのカニューレの装着法について述べるが，基本的にはヒツジ・ヤギの場合と同様である．

2. 手術の方法

1) 枠場に起立保定後安静用にセラクタール（2％，0.5〜1.0ml）を筋肉内注射する．
2) 術部を広く剪毛した後，できるだけ前上方の装着予定部位にカニューレの

キャップの内径と同じ大きさの円をマジックインキで描く．
3) 術部を洗浄・消毒後，キシロカイン（2%，約20 ml）で局所麻酔する．
4) マジックで描いた円に沿ってメスと鋏で皮膚を切り，メスで切り離す．3層の腹筋のうち，外腹斜筋を外科刀で鋭性に，その他は鈍性に筋繊維の方向に沿って切開し，時々キシロカインを数 ml 注入する．
5) 腹膜を鉗子で摘み，腹筋と6〜8ヵ所，結節縫合した後，縫合した腹膜の内側を十字に切開する（腹膜と腹筋を吸収性縫合糸で連続縫合してもよい）．
6) 術部の筋組織の汚染部位にペニシリンを注入し，サルファ剤を塗布する．
7) 第一胃壁と皮膚を太糸で3〜4 cm の間隔で結節縫合する．糸端は抜糸のために数 cm 残しておく．
8) 切開する第一胃壁の血管を止血のためにあらかじめ細糸で結紮しておく．次に，第一胃壁の上部から腹側に向かって少しずつ焼烙切除する．ヒツジ・ヤギに比べて切開時の出血が多いので，焼灼結紮して十分に止血する．創口に稀ヨードチンキとサルファ剤を塗布する．第一胃壁と皮膚との縫合の間隔に広いところがあれば，結節縫合を加える．
9) 温水（40℃程度）に浸けて柔らかくした手術後用カニューレの内側のツバ部分を反転してフィステルにはめ込み，蓋をする．終了後，ペニシリン20 ml を筋注する．

3．術後処置

術後の処置はヒツジ・ヤギの場合とほぼ同じであるが，1〜2日は絶食させた方がよい．2〜3週間後に，術部の組織が壊死して脱落してから，術後用の正式なカニューレにつけ替える（図3.7.6-1）． （甘利雅拡）

図3.7.6-1 樹脂製カニューレを装着した成牛

参考文献

1) 竹内　啓ら編，1994．獣医外科手術，講談社サイエンティフィク．
2) 小牧　弘ら，1980．東京獣医学畜産学雑誌，28：99-104．

第4章 飼料の調製

4.1 飼料原料の選択法と加工法

ここでは動物試験に供試する各種飼料の調製方法および配合方法について述べる。

4.1.1 粗飼料原料の準備

消化試験および飼養試験に供試する乾草およびサイレージの購入, 調製, 利用にあたっては次の各事項についての配慮が必要である.

1. 水　分

乾草の場合には理想的には12％前後の製品の調製あるいは購入ができればよい. 15％以上のものは貯蔵中にかびの発生が懸念される.

2. サイレージの変敗

サイレージでは低水分含量の製品にはかびの発生が, また高水分サイレージの場合には二次変敗が起こる場合があるので, 試験の規模に左右されるが, 可能であれば試験期間中の材料は冷凍庫あるいは冷蔵庫に貯蔵することが望ましい. しかし, そのような大型の施設がある所は限定されるので, サイレージ調製時に給与試験 (消化試験, 飼養試験) への配慮をしておくことが大切である. すなわち, 1) 小型のドラム缶サイロ, バックサイロなどで調製し, 毎日の少量の取り出しに際して空気との接触面積を少なくする. 2) 詰め込み時の材料の切断長を短くし, さらにサイロ詰め込み時の踏圧を徹底してサイレージの密度を高めておく, 3) 刈り遅れの材料などの詰め込みを行う場合には2) の実行と同時にプロピオン酸などの二次発酵抑制剤を添加することなどである.

3. 切断長

試験飼料の調製にあたってはサイレージ, 乾草ともに切断長はできるだけ短く, しかも試験区の間で揃えておくことが必要である. 切断長は反芻家畜の採食量に強い影響をもつからである. 一般的には切断長の短い飼料の採食

量が長い物よりも多くなる傾向がある．2～3 cm の切断長がよい．

4.1.2 高水分食品製造粕類

豆腐粕など高水分の食品製造粕類は試験期間貯蔵中の変敗が問題である．このような材料の場合には前記サイレージの場合と同じように，プラスチックドラム缶など小型容器への密度の高い詰め込み貯蔵を行うのがよい．また，食品製造粕の試験では消化試験においても飼養試験においても他の飼料原料との混合給与，つまり高水分の混合飼料（total mixed ration, TMR）の形での給与となることが多いので，あらかじめ乳酸菌を添加した TMR サイレージを調製しておくのが便利である．

4.1.3 乾燥濃厚飼料原料の準備

1. 飼料原料の選定

穀類，油粕類，ぬか・ふすま類，発酵工業副産物などの乾燥飼料原料を選定するにあたっては，1) 品質が均一かつ安定であって夾雑物を含まず，水分含量は 12% 程度のものであること，2) 安価で恒常的に入手できること，3) 粉砕などの加工処理が容易であること，4) 貯蔵が容易であって変質しないこと，5) 嗜好性に優れていることなどの条件に見合うものを選択することが大切である．また，ミネラル類，ビタミン類のような飼料添加物は市販品またはプレミックスを扱う企業に依頼して調製したものを利用するのがよい．

2. 粉砕粒度

乾燥濃厚飼料原料，特に穀類では粉砕粒度を試験の対象家畜および試験の目的に合わせてどのように設定するかが問題となる．それは穀類の粒度や加工形態が採食量，デンプンの消化率，デンプンの消化部位（反芻家畜の第一胃かあるいは下部消化管か）に影響するからである．表 4.1-1 および表 4.1-2 は各畜種におけるトウモロコシの粉砕形態とデンプン消化率，栄養価の関係を示したものである．粉砕する際に通した篩によって粒度が一定になるのではなく，表 4.1-1 に示すようにトウモロコシでは粒度はある幅をもっていることに留意すべきである．

表4.1-1 乳牛とブタにおけるトウモロコシの粉砕形態が
デンプン消化率と栄養価に及ぼす影響[1]

形　態	デンプン消化率 (%)		原物中 TDN (%)	
	乳牛	ブタ	乳牛	ブタ
全粒（丸粒）	65.3	91.3	57.0	72.9
荒挽（2 mm 以上約 50 %，1〜2 mm 約 35 %，1 mm 未満約 15 %）	87.9	92.9	75.7	74.3
粉砕（1〜2 mm 約 35 %，0.5〜1 mm 約 50 %，0.5 mm 未満約 15 %）	91.2	95.0	79.2	79.2
圧ぺん（加熱蒸煮）	92.8	96.3	80.8	80.2

表4.1-2 ニワトリにおけるトウモロコシの粉砕粒度
分布（%）と ME 含量との関係[2]

粒度 (mm)	篩の大きさ (mm)			
	1	2	3	4
〜2.38	0	0	0.8	5.5
〜1.19	0.4	12.0	26.0	29.5
〜0.59	29.6	47.0	36.4	32.2
〜0.30	44.0	26.6	25.4	23.2
〜0.15	21.4	11.2	8.2	6.6
0.15 以下	5.0	3.2	3.2	3.0
ME (kcal / g)	3.42 a	3.42 a	3.31 b	3.34 ab

a，b 異符号間に 5 % 水準で有意差あり

引用文献

1) 日本科学飼料協会，1997. 丸粒流通飼料利用合理化促進事業ハンドブック．
2) 山崎昌良，1986. 研究成果シリーズ（農林水産技術会議事務局編）．175：78〜79．

4.2　飼料の配合法

4.2.1　配合設計

試験飼料の配合内容を設定するための考え方を以下に述べる．

1．飼養標準の利用

試験飼料の配合においては CP，TDN，ME，ミネラル，ビタミンなどの含

量については飼養標準の養分要求量に合わせた設計をすることが基本となる．これは家畜・家禽の正常な成長・維持・生産・妊娠の下に試験を行うための鏡であるとともに，ある特定の栄養素含量の突出あるいは不足が引き起こす生体反応を消去するためでもある．

2．飼料原料の養分含量

原料の選定については表 4.1-1 に記した通りであるが，供試原料に関してはあらかじめ各種の成分について分析を実施しておくのが望ましい．特に，乾草，サイレージ，豆腐粕などの食品製造副産物のように水分，タンパク質，繊維，脂肪の含量がロットによって異なる性質のものについてはその配慮が必要である．また，乾草における硝酸態窒素のように家畜に対して害作用のある物質の含量などについても一定の情報をもち合わせておくことが大切である．

3．配合表の作成

試験飼料の成分含量，栄養価の水準および使用する材料とその化学組成・栄養価を特定したならば，次には飼料原料の配合割合の決定に移る．いわゆる飼料計算である．飼料計算は線形計画法を用いる場合や，経験に基づく方法があるが，いずれの場合においても留意すべきことは以下の3点である．すなわち，1) 飼養標準に準拠した成分間のバランスの維持，2) 給与飼料中の脂肪含量，繊維とデンプンのバランス（反芻家畜），綿実粕のような生理活性物質を含む飼料原料の配合上限への配慮などのように飼養標準の養分要求量を補完する指標の導入および 3) 飼料原料の価格である．

4.2.2 配合方法

一般的な飼料原料を配合する方法，微量物質などの特殊な原料を配合する方法，ペレットの調製方法および精製飼料の調製法について述べる．

1．一般的な飼料原料の配合

適当な粒度に粉砕した飼料は配合表によりそれぞれを秤量して混合するが，それは穀類，油粕類などの主原料とミネラル・ビタミンなどの少量飼料添加物に大きく分類される．配合方法には手配合と配合機による配合方法が

あるが，いずれの場合にもビタミン・ミネラルは適当量の主原料とあらかじめプレミックスを調製しておき，均一に混合することが大切である．機械あるいは手配合の場合にどの程度の時間あるいは反転回数が必要かについては経験にもよるがあらかじめ酸化クロムを混合し，その濃度分布とバラツキを機械あるいは，手・スコップなどの反転回数との関係で検討しておくのがよい．

2．特殊原料の配合

1）微量原料（微量要素・病気予防薬）

適当な主原料と予備配合をすることになるが，その基材となるものは粒子の比重および pH が微量原料のそれとできる限り同一のものがよい．また基材は水分，脂肪含量がともに低いものが望ましい．手配合により予備混合を行う場合には，まず，微量原料に基材を少量添加してよく混合した後，基材の添加量を次第に増加しながら混合すればよい．混合機を用いる場合には，微量原料と適量の基材を混合機に入れて均一になるまで混合する．微量ミネラルの基材としては炭酸カルシウムまたはリン酸カルシウムの利用が推奨されている．

2）酸化クロム

市販の1級試薬・第2酸化クロムを用いる．混合の要領は，まず大きな乳鉢に基材（原料の一種）を少量入れ，これに秤量した酸化クロム全量を投入してよくすりつぶして微粉状にする．酸化クロムが乳鉢の面に緑の線を引くようではまだ混合が不十分である．

次に基材の添加量を徐々に増加させてよく混合する．最後に乳鉢中の酸化クロムと混合した基材を全体の飼料に散布してよく混合する．原料の粒度が大きいと酸化クロムの混合が不均一になることが多いので，試験の目的に反しない限り，原料の粒度はできるだけ小さいことが望ましい．また，油脂，糖蜜などの流動状の原料を用いる場合には，まず吸着性の少ない原料と酸化クロムをよく混合し，最後に全体の飼料と混合するように配慮する．このような原料と混合する場合には酸化クロムの均一な分散が極めて困難となるので特に注意を要する．

3）油　脂

　飼料用の油脂としてはタロー，グリースなどの動物性油脂，大豆油などの植物性油脂が用いられる．油脂の添加に際して留意すべきことは以下の4点である．(1) 常温で固体のタローのような油脂は使用直前にできるだけ低い温度で加温し液化しておく．(2) 油脂の酸化変質を防止するために所定量の抗酸化剤を添加する．(3) 液状となった油脂は大豆粕やふすまと予備混合する．(4) 予備混合が終わったものを全体の飼料とよく混合する．

　この際，予備混合した飼料は塊ができて油脂の分散が不均一になっている場合もあるので，そのような場合には直径が1～2mmの篩を通過させた後に全体の飼料と混合するのがよい．

4）糖蜜，フィッシュソリュブル，その他

　これらの飼料は水分含量が高く，配合割合も比較的少ないところから，そのまま全体に散布・混合するのでは均一な添加ができない．大豆粕，脱脂ぬかのような水分吸着能の高い原料と予備混合を行った後，全体とよく混合する．また，塩化コリンのような吸湿性の高い材料を添加する場合には，脱脂米糠のような吸着性の高い賦型剤と予備混合を行う必要がある．

4.2.3　ペレットの調製

　粉餌をペレットにすると飼料の飛散を軽減でき，また養分の均一な摂取を容易にするなどの利点がある．ペレットはマッシュ状の飼料に加圧した蒸気を瞬間的に吹き込み，ダイ（ペレットの大きさを決める一定の穴をもった金属板）を通した後，冷却・乾燥して作られる．実験室的に蒸気を使用しないでペレットを調製する場合には以下の要領で行うとよい．

　1) ペレット化が困難な素材の場合には可溶性デンプンなどのペレット結合材を少量添加する．2) 材料の粉餌に適量の水を添加して混合する．水の適正な添加量は原料の種類によって若干異なるが，コーンスターチ・大豆粕飼料などでは，材料の半量程度がよい．3) 次にペレットミルに入れてペレットを作る．ダイから出てくるペレットの成型性を見ながら添加水分の補正を行うとよい．ペレットの乾燥はビタミンの損失あるいは油脂の変性を考慮し

て40℃以下で行うのが望ましい．少量のペレットを作る場合には肉挽き器で代用できる．

4.2.4 精製飼料の調製

　精製飼料は植物性原料や動物性原料を直接使用するのではなく，栄養素そのものの配合を企図したものである．したがって任意の栄養素の効果あるいは要求量を，その添加の有無あるいは添加のレベルによって直接に知ることができる．例えば，タンパク質源として結晶アミノ酸混合物を用いて成長試験などを行い，所定のアミノ酸の量の増減，除去によってそのアミノ酸の効果，要求量を知る試験が行われる．精製飼料の素材としてはグルコース，コーンスターチ，スクロース，植物油，タロー，全卵，カゼイン，アミノ酸，ミネラル，ビタミンなどが一般的に用いられる．　　　　　　　（阿部　亮）

第5章　飼養試験

　飼養試験は比較的長期間にわたり動物を飼育し，その成績に基づいて，発育，繁殖性，場合によっては屠体の性質への効果を判定するもので，各種の栄養学実験の中で，実際に動物を飼育して，その成績の評価を基準にして栄養価を判定するのが飼養試験である．飼養試験というのは，ある飼料（試験飼料など）でその動物がどう反応するかを見るものであり，物質（栄養素など）の出納を測定する消化試験・代謝試験とは別に考えることができる．さらに，各種飼料間の栄養価を比較するのも飼養試験であり，この場合には動物の反応（例えば成長速度や体重増）の差が評価の対象となる．また，ある飼料に対して，それを与えられた各種動物間の反応の違いを観察するのも飼養試験である．

　試験飼料で飼育された動物の成績を比較するには，対照となるある種の基準・標準が必要である．例えば成長を見る場合のように，各動物種・品種ごとのいわゆる標準発育曲線のような一般的に標準とされるものがある場合はそれが対照になるが，そうでない場合は合理的な判断基準となる既知の飼料を用いた標準区（対照区）を試験の度ごとに設定して，それと試験区の結果を相対的に比較することになる．このような場合には標準区を設けることによって，それぞれの試験実施時における目的とする処理以外の実験条件（環境要因など）は同様であるとみなすわけである．

　飼養試験には，実験の処理や目的によって，幼動物の成長速度を比較する成長試験，各種生産活動に対する効果を比較する産卵試験，泌乳試験，肥育試験，あるいは動物による嗜好性に関する試験や屠体の性質への効果を見る試験などがある．出納試験に比べ供試頭数は多く，試験期間は長くなるが，複雑な操作を必要とせず，どこでも容易に実施できる．飼養試験によって有効な結論を導くためには，実験計画法に基づいた綿密な試験計画の立案が不可欠である．

　飼養試験の成績は，一般に，試験の実施条件，例えば，環境温度，給餌方

法，品種，性別，発育ステージなどによる影響を受ける．したがって，対照区を設け，得られた成績は対照区の相対値として示すのが普通である．

5.1 飼料の給与法

飼養試験にあって動物が飼料をどれだけ摂取したかということは最も重要な要因である．それを明らかにするために，動物に自由摂取させるか，制限摂取させるか，あるいはその回数など，目的に応じて，その給与法について選択する必要がある．またそのことに関して，動物種による特異性がある．ここでは一般に行われている方法について紹介する．

5.1.1 不断給餌と制限給餌

飼養試験においては飼料の給与量を制限する方法と，自由採食に任せる方法がある．

1．自由採食による飼養試験

所定の飼料を制限することなく自由に摂取させ，給与飼料の特性を乾物摂取量（飼料の採食性），生産性（増体量，乳量，産卵量など），飼料効率（飼料要求率）の一体的な関係から評価しようというものであり，飼養試験の多くはこの手法によって行われている．この場合には残飼量を正確に測定する必要がある．

2．制限給餌法による飼養試験

一定の飼料給与量制限下での飼養試験である．制限給餌には1）量的制限，2）質的制限，および3）時間的制限がある．

1）動物の反応を基準とする方法

家畜・家禽の飼養成績（発育，肉質，繁殖成績，体脂肪蓄積など）をエネルギー水準，タンパク質水準ごとに評価する場合で，同一の飼料素材を用いる試験では給与量の制限によって摂取養分含量を調整する必要がある．このような試験の場合には制限給餌法が採用される．

2）対給餌法（paired feeding）

摂取量の少ない試験区を基準として，前日の摂取量によって当日の給与量を決める方法である．この方法では基準とした区以外では全て食欲を満足し

ていない条件下の試験であり，考察にあたってはその点への考慮が必要である．

5.1.2 飼料の給与回数と給与方式

自由採食の場合にはいわゆる不断給餌で動物の前には常に飼料が存在する状態であるが，このとき，飼料の水ぬれに十分に注意しなければならない．それを回避する一つの手法としては1日に何回にも分けて飼料を給与する，いわゆる多回給与方式がある．反芻家畜の場合には粗飼料部分と濃厚飼料部分を分離して給与する方法（トップドレス方式）と混合して給与する方式（total mixed ration，TMR方式）によって飼養試験の成績が大きく異なる場合がある．トップドレス方式では濃厚飼料と粗飼料の選択採食がおきやすく，そのために個体間の第一胃発酵性状が異なり，それが飼養試験成績のばらつきを生むことがある．したがって，この方式による場合には濃厚飼料の多回給与が特に大切な手法となる．

5.1.3 飼料給与の個体管理

自由採食試験で留意しなければならないことは動物間の盗食を防ぐこと，各個体の採食量を正確に測定できるよう工夫することである．そのためには次の二つの方法がある．

1. 飼槽仕切板の設置

ニワトリでは飼槽間に板などを置き，隣の飼槽に届かないようにする．スタンチョン牛舎においては飼槽の中に鉄板あるいは板で仕切りを施し，盗食を防止する．乳牛の試験で用いることが多い．

2. ドアフィーダ方式

個体識別自動開閉ドアの設置された飼槽である．識別コードのウシがドアに接近するときにのみドアが開き，ウシが採食できる構造になっている．群飼養下での肉用牛の飼養試験に用いられることが多い． 　　　　（阿部　亮）

5.2 小動物

　マウス，ラット，ハムスターは体が小さいので，飼育技術，管理器具，飼料代などが安く，性格がおとなしいので取り扱いやすい．成長期間も短いため，試験期間も短くて済む．消化試験，屠殺試験も容易であり，必要があれば，臓器重量や酵素活性の測定も実施できる利点がある．小動物の飼養試験には種間に大差はないのでラットの場合について述べる．

1．試験の準備

1）ラットの選定

　動物生産者と業者から購入する場合とがあるが，供試する前に，健康状態などをチェックする．また体重などを揃える必要があるので，必要頭数より10～20％多く準備する．個体の識別は単飼する場合は必要ないが，油性マジックの色と着色部位を変えることによって多くのラットを識別できる．雌雄では成長などに差があるので，どの性を選ぶかを決める．雌雄とも去勢することは可能であるが，非去勢ラットとは異なる面がある．

2）飼　料

　ラットは飼料の形態，飼料組成に関わらず，よく採食する．無タンパク質，精製飼料，粉餌もよく食べる．飼料を手にもって食べるので，よくこぼす．採食時間は暗くなってからと夜明けのころであるが，ミールフィーディングにも慣れる．

2．試験の方法

1）単飼と群飼

　単飼も群飼もともに可能である．群飼で制限給餌を行うと，採食量に偏りができるので，制限給餌する場合は単飼がよい．

2）試験期間

　ラットは21日齢で離乳できるので離乳後はいつでも供試できる．繁殖開始は100～120日齢である．それぞれの生育ステージに合わせて試験をする．成長期には18日で体重が2倍になるので，試験期間は他種動物に比べて短くて済む．

3）測定項目

体重，飼料摂取量，飲水量などの他に体長や尾長なども測定できる．測定間隔は試験期間に合わせて長短あるが，普通は 2～3 日間隔が多い．

（高田良三）

5.3　家　　禽

5.3.1　産卵鶏

産卵試験は，産卵を開始した家禽（主としてウズラ，ニワトリ，アヒル，シチメンチョウなど）について，ある期間中に生産した卵の数量，卵質，飼料摂取量，飼料要求率などを比較して飼料価値，養分要求量などを検討するために行う．栄養的な立場から産卵試験を行う場合に，個体別のデータを求めると試験に要する労力が極めて大きく実施が難しいため，適当な羽数を 1 群として飼養し，その群の平均値をもって比較する場合が多い．反復数はなるべく多くし，また，各試験区間の条件はできるだけ揃える必要がある．

ここではニワトリを用いた産卵試験の方法について示すが，その他の家禽についても，この方法を参考にされたい．

1．実験の準備

産卵試験は限られた設備やニワトリを用いて行われる場合が多く，また，成績を判定するためには数多くの項目を実測しなければならない．したがって，試験が行いやすいように工夫することが最も大切なことである．

1）試験用鶏舎

試験用鶏舎として特別なものはない．試験では体重測定や飼料を計量することが多いことから，これらの作業がしやすいように飼料，各種の秤および記録用紙などの置場所に留意する．この他，飼料摂取量などの測定誤差を少なくするため，ネズミの害や風による飛散の防止にも配慮する必要がある．また，試験用の特別な給餌・給水器はないので市販のものが使用されている．試験中は給餌器中の残餌を測定することが多いから，残餌の集めやすいものがよい．

2）試験用飼料の保存容器

容器の大きさは試験の規模にもよるが、扱いやすいものがよい。例えば、1試験区20羽の場合、1週間当たりの飼料必要量は14〜18 kg程度であるから、50 l 程度のポリ容器が便利である。飼料への埃の混入を防ぐためにも蓋付きのものが望ましい。また、飼料の紙袋をそのまま使用するような場合には袋を床より少し高い所に置き、水などがこぼれないように注意する。さらに、産卵試験では試験区の数が多くなる場合が多いので、試験飼料を入れた容器に試験区を明記し、飼料を間違えて与えることのないように注意する。

3）秤量器具

30 kg程度まで測定できるデジタル台秤および体重測定用の4 kg秤を準備しておくとよい。

4）試験用飼料

産卵試験は、比較的長期間行うものであるから、この間に使用する飼料の量はかなり多くなる。多量の飼料を配合する場合、貯蔵設備が完備していればよいが、配合したものをそのまま鶏舎に置いて使用するような場合には、試験飼料を一度に全部配合するよりも、これを数回に分けて配合することが望ましい。また、慣用飼料から試験飼料への切替えは一度に行ってよい場合が多いが、精製飼料など特別なものは慣用飼料に2〜3割混合し、次第に混合割合を増しながら数日間で切換えを完了すればよい。試験用飼料を配合する場合の注意事項については第2章を参照されたい。

2．産卵試験の方法

産卵試験の開始時には、鶏舎や器具を清掃し、できれば消毒することが望ましい。また、駆虫およびワクチンの接種などを行う必要がある場合には、試験開始前に実施し、以後一定のプログラムに従って行うとよい。

1）供試鶏の選定と試験区の設定

いかなる実験計画法で産卵試験を行うにしても、供試鶏や試験区の条件はできるだけ均一になるように心懸けなければならない。一般に、産卵試験を行う場合、各試験区の平均産卵率と体重は重要な項目で、次のようにして条件を揃えるとよい。すなわち、試験前10日以上の個体別の産卵個数を調べ

る．その際卵を生まない個体，軟卵や奇型卵を生む個体は除く．

次に体重を計り，産卵個数の少ないもの，体重の軽いものおよび重いものから順次除外し，必要な羽数を揃える．この羽数を産卵個数の多少によって3グループ程度に分け，さらに，それぞれのグループを体重別に整理しておく．このようにして，各試験区へ各グループから同羽数ずつ無作為に割りつける．この際注意することは，ニワトリを移動すると，その群内や両隣り同志の間で闘争が起こり，その後の産卵に影響することもあるので，ニワトリの移動は最少限に留めることが望ましい．

このようにして設定された各試験区に対する試験飼料の割り付けは無作為に行う．鶏舎の南北あるいはケージでの上下段など試験区の位置により成績に差がでる場合もある．このような場合には，それぞれの位置に必ず一つは各試験区の群を割りつけるようにする．

また，育成期に給与した飼料の良否を判定するため，育成期に引続いて産卵試験を行うような場合は，試験の開始時において明らかな異常鶏（悪癖を含む）だけを淘汰し，同じ飼養条件の区間といえども供試鶏の入れ換えは行わないのが普通である．

2）試験期間

試験飼料の給与開始後，1週間程度の予備試験を行い，本試験に入るのが普通である．産卵試験は比較的長期間行うため，予備試験はそれほど長く行う必要はない．また，本試験の期間は試験の目的により異なるが，通常10～15週間程度が多い．

3）測定項目と測定法

(1) 産卵個数および産卵率

産卵試験では産卵数が最も重要な測定項目の一つである．採卵は毎日ほぼ一定時刻に行い，同時に産卵記録用紙に個体別に記入する．

産卵率は，試験区におけるある期間の飼養延羽数に対する産卵総個数の割合を百分率で示したもので，これをヘンデー・アベレージ（hen day average）という．また，ある期間の全産卵個数を，試験開始時の羽数に日数を乗じた数との割合を百分率で示すこともあり，これをヘンハウスド・アベレージ

(hen housed average) という．前者で示すと生存羽数に対する産卵状況を知ることができ，また，後者で示すと，死亡，淘汰および休産鶏を含めた産卵状況を知ることができる．

(2) 卵　重

卵重は個々の卵について測定することもあるが，労力的に大変である．したがって，試験区ごとに一括して測定し，これより平均卵重として示す場合が多い．また，卵重としては初産卵重を示すことがある．これは各個体が最初に産んだ卵の重さ（最初の卵から2～5個の平均で示すこともある）で示す．また，1日1羽当たりの生産卵重量（egg mass）を示し，経済的な指標として利用することもある．

(3) 飼料摂取量

産卵試験のような長期間の試験では，毎日の飼料摂取量を測定することは労力的に困難である．したがって，特別な場合を除いては1週間を単位とした作業計画を立て，毎週決まった曜日に同じ作業を繰り返すようにすればよい．具体的には，各試験区の1週間の飼料摂取量はほぼ一定しているので，これよりやや多めに飼料容器に飼料を計り込んでおき，この中より毎日適量取り出して給餌し，1週間後に給餌器と飼料容器内の飼料を合わせて秤量し，これを最初に計り込んだ量から差引けば各試験区の1週間当たりの飼料摂取量となる．この摂取量を1週間の延飼養羽数で除せば1日1羽当たりの飼料摂取量となる．

(4) 飼料要求率

飼料要求率は，ある一定期間内に摂取した飼料と，その期間内に生産された卵重との比で求められる（飼料/卵重）．したがって，単位をkgにしておけば，卵1kgを生産するに要する飼料の必要量（kg）を示すことになる（飼料要求率）．また，この逆数は飼料効率である．

(5) 卵質の検査

卵質の検査については第10章を参照されたい．　　　　　　（山崎　信）

5.3.2 ブロイラー

ブロイラーの飼養試験は,初生から出荷時の 7〜9 週齢までを通して,産肉量,肉質,飼料摂取量,飼料要求率などを比較して,飼料価値,養分要求量を調べるために行われる.この場合,個体別のデータを求めることもあるが,労力の点から適当な羽数を 1 群として飼養し,その群の平均値で比較することも行われる.前者は実験室レベルでの実験に,後者は現場に近い応用試験として行われる.シチメンチョウの飼養試験もブロイラーと同様に行うことができる.

ブロイラーは,産卵鶏と比較して体が大きいことの他に,ももと胸が特に大きく,肉の割合が多く骨の割合が少ない.またブロイラーは,8 週齢までに体重が約 3 kg に達することから分かるように,成長が極めて速いという特徴をもっている.試験の結果は,飼料以外の要因によっても変わるのでそれらを十分考慮して実験を計画しなければならない.結果に影響する要因としては,鶏種,点灯の時間,光の照度および色,鶏舎のタイプ－開放か無窓(ウィンドウレス),平飼いかケージ飼いかの相違,飼育密度,季節,温熱環境などがある.

1. 実験の準備

1) 鶏 舎

試験用鶏舎としては,開放鶏舎と無窓鶏舎があるが,温度や光線など肥育成績に影響する要因を容易に制御できるという点では,無窓鶏舎が望ましい.飼育様式は平飼いが一般的であるが,バタリー方式を使うこともある.特に,発育初期の試験をする場合は後者の方式が用いられる.この方式は,出納試験に必要な糞尿混合物の収集に都合がよい.餌付けから 4 週齢までは給温が必要であるが,平飼いの場合は床暖房を行い,バタリー方式では部屋全体の温度管理をしなければならない.無窓鶏舎の場合には夏期に冷却の必要がある.

2) 給餌器,給水器

試験用として特別な装置はないので市販の一般的なものを使う.栄養実験では飼料摂取量を正確に秤量する必要があることから,ニワトリが餌をこぼ

さないこと，給餌器を転倒させないこと，あるいは残餌を容易に秤量できることなどの条件が満たされる必要がある．給餌器は50羽に1個，給水器は100羽に1個が標準的な数である．

3) 試験用飼料の保存容器

　飼料の変質や虫害を考慮して，試験用飼料は必要量を適宜，試験鶏舎の飼料容器に入れておく．容器は密閉しやすく衛生的なプラスチック製の容器が使いやすく便利である．試験は長期にわたることが多く，場合によっては，飼養管理に携わるヒトが複数になるので，給与飼料を間違えることのないように容器の蓋だけでなく本体の方にも試験区を明記するようにする．

4) 体重秤

　ブロイラーの成長試験においては，定期的に体重を秤量しなければならない．ブロイラーは比較的おとなしいが，秤の上で静止させておくことは難しいので，ばね秤の台にラッパ口をつけたものの使用が便利である．電子天秤を使って測定値をパソコンや記録計に出力させる手法もあり，この場合には，記録と読み取りの間違いを防止でき，能率をあげることができる．

5) 試験用飼料

　試験用飼料には，小規模な実験に多く用いられる精製飼料と大規模な試験に供試される実用飼料とがある．試験飼料の調製については第4章を参照いただきたい．

2. ブロイラーの飼養試験に影響する要因

1) 鶏　種

　正肉歩留まりは，ブロイラーの鶏種・系統間で差があり，この差は5週齢では約35％，9週齢では約40％にもなる．また，ブロイラーは改良に伴って成長速度が年々速くなっており，2.8 kg仕上げのとき，飼料要求率は1972年に2.7であったものが1989年に2.2まで改良された．したがって，1970年代以前のブロイラーのデータと1990年代以降のデータの比較に際しては慎重でなければならない．

2) 光線管理

　光源は蛍光灯で24時間連続照明が一般的であるが，照度は餌付けから1

週齢まで10～20ルックスとし，以後照度を落として出荷時には2～3ルックスとする．最近は1時間点灯，2時間消灯の断続照明が飼料要求率を改善するといわれている．

3）温熱環境

温熱環境は，育雛・育成率，飼料摂取量，増体量，飼料要求率，斃死発生率などに影響する．餌付けから4週齢までは34℃とし，育雛初期は70～80％の湿度を必要とする．4週齢以後は15～25℃に維持する．

4）飼育密度

飼育密度は鶏舎構造や鶏舎内外の環境条件によって異なるが，3.3 m^2 当たり無窓鶏舎では50羽，開放鶏舎では40羽が基準で，夏期には羽数をこれより少なくするほうがよい．

5）給餌，給水

自由摂取が基本である．飼料のこぼしが少ない給餌器が必要である．

3．試験の方法

試験開始に先立って，設備，器具の点検とともに，器具や鶏舎を十分蒸気消毒しておく必要がある．

1）供試鶏の選定

試験に用いる雛は，鶏種，系統，孵化日時がはっきりしたものを選び，記録しておかなければならない．雛は健康で，標準体重のものを選び，著しく軽いものや重いものは除く．また，ワクチン接種の有無についても明らかでなければならない．初生雛をすぐ実験に用いる場合もあるが，多くの場合，体内に残留している卵黄の影響を除くため，1週間前後市販ブロイラー用スターター飼料で予備飼育した後に用いる．

2）試験区の設定

各試験区に割り当てる雛の平均体重は同じになるようにする．そのため，試験用雛を体重別に大，中，小のグループに分け，この各グループの中から無作為に同数の雛をとり各試験区に割り当てる．各雛には翼帯（ウィングバンド）をつけ体重を記録しておく．

3）試験期間

　ブロイラーは発育段階で，初生期（0～3週齢），育成期（3～6週齢），仕上期（6～8週齢）の3段階に分けられる．試験期間を発育段階に分けて設定するか，8週齢まで通して試験期間とするかは目的によって選択する．初生雛の場合は外界の影響を受けやすいので試験期間は2週間位とする．結果の誤差を少なくするという意味では，できるだけ長期間が望ましいが，労力と経費を勘案して期間を決める．

4）試験雛の管理

　飼養試験の管理で注意することは，飼料のこぼしを少なくすることとこぼした飼料を最大限回収することである．また，飼料や水が途切れることのないように注意する．日常，試験雛をよく観察して，食欲や糞の性状などに異常が見られた場合は直ちに必要な処置をとるとともに記録しておく．

4．評価項目と測定方法

1）体重測定

　ブロイラーの飼養試験で最も重要な評価項目である．通常1週間毎に各個体について体重測定をするが，試験目的によっては群毎に体重測定したり，測定間隔を変えることもある．4週齢までは1g単位で測定し，以後は5～10g単位でよい．体重測定は毎回給餌前の一定の時間に行い，開始から終了までできるだけ短時間で行う．

2）飼料摂取量

　給餌方法にもよるが，1週間毎に測定するのが一般的には便利である．雛の飼料摂取量は，飼料の給与量から残餌量を差し引いて求められる．飼料のこぼしを回収しないと，摂取量とみなされてしまうので，実際より飼料要求率は高くなり，飼料効率は低くなる．したがって，こぼした飼料はできるだけ回収しなければならない．

3）飼料要求率と飼料効率

　飼料要求率は一定量の増体をするのに必要な飼料の量（飼料摂取量/増体量）を示す．飼料効率は飼料要求率とは逆数の関係にあり，一定量の飼料で増体する量（増体量/飼料摂取量）を表している．良質な飼料ほど飼料要求率

は低く，飼料効率は高くなる．
4）育成率

試験開始時の羽数で試験終了時の羽数を割った値を育成率と呼ぶ．
5）死亡あるいは淘汰した雛による飼料摂取量の補正

試験期間中に死亡する雛や淘汰せざるを得ない雛がでる場合がある．このような場合には，飼料摂取量の補正をしなければならない．死亡した雛を発見した時点ですぐ飼料の残量を測定して，それまでの飼料摂取量を算出し，死亡雛を含めた雛あたりの飼料摂取量を計算する．
6）歩留まり

ブロイラーは肉生産を目的としているので，解体歩留まりは成長とともに飼養試験における重要な評価項目である．一般的には，放血，脱羽し，頭，脚および不可食内臓を除いた中抜き重量は 77～78 % で，可食部のうち胸肉量は約 23 %，もも肉量は約 21 %，正肉量は約 38 % である（いずれも生体重比）．
7）体組成

ブロイラー肉の一般組成は，胸肉（皮なし）の場合，水分が 73 %，粗タンパク質が 23 %，粗脂肪が 3 % であり，週齢の若いものは脂肪とタンパク質の含量はこれより少なく，水分が多い．ブロイラーの肉は他の家畜の肉と比べて脂肪含量が低く，リノール酸やオレイン酸などの不飽和脂肪酸の含量が高いという特徴をもっている．

ブロイラーの脂肪蓄積は腹腔内と皮下に見られ，筋間脂肪は少ない．脂肪の蓄積量は飼料成分の他に制限給餌，季節（夏は少ない），飼養方式（ケージ飼いより平飼い，開放鶏舎より無窓鶏舎が多い）の影響を受ける．
8）腹腔内脂肪

腹腔内脂肪量は体脂肪量との相関が高く，腹腔内脂肪量から体脂肪量を推定することができる．腹腔内脂肪は総排泄腔から正中線にそって腹腔を切り開くと腹膜にそって左右に分かれる脂肪層がある．筋胃の上部まで除去して秤量する．その際には腸間膜についている脂肪は含めない．

9) 肉の評価

肉は，鮮度，肉色，皮膚色，および肉味に関係する肉の固さ，柔らかさなどの物理性，呈味成分である遊離アミノ酸やプリン化合物の量と種類，脂肪の含量で評価される．詳しくは第10章を参照されたい．肉味は最終的には味覚官能検査によって評価される．

(唐澤　豊)

参考文献

1) 田先威和夫監修，1996．新編畜産大事典，養賢堂．

5.4 ブ タ

ブタの飼養試験は一元配置法で行われるのが普通である．すなわち，数種の試験飼料をそれぞれ数頭のブタに与え，一定期間の増体量や飼料要求率からブタの能力や飼料の価値を判定しようとするものである．一度に多数の供試豚が使える場合には，一つの試験飼料区に2群以上を設ける場合がある．こうすると豚房そのものによる影響が除去されるので，結果の考察の際に飼料による差かあるいは豚房の違いなどの環境条件による差か区分できる．一度に多数の供試動物が使えない場合には，同様の実験を時期を変えて反復して行ったり，他の研究機関と共同して行うことがある．これらの場合には実験の時期あるいは場所を一つの因子とみて，二元配置法となる．飼料中のエネルギーとタンパク質含量を数水準に変えるなどして実験を行う場合も多いが，この場合にも因子が二つあるので二元配置法を適用する．実験計画法については第2章を参照していただきたい．

1. 飼養試験の方法

1) ブタの選定

供試するブタの品種，性別は試験の目的や計画によって決めるべきであるが，基礎的な栄養試験の場合は，品種，系統はどれを選んでも差し支えない．ブタは入手しやすいので，二元あるいは三元の交雑種が用いられる場合が多い．一般には雌雄の両方を使うが，雄は生後3～7日で去勢して供試するのが普通である．供試直前に去勢するわけにはいかないので，試験終了後に去勢する場合もある．

2）豚　房

豚房の広さは，発育ステージにもよるが供試頭数を 4～6 頭とすれば，270 × 180 cm 位がよい．豚房の床面は，成長試験とともに消化試験を合わせて行う場合があるので，糞が採取できるコンクリート床がよい．

3）試験飼料

飼料の所要量は飼料の組成や環境条件などによって異なるので一概にいえないが，一応の目安としては，期間中に予想される増体量の 2～4 倍の飼料が必要である．

4）試験方法

（1）供試豚の区分と試験区の配置

試験区あたりの供試頭数は 4～6 頭で，管理器具や豚房の関係から群飼とするのが一般的である．原則として一つの試験飼料に 2 群以上を設ける．

子豚の試験区への割りつけにあたっては，供試豚の腹，体重，性別，日齢などができるだけ均一になるようにする．1 腹の子豚の中で飛び抜けて大きかったり，小さかったりする子豚がいる場合には，思い切って試験からはずすことが試験の精度を高めることになる．離乳 7～10 日前の体重が測定してある場合には，離乳日当日の体重からその間の増体量を比較して，他のものより増体が著しく劣るようであれば体重に問題がなくても除外した方がよい．以上に述べたような子豚を除外した上で，全供試豚を体重順にして，まず試験群の数だけの頭数を体重順に割りつけ，次に残った子豚を同様に体重順に割りつけるが，この場合には最初に割りつけた方向と逆の方向で割りつけていく．この操作を全部の子豚が割りつけられるまで行う．こうして得られたグループの供試豚はほぼ均一化されているはずであるが，必要があれば最後に一部の組み換えを行う．

試験区の豚舎内における配置にも十分留意する．一般に日光が入る豚舎の南側と北側では発育に差がでるものと思っていた方がよい．

（2）離乳と餌付け

実際の経営では離乳直後の発育の停滞を少なくするため，哺乳中に人工乳に十分慣れさせてから離乳するが，数種の飼料の価値を比較する場合には，

哺乳中に特定の飼料を給与することはできない．そこで，哺乳中には餌付け飼料を全く与えないか，あるいは全試験飼料を等分に配合したものを離乳数日前から給与し，一部の試験飼料だけが有利にならないように配慮する．

　離乳はできるだけその日の朝行う．母豚を子豚から遠く離さないと，いつまでも子豚が母豚を気にして落ち着かない．母豚は離乳数日前から飼料の給与量を徐々に減量して乳房炎を未然に防ぐ．

　給餌は一般には自由摂取で行う．群飼の場合には制限給餌を行うと個体差が大きくなって好ましくない．離乳直後の飼料給与は若干の注意が必要である．離乳前に飼料を十分に食べていた子豚では最初から自由に飼料を与えてよいが，初めて飼料を口にする場合には，飼料を平たい容器に入れておく．多くの場合は1日で食べるようになるが，飼料を口につけてやると餌付けが早い．1頭でも食べるようになればそれがリーダーシップをとって他の子豚もすぐに食べるようになる．

(3) 試験期間

　試験の目的にもよるが，一般には3週齢位から試験を開始して60〜90日齢まで行う．この期間を前期と後期に分けて質の異なる飼料を給与する場合には飼料の切り換えは数日かけて徐々に行うようにする．

5) 測定項目および成績のとりまとめ

(1) 体　重

　体重測定は週に少なくとも1回，できれば2〜3回各個体について，毎回一定時刻に100g単位まで測定する．

(2) 飼料摂取量

　体重測定と同時に，飼槽のまま重量を測り，前回の測定値から差引けば期間中の飼料摂取量が求められる．次回の測定時までに飼料が不足しそうであれば一定量を加えておく．

(3) 成績のとりまとめ

　飼養試験では，主として期間中の増体量，飼料摂取量および飼料要求率を比較する．群飼の場合，増体量は1頭ずつの成績がでるが，後2者では群の成績しかでないので，一つの試験飼料区に2群以上を設けないと統計処理が

できない.

　試験期間中に事故死,病死,ひね豚などの理由で試験から除外する場合には,群飼では,除外豚を除いた子豚の飼料摂取量を推定する必要がある.この推定法には種々あるが,除外時の体重でその間の飼料摂取量を比例配分するのも一法である.いずれにしても,このような除外豚がでると,特に群飼の場合には試験成績が撹乱されるので,供試動物の厳密な選定などによって除外豚をださないような対策がまず必要である.

　飼養試験に消化試験を組み合わせることがある.この場合には全糞採取は困難なので,指標物質法によることになる(第6章消化試験の項参照).

2. 子豚および肥育豚の飼養試験

　飼養試験の目的が一般的な飼料栄養価の判定であれば,成長反応がはっきりでる20〜30 kgの子豚を用いる.それ以下であると,消化機能が十分に発達していないのでその影響がでる.試験期間は長い方がよいが,4週間程度で一応の判定はできる.肉質も見る場合には,出荷体重の110 kg程度まで飼育する.

　飼料給与は試験の目的によって,不断給餌か制限給餌かを選ぶ.飼料の嗜好性をみようとすれば不断給餌を行うが,飼料価値を判定する場合には,量的に不断給餌に近い制限給餌で,対照区と試験区の飼料摂取量を揃えた方が結果の解釈がしやすい.豚房数が少ない場合には,群飼で実施するのもやむを得ないが,制限給餌にすると群内のばらつきが大きくなるので,単飼が望ましい.その他,細かい点は離乳豚の場合に準じて行えばよい.

3. 繁殖母豚の飼養試験

　繁殖母豚の飼養試験では,増体量や飼料摂取量に加えて,繁殖成績(分娩子豚数,子豚育成率,発情再起までの日数など)が効果の判定指標になる.また,飼料は制限給餌が一般的である.

　母豚の泌乳量も養分要求量の過不足を判定するのに重要な指標となるため,泌乳量を測定することがある.普通には全日測定法で行われる.これは,24時間昼夜連続で,子豚の吸乳前と吸乳後の総体重を測り,前後の体重差を泌乳量とするものである.簡便法としては,昼間の8時間の泌乳量のみ

を測り，これを3倍して1日量とする方法がある．昼夜の差はほとんどないとされている．小型のミルカーを各乳頭に装着して泌乳量を測る方法もあるが，煩雑であまり使用されていない．

4．飼養試験を中心とするタンパク質（アミノ酸）要求量の推定

飼養試験によるタンパク質（アミノ酸）要求量の推定は，原則的には既述の飼養試験の方法に従えばよい．

(1) 試験飼料と供試豚

タンパク質あるいは要求量を求めようとするアミノ酸の含量を段階的に変動させた4～6種類の飼料を調製する．測定した範囲内に要求量が入る必要があるので，幅は広く取る．飼料は不断給餌するのが普通である．供試豚は，1試験飼料に4～6頭を配置して，一般には群飼とする．

(2) タンパク質（アミノ酸）要求量の推定

飼料中のタンパク質（アミノ酸）含量をX軸に，増体量をY軸にプロットすると，最初は直線的に高まるが，ある点でプラトーに達するので，この点を折れ線モデルへのあてはめ[1]で求める．

飼養試験と組み合わせて，血中や尿中の物質を指標として窒素出納，アミノ酸要求量を求める方法について詳しくは第12章に述べる．　　　（古谷　修）

引用文献

1) 大塚雍雄・吉原雅彦，1976．応用統計学，5：29-39．

5.5　反芻動物

5.5.1　ヤ　ギ

第3章の飼養に関する記述の中でも若干触れられているが，反芻動物の中でも特にヤギはウシやヒツジに比べて利口であり，しかも神経質なところがあってストレスが溜まりやすく，動きも活発であることを試験設定の際に十分考慮する必要がある．

1．成長試験

成長とは，非常に複雑な生命現象の成果あるいは進行過程であって，簡単にいえば，個体全体（全身）がいわゆる大きくなる（しかし太ることではな

い) 現象（体格の発達）のことである．品種や性別で特有の成長しきった時点での大きさはかなり明確にされており，一定の範囲でほぼ決まっていると考えられるので，出生後（あるいは試験開始時）からその時点までの過程における変化の差異を処理の効果（成績）であると判断するのが普通である．その場合，尺度として用いる測定項目では比較的容易に測れる体重増加量が一般的であり，反芻動物では（ヤギの場合も）その他に体高も重要な項目とされる．

　個体全体の成長は，外観的にもまた体重の変化によっても容易に観察・測定できるが，反芻動物の場合は，それの裏付けとなる反芻胃の順調な発育がより重要な点であり，それは粗飼料などの採食量の増加を目安として推定する以外には明確に測定するのが困難である．しかし，試験の目的によっては，代用乳などの液状飼料の長期給与によって，反芻胃の発達を抑制しながら体重増加を求める方法もあり，そのような場合には反芻胃の発育が必ずしも体格の発達と表裏一体のものでもない．

　産業動物としての反芻動物の実験は主としてウシを用いて行われるが，動物が小さいほど設備や飼料の面から考えると実験には有利であるから，特に泌乳に関する試験にはザーネン種が乳牛の代用として，また日本在来の肉用ヤギは飼料の開発などの基礎試験用によく利用されている．

1) 代用乳の試験

　授乳期の動物を対象として使用する試験である．日本国内では山羊や羊用の代用乳は市販されていないが，双子や三つ子の場合には，何らかの方法で人工哺育によらなければ子山羊を順調に発育させることはできない．このような場合，一般には牛用の代用乳をベースにして，いくらかのタンパク質やエネルギーの補充を行って代用乳としている．

　このような新しい代用乳による正常な発育を調査する場合，試験期間は最大で生後10週（自然哺育の離乳時）までであるが，通常は1～6週齢の間に行う．供試する子山羊は初乳を十分に飲ませてから母親から隔離し，金網床のペンか代謝ケージに収容する．発育の程度は自由採食の場合では単飼か群飼かによって若干差が生ずるが，一定量の飼料給与条件下では，単飼の方が

管理などの点で好都合である．代用乳の給与回数は，1週齢までは8～6回，2～3週齢6～4回，そして4週齢以降から4～3回にして，週齢の進行に伴って回数を減らし，1回毎の量を無理なく取り込ませるようにする．

代用乳の濃度はウシの場合よりも若干濃い方がよいし，哺乳もバケツなどから直接よりも哺乳瓶を用いる方が設定量を確実に給与できる．体重測定（朝の飼料給与前）は1週間毎では細かいチェックができないので，週に2回程度は行う必要があり，さらに体高や体長も測定するとよい．

2）離乳試験

ヤギでは自然哺乳の場合も人工哺乳で育成するときも，目安としては10週齢前後を離乳の時期とするから，生後2～3ヵ月の間に成長試験と離乳までの期間の長短や代用乳の質との関連などを調べる試験を行う．一般的な試験では早期離乳に関する試験があり，離乳前後の栄養生理に関する試験と関連させて実施されることが多い．

1週齢までの子山羊を十分に初乳を飲ませた後に供試するが，離乳後の発育や栄養生理に関する基礎的な実験用の動物として用いることを目的にする場合は，40～45日齢で離乳する．個別に飼育する場合に，ヤギはストレスと遊び心で囓る性癖があるから，畜房の構造は木製でない方がよい．

2．育成試験

肉用肥育の場合は離乳後高品質の飼料を十分給与することによってできるだけ早く目標体重までもって行くようにする．また，繁殖用に育成するのであれば，その品種のもつ特性を満たすべく，体格や機能の十分な発育を促すように育て上げて行く．どちらの場合も，満足すべき飼養条件と十分な運動量を確保することなどウシの場合に準ずればよい．

反芻動物の実験動物としてヤギを使う場合，例えば離乳時における代謝の変化に関する研究などでは，生後の哺乳時の育成状況（母親の泌乳量の差など）によって大きく影響を受けるから，人工哺乳による育成・早期離乳を行う方が個体間の変動が小さく好都合である．一般にヤギは自然繁殖においても双子や三つ子が多いから，それらをうまく用いれば，個体間の差は小さく，育成に関する各種比較試験において適切な結果が期待できる． （藤原　勉）

5.5.2 ヒツジ

哺育，育成などに関する試験を行う場合の基本的な留意点は前項のヤギと同じように考えてよい．ヒツジの飼養試験には肉用種であるサフォーク種と毛肉兼用種であるコリデール種が日本では多く用いられる．ヒツジは温順な動物で扱いやすいが，一方では臆病な性格をもっているので驚かすことがないように穏和な対応が必要である．

（寺島福秋）

5.5.3 肉用牛

肉用牛の飼養試験においても試験環境，供試牛の条件，試験方法の設定など基本的な事柄に関しての考え方は乳牛と変わりがない．ここでは肉用牛の肥育試験における測定項目と留意点について述べる．

肉用牛の肥育試験は黒毛和種去勢牛，乳用種去勢牛，交雑種牛を用いて行われることが多いが，黒毛和種去勢肥育では10〜30ヵ月齢，乳用種去勢牛肥育では7〜20ヵ月齢，交雑種牛肥育では8〜24ヵ月齢の間での試験が一般的に実施されている．飼料の切り換えは試験の種類によっても異なるが黒毛和種去勢牛肥育では前期と後期の2本立て，乳用種および交雑種では前・中・後期の3本立てによることが多い．飼養試験期間中の測定項目として，以下のことがあげられる．

1．飼料摂取量

個体ごとに毎日測定する．繋ぎ式の牛舎ではなく，1群5〜6頭の群飼養の場合には自動ドア開閉方式の装置を用いた個体別給与を行う．残飼がでる場合には，飼料を風乾状態にして秤量する．

2．体重測定

試験の期間と目的により，3日ごと，1週間に1回，および試験開始と終了時の連続2〜3日間に体重を測定して試験期間中の体重の推移と増体量を求める．ウシの体重は飲水，飼料摂取，排糞，排尿などによって変動するため，毎日の管理方法と測定の時期を一定にしなければならない．

3．体型測定

試験期間における体格の推移，増大を知るために，試験開始時と終了時，

ならびにその間適宜に体型値を測定する．測定する部位として，体高，体長，十字部高，胸囲，胸深，胸幅，尻長，腰角幅，寛幅，座骨幅などがあるが，条件によっては，この一部を省略することもある．

試験の開始時と終了時には体型の写真撮影を行って参考資料とする．

4．胃液，血液性状

ウシの栄養・生理状態を調べるために，第一胃から胃液を採取し，胃液中のpH，揮発性脂肪酸組成，アンモニア態窒素濃度，粘度などを調べる．第一胃内の細菌やプロトゾアについて調べることもある．胃液はルーメンフィステルを装着したウシからルーメンフィステルを通して採取するか経口カテーテルを用いて採取する．

血液性状はウシの栄養・生理状態を調べるために最も一般的に行われている．頚静脈より採血し，全血，血漿，血清を分析用サンプルとすることが多い．測定項目としてはヘマトクリット，トリグリセリドやコレステロールなどの脂質成分，血糖，総タンパク質，尿素態窒素，ビタミン類やミネラルがある．

5．枝肉の格付け

肉用牛の肉質は品種，性，飼育方法，飼育期間によって大きく左右される．牛肉の取引は枝肉について行われるのが普通なので枝肉の品質判定は重要である．枝肉は体の正中線にそって縦に2等分し，それぞれ左および右の二分体（半丸）とする．二分体をさらに前半と後半を二分にしたものが四分体であり，前半を肩（カタ），後半を友（トモ）という．

枝肉を約4℃の冷蔵庫中に24時間放置後測定，評価する．枝肉評価は昭和63年，日本食肉格付協会からだされた枝肉取引規格に従って行う．歩留の等級と肉質等級に分けて評価するが，歩留等級は左半丸枝肉を第6～第7肋骨間で切開し，切開面における胸最長筋（ロース芯）面積（cm^2），バラの厚さ（cm），皮下脂肪の厚さ（cm）および半丸枝肉重量の4項目の数値から計算し，決定する．肉質等級は脂肪交雑，肉の色沢，肉の締まりおよびきめ，脂肪の色沢と質などによって評価し，決定する．詳しくは第10章参照のこと．

（矢野秀雄）

5.5.4 乳　牛

　乳牛の飼養試験では，高泌乳牛を用いた飼養試験が中心になる．また，乳牛の生産性向上や栄養管理の進展に伴って飼養標準における乳牛の養分要求量も改訂されるため，飼養試験を実施する場合にはその時点で最適と考えられる乳牛の養分要求量を利用することが重要である．それとともに，最近では家畜福祉が注目されていることから，家畜福祉の理念に基づいた飼養試験を実施する（第1章参照）．

　乳牛の飼養試験では個体管理が基本であるが，最近はフリーストール牛舎などの群管理も普及していることから，群管理に適した飼養試験も必要になる．

1．試験牛舎と付属施設

　飼養試験を実施する場合には，試験目的に適した牛舎と付属施設が必要である．

1）試験牛舎

　乳牛の飼養試験を繋ぎ牛舎，フリーストール牛舎など，どのような牛舎で実施する場合にも，乳牛を快適な状態にすることが第一条件である．試験牛舎は乳牛の飼養試験に必要不可欠な設備を備えるとともに，畜舎環境を適正に保つことが大切である．

　試験牛舎はわが国の基準や環境に適した構造にすることが必要であるが，夏期の高温多湿の影響が大きいため，通風，日除けなどの防暑対策について特に配慮する．ストールの長さと幅は牛舎によって異なるが，乳牛が大型化している現状では広いストールを準備しなければならない（表5.5.4-1）．

2）付属施設

　飼養試験を実施する場合には，飼槽の構造が極めて重要である．飼槽は飼料を食べやすいこととともに，他のウシの飼料の混入や食いこぼしを防ぐために飼槽の周囲を適切に仕切った個体別の飼槽が必要である．新鮮な水を供給するためにウォーターカップの設置が必要であるが，飲水量を測定する場合は個体別のウォーターカップを用意しなければならない．フリーストール牛舎で試験する場合でもこれらのことに留意するとともに，個体識別装置を

表5.5.4-1 乳牛のタイストールとフリーストールの広さの推奨値[1]

体重 (kg)	月齢	タイストール (cm)	フリーストール (cm)
118	4	—	61 × 122
182	6	—	69 × 122
236	8	—	76 × 137〜152
327	12	—	86〜91 × 152〜168
377	16	—	91〜107 × 168〜198
454	20	122 × 152〜175	99 × 183
500	24	122 × 160〜175	107 × 198〜213
545	26	122 × 168〜175	114 × 208〜213
636	48	137 × 183	122 × 213〜218
727	60	152 × 183〜198	122 × 229

利用した個体別の飼槽などを用意する．

搾乳機械と施設は衛生的なことが基本であるが，パイプラインミルカーやミルキングパーラーで搾乳する場合には個体別の牛乳サンプルを採取できる装置が必要である．特に，均一の牛乳サンプルを採取することが飼養試験では重要なため，搾乳した牛乳を均一化して採取できる装置が望ましい．

その他に，乳牛が運動できるパドック，体重測定のための体重測定器の設置や，分娩前後の乳牛や子牛の試験を実施するためには分娩房やカーフハッチなども必要になる．

2．乳牛の飼養試験の基本

飼養試験の実施にあたっては，供試牛，試験方法，試験用飼料などを目的に沿って適正に設定しなければならない．

1）供試牛の条件

試験に供試する乳牛は，試験開始時の飼養管理法に馴致させておかねばならない．試験牛舎やストールなどに慣れさせるとともに，試験飼料の馴致期間として最低でも1〜2週間が必要である．飼養試験の供試牛は，年齢，産次，体重などに差異がないように，また経産牛の場合には前歴を考慮して，各試験区で均等になるように割り当てる．特に，疾病などの前歴があるウシはなるべく使わないようにするとともに，試験期間中には供試牛の衛生的な

管理に努め，疾病発生を予防する．

2）試験方法の設定

　乳牛の飼養試験では，目的と方法を明確にした試験設計が重要である．乳牛の飼養試験は，飼料摂取水準，飼料中の栄養素や粗飼料源の相違などの栄養に関する試験が主体になるが，その他に飼料給与回数，飼料給与方法などの飼養管理を主体にした試験，夏期の送風，散水などの環境生理を主体にした試験など，極めて多岐にわたる．しかし，飼養試験の成果をまとめるためには，どの試験計画においても統計処理が問題なくできるような試験設計にしなければならない．乳牛の飼養試験では欠測値や不揃いなデータが出やすいが，最近の統計処理のソフトを利用するとその点はあまり問題にならない．むしろ，新規性のない試験，目的の不明確な試験計画，試験方法や統計処理の不備，少ない供試頭数などが問題になる．そのため，乳牛の飼養試験では明確な試験設計と十分な供試頭数を準備し，日本飼養標準を基準にした飼養管理をすることが大切である．

3）試験用飼料の調製と給与

　試験用飼料は日本飼養標準に基づいて設計し，目的に応じて成分や配合組成などを変更する．試験開始時には試験用飼料を十分量確保するとともに，予備的に試験飼料の一般成分や試験目的の成分を測定しておくことが望ましい．飼料や残飼を測定するための秤や牛乳・飼料サンプルを採取するための袋や瓶など，必要な器具や材料を試験開始時に準備しておくと，その後の試験が順調に進む．

　長期間の飼養試験を実施する場合には，サイレージや乾草などの粗飼料は成分のばらつきが大きくなりやすいので，ほぼ同一の牧区あるいはサイロで調製した粗飼料を可能な限り利用する．試験期間中は粗飼料は毎週1回サンプリングするとともに，サイレージは水分を測定し，給与量を補正することが必要である．配合飼料や乾草は週1回まとめて秤量し，そのつど給与することが可能であるが，サイレージなどの水分含量の高い飼料は変敗などを防ぐために毎日秤量しなければならない．ただし，大型冷蔵庫がある場合には数日間の貯蔵は可能である．

高泌乳牛の飼養試験では乾物摂取量を増加させるために混合飼料（total mixed ration, TMR）の利用が増えているが，TMRでは水分が比較的高くなるので変敗の防止に気をつけねばならない．特に，夏期の高温多湿条件下で実施する場合には，TMR以外にも水分含量の高い飼料の変敗に万全の注意が必要である．

試験用飼料は1頭ごとに給与量を量り，決められた時間に給与する．試験飼料は汚染や異物の混入を防ぐとともに，新鮮さを保つために少なくとも1日1回は残飼を飼槽から取り出さねばならない．試験期間中は残飼を測定し，乾物摂取量を把握するとともに，少なくとも毎週1回体重を測定する．

4）搾乳と試料採取

搾乳はできるだけ同じ条件で行い，乳成分は朝と夕の乳量で加重平均した値をデータとして取り扱う．個体乳量は試験期間中は毎日測定し，飼養試験の主要なデータとして利用する．乳成分の測定間隔はなるべく短い方が望ましいが，試験方法や試験期間に応じて測定回数を設定する．供試牛が乳房炎になると乳量や乳成分が顕著に低下し，最悪の場合は試験から除外しなければならなくなるため，試験期間中は乳房炎にならないように衛生面での注意が重要である．

採血などの試料採取も試験期間中は同一の条件で行うことが基本であるが，血液サンプルなどは朝の飼料給与前に採取することが望ましい．

3．乳牛の飼養試験方法

乳牛の代表的な飼養試験として，泌乳牛，分娩前後の乳牛および子牛・育成牛の試験方法の現状と今後の研究方向を紹介する．

1）泌乳牛の試験方法

乳牛の飼養試験では泌乳牛に関する試験が多いが，分娩5週後ころまでは乳量が増加する時期にあたるため，泌乳最盛期を過ぎて乳量や飼料摂取量がほぼ安定した時期に試験を実施するのが一般的である．分娩時から泌乳最盛期にかけての飼養試験は，後述する分娩前後の試験と組み合わせて実施することが望ましい．また，乳牛の乳量，増体などは産次で異なるが，なかでも初産牛と経産牛では相違が大きいので，少なくとも初産牛は初産牛だけの組

み合わせで,経産牛は経産牛の組み合わせで試験しなければならない.
2) 高泌乳牛の飼養試験

　高泌乳牛の飼養試験では乳量の増加と乳成分の改善に焦点をおいて,給与飼料や配合割合などの飼料の効果,給与方法など飼養管理の効果,夏期における改善効果などを調べる試験が多い.最近では泌乳前期の高乳量時の試験が増えているが,泌乳最盛期を過ぎた乳牛や泌乳中・後期の乳牛の飼養試験では,供試頭数に限りがある場合に適しているラテン方格法や反転法(第2章を参照)などがよく利用される.

　しかし,最近は高泌乳牛の繁殖成績の低下や疾病の増加が問題になり,高泌乳牛の飼養試験における主要なテーマが変わりつつある.現在の高泌乳牛の試験では乳量・乳成分の増加と同時に,栄養素の有効利用による繁殖性向上や疾病予防を目的とした試験が増えている.これらの試験は前述したラテン方格法や反転法ではなく,比較的多数の頭数が必要な平行試験で行うこと,効果を証明するために多数のデータが必要なこと,また比較的長期の試験になることなど,従来の飼養試験よりも負担が一層大きくなっている.そこで,これらの試験を実施するためには,供試頭数を増やして数年間にわたる試験か,多数の場所で共同で試験を実施することが必要になる.

　一方,高泌乳牛の消化・吸収・代謝などのメカニズムを解明するために,精密な試験計画による基礎研究的な試験も増えている.これらは比較的少数の高泌乳牛を用いて実施することが可能であるが,ルーメンフィステルと十二指腸カテーテルを装着した高泌乳牛のアミノ酸の消化・吸収の解明などのように,明確な目的意識とそれを可能とする新しい手法の適用が求められる.

　また,糞尿による環境汚染が社会的に問題になっていることから,飼料中の窒素やリンなどの低減を目的とした環境保全に関係する飼養試験も増えている.特に,高泌乳牛では飼料摂取量が多いため,高泌乳牛の生産性向上とともに窒素やリンなどの排泄抑制が可能になれば,環境保全に対する効果が極めて高くなる.

3) 分娩前後の乳牛の試験方法

　高泌乳牛の栄養管理で,近年最も改善が著しいのは分娩前後の栄養管理で

ある．わが国で1万kg/年レベルの高泌乳牛が増えるに従って，分娩前の適正な栄養管理が分娩後の乾物摂取量，乳量や繁殖成績の改善に極めて重要なことが認めらるようになった．また，分娩は母牛にとって大きなストレスであるが，分娩前の栄養管理が適切でないと分娩時の事故や代謝障害・繁殖障害が多発し，新生子牛の生存率も低下する．泌乳前期の分娩後3週間は，乳量の急激な増加に対して乾物摂取量の増加が追いつかない．

　分娩前後の飼養試験では，分娩3週間前から分娩3週間後までを一体的にとらえ，乾乳期は疲れた体調を整えて次の泌乳に備えるだけでなく，乾乳後期3週間は泌乳開始直後と同様に乳生産や乾物摂取量の増加に大きく関わる時期と考える．しかし，実際に行われている試験期間は分娩前3週間はほぼ同様なものの，分娩後は分娩1週間後から数カ月後まで幅広くなっている．乳牛体内における栄養素の代謝産物がダイナミックに変動する分娩時に着目した試験では，分娩後まもない時期に試験を終了する．また，乳量や繁殖性に対する影響を見る場合には試験期間が長くなる．乾乳牛を試験牛とする場合には産次，年齢などを各試験区で均一にするとともに，乾乳期間が2～3ヵ月間のウシを使用し，乾乳期間の長いウシの使用は避けるべきである．

　乳牛の分娩前後の試験で最も問題になるのは，供試頭数が多数必要な平行試験で行うこととともに，分娩日と分娩時間を正確に把握できないために，分娩に伴うトラブルの発生やサンプリングエラーが生じやすいことである．また，分娩予定日の3週間前から試験を開始すると供試牛ごとに試験期間やサンプル採取時が異なるなど，飼養試験の中でも労力や手間のかかる試験である．しかし，前述した高泌乳牛の試験では分娩前後から高泌乳時にかけての連続的な試験が今後重要になることや，この時期は未知の知見がまだ非常に多いことから，今後の研究の深化が強く求められる分野である．

4．子牛・育成牛の試験方法

　最近の子牛・育成牛では増体率が高まり，1日の増体量が1kgを超える場合もある．それとともに，初産月齢が早まる傾向があり，24ヵ月齢以前に分娩するウシも増加している．

　子牛・育成牛の飼養試験では，コスト削減のために初産月齢を早める試験

が必要になるが，その場合には増体率が異なる平行試験を実施し，育成時の飼料利用効率や初産時以降の長期の飼養試験などから，初産月齢の早期化の効果を検証することが必要になる．それとともに，子牛の生存率向上のために子牛の免疫機能と関連した試験が増加しているが，子牛の免疫能と栄養素の関係を調べる試験などが今後注目される． (久米新一)

引用文献

1) 北海道農業試験場畜産部訳，1995．農業研究・教育のための家畜の取り扱いと使用法に関する指針，畜産技術協会．

第6章　消化試験

　栄養学の基盤の一つとして栄養素の出納を飼料の相違，環境の相違さらには動物の成長過程の相違の中で，明確にするということがある．

　本書においては，生体における入口と出口の区分に基づいて，出納試験は消化試験法（第6章），呼吸試験法（第7章）および屠体試験法（第9章）に大別される．これらはそれぞれ，次のような特徴をもっている．

　第一の消化試験は，入口として口，出口として肛門を取り上げるもので，具体的には飼料と糞とを分析する．これは消化管における物質の出入を検討するもので，物質によっては，生体内から消化管への分泌ないし排泄があるので考慮の必要がある．

　出口として糞のみならず，尿も取り上げる試験を，狭義の意味で代謝試験と呼んでいる．ガス状で出入する部分を無視できる窒素（タンパク質）やミネラルなどについては，代謝試験によって生体内に蓄積された量を知ることができる．

　入口として，口と呼吸器を考え，でてくるものとして糞，尿，呼気などをすべて取り扱い，気，液，固体の総てについて生体に対する出入を検討する方法に，呼吸試験法と屠殺試験法とがある．呼吸試験法は出入する気，液，固体を測定することにより，生体内蓄積量を推定するもので，屠殺試験法は気体の形で出入する量の測定をしない代わりに，生体内蓄積量を測定することにより推定するものである．

6.1　小動物

　ここでは実験動物としてラットを用いた消化試験法について述べる．なお，試験飼料の配合上の注意およびサンプルとしての糞の処理の仕方，消化率の算出方法などはブタと同一のため，ブタの項を参照されたい．

　消化試験に実験動物としてラットを用いる利点として次のことが挙げられる．1) 供試動物が簡単に揃う．2) 供試サンプルが少量でよく，試験飼料の

配合が容易である．3) 嗜好性の劣るサンプルでも比較的よく採食する．4) 糞の量が少なくサンプル調製が容易である．また，ラットで得られる消化率はブタと比較的よく一致するようである．ただし実験に要する期間はブタと比べて大差ない．一般的にラットを使った消化試験は全糞採取法で行われるが，その理由は採取する糞量が少なく，したがって排泄される糞の全量を測定することが容易であり，また指示物質法と比べて酸化クロムなどの指示物質の分析が不要なことである．試験期間は，予備期を3〜4日，本試験期間（採糞期間）は4日〜1週間とするが，長期間の方が望ましい．幼ラットを使う場合には糞は分析に必要な量だけ試験期間中に得られないことがあるので，この場合には一つのケージに2〜3頭を収容して1群とし，3〜4群で行う．ケージは普通の飼育用ケージが使用できる．ケージと糞尿の受け皿の間に金網をおいてその上に糞がたまるようにするとよいが，尿による糞の多少の汚染は免れない．図6.1-1は糞尿を完全に分離する代謝ケージであり，これを使えば糞と同時に尿も採取できる． (高田良三)

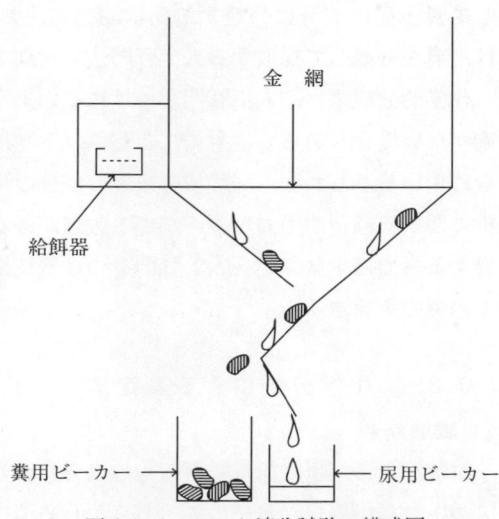

図6.1-1 ラット消化試験の構成図

6.2 家　禽

鳥類では糞と尿とが総排泄腔で混合して排泄され，また，タンパク質の最終代謝産物が主に尿酸とアンモニアとして排泄されることが著しい特徴である．したがって，糞と尿を分ける工夫が必要である．

ニワトリの消化試験方法は，糞尿混合物を採取し，その化学的成分を分析

して糞と尿の成分に分離する化学的分離法および手術により人工肛門をつけ，糞を分離して採取する人工肛門法に大別することができる．

化学的分離法は，人工肛門がつけにくいような雛や，人工肛門をつける技術がない場合，あるいは手術によりニワトリに刺激を与えたくないような場合に用いる．しかし，一般成分以外の成分の化学分析が必要であるから，分析に要する経費や労力が多くかかる欠点がある．一方，人工肛門法は分析に要する労力は少ないが，人工肛門をつける技術および人工肛門鶏の維持に多くの労力を要する．

6.2.1 化学分析による測定法

1．試験飼料

試験飼料は，単独給与できるものはそれだけでもよいが，成分的にバランスがとれない場合が多いので，あらかじめ消化率の測定してある飼料に一定量の試験飼料を配合し，実用的な配合飼料に近い成分含量の供試飼料を調製することが望ましい．

2．試験期間

一定期間の予備試験と本試験を行う．予備試験は前飼料の影響を除くため，少なくとも4日以上，できれば5〜7日間程度行うことが望ましい．本試験期間は2〜4日間でよいが，長期間が望ましい．

3．糞尿混合物の処理

本試験期間に採取する糞尿混合物は，きれいな金属製のバット，糞板にビニールを敷いたものなどに受け，1日間を単位として全量を採取する．この際，羽毛やこぼれた飼料などはできるだけ取り除く．糞尿混合物はバットなどに移し，約60℃の通風乾燥器で乾燥し，粉砕し分析に供する．よく混合し，その一部を凍結乾燥させると，粉砕が楽になる．

4．糞中成分の測定

糞尿混合物中の尿酸態窒素およびアンモニア態窒素を定量し，この和に一定の係数を乗じて尿成分を求め，これを糞尿混合物中の窒素成分から差引いて糞中窒素量を求める．その方法は以下の通りである[1]．

1）糞尿混合物中の尿酸態窒素の定量

　定量　試料2gをそれぞれ二つのビーカーにとり，これに希塩酸（濃塩酸5：蒸留水95））20 mlを加え，一昼夜放置する．次にこれを沪過し25 mlの水で洗浄する．この残存物の一方にはフェノールフタレイン指示薬で明らかにアルカリ性を呈するまでピペリジン1％溶液を十分に加える．次いで，それぞれをビーカーに移し，N/10塩酸で全容積を25 mlとする．

　次に両液を60℃の湯煎上で1時間加温したのち沪過し，一方はピペリジンによるアルカリ反応が沪液になくなるまで水洗し，残存物は沪紙とともにケルダール法によって窒素を定量する（A）．他の一方も同様に水洗した後，残存物中の窒素をケルダール法によって定量する（B）．

　　　尿酸態窒素＝B－A

2）糞尿混合物中のアンモニア態窒素の定量

　減圧蒸留法あるいはコンウエイの微量拡散法により定量する．20.2.4のコンウエイの微量拡散分析法の項を参照されたい．

3）糞尿混合物中の粗繊維の定量

　一般成分の粗繊維の定量の20.1.3を参照．

4）糞の化学成分含量の算出

　次式によって計算できる．

　　　尿の窒素＝（尿酸態窒素＋アンモニア態窒素）×1.25

　　　尿の有機物＝尿の窒素×3.26

　　　尿の脂肪＝尿の有機物×0.018

　　　糞のCP＝（糞尿混合物窒素－尿窒素）×6.25

　　　糞の粗脂肪＝糞尿混合物粗脂肪－尿の脂肪

　　　糞の粗繊維＝糞尿混合物の粗繊維

　　　糞の有機物＝100－（糞尿混合物水分＋同灰分＋尿の有機物）

　　　糞の可溶無窒素物＝糞の有機物－（糞のCP＋糞の粗脂肪＋糞の粗繊維）

　上記の計算によって求めた糞尿混合物中の糞に由来する成分含量，飼料摂取量，排糞量，飼料中成分含量を用い次式によって消化率を求める．

試験飼料の消化率（％）＝

$$\frac{飼料摂取量 \times 飼料の成分含量(\%) - 糞量 \times 糞の成分含量(\%)}{飼料摂取量 \times 飼料の成分含量} \times 100$$

6.2.2 人工肛門法

ニワトリは糞と尿とが総排泄腔で混合して排泄されるため，そのままでは消化試験を行うことができない．そこで手術により人工肛門を装着し，糞を分離して採取できるようにした人工肛門設置鶏を用いて消化試験を行う．これを人工肛門法という．人工肛門設置の手術法は3.7.2の人工肛門鶏の項を参照されたい．

測定方法は全糞採取法または酸化クロムを用いる指示物質法による[2]．供試する人工肛門設置鶏は糞の詰まりがなく，腸が正常に機能している健康なニワトリでなければならない．

1. 供試羽数および試験期間

供試羽数は1試験区あたり少なくとも4羽からデータが得られるよう用意する．試験期間は予備試験期間4日以上，本試験期間は2〜4日間でよいが，長期間が望ましい．

2. 試験飼料

供試品が配合飼料など成分組成のバランスのとれた飼料の場合は単独で給与して測定するが，飼料原料の場合には基礎飼料に添加した試験を行い間接的に求める．基礎飼料は各栄養素を十分に含んだ一般の配合飼料を用い，試験飼料の給与は試験期間の糞の詰まりに注意して80g程度を定量給与する．

供試品の基礎飼料に対する配合率はできるだけ高めることが望ましいが，特殊なものを除き30〜40％とする．油脂の場合は5％程度とする．指示物質法では試験飼料に，酸化クロムを均一に混合するため，また，ニワトリが選り食いするのを防止するため，1〜2mmの篩をつけた粉砕機で粉砕したものを用いる．酸化クロムは通常0.1〜0.2％配合する．

給与量は朝夕2回の採糞で間に合う量とする．通常，80g程度を1日1回定量給与する．

3. 糞の採取と処理

糞は，毎日最低朝と夕の 2 回一定時刻に採糞する．その際，揮発性のものが飛ばないように配慮する．例えばアンモニアの揮散を防ぐために，希塩酸を噴霧してから乾燥する．採取した糞は，バットなどに移し，約 60 ℃の通風乾燥器で 24 時間乾燥し，風乾後粉砕して分析に供する．糞の一部をとり，凍結乾燥させると紛砕処理が楽である．

4. 分析方法

飼料および糞の各種成分は，第 20 章の分析法に示した方法により測定する．

5. 消化率の計算方法

1) 試験飼料および基礎飼料の各成分の消化率（％）は次式により計算する．

$$各成分消化率（\%）=\left(1-\frac{飼料中\ Cr_2O_3\%}{糞中\ Cr_2O_3\%}\times\frac{糞中成分\%}{飼料中成分\%}\right)\times 100$$

2) 供試品の各成分の消化率（％）は次式により計算する．

$$供試品の各成分消化率（\%）=\frac{試験飼料の可消化成分含量-（基礎飼料の可消化成分含量\times 同配合率）}{供試品の成分含量\times 同配合率}\times 100$$

6. 留意事項

1) 糞の詰まり防止

人工肛門鶏を長期間飼養する場合に最も注意することは，糞が詰まらないようにすることである．そのためには，カニューレが人工肛門からはずれないように注意し，はずれそうになったら装着し直す．一度糞が詰まると腸が膨らみ下痢状の便となる．この場合はしばらく（1〜2 日間）絶食させるか，極めて消化のよいものを少量与え，腸の機能が正常に戻ってから再び試験を始める．腸を外部に引き出して反転させた反転腸管法ではカニューレは必要なく，糞が詰まることは少ない（3.7.2 参照）．

2) 飼料の給与

飼料を自由摂取させると排糞量が多くなり，採糞用のカップがいっぱいに

なって夜間にも採糞しなければならない．したがってそれに合わせて給与量やカップの容量を調節する．

3）飼料の組成

繊維含量が高いと糞が詰まりやすい．また，繊維含量の著しく少ない飼料では排糞量も少なく，採糞期間を長くする必要がある．これらの場合は供試品の繊維含量に合わせて基礎飼料の繊維含量を粉末沪紙などで調整する．

7．代謝性糞中窒素の求め方

大豆粕やトウモロコシなどを配合した飼料を給与して消化試験を実施した場合，その糞から直接飼料の不消化物に由来する窒素と代謝性糞窒素を分けることはできない．このため，あらかじめ無タンパク質飼料（正確には低タンパク質飼料）をニワトリに給与し，排泄される糞中窒素量を測定しておき

表 6.2.2-1　産卵鶏用の無タンパク質飼料

原　料	配合割合（％）
トウモロコシデキストリン	77.91
トウモロコシ油	12.00
ミネラル混合物[a]	5.34
ビタミン混合物[b]	0.15
炭酸カルシウム	2.50
塩化コリン	0.10
珪酸マグネシウム	1.00
炭酸ナトリウム	1.00

[a] ミネラル混合物（飼料中の ％）		[b] ビタミン混合物（飼料 1 kg 中の含量）	
$CaCO_3$	0.300	ビタミン A	10,000 IU
$Ca_3(PO_4)_2$	2.8	ビタミン D_3	600 IU
K_2HPO_4	0.9	ビタミン E	5 IU
$MgSO_4 \cdot 7H_2O$	0.25	ビタミン B_1・HCl	25 mg
NaCl	0.88	ビタミン B_2	16 mg
KI	0.0040	パントテン酸カルシウム	20 mg
クエン酸鉄 $5H_2O$	0.14	ビタミン B_{12}	0.02 mg
$ZnCl_2$	0.0020	ビタミン B_6・HCl	6 mg
$CuSO_4 \cdot 7H_2O$	0.0001	ビオチン	0.6 mg
$MnSO_4$	0.0650	葉酸	4 mg
		イノシトール	100 mg
		パラアミノ安息香酸	2 mg
		ニコチン酸	150 mg
		ビタミン K	12 mg
		ビタミン C	250 mg

これを代謝性糞窒素量とする．この量を消化試験の際に得られる糞中窒素量から差し引いて真の消化率を求める．

このための試験に用いる産卵鶏用の無タンパク質飼料の配合例を表 6.2.2-1 に示した．ニワトリに無タンパク飼料を給与すると，その摂取量が少なくなることが多いので，タンパク質の生物価がほぼ 100% に近い全卵粉を少量（窒素バランスがマイナスの条件）配合し，消化試験を行う場合とほぼ同量の乾物量が摂取できるようにすることが望ましい．このようにして，飼料の摂取量や体重がほぼ一定になったところで個体別に 24 時間単位で採糞し，ケルダール法によって窒素を定量する．

例えば，体重 1.6 kg 程度の雌鶏 6 羽に人工肛門を装着し，手術の回復をまって無タンパク質飼料に切替えた後，8 日目より 5〜6 日間毎日個体別に採糞して糞中窒素を測定した結果 1 日 1 羽当たり 95.5 mg となったとする，そのときには 95.5 mg が成鶏 1 日 1 羽当たりの代謝性糞窒素量に相当する（タンパク質に換算すると約 0.6 g）． 〈武政正明〉

引用文献

1) 海塩義勇，1954．農技研報，G，8：169-292．
2) 農林水産技術会議事務局，2001．日本標準飼料成分表，中央畜産会．

6.3 ブ タ

ブタにおける消化試験の方法には，酸化クロム（Cr_2O_3）を用いる指示物質法と全糞採取法とがあるが，一般には，労力，設備の点から指示物質法が普及している．しかしながら，酸化クロムが均一に混ざりにくい飼料を供試する際には，飼料摂取量と糞の排泄量を正確に測定する必要のある全糞採取法により消化試験を行う．消化試験の方法は，その目的によって異なるが，ここでは，酸化クロムを用いる指示物質法による消化試験で飼料原料の栄養価を求める方法と，牧草など酸化クロムが均一に混ぜにくい飼料を供試した場合の全糞採取法による消化試験方法について述べる．

6.3.1 酸化クロムを指示物質とする消化試験法

供試飼料が通常の形態であれば，酸化クロムは飼料と均一に混ぜることが

でき，糞中にも均一に排泄される．また，飼料や糞中に酸化クロムの定量分析を妨害する物質も含まれておらず，定量分析も比較的簡単であり，消化管内で吸収されず，ほぼ100％の回収率を示す．さらに，酸化クロムの飼料への添加により飼料の消化性ならびに嗜好性が影響を受けない．以上のような理由から，ブタの消化試験には酸化クロムを指示物質とする方法が広く用いられている．

1．供試豚

供試豚は健康で栄養状態がよいものを選ぶのはもちろんであるが，体重25〜50 kg，すなわち，生後2ヵ月〜4ヵ月齢の子豚を用いるのが望ましい．品種，性別は問わない．供試頭数は1試験区あたり少なくとも4頭は用いる．

2．酸化クロムの飼料への混合方法

粉状の供試飼料に粉末状の酸化クロムを0.1〜0.2％混合する．酸化クロムを飼料に混合するときは，まず必要量を乳鉢にとり，飼料の一部と一緒によくすりつぶす．酸化クロムが緑のスジをひくようであればまだ混合は不十分である．飼料の配合量が100 kg以上と多い場合は，さらに飼料を加えて小型の配合器で予備混合するとよい．酸化クロムによる消化試験では酸化クロムを飼料にいかに均一に混合させるかが最も重要である．

3．給与飼料の成分含量の範囲

試験飼料の全体の成分としては，CP，粗脂肪および粗繊維の各成分は，最高でも乾物中でそれぞれ25，10および10％とすることが望ましい．供試する飼料原料が，そのままでタンパク質（アミノ酸）やエネルギーのバランスがとれている場合には，ミネラルやビタミンなどを添加するだけで供試できる．しかしながら，供試する飼料原料だけでは栄養のバランスがとれていない場合，あるいはブタの嗜好性が悪い場合には，他の原料からなる基礎飼料を併用する必要がある．このように，基礎飼料を併用した場合，飼料原料の消化率は，飼料原料と基礎飼料を混合した試験飼料の消化率と基礎飼料そのものの消化率を測定し，基礎飼料の消化率が飼料原料と混合しても変化しないものとして，間接的に求めることができる．消化率を求めようとする飼料原料の配合割合は，一概にはいえないが，タンパク質（アミノ酸）とエネ

ギーの要求量が満たされ，供試動物に害がない範囲でできるだけ多くするのがよいが，特殊なものを除き 30〜40 % でよい．油脂のように含有成分に著しい偏りがある場合でも配合割合は 5 % 以上とする．

4. 飼料の給与量と給与方法

1 日 1 頭当たりの乾物給与量は体重の 3〜4 % とする．給餌回数は 1 日 1 回でもよいが，1 回給餌の場合には糞中の養分と酸化クロムの濃度比の日内変動が大きくなるため，朝夕の 2 回にした方がよい．飲水は自由とする．飼料を食べやすくするため，給餌の際に少量の水を加える工夫も必要である．

5. 試験期間およびサンプルの採取方法

予備試験期間は 4 日以上とし，本試験（採糞期間）は 3〜7 日とする．また，予備試験前の供試豚の馴致期間は最低 3 日間が必要である．なお，厳冬期や酷暑期などの環境条件が厳しい時期での試験は避けることが望ましい．供試豚は代謝ケージに収容しても，コンクリート床の豚房で飼育してもよいが，単飼を原則とする．試験期間中は，毎日最低朝夕の 2 回に分けて，一定の時刻に糞の一部を採取する．サンプリングする糞は尿などで汚染されていないものでなければならない．

6. 採取した糞の処理方法

採取した糞は，耐熱性トレイなどに広げ，60 ℃に設定した通風乾燥器で乾燥させる．乾燥した糞は，ゴミなどが混入しないようビニールシートなどで覆い，数日間室内に放置し風乾物とする．糞はよく混合し，その一部を 0.5〜1 mm の篩のついた粉砕器で粉砕して分析用サンプルとする．分析に必要なサンプルの量は，分析の項目によっても異なるが，50〜60 g もあれば十分である．

7. 成分分析法および消化率の計算方法

試験飼料と糞の成分ならびに酸化クロムの分析は 20.11-1 の分析法によって行う．なお，実験廃液に含まれるクロムは 6 価のクロムとなるので，適切に処理する必要がある．

消化率の計算は家禽の酸化クロムを用いる消化試験の場合と同様である．

6.3.2 全糞採取法による消化試験法

全糞採取法を行うためには糞と尿を分離するための代謝ケージが必要である．代謝ケージについては，ブタの代謝試験法の項(8.3)で詳しく述べる．

1. 供試豚

牧草などの消化率を測定するときは，供試豚は繊維の消化能力が十分に発達した生後8ヵ月を超えた成豚を使用することが望ましい．糞を尿から分離する必要があるため，一般に去勢雄が用いられる．雌豚を用いる場合には特別の工夫が必要である．

2. 試験期間と糞の採取および処理方法

全糞採取法では，供試豚を代謝ケージで飼育するので，代謝ケージ収容に対する馴致期間が必要である．馴致期間は2週間程度おくのが望ましい．また，試験期間中の飼料摂取量および排糞量を正確に把握する必要があることから，試験飼料へ切換えてから，前食の影響をなくすための予備試験期間は5日間以上とし，本試験も5日間以上とする．

本試験期間には，1日を単位として一定時刻に全量の糞を採取，乾燥し，風乾物の重量を正確に計る．

3. 消化率の計算方法

全糞採取法では，飼料摂取量および排糞量と成分分析値を用いて，家禽の人工肛門法の項で述べた方法によって消化率を算出する．

その他の実験条件は酸化クロムを用いる消化試験の場合と同様である．

6.3.3 真のタンパク質消化率の推定法

摂取した養分のうち，消化器官で消化吸収されないものは糞中に排泄されるが，糞中にはこの他に，消化酵素，消化管壁細胞，微生物など飼料に由来しない物質が含まれている．これを代謝性糞中物質といい，窒素化合物の場合には特に代謝性糞中窒素 (metabolic fecal nitrogen, MFN) という．ブタの場合には，乾物飼料1kg摂取当たり1.5g程度の代謝性糞中窒素が排泄される．ニワトリでもブタと同様の値であるが，ウシでは約5gと多い．この代謝性窒素を糞中の窒素から差し引いて求めた消化率が窒素(タンパク質)

の真の消化率である．これに対して，代謝性糞中窒素を考慮しない消化率が見かけの消化率で，特に断らない限り，消化率とはこの見かけの消化率を意味する．

タンパク質の真の消化率は次式で求まる．

タンパク質の真の消化率（％）
＝（摂取した窒素－（糞中の窒素－代謝性糞中窒素））／摂取した窒素×100

また，このタンパク質の真の消化率は次式によって推定できる．

見かけのタンパク質消化率＋（代謝性糞中窒素×6.25／乾物飼料CP含量）

ここで，代謝性糞中窒素は乾物飼料1 kg摂取あたりの値である．

見かけのタンパク質の消化率は，飼料中のタンパク質含量が低いほど代謝性糞中窒素の影響を強く受けて，低い値になるので，タンパク質含量が低い原料の消化率を評価するときは，注意が必要である．図6.3.3-1は，真のタンパク質の消化率が100％であるような飼料を仮定して，見かけの消化率が飼料中のCP含量とともにどのように変化するかを示したものであるが，反芻家畜ではCPが15％以下，ブタとニワトリでは10％以下になると見かけの消化率は著しく低下することがわかる[2]．

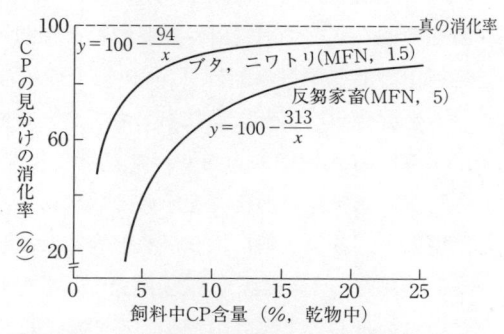

図6.3.3-1 CPの見かけの消化率と飼料中のCP含量の関係

（勝俣昌也，古谷 修）

引用文献

1) 農林水産技術会議事務局編，2001.日本標準飼料成分表，中央畜産会．
2) 丹羽太左衛門編，1994.養豚ハンドブック，404-407，養賢堂．

6.4 ウマ

ウマは単胃動物であるが,発達した盲腸内に多くの微生物が棲息し,この微生物により繊維を消化することができる草食動物である.このためエネルギー含量の高い穀類などからなる濃厚飼料と繊維含量の高い牧乾草などの粗飼料が併用して給与される.一般的な総飼料給与量の目安は体重の 1.5〜3.0 %であるが,運動をほとんどしていないウマでは粗飼料のみの給与で必要なエネルギーを供給することができる.ウマの消化試験は全糞採取法により行われてきたが,飼料摂取量と排糞量を正確に把握する必要があり,試験の実施には多大な労力を要することから,最近,酸化クロム(Cr_2O_3)を用いた指示物質法が確立された.ここでは,酸化クロムを用いた指示物質法と全糞採取法について述べる.

6.4.1 酸化クロムを指示物質とする消化試験法

前述の通り,ウマ用飼料は濃厚飼料と粗飼料から構成されているが,全給与飼料中の濃厚飼料の割合が 30 % 以上の給与条件下では,濃厚飼料に酸化クロムを混合することにより家禽やブタと同様,指示物質法による消化試験が適用でき,比較的労力をかけずに消化率を測定することができる.さらに,特定の供試品の消化率を求める場合には,濃厚飼料と粗飼料を混合した基礎飼料と,基礎飼料に供試品を混合した試験飼料のそれぞれについて消化率を直接測定し(直接法),試験飼料中に混合した基礎飼料の消化率には違いがないものとして供試品の消化率を間接的に求める(間接法).以下では,間接法による消化率測定法について述べる.

1. 供試馬

基礎飼料および試験飼料について,それぞれ成馬を 4 頭以上用いることが望ましい.同時に多頭数を用いることができない場合には,反転試験法(供試品が 1 点の場合)やラテン方格法(供試品が 2 点以上の場合)などを適用して,基礎飼料と試験飼料を順次給与することで試験が可能となるが,反面,試験期間が長くなる.供試馬の性別は問わないが,隣接あるいは向かい合った畜房に雌雄を同時に収容すると,供試馬が神経質になり思わぬ事故を招く

ことがあるため，性は統一する方がよい．

2. 供試馬の管理

供試馬は，自由に動き回れる広さのコンクリート床房で個体管理する．敷料は用いずに，毎日，朝，夕の2回床面を清掃して，常に清潔な状態を保つ．飼料給与量は体重の維持量を目処に残飼が生じない量とし，1日給与量を朝，夕の2回に等量ずつ分与し，給与後2～3時間以内に給与した全量を摂取させるようにする．給与は濃厚飼料，粗飼料および供試品を飼槽内で軽く混合したTMR（オール混合飼料）の形態で行う．個体によっては食糞することがあるため，試験期間中は給与時間を除き口籠を装着する．飲水および鉱塩は自由摂取させる．これらの試験条件に慣らすため，新しく導入したウマを用いる場合には最低2週間は馴致期間が必要となる．また，ウマは比較的ストレスに敏感で，畜房内のみで長期間飼育すると（馴致期間を含めると試験期間は4週間以上になる），健康状態に悪影響を及ぼす懸念があることから，毎日1～3時間程度の曳き運動を行うことが望ましい．

3. 給与飼料の調製

試験に用いる濃厚飼料，粗飼料および供試品は，試験開始前に必要十分量を準備する．濃厚飼料は必要量全量をハンマーミルなどで一括して粉砕し，酸化クロムをブタにおける指示物質法の項で述べた方法により均一に混合する．酸化クロムの混合量は粗飼料および供試品を含めた全給与飼料中で0.1～0.2％となるように設定する．粗飼料は稲わらカッターなどで3～5 cmに細切したのちフォークでよく混合して用いる．調製は濃厚飼料と同様に必要量全量を一括して行うのが理想であるが，細切すると容積がかなり増加することから，十分な収容場所を確保できない場合には，1週間程度の間隔で細切・混合を行う．供試品についても，全量を一括して細切，粉砕，混合などの処理を行っておく．これらの濃厚飼料，粗飼料および供試品は，あらかじめ各供試馬毎に1回給与量を秤量して袋詰し，供試馬の番号や給与日などの情報を明記して準備しておくとよい．粉砕が可能な供試品では，あらかじめ所定の割合で濃厚飼料と混合しておくと作業量を軽減できる．

分析用試料の採取は，いずれも調製時に行う．濃厚飼料および供試品では

16箇所から10 kg程度採取したのち縮分法により分析必要量を採取する．粗飼料も同様の方法によるが，一括調製できない場合には調製の都度採取した試料を最終的に混合して分析に供する．いずれにしろ，試験期間中を通して供試馬に対して組成が均一な飼料を給与し，分析にも供試飼料を代表するものを用いることが肝要である．

4. 試験期間および糞の採取

試験期間は，供試馬を本試験期間と全く同じ飼料給与条件で飼育することにより前食の影響を取り除くとともに，排糞量を安定させる予備期間と，実際に採糞を行う本試験期間に区分されるが，それぞれ5日以上必要である．また，反転試験法やラテン方格法を適用する場合には飼料の切替期間を3〜5日程度設け，その間に次の飼料に段階的に切り替える．

採糞は，毎日，朝，夕の2回，畜房床面に排泄された新鮮糞のうち，尿などで汚染されていない部分をできるだけ多く採取する．

5. 採取した糞の処理

採取した糞は採取時ごとにバットなどの容器に広げ，約60℃で2〜3日通風乾燥する．乾燥中は1日1回程度糞を反転させて乾燥を促す．乾燥糞は，容器ごと乾燥器から取り出し，ゴミなどが付着しないようにガーゼなどで覆って室内に2〜3日放置し，風乾状態に戻したのちビニール袋に収容して保管する．その後，総ての糞を個体ごとに合せて粉砕し，分析に供する．

6. 消化率の計算

家禽の酸化クロムを用いる消化試験の項で述べた計算式により消化率を算出する．

6.4.2 全糞採取による消化試験法

牧乾草などを単独で給与する場合には，酸化クロムを均一に混合できないので，全糞採取法により直接消化率を測定する．

1. 供試馬

成雄馬あるいは去勢馬を4頭以上用いることが望ましい．

2．供試馬の管理および給与飼料の調製

酸化クロムを用いた指示物質法に準ずる．

3．試験期間および糞の採取

試験期間は酸化クロムを用いた指示物質法と同様に，予備期間，採糞期間とも5日以上必要である．採糞期間中は，供試馬に終日糞袋を装着し，排泄された糞を1日単位で全量採取する．1日当たりの排糞量は10 kgを超すことから，2～3時間おきに見回りを行って糞袋に溜まった糞を取り出して，個体毎に用意した蓋付容器に移し，冷暗所で保管する．見回りを怠ると糞袋から糞がこぼれて試験の精度を低下させたり，糞自体の重量負荷により供試馬に余計なストレスをかけることになる．糞尿袋は購入できる．

4．採取した糞の処理

1日分の採糞が終わった時点で排糞重量を測定して混合し，毎日一定の割合（通常は1/5～1/10量）で秤取して，酸化クロムを用いた指示物質法と同様に乾燥・風乾を行ったのち，採材日ごとに秤量してビニール袋に収容して保管する．その後，総ての糞を個体ごとに合併して微粉砕し，分析に供する．

5．消化率の計算

各採取日ごとに糞の風乾重量を採取割合で除して1日の排糞量（風乾物重量）を算出し，これを合算して採糞期間中の排糞量を個体ごとに算出する．次いで，採糞期間中の飼料摂取量，排糞量および分析値を用いて，家禽の人工肛門の項で述べた計算式により消化率を算出する． （米持千里）

参考文献

1) 日本中央競馬会競走馬総合研究所編，1998．軽種馬飼養標準，日本中央競馬会競走馬総合研究所．
2) 清水敬政ら，1995．馬用飼料の栄養価に関する研究，平成6年度委託研究報告書，日本中央競馬会競走馬総合研究所．

第6章 消化試験

6.5 反芻動物

ここではわが国で多く飼養され，産業上および実験動物として重要なウシおよびヒツジ・ヤギの消化試験法について述べる．

6.5.1 消化率の測定方法

原則として全糞採取法による．良質の牧草・飼料作物など，成分組成のバランスがとれた飼料については単独で給与できる．しかし，稲わらなどタンパク質が低いもの，濃厚飼料のように繊維含量が低い供試品ではそれだけを給与して消化率を測定することは不適切である．このような場合，基礎飼料と供試品とを組み合わせた試験飼料および基礎飼料のみを給与する試験を行って消化率をそれぞれ測定し，基礎飼料の消化率は試験飼料でも変わらないものとして供試品の消化率を計算して求める（間接法）．

6.5.2 消化試験の装置

1. ヒツジ・ヤギ

去勢羊は肛門部に糞袋をつけ，数本のバンドと首輪で体に密着，固定し，1頭の動物が入れる大きさの飼育箱に入れて糞を採取する．糞袋をつけるのが困難な場合や雌のヒツジ・ヤギを用いる場合には，図6.5.2-1に示す代謝箱を用いる．動物は前方の1本のパイプに繋いで保定する．床部は糞尿が通過できるだけの大きさの目をもつ頑丈なステンレス網でできている．糞尿分離部には尿は通すが，糞は落ちない程

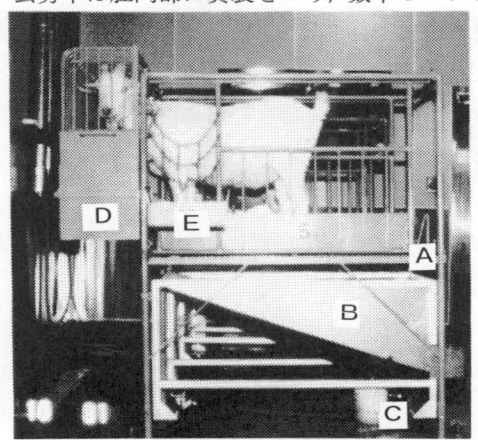

図6.5.2-1　ヒツジ・ヤギの代謝試験装置
（畜産草地研究所）
A：床部　B：糞尿分離部
C：尿受け　D：飼槽　E：給水器

度の細かい網が傾斜させて取りつけられている.

2. ウシの消化試験装置

　図 6.5.2-2 に示すように，動物にハーネスを装着し，これにナイロン布製の導糞筒を肛門部から吊り下げて糞を採取する方法が提案されている．雌牛の場合には，外陰部に尿分離用のカップをあてがってハーネスに固定し，これにホースを接続することによって尿を分離できる．試験開始の2～3日前からハーネスと器具を動物に取り付けて馴致させ，試験期間中は定期的に見回り，糞尿の漏れがないことを確認し，尿導ホースと導糞筒内に溜まったものを貯留器へ流し込むなどのチェックが必要である．昼間に問題がなければ，夜間は2～3回の見回りでよい．ハーネスと糞および尿採取用器具などの一式は市販されており，この方法は比較的安価な装置でできる利点がある．

　糞と尿を機械で分離，回収する消化試験装置が考案されている．農水省畜産試験場（現 畜産草地研究所）で最初に開発され，草地試験場（現 畜産草地研究所）で改良したものを図 6.5.2-3 に示す．階上部分のストールにスタンチョンでウシを保定し，階下部分に設置した糞尿分離装置によって糞と尿が分離，回収される．回収が確実で，労力が少なくて済む利点があるが，施設の建設に費用を多く要する．

　ウシをスタンチョンに繋ぎ，その後方にヒトがつき添って監視し，排糞のつどスコップなどで受けて容器に貯めて糞を採取する方法もある．この方法は労力を要するので，数人が時間割にしたがって交替で採糞する必要がある．去勢牛の場合には畜房の床に前方に傾斜をつけておく，雌牛では採尿器を

図 6.5.2-2　糞筒を用いたウシの糞採取装置
A: 糞尿採取用器具装着のための牛体ハーネス
B: 導糞筒
C: 導尿ホース：外陰部に取り付けた尿分離・採取用カップにつながっている．

(192) 第6章 消化試験

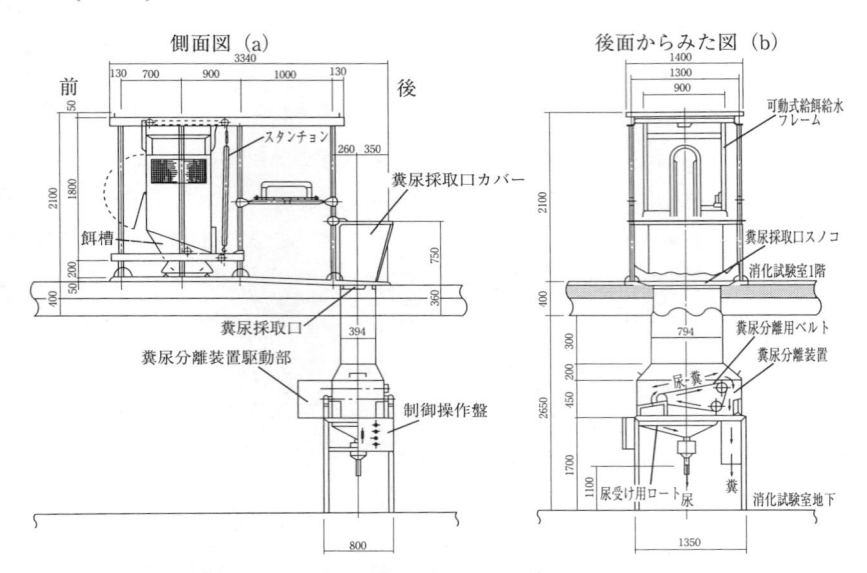

図6.5.2-3 ウシの消化試験装置（畜産草地研究所）

装着するなどして尿を分離した状態で，糞が落下する床にゴムマットを敷いておけば，ヒトがついていなくても採糞できる．また，管理作業によってウシを動かした場合や横臥しているのを立たせたときに排糞する習性を利用すれば採糞作業がより容易となる．

上述したどの方法をとっても，搾乳牛を供試する場合，試験の場所と搾乳場所が離れていると，搾乳時にウシの後にヒトがバケツなどをもってついて歩き，糞を回収しなければならない．搾乳のためのパイプラインなどが設置された場所を選ぶことが望ましい．

6.5.3 消化試験の実際

1. 供試動物および頭数

供試動物は栄養状態が正常で健康なものを用いる．年齢はウシとヤギでは12ヵ月，ヒツジは6ヵ月以上とする．雄，雌および去勢のいずれを用いてもよい．ただし，雌は発情すると飼料摂取量が低下したりするので，試験期間

中に発情がないように注意する．ウシでの消化率を求めるためには必ずしもウシを使う必要はなく，ヤギ，ヒツジを用いてもよい．ウシとヤギおよびヒツジの消化率には大きな差がない．しかし，トウモロコシサイレージのような熟期の進んだ飼料作物のサイレージや未粉砕穀実についてはウシとこれらの動物間で消化率が異なるので，ウシを使うことが望ましい．供試頭数はウシ，ヒツジ・ヤギともに 1 試験区あたり少なくとも 4 頭とする．

2．飼料の調製および分析用試料の採取

　単一飼料を用いて試験を行う場合も，間接法でも，給与飼料の CP 含量，粗繊維含量および濃厚飼料の配合割合はそれぞれ，乾物中 12％以上，15％以上および 60％程度以下とし，その他の栄養素についてはバランスが著しく崩れないようにする．ミネラルブロックを自由に舐めさせてミネラルを給与することがしばしば行われるが，試験期間中に飲水量が多くなり，尿量が極端に多くなることもあるので，ミネラル添加剤と食塩を飼料に混ぜることが望ましい．また，間接法では粗飼料源としては乾草が望ましく，供試品の試験飼料中の配合割合は上述の条件を満たす範囲でできるだけ多い方がよい．

　粗飼料の切断長が消化率に及ぼす影響を見るための消化試験は別として，乾草，わら，青刈飼料，ロールベールサイレージなどは正確な秤量と分析用試料の採取を行うために，飼料カッターで 2～3 cm に切断して供試する．

　乾草，配合飼料などの風乾飼料はあらかじめ全供試量を準備し，1 頭ごとに 1 日または 1 食分ずつ秤量してポリ袋などに詰めておくと便利である．その場合，全体から分析用試料をとる．青刈飼料やサイレージについても，試験の目的によっては全期分を一度に用意し，冷蔵しておく．しかし，ウシを用いる場合には全期間分の飼料を準備し，秤量をすることは困難なので，毎日または 1 週間に一度飼料を秤量する．この場合，試験期間中に給与する飼料の全体を代表するように分析用試料を採取する．毎日秤量する際には，試験期間中，毎日試料を採取して試験終了時に混合して分析用試料とする．

3．試験期間

　試験期間は馴致期，予備期および本試験期からなる．ウシの消化試験装置を用いる場合には本試験期は消化試験ストールで行うが，糞尿分離装置の洗

第6章　消化試験

スタンチョン牛舎　　　　　　　消化試験ストール
図 6.5.3-1　ウシのスタンチョン牛舎と消化試験ストール（畜産草地研究所）
　　A：搾乳用パイプライン
　　B：糞尿採取口のスノコ：この真下に糞尿の分離装置が設置されている．

浄に手間がかかり，消化試験ストールでの長期の飼養はウシの負担が大きいので，馴致期と予備期は主に図 6.5.3-1 に示したようなスタンチョン牛舎で飼養するのが望ましい．

　馴致期は供試動物を試験実施時の飼養環境に慣らすとともに，残飼のでない飼料給与量を決めるための期間である．供試動物が試験飼料などを初めて摂取する場合には，馴致期の前に食べていた飼料の一部を試験飼料で置き換えて給与し，徐々に試験飼料の割合を増加させて飼料馴致を行う．本試験期になって初めて糞袋を装着されたり，消化試験装置へ導入されたりすると飼料摂取量が極端に低下することがあるので，この期間に 2～3 日間，糞袋を装着したり，消化試験ストールで飼育して糞採取のための装置に慣らすことも重要である．

　予備期は，本試験期と全く同じ条件で飼育することによって，供試動物の飼料摂取量と糞排泄量を安定させるための期間である．

　本試験期は糞の採取と計量および分析用の試料を採取する期間である．正確に 24 時間を 1 日とし，初日の開始時刻と最終日の終了時刻を設定するとともに，毎日の切り換え時刻もこれに合わせて採糞する．また，飼料給与量，残飼量，糞の排泄量は毎日正確に測定，記録する．

　馴致期間は 7 日以上，予備期と本試験期はともに 7 日間とする．ただし，

新たに購入した動物，フリーストールや放牧管理していた動物を用いるなど，飼養管理方法が大幅に変わる場合には馴致期間を長くする．

4．動物の管理

1）飼料給与

飼料の栄養価評価を目的とする場合はエネルギー量は維持要求量を目安に，CP要求量は維持要求量以上となるように，また，飼養試験などで動物の摂取養分量を実測しようとする場合には，試験の目的に応じて給与量を決める．飼料は1日分を一度に給与するよりも，等分して2回に分けて給与する方が動物に無理なく採食させることができる．飼料給与の時間は毎日一定にする．水は自由飲水とする．

やむなく残飼がでる場合には，本試験期間中毎日測定する．残飼は濡れたり，乾いたりして給与したときとは水分が変わっているので，乾燥器で乾かして乾物重量を求め，もとの状態に換算して採食量を正確に求める．

2）運　動

ウシでは馴致期と予備期には朝の飼料摂取後3～4時間，パドックに出すが，本試験期間中は省略することができる．ヒツジ・ヤギでは馴致期から本試験終了まで代謝箱に繋ぎ続けても影響は少ない．

3）手入れ

ウシでは，脱落した毛が糞に入り，これを完全に取り除くことが困難で，化学分析の精度に影響することがある．予備期に毎日ブラシ掛けを行うとともに本試験に入る数日前に電気バリカンなどで後躯を除毛しておくとよい．

4）体重測定，その他

予備期の開始時，本試験の開始時と終了時に測定する．糞の状態，一般的な健康状態に注意して正常な状態で消化率を測定するようにする．

5．採取した糞の処理

糞処理は1日，1頭ごとに正確に行い，2頭以上の家畜を供する場合は取り違えることのないように十分注意する．そのためには，総ての容器，サンプルには名札，番号札をつけ，マジックインクなどによって日付，番号などを記入し，秩序ある作業をしなければならない．

図 6.5.3-2 糞処理用の機械・器具
（畜産草地研究所）
A：デジタル台秤（ウシ用）
B：デジタル台秤（ヒツジ・ヤギ用）
C：糞容器
D：糞混和器
E：糞混和器撹羽根
F：サンプリング用デジタル台秤
G：糞サンプル容器
H：乾燥用 FRP 樹脂バット

1）秤　量

　採取した新鮮糞は毎日の切り換え時に秤量して記録する．この際，糞袋や導糞筒に付着した糞や糞尿分離機を掃除して集めた尿の混入した糞，地面に落下して異物が混入した糞などは別に秤量して加算する．ヒツジ・ヤギでは，図 6.5.3-2 のHに示すような 30 cm×50 cm ぐらいのFRP 樹脂のバットに採取糞を入れて，Bのような秤量 6 kg，感量 1 g のデジタル台秤で秤量する．ウシの場合，Cに示したような糞容器に入れたまま秤量し，前日の切り換え時に秤量しておいた容器の重量を差し引く．秤はAのような秤量 100 kg，感量 10 g のデジタル台秤を用いる．

2）サンプリング

　ヒツジ・ヤギでは全量を 1 日分のサンプルとして用いる．ウシでは，新鮮糞から尿が混入したり，異物で汚れた部分を取り除いて均一になるように混合した後，1 日 1 頭当たり 500 g～1 kg 程度となるように毎日一定の割合でその何分の一量かを G のような合成樹脂製の丸キーパーに採取し，冷凍庫で保存する．この場合，排泄量を測定する前に 0.1 ％程度のホルマリンを加え，秤量後混合することによって，凍結，解凍による分解を予防できる．サンプルの秤取には F のような秤量 3 kg，感量 0.1 g のデジタル台秤を用いる．牛糞の 1 日分を混合するには，かなりの労力を要するので，D のような糞混和機を使うと便利である．

3）サンプルの処理

　ヒツジ・ヤギの場合は，1 日の全量をバットごと 60 ℃の通風乾燥機で乾燥

する．その後，1～2日間室内に放置して風乾状態に戻し，毛などの異物を取り除いてから重量を測定し，ポリ袋に入れて保存する．試験終了後，7日分をよく混合してその一部分を分析に供する．ウシでは，試験終了後，冷凍庫に保存しておいた糞を解凍し，7日分をよく混合し，分析に供する．この場合，水分とCPについては新鮮物のまま分析に供することが望ましい．その他の成分については，60℃の通風乾燥機で乾燥して風乾物として分析に供する．牛糞を乾燥する際，被膜ができて内部まで乾燥するのに時間がかかることがあるので，生乾きの状態のときにスパーテルなどによって反転して乾燥を促進するよう努める．

6．消化率の算出

飼料と糞について，一般成分ほか実験の目的に応じて所定の成分を分析し消化率を算出する．

1）単一給与した場合

各成分の消化率（％）＝（摂取成分量－糞中排泄成分量）÷（摂取成分量）×100

2）供試品の消化率を間接法で測定する場合

各成分の消化率（％）＝100×
｛（試験飼料中の可消化成分含量）－（基礎飼料中の可消化成分含量×基礎飼料の配合率）｝÷｛（供試品中の成分含量）×（供試品の配合率）｝

（石田元彦）

参考文献

1) 田野良衛ら，1988．畜産試験場年報，26：118－123．
2) 農林水産技術会議事務局，2001．日本標準飼料成分表，中央畜産会．

第7章　呼吸試験法

　呼吸試験法は動物のエネルギー出納全体を分析する実験法であり，代謝試験法に呼気ガス分析が加わったものである．約200年前に呼吸と燃焼の類似性や動物熱の起源が明らかにされて以来，20世紀中葉まで主に家畜とヒトのエネルギー所要量の決定や飼料のエネルギー価の評価のために，呼吸試験法は貢献してきた．

　しかし，呼吸試験装置の製作には多くの経費がかかるだけでなく，労力と時間を要することなどから，特にわが国では，呼吸試験法を用いたエネルギー代謝研究は特定の研究機関においてのみ実施されているにすぎない．

　栄養学は種々の栄養素の必須性や，その要求量の決定を主な任務としてきた．最近では栄養素やその代謝産物，ホルモンなど様々な物質による動物の機能調節に関する研究の進展により，栄養学は分子栄養学や代謝機能調節学などに分化しつつある．しかしながら，細胞や組織レベルの現象が，個体レベルで統合されたときにどのような反応として現れるのかを明らかにすることは動物の合理的かつ効率的飼養にますます重要となりつつある．そのような研究のためには，代謝過程の集大成であるエネルギー出納の定量的な把握は不可欠であり，呼吸試験法は大いに活用されるようになるであろう．

　ここでは呼吸試験法（ガス交換量）によるエネルギー代謝量（または熱産生量）測定の原理，装置の構成，実験遂行上の留意点などを概説し，ニワトリと反芻動物の実験を中心に述べるが，ブタの場合も原理は同じである．

7.1　測定の原理

　Rubner（1902）は呼吸試験と直接熱測定の実験を行い，動物熱が，異化された化合物の燃焼熱（ボンブカロリメーターによる測定値）と尿中の化合物の燃焼熱との差であることを明らかにし，動物体における異化にHessの法則を適用できることを示した．このことから，酸素消費量，二酸化炭素生成量，尿中窒素排泄量，脂肪，炭水化物，タンパク質の熱当量や酸素の熱量価

から熱産生量を算出できることが認められた.

これ以後，間接法が普及し，熱産生量だけではなく，酸素と二酸化炭素の量，呼吸商などの情報を得，体内における代謝産物の解析などに使用されている．

7.2 エネルギー代謝量の測定法

1. 直接法

動物から放散される熱量を，断熱した動物室の内層にある熱交換装置の温度変化から算出する．そのための Atwater-Rosa の呼吸熱量計が有名である．

2. 間接法

酸素消費量，二酸化炭素生成量，メタン生成量および尿中窒素排泄量を呼吸試験ならびに代謝試験装置で測定し，熱産生量を算出する．

1）閉じこめ方式（confinement system）

動物を気密の動物室内に収容し，一定時間後の装置内空気のガス組成を分析し，開始時の組成との差から，酸素消費量と二酸化炭素生成量を算出する．装置内空気の入れ換えを円滑に行えば，連続的に測定が可能である．

2）閉鎖回路方式（closed-circuit system）

動物を気密の動物室内に収容し，一定時間空気を循環させ，その間に発生した水分と二酸化炭素は吸収装置で捕集し，酸素は補給装置から供給する．一定時間後に動物室のガス組成を分析し，回路内のガス変化量を補正する．

3）開放経路方式（open-circuit system）

動物を気密の動物室内に収容し，外気を導入しながら，排出し，空気の排出量と，外気および排出される空気のガス組成を定量，分析し，流量とガス濃度から酸素消費量，二酸化炭素生成量およびメタン生成量を算出する．排出ガスの採取法によって，チャンバー法（中小動物から大動物），マスク法（ヒト，反芻動物），気管カニューレ法（反芻動物）などがある．詳細は次の反芻動物の項 (7.4) を参照されたい．

7.3 小動物の呼吸試験

7.3.1 呼吸試験装置

ここでは比較的普及している開放経路方式（チャンバー法）の特徴を述べる．装置の基本的な構成は図7.3.1-1に示す．これは20世紀初頭に用いられたものとほぼ同じである．近年，動物室から排出された空気の流量とそのガス組成を分析するために，空気やガスの物理的な特徴を利用した分析計や電子回路を導入することで，時間と労力を節減できるようになってきた．

また，このような機器を用いることによって，複数の動物室のガス分析が同時並行的にできるようになってきた．動物のエネルギー代謝測定用の機器は開発されておらず，環境調節や生産工程の監視用の機器類を利用している．実験動物（ラット，マウス）用の装置は国内外のメーカーによって市販されている．

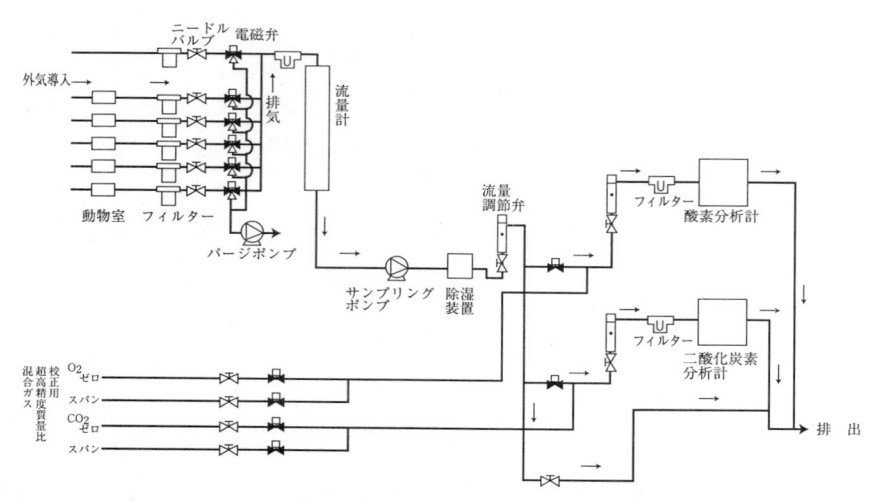

図7.3.1-1 開放経路方式チャンバー型呼吸試験装置の概略図

1．必須条件
1）排出空気のガス組成は動物室のそれを代表するものであること
　装置全体，特に動物室内のガスの滞留，外気の流入や漏れを防ぐことが重

要である．

2）ガス濃度の分析と流量の測定は正確であること

　チャンバー法による呼吸試験においては，導入外気と排出空気の酸素または二酸化炭素の濃度の変化量は多くても1％未満に制限することが求められるので，分析計の精度には十分留意することが重要である．例えば，酸素分析計で19から21％までの2％を1/100未満の精度で測定できたとしても，20.93％は20.91から20.95の範囲の数値である．後述するように熱産生量の算出式は酸素の項に二酸化炭素の項より大きな数値が乗じられるので，酸素濃度の分析精度は熱産生量の算出に影響が大きい．

2．測定および分析系

　特に重要な分析計について述べる．

1）酸素分析計

　磁気式が汎用されている．酸素が強い磁性をもつことを利用して，酸素分圧を測定できる．水蒸気圧，大気圧の影響を受けるので，補正する必要がある．大気圧の変動を補正する機能をもつものもある．

2）二酸化炭素分析計

　二酸化炭素が赤外線を吸収する性質を利用して，濃度を測定する．

3）メタンガス分析計

　反芻動物では呼気中にメタンが存在するので，メタン分析計が必要である．二酸化炭素と同じ原理で濃度を測定する．

4）流量計

　差圧式流量計やマスフローメーター（質量流量計）などを用いる．

3．流路系

　外気を動物室へ一定の流量で導入し，動物室から排出される空気をフィルター，流量計，電磁弁，流量調節弁，ポンプなどを経て外気へ放出する．この系にも漏れや滞留を防ぐ工夫が必要である．外気をいったん実験室内のリザーバータンクに導入後，流路系に導入すると，動物室内温熱環境を実験室内のものに近似させることができる．

　複数の動物室からの排気を一組のガス分析計で分析する場合には電磁弁で

流路を切り換える．それぞれの動物室は，排気を分析しているときとそれ以外のときでは別のポンプ（図 7.3.1-1 パージポンプ，サンプリングポンプ）で排気されているので，各ポンプによる排気量が等しくなるように，マスフローコントローラーなどで調節する．

4．サンプリング系

　流路系から一定量の排出ガスを流量計，除湿装置，電磁弁，流量調節弁，ポンプなどを経て分析系へ導入する．分析計は一定の流量で分析するように設定されるので，流量の調節が重要である．

5．除湿装置

　ガス分析を物理的特性を利用した種々の装置で行う場合，分析計は乾燥した超高精度質量比混合標準ガスを用いて機器の校正を行うので，排出空気を分析計に導入する前に除湿し，校正時と同一の条件にしておかなければならない．除湿が不十分であると，水蒸気圧の影響を受ける．シリカゲルなどの乾燥剤や電子冷却式除湿器，パーマピュアドライヤーなどが使われている．ただし，これらの装置などを設置することによってデッドスペースが大きくなると，空気の置換に時間がかかり反応速度が遅くなるので注意が必要である．

6．動物室

　ニワトリ（体重約 400 g～約 2.5 kg）用にはアクリル樹脂製の箱や円筒（容積約 10～80 リットル程度）が使われる（図 7.3.1-2）．室内にガスが滞留することを防ぐために，形状を変えたり，撹拌装置（ファンなど）や層流形成装置（ハニカム，多数の穴を開けたチューブなど）をつけることがある．給排気口を動物の体で塞がないようにケージを用いたり，糞尿を分別して採取する装置，温湿度，気圧をモニターする機器またはセンサー（乾球，湿球，水マノメータなど）を設置する．

　給餌・給水装置は通常の代謝試験に使用するものを設置できる場所を確保する．酸素や二酸化炭素の吸収源または発生源を室内に置かない．動物室内の作業を容易にするためにグローブボックス状にすると便利である．

図 7.3.1-2　動物室（アクリル製）
左：蓋をつけた状態
黒いチューブ（左，排気用），白いチューブ（右，大気導入用）
中央に見える黒い箱は撹拌用のファン．
右：蓋をとった状態

7．制御および情報処理系

　流路系とサンプリング系を制御し，ガス濃度，流量，温度，圧力などを用いて熱産生量などを算出する．現在はパソコンを用いて，BASICなどでプログラムを作成している．パソコンの記憶容量はRAM 64 MB，ハードディスク 10 GB 程度を必要とする．

8．装置の検定

　装置の総ての分析機器を個別に校正し，回収試験で装置全体の精度を点検する．回収率が100％からかけ離れているときは，何らかのエラーがある．
　装置の検定に関して，McLean and Tobin[1] が引用している Du Bois (1927) の言葉の要約を次に示す．
　代謝実験を行うときは実験結果に関して完全に正直でありなさい．起こるかもしれない誤差を見積り，実験手法がよくなかったときはそれを隠さないこと．当然のことだが実行は困難．総ての疑わしい結果を破棄しなければならないときもある．そうしなければ，誤った結論やトラブルの未解決を招くことになる．

9. 分析機器
1）ガス分析計

検定用ガスで測定範囲の校正を行う．最小濃度（ゼロ）ガスと最大濃度（スパン）ガス，例えば酸素 19.00 % と窒素 81.00 % の混合ガス，純空気（酸素 20.93 %）を導入し，2点間で校正する．その後，測定範囲にある種々の濃度既知の混合ガスを分析計に導入し，濃度と指示値の間に直線性があることを確認する．

校正用または検定用のガスは超高精度質量比混合標準ガスを用いる．ガスメーカー（日本酸素など）に調製を依頼するが，さらに労研式ガス分析計などの容量式ガス分析計で確認することが望ましい．

2）流量計

計量研究所検定済みの湿式ガスメータを用いて所定の流量を設定し，これらの流量計の指示値を校正する．

3）温度計，大気圧計，湿度計

流量計で測定した流量を標準状態（273 K，760 mmHg，相対湿度 0 %）に換算するために，これらの機器で流量計センサー部の気体の状態を記録する．

サーミスタ温度計，銅コンスタンタン温度計などを水銀標準温度計を用いて氷と沸騰水で校正する．アネロイド型バロメーターは気象台の大気圧計で1点校正する．

4）装置全体
（1）装置全体の漏れがないことの確認

流路系をいくつかの部分に分けて，圧力負荷試験を行い，一定時間後に圧力の降下がないことによって漏れがないと判定する．また，実験動物やニワトリ用の動物室の漏れは大型の水槽に浸して漏れを検知することができるが，ウシ用動物室は別の方法で検査をする（反芻動物の項を参照）．

（2）回収率

動物室で消費された酸素量と発生した二酸化炭素量を測定し，理論的な値との比率を回収率とする．酸素の場合は酸素以外のガスで磁性をもたないも

のを，二酸化炭素の場合は液化炭酸ガスを一定量注入し，各ガス濃度が注入前のものに戻るまでの変化総量と理論値を比較する．

ガスはボンベからガスサンプルバッグへ採取後，そこからガラス注射筒へ吸入し，さらに動物室へゴム栓につけたチューブを通して注入する．ガスボンベから直接動物室へガスを注入し，注入前後のガスボンベの質量差から注入量を求めることもある（動物室の容積が大きい場合）．

7.3.2 測定の手順

一連の実験を開始する前には，前節で述べたように装置の検定を行う．

1) 排気流量の設定

排気流量，すなわち動物室を通過する空気の量は動物室のガス濃度の変化の幅を 0.8〜1.0 % の範囲になるように設定する．この範囲は動物の呼吸に障害を与えずに，比較的精度よくガス濃度の変化を検出できる範囲といわれている．動物室のガス濃度はガスの増減量と排出空気量で決まる．

2) 動物の装置への馴化

装置に慣れるにつれ代謝量が減少し，一定の値に落ちつくことが知られている．予備実験をして，各実験条件下でその期間を確認する．

3) 動物を収容し，酸素濃度，二酸化炭素濃度が安定するのを待つ．

4) ガス分析計を校正する（ガス分析計を参照）．

5) 実験実施年月日，動物の体重，雌雄，実験条件などを入力する．

実験継続時間を設定する．通常は動物の管理や動物室の清掃のための時間を 2 時間とし，22〜24 時間を設定する．複数の動物室を使用するときは，一つの動物室からの排気ガス採取時間，次の動物室に切り替えてから何分後から当該の動物室からの分析値を採用するかなどを設定する．パージポンプとサンプリングポンプの流量とが近似していれば，切り替え後 1〜3 分目から分析値は安定する．

6) 流路を切替えて，実験を開始する．

7) 設定時間が経過した後，動物を取り出し，動物室の清掃，ガス分析計の校正などを行う．

7.3.3 計算法

1. 排出空気量（Q）の標準状態

（std, 273 K, 760 mmHg, 0％相対湿度）への換算（表7.3.3-1）

気温（t ℃），気圧（p, mmHg），気温 t ℃のときの水蒸気圧（wt, mmHg）

$$Q(\text{std}) = Q \times (273/273+t) \times (p-wt)/760$$

気温 t ℃のときの水蒸気圧は次式で求める．

$$wt = wt' - 0.0008 \times p(t-t')$$

wt' は t' ℃のときの飽和水蒸気圧，t' ℃は湿球温度計指度．

これ以後，流量またはガス消費量と生成量は全て標準状態に換算したものを示す．

表7.3.3-1 ガス代謝量の計算法

	外気 動物室入口	排気 動物室出口	流量 l/分	標準状態 Q(std)
二酸化炭素濃度（％，5分間の平均値）	0.043	0.274	1.44	1.15
酸素濃度（％，5分間の平均値）	20.666	20.377		
窒素濃度％＝100－（酸素濃度＋二酸化炭素濃度）	79.291	79.349		
流量計センサー部の状態				
乾球指度 ℃		40		
湿球指度 ℃		26		
湿球指度 26 ℃の飽和水蒸気圧（mmHg）		25.2		
気圧（mmHg）		715		
酸素消費量（ml/分）		1.15×（20.66 ×79.349/79.291－20.377）		3.43 2.66
二酸化炭素生成量（ml/分） 呼吸商		1.15×（0.274－0.043）		0.77

$Q(\text{std}) = 1.44 \times 273 \times (715 - (25.2 - 0.0008 \times 14 \times 715))/760/(273+40)$

2. 酸素消費量の算出

ガス量の変化は排出ガス量と流入ガス量の差から求めることができる．呼吸試験装置では排出空気量のみを測定し，流入空気量は測定しない．しかし，両者は呼吸商が1以外のときは一致しない．そこで空気中の窒素ガス濃度は呼吸試験中に変化しないことから，外気中の仮想的な酸素濃度を次式で

求める.

外気中の仮想的な酸素濃度＝外気の酸素濃度×排出空気中の窒素濃度/外気の窒素濃度

これを用いて，酸素消費量を次式で求める.

酸素消費量＝（外気中の仮想的な酸素濃度－排出空気中の酸素濃度）
　　　　　×Q(std)

3. 二酸化炭素生成量の算出

二酸化炭素についても給排気流量の差を補正するために同じ処理が必要であるが，外気中の二酸化炭素濃度は 0.03％ と少ないので，行わない.

二酸化炭素生成量＝
（排出空気中の二酸化炭素濃度－外気中の二酸化炭素濃度）×Q(std)

4. 熱産生量の算出

1) Benedictの方法

呼吸商（二酸化炭素生成量/酸素消費量）を求め，Zuntz-Schumburg-Luskの表（表7.3.3-2）から酸素の熱当量価（kcal/l）を求め，これに酸素消費量を乗じて求める.

2) Luskの方法

非タンパク物質による熱産生量とタンパク質による

表7.3.3-2　Zuntz-Schumburg-Luskの表

非タンパクRQ	O_2 1l に対する熱当量	燃焼比率	
		炭水化物	脂肪
0.70	4.686 kcal	0.0%	100.0%
0.71	4.690	1.4	98.6
0.72	4.702	4.8	95.2
0.73	4.714	8.2	91.8
0.74	4.727	11.6	88.4
0.75	4.739	15.0	85.0
0.76	4.752	18.4	81.6
0.77	4.764	21.8	78.2
0.78	4.776	25.2	74.8
0.79	4.789	28.6	71.4
0.80	4.801	32.0	68.0
0.81	4.813	35.4	64.6
0.82	4.825	38.8	61.2
0.83	4.838	42.2	57.8
0.84	4.850	45.6	54.4
0.85	4.863	49.0	51.0
0.86	4.875	52.4	47.6
0.87	4.887	55.8	44.2
0.88	4.900	59.2	40.8
0.89	4.912	62.6	37.4
0.90	4.924	66.0	34.0
0.91	4.936	69.4	30.6
0.92	4.948	72.8	27.2
0.93	4.960	76.2	23.8
0.94	4.973	79.6	20.4
0.95	4.985	83.0	17.0
0.96	4.997	86.4	13.6
0.97	5.010	89.8	10.2
0.98	5.022	93.2	6.8
0.99	5.034	96.6	3.4
1.00	5.047	100.0	0.0

熱産生量の和として求める．

尿中窒素排泄量から体内で分解されたタンパク質量を求め，これによる酸素消費量，二酸化炭素生成量を算出し，酸素総消費量または二酸化炭素総生成量から差し引き，非タンパク呼吸商を求める．この呼吸商に対応する酸素の熱当量価を Zuntz-Schumburg-Lusk の表から求め，酸素消費量に乗じて非タンパク物質由来の熱産生量を算出する．

タンパク質による熱産生量は分解タンパク質量にタンパク質 1g が体内で分解されたときの熱産生量（この数値は動物種，ニワトリ，ブタ，反芻動物および研究者により異なる）を乗じて算出する．

3) Romijn and Lokhorst の方法

Romijn と Lokhorst[2)]はニワトリにおけるタンパク質代謝の特徴を考慮し，

表 7.3.3-3 熱産生量の計算法

尿中窒素排泄量 (g)	0.01
酸素消費量 (ml)	200
二酸化炭素生成量 (ml)	150
呼吸商	0.75
Lusk	
体タンパク質分解量 (g)	$0.01 \times 6.25 = 0.0625$ g
タンパク質分解による酸素消費量 (ml)	$0.0625 \times 0.8944^{1)} \times 1000 = 54$
タンパク質分解による二酸化炭素生成量 (ml)	$0.0625 \times 0.6576^{2)} \times 1000 = 39$
非タンパク物質の分解による酸素消費量 (ml)	$200 - 54 = 146$
非タンパク物質の分解による二酸化炭素生成量 (ml)	$150 - 39 = 111$
非タンパク呼吸商	$111/146 = 0.76$
非タンパク呼吸商 0.76 のときの酸素の熱量価 (kcal/l)	4.752*
非タンパク物質の分解による熱産生量 (kcal)	$0.146 \times 4.752 = 0.694$
タンパク質分解による熱産生量 (kcal)	$4.2 \times 0.06 = 0.252$
総熱産生量 (kcal)	$0.694 + 0.252 = 0.946$
Benedict	
呼吸商 0.75 のときの酸素の熱量価 (kcal/l)	4.739*
熱産生量	$0.20 \times 4.739 = 0.948$
Romijn and Lokhorst	
熱産生量 (kcal)	$3.871 \times 0.2 + 1.194 \times 0.15 =$ $0.774 + 0.179 = 0.953$

1) ニワトリにおける分解タンパク質 1g 当たりの酸素消費量, 2) ニワトリにおける分解タンパク質 1g 当たりの二酸化炭素生成量
　 *表 7.3.3-2 から

酸素消費量と二酸化炭素生成量と尿中窒素排泄量から熱産生量を算出する式を作成し，その式からタンパク質分解に関する項を削除しても，計算値の相対誤差が最大1.2％を超えないことを示した．現在では次の式が広く用いられている．

　　熱産生量（kcal）＝酸素消費量（l）× 3.871
　　　　　　　　　　＋二酸化炭素生成量（l）× 1.194

4）熱産生量の表示

　呼吸試験によって算出された熱産生量は単位時間当たりの動物1頭分として表示する．Kleiber[3]は体のサイズと代謝率について研究し，代謝量を体重の3/4乗（これをmetabolic body size，代謝体重という）で表すと，体の大きさに関係なくほぼ一定の値となることを示した．また，体の大きさの異なる動物間だけでなく，同一種内でも代謝量を比較するときには代謝体重当たりで表すことが適切であるとしている．　　　　　　　　　　　（菅原邦生）

引用文献

1) McLean J.A. and B.Tobin, 1987. Animal and Human Calorimetry, Cambridge University Press, Cambridge.
2) Romijn C. and W. Lokhorst, 1961. Proceedings of 2nd Symposium on Energy Metabolism, European Association of Animal Production Publication No.10, 49 − 58.
3) Kleiber M., 1988. 亀高・堀口訳，生命の火，養賢堂，東京．

参考文献

1) Brody S. 1974. Growth and Bioenergetics, Hafner Press, 307 − 351.
2) 橋爪徳三, 1982. 家畜のエネルギー代謝とわが国における研究の歩み，橋爪徳三先生定年退官記念事業会，鹿児島．
3) 伊藤　稔ら，1977. 畜試研報，32：45 − 61.
4) 日本生物環境調節学会編，1973.生物環境ハンドブック，東京大学出版会，東京．
5) Lundy H., *et al*., 1978. Br. Poult. Sci., 19: 173 − 186.
6) MacLeod M. G., *et al*., 1985. Br. Poult. Sci., 26:325 − 333.
7) Misson B.H., 1974. Br. Poult. Sci., 15:287 − 297.

8) 菅原邦生・久保辰雄, 1991. 日畜会報, 62:135 – 141.
9) 田先威和夫・桜井　斉, 1964. 日畜会報, 35:11 – 17.

　さらに，3年に一度開催されるSymposium on Energy Metabolism of Farm Animalsのプロシーディングズ（European Association of Animal Productionの刊行物，現在までに15回のプロシーディングズが刊行され，畜産草地研究所には総てある）は呼吸試験法のみでなく，エネルギー代謝研究の最も重要な文献の一つである．

7.4　反芻動物の呼吸試験法

　反芻家畜の呼吸作用に基づくガス交換を測定するために国内で利用されている代表的手法にはチャンバー法，フード法およびマスク法，気管カニューレ法がある．これらの方法は，主に呼気を定量的に採取する部分と採取したガス組成の分析部分からなる．チャンバー法は，反芻家畜を気密なチャンバー（呼吸室）内に収容し，チャンバーを通過する空気量と通過前後の空気中酸素，二酸化炭素およびメタンの濃度差から反芻家畜の酸素消費量，二酸化炭素およびメタンの発生量を算出する方法である．フード法は，チャンバー法の簡易法とされ，家畜の頭部のみをフード内に収納して，家畜のガス交換を測定する方法である．

　また，マスク法は家畜にマスクを装着して，気管カニューレ法は手術により気管にカニューレを装着して，直接呼気を採取する方法である．各測定法には以下のような利点と欠点があるので，これらを十分に考慮して実験目的に合った方法を選択する必要がある．

7.4.1　反芻動物に適用される各種呼吸試験法の長短

1）チャンバー法

　家畜に対する拘束が最も少なく，飼料給与，糞尿採取，ガス代謝量の測定が同時に，かつ長時間にわたって測定できる．また，家畜からの水分蒸発量や消化器からのガス発生量の測定も可能である．したがって，炭素，窒素およびエネルギーの出納を1日単位で正確に測定したい場合に適している．

しかし，家畜を収容するチャンバーの有効容積が大きいため，システムの応答速度が遅く，短時間のガス代謝を測定したい場合には不向きである．その対応策としては急速応答法[1,2]が提唱されているが，施設が大がかりで高額になりやすい．

2）フード法

家畜の拘束はチャンバー法より拘束度が厳しくなるが，採食や反芻行動を制限しないため，長時間の呼吸試験も可能である．頭部のみをフード内に収容する方法であるため，有効容積が小さく，システムの応答速度はチャンバー法より速い．

しかし，下部消化管からのガス発生については捕捉できないため，メタン発生量はチャンバー法と比較して低くなる傾向にある．施設はコンパクトで，比較的経済的である．

3）マスク法

家畜にマスクを装着するため，拘束の度合いは最も大きく，長時間の測定には不向きである．また，採食中のガス代謝の変化や腸内発酵ガス，体表面からの水分蒸発を捉えることはできない．

しかし，本法はガス代謝を経時的に測定でき，同時に呼気量など生理的影響を測定できる．また，定置式でないため，放牧中の家畜にも利用できるなどの利点がある．

4）気管カニューレ法

マスク法の変法であるが，メタンなどの発酵によるガスを除き，呼気中のガスだけを採取できる特徴がある．また，口吻をマスクで塞がないため，採食中の測定も可能である．

しかし，手術により気管にカニューレを装着しなければならず，動物の術後管理が難しいなどの難点がある[3]．

7.4.2 チャンバー法による呼吸試験法

1．システム

本法には，閉鎖型または開放型の呼吸試験装置を利用した方法があるが，

現在，世界の主流は開放型であり，日本で稼働しているチャンバー法による反芻家畜用呼吸試験装置もすべて開放型であるので，ここでは開放型呼吸試験装置を利用した実験法について解説する．

図 7.4.2-1 には，畜産草地研究所に設置してある呼吸試験のシステム構成を例示した．この装置では，チャンバーからの排気空気量を正確に計測し，それに応じて入気口から外気が導入される仕組みになっている．排気空気量は同時に測定される温度，蒸気圧，気圧により標準状態 273 K，760 mmHg，相対湿度 0 % に換算するが，最近ではマスフローメーター（質量流量計）のように標準状態での流量が直接測定できる機種もある．

流量計通過後に排気空気の一部を採取し，直ちに酸素，二酸化炭素およびメタン用のガス分析計に導入し測定する．入気空気のガス濃度を分析し，入気空気と排気空気とのガス濃度差と標準状態に換算した排気空気量から先に小動物の呼吸試験の項で示した計算法により酸素消費量 (l)，二酸化炭素 (l) およびメタン発生量 (l) を算出する．だだし，この際に呼吸商が 1 のとき以外は吸気量と呼気量が等しくないので，入気空気中のガス濃度に対して小動物の呼吸試験（p. 207）に示されている補正を必ず行うことが重要である．

また，チャンバー法ではチャンバーの有効容積が大きくなるので試験開始，終了時におけるチャンバー内の酸素，二酸化炭素およびメタンのガス量についても算出し，家畜のガス消費発生量を補正する必要がある．本システ

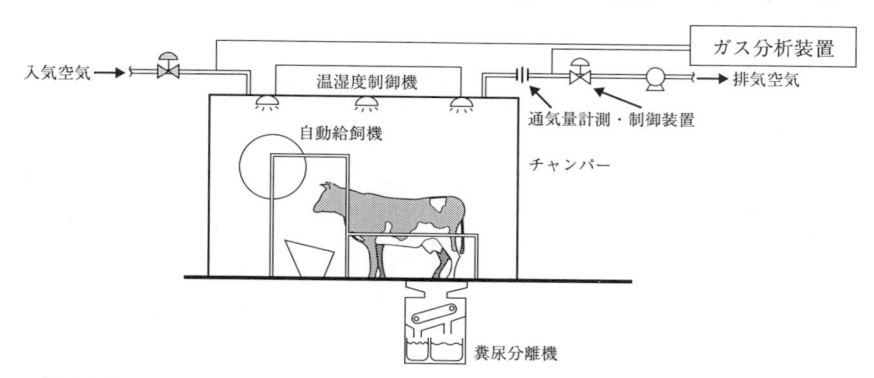

図 7.4.2-1　チャンバー法による呼吸試験装置のシステムの概要（畜産草地研究所）

ムを利用する上で重要な点としては，定期的に気密試験を行い，経路外への空気の漏れがないことを確認して利用することである．この種の漏れは，チャンバー内の圧力を陰圧（畜産草地研究所のシステムでは$-3\sim-5\,mmH_2O$）に保って運転することにより，最小限に抑えることができる．また，呼吸試験装置の総合性能はガス回収試験により定期的に評価しておくことが信頼性の高い試験成績を得るために重要である[4,5]．ガス回収率が低い場合には，補修などの対策を講じる必要があるが，95％前後で安定している場合にはシステムでの測定値に対する補正係数を設定して正確なガス代謝量を算出するように心懸ける必要がある．

2．システムの気密試験法

牛用開放型呼吸試験装置の気密試験に従来から用いられてきた方法には，冷凍機のフロンガス漏洩検知に利用される漏洩試験法がある．

フロンガス漏洩試験法は，チャンバーを含む全配管経路を閉じた後に，フロンガス 22 をあらかじめガスボンベからチャンバー内に注入し，ファンのみを動かしてチャンバーへの出入り口の開閉扉，各種パイプの貫通部，溶接などによる接着部分などガスの洩れそうな部分を調べ，さらに，排気を始めてパイプの接続部，コック部などを入念にチェックする．洩れが見つかった場合には，パッキングの交換，再溶接，シリコンなどの充填剤で補修を行った後に再度同様の漏洩試験を実施して満足のいく結果を得るようにする．

経路外に洩れたフロン 22 のチェック法としては，ガス検知素子として高感度ガス検知用半導体を利用した自動吸引式フロン用ガスセンサーが市販されている．注入量はガスセンサーの感度ならびにチャンバーおよび配管の容積を考慮して決定し，検査を正確に実施できるように心がける．

3．チャンバーの有効容積の求め方

測定開始時と終了時にチャンバー内に貯留しているガス量の差を正確に算定し，測定期間中における家畜のガス代謝量を補正するためには，チャンバーの物理的な容積ではなく，有効容積を知らなければならない．有効容積の測定法については伊藤ら[4]が詳細に示している．

すなわち，排気空気量（q, l/分）を一定に保って運転しているチャンバー

内に一定量の二酸化炭素をごく短時間内に注入し，時刻 t におけるチャンバー内の二酸化炭素濃度を $g(t)$%，チャンバーに入る空気の二酸化炭素濃度 g_{in} (%) を測定し，装置全体の有効容積を $V(l)$ とすると，チャンバーの動特性解析から以下の関係が成立する．

$$ln\,(g(t) - g_{in}) = ln\,(g(0) - g_{in}) - t/T$$

  $g(0)$：時刻 0 (テスト開始時) のチャンバー内の二酸化炭素濃度

  T：呼吸試験システムの時定数 (V/q 分)

上式から，チャンバーへの入気と排気空気との二酸化炭素濃度差は，対数をとると時間とともに直線的に減少することがわかる．したがって，この直線回帰式を解くことにより，時定数 T を求めて，時定数 T に排気空気量 q を乗ずることによってチャンバーの有効容積を求めることができる．

システムに洩れがある場合やチャンバー内のガス濃度が不均一な場合には，有効容積は排気空気量や注入した二酸化炭素量によって変動する．したがって，数段階の排気空気量，二酸化炭素注入量により有効容積を求めることにより，これらの問題点についても検査ができる．

4．実験法

家畜は，呼吸試験装置に十分に慣らした後に実験に供試する．ガス代謝測定値は，家畜の年齢，体重，生理，栄養状態などにより大きく影響されるので，実験の目的に応じて供試家畜を用意する．また，家畜の体重，栄養摂取量，環境条件などを実験期間中適宜測定しておくことが必要である．

一般にガス代謝の測定は，チャンバー内の環境条件，排気空気量などが安定した後に，チャンバーの開口部を閉じて開始される．排気空気量の設定は，排気空気中のガス濃度がガス分析計の測定範囲の中央値前後から最大値の範囲内に入るように設定すると分析精度が向上する．開始前には，チャンバー内の陰圧をチェックし，チャンバーの気密性が確保されていることを確認することが重要である．

最近，ガス濃度測定は，その物理的特徴を利用して電気的に実施されるものが多く利用されているが，その場合には分析計に導入される空気の水蒸気圧，流量，大気圧に分析値が大きく影響される．したがって，分析計に導入

される空気は十分に除湿され，流量は一定に保たれる必要がある．

また，その条件は標準ガス（超高精度質量比混合標準ガス）で分析計を校正したときと同一にすることが重要である．特に，磁気式酸素分析計は水分干渉，流量および気圧による変動が大きいので特段の注意が必要である．気圧補正機能がない磁気式酸素分析計を利用する場合には，大気圧の変動に注意しながら適宜再校正を行う．

測定期間は，実験の目的により異なるが，エネルギー出納試験を同時に行う場合には24時間単位で実験を行うことが好ましい．

7.4.3 フード法

チャンバー法との違いは，ガスの採取法のみであり，フードからの排気空気量の測定法，ガスの分析法，計算法などはすべて同様である．

実験法も基本的にはチャンバー法と同様であるが，フード法ではフード内を常に陰圧に保つことに最大限の注意を払う必要がある．本法では，フードに取り付けた防水気密性の不織布の中央開口部に家畜の頭部を入れ，頸部で間隙を最小限になるように閉めて実験を行うが，長時間にわたる実験では家畜が横臥・起立を繰り返す際に頸部周囲の間隙が大きくなり，フード内の陰圧が保たれにくくなりやすい．フード内が陰圧でなくなると，フード内の空気が排出経路以外からフード外へ拡散するため，測定誤差の大きな原因となる．また，短時間の測定では問題が少ないが，長時間連続の測定を行う場合には呼気から排出される水分を除去する装置をフード内あるいは流量測定器前に組込んでおかないと，フードや配管内に結露する場合がある．その場合には，家畜頭部の環境条件が著しく不良となったり，分析計に導入する空気の除湿が不完全となり正確な測定ができなくなるなどの問題が発生する．

7.4.4 マスク法および気管カニューレ法

本法の代表的な呼気採取法は，ダグラスバッグ法と呼ばれる．呼気を全量捕集し，一定時間後にバッグ内の呼気量をガスメーターで測定する．この呼気採取法を用いた場合には，家畜の呼吸数を同時に測定することにより1回

の呼気量についても算出できる．

ただし，1回の測定時間はダグラスバッグの大きさに規制されるので長時間の測定はできない．測定上で重要なことは，マスクを動物の口吻部に密着させ，呼気の漏れをなくすこと，呼吸弁を工夫して呼吸を整一かつ容易にできるようにすることである．

長時間測定の必要がある場合には，開放型装置が考案されている[6]．家畜はホースを通じて新鮮外気を吸引し，呼気は排気として呼気量とバランスを保ったブロアーにより吸引採取され，その排気量を計測すると同時にガス組成を分析し，ガス代謝量を算出する．

ただし，家畜の呼気量と排気量のバランスが悪いと，家畜の呼吸作用が影響を受けるので，それに対応した工夫が必要である．

7.4.5 計算法

1. **熱発生量ならびに炭水化物，タンパク質および脂肪の代謝量などの算出法**

熱発生量（HP）の計算には，測定した酸素消費量（O_2, l）および二酸化炭素（CO_2, l）発生量を用いて，① 全呼吸商から求める簡便法や，② 尿中窒素（N）量を考慮した非タンパク呼吸商法があるが，反芻家畜では消化管内での発酵作用により二酸化炭素やメタン（CH_4, l）が発生し，これが呼気中に排出されるので，このような発酵作用も考慮したHP算出式がBrouwer（1965）により提示されている．

$$\text{HP (kcal)} = 3.866 \cdot O_2 + 1.200 \cdot CO_2 - 0.518 \cdot CH_4 - 1.431 \cdot N$$

$$\text{HP (KJ)} = 16.18 \cdot O_2 + 5.02 \cdot CO_2 - 2.17 \cdot CH_4 - 5.99 \cdot N$$

一方，標準状態の排出空気流量（Vo, l）と入気と排出空気中の酸素濃度差（X，％）のみしか測定できない場合にはHPの算出に以下のMcLeanの式[7]が利用できる．

$$\text{HP (kcal)} = 4.89 \cdot Vo \cdot X$$

ただし，McLeanの式では家畜の吸気量と呼気量の差やメタンとしてのエネルギー損失量，尿中窒素排泄量の補正をしていない．そのため，絶食時代謝

や特殊な飼養条件下でのHP測定には不向きであるが，一般的な飼養条件下ではBrouwerの式と比較して，±2％以内の精度でHPを算出できるとされている．

さらに，炭水化物（K, g），脂肪（F, g），タンパク質（P, g）の代謝量，代謝水量については以下の式により算出できる．

$K = -2.966・O_2 + 4.172・CO_2 - 1.760・CH_4 - 0.391・P$
$F = 1.718・O_2 - 1.718・CO_2 + 1.718・CH_4 - 0.314・P$
$P = 6.25・N$
分解された炭水化物のエネルギー量（kcal）　：$4.20・K$
分解された脂肪のエネルギー量（kcal）　：$9.50・F$
分解されたタンパク質のエネルギー量（kcal）：$4.40・P$
メタンとしてのエネルギー損失量（kcal）　：$9.45・CH_4$
代謝水量（g）：$0.181・O_2 + 0.490・CO_2 - 0.756・CH_4 - 0.132・P$
カロリーからジュールへの換算；4.184 J = 1 cal

2．家畜の起伏運動，起立時間による熱発生量の補正

家畜の代謝量に対して一般には起立時間の補正など行わないが，基礎代謝量に対しては起伏に要するエネルギーの補正，起立時間を基に24時間横臥状態への補正を行うことがある．下記の数値はウシの場合に適用できる基礎数値の一例である．

起伏回数に対する補正：−2.5 kcal/体重100 kg/1回

起立時間による補正：起立時には横臥時よりも10％多くのエネルギーを消費する．

ただし，これらの数値は報告者によって異なるので，供試動物やその状態により最適な補正係数を利用する必要がある．　　　　　　　　　（栗原光規）

引用文献

1) McLean J. A. and P. R. Watts, 1976. J. Appl. Physiol., 40:827−831.
2) 山本禎紀ら, 1985. 日畜会報, 56：947−953.
3) 田畑一良ら, 1983. 草地試研報, 26:90−100.
4) 伊藤　稔ら, 1977. 畜試研報, 32:45−61.

5) 栗原光規ら, 1989. 九農試報告, 26 : 71 − 88.

6) 橋爪徳三, 1982. 家畜のエネルギー代謝とわが国における研究の歩み, 橋爪徳三先生定年退官記念事業会, 鹿児島.

7) McLean J. A. and G.Tobin, 1987. Animal and Human Calorimetry, Cambridge University Press. Cambridge.

参考文献

1) 岩崎和雄ら, 1982. 畜試研報, 39 : 41 − 78.

2) 藤田　裕ら, 1988. 日畜会報, 59 : 123 − 129.

3) 向居彰夫ら, 1989. 九農試報告, 26 : 27 − 69.

第8章　代謝試験法

消化試験が消化器官における物質の出入りを調べるのに対し，代謝試験では糞のみならず尿への損失も考慮するため，ガスとしての出入りを無視できる窒素（タンパク質）やミネラルなどについて体内蓄積量を知ることができ，タンパク質の栄養評価あるいは要求量の推定の有効な手段となっている．

8.1　小動物

ここでは代謝試験としてラットを使った窒素出納試験について述べる．基本的な実験法および糞の処理方法は消化試験と同じであるため，消化試験の項を参照されたい．消化試験法のところで示したような装置（図6.1-1）を用いることによって尿は採取できる．餌のこぼしは給餌器を入れる隔室に貯まるため，採尿期間中のこの部屋のこぼしを測定し，正確な飼料摂取量を得る．採尿期間中は尿の分解をできるだけ防ぐため，毎朝採尿用ビーカーに10％程度の濃度の硫酸5 mlを入れておく．

1日に排泄される尿量は5 mlの硫酸を含めて10〜20 g程度である．尿は腐敗しやすいため，冷凍庫に貯蔵することを基本とする．ただし1〜2日位であれば冷蔵庫でもよい．窒素の分析は，本試験期間中の全尿量をまとめて均一によく混合した後，重量を測定し，その一部を分析に供する．

基本的にはブタの場合と同様なのでその項を参照されたい．　　（高田良三）

8.2　家　禽

ここでは代謝エネルギーの測定法の他，家禽生産物の中で最近，特に注目が払われる脂質に関連した代謝試験法について述べる．

8.2.1　代謝エネルギーの測定

窒素補正代謝エネルギー（metabolizable energy，MEn；TMEと区別する場合はAMEnという）はニワトリにおけるエネルギー価を表す方法としてわが国で一般に用いられている．

この MEn は Hill らの方法[2]に準じて，次のように測定する．なお，Hill らの方法ではグルコース（3,640 kcal/kg 乾物）を原則として 40％ 用いたものを基礎飼料としたが，その後の研究により必ずしもグルコースである必要はないことが明らかにされたので，ここでは実用飼料を用いるインデックス法を紹介する．

配合飼料など成分組成のバランスがとれた飼料の場合には単独給与での測定が可能である．しかし，そのような性質をもたない多くの飼料原料の場合には，必要な栄養素が十分にしかもバランスよく含まれている基礎飼料を用い，これに供試品を配合した試験飼料を調製し，基礎飼料および試験飼料の ME を測定し，基礎飼料の ME が変わらないものとして間接的に求める．

1. 供試鶏および供試羽数

一般には幼雛，あるいは成鶏を用いることが多いが，幼雛を用いる場合，初生雛では体内にまだ卵黄が残っているので，少なくとも 7 日齢以降が適当である．性別，品種は問わない．供試羽数は雛を使う場合，群飼いとし 1 羽当たりの排泄物量に応じて 1 試験区の羽数を決める．1 試験区 2～5 羽の場合 4 群以上が望ましく，成鶏などを使う場合は 1 試験区 1～2 羽，4 群以上からデータが取れるよう準備する．

2. 試験期間

試験期間は予備，本試験期間とし，予備期間は試験飼料に切り換えてから 4 日間以上とし，本試験期間は 2～4 日間でよいが，長期間が望ましい．

3. 試験飼料

1）試験飼料の成分含量

基礎飼料は飼養標準に示される各栄養素を十分に含んでいなければならない．ただし，油脂添加飼料は避ける必要がある．

2）供試飼料の配合率

基礎飼料における供試飼料の配合率は測定値のふれを考えれば，できるだけ多く配合することが望ましいが試験飼料中の栄養素バランスが著しく崩れないよう配慮する必要もあり，特殊なものを除き 30～40％ 程度とする．全飼料中の酸化クロム濃度は 0.1～0.2％ とする．

3）試験飼料の配合上の注意

　指示物質（酸化クロム）が試験飼料に均一に混合できることが必要である．また，試験飼料は採食時に選り食いのできない程度の粒度とする必要があり，そのため飼料の粒度は 1～2 mm の篩をつけた粉砕機により粉砕されたものが適当である．

4．飼料の給与量と給与方法

　試験飼料の給与方法は自由摂取とする．ME 測定における試験飼料の給与量の影響は自由摂取させた場合の摂取量の 40％程度まで制限しても影響が認められない．したがって残飼のない程度を目安として試験期間中は毎日給与する．飲水は自由摂取とする．

5．分析用試料の調製

1）飼料全体を代表するように一次試料を採取する

　これをよく混合した後，縮分して二次試料とする．二次試料を粉砕し 1 mm 目のフルイを通したものを分析用試料とする．

2）糞の採取と処理

　糞は毎日一定時刻に採取する．採糞にあたっては飼料のこぼし，羽毛などを取り除くとともに，異物混入部分を除きほぼ全量を採取するようにする．採取した糞は羽毛などを取り除いたのちトレーに薄く広げ，約 60℃の通風乾燥器で 24 時間乾燥し，風乾後粉砕して分析に供する．

6．分析方法

　飼料および糞尿中の窒素は第 20 章に示した飼料分析法により，総エネルギーはボンブカロリーメーター，酸化クロムは比色法により分析する．

7．ME の計算方法

　基礎飼料および試験飼料の ME（kcal/g）は次式により計算する．

$$\text{飼料 ME}/g = \text{飼料 GE}/g - \left(\frac{\text{飼料中 } Cr_2O_3 \, \%}{\text{糞中 } Cr_2O_3 \, \%} \times \text{糞 GE}/g\right)$$

$$- 8.22 \times \text{飼料 1 g 当たりの蓄積窒素 g}$$

供試品の ME は次式により計算する．

$$\text{供試品 ME/g} = \frac{\text{試験飼料 ME/g} - (\text{基礎飼料 ME/g} \times \text{配合率})}{\text{配合率}}$$

(村上 斉)

引用文献

1) 農林水産省農林水産技術会議事務局編, 1986. 飼料栄養価測定法における新方式の開発.
2) Hill, F. W. and D. L. Anderson, 1958. J. Nutr., 64:587 − 604.

8.2.2 卵黄の脂肪酸組成の測定 [1]

飼料中の油脂源を変えたり,組成を高めたい脂肪酸を直接飼料に添加し,卵黄の脂肪酸組成を改善する試みがなされてきた.この結果,多くの付加価値卵が作出されるに至った.そこで卵黄の脂肪酸組成の測定方法について記載する.

1) 約 300 mg の凍結した卵黄を正確に秤り取り,1〜2 g の硫酸ナトリウムを加えて擦り潰す.

2) これにクロロフォルム−メタノール溶液(2:1, v/v)を加え,脂質成分を抽出する.

3) この抽出物を濾過後,窒素を吹き付けながら乾燥させる.それを 2.8 % のナトリウムメトキシドに再溶解させる.

4) 溶液を 40〜50 ℃で培養し,ヘキサンを加える.

5) このヘキサン分画を用い,ガスクロマトグラフィーで脂肪酸組成を測定する.

8.2.3 卵黄コレステロール含量の測定 [2]

生活習慣病の発症が多発するに至り,コレステロールの摂取量に注目が払われるようになった.

卵黄コレステロール含量については飼料の組成などを操作することにより低コレステロール卵の作製が試みられている.ここではガスクロマトグラフ

ィーを用いずに，市販されているコレステロール測定キットを用いる簡便な方法を紹介する．

1) 採卵した卵から卵黄を分け，分析に供試する．この際，卵黄を一旦凍結すると測定キットで分析ができなくなるので注意する．

2) 卵黄サンプルに 0.05 M の水酸化ナトリウム溶液を加え混合する．

3) このサンプルに 0.25 N の塩酸溶液を加え，中和する．

4) これを分析用サンプルとし，市販キットを用いてコレステロールを測定する．

8.2.4 肝臓脂肪含量の測定と色差計を用いた脂肪肝の推定

家禽において脂肪合成を中心的に行う部位は肝臓である．ときとして肝臓に過剰に脂肪が蓄積し，脂肪肝症を発症し，生産性が低下する．ここでは肝臓中の脂質含量と肝臓の色から脂肪肝を推定する方法を述べる．

1. 肝脂肪含量 [3]

1) 採取した肝臓は，生理的食塩水で洗浄後，凍結乾燥させる．

2) これにクロロフォルムーメタノール溶液（2：1, V/V）を加え，脂質成分を抽出する．

3) 抽出した脂質を用い，市販キットで中性脂肪，コレステロール，リン脂質などを測定する．ただし，キットによってはクロロフォルムーメタノール溶液により分析値に異常をきたすことがあるので，その場合には窒素を吹付けながらクロロフォルムーメタノール溶液をあらかじめ蒸発させておく必要がある．

2. 肝臓の色調 [4]

1) 摘出直後の肝臓を用いる．

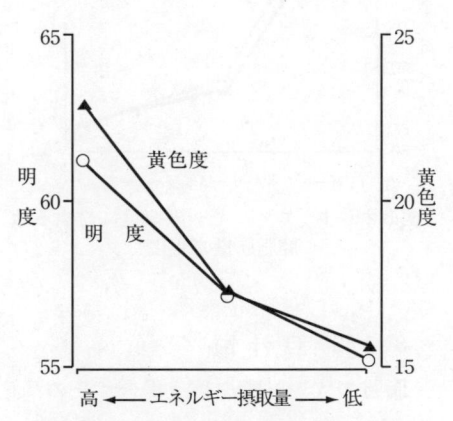

図 8.2.4-1 エネルギー摂取量に対する肝臓の明度と黄色度の変化

2) 色差計（例えばミノルタ CR-200）により，明度，赤色度ならびに黄色度を測定する．
3) 脂肪肝のものほど，明度と黄色度の数値が高いものとなる．

図8.2.4-1にエネルギー摂取量に対する明度と黄色度の変化を示した．エネルギー摂取量の低下に伴い両数値は低下する．

8.2.5 腹腔脂肪 [4]

ブロイラーの生産においては，無駄な部分として廃棄される腹腔脂肪の量を減少させることが重要である．また産卵鶏においても過剰な腹腔脂肪が蓄積されることがある．腹腔脂肪の測定には以下の方法を用いる．
1) ニワトリを屠殺後，速やかに開腹する．
2) 腹腔脂肪は腺胃，筋胃とともに取り出し，全重量を測定する．
3) 次いで腺胃，筋胃についている脂肪を丁寧に取り除き，腺胃，筋胃の重量を測定する．
4) 2) の値から3) の値を差し引くことにより，正確な腹腔脂肪量が算出できる．

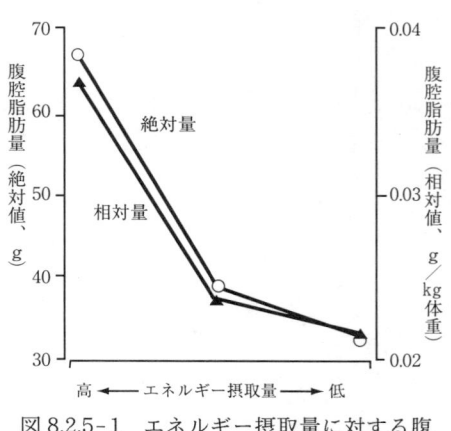

図8.2.5-1にエネルギー摂取量に対する腹腔脂肪量の変化を示した．絶対量でも体重当たりに換算した場合でもエネルギー摂取量の低下に伴い腹腔脂肪量は減少する．

図8.2.5-1　エネルギー摂取量に対する腹腔脂肪量の変化

8.2.6 胆汁酸 [5]

脂質の代謝試験を行う場合，その消化・吸収に関与する胆汁酸の影響について調べる必要が生じてくる．胆管を結紮することにより，十二指腸内への胆汁の流入を防ぎ，胆汁酸の影響を調べる方法もあるが，ここでは薬剤を使

う方法と糞尿中に排泄された胆汁酸と脂肪の測定による方法について述べる.

1. 消化管内での胆汁酸の利用阻害薬

1) ミセルの形成と胆汁酸の再吸収を抑制する胆汁酸結合ポリマーであるコレスチラミン（ブリストルマイヤーズスクイブ（株）よりコレスチラミンを44.4％含むクエストラン®として販売されている）を飼料に2％配合する.

2) コレスチラミンを含む飼料の代謝エネルギー値やその飼料を給与された雛の体脂肪含量は，コレスチラミンを含まない飼料を与えたときに比して低くなる．この結果は，コレスチラミンにより胆汁酸の利用が抑制され，脂肪の消化吸収が低下したことを示唆する．しかしながら実際にコレスチラミンにより脂肪や胆汁酸が多く体外に排泄されているかどうかを確かめる必要がある．

2. 糞尿中の胆汁酸量の測定[6]

1) 糞尿を乾燥し，均一化した約200 mgの糞尿を正確に計り，スクリューキャップつきの15 mlのプラスチック試験管に移す．

2) それに2 mlの酢酸—エタノール溶液（50％酢酸：エタノール＝1：9）を加え，激しく混合する．

3) それを2,000×gで5分間遠心分離し，上澄をスクリューキャップつきの15 mlのガラス試験管に移す．

4) 2) と3) の操作を繰り返す．

5) 得られた上澄を窒素を吹き付けながら蒸発させる．

6) 試験管に0.1 MのNaOHを2 ml加え溶解させる．

7) これに石油エーテルを2 ml加え，コレステロールを抽出する．

8) 2,000 gで1分間遠心分離し，上澄を捨てる．

9) 7) と8) の操作を繰り返す．

10) 残渣に0.1 NのHClを2 ml加える．

11) さらに酢酸エチルを2 ml加える．

12) 激しく混合した後に，2,000×gで5分間遠心分離する．

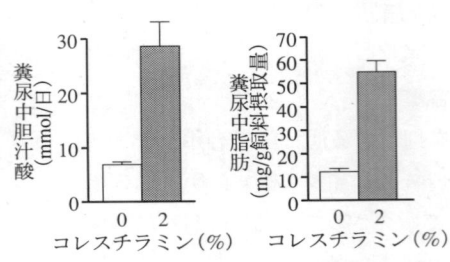

図8.2.6-1 コレスチラミン添加による糞尿中への胆汁酸と脂肪の排泄量の変化

13) 上澄をスクリューキャップつきの 15 ml のガラス試験管に移す.
14) 11)～13) の操作を繰り返す.
15) 得られた上澄を窒素を吹き付けながら蒸発させる.
16) 試験管にメタノールを 1 ml 加え溶解させる.
17) 市販の胆汁酸測定用キットで胆汁酸量を測定する.

　図8.2.6-1にコレスチラミン添加による糞尿中への胆汁酸と脂肪の排泄量の変化を示した. コレスチラミンにより胆汁酸と脂肪の排泄量が何倍も増加した.

8.2.7 糞尿中の脂肪含量の測定

1) 糞尿サンプルは乾燥後, 粉砕器を用いて十分に均一化する.
2) その糞尿サンプル約 1 g を正確に秤り取り, 25 ml のガラス栓つき試験管に入れる.
3) 脱イオン水 5 ml と濃塩酸 1 ml を加える. それにエーテル 4 ml を加え 5 分間混合する.
4) 数秒間静止させた後に 95％エタノール 4 ml を加え, 再び 5 分間混合する.
5) やや色のついた透明な溶媒層 (上層) が脂肪を含んでいる. この部分をあらかじめ恒量値を求めておいたソックスレー抽出用の脂肪瓶にパスツールピペットなどを用いて移す.
6) 上層をできる限り移した後に, 回収できなかった分については新たにエーテル 1 ml を試験管に加え, 緩やかに振ってから同様にエーテル層を脂肪瓶に移す. この洗いの操作は 5 回繰り返し, 栓に付着した脂肪も丁寧にエーテルで洗い落とすようにする.

7) さらに残渣にエーテル4 mlを加えて5分間激しく混合した後に，エーテル層を脂肪瓶に移す．このあとは6)の操作を繰り返す．
8) この後の操作は，ソックスレーの抽出器にコルベンをセットし，エーテルを回収する．その後コルベンの恒量値を測定し，脂肪含量を算出する．注意すべきことは，アルコールが脂肪瓶に入ってしまった場合には，いきなり恒量値を求めようとはせずに，ブロックヒーターなどを用いて低温で予備乾燥をしておくことである．

(古瀬充宏)

引用文献

1) Furuse M. *et al*., 1992. Comp. Biochem. Physiol., 101A : 167 − 169.
2) Luhman C. M. *et al.*, 1990. Poult. Sci., 69 : 852 − 855.
3) Furuse M. *et al*., 1991. Poult. Sci., 70 : 95 − 102.
4) Furuse M. *et al*., 1990. Poult. Sci., 69 : 1508 − 1512.
5) Mabayo R. T. *et al*., 1995. Lipids, 30 : 839 − 845.
6) Malchow − Moller A. *et al*., 1982. Scand. J. Gastroenterol, 17 : 331 − 333.

8.3 ブ タ

代謝試験では試験期間中の全尿を採取する必要があるためブタを代謝ケージに収容する．一般に使用されている代謝ケージを図8.3-1に示すが，その構造上，供試豚は一般に雄豚（去勢雄豚を含む）に限定される．

8.3.1 窒素出納試験

2種類の飼料（試験飼料と対照飼料）がブタの尿への窒素排泄量に及ぼす影響を知るために実施した実験例に基づいて述べる．

1．供試豚と試験期間

体重50〜70 kgの去勢雄子豚4頭を用い，2頭ずつの2群に分け，試験飼料区と対照飼料区に割り当てる．供試豚を代謝ケージに収容し，2週間の馴致期間の後，予備試験として5日間それぞれの飼料を給与し，次の5日間に糞尿を採取する．次いで，給与飼料を逆にして，同様に予備試験5日，本試験5日間行う．したがって，一つの飼料につき4頭のブタのデータが得られ

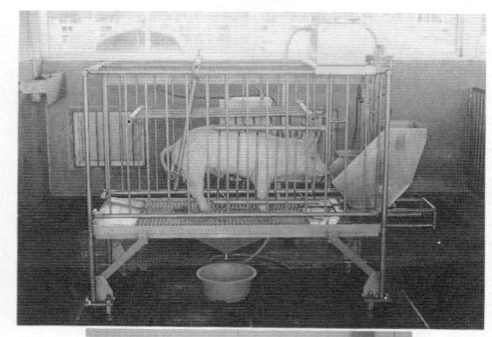

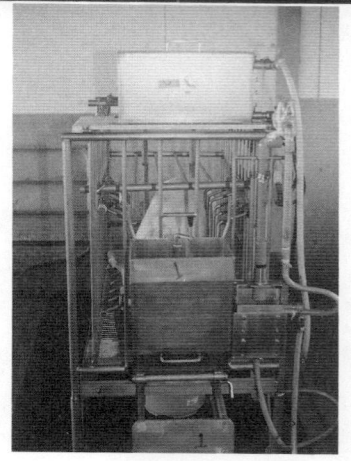

図 8.3-1　ブタの代謝試験装置

ることになる．

2．糞尿の採取法

糞尿は1日を単位として採取する．糞の採取と処理は全糞採取法による消化試験の場合と同様であるので，尿について述べる．

1）1日の全量の尿を秤量する．ろう斗状の尿受けに尿成分が乾燥して付着することがあるので，蒸留水で洗浄するとよい．また，尿中の窒素成分の揮散を防ぐため，あらかじめ一定量の硫酸を尿の採取容器に入れておく必要があるため，尿の容器は耐酸性を備えた材質でなければならない．

供試豚により，また，環境温度などにより1日の尿量はかなりばらつくので，尿採取の容器の容量は十分に余裕のあるものを用いる．

2）全量の尿をよく撹拌して均一になるようにしてから，一定量のサンプルを採取する．窒素の分析だけであれば 100 ml で十分である．

3）尿のサンプルを保存する場合は，冷凍庫（-20 ℃）で保存する．

4）窒素の出納量は次の式で表される．

$$NB = I - (F + U)$$

ここで，NB：窒素の出納量，I：窒素の摂取量，F：糞中への窒素の排泄量，U：尿中への窒素の排泄量である．単位は，代謝体重（体重の 0.75 乗）当た

りで表現するのが一般的であるが，体重当たり，あるいは1頭当たりで表すこともある．既述の実例のように，いくつかの試験飼料を与えて糞尿中への窒素排泄量低減効果を比較するような場合には，1頭当たりで示した方がわかりやすい．

3．雌豚を用いる窒素出納試験

代謝ケージを使用する全糞採取法による消化試験や代謝試験では，尿の採取のしやすさから去勢雄豚を供試するのが一般的である．しかしながら，ブタを代謝ケージに収容した採尿では，糞や飼料，飲用水の尿中への混入，採尿用ろう斗への尿成分の付着，尿受けからの尿の溢れなどの様々な問題に遭遇し，それに対処しなければならない．また，繁殖母豚の試験など，どうしても雌豚を使用する必要に迫られる場合もある．

このような問題を解決するため，バルーンカテーテルを雌豚の膀胱に装着して全尿を確実に採取する方法が開発されている．その概要は以下の通りであるが，詳しくは原著[1]を参照されたい．

1) 代謝ケージに収容した雌豚の外陰部と膣入り口を消毒液で洗浄，消毒した後，留置導尿用バルーンカテーテルを挿入する．
2) 生理食塩水 10 ml 注入し，バルーンを膨らます．これによって，カテーテルが膀胱から抜けだすことがなくなる．
3) カテーテルに採尿チューブをつなぎ，尿バッグをつけて採尿する．
4) 尿道や膀胱への細菌感染を防止するため，1日に2回以上は外陰部と膣入り口を洗浄，消毒し，清潔に保つ．

以上の方法により，1週間にわたり，抗生物質などの薬剤を用いることなく，混濁のない正常な尿の全量回収が可能である．

8.3.2 代謝エネルギーの測定

ブタの場合は反芻動物とは異なり，ガスとして失われるエネルギーは無視し得るほど少ないため，代謝エネルギー（ME）は，摂取エネルギーから糞および尿に排出されるエネルギーを差し引くことによって求めることができる．

1. 糞および尿中のエネルギーの測定

糞のエネルギー測定は消化試験の場合と全く同じであり，特に問題はないが，尿の場合は液体であるので少し面倒である．まず，乾物測定用のアルミ容器にポリフィルムを広げ，その中に10〜20 mlの一定量の尿のサンプルを入れ，凍結乾燥する．次いで，ポリフィルムごと熱量計でカロリーを測定し，別にポリフィルムの熱量を測っておいて差し引くようにする．

2. ブタにおける代謝エネルギーの意義

ブタの尿中に排出されるエネルギーの大部分は，タンパク質が体内で代謝を受けて生じる尿素のエネルギーである．尿素は1 g当たり2.13 kcalの熱量をもつ．したがって，飼料のタンパク質含量が高かったり，アミノ酸バランスの悪いタンパク質を与えた場合には尿中へのエネルギー損失は多くなり，同じ飼料原料であっても，配合量や，組み合わせる飼料原料，ブタの発育速度，発育ステージなどの諸要因によってMEの値は大きく変動することになる．なお，デンプンや油脂そのものは体内で完全に酸化されるため，尿中へのエネルギー損失は無視できる．

ブタにおいては，エネルギー要求量の単位としてDEを採用しているが，諸外国ではMEでエネルギー要求量を示しているところも多い．しかしながら，飼料原料の栄養評価では，MEは既述のように多くの要因によって変動するため，DEでエネルギー価を評価するのが一般的である．（勝俣昌也）

引用文献

1) 梶　雄次ら，1996.九州農業研究，58：116.

8.4 反芻動物

反芻動物の代謝試験として窒素出納試験とエネルギー出納試験が多く行われている．エネルギー出納試験では摂取エネルギーから糞，尿，メタン，乳などへのエネルギーの排出量を差し引くだけでなく，さらに，熱発生量としての損失を差し引くことによって，出納量を明らかにすることができる．しかし，メタン発生量と熱発生量とを測定するためには特殊な機器を必要とする呼吸試験を実施する必要がある．一方，窒素出納試験は糞，尿，乳の採取

のみによって可能となるため，エネルギー出納試験に比べて実施が容易である．

エネルギー出納試験については第8章において詳述されているので，本節では窒素出納試験の実際について取り上げる．

8.4.1 窒素出納の測定の意義とその限界

窒素出納量の測定値は飼料に含まれる窒素化合物の栄養価判定や相互の比較，または生体内における窒素代謝の効率と機構の解明，さらには窒素（タンパク質）の要求量を決定する場合に最も基本的な知見を与えるものである．また，環境（糞尿）問題の対策を検討するためにも窒素の排泄経路とその実量を明らかにすることは重要である．

反芻動物における窒素出納の一例として，泌乳牛と肥育牛の成績を図8.4.1-1に示す．泌乳牛も肥育牛も糞中への排泄量は摂取窒素のほぼ30〜40％であるが，代謝性糞中窒素量を乾物摂取量当たり4.8gと仮定するといずれも糞中窒素量の半分以上がそれに由来することになる．また，反芻家畜には特有の尿素再循環機構が存在することから，摂取窒素量から糞中排泄量を差し引いたものは吸収窒素量と等しくはならない．さらに，尿中へ排泄される窒素もルーメンからのアンモニアに由来するもの，糖新生の結果としてアミノ酸から生じた窒素，体タンパク質の分解に由来する窒素などからなり，その意義を考察することは容易ではない．したがって，反芻家畜の窒素代謝について検討する際には，窒素出納試験を行うと同時に窒素代謝に係わる各種のパラメーターも併せて測定すべきである．

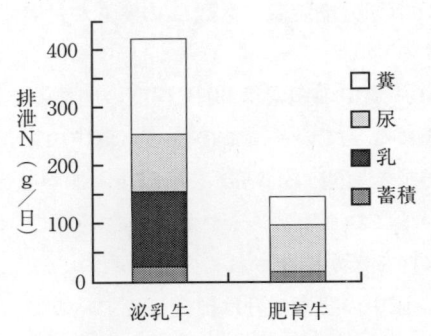

図8.4.1-1　ウシによる窒素出納成績

8.4.2 窒素出納測定の実際

1. 供試家畜の選定および試験飼料

これらは消化試験法実施時の基準とほぼ同様である.

2. 試験期間

反芻家畜の窒素出納試験はインデックス法ではなく,全糞尿の採取によって行うため,試験期間は消化試験実施時の基準に準じるが,その際には糞尿中の窒素含量の変動だけでなく糞尿量の日間の変動も考慮して決めなければならない.

3. 測定装置

ヒツジ・ヤギでは消化試験の章に示した代謝試験ケージを用いると糞尿の分離回収は問題なく行える.ウシについても消化試験の章に示した糞尿分離装置を用いて分離回収することができるが,糞の性状や分離機の調整不良の場合には糞尿の分離が悪くなるので注意する.ハーネスを利用する場合は,糞尿の分離は良好であるが,装着状況のこまめなチェックが必要である.

4. 糞尿採取時の注意事項

1) 糞尿が混合されるとアンモニアの発生量が増加するので,できるだけ速やかな分離回収を心懸ける.

2) 糞尿分離装置にも数％の窒素が付着するので,蒸留水を用いて洗浄,回収する.

3) 牛糞中の窒素は60℃程度の加熱乾燥過程で3～5％損失することが明らかになっている.このため,糞中の窒素分析は新鮮サンプルを用いて行うか,希塩酸(約5％)を噴霧後,加熱乾燥してサンプル調製を行った方がよい.なお,ヒツジ・ヤギ糞中の窒素については加熱処理ではほとんど飛散しないことが確認されている[1].

4) 尿中の窒素成分は揮発しやすいので,尿採取容器にあらかじめ少量の塩酸または硫酸などを入れておくとよい(ヒツジ・ヤギの場合であれば20％硫酸を尿量の1％程度入れておくとよい[1]).

8.4.3 窒素出納と同時に測定すると有効なパラメーター

窒素出納を組み合わせながら，微生物体タンパク質合成量を調べるためのアラントイン[2]，体タンパク質の分解速度の指標としての3－メチルヒスチジン[3]，タンパク質栄養状態をモニタリングする指標としての尿素（血漿尿素窒素，乳中尿素窒素）などが窒素代謝の簡易な動態解析手法として活用できることが明らかにされている．それらについては第12章で詳しく述べる．

（寺田文典）

引用文献

1) 田野良衛ら，1982．畜産試験場研究報告，39：103－106．
2) 松本光人ら，1995．研究成果情報（畜産試験研究推進会議），9：27－28．
3) 西澤直行・板橋久雄，1984．栄養生理研究会報，28：97－110．

第9章　屠殺試験法

屠殺試験は供試動物を屠殺してその体成分を分析するもので，試験の目的によって二つに大別される．一つは，畜産の産業上の目的から，枝肉や体脂肪の生産量を測定し，それらの各部位における化学組成を調査して，食品としての品質判定の基準にするものである．この場合は，屠体内に含まれる各成分の総量よりも，目的とする部位に関する部分的な分析が主となる．もう一つは，出納試験の一環として家畜の体成分蓄積量の測定を目的としたものである．これは供試家畜を2群に分け，1群を試験開始時に屠殺し，他の1群は試験処理に従って飼育し，試験終了時に屠殺し，試験期間中に体内に蓄積された成分量を測定するもので，比較屠殺法（comparative slaughter technique）と呼ばれる．

家畜の体成分蓄積量を測定するもう一つの方法として炭素・窒素出納法（carbon and nitrogen balance technique）がある．炭素・窒素出納法では消化試験，代謝試験および呼吸試験を実施して糞，尿，ガスなどの形で損失する炭素および窒素量を測定し，飼料として摂取した量から差し引いてタンパク質，脂肪およびエネルギーの蓄積量を間接的に求めるのに対し，比較屠殺法では消化試験，代謝試験あるいは呼吸試験を行わなくても，それらの蓄積量を直接求めることができる利点がある．

9.1　小動物

小動物は，大・中型動物と異なり扱い易く，屠体全体を均質化して成分を測定することが可能である．また，筋肉，骨などの組織や，肝臓，腎臓などの諸器官に分けて，各部の成分量を求めたり，蓄積量を求めることも比較的容易に行うことができる．そのため，試料とする全屠体あるいは部位を均一に混合し，混合物から分析サンプルを採取する．試料は，速やかに均一に混合することが重要であるが，その方法は多様である．例えば1）ミートチョッパーで繰り返し混和する方法，2）所定量の純水を加えてホモジナイザーで混

合し，ペースト状の混合物とする方法，3）凍結乾燥してから微粉砕する方法，4）試料を凍結した状態で粉砕混合する方法などがある．その中から，保有する器材の状況と，目的とする測定項目に負の影響を及ぼさない処理条件，再現性を考慮して選択する．

　ここではニワトリの雛，ウズラ，ラット，マウスなどの小型の動物屠体の，チョッパー（1）およびホモジナイザー（2）による処理方法の1例を挙げる．体重100g～1kg程度の動物ならば，この方法での処理が可能である．筋肉および肝臓のホモジネート調製については15.2に述べる．

9.1.1　サンプル調製用器材

1．チョッパーを用いる場合

　電動あるいは手動チョッパー（6mm，4mm目孔の2種類のプレートを使用），包丁あるいはなた，解剖鋏，バットあるいはボウル，まな板，薬さじ，冷凍庫（－20℃かそれ以下の能力のもの）．

　操作中は，極力，低温に保った方がよいので，ドライアイスなどを用意するとよい．

2．ホモジナイザーを用いる場合

　ホモジナイザー（強力なモーターを備えたもの．12～35mm径のジェネレーターシャフトを装着），プラスチック容器200～1,000 ml 容量のもの），解剖鋏，まな板，薬さじあるいは駒込ピペット．

9.1.2　サンプルの調製

1．屠　体

　動物は目的に応じて，血液などを失わない方法（麻酔，窒息，頸椎脱臼など）により，あるいは頸動脈からの放血によって屠殺する．いずれにしろ，動物に与える苦痛が最も少ない屠殺方法を選択する．

2．チョッパーによる屠体の処理

　①　事前に，生体重，屠体重，各部位の重量を測定する．
　②　屠体を包丁などでチョッパーに適した大きさに切断し，羽毛は鋏で細切する．

③ 直径 6 mm のプレートを装着してチョッパーに通し，荒挽きとする．チョッパー内部や刃の部分に残存する屠体の部位は（羽毛，腱など），薬さじなどを用いて十分に回収し，鋏で細切しホモジネートに加え，再びチョッパーにかける．

④ チョッパーのプレートを 4 mm 目に換え，さらに 2 回通過させ均一な試料とする．

⑤ 直ちに分析に必要な量のサンプルを採取し，サンプル保存容器に入れて冷凍保存する．

3．ホモジナイザーによる屠体の処理

この方法は，いくつかの部位に分けて測定する場合に適する．小型の動物では全屠体でも可能である．

① 試料を鋏や包丁で細切する．

② ホモジナイザーに 12～35 mm 径のジェネレーターシャフトを装着し，試料をプラスチック容器に入れ，一定量の純水を加えホモジナイズする．筋肉では 10 g に対し，15 ml の純水を加え，約 2 分ホモジナイズする．

③ ポリトロンでは，35 mm 径程度のジェネレーターシャフトであれば骨の粉砕も可能である．予めハンマーあるいはなたで数片に砕き，ホモジナイズに供する．

④ 試料は十分にホモジナイズさせ，均質な状態で薬さじや駒込ピペットなどでサンプリングを行い，測定に供する．またはサンプル保存容器にて冷凍保存する．

4．注意事項

小動物は，量的に少ないため，生試料で行う場合はチョッパー内の残存量が増える傾向にあり，体液などを逃さないような配慮が必要である．

チョッパーでの均質化には，冷凍ないし半解凍状態が扱い易い．完全に融解した場合，チョッパー内の刃に絡みつきが生じ，均質化が難しくなるため，必要に応じて再凍結してから作業を行うとよい．

ホモジナイザーによる方法では，ガラス容器は割れやすいためプラスチッ

ク容器とする．

　屠体の自己分解の可能性があるため，ホモジナイズ処理は，低温下で速やかに行うことが望ましい．保存は $-20\,^\circ\mathrm{C}$ 以下とし，急速冷凍が望ましい．また食肉や可食部としての評価の際は，採取作業，保存，熟成，解凍などの条件は，食肉の処理に準ずることが望ましい．

9.1.3 成分分析

　分析項目は試験の目的によって異なるが，比較屠殺法ではタンパク質，脂肪，水分，エネルギーなどが一般的である．第20章に分析方法を示す．

9.1.4 成分蓄積量の算出

　体成分蓄積量は，試験開始時と終了時の成分量の差から算出する．そのため試験開始時と終了時に屠殺を行い，成分量を求める．
1) 予備飼育後，平均体重などを揃えた開始時屠殺群，試験飼料給与群，対照飼料給与群を設ける．
2) 試験開始時の成分量を求めるため，開始時屠殺群は生体重を記録後，屠殺し成分分析に供す．
3) 試験開始時と試験終了時に生体重を記録し，それぞれ屠殺を行う．
4) 飼養試験では，試験期間中の飼料摂取量を記録し，目的とする飼料成分の摂取量を算出する．
5) 屠殺後の体重から，消化管内容物重を差し引き，屠体重とする．また，放血屠殺の場合は，生体重と放血後体重の差を血液重とする．放血後体重から消化管内容物重を差し引き，屠体重とする．
6) 筋肉，臓器等の組織に分けて算出する際は，各組織重量を記録する．
7) 化学分析で成分割合を求め，各個体の屠体重（または組織重量）に乗じ，成分量を算出する．
8) 試験終了時の成分量から，開始時の成分量を引き，蓄積量を求める．
9) 蓄積量を試験日数で割り，1日当たりの成分蓄積量を算出し，対照群との比較・解析をする．特定成分の摂取効果の検討には成分摂取量当たりの蓄積

量を求める．

屠殺試験法は，飼養試験の一環として消化試験，代謝試験などとともに実施される場合がある．そのため，目的に応じて第5～8章を参照することが望ましい．　　　　　　　　　　　　　　　　　　　　　　　　（藤村　忍）

9.2　ブ　タ

ブタの屠体分析に際してはまず次の諸器具の準備が必要である．

9.2.1　サンプル調製用機材と分析機器

1) 豚衡器，重量秤
2) 冷凍室（庫）
　供試頭数分の解体した屠体を1週間以上，$-20℃$以下で凍結保存できる能力と容積を持つもの．
3) 大型チョッパー
　10～15馬力モーターつき，二重潰切式のもの．直径10～20 mmの穴を有するプレートを使用．
4) 小型チョッパー
　0.5～1馬力モーターつき，一重潰切式のもの．直径2～3 mmの穴を有するプレートを使用．
5) 凍結乾燥機
　棚置き式ドライチャンバーを有し，除水容量2 l 以上のもの．
6) 小型粉砕器
　電動のコーヒーミルでも可．
7) 刀，鋸，電動鋸
8) ポリエチレン袋
9) 化学分析・エネルギー含量測定用の機器・資材

9.2.2　サンプルの調製の準備

1．供試豚
　ブタの体成分の蓄積には，体重，性，遺伝的資質などによる違いがあるこ

とが知られている．供試豚には同じ品種（交雑種の場合は同じ品種の組み合わせ）のものを用意し，特に体重 30 kg 以上のブタでは明らかな性差が認められる[1]ため同性のものを使用すべきである．また，試験開始時の体重をできるだけ揃えることが重要である．

供試豚を二つのグループに分け，試験開始時に屠殺する初期屠殺群と試験終了時に屠殺する試験処理群に配置する．ブタでは一腹から 2 頭以上の同性の供試豚を得ることができるので，同腹豚を初期屠殺群と試験処理群に分けて配置することが望ましい．

2．飼養管理

試験開始前に 1 週間以上の予備期を設け，供試豚を全て同じ条件で飼養管理する．試験処理群の試験開始時の消化管内容物を除いた体重（空体重，empty body weight, EBW）を初期屠殺群の生体重に対する空体重の比率から推定するので，特に飼料の給与量と給与時刻は同じ条件にしておく必要がある．

初期屠殺群は試験開始時の体組成を調べるため，試験開始時に屠殺する．試験処理群は一定の試験期間（数週間以上），所定の試験処理に基づいて飼養した後に屠殺する．なお，出納試験の一環として行う場合は，試験期間中に消化試験・代謝試験を実施し，飼料として摂取した成分量と糞および尿に排泄された成分量を測定しておく．

3．屠殺・解体

1) 屠殺前に一定の絶食期間をおくとともに，絶食前の生体重を測定しておく．

2) 屠殺直前に生体重を測定し，絶食前の生体重との差は消化管内容物の減少量とみなす．

3) 電気ショックを与えてブタを失神させた後に放血し，一定量（300 ml 程度）の血液をサンプルとして採取する．採取した血液は抗凝血剤を入れた容器に入れ，凍結保存する．

4) 内容物の入った内臓を摘出してその重量を測り，消化管内容物を取り除いた後に内臓のみの重量を測定し，その差を消化管内容物重量とする．

5) 内臓を摘出した屠体の重量を測定する．
6) 屠殺直前の生体重から4) で求めた消化管内容物重量を差し引いたものを，空体重とする．
7) 血液重量は，空体重から，内臓重量および内臓を摘出した屠体の重量を差し引いて求める．これは3) の放血時に血液を全量回収するのが困難なためである．
8) 内臓および内臓を除いた屠体を刀，鋸などを用いて，チョッパーに入れることのできる程度の大きさ（10〜15 cm角）に全量を小片化し，小片を一つずつポリエチレン袋に詰めて凍結保存する．小片を個別のポリエチレン袋に入れるのは，凍結保存中に小片が互いに結着するのを防ぐためである．

9.2.3 分析用サンプルの調製

血液は解凍し，小片化した屠体は凍結したまま破砕・撹拌して分析用サンプルを採取する．この試験法では，全屠体を均一に混合して分析用サンプルを採る操作が極めて重要である．ブタでは屠体全体を混合してサンプルを採取することは可能であるが，混合する量が多くなり部位によって成分組成が異なるために偏りが生じやすい．体重10 kg以上のブタでは，少なくとも血液，内臓，内臓を除いた屠体の3部位に分けてサンプルを調製することが望ましい．

(1) 血液は5℃の冷蔵庫内で解凍して分析に供する．エネルギー，一般成分などの測定には凍結乾燥したものを用いる．
(2) 内臓および内臓を除いた屠体は，小片を凍結したまま大型チョッパーに投入し，直径10〜20 mmのスクリーンを用いて破砕・粗挽きを二度繰り返す．全量を十分に混合撹拌した後，縮分法に基づいて1〜2 kgの部分サンプルを採取する．それをさらに直径2〜3 mmのスクリーンを用いてミンチャー（小型チョッパー）で細挽きし，混合撹拌した後に分析用サンプルを採取する．分析用サンプルは凍結乾燥し，一昼夜室温放置した後に小型粉砕器で微粉砕して保存する．

9.2.4 成分分析

分析する成分は目的によって異なるが,粗タンパク質,粗脂肪,粗灰分,水分,エネルギーなどが一般的である.各成分の分析方法は第20章を参照されたい.エネルギー含量は通常,ボンブ熱量計で測定するが,粗タンパク質および粗脂肪のエネルギー含量をそれぞれ5.66および9.46 Mcal/kgとして豚体中のエネルギー量を算出[2]する便法もある.

9.2.5 蓄積量の計算

1) 初期屠殺群の空体重率と空体重中の成分含量

絶食前の空体重に対する空体重の比率を空体重率とする.屠体部位別の重量および成分含量から空体重中の成分含量を求める.

2) 試験処理群の開始時の成分量

開始時の生体重に空体重率を乗じて,開始時の空体重を求める.開始時の空体重に初期屠殺群の空体重中の成分含量を乗じて開始時の成分量を算出する.

3) 試験処理群の終了時の成分量

屠体部位別の重量および成分含量から,試験終了時の空体重中の成分量を算出する.

4) 蓄積量

試験処理群の終了時の成分量から開始時の成分量を差し引いて試験期間中の蓄積量を求め,それを日数で除して1日当たりの蓄積量とする.

9.2.6 実際の測定例

不断給餌と制限給餌で飼育したブタの体重30〜70 kg間でのタンパク質,脂肪およびエネルギー蓄積量について比較屠殺法により調べた測定例を表9.2.5-1に示した. (秦　寛)

引用文献

1) 鈴木啓一,西　清志,1982,日豚会誌,29:63－69.
2) Agricultural Research Council, 1981, The Nutrient Requirement of Pigs,

表 9.2.5-1 比較屠殺法による成分蓄積量の測定例

	初期屠殺群	試験処理群	
	初期屠殺区	不断給餌区	制限給餌区
発育成績			
開始時体重 (kg)	31.6	31.1	31.2
終了時体重	−	71.6	70.6
所要日数	−	43.0	81.3
ME 摂取量 (Mcal/日)	−	7.25	4.70
日増体重 (kg)	−	0.95	0.50
屠体の部位別重量 (kg)			
絶食前生体重	31.6	71.6	70.6
屠殺前生体重	30.9	69.6	66.5
内臓 (内容物込み)	6.60	10.74	10.67
内臓 (内容物なし)	4.58	8.42	7.51
枝肉	19.50	48.73	45.58
血液	1.64	3.68	3.92
その他	3.15	6.48	6.36
消化管内容物	2.75	4.24	7.19
空体重	28.85	67.31	63.36
空体重率	0.91	0.94	0.90
部位別の成分組成			
内臓　タンパク質 (%)	15.12	15.61	15.39
脂肪 (%)	5.76	11.39	7.64
エネルギー (kcal/g)	1.50	2.02	1.80
枝肉　タンパク質 (%)	16.58	16.74	17.53
脂肪 (%)	17.30	22.75	17.32
エネルギー (kcal/g)	2.58	3.12	2.65
血液　タンパク質 (%)	17.48	18.59	19.10
脂肪 (%)	0.25	0.28	0.26
エネルギー (kcal/g)	1.06	1.11	1.16
その他　タンパク質 (%)	16.07	16.88	17.79
脂肪 (%)	16.69	21.71	17.89
エネルギー (kcal/g)	2.48	2.97	2.66
全屠体中の成分量			
タンパク質 (%)	4.71	11.24	11.00
脂肪 (%)	4.18	13.46	9.65
エネルギー (Mcal)	66.78	192.26	156.06
全屠体中の成分組成			
タンパク質 (%)	16.33	16.70	17.37
脂肪 (%)	14.43	19.99	15.19
エネルギー (kcal/g)	2.31	2.86	2.46
開始時の空体重・成分量			
空体重 (kg)	−	28.36	28.45
タンパク質 (kg)	−	4.63	4.64
脂肪 (kg)	−	4.10	4.11
エネルギー (Mcal)	−	65.64	65.82
期間中の蓄積量			
タンパク質 (kg)	−	6.61	6.36
脂肪 (kg)	−	9.36	5.53
エネルギー (Mcal)	−	126.62	90.24
1日当たりの蓄積量			
タンパク質 (g/日)	−	15.5	80
脂肪 (g/日)	−	221	69
エネルギー (Mcal/日)	−	2.98	1.12

Commonwealth Agricultural Bureaux, England.

9.3 ウ シ

　屠殺試験は，中・小家畜では実施が比較的容易であるが，ウシのような大家畜では，屠殺・解体，分析サンプル調製のために多大な労力と大掛かりな施設，機械を必要とするので，実際には実施が極めて困難である．そのため，ここではその概略を述べるに止める．

9.3.1 サンプルの調製

　準備する器具，試料の調製法はブタの場合に準ずる．

1) 全牛を一定条件で飼い直した後，飼養試験を開始する．1例として飼養試験では，少なくとも2水準の飼料エネルギー区（維持～飽食）または増体区を設定する．

2) 試験開始時において何頭かを屠殺する．そして，試験終了時においては全頭，またはそれぞれの区から何頭かを屠殺する．

3) 屠殺は普通の方法で実施する．回収した血液，剥離した皮，切断した頭部・尾部・肢蹄，内臓全体および枝肉は重量を測定し，それぞれから分析サンプルを採取する．皮は細切が困難なため，特定部位を一部サンプルとして採取することになる．内臓は，まず消化管内容物を除き（重量を記録），臓器など（脳，腎臓なども含める）と脂肪に分けて重量を測定し，それぞれをミートチョッパーなどで挽いて細切，混合する．

4) 枝肉は大きいので，半丸をまえ，ロイン，ともばら，ももの4部位程度に分割し，それぞれを筋肉，脂肪，骨に分け重量を測定する．筋肉と脂肪は，全体をまとめてあるいは部位ごとにミートチョッパーなどで挽いて細切し十分に混合した後，一部をサンプルとして採取する．骨は細砕が困難なため，いくつかの部位の骨を採取して代表させる．

5) 採取したそれぞれのサンプルは，凍結乾燥してから粉砕し，熱量を直接測定するか，あるいはタンパク質と脂肪を分析し，それぞれの熱量価から全体の熱量を計算する．

9.3.2 成分分析

　生体重から消化管内容物重量を差し引いて空体重を求める．試験期間中の増体量とエネルギー蓄積量の関係式から増体1kg当たりの正味エネルギー量が，さらに試験期間中の代謝エネルギー摂取量とエネルギー蓄積量との関係式から代謝エネルギーの増体に対する利用効率が求められる．またタンパク質や他の生体成分の蓄積量を求めることができる．

　枝肉の化学成分組成は，その比重から推定でき，生体全体の組成とも相関が高い．また，生体の化学成分組成は，アンチピリン法，重水（D_2O）希釈法，尿素希釈法などからも推定が可能である．わが国においてはこのようなデータの蓄積は少ないが，最近，比較屠殺法によるウシのエネルギーおよび体成分蓄積量の測定がホルスタイン育成牛を用いて放牧条件あるいは青刈り給与条件で実施されている（表9.3.2-1）． （宮重俊一）

表9.3.2-1　放牧および青刈給与条件における育成牛のエネルギーおよび体成分蓄積量

	試験1		試験2	
	放牧区[1]	対照区[2]	青刈区[3]	対照区[2]
供試頭数	5	4	4	4
開始時体重（kg）	157 ± 5	161 ± 3	156 ± 4	157 ± 5
終了時体重（kg）	259 ± 13	259 ± 5	241 ± 6	239 ± 8
試験日数	123	124	131	130
増体重（kg/日）	0.82 ± 0.11	0.79 ± 0.03	0.65 ± 0.09	0.63 ± 0.07
EBWG（kg/日）	0.59 ± 0.05	0.62 ± 0.04	0.37 ± 0.06	0.47 ± 0.07
蓄積量				
エネルギー（MJ/日）	4.90 ± 1.11	6.18 ± 1.27	3.08 ± 0.70[a]	5.49 ± 0.91[b]
タンパク質（g/日）	133 ± 12	123 ± 13	65 ± 14	87 ± 11
脂　肪　（g/日）	42 ± 29	79 ± 27	44 ± 13[a]	93 ± 19[b]
水　分　（g/日）	385 ± 26	381 ± 8	245 ± 41	261 ± 44
灰　分　（g/日）	30 ± 3	32 ± 7	16 ± 4[a]	26 ± 5[b]

（秦ら，1999）

[1] チモシー主体草地で昼夜放牧
[2] 舎内で濃厚飼料と乾草を給与
[3] 舎内でチモシー主体牧草を刈取り給与
[a,b] 異なる文字間に5％水準で有意差あり

参考文献

Lofgreen G. P., 1965. Energy Metabolism EAAP Pub. No. 11: 309 − 317.
Lofgreen G. P. and W. N. Garrett, 1968. J. Anim. Sci., 27: 793 − 806.

第10章 生産物の品質評価法

　増体量，生産量，飼料効率の改善などの他に，より品質の高い生産物を作ることは飼養試験の大きな目的の一つである．したがって，生産物の品質についても正確な評価ができなければならない．本章では卵質，鶏肉，豚肉，牛肉，牛乳の品質評価法および官能評価法について概説する．

10.1 卵　　質

　卵には取引上の規格はあっても，卵質試験法というような決まったものはない．一般的に良質卵とは，その品種や系統固有の大きさをもち，卵殻の表面が円滑で，奇形でなく，濃厚卵白が多く，卵黄および卵白の色調が正常で，その上，卵殻が卵の取り扱い，輸送および保存などに耐えうる十分な厚さおよび強度をもつものをいう．

10.1.1 卵　殻

　卵殻の色は褐色（赤玉）と白色（白玉）に分けられる．淡青色もある．加齢とともに褐色するが，それをコントロールすることは今のところできない．

　卵殻質で最も大切なものは強度（硬度ともいう）である．卵殻強度は卵殻が割れるのに必要な圧力（kg/cm^2）で，卵殻硬度計で測定する．卵殻強度は部位によって異なる．横になるように置いて中央部に圧力をかける．この強度と卵殻の厚さおよび卵重に対する卵殻重の割合には高い相関が認められており，普通は強度を直接測定しないで，卵殻の厚さなど測定しやすいもので比較する場合が多い．

　卵殻の下には2層の卵殻膜があるので，これをガーゼなどで十分とり去ってからシックネスメーターで厚さを測定する．この場合，生卵を割って測定するよりも，ゆで卵としてから測定した方が，指先や器具に卵白が付着せずによい．卵の鋭端，鈍端および中央部（赤道部ともいう）で厚さが異なるので，一般的には中央部の2〜3箇所を測定し，その平均値で示すことが多い．

1. 卵殻の厚さ

卵は卵殻 (10 %), 卵白 (60 %), 卵黄 (30 %) の3部からなっている. 卵の大きさは初産時は小さく, 加齢とともに大きくなり, また卵質も低下する.

2. 卵殻重

卵重を計る. 次いで割卵し, 卵殻に付着している卵白や卵殻膜を十分取った後, 水道水で洗う. ゆで卵にして卵殻を分離すれば, 卵白が指先に付着せず作業がしやすい. 卵殻の厚さと卵殻重の測定は同時に行うとよい. 卵殻は定温乾燥器に入れ, 100 ℃で約2時間乾燥した後放冷し, その重量を計る. 一般的には卵重と卵殻重の百分比で示される (卵殻重/卵重×100).

10.1.2 卵　　白

卵白は水分 74.7 %, タンパク質 12.3 %, 脂質 11.2 % で, その他の成分は少い. タンパク質の種類は多いが, それは種や年齢, 飼料の影響を受けない. 卵白は濃厚卵白と水様卵白からなり, 産卵直後の両者の比は6:4である. 産卵後の日数によって, 濃厚卵白のゲル構造が崩れて水様化する. そのため, 両者の比から卵の鮮度を調べることができる.

1. ハウユニット (Haugh unit, HU)

採卵後, 温・湿度が一定の条件で貯蔵した卵の卵重を計る. 水平にした平滑な金属板または硝子板上に割卵し, 濃厚卵白の高さをハイトケージで計る.

$$HU = 100 \log (H - 1.7 W^{0.37} + 7.6)$$

ただし H = 濃厚卵白の高さ (mm), W = 卵重 (g)

HU は濃厚卵白の高さと卵重によって決まるから, 適当な範囲内で W と H を変えて計算し, 表にしておくと便利である. HU は産卵鶏の月齢や産卵後の日数による影響が大きく, 飼料による影響はほとんど受けない. HU が高いのが消費者に喜ばれるので, HU の高い系統が作られている.

2. 血斑と肉斑

卵の鮮度とは関係なく, 卵白に血斑や肉斑が混ざることがある. それらは, 割卵することにより確実に観察できる. 透光検卵器を用いれば, 非破壊で調べることができるが, 小さい血斑および肉斑などは見落とすことがある.

10.1.3 卵　　黄

卵黄は水分51.0％, タンパク質15.3％, 脂肪31.2％, 灰分1.7％からなる. その脂肪の組成および色素成分は飼料の影響を強く受ける.

ロッシュのカラーファン (Roche yolk color fan) を用いて卵黄色を評価する場合は, 平滑な白色板の上に割卵し, No.1〜15のカラーファンの中から卵黄色に最も近い色調のものを見出し, その番号で示す. しかし, 現在カラーファンは発売されていない. 一方, 色差計を用いる場合は, 卵黄色 L^*, a^*, b^* (L^*：明度, a^*：赤色度, b^*：黄色度) で評価する[1].

(武政正明)

参考文献

1) 日本食品科学工業会, 新・食品分析法編集委員会編, 1996. 新・食品分析法, 光琳.

10.2　肉　　質

肉質という場合, ブロイラーやブタに限らずウシでも, 二つの特性がある. 枝肉が占める赤肉の割合や利用価値の高い部分の割合などの量的特性と, 食味性や利用適性など質的特性である. これらの特性は生体時および屠殺後の諸要因の影響を受ける. 生体時の要因としては品種, 系統, 性, 年齢, 栄養, ホルモン, その他の生体処理がある. 屠殺後の要因としては屠殺法, 冷却条件, 死後変化, 熟成, 軟化法, 調理法などがある.

10.2.1　食鳥肉

衛生管理の立場から1992年から食鳥検査が実施されている. 食鳥肉の検査は生体, 脱羽後, 中抜き後の3点で行われる. この場合と同様, 評価のための食鳥肉を調製するためには次のような工程が必要である.

1) 放　血

脚をしばって逆さに吊るし, 頚部の動・静脈を切って放血する.

2) 湯漬け

脱羽しやすくするために, 放血後, 51〜61℃の湯槽に40〜90秒浸ける.

湯温が高すぎたり，湯漬け時間が長すぎると，この後の工程で皮膚が変色したり，破れたりするので注意を要する．湯漬槽の温度はニワトリの出し入れで変動するので経験が必要である．

3) 脱　羽

少羽数なら手作業で脱羽できるが，多数羽の場合は脱羽機で水を噴射しながら脱羽する．ゴム製のフィンガーを鶏体に回転しながらあてるので，時間をかけすぎると屠体が痛みやすい．残毛を丁寧に処理し，水洗する．

4) 中抜きと冷却

食鳥屠体から内臓を抜き出す工程で，このあと1〜3℃の冷却水槽に約30分つけて冷却する．この間屠体は水分を吸収する．

5) 解　体

これは手羽，もも，ささみに分ける工程で，手作業で行われる．また抜き取った内臓から肝臓，筋胃，脾臓，心臓などを取りはずす．

6) 冷蔵，冷凍

各部分は0〜2℃で保存するか，長期間保存するときはポリエチレン袋に入れて，真空パックにして−20℃以下で保存する．

10.2.2　豚　肉

肉質の検査のためには屠殺，放血，解体，剥皮をする．

1) 屠　殺

動物を死の状態にすることを屠殺という．その際動物に無用の苦痛を与えないようにする．まずブタを失神させる．その方法には屠殺鎌による方法，電殺法，屠殺バットで強打する方法がある．

2) 放　血

頸部中央部にナイフを差し込み，静脈を切断して放血する．放血量は生体重の3〜5％である．

3) 解体・剥皮

解体・剥皮の方法は関東と関西ではやり方が異なる．関西では放血後約60℃の湯槽に数分間つけてから脱毛し，皮は剥がない．関東ではナイフや機械

で皮を剥ぐ．その後内臓を摘出し，頭部を切離してから背割りし，水洗して枝肉とする．枝肉の歩留りは約65％である．

4) 枝肉の格付

枝肉取引規格にしたがって，解体整形し，重量範囲（半丸），外観，肉質について格付けをする．

5) 枝肉の分割

格付された枝肉は豚部分肉取引規格により分割する．

10.2.3 牛　肉

1) 屠　殺

ブタの場合に述べた屠殺法の外に，炭酸ガス麻酔による方法がある．

2) 放　血

ウシを失神させた後，後肢をしばり，レールに吊下げてから放血する．寝かせたままの放血より，この方がよく放血する．放血量は生体重の3～3.5％である．

3) 解体・剥皮

解体にはレールにかけたままと，はずしてからの2通りある．いずれも，頭部，手・足関節をはずし，剥皮し，内臓を取り出す．背柱をほぼ中線にそって背割りし，二つの半丸枝肉とする．枝肉は水洗いする．枝肉の歩止りは約55％である．

4) 枝肉の格付

枝肉は規格に基づいて格付される．格付は外観と肉質について判定し，5等級に区分する．

5) 枝肉取引規格

格付された枝肉は取引規格により，解体整形される．その後の格基準に基づき，脂肪交雑，肉の光沢，肉の締まりおよびきめ，脂肪の色沢と質の基準により等級がつけられる．その後，牛部分肉取引規格により細分割される．

（阿部　亮）

10.3 肉質評価法

飼養試験の目的が，肉質への影響を調べる場合は，屠畜して枝肉の格付評価を行い，筋肉の水分，粗脂肪，粗タンパク質の成分分析，pH，肉色，加熱損失，剪断力価，保水性などの理化学的分析を行う．測定によく使われる筋肉としては胸腰最長筋，大腰筋，半腱様筋，半膜様筋，中殿筋，大腿二頭筋，棘上筋などがある．等級や品質は枝肉取引規格や食鳥取引規格に照らす．

10.3.1 成分分析による評価

筋肉の基本組成を知るために行う．特に，粗脂肪含量は栄養条件の影響を受けて変動し，飼養試験の影響がでやすい成分なので最も重要な分析項目の一つである．また，水分含量と粗脂肪含量とは負の相関関係にある．なお，炭水化物の含量は約0.3％と少なく，また灰分も約1％である．

1) 水分含量

試料（約7gのミンチ肉）を恒量測定済み秤量皿に入れて100℃の乾燥器で16時間乾燥させ，デシケーターで放冷後秤量する．その際の減量をもって水分含量とする．

2) 粗脂肪含量

試料（約7gのミンチ肉）を凍結乾燥後，ソックスレー抽出装置にセットし16時間エーテル抽出する．抽出された脂肪入りのフラスコを100℃の乾燥器で30分間乾燥させ，デシケーターで放冷後秤量する．その際の増量をもって粗脂肪含量とする．

3) 粗タンパク質含量

試料（約2gのミンチ肉）を薬包紙に入れてケルダール法により分析する．試料の全窒素含量に窒素係数6.25を乗じて粗タンパク質含量とする．

10.3.2 理化学的分析による評価

1) pH

pHにより正常な肉か異常な肉かを判定することができる．pHメーターにニードルタイプのガラス電極を取り付け，肉に挿入して測定する．

2) 肉　色

　肉色は肉色素であるミオグロビンの含量とその化学的変化および組織構造の状態によって決定される．肉色は家畜の種類，年齢，運動量，筋肉部位などによっても変わる．肉色は色差計あるいは色彩計で測定する．試料肉を2～3cmの厚さに成型して色差（彩）計の測定窓におき，所定の方法に基づいて明度（L^*）および赤色度（a^*），黄色度（b^*）を測定する．

3) 加熱損失

　生肉を加熱すると肉汁が生じて重量が減少する．その減少割合を加熱損失という．試料（厚さ3×5×5cmのカット肉）を秤量し，ビニール袋に入れて温浴中で中心温度が70℃に達してから30分間保持し，放冷後固形物を秤量する．加熱前後の重量減少割合を求める．

4) 剪断力価

　肉のやわらかさは家畜の肉の風味に関連する因子として重要である．それは筋繊維の太さや脂肪の交雑度などによって影響される．現在行われている測定法はWaner-Bratzler剪断計を用いるシェアー・テスター法が一般的である．加熱損失測定後の試料から筋線維と平行に直径1/2インチの形にコアを数個抜き，剪断計で切断して平均値をその肉の剪断力価とする．

5) 保水性

　保水性とは食肉中の水分を保持する能力を示す．この項目は豚肉において特に重要視される．すなわち，保水性の低い豚肉は遊離水分量が多く，加工肉原料としては不適である．また生肉としても流通・販売時に損失量が多いためによくない．保水性の測定には保存中のドリップ量を測定したり，加圧沪紙法（35kg加圧保水力）や遠心法が用いられる．加圧沪紙法にはWierbicki遊離水測定器を使用する．

　その他の肉質測定法としてはアミノ酸分析，核酸関連物質分析などがある．これらの分析法は第20章を参照されたい．

（三津本　充）

参考文献

1) Judge, M. D. *et al*., 1995. Principles of Meat Sicence, 3rd ed., Kendall / Hunt Publishing Company.

2) 日本食品科学工業会, 1996. 新・食品分析法編集委員会編, 新・食品分析法, 光琳.
3) 日本食肉格付協会, 1996. 牛・豚・枝肉・部分肉取引規格解説書, 日本食肉格付協会.
4) 入江正和, 1995. 日本畜産学会関西支部報, 129：1 – 8.

10.4 乳　　質

　反芻動物の乳質に及ぼす飼料あるいは栄養水準の影響は極めて大きいが, その場合に分析・考察の対象となる成分は乳脂肪, 乳タンパク質, 乳糖, 無脂固形分などの一般成分とカゼイン, 乳中尿素および乳脂肪中の脂肪酸組成がある. ここではこれらの成分に関する分析法を述べる.

10.4.1　牛乳の一般成分

　乳脂肪, 乳タンパク質, 乳糖および無脂固形分は通常, 牛乳の一般成分と呼ばれている. これらは赤外分光式多成分測定器によって測定される. この測定器は乳脂肪, 乳タンパク質および乳糖の3成分を同時に1時間当たり約90～360検体分析できる能力を有しており, ミルコスキャンと呼ばれて全国の酪農家を対象とした牛乳分析に日常的に使用されている. 同時に試験研究成績のデータ採取に際しても利用されている. この測定器はバブコック法またはゲルベル法を基準とした乳脂肪率, ケルダール法を基準とした乳タンパク質率, レイン・エイノン法を基準とした乳糖率と赤外の選定された特定波長の間にキャリブレーション（検量線）を作成し, 間接的に検体の成分含量を測定するものである. したがって, 標準試料による定期的な校正を行うことが測定精度の維持・向上のために必要とされる. また, 無脂乳固形分率は乳タンパク質率と乳糖率を加算し, さらに灰分率およびその他の成分, 通常アルファー値を加えて算出される. このアルファー値として日本乳業技術協会の調査成績などを参考に1.07を中心とする数値が採用され, 分析時に無脂乳固形分率が機器からプリントアウトされる.

10.4.2　カゼインと乳中尿素

1. カゼイン

　30 m*l* あるいは50 m*l* 容ビーカーに新鮮牛乳を10～20 m*l* 採り, 秤量する.

次に0.1 N塩酸を滴下しながら混和してpHを4.6とする．ここでカゼインの凝固物が形成されるがこれを冷所に約1時間放置する．1時間の経過後，凝固物をAdvantec 7などの定量沪紙を用いて沪過する．ビーカーの内容物を純水でよく洗浄してカゼインの全てを沪紙上に集める．残渣は沪紙ごと乾燥し，ケルダール分解瓶に移して通常のタンパク質の定量操作に移る．

2．乳中尿素

乳中尿素は反芻動物のタンパク質代謝像を簡易にモニターする手段として，近年注目を集め，乳牛生産現場での測定が実施されるようになってきている．乳中尿素窒素の定量には，尿素をウレアーゼによって分解し，生じたアンモニアをBerthelotの次亜塩素酸ナトリウム－フェノール試薬でインドフェノールブルーを作り比色定量するウレアーゼ・インドフェノール法（尿素窒素B-テストワコーなど），ジアセチルモノキシムと強酸性液中で加熱し，黄色に発色させて定量するジアセチルモノキシム法などがある．最近では赤外線の吸収を利用した分析（ミルコスキャン，Foss Electric）も行われている．

10.4.3 乳脂肪中の脂肪酸

日本油化学協会の基準油脂分析試験法を紹介する．

牛乳試料6〜7gを100 ml容の共栓付き三角フラスコに採取する．これにジエチルエーテル40 mlを加えスターラーで常温下30分撹拌して脂肪を抽出する．内容物を50〜100 ml容の分液ロートに移して静置し，エーテル層を100 ml容ナス型フラスコに分離・採取し，ロータリーエバポレーターを用いて濃縮する．これにメチルアルコール10 mlとヘキサン5 mlを加えて脂肪を溶解させ，共栓付きの100 ml容三角フラスコに内容物を移す．次に三角フラスコに0.5 N水酸化カリウム5 mlを加えてスターラーで常温下で，1時間撹拌し，脂肪のメチルエステル化を行う．1時間放置後，内容物を分液フラスコに移し，飽和食塩水50 mlを加えてヘキサン層を分離採取し，飽和食塩水でpHが中性になるまで洗浄する．この際，飽和食塩水は再度ヘキサンで洗浄し1回目のものと混合する．これを乾燥後ガスクロマトグラフィー

用試料とする．ガスクロマトグラフィーの分析条件は以下の通りである．カラム：fused silica capillary SP-2330（SPERLCO）30 m × 0.25 mm, 温度：70 ℃ 4分間定温，その後 200 ℃まで昇温（5 ℃/分），インジェクション温度：240 ℃, 検出器：FID（240 ℃）．

10.4.4 その他の成分

牛乳は多種の成分からなり，それらが多様な形で存在し，視覚的には白色不透明な液体である．それらのすべてについての検討はできないので，生産された生乳については次の諸点について検査される．

1．官能検査

色調，性状，味が官能検査によって調べられ，異物の有無が視覚的に調べられる．

2．評価法

必ずしも栄養試験とは関係のない点もあるが，次のような方法が行われている．詳しくは成書を参照されたい．

1) アルコールテスト，2) 適定酸度，3) 比重，4) セジメントテスト，5) 直接検鏡法，6) 生菌数の測定，7) 脂肪含量の測定，8) ミネラル，全固形分含量の測定，9) 多成分の短時間測定，10) 煮沸試験，11) メチレンブルー還元試験，12) 抗生物質，中和剤の検出試験，13) 乳房炎検査．

（阿部　亮）

参考文献

1) 全国乳質改善協会：乳質改善資料，1992. 全国乳質改善協会．
2) 日本油脂化学協会，1995. 基準油脂分析試験法，2.4.20.2 – 27.

10.5　官能評価

官能評価とは，味や香りなどの風味や，色，硬さなどをヒトの五感によって評価する方法であり，官能検査ともいう．畜産物を含め多くの食品や工業製品の品質管理や製品開発などに利用されてきたが，動物栄養試験においても生産物の評価などに用いられる．官能評価は，測定誤差が大きく再現性が

低いと一部から指摘されることがあったが，それには試験計画の不備を原因とするものが見られた．官能評価の手法は確立されており，手法を吟味することにより，精度の高い結果は得られる．さらに化学的・物理的な測定結果と合わせた総合的な品質評価が行われるなど，多方面で用いられている．

10.5.1 官能評価の実施方法

官能評価は，ヒトの感覚により品質を評価する方法（分析型）と，食品に対するヒトの嗜好を調査する方法（嗜好型）に大別される．分析型は，試料間の差や試料の特性を明らかにする方法である．研究論文では数～20人程度で実施されるものが多く見られる．品評会や審査会も分析的手法に属する．被験者，（パネル検査員）は官能評価の訓練を受けた者が望ましい．一方，嗜好型は，「対象とする集団の嗜好（好み）」を調査するものであり，多くの被験者を要し，数百～数万人規模という多数の被験者によって実施される．消費者を対象とする場合が多い．

動物栄養試験における官能評価では分析型が用いられることが多い．このことから本項では分析型を主として概説する．

分析的手法には，二点識別法，対比較法，順位法，評点法，描写法などがある．

1．実施方法

1）差の有無の検出

二点識別法：2種の試料について，評価項目（例：硬さ）について差があるか否かを判定する．解析は検定表による[1〜3]．

三点識別法：A，Bの2種の試料について，一方を2点，他方は1点を用意し，AAB，ABB，ABA，BBA，BAA，BABの組み合せそれぞれについて，評価項目（例：甘味）に対して他の二つと異なる1点を回答させ，正解率によって判定を行う．解析は検定表による[1〜3]．

順位法：試料を3種以上準備し，評価項目について順位づけを行う．

2）差の特徴の検出

対比較法：2種の試料を用意し，評価項目（例：硬さ）について両者の差の程度を判定させる．判定は両極五段階（-2～$+2$，例：図10.5.1-1）や七段

階（−3〜+3）などの評点法で行う．順序効果を排除するため試料の比較順序は総ての組み合せで実施する．

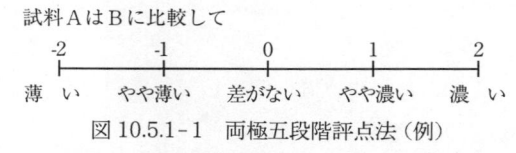

試料AはBに比較して

```
 -2     -1      0      1      2
 薄い  やや薄い 差がない やや濃い 濃い
```

図10.5.1-1　両極五段階評点法（例）

3種以上の試料を対象とする場合は，総ての組み合わせについて実施することにより，試料相互の差の有無と位置づけを明らかにすることが可能である．

3）特性の評価

描写法：試料の特性を描きだす方法で，被験者に試料の特徴を挙げさせ，挙げられた回答の種類や数の集計によって特徴を明らかにする．

10.5.2　評価試験実施上の条件

1．パネルの条件

風味の評価試験の場合，事前に五味試験（甘，酸，塩，苦，うま味の検出試験）などを実施して，正確な五感をもった者を選抜する．このように感覚が優れ，かつ熟練した被験者を用いることで少人数で精度の高い結果を得ることができる．その条件では差の有無の検出感度は，20〜60歳程度での年代差は比較的小さいとされている．しかし，評価項目によっては喫煙や飲酒の有無，年齢，性別を考慮して被験者を選択する．嗜好試験の場合は男女比や年齢を目的に合わせる．また，いずれの試験においても事前に回答方法の十分な説明と訓練を実施する．

2．試験環境

試験環境は試験形態にもよるが，騒音や振動がなく，恒温恒湿で十分な換気ができ，照明も十分であることが望ましい．クローズパネル方式では，他者の干渉を排除するために個人ごとに個室（ブース）を用意して行う．

3．その他の条件

1）味嗅覚判定

試料の温度は，対象とする試料や食品が通常使用される温度，または任意の一定温度が望ましい．ヒトの舌の感覚は10〜30℃で鋭敏であり，低温で

は麻痺し，高温では鈍感になることが知られており，注意を要する．

2）視覚判定

　光源の種類や位置に注意し，むらや影を生じさせないように配慮する．

3）質問形式

　質問形式は判定結果に大きく影響するため，被験者が理解しやすい設問とすることが望ましい．またあらかじめ被験者に十分な説明を行い，周知を図るべきである．

4）目的の再確認

　目的と手法について確認を行う．例えば，差の有無を判定する分析型評価の実施に際して，被験者の好み（嗜好型評価）の要素が介在すると解析が困難となる．試験計画については，あらかじめ十分な検討を行う必要がある．

4．阻害要因の除去

　連続して評価試験を実施する場合は被験者の疲労に配慮する．疲労により感度は低下する．また試料容器の臭気や色など，評価の阻害要因となるものを検討し，排除していくことが重要である．

　上記に配慮して適切な試験計画を組み上げることにより，再現性および信頼性の高い評価が実施できる．　　　　　　　　　　　　　　　（藤村　忍）

参考文献

1) 日科技連官能検査委員会，1973．新版官能検査ハンドブック，日科技連．
2) 佐藤　信，統計的官能検査法，1985．日科技連．
3) 古川秀子，1994．おいしさを測る・食品官能検査の実際，幸書房．
4) 宮川金二郎ら，1997．フードサイエンス，化学同人．

第11章　同位元素を用いる試験法

11.1　放射性同位元素（Radioisotope, RI）

　生物体はタンパク質, 脂質, 糖質, 核酸, ビタミン（補酵素）などの高分子有機化合物, およびミネラルによって構成されている. これらの体成分を構成している元素は, およそ24種類ほどである. 主な元素は, 水素, 酸素, 炭素, 窒素であり, 次いでカルシウム, リン, カリウム, イオウ, 塩素, ナトリウム, マグネシウムなどがあり, これらの元素のほとんどについて, 同位元素（同位体）が存在する.

　同位元素は周期律表で同じ場所を占め, 化学的性質は同じであるが, 質量数が異なる. 同位元素には, 放射性同位元素（RI）と安定同位元素（stable isotope, SI）とがある. 化合物を構成する原子のあるものを同位元素で置き換えたものを標識（ラベル）化合物という. 極微量の標識化合物を生物体内に注入し, その代謝的挙動を調べるトレーサー実験の技法が確立している.

　RIについては1896年にフランスのBecquerelによるウランの放射能の発見が, またSIについては1920年にAstonによる質量数22をもつネオンの同定が最初である. Becquerelによる放射能の発見に少し遅れて, 1898年にCurie夫妻がラジウムとポロニウムを発見したことは特に有名である. これに因んで放射能の単位にキューリー（Ci）が長い間使用されてきたが, 現在はベクレル（Bq）が国際単位として使用される.

　生物学分野へのRIの応用[1]はHevesy（1923）が行った豆科植物における鉛のトレーサー実験が最初といわれている. さらに, Schoenheimer（1935）は, 重水素や^{15}Nで標識したアミノ酸を用いてトレーサー実験を行い, タンパク質代謝の動的平衡という代謝様式を提唱した. それまでに窒素出納実験に基づいて提唱されていたFolinの内因性・外因性窒素代謝の二元説はこれによって批判され, この同位体トレーサー実験から代謝プールの概念が生まれ, 広く受け入れられるようになった.

生物体の有機化合物の構成元素の中で最も特徴的なのは炭素である．その同位元素の一つである放射性炭素（^{14}C）が代謝トレーサーとして用いられ始めたのは，1945年以降である．その後，これらRIあるいはSIを用いたトレーサー実験により，生体の物質代謝に関する分野の研究はめざましい発展を遂げた．

11.1.1 取り扱い上の注意とRIの性質

1．RI取り扱い上の注意

広島や長崎での原子爆弾による多くの死傷者に見られるように，大量の放射線は生物に悪い影響（即発効果）を与える．トレーサー実験に用いるRIの線量はそれに比べて少なく，実験者に痛手を与えることも，目に見える変化を与えることもない．しかし，寿命を縮めたり，発癌率や白内障の発生を確率的に高めたり，遺伝的影響などの負の影響がある（晩発効率）．

そのため，RIの取り扱いは法的に厳しく規制されている．RIは認可を受けた施設で，許可された方法でしか使用できない．RIの被害を最小にするための3原則は，1) 放射線にあたる時間を短くすること，2) 放射線源から距離をおくこと，および3) 遮蔽物をおくことである．使用するRIの量はできるだけ少なくし，あらかじめ実験の練習をしておき（cold run），必ず手袋をはめるなどの心構えが必要である．

2．RIの性質

同位元素には，原子核を構成している陽子と中性子の組み合わせによって不安定な核種が存在する．不安定な核種は，自発的に壊変（放射性壊変）し，安定核種に近づこうとする．放射性壊変には，α，β，γ壊変の3種類がある．動物栄養試験に使用される放射性同位元素は質量数が比較的小さい核種であり，その多くはβ壊変様式である．表11.1.1-1に動物栄養試験に使用されるいくつかの放射性核種の壊変様式と半減期の例を示した．

これらの放射性核種を用いた諸々の実験はRI実験と称され，動物栄養研究分野でのRI実験の中心はトレーサー実験である．RI実験で必要な基礎的知識の詳細は，専門書を参考にして貰うことにして，ここでは基本的事項について簡単に説明する．

1）半減期

放射性同位元素は，核種に特有の半減期をもつ．これらの半減期は1秒以下から1×10^9年もの長期間にわたっている．数分間から数時間のごく短い半減期のものは製造してから直ちに使用しなければならないのでトレーサー実験に使用する核種としては制限を受ける．他方，^{14}Cの半減期5,730年のようにあまりにも長いものも消滅するのに時間がかかるので器具の汚染などを考えると取り扱いにくい核種である．

表11.1.1-1　主なRIの壊変様式と半減期

核種	元素名	壊変	半減期
^{3}H	トリチウム	β^-	12.33 年
^{14}C	炭素	β^-	5730.00 年
^{32}P	リン	β^-	14.26 日
^{35}S	イオウ	β^-	87.51 日
^{45}Ca	カルシウム	β^-	163.80 日
^{125}I	ヨウ素	EC, γ	59.41 日

EC : electron capture（壊変に伴いX線光子を放出）

半減期のなかには，生物学的半減期がある．これは，動物体内に取り込まれた放射性核種が，その核種に固有の半減期によって減衰することと体外への排泄によって減少することの両者によって決まる．放射性炭素で標識された尿素や炭酸ガスは速やかに排泄されるが，脂肪酸や脂溶性ビタミンなどは体内に留まる時間が長くなる．このように生物学的半減期は，標識された分子の代謝的性質あるいは化学的形態に強く影響される．

2）放射線量の単位

放射能を表す単位はこれまでキュリー（Ci）が使用されてきたが，現在は国際単位としてのベクレル（Bq）が使われている．いずれにしても単位時間当たりの壊変数が基本となる．毎秒1個の原子が壊変するとき1 dps（disintegration per second）であり，これを1 Bq（Becquerel）とした．同様に，dpmは，1分間当たりの真の壊変数を表す．原子の壊変数（あるいは崩壊数）を完全に100％の計数測定することは困難であり，測定機器によっては真の壊変数の1％程度しか計数できないものもある．ある機器で測定した1分間当たりの計数をcpm（count per minute）として表示する．これを計数効率で除してdpmが算出される．一方，旧単位であるCiは純粋なラジウム1gの単位時間当たりの壊変数で表され，学問研究分野によっては現在でもいまだにCiが使われる場合もある．単位間の換算を以下に示す．

1 Bq = 1 dps = 60 dpm
1 Ci = 3.7×10^{10} dps = 37 GBq, 1 μCi = 2.22×10^6 dpm = 37 kBq
計数効率＝測定計数率（cpm）／真の崩壊数（dpm）

その他に，レントゲンなどの放射線量の単位やシーベルトなどの人体に対する影響を考慮した被曝の単位がある．

11.1.2 放射線量の測定装置

放射性核種の壊変はランダムに生じ，その測定値の分散はポアソン分布する統計的性質をもつため，放射能量の少ない試料について測定を行う場合は測定時間を十分長くとらないと測定誤差が大きくなる[2]．最も広く使用されている液体シンチレーションカウンターでの測定では，通常目安として1,000カウント以上の計数が得られるように測定時間の設定を行うとよい．

測定機器としては，ガイガー・ミュラー（G-M）計数装置，シンチレーション計数装置などがある．G-Mカウンターは，陰極・陽極間に高電圧をかけ，その場に飛び込む放射線によって生成するイオン対のために流れる電離電流を測定する．壊変エネルギーの強いガンマー線を出す核種の計数には適しているが，弱いベータ核種の計数には適していない．この点を克服するため端窓型やガスフロー型などの改良が行われている．

シンチレーションカウンターには，固体シンチレーターと液体シンチレーターを用いる2種類があり，生物学分野でのアイソトープ実験で頻繁に使用される軟ベータ核種の測定には液体シンチレーションカウンターが適している．これは，放射壊変により発生した放射線をトルエン溶媒の励起を通じて蛍光体（シンチレーター）を活性化することにより見られる発光現象を利用し，壊変エネルギーを光エネルギーに変換して，1対の光電子増倍管で同時計数測定する．その原理を模式図として以下に示す（図11.1.2-1）．

^{3}Hおよび^{14}Cの壊変エネルギーは非常に弱く，G-Mカウンターでは試料自身の自己吸収や飛程空間や対物窓などにより減衰し，1〜10数％の計数効率しか得られないのに対して，液体シンチレーションカウンターでは放射性試料と蛍光物質が分子レベルで接近しているので自己吸収などによる減衰が

少なくなり，^{3}H で 40 %，^{14}C で 80〜90 % 程度の高い計数効率が得られる．

液体シンチレーションカウンター測定において，壊変エネルギーの光エネルギーへの転換が種々の原因によって妨害される現象をクェンチングといい，測定試料中に含まれる化学物質，色素，酸化剤などによって発光量が減少する．

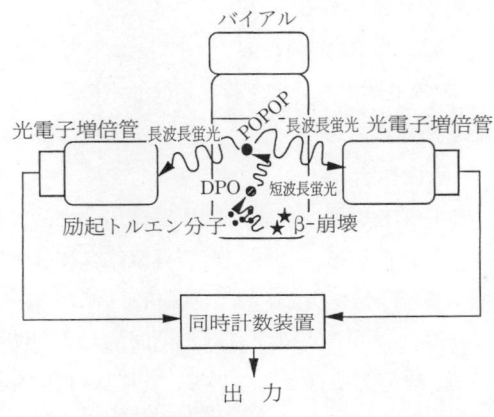

図 11.1.2-1 液体シンチレーションカウンターの原理

これを補正するための方法として外部標準法，内部標準法，チャンネル比法などがあるが，最近の液体シンチレーションカウンター装置のほとんどはコンピュータを備えており，外部標準チャンネル比法により個々の測定試料ごとに計数効率が求められるようになっている．

11.1.3 RI 実験の準備

RI を利用する動物実験では，そのメリットとデメリットを十分考慮しなければならない．RI を利用しなければ遂行が実際上不可能な研究もある．生体成分の非破壊分析である放射化分析などである．一方，RI を使用しなくても研究が可能であるが，これを利用することにより，実験時間の短縮・経費節減などとともに実験手技が非常に簡略され，容易になる場合がある．反応基質に標識化合物を用いる酵素活性測定や微量生体成分の定量に使用されるラジオイムノアッセイ（radioimmunoassay，RIA）などである．

RI は，放射能の測定技術が安定同位元素に比べて比較的容易であり，その測定感度が非常に高く鋭敏であることが優れている点である．しかしながら，生物における RI を用いた実験は，放射能による環境汚染や人体に深刻な影響をおよぼす場合もあり，できるならば RI 実験は避けて，他の実験技法を

採用すべきである．

しかし，RI実験の最大の特長は，当該分子の代謝的挙動をまるごと（intact）の生体において，あるいは通常の生理的状態において追跡することが可能である点である．

1. 標識化合物

動物栄養試験で用いられる標識化合物は多種多様であり，アミノ酸，グルコース，脂肪酸，核酸などの有機化合物は主として炭素や水素がその同位元素で標識（ラベル）され，含硫アミノ酸ではイオウ，ミネラルなどではリン，イオウ，カルシウム，鉄などの同位元素が使用される．以下に標識化合物の特徴，投与方法などについて，主に放射性標識アミノ酸を例にして説明する．

2. ラベルの位置

^3H や ^{14}C で標識されるアミノ酸は，その分子内標識位置の違いによって著しく異なる結果が得られる場合もあるので注意する必要がある．^{14}C-メチオニンの例では，そのメチル基が標識されているもの（[methyl-^{14}C] methionine）とそのカルボキシル基の炭素が標識されているもの（[1-^{14}C] methionine）でそれぞれの標識メチオニンからの呼気 $^{14}CO_2$ への酸化分解割合は3倍も異なる[3]．市販されている標識化合物のカタログには標識位置が表示されているので，購入の際にはこれを明記して注文する．標識の命名法としては"square bracket preceding"を基礎にして次のような表示例がある．

特定位置の炭素が標識されたもの
（specifically labeled compounds, [1-^{14}C], [N-methyl-^{14}C]）

総ての炭素がほぼ均一に標識されたもの
（uniformly labeled compounds, [$^{14}C(U)$]）

種々の位置にランダムに分布するもの
（generally labeled compounds, [$^3H(G)$]）

標識位置が合成法から推定されるもの
（nominally labeled compounds, [$^3H(N)$]）

3. 投与量

標識アミノ酸の投与量は，分析試料の分離・分画過程での希釈率を考慮し，

最終的に液体シンチレーションカウンターで測定する際にバイアル中の放射能が 1,000 cpm 以上であるようにするとよい．放射能測定時点でシンチレーターと試料の混合により生じるクェンチングがどの程度になるか，すなわち計数効率がどの程度になるかも考慮する．さらに，これまでの類似の実験例で使用された投与量を参考にするとよい．

実験動物の種類によって代謝的特性が異なる場合も投与量を調節しなければならない．また，実験動物の体重とその化合物の体内濃度が投与量を決めるための重要な要因となる．一方，トレーサー実験の性格上，投与する放射性化合物の化学量は痕跡程度に留める必要があり，比放射能が低いため標識化合物を大量に注入すると，体内プールが撹乱されてしまう恐れがある．^{14}C-アミノ酸のトレーサー実験の例では，体重約 100 g のラットに 70〜370 kBq 程度の放射能量を投与している．

4．投与方法

実験動物に標識アミノ酸を投与する方法には，経口投与，胃内投与，腹腔内投与および静脈投与などがある[3]．

1）経口投与

標識化合物を飼料に均一に混合し，飼料成分の消化吸収，代謝的運命や利用率を直接的に試験する目的に用いられる．飼料の食べ残し中の放射能量，吸収されずに糞中に排泄される放射能量および胃腸管に残存する放射能量を測定し，体内に吸収された放射能量を算出する必要がある．飼料作成の例として，粉末飼料と同量の加熱 3 ％寒天液および ^{14}C-アミノ酸液を先端をカットしたディスポーザブルシリンジ内で混合する方法が採られる．冷えて固形化したらシリンジのピストンで押し出し，放射能汚染に注意して給餌する．

2）胃内投与

経口投与の一種であり，胃ゾンデを用いて直接胃内に標識化合物を投与する方法である．飼料に混合する場合に比べて，餌箱の放射能汚染や残飼中の放射能の評価をせずに済む利点があるが，飼料が流動性のものであることが必要であり，また動物に苦痛を与え，心理的影響が強くでる恐れもある．

ラット胃内投与の例では，食道と胃がまっすぐに伸びた状態で，先端がまるくなっている金属製注入針を装着したディスポーザブルシリンジで標識アミノ酸液を注入する．ラットの背皮を手のひらで絞るように握ってしっかりと固定する．ラットの前歯に金属製の注入針が接触すると嫌がるので口の横方向から咽頭部に入れ，ここでシリンジを体軸に平行にして注入針の先端をわずかに腹側に向けて食道に挿入していく．胃内への投与液量は，体重 100 g 当たり 2 ml 以下にする．

3）腹腔内投与

　水溶性放射性化合物の一定量を確実に投与するのに適した方法である．腹腔内に投与された標識低分子化合物は直ちに血流中に取り込まれる．片手でラットを固定し，腹部正中線に沿ってディスポーザブルシリンジで腹腔内に注射する．針先から液が漏れて腹部の表面や周囲を汚染しないように，シリンジに既定液量を吸入したのち，針先にほんの少しの空気を吸入しておくとよい．針先を動かして抵抗を感じるときは小腸，肝臓等の組織を刺している恐れがある．標識アミノ酸は滅菌した生理的食塩水（0.9 % NaCl）に溶解すればよいが，脂溶性化合物の場合はオリーブ油などに溶解して必要な濃度に希釈し，1 回の投与液量は体重 100 g 当たり 0.5 ml 程度にする．

4）静脈投与

　頚部静脈や大腿内側静脈に注入する場合もあるが，尾静脈注射で注入する例が多い．ラットを固定し，尾をキシレンやアルコールで刺激して血管を怒張させる．尾の先端から 2〜3 cm のところで骨の左右の溝に沿って走っている静脈のどちらかに静注用針を装着したディスポーザブルシリンジで注入する．標識アミノ酸は，滅菌した生理的食塩水で必要な濃度に希釈し，1 回の投与量は体重 100 g 当たり 0.5 ml 以下にする．

5．代謝試験期間

　トレーサー実験の期間設定は，研究目的によって様々であり，体内でのその化合物の代謝的特性との関連で設定される．アミノ酸代謝を例にとり，これまでの研究例からおおよその目安を以下に述べる．

　標識アミノ酸を餌と混合して投与する経口投与の場合，標識アミノ酸は小

腸から数時間にわたり吸収され続ける．^{14}C-アミノ酸をラットに経口投与し，呼気^{14}CO$_2$産生を1時間毎に測定すると投与後3～4時間後に排出割合が一定となる[4]．このように，小腸において^{14}C-アミノ酸がほぼ一定速度で吸収されるようになり，体内での当該アミノ酸プールの比放射能が一定となるためには3～4時間が必要である．

一方，腹腔内投与された標識アミノ酸は，急速に血液中に取り込まれ30分以内で全身を循環し，静脈注射ではさらに短時間で体全体に分布する．各臓器に取り込まれた放射線量を見ると，肝臓・小腸は約3時間でピークを示し，骨格筋は12時間付近でプラトーに達し，いずれの臓器でもその後徐々に放射線量は低下する．^{14}C-アミノ酸からの呼気^{14}CO$_2$産生を測定した実験例では，3，4，6，8，12あるいは24時間など種々の測定時間が設定されている．その比放射能は約1時間で，全放射能は2～3時間でピークを示し，それ以後の排出割合は急激に減少していく．

11.1.4 RIを用いた代謝実験例

1. ニワトリ雛におけるアミノ酸炭素骨格の代謝運命

動物アミノ酸栄養の研究分野では，同位元素で標識されたごく少量のアミノ酸を体内プール中に投与し，そのラベルの分布を追跡することにより体内利用の様相が測定される．ここでは放射性炭素標識アミノ酸の実験例としてニワトリ雛における^{14}C-セリンの代謝運命（metabolic fate）の測定について述べる．

1）RIの投与

この実験では，鳥類が昼行性であり夜間絶食しているので，点灯後7:00～9:00の2時間摂食させ，雛（体重約130g）の飼料摂取状態を一様にし，9:00にラベルアミノ酸を投与する．L-[U-^{14}C]セリン（比放射能5.88 GBq/mmol）をオートクレーブ滅菌した0.9% NaCl溶液に希釈溶解し，ディスポーザブルシリンジ（ツベルクリン用，1.0 ml）を用い，296 KBq（8 μCi）/0.5 ml/体重100gを腹腔内注射により投与する．投与アミノ酸液の放射能量は，あらかじめ液体シンチレーションカウンターで測定し，算出

第11章 同位元素を用いる試験法

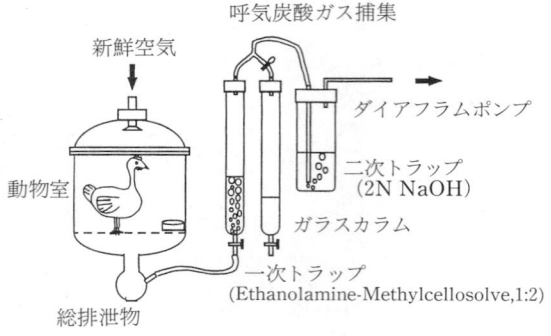

図 11.1.4-1　RI実験用のガラス製代謝試験装置

（図中ラベル：新鮮空気／呼気炭酸ガス捕集／ダイアフラムポンプ／二次トラップ（2N NaOH）／ガラスカラム／一次トラップ（Ethanolamine-Methylcellosolve,1:2）／動物室／総排泄物）

しておく．

腹腔内投与後，直ちに雛をガラス製代謝装置（図11.1.4-1）の動物室に移し，6時間にわたり呼気ガスと総排泄物を捕集する．呼気炭酸ガス，排泄物および屠体の各画分に取り込まれた放射活性は，液体シンチレーションカウンターを用い，外部標準チャンネル比法による計数効率補正を行う．結果は，投与されたRI量に対する分布割合として表示する．

2）呼気炭酸ガスと総排泄物

ガラス製代謝装置の呼気ガス捕集用ガラスカラム中に入れたエタノールアミン－メチルセロソルブ（1：2，V/V）液約35 ml で呼気炭酸ガスを捕集する．2N NaOH液で捕集する例もあるが，無機アルカリ溶液ではシンチレーターとの混合・溶解の困難さとクェンチングを強く引き起こすことから，炭酸ガスの捕集剤には有機アルカリ剤が適している．代謝試験装置の動物室（容積8 l）には，0.8～1.0 ml/分の新鮮空気を供給する．RI投与後，1～2時間毎に捕集液を交換し，メチルセロソルブで定容後，その一定量（2 ml）を液体シンチレーションカウンター用のガラス製バイアルに取り，CO_2 用シンチレーター（12 ml）を加え放射能量を測定する[5]．

RI投与後6時間における尿と糞の混じった総排泄物に，0.5％炭酸リチウム液を加えてブレンダーで均質化したのち，蒸留水で定容する．その一定量を塩酸で酸性にして生じる沈澱物を遠心分離し，沈澱部分の尿酸を0.5％炭酸リチウム液で溶解抽出し，その一定量にNT-シンチレーター（12 ml）を加え，放射能量を測定する[6]．

3）屠体分画

屠体の各成分に取り込まれた放射線量測定のための屠体分画法の概略を

11.1 放射性同位元素

図11.1.4-2に示す．標識アミノ酸投与6時間後，断首放血して動物を殺し，肝臓とその他の屠体に分け，血液は屠体に戻して液体窒素で凍結させながら電動肉挽機で挽肉状にし，これを3回繰り返し，均質化する．分析用サンプルとして約9〜10 gを精秤し，クロロホルム－メタノール

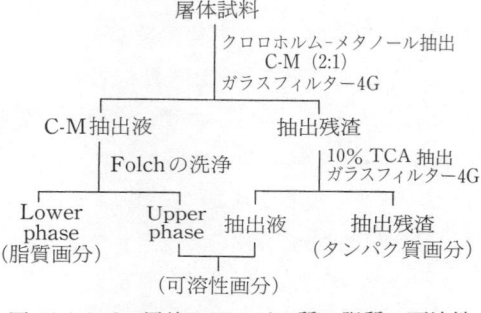

```
                屠体試料
                   │
        クロロホルム-メタノール抽出
              C-M (2:1)
           ガラスフィルター-4G
         ┌─────┴─────┐
      C-M抽出液        抽出残渣
         │              │
     Folchの洗浄      10% TCA抽出
                    ガラスフィルター-4G
     ┌───┴───┐      ┌───┴───┐
   Lower   Upper   抽出液    抽出残渣
   phase   phase           (タンパク質画分)
  (脂質画分)
          (可溶性画分)
```

図 11.1.4-2 屠体のタンパク質・脂質・可溶性画分の分画法の概略

(2:1)混液 150 ml で一晩抽出し，G-4ガラスフィルターで濾過したのち同溶媒にて200 ml 定容し，Folch[7]の方法により脂質を分離精製する．

クロロホルムの使用は環境上問題があるのでその代替としてエーテル－エタノール混液を用いるのがよい．この場合は，湿組織では脂質の抽出効率が悪いので，湿試料をアルミトレイに入れ，放射能汚染動物用凍結乾燥機で凍結乾燥を行う．凍結乾燥した試料にジエチルエーテル－エタノール（3:1, V/V）150 ml を加え，脂質を抽出する．脂質溶液はロータリーエバポレーターで濃縮，溶媒除去後，十分乾燥させてトルエンシンチレーター5 ml に溶解し，液体シンチレーション用バイアルに移し，この操作を3回繰り返して脂質画分（15 ml）として放射能量を測定する．

抽出した残渣に冷10%トリクロロ酢酸(TCA) 75 ml を加えて浸漬し，一晩冷所に放置することによりグルコース，遊離アミノ酸などの可溶性画分を抽出する．G-4ガラスフィルターでTCA抽出液を吸引濾過し，残渣を2% TCAでさらに十分洗浄する．この抽出液を蒸留水で100 ml 定容とし，可溶性画分とする．その一部をバイアルに取り，NTシンチレーター12 ml を加え一晩放置した後，放射能量を測定する．TCA抽出残渣に2 N水酸化ナトリウム25 ml 加えて加熱溶解し，蒸留水で定容し，タンパク質画分とする．その1.0 ml をバイアルに取り，2 N 塩酸1.0 ml NT－シンチレーター12 ml を加え撹拌・溶解後，一晩放置して放射線量を測定する．

第11章　同位元素を用いる試験法

肝臓の分析は，ガラス製 Potter-Elvehjem 型ホモジナイザーで均質化したのち，上記手順に従い，容量を縮小してタンパク質，脂質，可溶性画分の分画を行い，各成分の RI を測定する．

液体シンチレーションカウンター用カクテルの組成を以下に示す．

CO_2-シンチレーターは[5]，ジフェニルオキサゾール（DPO）5.5 g をトルエン－メチルセロソルブ（2：1，V/V）混液 1 l に溶解して作製する．これは炭酸ガス捕集液専用のカクテルである．

NT-シンチレーターは[8]，水溶性試料の放射能測定に使用され，DPO 4 g をトルエン-ノニオン（7：3，v/v）混液 1 l に溶解して作製する．ノニオンは，日本油脂（株）製の界面活性剤である．この種のシンチレーターには，市販品（Insta-Gel，Aquasol-2 など）が多数ある．

トルエンシンチレーターは，脂溶性試料の放射線量の測定に使用され，DPO 4 g と 1,4-ジ-2-（5-フェニルオキサゾイル）ベンゼン（POPOP）0.1 g をトルエン 1 l に溶解して作製する．

4）測定結果

ニワトリ雛における ^{14}C-セリン腹腔内投与6時間後の呼気炭酸ガス，総排泄物，体タンパク質，体脂肪および体可溶性画分への RI 分布を図 11.1.4-3 に示す．

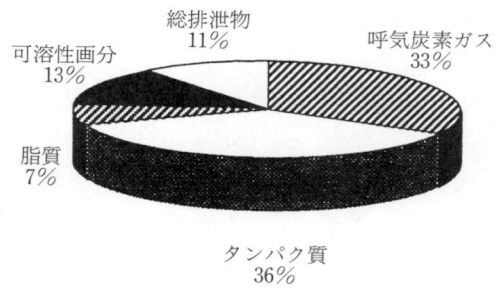

図 11.1.4-3　ニワトリ雛における ^{14}C-セリン投与後の ^{14}C の分布
タンパク質熱量比 15％ の全卵タンパク質飼料を 10 日間給餌し，アイソトープ投与後 6 時間で屠殺し，体成分分析を行った．

（総排泄物 11％，呼気炭素ガス 33％，可溶性画分 13％，脂質 7％，タンパク質 36％）

雛における ^{14}C-セリンからの呼気 $^{14}CO_2$ 産生は，投与量の 33％ で体タンパク質への取り込み割合（36％）と同程度である．脂質には 7％，可溶性画分には 13％ の RI 線量が分布しており，尿と糞からなる総排泄物中には 11％ である．グルタミン酸などの非必須アミノ酸の炭素骨格の酸化分解は，必須アミノ酸の

それに比べて著しく高い[9]．さらに，栄養条件によってアミノ酸の代謝割合は変動し，タンパク質欠乏時には特に必須アミノ酸の酸化分解割合が低下する．これに対して，非必須アミノ酸は，低タンパク質飼料でも呼気 $^{14}CO_2$ 産生割合が高い．

哺乳類とは異なり鳥類の窒素排泄形態は尿酸である．グリシンは，尿酸プリン骨格の重要な生合成素材の一つであり，鳥類では不足しがちである．グリシンはセリンから容易に生合成されるので，^{14}C-セリンが尿酸にどの程度転換しているか興味が持たれる．

雛におけるセリンから尿酸への転換割合に及ぼす全卵タンパク質摂取レベルの影響を図 11.1.4-4 に示す[10]．^{14}C-セリン投与後，尿と糞からなる総排泄物中の放射能は，飼料タンパク質レベルが 15 % を越えると急激に増加するが，その増加分のほとんどは尿酸への放射能の取り込みによって説明される．

アミノ酸の体内利用は，おおむね 1) 体タンパク質合成のための素材，2) エネルギー源としての素材，および 3) 生理活性を持つ低分子化合物の合成素材と 3 種のカテゴリーに分類される．

体タンパク質生合成のためには，約 20 種類のアミノ酸がその構成比率に応じて供給される必要があり，タンパク質欠乏時には必須アミノ酸の再利用が高まる．また，タンパク質供給過剰時や糖新生昂進時にはその炭素骨格はグルコースや脂肪の合成素材となり，あるいは炭酸ガスにまで酸化分解されてエネルギー産生に利用される．さらに，アミノ酸は，プリン骨格，クレアチニン，カテコールアミン，セロトニンなどの生理活性をもつ生体低分子化合物の前駆体としての重要な役割を担っている．

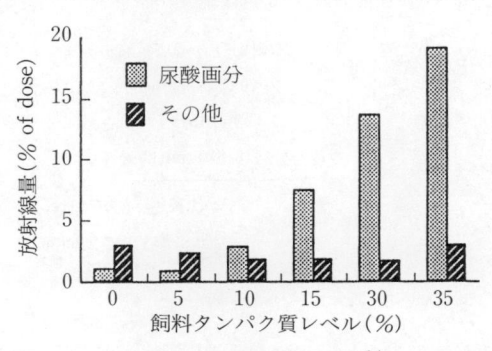

図 11.1.4-4　ニワトリ雛における ^{14}C-セリンの尿酸への転換

個々のアミノ酸がいかなる割合で利用されているかは，^3H，^{14}C，^{35}S などの標識アミノ酸を用いて試験されている．

(田中秀幸)

2. 体タンパク質の代謝回転測定法

前節で述べられたように，同位元素で標識されたアミノ酸を体内に投与することによりタンパク質の代謝回転を測定することができる．これは Waterlow ら[11]が考察したアミノ酸の2プールモデルを基にしている．この測定法では RI を用いる方法と安定同位元素（SI）を用いる方法がある．ここでは，小動物における測定に適している RI を用いた測定，として実験例としてニワトリ雛に L-[4-^3H] フェニルアラニン（Phe）を使用した例について述べる[12]．

1) RI の投与およびサンプルの調製

L-[4-^3H] Phe を翼下静脈から体重 10 g 当たり 148 kBq（4 μCi）を注入し，正確に2分後と10分後に屠殺し，速やかに液体窒素につけ，凍結保存する．屠体に取り込まれた放射線量測定のための屠体分画法の概略を図 11.1.4-5 に示す．

2) 酵素による Phe のフェニルエチルアミンへの転換

pH 調整済みのサンプル（遊離画分およびタンパク質結合画分）0.5 ml または，L-[4-^3H] Phe 標準液 0.5 ml と酵素溶液 0.5 ml を混合し，50 ℃で一晩インキュベーションを行う．その後，3 N 水酸化ナトリ

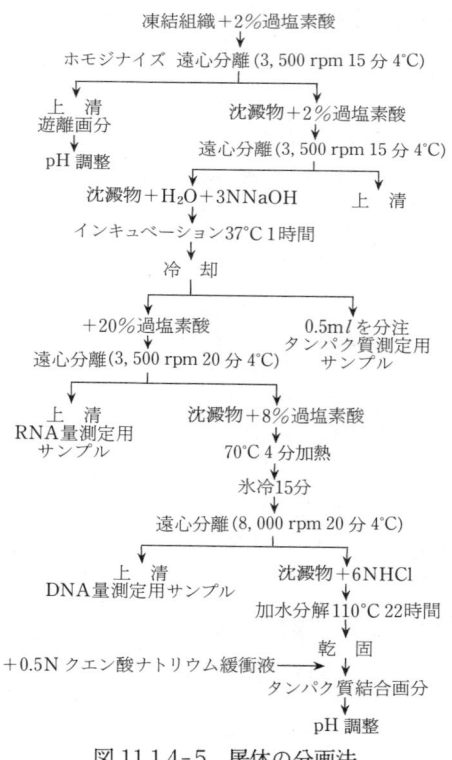

図 11.1.4-5 屠体の分画法

ウム溶液 0.5 ml, ヘプタン：クロロホルム（3：1）混合液 5 ml, 塩化ナトリウム 0.3〜0.5 g を加え，30 分間インキュベートし，1,000 rpm 5 分で遠心分離を行う．ヘプタン層（上層）を別の試験管に移し，1/50 N 硫酸 2 ml, クロロホルム 2.5 ml を加え，1 分間振とうする．そして，1,000 rpm 5 分で遠心分離し，硫酸層（上層）を別の試験管に移す．さらに 1,500 rpm 10 分遠心分離を行い，上清を抽出サンプルとする．

3）フェニルエチルアミンの測定

抽出サンプル 1 ml, ニンヒドリン溶液 1 ml, リン酸緩衝液（pH 8.0）2.5 ml, ジペプチド溶液 0.5 ml を混合し，60 ℃で 60 分インキュベーションを行う．その後，5 分間氷中で冷却し，流水中に 15 分浸して，室温に戻した後，蛍光光度計を用いて励起波長 390 nm，蛍光波長 495 nm で測定する．なお，この一連の反応は光による影響をできるだけ少なくするために暗所で行う必要がある．

4）比放射能の測定

抽出サンプルとシンチレーション用カクテル 5 ml を液体シンチレーションカウンター用のバイアル（20 ml）に入れ，栓をした後よく振とうし透明になるまで待ち，液体シンチレーションカウンターを用いて放射線量を測定する．

5）タンパク質合成率の計算

放射能の測定によりサンプル中の値を dpm／ml（disintegration per minute／ml）として表す．またフェニルエチルアミンの測定によりサンプル中の Phe 濃度を nmol／ml とする．この両方の値より比放射能（specific radioactivity：dpm／nmol）を求める．

まず，遊離サンプルの 2 分（＋α 秒）および 10 分（＋α 秒）の平均値から 5 分＋α 秒の時の平均値を計算によって算出する．10 分の各々の値がこの平均的な減少率で減少したものと仮定し，それぞれの値について 5 分＋α/2 秒時点での値を推測する．ただし α 秒は動物を屠殺後，サンプルを完全に液体窒素で凍結するのに必要な時間である．算出した値を下記の式に代入し，1 日当たりのタンパク質合成率（Ks：％／日）を算出する．

第11章 同位元素を用いる試験法

$$Ks\,(\%/日) = SB/(SF \times t) \times 100$$

SB：10分＋α秒時点でのタンパク質結合サンプルの比放射能（dpm/nmol）

SF：5分＋α/2秒（推定値）の遊離サンプルの比放射能（dpm/nmol）

t：10分＋α秒，ただし1日で表現した値

以上のようにRIを使用することにより，動物の体タンパク質の合成率を迅速かつ正確に測定することができる．また各組織，標的タンパク質（アルブミンやグロブリンなど），各種ホルモンなどの合成率算出に応用でき，用途は益々拡大される方向にある．これからの課題としては，代謝回転のもう一つの鍵であるタンパク質分解率の測定方法の確立がある．現在，3-メチルヒスチジンを用いた筋肉の分解率の測定，タンパク質合成阻害剤の使用および *in vitro* での測定などが報告されているが明白ではなく，これからの研究が期待される．

（平本恵一）

引用文献

1) 水上茂樹訳，1978．生化学史 (Fluton)，共立出版．
2) 麻生末雄ら編，1982．農学・生物学におけるアイソトープ実験，養賢堂．
3) 細谷憲政ら編，1980．小動物を用いる栄養試験法，第一出版．
4) Aguilar T. S. *et al.*, 1972. J. Nutr., 102:1199-1208.
5) Jeffay H. and J. Alvarez, 1961. Anal. Chem., 33 : 612-615.
6) Tinsley J. and T. Z. Nowakowski, 1957. Analyst, 82 : 110-116.
7) Folch J. *et al.*, 1957. J. Biol. Chem., 226:497-509.
8) Kawakami M. and K. Himura, 1972. Radioisotopes, 23 : 81-87.
9) 菅原邦生ら，1986．日本畜産学会報．57 : 109-114.
10) Tanaka H., *et al.*, 1976. Agric. Biol. Chem., 40 : 1119-1127.
11) Waterlow J. C. *et al.*, 1978. Protein Turnover in Mammalian Tissues and in the Whole Body, North-Holland Publishing.
12) Garlick P. J. *et al.*, 1980. Biochem. J., 192 : 719-723.

11.2 安定同位元素 (Stable Isotope, SI)

放射性を有しない同位元素を安定同位元素または安定同位体（stable isotope, SI）という．フッ素，ナトリウム，アルミニウムなどを除く大部分の元素が 1 個以上の SI をもっており，各元素について同位体の量（原子の数）の割合を百分率で示した値を同位体存在比という．生物関連分野での研究に用いられている主な SI について，自然状態における同位体存在比（自然存在比）を表 11.2.1 に示した[1]．これらの他に，Cl (^{37}Cl = 24.2 %)，Ca (^{42}Ca = 0.65 %)，Cu (^{65}Cu = 30.8 %) なども利用されることがある．

表 11.2.1 各種元素の同位体存在比

元素名	安定同位元素	自然存在比 (%)
水素	^{1}H	99.985
	^{2}H	0.015
炭素	^{12}C	98.893
	^{13}C	1.107
窒素	^{14}N	99.6337
	^{15}N	0.3663
酸素	^{16}O	99.759
	^{17}O	0.0374
	^{18}O	0.2043
硫黄	^{32}S	95.0
	^{33}S	0.760
	^{34}S	4.22
	^{36}S	0.0136

11.2.1 SI トレーサー法

自然存在比の小さい SI を濃縮（存在比を高める）し，RI と同様に同位体トレーサーとして利用することができる．

1. SI トレーサー法の特徴

SI トレーサー法の最も大きな特徴は，いうまでもなく，SI が非放射性物質であるという点である．特殊な実験施設を必要とせず，廃棄物処理に関する法的規制や実験者に対する放射線障害の危険性を考慮する必要もないので，実験の規模や期間に関する自由度は，RI を用いる場合と比較して格段に大きい．また，SI トレーサー法では，核磁気共鳴や質量分析などの分析手法を用いることによって，分子内でのトレーサー SI の位置を直接知ることができるため，代謝・生合成経路や反応機構の解析にも有効な手段である．しかし，RI トレーサーの放射活性を手がかりにする方法でこの種の情報を得るためには，化学的分解が必要となり，煩雑な操作と長い時間を要する．

RI トレーサー法では放射能の測定によって対象物質を追跡するのに対し

て，SIトレーサー法ではトレーサー SI と非トレーサー SI の比率を測定することで追跡する．そのため，投与した標識体が体内に存在する非標識体によって高倍率に希釈された場合，RI では測定に用いる試料量を増やすことで放射能の強度を高めることが可能であるが，SI ではトレーサーの投与量自体を増やす以外に方法がない．また，試料中に非トレーサー SI を含む夾雑物が存在するとトレーサー SI の存在比が低下するため，目的物質の単離・精製が必要で，RI と比較して前処理操作が煩雑である．例えば，トレーサー法により尿素の代謝速度を測定する場合，^{14}C-尿素を用いれば血漿をそのまま測定用試料として使用できるが，^{13}C-尿素を用いた場合には，タンパク質，グルコース，アミノ酸など C を含む成分をすべて除去するための操作が必要になる．このような理由から，農学分野での SI トレーサーの利用は，適当な半減期の RI がない N に限定されていた．しかし，分析機器の進歩に伴ってこれらの問題点は徐々に解決されており，特に ^{2}H，^{13}C，^{15}N については，比較的簡易な分析操作で RI に匹敵する精度の実験が可能になっている．

2．トレーサー SI の測定単位

トレーサー SI の存在比を表す単位には atom % を用いる．すなわち，トレーサー SI と非トレーサー SI の原子数をそれぞれ [*A]，[A] とすると，

*A 存在比 (atom %) = $100 \times [*A] / ([*A] + [A])$

である．ただし，非トレーサー SI が複数ある場合には，通常，自然存在比の最大のものを用いる．GC-MS（次項参照）を用いて標識体分子として測定する場合には，[*A] および [A] は標識体および非標識体の分子数となり，単位は mol % を用いる．また，SI は RI と比較して自然存在比が高いため，データ解析の際には，RI トレーサー実験における比放射能に相当する値として，測定値から自然存在比（トレーサー非投与時の試料を実測する）を差し引いた値（enrichment）を用い，その場合には atom % excess または mol % excess という単位で表す．

11.2.2 トレーサー SI の測定法 [2, 3]

対象とする SI の種類と利用目的に応じて様々な測定方法が用いられるが，

1) 同位体存在比の正確な測定を目的とする方法と，2) 分子構造に関する情報を得ることを主目的とする方法に分けることができる．

　畜産分野では，代謝速度などに関する定量的な測定を目的とした SI トレーサーの利用が多いため，ここでは 1) について，現在最も多く利用されている質量分析法を中心に述べる．核磁気共鳴（NMR），電子スピン共鳴（ESR）など 2) に含まれる方法，あるいは放射化分析や加速器を用いる分析などの方法については，他の成書などを参照されたい．

1. 質量分析法

　質量分析法は，高真空中に導入した試料分子を電子ビームなどで衝撃し，生成した分子イオンまたはフラグメントイオンを質量（正確には質量と電荷の比 m/e）によって分離し，各相対強度をスペクトルとして検出する機器分析法である．イオン化の方法や質量分離方法の異なる様々なタイプの質量分析計があるが，いずれも，目的成分の単離やガス化といった煩雑な前処理が必要なため，前処理機器と組み合わせた分析システムとして利用される．

1) GC-MS (gas chromatography – mass spectrometry)

　試料のガス化・単離をガスクロマトグラフィ（GC）で行うもので，GC から流出した試料ガスが，キャリヤガスを除くためのインターフェースを介して質量分析計（MS）に導入される．通常 GC-MS と呼ばれるシステムでは，GC で定量し，MS で定性することを主目的としており，ng レベルの微量成分について広い質量範囲を高速走査することができる．同位体存在比を測定する場合には，あらかじめ設定した標識分子イオンと非標識分子イオンの m/e のみでスペクトルを測定し，この二つのスペクトル強度から両者の存在比を求める．この方法は，選択イオン検出 GCMS (selected ion monitoring-gas chromatography mass spectrometry ; SIM-GCMS) と呼ばれている．走査型 MS の同位体存在比測定精度は 0.1〜0.01 atom ％ 程度と低いため，バックグラウンド（自然存在比）の低い多重標識体（1 分子が複数個の同位体で標識されたもの）を用いた実験に利用される場合が多い．

2) GC-IRMS (gas chromatography – isotope ratio mass spectrometry)

　大動物での投与試験のように，SI 標識体が体内に存在する非標識体で高

倍率に希釈されることが予想される場合には，同位体比測定用 MS（IRMS）を用いる必要がある．IRMSでは，試料をあらかじめ単純なガス（H_2，CO_2，N_2，SO_2）にした上で MS に導入して，イオン化し，二つまたは三つのイオンコレクターによって各イオン（N ならば$^{14}N_2^+$，$^{14}N^{15}N^+$，$^{15}N_2^+$）の強度比を正確に測定する．この方法では，0.0001～0.00001 atom％という高精度の同位体比測定が可能であるが，必要な試料量が多く，また試料ガスの調製に時間がかかるのが難点であった．しかし，前処理装置として GC を接続した GC-IRMS が開発されたことで，ng レベルの微量成分について高精度の同位体比測定が可能になった．GC-IRMS は，GC からの流出ガスをマイクロ炉で燃焼させ，生成した CO_2 または N_2 を IRMS に導入するもので，GC-C-MS (gas chromatography - combustion - isotope ratio mass spectrometry) とも呼ばれる．

3）ANCA－MS (automated nitrogen carbon analysis－mass spectrometry)

ANCA-MS は，試料中 C，N の定量に用いられる元素分析計と同様の機能を持つ前処理装置を IRMS に接続したシステムで，試料を燃焼・還元・脱水した後に GC によって CO_2 と N_2 を分離し，IRMS に導入する．測定には C，N とも 100 μg 程度を必要とするが，同位体比測定と同時に C，N の定量も可能で，しかも 1 試料の ^{13}C 存在比と ^{15}N 存在比を連続して測定できるのが特徴である．ただし，試料成分を分離するための GC 部分はないので，あらかじめ化学的に分離・精製を行う必要がある．

2．その他の方法

1）発光分光法による ^{15}N 分析

試料を酸化剤（CuO など）とともにパイレックス製ガラス管に真空封入し，加熱燃焼させて試料中 N を N_2 ガスとした後，管外から高周波によって励起させ，N_2 分子の発光スペクトルをモノクロメーターで分光して，$^{14}N_2$，$^{14}N^{15}N$，$^{15}N_2$ の各ピークの高さを測定する．0.2 μg という微量 N の同位体比測定が可能であるため，薄層クロマトグラフィーで分離したアミノ酸の分析などにも利用できる．0.001 atom％という比較的高精度の測定が可能であるが，試料調製のための操作が煩雑で，また，微量分析のためわずかな汚

染も測定値に影響するので，分析にはある程度熟練を要する．

2) 赤外分光法による ^{13}C 分析

CO_2 ガスに赤外線を照射し，$^{12}CO_2$ と $^{13}CO_2$ による吸収の強度を測定する．共存する N_2，O_2 などは赤外不活性で測定値には全く影響しないため，呼気ガスなどのガス体試料は前処理なしに直接分析できるという特徴があるが，測定精度は 0.1〜0.01 atom % 程度と低い．

11.2.3 同位体効果

1．同位体効果

同位体を用いるトレーサー実験では，標識体と非標識体との化学的性質には差がないことを前提としているが，厳密に見ると，同位体分子の統計熱力学的な性質の違いによって，あらゆる平衡や化学反応速度にわずかな差（同位体効果）が生じている．一般に，軽い（質量数の小さい）同位体の方が重い同位体よりも反応が速く，また，その差は質量数の小さい元素ほど大きい．例えば，C-H 結合の切断が起きる化学反応では，^{2}H 標識（C-^{2}H）による明らかな反応速度の低下が認められるが，^{13}C 標識（^{13}C-^{1}H）による影響は小さい．したがって，特に ^{2}H または ^{3}H によるトレーサー実験では，使用する標識体（標識位置）の選択や試料の分離操作などには注意を要する．

ただし，RI トレーサー法では測定対象が標識体の放射能であるため，同位体効果が表面に現れることは少ない．SI トレーサー法の場合は，標識体と非標識体の比率を測定するため，例えば，投与する SI 標識体が体内に存在する非標識体よりも代謝速度が遅いと，標識体の投与量を増やすほど，観測される代謝速度が遅くなるという現象が現れる．

このように，同位体効果は，同位体をトレーサーとして利用する上での問題点となるが，逆に同位体効果を利用して物質動態に関する様々な情報を得ることができる．

2．同位体効果を利用した代謝機構，酵素反応機構の研究[2]

分子内の特定位置の元素を SI で標識し，非標識体との代謝速度の違いを測定することによって，代謝経路や酵素反応機構の解析に役立つ様々な情報

を得ることができる．例えば，SI 標識することによって薬物の効果持続時間に明らかな延長が認められた場合，標識位置（または標識位置に隣接する部分）の結合の開裂が，薬効の消失に関わる分解反応の律速部分となっていると推定することができる．

また，特定の酵素反応について，基質として標識体を用いた場合の Vmax, Km あるいは Vmax/Km などを非標識体と比較することで，基質と酵素の結合や反応物と酵素の解離といった各ステップの速度を相対比較することができる．このような目的には，なるべく同位体効果が大きくなることが望ましいので，^{2}H（または ^{3}H）が用いられることが多い．

11.2.4 自然存在比の天然標識としての利用

SI による人為的な標識を行わない場合でも，自然界で起きる様々な平衡および化学反応における同位体効果の結果として，物質の同位体存在比にはわずかな差が認められる．つまり，自然状態において極低レベルで SI 標識されていると考えることができる．環境科学や生態学などトレーサー実験が困難な分野では，この天然の SI 標識を地球規模での物質循環や食物連鎖の研究などに利用しており[4]，農・畜産学分野での研究にも取り入れられている[5),6)]．畜産分野での応用例の一つを以下に挙げておく[7)]．

植物の光合成経路には，C_3 型と C_4 型と呼ばれる二つの経路が知られているが，それぞれの反応経路における同位体効果の大きさの違いから，C_3 型植物と C_4 型植物の ^{13}C 存在比には $\delta^{13}C$ (注) として約 20 ‰ という，わずかだが明らかな差が認められる．この差を利用して，マメ科植物（C_3）とイネ科植物（C_4）の混在する草地における放牧家畜による両者の採食比率を，食道フィステルから採取した試料の ^{13}C 存在比から以下のように推定することができる．

マメ科植物の採食比率（％）
 ＝（$\delta^{13}C$ ex・$\delta^{13}C$ フィステルサンプル － $\delta^{13}C$ ex・$\delta^{13}C$ フィステルサンプル）/（$\delta^{13}C$ ex・$\delta^{13}C$ フィステルサンプル － $\delta^{13}C$ ex・$\delta^{13}C$ フィステルサンプル）×100

同様の方法で糞の^{13}C同位体比から採食比率を推定することも可能であるが，その場合は，2種類の植物の消化率の違いと，内因性Cの混入によると考えられる飼料-糞間での^{13}C存在比の差を補正する必要がある．

注）自然存在比の変動を扱う場合には，特定の標準物質からの偏差を千分率で表すδ値が用いられる．

$\delta *A (‰) = (R\,ex \cdot \delta^{13}Cフィステルサンプル - R\,ex \cdot \delta^{13}Cフィステルサンプル) / R\,ex \cdot \delta^{13}Cフィステルサンプル \times 1000$ ；$R = [*A] / [A]$
δ^{13}Cの場合，[*A]および[A]はそれぞれ^{13}Cと^{12}Cの原子数で，1‰の差は約0.0011 atom％に相当する． （須藤まどか）

引用文献

1) 日本アイソトープ協会，1980．アイソトープ便覧，丸善．
2) 日本アイソトープ協会，1983．ライフサイエンスのための安定同位体利用技術，丸善．
3) 濱　健夫，濱　順子，1996．Radioisotopes, 45 : 38 - 42.
4) 水谷　広，1996．ぶんせき，7 : 539 - 545.
5) 米山忠克，1987．土肥誌，58 : 252 - 268.
6) 小山雄生，1987．Radioisotopes, 36 : 43 - 51.
7) Ludlow M. M. et al., 1976. J. Agri. Sci., 87 : 625 - 632.

第12章 血液および尿成分の変化を指標とする栄養要求量推定試験法

一般に栄養状態の適否の判定の指標としては成長や飼料摂取量，産肉性や産卵性などの生産能を用いてきた．しかし，これらを指標とする場合，試験期間が長期間におよび，また求めた要求量は試験期間全期の平均にあたるもので，ある特定の時点のものではない．短期間に，しかも1日もしくはもっと短い間隔で要求量の変化を調べるためには，もっと短期間で飼料中の栄養に反応する指標が必要となる．生体内には飼料や環境の変化に対し，短期間で鋭敏に反応するものがあり，それらは栄養状態の判定に有効である．それらの指標のうち，ここでは血漿中のアミノ酸，尿素態窒素，尿中のタウリン，3-メチルヒスチジン，アラントインおよびカリウムについてのべる．

12.1 血中成分

12.1.1 血漿（または血清）遊離アミノ酸

血漿中の遊離アミノ酸濃度は図12.1.1-1に示したように飼料中のアミノ酸が不足しているときは低く，過剰な範囲では飼料中アミノ酸の量に比例して増加する．その反応は数時間で現れ，長時間にわたって維持される．低い線と増加する斜線との交点は成長試験，飼料効率，窒素出納試験，産卵試験で求めたアミノ酸要求量とよく一致することはヒトを含めた多くの動物で認められている[1]．血清の場合も同様である．

この血漿遊離アミノ酸を指標とすると，短期間でアミノ酸要求量が求められるので，特定のアミノ酸の要求量の変化が著しい成長期におけるアミノ酸要求量を推定することができる上に，成熟期では同一動物を繰り返し使用することもできる．また，代謝的に関連の少ないアミノ酸を組み合わせれば，同時に二つ以上のアミノ酸要求量を求められる可能性がある．さらに，欠乏時に一定となる最低水準を決めておけば，給与した飼料のアミノ酸水準の過

不足を判定することができる．

1. 試験方法

目的とするアミノ酸が明らかに欠乏している基礎飼料を調製する．これに該当アミノ酸を過剰量まで段階的に5〜6水準で添加する．その際，窒素量に大きな変動がある場合にはグルタミン酸などで補正する．この場合，要求量を求める対象以外のアミノ酸は十分に含有されている（制限にならない）ことが前提であるので，必要に応じて他のアミノ酸も添加する．一群4〜5頭羽を割りあて，試験飼料を給与し，一例として，給与開始から2日後の午後1〜3時に採血し，血漿遊離アミノ酸濃度を測定する．アミノ酸の測定は20.2.3を参照されたい．

2. アミノ酸要求量の推定

図12.1.1-1に示したように，飼料中のアミノ酸が不足しているときの低い線と過剰な範囲で観察された増加直線との交点を求め，要求量とする．図12.1.1-2にその一例を示した[2]．

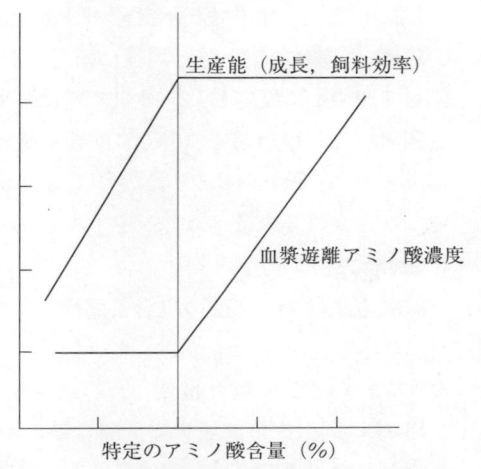

図12.1.1-1 飼料中の特定のアミノ酸含量と生産能および血漿遊離アミノ酸濃度との関係．
アミノ酸要求量で両者の接点はよく一致する．

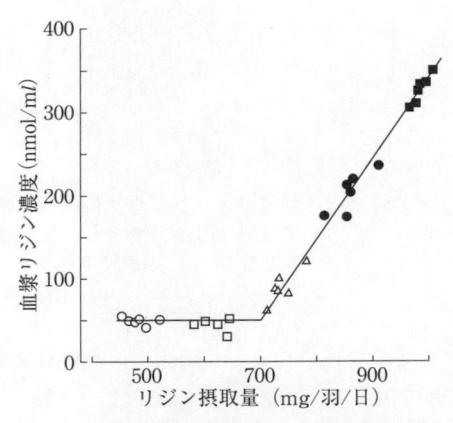

図12.1.1-2 産卵鶏のリジン摂取量と血漿リジン濃度との関係
飼料中のリジン含量（％）○ − 0.45，□ − 0.55, △ − 0.65, ● − 0.75, ■ − 0.85

12.1.2 血漿中尿素窒素（Plasma urea nitrogen, PUN）

PUNは遊離アミノ酸と同様に給与タンパク質あるいはアミノ酸の変化に応じて速やかに反応し，2〜3日で新たな平衡状態に達する．この反応の速さを利用して，短期間でのアミノ酸要求量の推定が可能である．これらの方法によって，子豚でのリジン[3]やトレオニン[4]などの要求量，妊娠豚と授乳豚ではリジンの要求量[5]が求められている．

1．試験方法

試験方法はアミノ酸の場合と同様である．PUNの測定は20.2.4を参照されたい．

2．アミノ酸要求量の推定

PUNは飼料中の該当アミノ酸含量の増加に伴い直線的に低下し，要求量を満たした時点でほぼ一定値になる．血漿遊離アミノ酸濃度はアミノ酸要求量が満たされない範囲においてはほぼ一定値を示すが，要求量が満足されると，それ以降は直線的に高まる．このデータに基づき，飼養試験の場合と同様に折れ線モデルへの当てはめによって該当アミノ酸の要求量が推定できる．図12.1.2-1にはその一例を示した．

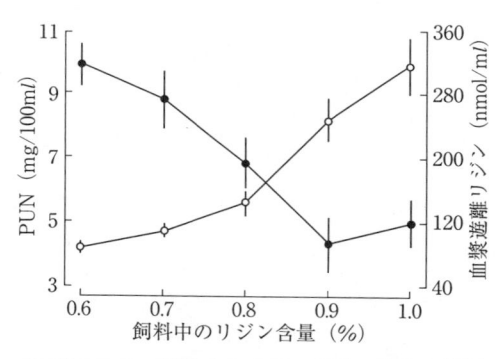

図12.1.2-1　飼料中のリジン含量に伴う血漿尿素窒素（PUN，●）および血漿遊離リジン（○）の濃度変化[3]

（山本朱美）

引用文献

1) 石橋　晃，1990. 家禽会誌，27 : 1 - 15.

2) Yamamoto A. *et al.*, 1997. Anim. Sci. Technol. (Jpn.), 68 : 934 - 939.

3) 梶　雄次・古谷　修，1987. 日畜会報，58 : 737 - 742.

4) 梶　雄次・古谷　修，1987. 日畜会報，58 : 743 - 749.

5) 梶　雄次ら，1992. 日畜会報，63：955 − 963.

12.2　尿中成分

12.2.1．3-メチルヒスチジン（$N^τ$-メチルヒスチジン，3MH）

　3MHは筋肉のミオシンおよびアクチンに含まれるアミノ酸であり，一般に非代謝性である．3MHはヒスチジンがタンパク質に組み込まれてからメチル化されたものであり，ミオシン，アクチンの分解に伴って定量的に尿へ排泄される．したがって，体内に含まれる3MHの量が分かれば，一定時間における尿への3MH排泄量を測定することにより，ミオシンとアクチンの平均の分解速度が求められる．3MHの構造を図12.2.1-1に示した．

　ミオシンとアクチンのほとんどは骨格筋に含まれ，骨格筋タンパク質のそれぞれ約60％および20％を占める．ミオシンとアクチンの分解速度はさほど違わないので，3MH法によって得られる値を，一般には，骨格筋タンパク質の分解速度とみなして差し支えない．

　しかし，ブタとヒツジでは3MHがバレニン（3-メチルヒスチジル-$β$-アラニン）の形で体内に蓄積されるので本法は適用できない．また，マウスの雌では3MHがメチルヒスタミンとなりヒスタミンと同様に分解されて尿中に排泄されるので本法は適用できない．

1．3MHの定量

　筋肉，尿，飼料などに含まれる3MHの量は極めてわずかであるので通常のアミノ酸分析法により3MHを定量するのは困難である．オープンカラムを用いて3MHを分離し[1]，Wardの方法[2]により比色定量する方法もあるが，ここでは，より精度の高い高速液体クロマトグラフィー[3]について述べる．

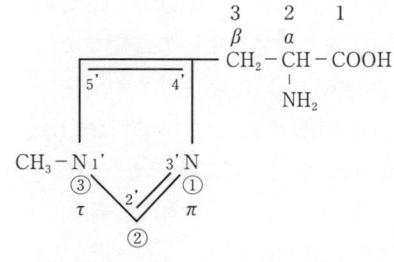

図12.2.1-1　3-メチルヒスチジンの構造式

1) サンプルの調製

　飼料（約0.5g），鶏排泄物（約2

g），ラット尿（約1 ml）を50 ml 容の蓋つき試験管（テフロンシールつき）に取り，適量の6 N HClを加え，約10分間放置し，CO_2 の発生を待って，蓋を閉め110℃で20時間加水分解する．加水分解にはオートクレーブを用いれば安全である．

加水分解終了後は冷却し，濾紙で濾過した後，水を加えて全量を50 ml とする．この濾液15 ml をエバポレーターを用いてHCl臭がなくなるまで乾固し（少量の水を加えて，通常3回，乾固を繰り返す），これを5 ml の0.2 Mピリジンに溶解する．

2）ミニカラムによる3MHの粗分離

先に述べたように，一般に，試料中の3MH含量は極めて少ないので他のアミノ酸によって3MHの定量は妨害される．したがって，次に述べる試料の前処理なしに高速液体クロマトグラフィーにより3MHを定量するのは困難である．

イオン交換樹脂（Dowex 50×8, 200−400 mesh, pyridine form）を，0.2 Mピリジンに平衡化した後，市販のプラスチックカラム（10 ml の液溜めつき）に充填する（高さ6 cm，容量2 ml）．イオン交換樹脂の上部にも少量の脱脂綿を詰め，クロマトを行う際に樹脂の表面が乱れるのを防ぐ．

5 ml の0.2 Mピリジンに溶解した試料液の3 ml をカラムに注ぎ，試料液が完全に流出した後，20 ml の0.2 Mピリジンで樹脂を洗う．多くの中性および酸性アミノ酸はこのとき溶出される．

次に1 Mピリジン20 ml を注ぎ3MHを溶出し，溶出液を回収する．これをエバポレーターで乾固し，後に述べる移動相溶媒1 ml に溶解する．3MHの回収率は標品を用いて確認する．

3）高速液体クロマトグラフィー

移動相溶媒としては20 mM KH_2PO_4 で調整した15 mM sodium octane sulfonateを用いる．使用カラムはShim − pack ODS（6.0×150 mm）で，これを45℃のオーブン内に装着して用いる．検出には，o − phthalaldehyde試薬（ホウ酸緩衝液（0.4M，pH 10.6））で調製した26 mM mercaptoethanol，12 mM o − phthalaldehydeおよび0.12 M methanol（o − phthalaldehydeの溶

解に使用）の混合溶液）による蛍光法を用いるが，ヒスチジンの蛍光を抑制する目的でホウ酸緩衝液（0.4 M, pH 10.6）で調製した formaldehyde（0.67 M）を使用する．すなわち，カラムからの溶出液，o-phthalaldehyde 試薬および form-aldehyde 試薬の 3 者を上記のオーブン内で混合反応させ，蛍光モニター（励起波長 348 nm, 蛍光波長 460 nm）に導き蛍光強度を測定する．移動相溶媒の流速は 1 ml/分, o-phthalaldehyde 試薬および formaldehyde 試薬の流速は 0.3 ml/分とする．3 MH は約 15 分で溶出される．3 MH の溶出時間はあらかじめ標品によって確認する．図 12.2.1-2 に装置の概略を示した．

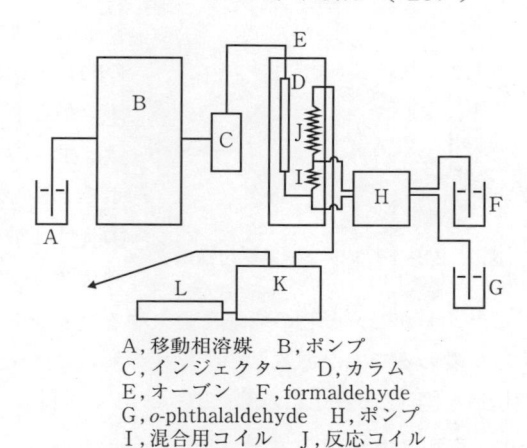

A, 移動相溶媒　B, ポンプ
C, インジェクター　D, カラム
E, オーブン　F, formaldehyde
G, o-phthalaldehyde　H, ポンプ
I, 混合用コイル　J, 反応コイル
K, 蛍光モニター　L, 記録計

図 12.2.1-2　装置の概略

2. 3MH 法による筋肉タンパク質分解速度の計算

窒素出納試験法に準じて尿を採取し，1 日当たりの 3 MH 排泄量を求める．骨格筋量を算出し，これに筋肉中の 3-メチルヒスチジン含量を乗じ，さらに 0.8 を乗じて（筋肉以外の組織に由来する 3 MH を差し引く），3 MH のプールサイズを決める．筋肉タンパク質の分解速度は 1 日当たりの 3 MH 排泄量を 3 MH のプールサイズで除して求める．飼料から 3 MH を摂取する場合には排泄量より差し引く．分解速度は通常，%/日で表す．

12.2.2. アラントイン（ルーメンにおける微生物態タンパク質合成量の指標としての尿中アラントイン）

ルーメン微生物によって生産されたプリン塩基は小腸において消化・吸収されプリン誘導体（アラントイン，尿酸，キサンチン，ヒポキサンチン）とし

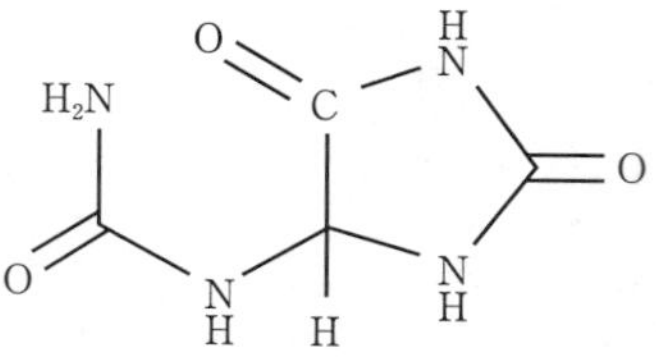

図 12.2.2-1　アラントインの構造

て尿へ排泄される．尿中のプリン誘導体の約 80 ％はアラントインである．ルーメンから十二指腸へのプリン塩基の流入量は尿へのプリン誘導体の排泄量に比例する．したがって，アラントインの尿中排泄量はルーメンから十二指腸への微生物体タンパク質の流入量の指標となる[4]．しかし，動物の組織に由来するアラントインの量が栄養条件などによって変わることがある[5]ので結果の解釈には注意を要する．アラントインの構造を図 12.2.2-1 に示した．

1．アラントインの定量

高速液体クロマトグラフィーによるアラントインの定量も一般に行われている[6]が，ここではより実用的なオープンカラム法[7]について述べる．

カラム（120 × 20 mm；Amberlite IRA − 400, Sigma Co., MA, USA）に，あらかじめホウ酸緩衝液（0.05 M ホウ酸，NaOH で pH 9 に調整）を 2 時間流しておく．2 ml の尿に 0.5 M NaOH を 5 ml 加え 20 分間沸騰浴を行い，アラントインをアラントイン酸に変える．これを水で冷やし，pH 9 に調整し，カラムに注ぐ．上記のホウ酸緩衝液でカラムを 2 時間洗う．さらに，K_2HPO_4 と KH_2PO_4 の混合液（0.05 M，pH 6）で 45 分洗う．次に，1N NaCl でアラントイン酸を溶出する．流速は 0.6 ml/分とする．アラントイン酸は 25 分以降に溶出されるのでこれを集め，下記の比色法[8]により定量する．

溶出液 5 ml に 0.5 N HCl 5 滴を加えた後，1 ml の 0.33 ％塩化フェニルヒドラジンを加えて混合し，沸騰浴を行う．正確に 2 分後，食塩を加えた氷（− 10 ℃）中で冷却する．約 3 分後，氷より出し，上記の氷中で冷やした濃 HCl 3 ml を加える．次に，1 ml の 1.67 ％のヘキサシアノ鉄（Ⅲ）酸カリウムを加え，よく混合する．30 分後に水を足して 25 ml とし，530 nm の吸光度を測定する．溶出液の代わりに 0.01 N NaOH に溶解したアラントイン酸カリウム（0～20 mg/1,000 ml）を用いて検量線を作成する．アラントイン

酸カリウム量に 0.738 を乗じればアラントインの量が得られる．

(林　國興)

引用文献

1) Hayashi K. *et al.*, 1985. Br. J. Nutr., 54 : 157 − 163.
2) Ward L. C., 1978. Anal. Biochem., 88 : 598 − 604.
3) Hayashi K. *et al.*, 1987. J. Nutr. Sci. Vitaminol., 33 : 151 − 157.
4) Perez J. F. *et al.*, 1996. Br. J. Nutr., 75 : 699 − 709.
5) Balcells J. *et al.*, 1998. Br. J. Nutr., 79 : 373 − 380.
6) Balcells J. *et al.*, 1992. J. Chromatogr., 575 : 153 − 157.
7) Perez J. F. *et al.*, 1998. Br. J. Nutr., 79 : 237 − 240.
8) Young E. G. and O. F. Conway, 1942. J. Biol. Chem., 142 : 839 − 853.

12.2.3. タウリン

アミノ酸要求量を決定する指標として，血漿遊離アミノ酸を用いる方法がある．しかし，血漿アミノ酸濃度は生産能と要求量の関係を反映するが，一方で直接的な代謝を反映する指標ではなく，また中間代謝物であることから，様々なアミノ酸代謝と血漿アミノ酸の変化の関係を明らかにする必要がある．

これに対して，含硫アミノ酸にはその代謝を直接反映する指標がある．通常のアミノ酸では，過剰な量は筋タンパク質か，血漿アミノ酸としてのプールしか考えられない．また，分解され，排泄される形態はほとんど尿素もしくは尿酸である．これに対して含硫アミノ酸は過

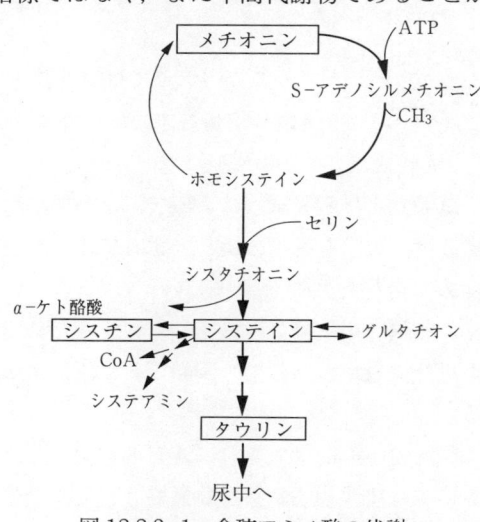

図 12.2.3-1　含硫アミノ酸の代謝

剰になると肝臓でグルタチオンとして貯蔵され，含硫アミノ酸が欠乏すると速やかにこのグルタチオンが分解されてシステインが供給される．さらに，含硫アミノ酸は最終代謝産物としてタウリンの形態をとり，そのまま尿中に排泄される（図12.2.3-1）．そこで，肝グルタチオン濃度を調べて含硫アミノ酸要求量を調べる方法がある．しかし，肝グルタチオン濃度の測定は熟練を要し，しかも多量のサンプルは扱えない．

一方タウリンの測定はアミノ酸分析が可能であれば簡便である．タウリンはカルボキシル基をもたないため厳密にはアミノ酸ではない（図12.2.3-2）．そのため遊離で存在することが多いが，胆汁酸のタウロコール酸などの化合物を作る場合もある．ラットでは排泄タウリン量を調べて含硫アミノ酸要求量の指標とする試みがなされている[1,2,3]．さらに，含硫アミノ酸がほとんどの飼料において第一もしくは第二制限アミノ酸となることを利用して，他のアミノ酸要求量を求めることも可能である．また，ヒトやニワトリにおいても，含硫アミノ酸の最終代謝形態におけるタウリンの占める割合がラットほどではないが，ラットと同様に飼料中の含硫アミノ酸に反応することが知られている[4,5]．

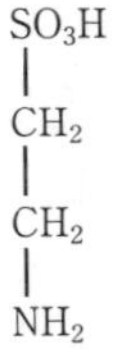

SO_3H
$|$
CH_2
$|$
CH_2
$|$
NH_2

図 12.2.3-2
タウリンの構造

そこで，ここでは排泄物中のタウリン量を指標としてアミノ酸要求量を求める方法について述べる．

1．試験設定

試験設定は飼養試験によるアミノ酸要求量推定と同様でよいが，アミノ酸組成は，要求量を求めようとするアミノ酸以外の栄養素は，他のアミノ酸も含めて全飼料共通が望ましい．これは，各アミノ酸間の相互関係だけでなく，制限アミノ酸量を厳密に管理するためである．また，動物性飼料原料はタウリン量が多いので，飼料ごとに添加量が異ならないよう注意が必要である．

飼料給与期間はできれば4日間以上とし，尿もしくは家禽を含めた鳥類においては排泄物を飼養試験最終3日間に全量採取する．この間の飼料摂取量は毎日記録する．得られた排泄物は直ちにスルフォサリチル酸によって除タ

ンパクを行う.

2. 試料の調製

尿中に排泄されたタウリンは遊離の状態であることから，加水分解の必要はない．また，家禽を含めた鳥類では糞尿が混合されて排泄されるが，糞そのものに含まれるタウリンはほとんどない．また，胆汁酸由来のタウリンも試料を加水分解しなければほとんど問題ない．

そこで，試料の調製は哺乳動物の尿および鳥類の排泄物ともにスルホサリチル酸を用いた除タンパクおよび抽出を行う．

3. 哺乳動物の尿サンプルの調製（図12.2.3－3）

採取した1日分の尿を良く撹拌し，一定量を採取する．アミノ酸分析計を用いて分析する場合は0.3 mlで十分である．これに等量の6％スルホサリチル酸溶液を加えてよく撹拌し，4℃，3,000 rpmで6分間遠心分離する．上清を分析用試料とする．測定誤差を少なくするため，3日分をプールしてよく混合して分析する．

4. 家禽を含めた鳥類の排泄物サンプルの調製

図12.2.3－4に示したように最終濃度が3％となるようにスルホサリチル酸を秤量し，若干の蒸留水とともに容器に入れておく．このとき，容器の大きさと，最終的なメスアップ量は実際のサンプル量により決定する．排泄物はふけや飼

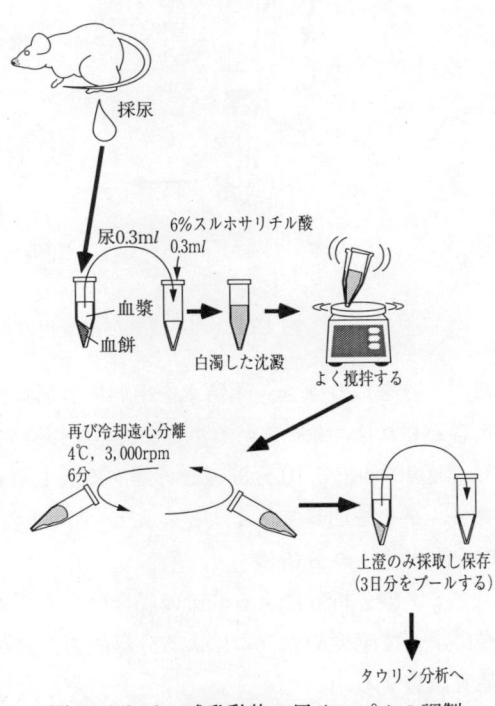

図12.2.3-3　哺乳動物の尿サンプルの調製

第12章 血液および尿成分の変化を指標とする栄養要求量推定試験法

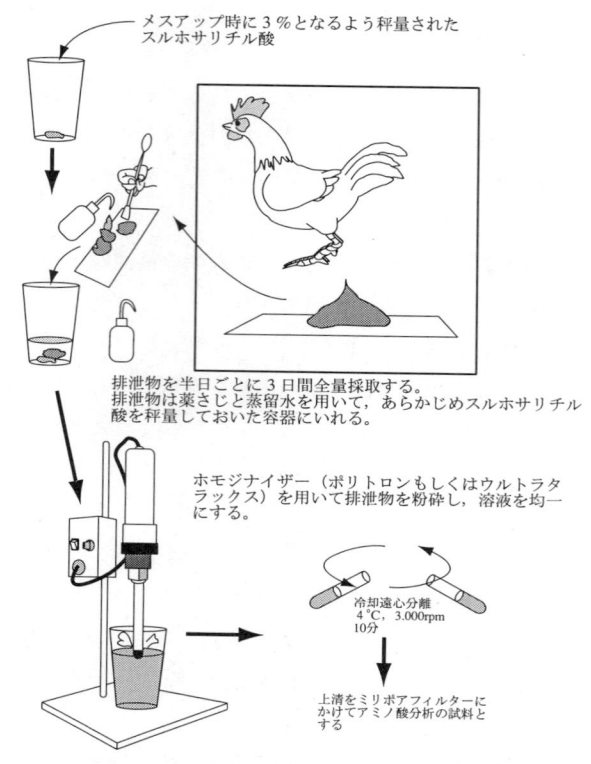

図12.2.3-4 鳥類の排泄物のサンプルの調製

料，ごみを取り除き，蒸留水を用いて容器に流し込む．3日分をプールして定容とした後，ホモジナイザーを用いて撹拌する．撹拌後，遠沈管に取り，4℃，3,000 rpm で10分間遠心分離する．上清を分析試料とするが，ミリポアフィルターを通しておく．

5．サンプルの分析法

アミノ酸分析計による分析の場合はこのまま試料としてよい．ただし，機械によって感度やカラムによる分離能力に差が見られるので，試料の濃度は適宜調整する．

このほか，Dowex 1-X2（200〜400 mesh）あるいは Dowex 50 W-X8

（200〜400mesh）カラム（1〜5 cm）を用いてタウリンを分離し，fluorescamineによる蛍光法によって分析する方法がある．

6．タウリン排泄量からのアミノ酸要求量の推定
1）含硫アミノ酸要求量の推定

他のアミノ酸含量が一定で，含硫アミノ酸水準のみを変化させた場合，飼料中の含硫アミノ酸水準の増加に伴い排泄タウリン量は要求量に達するまで一定で，その点から過剰になるにしたがって増加する（図 12.2.3 − 5）．これは，全身におけるタウリンの分布および量が非常に多いにも関わらず，その量が厳密に調整されているために起こる現象である．含硫アミノ酸が欠乏状態では体外への排泄は行われず，逆に過剰になると，タウリンへと続く硫黄転換経路が主な過剰含硫アミノ酸代謝経路となる．この経路を通してタウリンへと代謝された含硫アミノ酸は速やかに排泄される．このときに，排泄タウリンが増加を始める．この点は前駆体の含硫アミノ酸が不足から過剰に転

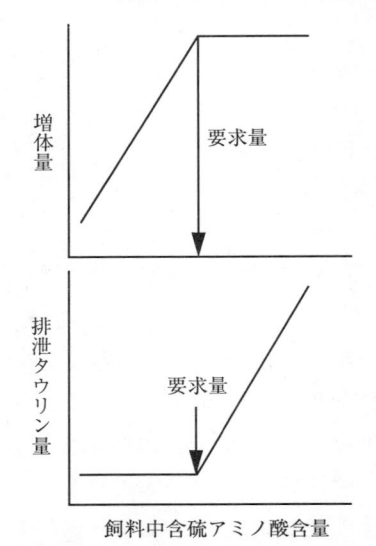

図 12.2.3-5　飼料中含硫アミノ酸含量の増加にともなうタウリン排泄量の変化の模式図

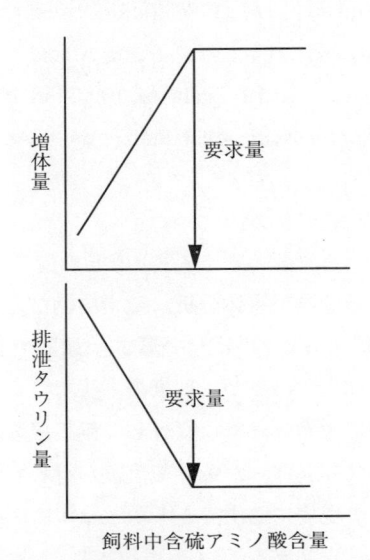

図 12.2.3-6　飼料中アルギニン含量の増加にともなうタウリン排泄量の変化の模式図

換するところであり要求量に当たると考えられる．

そのため，要求量の推定は折れ線モデルの当てはめが適当である．

2）他のアミノ酸要求量の推定

含硫アミノ酸以外のアミノ酸要求量を求める場合，対象となるアミノ酸，例えばアルギニンとすると，アルギニンが欠乏している場合は含硫アミノ酸は制限アミノ酸でないことから相対的に過剰となる．逆にアルギニンが過剰になると大抵含硫アミノ酸が制限となり，不足してくる．すなわちアルギニンが欠乏状態ではタウリンが排泄され，アルギニンが過剰なときはタウリン排泄量は低いレベルで一定となる．このことから，折れ線モデルの当てはめにより要求量を求めるが，含硫アミノ酸要求量を求めるときとは逆向きのグラフになる（図 12.2.3 − 6）． 　　　　　　　　　　　　　　　　　　　（太田能之）

引用文献

1) Tateishi N. *et al.,* 1977. J. Nutr., 107 : 51 − 60.
2) Tojyo H. *et al.*, 1986. Sulfur Amino Acids, 9 : 217 − 220.
3) Tojyo H. *et al.,* 1987. Sulfur Amino Acids, 10 : 165 − 172.
4) Ohta Y., and T. Ishibashi, 1997. Jpn. Poult. Sci., 34 : 282 − 291.
5) Noro Y, *et al.*, 1984. Sulfur Amino Acids, 7 : 279 − 282.

12.2.4 カリウム（K）

タンパク質（アミノ酸）の要求量の推定は，すでに述べた飼養試験による方法の他に，屠体分析，窒素出納など種々の方法で行われている．窒素出納試験（第 8 章参照）は比較的少頭数で実施でき，短期間に結果が判明するなどの利点があるが，従来の方法では全尿を採取する必要があるため，動物を個別に代謝ケージに収容して飼料摂取量を制限するなど，実際の飼養条件とはかなり異なった条件で実験が行われるのが普通であり，得られた結果がそのまま現場に適用できるかどうかの問題がある．そこで，飼養試験と組み合わせてカリウム（K）を指標物質とする窒素出納試験法が開発されている[1]．この方法では，部分的な採尿で済むため，群飼，不断給餌などの実際的な飼養条件下で実験ができる．

1. 試験飼料と供試豚

　飼養試験の場合と同様に数水準に含量を変えた飼料を調製する．異なる点は，飼料中のK含量が1％よりも低い場合はリン酸一カリウムで1％になるように調整し，さらに消化試験のため酸化クロムを0.1％配合することである．飼料は不断給餌とする．

　供試豚は採尿の容易さから体重30 kg以上の雌豚とし，1飼料区に6～8頭で群飼する（供試頭数が多くとれない場合は，反復供試してもよい）．

2. 試験期間と採尿および採糞

　試験飼料を7日間給与した後，3日間にわたって午後2～3時に採尿する．採尿の方法は19.4を参照されたい．3日間の採尿期間に，糞を部分採取し，乾燥・粉砕して分析試料とする．

3. 体重・飼料摂取量の測定

　体重は10日間の試験開始時と終了時に測定し，試験期間中の飼料摂取量を測定する．

4. 化学分析

　試験飼料および糞については，CP，酸化クロムおよびK，尿についてはCPおよびKの分析を行う．

5. 窒素蓄積率およびタンパク質（アミノ酸）要求量の算出

1）窒素蓄積率

　窒素の蓄積率（％，吸収された窒素が体内に蓄積される割合）は次式によって算出されるが，基本的考え方は指標物質による消化率の算出と同じである．

$$窒素の蓄積率(\%) = 100 - \frac{吸収K量}{吸収窒素量} \times \frac{尿中窒素含量}{尿中K含量} \times Kの回収率(\%)$$

　ここで，吸収K量と吸収窒素量は消化率から算出できる．また，Kの回収率とは体内に吸収されたKの尿中への回収割合であり，ブタの増体量が著しい場合には体内への蓄積も無視できないため，次の式により回収率を推定する．

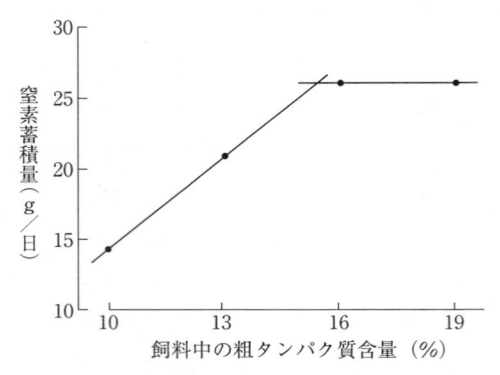

図12.2.4-1　飼料中の粗タンパク質含量と窒素蓄積率の関係[1]（各点は6頭のブタの平均値を示す）

Kの回収率（%）
　　＝（（吸収K量（g）－増体量（g）×0.00183）/吸収K量（g））×100

2）タンパク質（アミノ酸）要求量の推定

　増体量および窒素の蓄積率から求めた窒素蓄積量から，飼養試験の場合と同様に折れ線モデルへのあてはめで要求量を推定する．図12.2.4－1には窒素蓄積量でタンパク質の要求量を求めた例を示した．なお，この場合には群飼であるため群の平均値しか示せないので，できれば1飼料区で複数群を設けるとよい．　　　　　　　　　　　　　　　　　　　　　（古谷　修）

引用文献

1) 古谷　修ら，1985. 日畜会報，56：628-633.

第13章　顕微鏡による試験法

　従来，動物に給与した飼料の栄養効果を調べるための栄養生理学的研究手法として，飼料給与試験後の動物の飼料摂取量，体重変化および給与飼料の消化率などの測定が用いられてきた．摂食された飼料の消化・吸収の場である腸管粘膜の形態は腸管機能の変化によって迅速な変化を示すことから，飼料給与後の腸管粘膜の組織学的な変化も給与飼料の栄養効果を直接判断しうる重要な研究手段として注目されるようになった．その一例として，本章では特にニワトリにおける腸管の光学顕微鏡（LM），走査型電子顕微鏡（SEM）ならびに透過型電子顕微鏡（TEM）標本の作製法を解説する．

13.1　顕微鏡標本作製の概略

　高等動物体の微細構造の観察は一般にそのままでは直接顕微鏡で観察することはできず，内部構造か表面形態の観察かによって種々の処理を必要とする．しかしながら，いずれにせよ生体の微細構造の変化をできるだけ最小限に押さえ，生前の構造に近い状態を保つための固定処理と生体内の水分を除去する脱水処理を行わなければならない．内部構造の観察では，組織が厚すぎて光が内部にまで通過しないこと，および組織や細胞が無色・透明に近いため，固定処理を行った組織を薄く切り，染色する必要がある．

　ところが，生体は硬さの異なる各種の組織から構成されているために，均一に切ることができないので，組織内に支持物質，例えばLMではparaplast，TEMでは樹脂を染み込ませ，その周囲も同時に固める包埋とよばれる処理が不可欠である．この支持物質は生体の水分と混じらず組織に浸透しないので，エタノールで組織の水分を脱水する必要がある．次に，LMではエタノールはparaplastと混ざらないため，両者に混じるベンゼン，キシレンなどのparaplast誘導剤で組織内のエタノールをベンゼンで完全に交換する．ベンゼンが組織に浸潤すると組織が多少とも透明になるので透徹剤とも呼ばれ，これによるエタノール除去過程を透徹と総称している．また，脱水を兼

ねたブタノールなどの透徹剤もある．最後に，paraplastを組織内に浸潤させてから組織全体をparaplastで固めて包埋する．

一方，TEMではエタノール脱水後，引き続きアセトンによる脱水も兼ねてエタノールにも樹脂にも混ざるアセトンで処理した後，樹脂に包埋する．両者とも液状の支持物質を固形に固めた後に，ミクロトームで薄切し，染色する，という一連の作業が必要である．これにより，生体内部の微細構造や，化学的性質，細胞機能などの情報が得られる．表面形態の観察では，内部構造の観察で行う支持物質の包埋や薄切の過程はないが，脱水後，乾燥と導電処理が必要となる．これにより，表面組織の微細構造が三次元的に観察でき，周囲組織との構造的位置関係が立体的に観察できる．

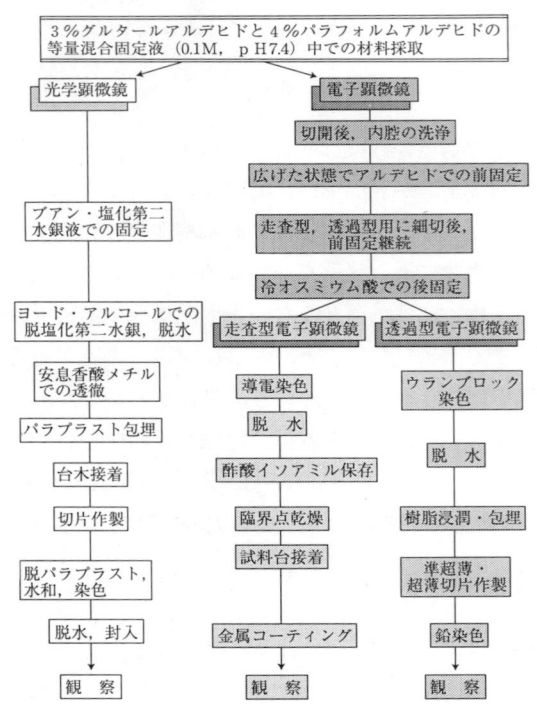

図13.1-1　ニワトリ腸管の光学顕微鏡および電子顕微鏡標本同時作製の手順

13.1 顕微鏡標本作製の概略

本章では，フローチャート（図13.1-1）に示すように，最終的に，以上の3種類の組織学的な観察法が得られるように，材料採取時から同時平行的に処理する方法を，ニワトリの腸管各部位の中央部（図13.1-2）を対象として紹介する．

1．材料の採取

ニワトリを横向きに寝かせて，頭蓋骨と頚椎の境界部付近において気管に障害を与えることなく，頚静脈のみを切断し，放血中に開腹して腸管を腹腔から取り出す．この操作は，腸管組織の死後変化をできるだけ最小限に押さえ，細胞の形態をできるだけ生時のそれに近い状態で組織を採取するためである．また，腸管を取り出すと

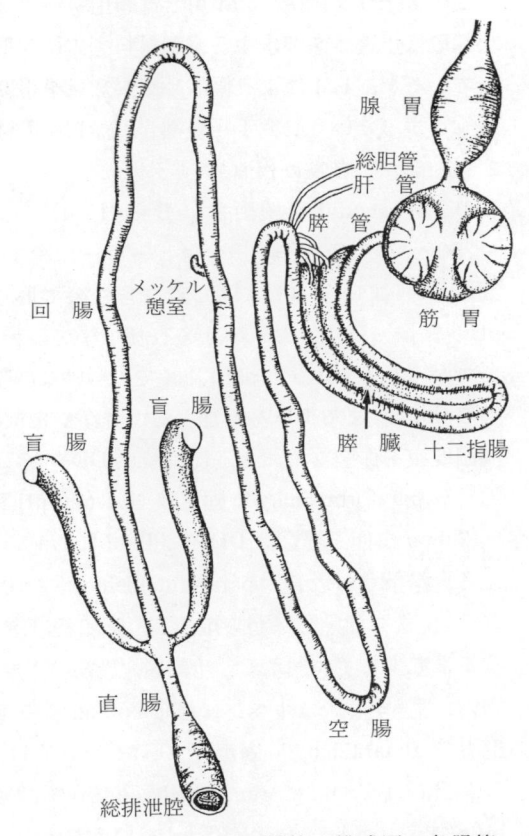

図13.1-2　ニワトリの腸管の模式図．各腸管部位の中央部を試料とする．

きに腸管を強く掴むことなく，軽く触れる程度で取り出し，粘膜の形態を人為的に変化させないように注意する．摘出した腸管全体を cacodylate 緩衝液（pH 7.4）で調合した3％ glutaraldehyde と4％ paraformaldehyde の等量混合固定液（0.1 M，pH 7.4，GP）に浸す．さらに管腔内にも注入し，両側から速やかに固定液を浸潤させる．この操作は長い腸管を各部位ごとに，しかも LM，SEM，TEM に分けて材料を採取するために時間を要するので，新鮮な試料を採取するためには大切である．

このステップ以降，LM用と電顕用材料の取り扱いが分かれる．実際の材料採取は迅速さを要求する電顕材料を先に採取し，その隣接部をLM材料としているが，LMによる幅広い観察知見を得てから電顕による微細構造をチェックするという研究手順の都合上，LM用材料の採取から先に説明する．

2．使用する溶液の作り方

1) 0.2 M cacodylate 緩衝液（CB，pH 7.4）

250 ml のCBを作る場合はビーカーに脱イオン蒸留水（DDW）を200 ml 入れ，$Na_2CO_3 \cdot 3H_2O$（ヒ素を含むので取り扱い注意）を10.7 g加える．pHメーター下で，1 N HClを点滴しながらpH 7.4にできるだけ近づけておいてから0.2 N HClでpH 7.4までの微妙な調整を行う．調整後，コルベンに移し250 ml までDDWを加える．洗浄や希釈に多量使用するので，0.2 Mの高濃度液を作製しておき，使用時にDDWで2倍に希釈して0.1 Mとする．

2) 4 % paraformaldehyde 固定液（0.1 M，pH 7.4）

250 ml を作る場合はDDW 200 ml に $Na_2CO_3 \cdot 3H_2O$ を5.3 g（0.1 M）加える．溶解させた後，paraformaldehydeを10 g加え，ホットスターラーで40 ℃位まで加熱しながら撹拌し，ある程度溶けてから飽和NaOHを透明になるまで少しずつ加える．冷却後，最初は1 N HCl，次いで0.2 N HClでpH 7.4に調整する．コルベンに移し250 ml までDDWを加える．

3) 3 % glutaraldehyde 固定液（0.1M，pH 7.4）

0.2 M CB 78 ml に glutaraldehyde（50 % 溶液，10 ml アンプルの場合）10 ml を加え，さらにDDW 68 ml を加える．

13.2　光学顕微鏡標本の作製法

1．固　定（fixation）

腸管各部位の中央部，約2 cmを横断し，腸管内腔を洗浄瓶を用いてphosphate緩衝生理食塩水（PBS）で洗浄して，腸管内容物を除去してから，Bouin・$HgCl_2$ 固定液に入れる．翌日に新鮮な固定液と交換し，作業のスケジュールによって1〜5日間の浸潤固定を行う．固定中，時折固定瓶を揺すって試料中に固定液を浸透させ，真空ポンプで腸管内腔内の気泡を抜く．

$HgCl_2$（昇汞）はタンパク質の固定能力が強く組織の染色もよくなるが，反面その固定力の強さから収縮が強く組織が脆くなることがあるので，短期間の固定が望ましい．また，$HgCl_2$ は猛毒で金属と触れると化合して沈澱を生じ標本が害されるので，処理に当たってはピンセットで掴むことなく液ごと交換する．

　それ故，単に Bouin 固定液（ピクリン酸 飽和水溶液 75 ml，中性ホルムアルデヒドの上澄み 25 ml，酢酸 5 ml を混合する）で 1～3 日間固定しても構わない．

2．脱　水（dehydration）

　組織ブロックを 70 % エタノールと希釈ヨードチンキの混合液（ウイスキー色になるまでヨードチンキを添加），70，80，90，99 % および無水エタノールに，各 1 時間ずつ浸潤させる．70 % エタノールまでは何日でも浸潤可能である．ヨード液は $HgCl_2$ 含有の固定液で固定すると組織中に $HgCl_2$ が褐色の沈着物として散在し，標本を汚くするので，これを溶かし去るのが目的である．無水エタノールは，灰白色の無水硫酸銅を沪紙で作った袋に入れて，これを 99.5 % エタノール中に 2～3 本入れて無水にする．

　無水硫酸銅は水分を吸収し脱水能力がなくなると濃青色に変化するので，蒸発皿に入れて弱火で掻き混ぜながらゆっくりと熱する．これにより再度無水硫酸銅となるが，熱するとき，有毒である硫酸銅の粉を吸い込まないように注意する．また，通常の硫酸銅は青色の結晶であるから，色彩的な錯覚をしないように注意する．

　脱水後，安息香酸メチルに入れて透徹（clearing）を行う．これは長期間放置できるし，1 晩でもよい．

　ここまでの各ステップは，組織ブロックはそのまま同じ固定瓶の中に入れておき，各溶液のみを交換する方法が便利である．使用後の各液は空の試薬瓶にて，次回の使用まで保存しておく．Bouin 固定液の場合には，エタノール・ヨード液に入れる必要はない．

3．包　埋（embedding）

　組織ブロックを室温のベンゼン（2 回），58 ℃ にセットした恒温器内のベ

ンゼンとparaplast混合液およびparaplast液（3回）に各15分間ずつ浸潤させる．次に，包埋用の立方体の器の底に少量の新鮮なparaplast液を注入し，これに組織ブロックの切る面を下にして置き，さらにブロックが埋まるまでparaplast液を注入する．このとき，表面のparaplastが固まりかけたら加熱したスパーテル（平らな薄い金属板）で溶かしながら包埋を完了する．包埋用器は製氷用のコンテナを代用し，ガラス板にこれを置いて包埋を行う．注入後，直ちに冷蔵庫に入れて細かい粒子でparaplastを硬化させる．paraplastは事前に引火しないように弱火でゆっくりと時間をかけて煮込み，結晶や気泡をなくして均一にし，最後は恒温器内で沪過して不純物を除去しておく．

硬化後，ブロックを包埋用器から外し，切る面を上にして，立方体の台木に接着する．接着の要領は，paraplast液を台木の上面に落としてから，温めたスパーテルで包埋ブロックの下面を軽く溶かしながら台木に押しつける．さらに，台木とブロックと間の溝をparaplast液で埋めて台木に固く取り付ける．台木の側面に実験群名，臓器名，個体番号などを記入したメモ紙をparaplast液で固めて貼っておく．

4．切片作製（sectioning）

ミクロトームに台木を固定し，フェザーナイフで削りながら組織片を露出させる．次に組織周辺のparaplastを1mmほど残して台形に下外方に斜めに広がるように四方を削る．上表面の形をミクロトームとブロックの上辺と下辺が平行になるような四辺形に形を整える（trimming）．ミクロトームの刃の角度（逃げ角）を4～6度に調節して，5～10μmの切片を作製する．卵白グリセリンをスライドグラス（SG）上にガラス棒で1滴落とし小指でよく延ばした後，SG上にDDWを薄く貼っておく．

卵白グリセリンは切片をSGに貼りつける糊の役目をはたすが，後述の染色液に染まるので，卵白グリセリンの量はできる限り少ないほうがよい．切った切片は順にSGにならべ総て載せ終わってから伸展器に載せる．切片が伸びたら直ちに伸展器からSGを取り上げ，少し温度が下がってから皺が伸びたことにより生じた気泡を筆で追い出し，切片が同じ方向に並ぶように整

理する．この段階で，カバーグラス1枚に載せうる切片の数を決める．SGを再び伸展器に戻し，1晩以上乾燥させる．

5．染　色（staining）

染色を行うためには，組織中の paraplast を溶かし出し（脱 paraplast），水に馴染ませる（水和）作業が必要である．15枚入りの金属製ラックに SG を装着し，一括して以下の溶液を順に移動させる．キシレンⅠ（30〜60分），キシレンⅡ（10分），無水エタノール（2回，各5分，脱キシレン），95％，90％，80％エタノール（各1分），70％エタノールとヨードチンキの混合液（10分，脱 $HgCl_2$）および70％エタノール（5分，脱ヨードチンキ）．次に，水道水と DDW で水洗する．Bouin 固定液で固定した切片は80％エタノールから70％エタノールを経て水道水で水洗する．この段階でピクリン酸が脱色される．

1）杯細胞中の粘液の染色

Alcian blue は塩基性色素で酸性粘液（ムコ）多糖類の酸性基と結合することから，杯細胞で分泌される粘液分泌物を特異的に検出できる．上述の水和後，3％酢酸水溶液（酢酸3 ml + DDW 97 ml，2〜3分），0.1％ alcian blue・3％酢酸水溶液（alcian blue 8 GS 0.1 g + 3％酢酸水100 ml，pH 2.5，直前に濾過，20分間染色），DDW（水洗）で処理する．杯細胞は次の二重染色では容易に判別がつくので，細胞の区別のみが目的であれば，あえて三重染色を施す必要性はない．

2）ヘマトキシリン・エオシン染色

両者とも一度作製したら長く保存でき，繰り返し使用できるが，使用直前に濾過して以前の組織片などを除去して使用したほうがよい．ヘマトキシリン染色液は成熟させてから使用するので，作製後の日数が経過していたほうがよい．使用回数の増加につれ色素が消費され，時間をかけても切片が紫にならず赤味がかった色にしか染まらないときは作り直す．次のステップからは，染色具合をみながら進めていくので，ラックから SG をだして，一枚ずつ次のステップに進めていく．ヘマトキシリン染色液（15分，顕微鏡で細胞核の濃紫色を確認），DDW（余分な染色液の洗浄），弁色液（70％エタノー

ル100 ml に局方の 35～38 %HCl 1 ml を添加,数秒,弁色,濃青色が紫を経て淡紅色へと退色),DDW(酸の除去による脱色の停止,ヘマトキシリンの紫色に戻るまで,検鏡してまだ濃い場合には再度弁色液に戻して核以外が白くなるまで脱色),DDW(酸の洗浄によるヘマトキシリンの青色に戻るまでの色出し,組織内に定着させるまで 30 分～1 晩,十分水洗).弁色(分別)とは化学的に反応すべき目的の組織以外に単に付着している色を脱色し,なおかつ反応部の色を適度の濃さに選択的に染め出すことである.ヘマトキシリンは酸で脱色し,アルカリで色出しすることになる.

次に,エオシン染色を以下の通り行う.0.5～1.0 %エオシン染色液(15秒),水道水,DDW(余分な染色液の洗浄),70 %エタノール(脱水を兼ねた弁色).エオシンは酸性で濃染しアルカリで染まりにくいので,エオシン染色液が緑色に変色し,染まりが悪くなったら,エオシン溶液 100 ml につき,約 30 %酢酸溶液を 1 滴落して弱酸性にすれば染色性がよくなる.エオシンは低濃度のエタノールほど脱色しやすく,70,80 %エタノールではたちまち色が消えてしまうので,数秒間,浸す程度で,次の 90 %エタノールで脱色の調整を行う.切片が薄紫色を呈してきたら,検鏡して,ヘマトキシリンで青く染められた核などの組織以外の筋繊維,結合組織などが薄ピンク色であれば切片を再度,SG を 15 枚入りの金属製ラックに入れて次の 90,95,99.5 %,無水エタノール(各 5～10 分)の順に脱水を進めていく.次に,クレオソート・キシロール液(クレオソート 1：キシロール 3～4,切片が厚い場合はキシロール 3)に移し,切片が透明になるまで 10 分～30 分間,透徹する.さらに,純キシロールで 2 回,10 分ずつ透徹する.これにより色彩の保存性がよくなる.

透徹が終わったら,封入剤を用いて切片をカバーグラスと SG の間に挟み封じ込めてしまう封入 mounting を行う.SG 上の切片に封入剤である M・X,などを 1～2 滴落してから切片全体をカバーグラスで被う.カバーグラスの表面をピンセットで中央部から縁に向かって押しつけて余分な封入剤や気泡を押し出し,気泡のないことを確認後,SG を低温のホットプレートに置く.

6．使用する溶液の作り方
1) 0.01 M phosphate 緩衝生理食塩水（pH 7.4）

　DDW 1 000 ml に Na$_2$HPO$_4$・12 H$_2$O 3.227 g，NaCl 8 g を溶解した後，pH 7.4 になるまで NaH$_2$PO$_4$・2 H$_2$O を加える（約 0.45 g）．

2) Bouin・HgCl$_2$ 固定液

　ピクリン酸飽和水溶液 30 ml，中性ホルムアルデヒド（ホルマリン）の上澄み 10 ml，HgCl$_2$ 飽和水溶液（約 7.4 %）10 ml，酢酸 2〜3 ml を混合する．中性ホルムアルデヒドはホルマリン原液の瓶に calcium carbonate の粉末を約 5 cm の沈澱が生じるぐらい入れる．

3) 卵白グリセリン

　卵白のみを容器に取り，割り箸で強く掻きまぜ，容器を逆さまにしても落ちなくなるまで，泡立てる．次に，1晩かけて沪過し，それと等量のグリセリンを加える．バクテリアの発生や腐敗防止のためにチモールを 1 % の割合で加える．鶏卵 1〜2 個で 1 年間分あり，冷蔵庫に保存しておく．

4) Hansen's ヘマトキシリン溶液

　純エタノール 25 ml にヘマトキシリンの結晶 2.5 g をよく溶かす．別のビーカーで DDW 500 ml に aluminium potassium sulfate 50 g を加温溶解させる．蒸発皿に両者を入れ，1 % 過マンガン酸カリウム水溶液 47 ml を加えて，ガラス棒で掻きまぜながら加熱する．沸騰してから 30 秒後に電熱器から降ろし，冷却させる．沪過後，密栓して保存しておく．当日からも使用できるが，日数がたってからのほうが染色性がよくなる．

13.3　光学顕微鏡による観察例

　ここでは腸管粘膜の脂肪染色法について述べる．

　固定の段階から paraplast 切片とは異なる方法で準備する．摘出した腸管試料を CB で調合した GP を基に 8 % スクロースを加えた液で冷蔵庫内にて固定する．マイクロスライサーによる 20 μm の厚切切片またはクリオスタットによる凍結切片を作製後，8 % スクロース液に入れて冷蔵庫にて保存する．シャーレに以下の各液を入れて切片自体を一枚，一枚移動させていく．

50％エタノール（馴染ませる），Sudan Ⅲ 液（37℃，30分間染色），50％エタノール（染色液を洗う），DDW（エタノールの洗浄），ヘマトキシリン（2～3分，核染色），DDW（ヘマトキシリンの洗浄），アンモニア水（DDW 50 ml にアンモニアを2～3滴添加，色だし），DDW（2回の水洗）．Sudan Ⅲ 染色液は切片に色素の針状結晶が付着しないように，沪過してから使用し，染色中もエタノールの蒸発により，染色液が濃縮して色素が析出し結晶が切片に付着しないように容器に密栓をしておく．染め過ぎた場合には0.5％塩酸水で分別する．切片をグリセリン・ゼラチンで封入する．paraplast 標本のように有機溶媒は使用できないので親水性の封入剤を用いる．グリセリン・ゼラチンはビーカーにゼラチン3gと50mlのDDWを入れ，別な容器に水を入れて，これにビーカーごと移し，弱火で加温して湯煎で溶かす．さらに50mlのグリセリンを加える．この標本は永久標本とならないので，直ちに顕微鏡写真を撮っておく．脂肪滴が赤橙に染まって見える．

1）Sudan Ⅲ 染色液の作り方

　70％エタノール100mlにSudan Ⅲ 2gを入れ，よく振ってから，エタノールが蒸発しないように密栓して60℃の恒温器内に1晩放置し，十分な飽和液とする．翌日，37℃に移して保存しておく．

13.4　走査型ならびに透過型電子顕微鏡用材料の共通前処理

　材料採取の項でGP中に入れてある腸管から各部位の中央部，約1.5cmを横断し，腸管の腸間膜付着側で長軸方向に腸管を縦断し，管腔を開く（図13.4-1，A，B）．次にPBSを洗浄瓶から勢いよく腸管内腔表面に噴射させて，粘膜表面に付着している粘液分泌物，腸管内容物などを洗浄除去する（図13.4-1，C）．この場合，特にSEMによる観察では腸管内容物が絨毛表面に付着して観察に支障をきたさないように，開いた腸管を指の上に乗せて，洗浄瓶を用いて勢いよくPBSを噴射させて洗浄することが重要である．

1. 前固定

図 13.4-1 の D, E のように, 開いた腸管の 4 隅を虫ピンで刺して広げた状態で 30 分間, 室温固定する. formaldehyde は速く組織へ浸透し, glutaraldehyde は強い組織の固定能力を有するので, 両者の混合液により formaldehyde がいち早く組織に浸透して軽く固定させ, 次に glutaraldehyde が浸透してタンパク巨大分子膜系などの微細構造を安定化することになる.

次に, プラスチック製の細切板に固定液を落とし, そこへ腸管組織を移し, 約 3 mm × 15 mm の TEM 用ブロックを鋭角なエッジになるように折ったフェザー剃刀を用いて切り取る (図 13.4-1, F). 腸管をトリミングする場合, 単に長方形にトリミングするよりも, 広げた腸管の不要な周縁部端を用いて T 字形にするほうが後述のビームカプセルに包埋するときに便利である. このようにして, 腸管の両サイドから二つの TEM 用材料をとり, 残りの四角形を SEM 用とする (図 13.4-1, G). 細切した組織片を固定瓶に入れるときは, ピンセットの間の固定液で包み込むようにして移し, 直接ピンセットで強く挟まないようにする. SEM と TEM 用材料を GP を入れた固定瓶に一緒に移し, 合計 2 時間の前固定を室温で継続して行う.

一般的には, 冷温で固定するが, 細胞内の微細管が脱重合により破壊されること, glutar-aldehyde は温度に対して安定しており, 室温でもその浸透力により直ちに固定されてしまうこと, などの理由で室温固定を常

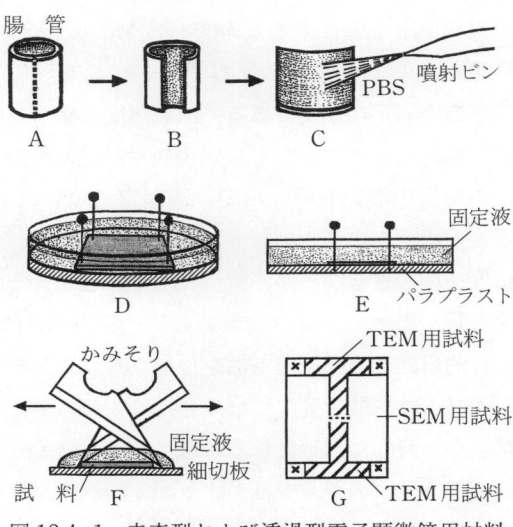

図 13.4-1 走査型および透過型電子顕微鏡用材料の固定中における細切法

用している．

　前固定終了10分前に固定瓶ごとざらめ状の氷に突き刺す．この操作は，次の後固定に用いるオスミウム酸は危険な酸化剤でほんの少しの有機物，ごみや光により容易に含水二酸化物として還元され，固定能力が低下すること，温度によって固定能力が変化しやすいことなどにより夏でも冬でも温度条件を一定にするために4℃に冷却して用いている．それ故，室温から急に次の冷たい緩衝液で洗浄するときの温度ショックによる微細構造の破壊を防止するためである．

　前固定終了後，固定液を捨てて冷CBで固定瓶の洗浄も兼ねて組織ブロックを軽く洗浄する．このときのCBは直ちに捨てて，CBを固定瓶に満杯に注入し，15分間，氷中に静置しておく．これを3～5回繰り返し，最後の洗浄は真空ポンプで引きながら実施したほうがよい．アルデヒドは強い還元剤であり，洗浄不足で組織中に前固定液が残っていると，次のオスミウム酸の固定能力が低下するので十分洗浄する．

2．後 固 定

　試料を冷1％オスミウム酸（0.1 M，pH 7.4，氷中で2時間の後固定），冷DDW（5回，各15分）で処理する．オスミウム酸は生体膜の成分であるリン脂質の固定に重要である．拡散速度は極めて遅いがタンパク質を破壊することもあり，アルデヒド系固定剤で前固定されていても，長時間の固定はタンパク質の溶出を招くので，過固定にならぬよう十分に注意する必要がある．前固定でのアルデヒドは有機物質であるため，組織中の微細構造の電子密度を増加させないが，重金属塩であるオスミウム酸はその効果を有し，固定と電子染色の両方の効果をもつ．SEM用材料では，オスミウム酸は固定の目的以外に組織の導電性を付与する効果がある．

　オスミウム酸は室温では揮発性で，その毒性と蒸発性により眼，鼻，咽の粘膜が一時的に固定されるので，オスミウム酸の調合や液の交換はドラフト内で行う．次のウラン液やタンニン酸液がDDWで調合してあること，CBの残液がウランと反応を起こしてコンタミネーションを起こすことがあること，固定が十分であれば緩衝液を使用する必要がないことなどの理由で，こ

の段階から DDW で洗浄する．なお，オスミウム酸液やウラン液は空き瓶などに廃液として保存し，処理施設にその処理を依頼する．

1％オスミウム酸（0.1 M，pH 7.4）は，4％ osmium tetroxide 2 ml，DDW 2 ml，0.2 M CB 4 ml を混合して作る．

この段階で SEM と TEM 用標本の作製法に分かれる．

13.5 走査型電子顕微鏡標本の作製法

SEM では電子線を直接試料に当てて生じる二次電子を画像に映し出すことにより，試料の表面構造を観察する．一般に不導体では，電子を照射すると入射電子に比べて二次電子放出が少ない場合には負に帯電（チャージアップ）する．生物試料は絶縁体であるから，電子を照射すると帯電し，試料の一部が異常に明るくなったり，走査線に沿って横筋が走ったり，像が流れたりする著しい像障害を生じる．オスミウム酸で後固定することにより多少導電性を持たせることができるが，帯電防止には不十分である．それ故，試料に導電性を持たせて試料表面から電子を放出させるための特別な導電処理強化が重要である．導電処理は基本的な導電性付加を化学的に行う導電染色と導電性の補足，二次電子放出効果を増加する金属コーティングからなる．

1．タンニン酸・オスミウム酸による導電染色（conductive staining）

上述の SEM と TEM に分かれる前の水洗の次に，1％タンニン酸（氷中にて2時間），冷 DDW（5回，各15分），1％オスミウム酸（上述の SEM と TEM に分かれる前の 13.4 − 2 の後固定で使用した回収液，氷中に2時間），冷 DDW（5回，各15分）の処理を行い，次の脱水に移る．この導電染色は，染色剤としてオスミウム酸を，またそれを効率よく試料へ付着させるための媒染剤（還元剤）としてタンニン酸を用いた方法で，後固定で浸潤したオスミウム酸に，さらにタンニン酸を架橋としてオスミウム酸を付着させることにより，大量のオスミウム酸が沈着したことになる．

これにより導電性が付加されるばかりでなく，試料が強靭になり，以下の脱水や乾燥による変形を最小限に抑制する効果もある．タンニン酸は作製後，長く放置しておくとタンニン酸分子同士が重合を起こし試料に付着する

ので，使用直前にできるだけ低温で作製し，沪過して使用する．

2．脱　水

45 %（冷蔵庫中にて 1 晩，このステップは翌日からの作業への待ち時間である），90 %（翌日開始，1 時間），99.5 % エタノール（1 時間）で脱水する．電顕用エタノールは瓶入りの特級を用いる．SEM では，次の臨界点乾燥では脱水不十分の試料であると液状炭酸との置換がうまく行われず，失敗するので TEM よりも時間をかけて脱水することが重要である．

しかしながら，硫酸銅を用いて無水化したエタノールで脱水すると硫酸銅の粒子が試料表面に付着してコンタミネーションの原因となるのと，エタノールは液状炭酸と交換しないが，酢酸イソアミルは置換するので，99.5 % エタノールの次は，純エタノールを経ず，酢酸イソアミルに入れて，臨界点乾燥にかけるまでの時間調節も兼ねて冷蔵庫で保存する．

3．臨界点乾燥

臨界点乾燥とは臨界点状態では表面張力のない液体と気体の両方の性質を有することを利用して，試料を乾燥させる方法で，以下の点に注意する．

1）試料を入れる金属製のかごの網部に沪紙を敷いて，試料の散逸やガスボンベからの汚染を防止する．

2）酢酸イソアミルから試料を出して沪紙に乗せ，余分な酢酸イソアミルを沪紙に吸着させる．電子顕微鏡での観察中に試料深部から発生するガスによるコンタミネーションを防ぐためにも，このときの操作ではむしろ試料を乾燥させるぐらいがよい．

3）臨界点乾燥器内における乾燥は試料中の酢酸イソアミルを液状炭酸と十分に置換させるために，乾燥装置器内へ入れる試料の数をできるだけ少なくする．

4．試料台への接着

導電性接着剤である銀ペーストを竹串で，瓶の底に沈んだ粘着性の高いものをとって，アルミニウム製の試料台に塗布し，乾燥させた試料をのせて導電性をもたせる．塗布する過程において，乾燥した試料は毛細管現象でペーストの溶媒を吸い上げ，それが空気乾燥して観察表面まで汚染されることが

あるので，少量ずつ慎重に塗布する．試料側面もペーストで固め，帯電を完全に防止されるが，SEMでの観察中にペーストから発生するガスにより鏡体や試料が汚染されるので，ペーストの塗布は必要最小限にする．塗布後，十分にガスがなくなるように翌日まで乾燥させる．乾燥後，ペーストの収縮により亀裂がおきていないかをチェックする．

5．金属コーティング

　帯電防止と二次電子放出増加のために試料表面を金，白金，などでコーティングする．コーティング膜は照射電子とアースとの導通をはかる他，電子線による試料の破損を軽減し，二次電子の放出を試料表面だけに限定し，像質を向上させる．装置は各施設によって異なるが，ポイントとしては，必要以上に厚い金属膜をコーティングせず，試料表面の凹凸や奥深い裏面にまで均一にコーティングさせることである．

　そのためには，ジンバル装置のように試料台が回転や傾斜運動を行って均一にコーティングできるような装置が必要である．グロー放電イオンスパッタコーティング装置の原理は，低真空中で電圧を印加するとチャンバー中の残留ガス分子が電離してグロー放電が起きる．この陽イオンガスは陰極に引きつけられ衝突し，陰極のコーティング金属板の原子を叩きだす（スパッタリング）．この叩きだされた金属粒子が飛散し残留ガスとぶつかりあいながら陽極の試料に付着し，コーティングする．

13.6　透過型電子顕微鏡標本の作製法

1．酢酸ウランでのブロック染色，包埋，重合

　酢酸ウランはオスミウム酸で固定した標本にコントラストをつけ，特に核酸を有する組織を染める．上述の水洗の次に，DDW 10 ml に酢酸ウラン0.05 gを加えて調合した0.5％酢酸ウラン液で冷蔵庫中にて1晩，ブロック染色を施す．翌日，冷DDW，冷90％エタノール（冷蔵庫内での1時間脱水後，冷蔵庫から出して室温にて10分），90％エタノール（30分），99.5％エタノール，アセトン，硫酸銅で無水にした純アセトン（各1時間）の順に脱水する．液を交換するときのブロックの乾燥が最大の害となるため，以後は液

を全部捨てずに少し残して2回連続して交換し，組織ブロックが空気に直接触れないようにする．

次に，純アセトンとスプアー包埋用樹脂の等量混合液（1時間），スプアー樹脂（真空ポンプ内でアセトンを10分間ほど飛ばしてからローテータで回転させながら1晩）の順に樹脂を浸潤させる．スプアーの取り扱い上，最も重要なことは，温度と湿度で，夏の室温でも若干硬化し始めたりするので夏は特に低温室で浸潤させる．また，冷凍庫から室温に出したときの水滴にも十分注意して，スプアーを入れた容器をティッシュペーパーで包むなりして，スプアーに水分が混入しないようにするのがコツである．翌日，固定瓶から腸管ブロックを取り出し，沪紙の上に乗せ，余分なスプアーを吸収させてから，ビームカプセル（先端が四角錐）にブロックが縦方向に立つようにして，切る面を下にして包埋する．

この段階の組織ブロックは非常に脆くなっているので，先の細かいピンセットを用い，掴むときも壊れないようする．ビームカプセルに，あらかじめ個体番号や実験群名などの記録事項をHB〜Bの濃い鉛筆でメモした7mm×22mmの白紙をメモ側が外側になるようにしてカプセルの内円周に沿ってリング状に入れておく．ボールペンで記載すると総て消えてしまうので十分注意すること．新鮮なスプアーをカプセルに注入してからビームカプセルホルダーに立てて，60℃の恒温器内で48時間，重合により硬化させる．

2. 薄　切

薄切の前に樹脂ブロックのtrimmingやナイフボートを作製する．実体顕微鏡下でフェザーかみそりを用いて黒色の組織が露出するまでブロックの上面と四方側面を少しずつ削る．ブロック表面の形は，ナイフにあたる辺が短くなるような長方形が望ましく，その対向辺とは必ず平行にブロック表面をtrimmingすることが望ましい．各施設でガラスナイフを作製する場合，最後に正方形のガラス板を2枚に割って三角形にするが，ナイフにならない側のガラス板の刃に相当する5〜6mmの幅が1mm以下であればナイフにする側の刃はよいナイフができたとしてよい．また，刃先を正面から見て，刃の長さがほぼ左右に一直線であるものがよく，刃先の一端から他端の深部に向

かって弧を描きながら伸びる割断跡と刃との距離が短い刃の部分がよく切れる部位である．

　TEM用切片は薄すぎてLM用切片のように切った切片を拾い上げることは不可能なので，ナイフの上面に水を貯えるボート（水槽）を作製し，ここに切片を浮かべて拾い上げる．幅9 mmのテープを25 mmほどに切り，刃先の一端の側面でテープの上端が刃と同じ高さになるように貼りつけ，他端の同側面へ向かってテープの上端が平行になるようにU字形に巻きつける．余分なテープを切り，Uターン側の底部とガラスナイフとの隙間をparaplast液で防ぎ水漏れを防ぐ．

1）準超薄切片の作製（LM用切片）

　ウルトラミクロトームにガラスナイフを装着して0.5～1 μmの準超薄切片（semi-thin section）を作製する．これは以下の超薄切片で観察する部位や方向をあらかじめ準超薄切片で探したり，確認することにより，超薄切片を効率よく作製するためのステップである．ナイフボートの水面に浮かんだ切片を細かい毛筆ですくい上げる．これをあらかじめSGの上に落としておいた半球状のDDW滴上に浮かべる．SGをアルコールランプで水滴が乾燥するまで加熱し，切片を伸展させると同時にSGに密着させる．その後，1%Toluidine blue染色液（1 % Toluidine blueと1 % borax（ホウ酸ナトリウム）の等量混合を瀘過）を数滴たらして，染色液の周辺が少し乾燥し始めるまで再度加熱する．

　次に，染色液を水洗して，乾燥させてから，LMでの検鏡により形態の保存状況をチェックし，TEMによる観察の目的部位を探す．これを参考にしながら，ブロックをさらにトリミングしていき，目的の組織のみを残し，超薄切片作製の作業に進む．

2）超薄切片の作製

　ガラスナイフまたはダイヤモンドナイフを用いて超薄切片（ultra-thin section）を作製するが，準超薄切片作製より外部からの微妙な環境条件を受けやすく，特に薄切時には呼吸を止める位の配慮が必要である．切るスピードは0.5 mm/秒の低速とし，2～5度の逃げ角で切る．切片の厚さはナイフ

第13章　顕微鏡による試験法

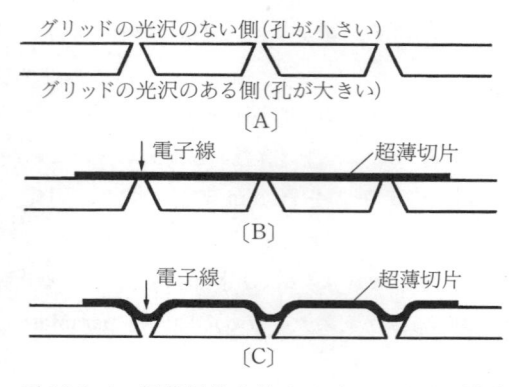

図13.6-1　超薄切片を載せるグリッド面の模式図．孔の小さい面に切片を載せる．

ボートに浮かんだ切片の干渉色で判断する．銀色は60〜90 nm，金色は90〜150 nmを示す．通常は両者の中間であるシルバー・ゴールドの80 nmを観察用切片とする．ナイフボートに浮かんだ切片の皺を，割り箸の先に染み込ませたトルエンで広げてから，切片の下にgrid mesh（seat mesh）を入れて引き上げる．

Gridは通常，直径3 mmの銅製で150 grid（縦，横の格子で囲まれた150の孔をもつ）を用いる．図13.6-1，Aのようにgridの格子の割断面は台形で，格子の幅が狭い面（孔径が大きく光沢がある）と格子の幅が広い面（孔径が小さく光沢がない）とがあるが，切片は光沢のない面にのせるほうが強固である（BとCの比較）．また，gridは親水性がないために水をはじいて切片を拾いにくいが，gridの両面にDDWを洗浄瓶で勢いよく吹きかけただけでも拾いやすくなる．切片を拾い上げたgridは，ピンセット間に含まれるゴミが切片に移動しないように，ピンセットの間に沪紙を挿入して水分を吸い取った後，シャーレに敷いた沪紙上に，切片を上にして置き，乾燥させる．

3. **電子染色（electron staining）**

生物試料は炭素，水素などの低い原子番号の分子からなっているために電子散乱性が低く，低いコントラストの透過電子像となるので，オスミウム，ウラン，鉛などの重金属原子を添加し電子散乱性を増加させる必要がある．鉛塩は多くの細胞内成分を染めるとともに，ウラン染色の効果を強調する作用がある．鉛染色では，鉛溶液は微量のCO_2とも反応して炭酸鉛の沈澱を生じるのでCO_2の排除には特に配慮する．まず，洗浄用のDDWを沸騰後

さらに15分間ほど沸騰させてCO$_2$を抜いて冷ましておく．gridをDDWに入れて，ごみを排除し水と馴染ませてから，図13.6-2，Aのようにシャーレ内でNaOHにCO$_2$を吸着させた状態で，染色液の水滴の上に切片を下にして7〜10分間染色する．染色中は，息を止めて作業する位の注意が必要である．

　染色終了後，DDWに2〜3回出し入れして余分な染色液を落としてから，図13.6-2，Bの要領で，DDWを一滴一滴gridの表面に流れ落ちるぐらいの速さで噴出させて洗う．水洗後，沪紙の小片をピンセットの間に入れてgridの方へ近づけて水分を吸い取り，沪紙を敷いたシャーレに入れて保管する．

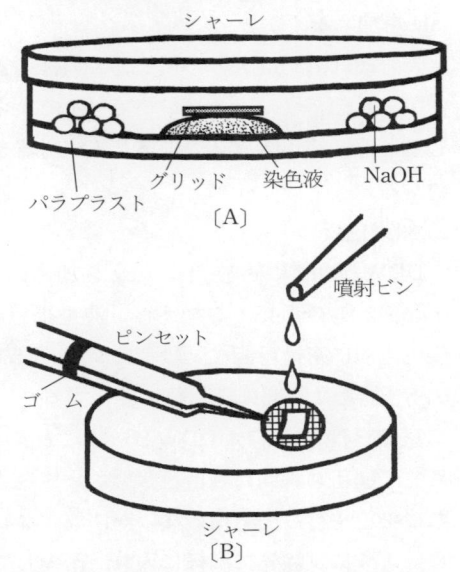

図13.6-2　鉛染色法．染色液と二酸化炭素との結合を最小限に抑えるようにする．

4．使用する樹脂および染色液の作り方
1) Supurr低粘度樹脂剤

　VCD（vinyl cyclohexene dioxide）10 g, DER（polypropylene glycol diglycidy ether；DERはDow epoxy resinの略）5.0 g, NSA（nonenylsuccinic anhydride）26 g, DMAE（dimethylaminoethanol）0.4 g, butyl phthalate 0.85 m*l* を乾燥十分なビーカーに順にスターラーで回転させながら加える．注入後，液が混ざり合うまで回転を続けるが，スプアーは湿気と高温度が最も有害なので，低温状態で，ビーカーにはパラフィルムで密閉しておく．樹脂の硬さはDERの量で調節するが，量が多いほど軟らかくなる．それ故，夏は4 g（硬い），冬は6〜7 g（軟らか）に調節するとよいが，通年5 gの調合でも構わない．また，スプアーは弾性（粘着力）に乏しいので，butyl phthalate を加える．

　調合後は，5 ml 入りの使い捨ての注射器に分注し，口部をパラフィルムで密閉し，ティッシュペーパーで包んでからビニール袋に入れて冷凍庫で保存しておく．使用時は必要に応じて注射器を取り出し，湿気を飛ばしてから開封する．

2) 鉛染色液

　DDW 50 ml に硝酸鉛 4.40 g を加えた a 液，DDW 50 ml に trisodium citrate・2 H$_2$O 4.45 g を加えた b 液を褐色瓶に入れ，冷蔵庫に保存しておく．染色直前に密栓可能な試験管に a 液, 1.5 ml を入れ，b 液, 2.0 ml を加える．b 液を加えた瞬間に乳白色に変化するが，その反応粒子が細かくなるまでよく振る．使用直前に DDW 25 ml に NaOH 1.00 g を溶かした液を 0.8 ml 加える．加えた瞬間に乳白色状態から無色透明の澄みきった液に変化する．直ちに染色を行っても構わないが，急がないのであれば，染色液を空気と触れないように試験管に満杯に入れ，密栓して冷蔵庫内で静置して不純物を沈澱させておく．翌日，その中央部を採って染色する．

13.7　透過型電子顕微鏡による観察例

　ここでは上皮細胞中の脂肪染色法について述べる．

　採取した試料を GP で固定後，0.1 M CB で作製した 8％スクロース液に移し，冷蔵庫内で保存する．マイクロスライサーまたはクリオスタットにより 100 μm の厚切切片を作製し，切片作製中は 0.1 M CB にて保存しておく．ここで対照実験として 50％アセトンに 30〜60 分間浸潤させて脱脂した後，緩衝液で十分洗浄し冷緩衝液に入れておく．この脱脂切片と脂肪染色用切片自体を以下の各液で処理する．2％オスミウム酸（氷中，2 時間の後固定），冷緩衝液（3 回，各 15 分，3 回目は室温），1％ imidazole と 1％ paraphenylenediamine の混合液（pH 8.9 遮光下でローテーターで 1 晩回転，脂肪とオスミウム酸の結合を迅速にし，真黒な電顕像を得るための反応），緩衝液（pH 7.4, 3 回，各 15 分，最後は氷中にて），冷 DDW での洗浄, 0.5％ウラン染色（冷蔵庫内にて 3 時間），冷 DDW（3 回，各 15 分，最後の洗浄は

室温), アルコール脱水, 酸化プロピレンでの脱水 (アセトンではない), スプアー樹脂包埋, 超薄切片作製を経て鉛染色を施さずに観察する.

脂肪滴は, 通常の TEM 処理では周辺が濃く, 中央部が薄く染まった電顕像を示す. これは固定中に脂肪滴の中央部から周辺に向かって脂肪が遠心的に溶出するためで, 周辺部からのオスミウム酸の遅い浸潤速度と関係している. さらに, 脱水や包埋によっても脂肪滴は周辺部から中心部に向かって求心的に溶出するので, 真っ白な脂肪滴は完全に脂肪が溶出したことを示す. しかしながら, 脂肪とオスミウムの結合を保持させた本染色法では, 脂肪滴は真黒な電顕像を示す. なお, ここでは緩衝液に CB を用いたが, 本来の脂肪染色では veronal 酢酸緩衝液を用いている. しかしながら, この緩衝液には barbital sodium が不可欠で, これは向精神薬試験研究施設設置者登録証などの許認可証が必要なので入手が困難である.

1. 使用する溶液の作り方
1) Veronal 酢酸緩衝液 (pH 8.9) 液

酢酸ナトリウム・3 H_2O, 9.714 g と barbital sodium 14.71 g を DDW 500 ml に溶かした液 5 ml に 0.1 N HCl 0.5 ml と DDW 17.5 ml を混合する.

2) Imidazole と paraphenylenediamine の混合液

Veronal 酢酸緩衝液で 1 % imidazole 液 (pH 9.0) と 1 % paraphenylenediamine 液 (pH 9.0) をそれぞれ別々に使用直前に作り等量混合する. 1 % の濃度が脂肪の染め具合の電子密度が最もよい. Imidazole は安定しているが, paraphenylenediamine は酸素により酸化されやすくピンク色から赤に変色しやすいので使用直前に作り imidazole と混合する.

13.8 光学および電子顕微鏡による腸管の観察例

孵化時の絨毛は全て指状であるが, 10 日齢以内に平板状に発達し, それ以降は腸管の各部位によって波状から舌状を呈するようになる[1]. 給与飼料の違いによる腸管の発達差異や機能的変化を組織学的に容易に判断できる.

1. 光学顕微鏡による観察例

LM では, 腸管の内部組織が観察され, 図 13.8-1～3 に示すような基本構

造を呈している．吸収面積を拡大させるために，粘膜固有層が隆起したのが絨毛（villi）で，絨毛基部の上皮細胞層が粘膜固有層に陥凹したのが陰窩（crypt）である．このような基本構造は，腸管機能の変化により顕著な変化を示す．例えば，強制換羽時に行われる絶食処理により，十二指腸絨毛の高さや大きさはわずか6時間の絶食処理で顕著な低下を示すが，長期間の絶食後でも再給餌24時間で迅速な回復を示す[2]．再給餌試料の形態や栄養価によって回復度は異なる[3,4]．このような絨毛の変化は，血管内点滴による栄養補給や腸管内容物による物理的刺激によるものでなく，腸管から栄養素吸収の有無によるものである[5]．

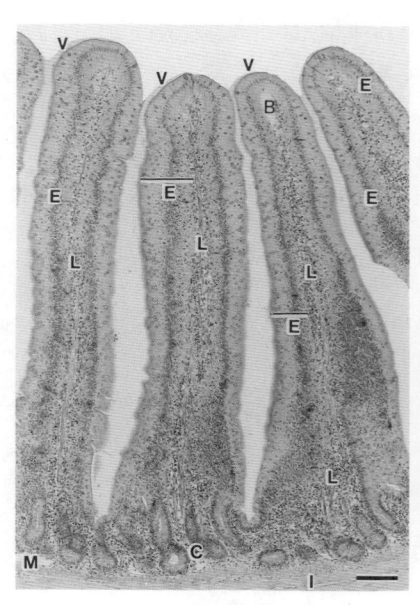

図13.8-1 十二指腸絨毛（V）の光学顕微鏡写真．EおよびE線：粘膜上皮細胞層，L：粘膜固有層，M：粘膜筋板，I：内輪走筋層，C：陰窩，B：毛細血管，スケールバー：80 μm（70倍）．

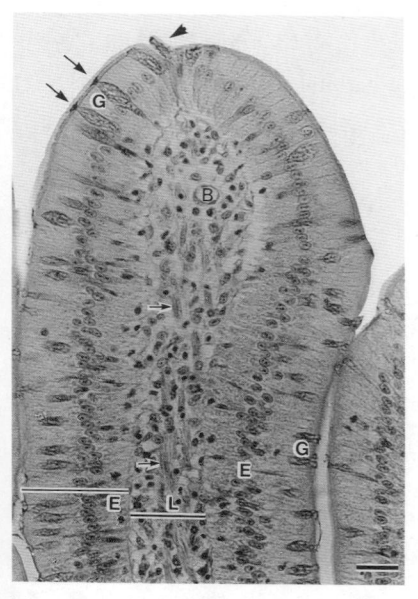

図13.8-2 絨毛頂部の強拡大光学顕微鏡写真．EおよびE線，粘膜上皮細胞層，L線，粘膜固有層，G：杯細胞，B：血管，矢印大：小皮縁部における杯細胞の粘液分泌像，矢印小：筋原繊維，矢尻：細胞の脱落像，スケールバー：20 μm（280倍）．

13.8 光学および電子顕微鏡による腸管の観察例 （ 319 ）

　粘膜上皮の細胞は，陰窩の基部で有糸分裂（図 13.8-3-②の矢印）によって生じた未分化な細胞から分化したもので，絨毛表層に沿って上行した後，絨毛頂部から分裂後 2〜3 日で管腔内に脱落し（図 13.8-2 の矢尻），内因性タンパク源として再利用される．それ故，絨毛の高さは陰窩での細胞分裂数や細胞自体の面積の変化によって変動することから，絨毛の高さや細胞分裂数は腸管機能を判断する好判断組織である．

2．電子顕微鏡による観察例

　SEM では，図 13.8-4〜6 に示すように絨毛構造を三次元的に観察するこ

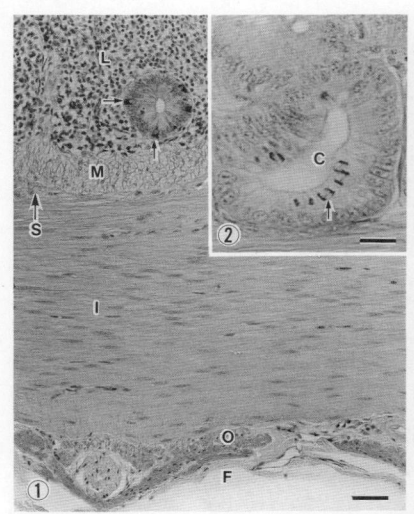

図 13.8-3　陰窩における基底果粒細胞（①の矢印）および細胞分裂像（②の矢印）の光学顕微鏡写真．① L：粘膜固有層，M：粘膜筋板，S 付き矢印：粘膜下組織（極めて薄い層で矢印部でのみ確認可能），I：内輪走筋層，O：外縦走筋層，F：漿膜，スケールバー：20 μm（260 倍）．② C：陰窩の内腔，スケールバー：125 μm（390 倍）．

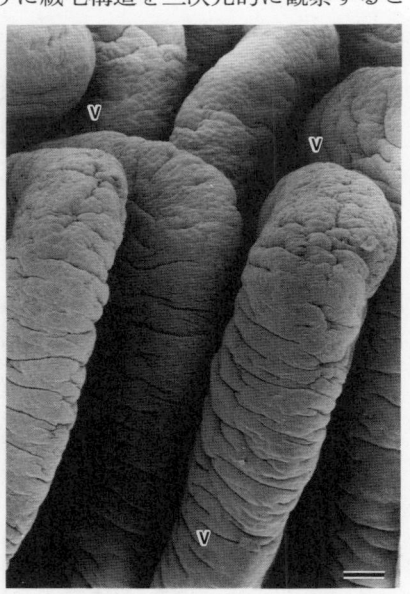

図 13.8-4　側面からみた十二指腸絨毛表面（V）の走査型電子顕微鏡写真．スケールバー：30 μm（160 倍）．

（320）第13章　顕微鏡による試験法

とができる．その特徴ある配列（図 13.8 - 5）は，腸管内容物が短い腸管内をジグザグに移動することにより絨毛表面と接触する機会を多くし，より効率的な消化・吸収を可能にしている構造であると思われる．絶食により絨毛頂部表面は滑らかな形態像に変化する．これは，細胞の萎縮により個々の細胞や細胞塊の輪郭が消失するためであるが，再給餌により，個々の細胞隆起やそれらが集合した細胞塊の隆起が顕著となり絨毛頂部は凹凸な像を示し（図 13.8-7），細胞の活性化がうかがえる．

　TEM による上皮細胞の観察で特徴的な像は，孵化直前後の胚における立方形の細胞，未発達な絨毛および脂肪滴（図 13.8-8）である．脂肪滴は孵卵

図 13.8-5　頂部からみた回腸絨毛の配列を示す走査型電子顕微鏡写真．隣接する絨毛同士は腸管の長軸に対し斜め右と斜め左方向に配列し，この標本では多くの糸状バクテリアが付着している．スケールバー：55 μm（95倍）．

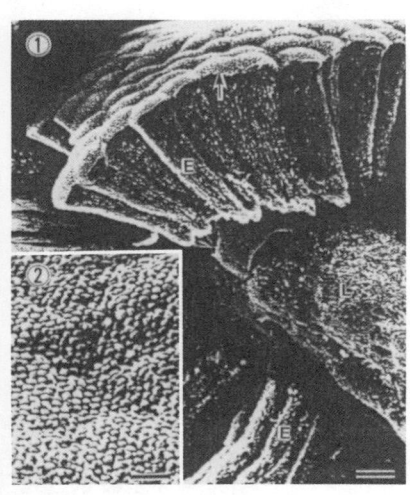

図 13.8-6　十二指腸絨毛頂部の粘膜上皮細胞（E）の一部を除去し，粘膜固有層（L）を露出させた像（①，矢印：微絨毛，スケールバー：55 μm，940倍）と絨毛基部の微絨毛を拡大した（②，スケールバー：0.3 μm，14,030倍）走査型電子顕微鏡写真．

13.8 光学および電子顕微鏡による腸管の観察例

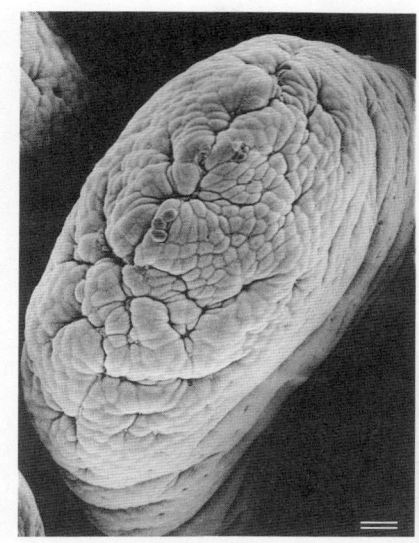

図 13.8-7　3 日間絶食後，配合飼料を 1 日間再給餌したニワトリの十二指腸絨毛頂部表面の走査型電子顕微鏡写真．個々の上皮細胞の隆起や細胞塊の隆起により起伏に富み，活発な細胞活動がうかがえる．スケールバー：8.30 μm（675 倍）．

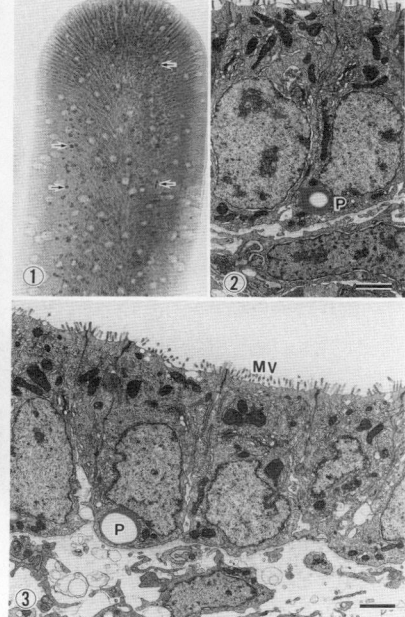

図 13.8-8　ニワトリ 19 日胚の回腸粘膜上皮における脂肪滴．①，20 μm のマイクロスライサー切片をズダンⅢで脂肪染色した光学顕微鏡写真（矢印が陽性反応，倍率不明）．②および③，通常の電子顕微鏡試料作製処理における吸収上皮細胞内の脂肪滴（P）．胚では微絨毛（MV）や細胞内小器官の発達も未完成であるが，細胞基底部に中央部の白くぬけた脂肪滴が頻繁に観察される．スケールバー：1.75 μm（2,745 倍）．

中の卵黄嚢内の卵黄由来の脂質で，腸管の生後発達のエネルギー源となり，孵卵中や孵化直後の量やその後の吸収速度は腸管機能活性度の判断にもなる．しかしながら，通常の電子染色では手法の項で述べた理由で白く抜けた構造として観察されるので情報を得にくい．図 13.8-9 に示すような方法では，濃電子密度により濃度差などで機能的な変化を推察し得る．

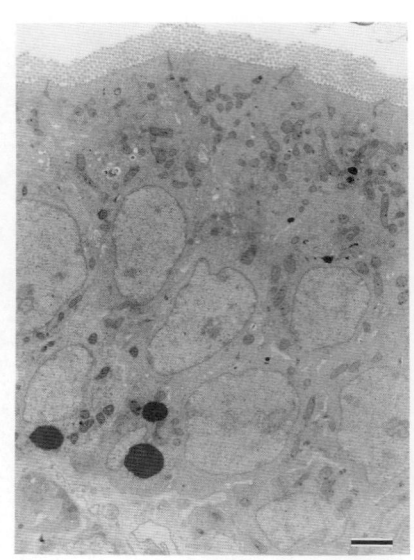

図13.8-9 初生雛の回腸吸収上皮細胞内の脂肪滴．イミダゾールとパラフェニレンジアミンの混合液（pH 8.9）処理により脂肪滴全体が濃く反応している．ウラン単独染色．スケールバー：1.75 μm（3,155倍）．

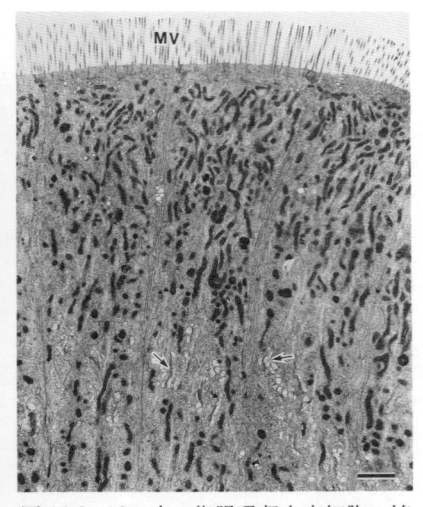

図13.8-10 十二指腸吸収上皮細胞の核上部の透過型電子顕微鏡写真．細胞質内にはその長軸に平行して多くのミトコンドリアが集積し，ゴルジ装置（矢印）も観察される．MV：微絨毛，スケールバー：1.85 μm（2,985倍）．

成熟した細胞では図13.8-10のような微細構造を示す．腸管の最も主な機能である栄養素の吸収過程を形態学的に観察することができる．吸収された栄養素は，飲込み小胞（図13.8-11の1，図13.8-12-②の矢尻）により細胞内に取込まれる．その後，図13.8-11に示す通り，小胞体内で淡灰色の電子密度物質として存在し（2～4），さらに一次リソソーム（水解小体）により細胞内消化を受けるか（5），小胞体やゴルジ装置で処理された後，外側細胞膜から細胞間隙へ放出される（矢印）．終末線維網に存在する結合複合体（図13.8-12-②の1～3）は細胞間の結合を強化させるだけでなく，腸管内容物が細胞間の間隙から体内に進入するのを防止し，腸管を外界から閉鎖する

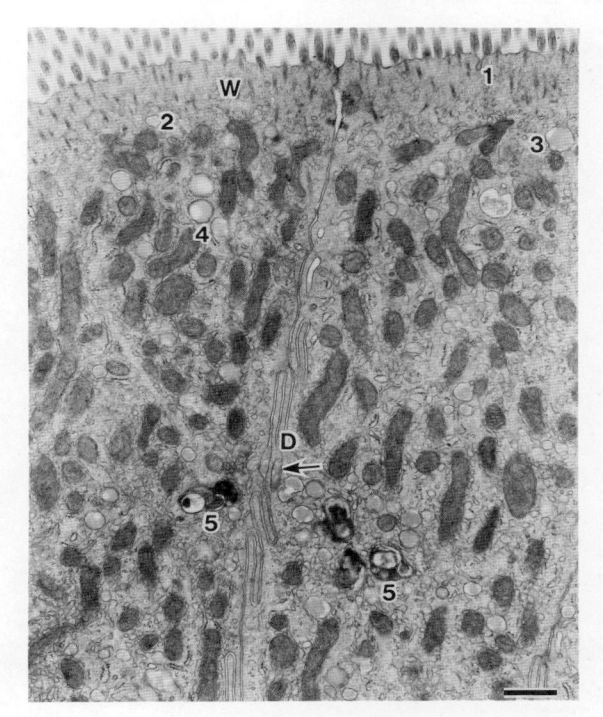

図 13.8-11　十二指腸吸収上皮細胞における栄養素の取り込み過程を示す透過型電子顕微鏡写真．飲み込み小胞（1）で吸収された栄養素は，終末繊維網（W）を経て 2〜4（小胞内の灰白色物質）の順に細胞内に運ばれ，ここではリソソームにより処理されている（5）．さらに，外側細胞膜から細胞間隙に放出される（矢印）．D：勘合，スケールバー：0.7 μm（10,260 倍）．

重要な機能も有する．

　上皮細胞の中で特徴ある細胞として，吸収上皮細胞間に散在する基底果粒細胞（図 13.8-12-①）が挙げられる．この細胞の管腔に伸びている微絨毛（図 13.8-12-② の矢印大）は，栄養吸収よりも食物の刺激や pH の変化など管腔内の化学情報を感受し，その刺激により基底面から細胞内の果粒を放出

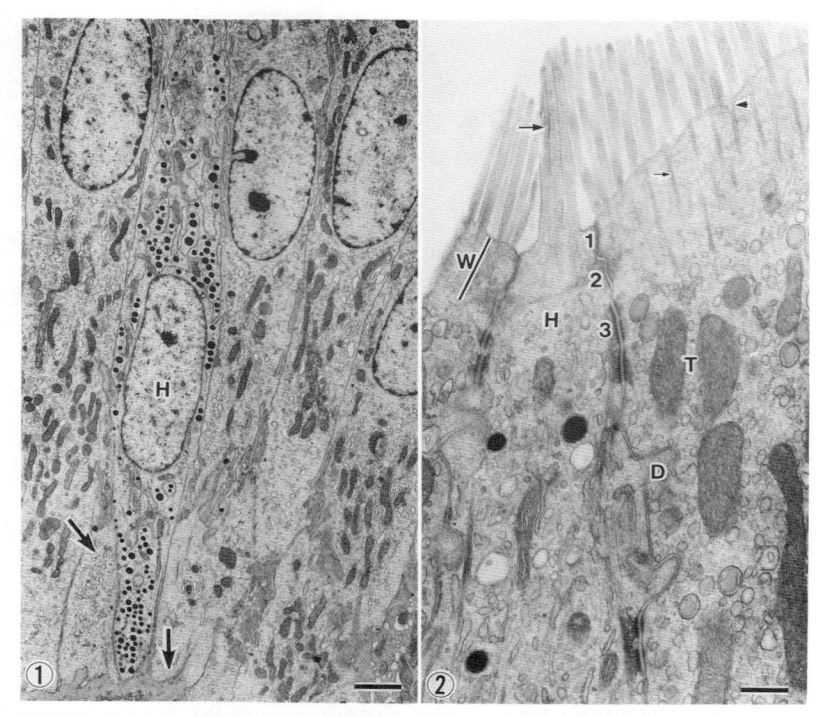

図13.8-12　十二指腸吸収上皮細胞間に介在する基底果粒細胞の核下部（①のH,スケールバー：1.90 μm, 3,300倍）およびその管腔側の拡大（②のH,スケールバー：0.45 μm, 14,390倍）透過型電子顕微鏡写真. ①矢印：粘膜固有質に向かって突起状に終わる基底部の細胞質. ②W：終末繊維網, T：ミトコンドリア, D：勘合, 1：密着帯, 2：接着帯, 3：接着斑, 矢印大：微絨毛, 矢印小：微絨毛のフィラメント, 矢尻：飲み込み小胞.

することにより，腸管の感覚細胞の役割を持つ．通常の感覚細胞は神経とシナプスを形成し，中枢神経（脳）の命令を受けるが，腸管の細胞は常に移動しているので，神経と密接に関係することはできない．それ故，果粒を放出して周囲の平滑筋，腺細胞，神経系を直接刺激し，情報をすばやく広い範囲に渡って伝達することにより，消化管の消化・吸収・分泌・運動などの活動を促がしている．このような腸管における感覚細胞の内分泌果粒による知覚受

容機構は，神経とシナプスを形成することはなく，腸管は中枢神経（脳）の命令とは無関係に独自に管腔内の情報に対応することができる．

絶食処理によって最も変化する細胞内小器官は，一次リソソームから二次リソソームを経て発達した巨大な空胞（図 13.8-13）の出現である[6]．しかしながら，この空胞は再給餌 24 時間後には小型化するか消失し，腸管の栄養状態と如実に呼応している．この空胞は酸性フォスファターゼ活性を示し，ミトコンドリアなどの細胞内小器官を含むことから，不足する栄養分を補充するために，自食作用により自己の細胞成分を細胞内消化している過程とみなされる．

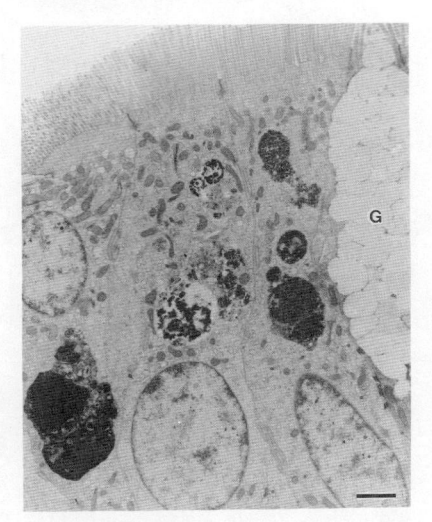

図 13.8-13　絶食処理による十二指腸吸収上皮細胞における巨大空胞の出現を示す透過型電子顕微鏡写真．電子密度の高い空胞は絶食による細胞内消化を示唆している．G：杯細胞，スケールバー：1.60 μm（3,355 倍）．

以上の組織学的な変化から明らかなように，従来の消化試験法に加えて，腸管の組織学的試験法も給与した飼料の栄養学的な価値やバランスのよさを短期間にしかも明確に判断し得る方法といえる．　　　　　　　　（山内高円）

参考文献

1) Yamauchi K. and Y. Isshiki, 1991. Br. Poult. Sci., 32 : 67 - 78.
2) Yamauchi K., *et al.*, 1996. Br. Poult. Sci., 37 : 909 - 921.
3) 社本憲作ら，1999. 家禽会誌，36 : 38 - 46.
4) Shamoto K. and K. Yamauchi, 2000. Poult. Sci., 79 : 718 - 723.
5) Tarachai P. and K. Yamauchi, 2000. Poult. Sci., 79 : 1578 - 1585.
6) Yamauchi K. and P. Tarachai, 2000. Br. Poult. Sci., 41 : 410 - 417.

第14章 In situ および In ovo の試験法

栄養現象の仕組みを解明する場合,従来は動物全体を対象とした試験が主流であった.しかしながら,特に近年分子生物学,発生工学,分離・測定技術の発展などに伴い,特定の臓器,組織,細胞,オルガネラ,さらには分子レベルでの解明が容易に行われるようになってきた.そこで本章,第15および第16章ではこれらの技術の栄養試験への応用を視野に入れ,In situ による灌流法,In ovo による胚および In vitro による組織,単離細胞,ホモジネート,リソソーム,ミトコンドリアなどを対象とした試験法について述べる.また,胚および組織について特に遺伝子導入法について解説する.遺伝子導入は機構解明のみならず,積極的な栄養素代謝の個体・組織レベルでの改変にとって今後ますます重要な位置を占めるものと考えられるからである.

14.1 灌流法

In situ 実験法の代表は器官灌流法である.個体全体では解析が不可能であり,また逆に細胞では単純化されすぎ,まとまった器官としての代謝応答,個体の生理状態を反映した器官の応答を見たいときには,現在でも器官灌流法が最適の系である.ラットなどの小動物でこの灌流法が実施されている器官としては,肝臓,心臓,筋肉(骨格筋),腎臓,膵臓や副腎などがある[1].小腸[2]の例も報告されている.ここでは肝臓について紹介する.

現在用いられる肝臓灌流法(liver perfusion)は Miller[3] と Mortimore[4] により独立に確立されたものである.原理的には前者は肝臓を体から外に取り出して行うもので,一定の圧力で送液する.後者は肝臓を体内に残したままで行い,送液は一定流量で行う.Miller 法については田中[5]の解説を参照されたい.ここでは,手技が容易で短時間で開始でき,3〜4時間にわたる実験が可能な Mortimore 法を紹介する.Mortimore 法についてはすでに宇井[6]や Exton[1] による優れた解説がある.

14.1.1 灌流装置と灌流液

1. 灌流装置

灌流装置は基本的には心臓・肺機能をもつ恒温箱である．現在，わが国でも市販の灌流装置もあるが（夏目製作所製 KN-68（B）型），特殊な部品を必要としないので自作可能である．ベニヤとアクリル板の組み合わせで外箱を作り，2匹のラットを同時に灌流できる．

図 14.1.1-1 には片側の装置の概略を示した．人工心臓としては普通のペリスタポンプでよい（赤血球含有灌流液では約 10 ml/分，含まない灌流液では 40 ml/分程度の流量が必要）．人工肺としてはガラス製蛇管（内径 10 mm のガラス管を径 60 mm で 7 回ほど巻いたもの．全長 140 mm 程度）を広口ビンの上にセットし，湿気を含む 95％ O_2-5％ CO_2 の混合ガスを下から上

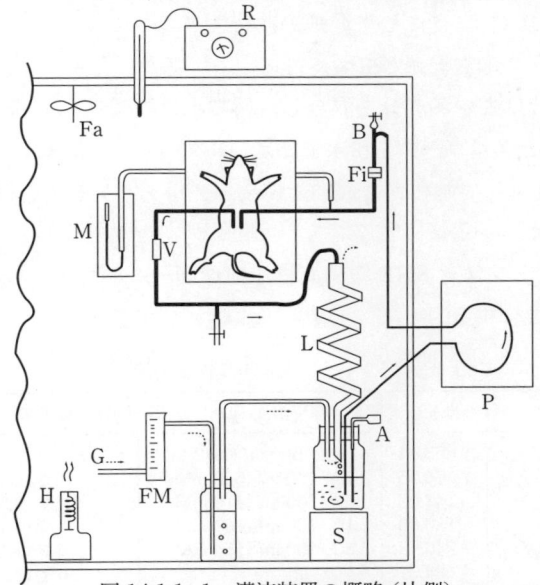

図 14.1.1-1　灌流装置の概略（片側）
R：温度調節，Fa：ファン，H：ヒーター，S：スターラー，P：ペリスタポンプ，B：泡抜き，Fi：フィルター，M：マノメーター，L：人工肺，G：混合ガス入口，FM：ガス流量計，A：動脈血採取部位および添加物注入口，V：静脈血採取部位

に通気する（流速200～300 ml/分）．灌流液がここを落下する間にガス交換される．フィルターはナイロンメッシュでよい．装置全体をヒーターとファンで37℃に保つ．また，装置を作る際に重要なポイントは肝静脈側出口を常に陰圧に保つために，灌流肝臓の位置（ラットの固定台）と静脈チューブの出口（蛇管の上部）の落差を10～15 cmとっておくことである．

2. 灌流液の調製法

灌流液としてはKrebs-Ringer重炭酸緩衝液（KRB）を基本とし，酸素キャリアーとして赤血球画分を加えることが多い．KRBの組成は表14.1.1-1に示す．その他，グルコース10 mM，3％ウシ血清アルブミン，25％ウシ赤血球画分などを加える．

1) まず，ウシ血清アルブミン（Cohn Fraction V，Sigmaなど）を精製水で完全に溶解し，15％溶液にし，沪紙，次いでメンブレンフィルター2種（3 μm，0.3 μm）で順次沪過しておく．

2) KRB緩衝液はまず各成分を混合し，精製水で調製量の7～8割にしてから，$NaHCO_3$とグルコースを粉末で加え，スターラーで溶解する．混合ガスを15分ほど通気して飽和させる．その後，アルブミン溶液を終濃度3％になるように加え，一定量にする．

3) このアルブミン含有KRB緩衝液に赤血球画分をヘマトクリット値が25となるように混合する．

表14.1.1-1　KRB溶液の調製

	分子量	保存溶液 (g) [1]	KRB緩衝液 (ml/l) [2]
NaCl	58.44	41.49 / 500 ml (1.42 M)	83.4 (118.5 mM)
KCl	74.55	3.73 / 100 ml (500 mM)	9.5 (4.74 mM)
$CaCl_2 \cdot 2H_2O$	147.02	1.62 / 100 ml (110 mM)	22.7 (2.50 mM)
KH_2PO_4	136.09	2.10 / 100 ml (154 mM)	7.7 (1.18 mM)
$MgSO_4 \cdot 7H_2O$	246.48	3.80 / 100 ml (154 mM)	7.7 (1.18 mM)
$NaHCO_3$	84.01	—	1.97 g (23.5 mM)
グルコース	180.16	—	1.80 g (10 mM)

[1] 各溶液を冷蔵庫中（5℃）に保存する．2～3週間は保存可能．
[2] はじめに5種の保存溶液を加えた後，精製水で希釈し，$NaHCO_3$とグルコースを粉末で加え，溶解する．その後，95％O_2−5％CO_2混合ガスで15分通気する．37℃，混合ガス飽和条件下でpH 7.4となるように設定してあるので，pH調整の必要はない．アルブミンや赤血球を加える場合の詳細は本文参照．

4) ウシ赤血球画分の調製法

現在は入手の容易さ，反芻動物の赤血球は解糖活性が低いことなどから，ウシのものがよく使用される．近くの屠場などから採血してくる．抗凝血剤としてクエン酸を含む ACD 溶液（グルコース，13.2 g/l；クエン酸ナトリウム，13.2 g/l；クエン酸，4.4 g/l）中に採取後，低温室で保存．1 週間以内に使用するようにし，実験前日に赤血球画分を調製する．血液の保存は全血のままの方がよく，赤血球画分として調製した後は溶血が早い．

(1) 屠場でウシ血液を採取する．血液の 1/5 容の ACD 溶液を入れた採血用のポリ容器（1～3 l）に血液を採取し，よく混合して凝血しないようにする．氷冷下で運搬する．

(2) 研究室へ持ち帰ったウシ血液を 2～3 重のガーゼで濾過する．低温室で保存する．

(3) 実験日の前日，低速の大型遠心機で 3,000 rpm，10 分で遠心分離し，上清（血漿）をアスピレーターで吸い取って捨てる．このとき，赤血球の表面に浮く白血球などの層を注意深く吸い取る．

(4) 沈澱の赤血球画分に 3～5 容の 0.9 % NaCl 溶液を加えてよく混合した後，3,000 rpm で 10 分遠心分離し，上清を捨てる．この洗浄操作を 2 回行う．この赤血球画分を冷蔵庫中で一晩保存する．

(5) 実験日の朝，0.9 % NaCl 溶液で 1 回洗う．次に 3～5 容の KRB 緩衝液（混合ガスで 15 分飽和させておく）で同じ洗浄操作を 2 回行う．この操作で血液は酸素を供給されて鮮血色となる．

(6) 赤血球をガラスウールを詰めたろう斗で濾過し，メスシリンダーに受ける．この画分のヘマトクリット値（全血中の赤血球の割合）を測定しておき，最終濃度の計算に用いる．

14.1.2 解剖手技 （図14.1.2-1）

1) 灌流液を広口瓶に入れ，流入側と流出側のチューブを接続させてポンプをスタートさせ，灌流液を装置内で循環させる．混合ガスを通気し，10 分ほどで灌流液を動脈血にする．

第14章 *In situ* および *In ovo* の試験法

2) ラット（体重100～300 g）に50 mg/kg体重のネンブタール（大日本製薬，50 mg/ml）を腹腔内注射し，解剖台に仰向けに固定する．

3) 皮膚および腹部筋層を正中線に沿って剣状突起下まで鋏で切開し（横隔膜を切らないように．切ると呼吸停止で直ちに死んでしまう），腹腔を露出させ，腸を向かって右側に寄せ，門脈を露出させる．カニュレーションがしやすいように，門脈をなるべくまっすぐにする．

4) 門脈と下大静脈（右腎臓より少し上のあたり）に縫合糸（No. 4）を通し，ゆるいループを作っておく．

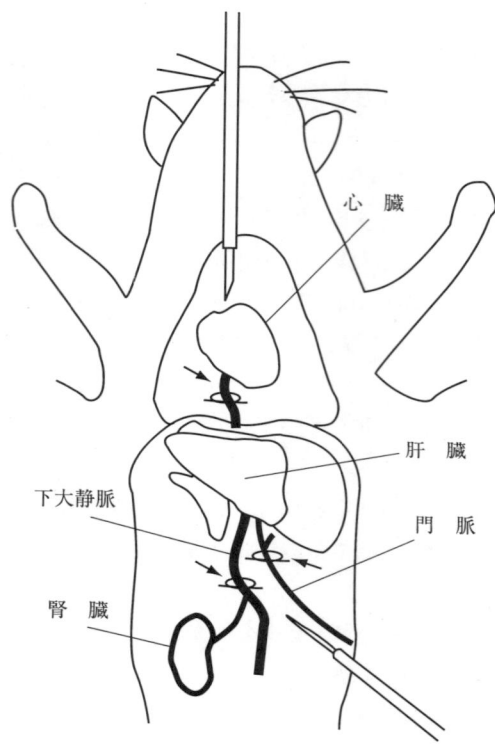

図 14.1.2-1 肝臓の灌流手技
門脈に動脈側注射針，心臓から下大静脈へ向けて静脈側注射針を挿入する．矢印はループをかける位置（3ヵ所）

5) 送液チューブの先にカニューレとして注射針（外径約 1.2 mm，先端は鋭利すぎないようヤスリで鈍化させておく）をつけ，先端の空気を完全に追い出してから，針を門脈に沿うように刺し込み，ループで縛り固定する．

6) ポンプのスイッチを入れ，灌流液を流し始める（流速 10 ml/分）．直ちに下大静脈をループより下の位置で鋏で切断する．

7) 放血はそのままにして，素早く胸郭部を鋏で半円状に大きく切り開き，心臓を露出させる．

8) 心臓を有鈎ピンセットでつまみ上げながら，流出側チューブの先につないだやや太い注射針（外径約 2.0 mm）を右心房から大静脈に挿入する．縫合糸を通してこれを固定する．

9) 6) で切断して灌流液が溢れ出ている下大動脈のループを縛る．すると肝臓を流れた灌流液が静脈側チューブよりでて，循環灌流が始まる．

10) 灌流終了後はできれば送液チューブを毎回取り替えるとよいが，チューブの内側を丁寧に洗い流し，生理食塩水でゆすいだ後，次の灌流操作に入ってもよい．

14.1.3 灌流の実際

操作全体を通じて，肝組織を傷つけないように細心の注意をもって取り扱うこと．乾いた指先で組織に触れたりしないこと．ちょっと引っ張るだけでも傷が付き，血液漏れの原因となる．また，組織内に空気が入らないように注意すること．毛細管に空気が滞留するとその部分は灌流されなくなる．

灌流成功の判定には通常外見の観察が重要で，できるだけ正常な色に近いのが望ましい．血行不全のため，どす黒くなったり，まだらになったりするのはよくない．また，鬱血のため肝臓が腫張してくるのもよくない．灌流液の動脈側と静脈側の色の差が明確であること，溶血が起こっていないこと，さらには灌流液の pH が 7.3〜7.4 に保たれていること．大体，以上のチェックで十分であり，それ以上は実際に観察する測定項目について検討すべきである．

この器官灌流法は，通常は十分な酸素供給を保証するため灌流液に赤血球を加えるが，より生化学的な分析の場合には実験データの解釈に赤血球の影響も考慮しなければならない．したがって，緩衝液のみでの灌流もいくつか試みられている．菅野ら[7]は流速を上げる（3〜3.5 ml/分/g 肝臓）ことにより，赤血球やアルブミンがなくても十分に正常な肝機能が維持されると報告している．血管内の流体粘性やコロイド浸透圧などの問題もあるが，主たる関心は組織への酸素供給であり，この点が満たされている限りは個々の研究者の選択に任されていると言えよう． 　　　　　　　　（門脇基二）

第14章 *In situ* および *In ovo* の試験法

引用文献

1) Exton J. H., 1975, Methods in Enzymol., 39 : 25 – 36.
2) Windmueller, H. G. A. E. Spaeth, 1977, Fed. Proc., 36 :177 – 181.
3) Miller L. L. *et al.*, 1951, J. Expt. Med., 94 : 431 – 453.
4) Mortimore G. E. 1959, Ann. N. Y. Acad. Sci., 82 : 330 – 337.
5) 田中武彦, 1971, 医化学実験法講座2A, 代謝および酵素I, 中山書店, 211 – 219.
6) 宇井理生, 1973, 蛋白質核酸酵素, 18 : 886 – 897.
7) Sugano T. *et al.*, 1978, J. Biochem., 83 : 995 – 1007.

14.2 胚の栄養試験法

鳥類や哺乳類の胚を用いた研究は，これまで発生・分化の観察や薬物による催奇形性・先天異常に関するものが中心であった[1~3]．栄養に関する研究は，胚の発生機構の解明や受精卵移植・遺伝子操作のための培養を目的として各栄養素の必須性やその吸収機構の解明が行われてきたが，各栄養素の量および質的な影響は胚期はもちろん，分娩もしくは孵化後に至るまで明らかではない．しかしながら，ここ数年胚の培養技術，特に鳥類における代理卵殻を用いた培養法や栄養の卵殻内への注入法が確立され，胚や卵中栄養への操作を行いながら孵化させることが可能となりはじめた[4]．これに加えて，近年の遺伝子工学の進歩に伴い，胚への遺伝子導入が可能となった[5,6]．このため現在では胚の発生・分化にとどまらず，積極的にこれらの過程の改変もできるようになった．直接栄養を操作する方法，および動物胚への遺伝子導入による栄養代謝研究は今ようやくその途につく環境が整ったといえる．そこで本節の1，2および3では鶏胚を題材に，胚の栄養環境を変化させてさらに孵化させる方法を，4では鶏胚の血液サンプルの採取法を，さらに次節では遺伝子導入実験法の要点について述べる．

胚もしくは孵化後の栄養状態がその後の成長や体成分の蓄積に影響する．また，成体を用いて生理活性物質や各栄養素の成体への影響を検討する場合と比較し，閉鎖空間で様々な要因の影響を排除し，しかも省スペースで実験ができること，飼料や糞の世話などの手間がいらないことからモデル実験系

として応用できる．

　大まかには胚の栄養試験法は全身胚の代謝を直接調べる方法と，雛まで孵化させて，胚期の栄養素の影響を検討する方法の2種類がある．前者は短期間に直接的な影響を見ることができ，後者は時間を要するが逆に長期の体全体（whole body）への影響，そして初期栄養としてその後の成長や体成分蓄積との関係を調べることができる．

　鶏胚を孵化させるための栄養試験法には，栄養素を注入する方法，窓を開ける方法および代理卵殻を用いて培養を行う三つの方法がある．以下，それぞれの方法について述べる．

14.2.1 鶏胚への栄養素注入法

　卵殻に約 0.5 mm の穴を開け，注射筒と注射針を用いて卵中に栄養素を注入する方法である．この方法は先天異常や薬物の毒性についての試験法として開発されたものであるが，栄養試験法として用いる場合は次の2点に注意すべきである．まず，卵殻からのカルシウム供給と同様のカルシウム投与を行う場合を除いて，各栄養素は気室ではなく卵中，できれば卵黄嚢に注入する必要がある．特にアミノ酸に対しては漿尿膜が敏感で気室から膜表面を通して吸収させようとすると，ほとんどの胚が死亡する．また，胚体外体腔でも大丈夫であるが，羊膜腔に注入すると胚は死亡する．次に，栄養素の注入は少量であれば初期でも可能であるが，孵化率を低下させないためにはなるべく孵卵 8～14 日目が適している点が挙げられる．特に孵卵開始前の処理は著しく孵化率を低下させるので避けた方がよい．孵卵2日目以降であれば実験は可能である．

1．供試卵

　ニワトリであれば利用可能であるので，対象にしたい鶏種の種卵を選ぶ．ウズラについても同様で，他の鳥類でも応用できると考えられる．

2．試　薬

1) 注入用栄養溶液　注入に用いる栄養素はそれぞれ適した溶媒を用いる．塩濃度の影響を考慮するならば，生理食塩水を溶媒とする必要はなく，例としてアミノ酸などはオートクレーブで滅菌した蒸留水を，脂溶性のビタミン

などはサラダ油でよい．注入に適した濃度は各溶媒，栄養素により異なるので，あらかじめ試験を行って調べておく方がよい．

　2) 硬質パラフィン　栄養素を注入した穴を塞ぐために用いる．パラフィンは組織切片用の再利用で十分である．外科用瞬間接着剤（アロンアルファA，三共）でもよいが，コストがかかる．

3．器　具

　1) 注射筒　栄養溶液を注入するのに用いる．注入速度を考えると細身の注射筒がよい．また，注入量の限界から考えて 1 ml が適当である．

2) 注射針　注入に用いる．細ければ胚も傷つきにくいが，実際，針の太さは物理的には孵化率に影響しない．長さは，卵中に確実に注入できる長さで，

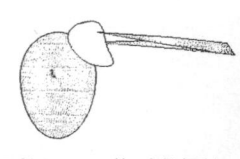

1) 70％アルコール綿で卵殻表面上の汚れを除く．

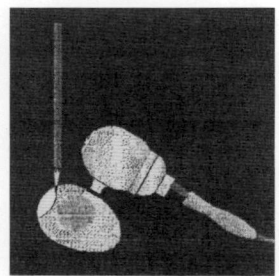

3) 栄養素注入前夜に再び気室の確認を行う．このときは気室の大きさを調べ，適当な注射針の長さを決定する．注射針は注入される栄養素が気室でなく，確実に卵中に入り，なおかつ深すぎて胚の周囲の羊膜腔に入らない長さのものを選ぶ．針の長さと卵の大きさにより図7-2-1bに示すように注入部位が変わってくるので注意する．

5) 注射針を卵殻に開けた穴に通し，ぶれないように固定しながらゆっくりと栄養を注入した容積分を気室が相殺できる速度を心がけて注入する．

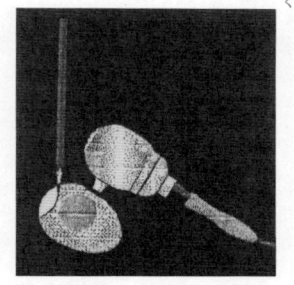

2) 検卵を行い，気室の位置を確認する．注入は気室上から行う．

4) 千枚通しもしくはドリルを用いて直径0.5mmの穴を気室上で，なるべく鈍端頂上に近い部位に開ける．圧力をかけすぎると種卵をつぶしてしまうので注意する．

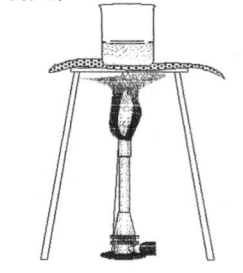

6) あらかじめパラフィンを熱して溶解しておく．熱しすぎるとパラフィンが流れ，逆に温度が低いと卵殻に乗せにくくなる．

図 14.2.1-1　卵殻への窓開け（A）

14.2 胚の栄養試験法

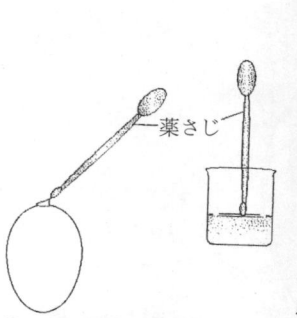

薬さじを用いて溶解したパラフィンで卵殻の穴を塞ぐ．パラフィンを乗せるように行うとよい．

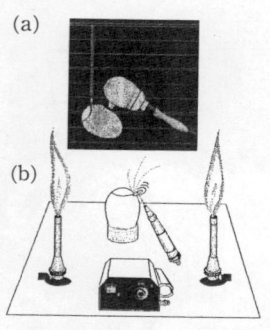

卵殻への窓開け (a) 検卵を行い，気室の位置を確認する．(b) 殻および実験台を70％アルコール脱脂綿を用いて洗浄し，2本のガスバーナーの炎の間においてダイヤモンドカッターを装着したデンタルドリルを用いて，気室上の卵殻を切断する．

図 14.2.1-2 卵殻への窓開け（B）

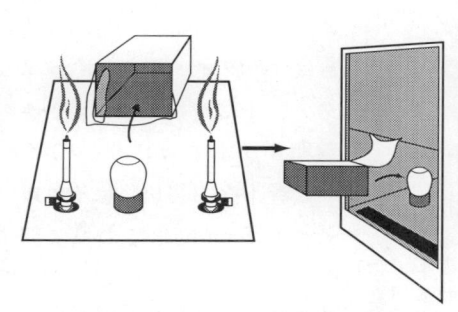

図 14.2.1-3 卵殻への窓開け（C）
無菌箱を用いて種卵をクリーンベンチへと移動させる

また，長すぎない方がよい．卵殻と気室の大きさを調べて判断する．

3) ガスバーナー パラフィンを熱して溶解するために用いる．

4) 千枚通し 卵殻上に注入のための穴を開けるために用いる．ピンバイスを用いて 0.5 mm 径のドリルの刃を使用してもよい．

4．操　作

操作の詳細は図 14.2.1-1～3 に示す通りである．

1) 種卵は孵卵前に羽毛や糞などの汚れを取るため，70％アルコール綿を用

いて消毒する．30〜40のパコマ溶液に2〜3分浸けて消毒してもよいが，素早く乾燥させないと孵化率の低下につながる．

2）温度37.8℃前後，相対湿度60〜70％の条件で孵卵する．

3）以下のすべての操作はクリーンベンチ内で無菌的に行うことが望ましいが，2本のガスバーナー間で行っても大きな問題はない．孵卵3〜14日目に気室上の卵殻に千枚通しを用いて穴を開ける．

4）さらに各栄養素溶液（アミノ酸は滅菌蒸留水，脂溶性物質はサラダオイルもしくはエタノールに溶かした溶液）を孵卵6日までは0.05〜0.1 ml，孵卵7日目以降はそれ以上〜0.75 ml位までの量で卵中に注入する．ただし，これらの数値は目安なので，扱う栄養素によって確認する必要がある．

5）注入後はパラフィンを用いて穴を塞ぐ．孵卵中の種卵に処理を行うため，この処理は

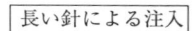

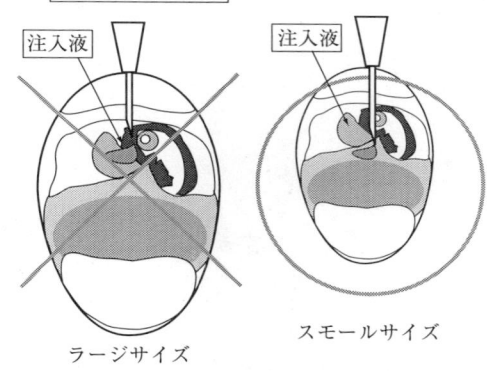

図14.2.1-4 孵卵7日目における種卵の大きさと針の長さが栄養注入部位に及ぼす影響

孵卵が可能な場合（○）と不可能な場合（×）では注入される部位に違いがあり，これは種卵の大きさに合わせて注射針を選択することで解決できる．また，孵卵後期（14日）では，ほぼ注入部位の違いによる孵卵率の違いは観察されない．ただし，気室への注入は特にアミノ酸においては避けるようにする．

60分以内に行い，その後直ちに再び孵卵を続ける．

引用文献

1) Singh S. and P. K. Gupta, 1972. Cong. Anom., 12 : 61 - 72.
2) Singh S. and Sinha, D. N., 1973. J. Anat. Soc. India, 22 : 70 - 77.
3) Hashizume R. *et al.,* 1992. Exp. Anim., 41: 349.
4) Ohta Y. *et al.*, 1999. Poult. Sci., 78 : 1493 - 1498.
5) Muramatsu T. *et al.*, 1996. Anim. Sci. Technol., 67 : 906 - 909.
6) Muramatsu T. *et al.*, 1997. Biochem. Biophys. Res. Commun., 230 : 376 - 380.

14.2.2 卵殻開窓栄養操作法

この方法は，奇形胚の観察に用いられていた卵殻への窓開けを応用したものである[1, 2]．本法の特徴は卵中注入部位を肉眼で選択できること，直接胚の発生を観察できることである．ただし問題点として，処理に適した時期が限定されること，および操作に熟練が必要なことが挙げられる．初期の胚は空気に触れると発生を中止してしまうため，孵卵開始前の種卵でも窓を開けて孵化させることができるが，そのままでは孵化率が低くなる．このことから処理は孵卵3日目以降，高い孵化率を得たければ7日目以降に行うのがよい．

1. 供 試 卵

前項と同様である．

2. 試　薬

水様卵白　ポリ塩化ビニリデンフィルムを卵殻に接着するのに使用する．新鮮な卵から得たものであれば種類は問わない（図 14.2.2-1）．

3. 器　具

1) 歯科用電動ドリル（デンタルドリル）．ただし，特に歯科用にこだわらなくても，細かい操作のしやすいものであれば，工作用ドリル（模型用がよい）でもよい．
2) ダイヤモンドカッティングディスク．卵殻を切削するために用いる．歯科用が望ましい．

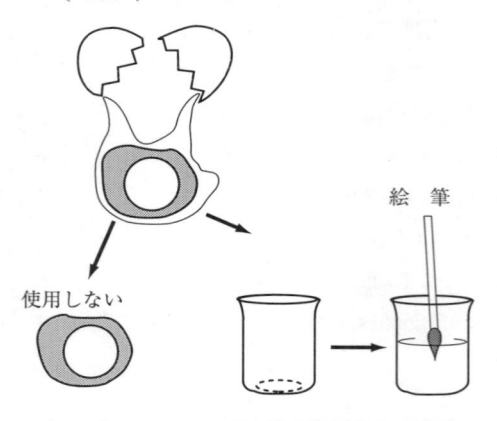

図 14.2.2-1　ラップ接着用水様卵白の準備
新鮮な卵を割卵し，水様卵白と，卵黄＋濃厚卵白に分け，水様卵白をビーカーにとる．使用するまでは4℃保存する．

3）滅菌済みラップ．ラップは，オートクレーブで滅菌可能なポリ塩化ビニリデン製のラップ（サランラップ，旭化成工業）をオートクレーブで滅菌したものを用いる（図14.2.2-2）．

4．操　作

　前法と同様に種卵は，70％アルコール綿で羽毛や糞などの汚れを取り除く．孵卵開始日を0日とすると，孵卵0日目および2～7日目に処理を行う．種卵の処理については図14.2.2-2に示した．処理する前日に検卵し気室を確認する．確認した気室に沿って，空中落下菌を防ぐため2本のガスバーナーの間でダイヤモンドカッティングディスク付の歯科用デンタルカッターを用いて卵殻を切断し，円形の穴（窓）を開ける．種卵は，切り取った卵殻を被せたまま70％アルコールで消毒した無菌箱に入れてクリーンベンチに移動し，クリーンベンチ内で内卵殻膜の処理を行う．

　内卵殻膜については図14.2.2-3（a）に示す通り，発生に伴い内部が観察できなくなるので，オートクレーブで滅菌した眼科バサミおよびピンセットを用いて取り除く．内卵殻膜の処理後は卵殻に開けた窓にラップを被せ，新鮮な鶏卵の水様卵白を用いて密封する（図14.2.2-3（b））．このとき，転卵はむしろあまりしない方法がよい．孵卵19日目頃から胚が肺呼吸を始めるため，ラップに針で穴を開け呼吸を助け，孵化直前にラップを取り除く．

引用文献

1) Fisher M. and G. C. Schoenwolf, 1983. Teratology, 27：65-72.
2) Ohta Y. *et al.*, 1999. Poult. Sci., 78：1193-1195.

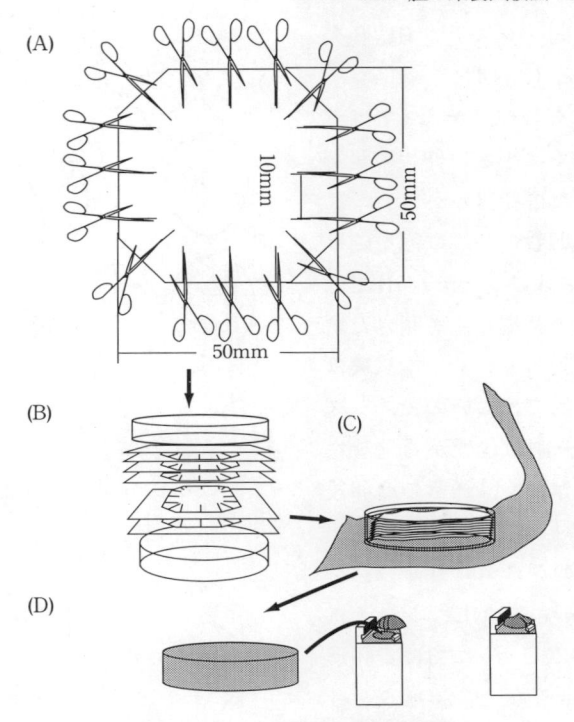

図 14.2.2-2 滅菌ラップの準備
ラップは高熱および高圧に耐えられるポリ塩化ビニリデン製がよい．図のように8角形にラップを切り出し，数ヵ所に切り目を入れる（A）．ガラスシャーレ内に薬包紙を敷き，その上に切り出したラップを重ね，これを繰り返す（B）．蓋をしてアルミホイルで覆い，オートクレーブで通常の器具同様に滅菌する．

14.2.3 代理卵殻培養法

鶏胚の発育および受精卵の遺伝的操作研究のために，受精卵から孵化までの全胚期間の鶏胚における一連の培養方法[1]を紹介する．

培養方法は以下の3段階に分けられる；システム I．濃厚卵白形成途中の卵管膨大部より取り出した未分割の受精卵（胚）から胚盤形成までの1日間．システム II．通常の産卵後の胚盤葉期まで発生が進んだ段階から胚形成が行

われる3日間. システムIII. 胚発育が行われる18日間.

　胚はそれぞれシステムIではガラス瓶もしくは小さい卵殻の鋭端に窓を開けた培養器，システムIIでは小さい卵殻の鋭端に窓を開けた培養器，およびシステムIIIでは大きい卵殻の鈍端に窓を開けた培養器で，培養している．本試験は胚操作が目的ではないので，システムIの未分割の状態から培養を始める必要はなく，通常の産卵後のステージ（胚盤葉期）まで発生が進んだ段階のシステムIIから窓を開ければよい．しかし，システムII（孵卵0－2日目）における胚形成時には胚と空気との接触を避けるため，鋭端に窓を開けており，卵殻の移し換えを必要とすることから胚の環境の変化が起こり，栄養試験には不適切である．したがって，システムIIIのみを用いて処理を行う．また，胚操作を伴わない方法として，ウズラでは放卵直後から以下のようにシステムIIIに相当する方法が確立されている[2]．

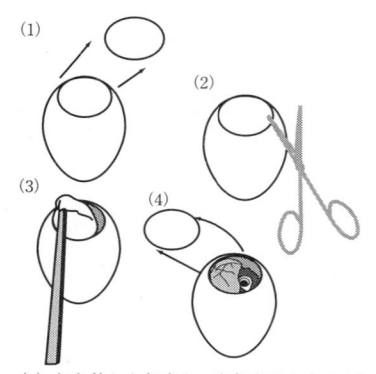

(a) 切り放した気室上の卵殻を取り去る(1)．滅菌した眼科ばさみを用いて内卵殻膜に約1mm程度の切り込みを入れる(2)．滅菌済みピンセットを用いて漿尿酸と血管に傷を付けないよう注意して内卵殻膜を取り除く(3, 4)．

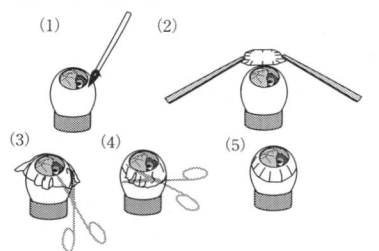

(b) 卵殻上の窓の周囲に新鮮な水溶性卵白（図14.2.2-1参照）を絵筆を用いて塗布する(1)．滅菌した2本のピンセットを用いて滅菌したラップ（図14.2.2-2参照）を窓にかぶせる(2)．ラップのたるみに鋏を入れる(3)．鋏の背を使い，ラップを卵殻に密着させる(4)．完成(5)．

図14.2.2-3　卵殻の開窓（a）と密封（b）

　この方法の特徴は，卵中栄養素量の大幅な変更が可能な点が挙げられる．しかし問題点も多く，孵化率が低く，操作にも熟練が必要となる．

　この培養法では，あらかじめ代理卵殻を用意する必要がある．このとき，もとの種卵，すなわちドナーとなる種卵より大きめの卵をレシピエントとし

て用いる．ウズラやチャボに対しては鶏卵が，鶏卵に対しては2黄卵もしくはアヒルやシチメンチョウの卵殻が利用しやすい．ドナーの種卵およびレシピエントの卵は前項同様，70％アルコール綿で羽毛や糞などの汚れを取り除く．種卵の処理については図14.2.3-1に示した．卵黄より少し大きめの穴が開くようドナーは鋭端側，レシピエントは鈍端側に鉛筆でカットするラインを書き，空中落下菌を防ぐため2本のガスバーナーの間でダイヤモンドディスク付のデンタルカッターを用いて卵殻を切断する．このとき，卵殻膜は切断しないよう注意して卵殻のみを削る．また，レシピエントはドナー側

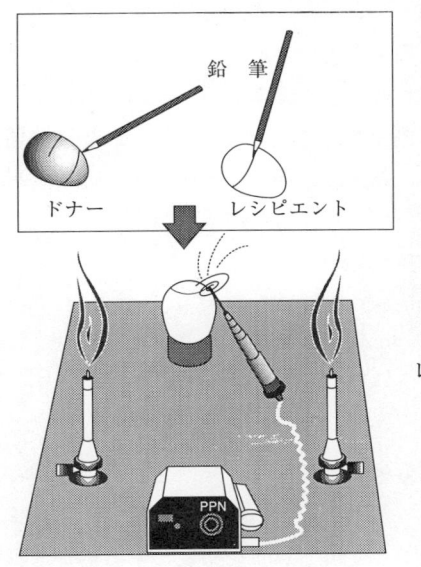

図14.2.3-1 　胚供与卵（ドナー）および卵殻供与卵（レシピエント）の卵殻の切断．ドナーは鋭端，レシピエントは鈍端に，卵黄が通過できる大きさの窓を開ける．卵殻のみを削り，卵殻膜を傷つけないようにする．

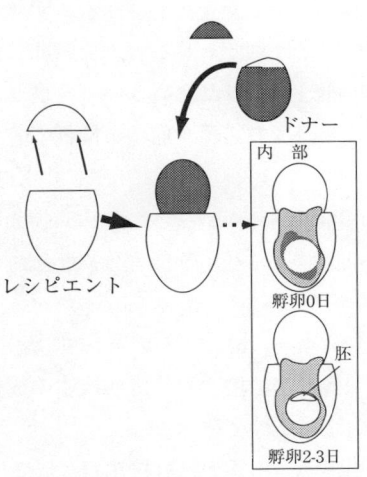

図14.2.3-2 　ドナーからレシピエント卵殻への卵中内容物の移し換え．切断した鈍端を除いたレシピエント卵殻に，内容物をこぼさないよう鋭端部を取り除いたレシピエントの切断面をあわせ，垂直に内容物が移行するようにする．

より若干大きめにするとよい．ドナーおよびレシピエントのどちらも70％アルコールで消毒した無菌箱に入れてクリーンベンチに移動し，クリーンベンチ内で処理を行う．

まず，レシピエントの切断した卵殻を取り外し，内容物を捨てる．さらにドナー側の種卵を逆さまにして，切断した卵殻を取り除きながら内容物をこぼさないように，レシピエント卵殻の窓から内容物を移し換える（図14.2.3-2）．このとき，レシピエントの卵殻切断面にドナーの切断面を合わせるようにして行うとよい．また，濃厚卵白は卵黄からはずれないよう注意する．このとき，あらかじめ注射筒を開いて卵白を鋭端から抜いておき，胚を代理卵殻に移した後に胚の上へ，取っておいた卵白を被せるようにかけてやると，胚の位置が上を向きやすくなり，胚の保護もできる．卵白量が問題にならなければ，レシピエント卵の濃厚卵白を用いるとよい．最後に前項と同様卵殻に開けた窓にラップを被せ，新鮮な鶏卵の水様卵白を用いて密封する．その後の処理は前項と同様である．

引用文献

1) Ono T. and N. Wakasugi, 1984. Poult. Sci., 63：532-536.
2) 韮澤圭二郎ら，1992. 日本家禽会誌，29：139-144.

14.2.4 鶏胚からの採血法

栄養判定の指標として血液中の成分は有効であるので，発生中の胚からの採血法について述べる．

鶏胚からの採血は分析項目によるが，最低0.5 ml を必要とする場合は孵卵14日目以降に行うのが適当である．ヘマトクリット毛細管を用いる場合はもう少し早い段階から採血が可能である．

ここでは注射筒を用いた採血法について述べるが，いずれの方法も胚を卵殻外に出す必要があり，この場合温度の低下が起こらないようにしないと血流が止まってしまうので注意する．

比較的多量の採血を行う場合は，まず胚の保温装置を作成した方がよい．図14.2.4-1に示すように恒温水槽の温水を利用して採血を行う胚の台を保

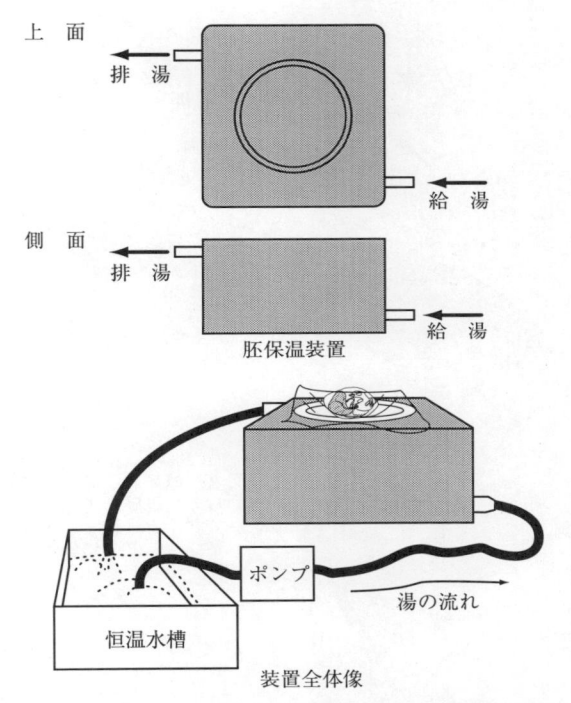

図 14.2.4-1 胚の温度を下げないための保温装置
市販の菓子用缶を利用する．給湯は恒温水槽よりポンプを利用して行う．中央の円盤状の窪みは蓋に当たる部分で，ここにラップを敷いて胚を乗せる．この部分の温度が40℃以下にならないようにする．

温してやるとよい．

また，実際の採血については血管を保定するために二つの方法がある．(図 14.2.4-2)．

第1の方法は指のはらで漿尿膜表面を押さえ，血管を保定する方法である．この方法では比較的胚の生存時間が長く，注射針が血管からはずれなければ比較的多量の採血が可能で，胚の発育が十分でないときに適している．ただし，直接血管を押さえられないので，血管に注射針を挿入するときと，胚が動いた場合に失敗する危険性が高い．

第14章 *In situ* および *In ovo* の試験法

採血部位：腹腔からの動脈（暗褐色）の最初の分岐点から採血する．

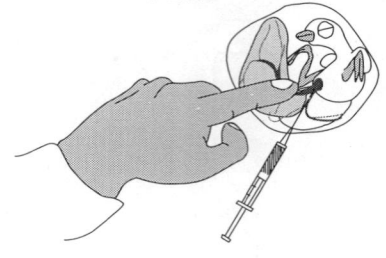

採血部位

1．漿尿膜表面を人差指のはらで引きながら血管の位置を固定し，漿尿膜上から注射針を挿入して腹腔からでている動脈の二股に分かれる部分の中心から採血する．

2．漿尿膜を破り，腹腔からでた動脈を人差指のさきで引くようにして血管を安定させ，二股に分かれる部分の中心から採血する．

図14.2.4-2　ニワトリ胚からの採血法
1. 胚発生中期，および 2. 後期にそれぞれ適した方法

　第2の方法は漿尿膜を破り，直接血管を人差指のはらに掛けて保定する方法である．この方法では，漿尿液が体外に漏れ出すため胚の体温の低下が早く，長時間の採血には向かない．また胚が動いて注射針が血管から抜ける心配があるが，血管が太く血流量も豊富な発育後期の採血時に向いている．

（太田能之）

14.3　胚への遺伝子の導入；エレクトロポレーション

　鶏胚への遺伝子導入が可能になったことはすでに述べた[1,2]．本節では鶏胚への *in ovo* エレクトロポレーション法を用いた遺伝子導入実験の要点について説明する．その概要については図14.3.1-1に示した．エレクトロポ

レーションは一度に大量の遺伝子を導入できること，胚組織の特定の部位を標的とすることができること，標的部位の細胞の種類に関係なく導入できること，短時間（電流負荷時間は数秒間）で操作が完了することに加え，重要な点として非ウイルス遺伝子導入法としてはリポフェクション法や遺伝子銃法より強い遺伝子発現が得られること[2]，さらにウイルスベクター法ほど厳重な封じ込めに気を使わず，手軽に実験が実施できることなどが特徴で，遺伝子導入実験に適している．

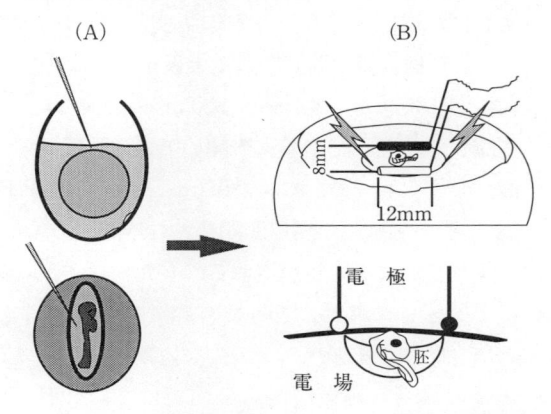

図14.3.1-1 *In ovo* エレクトロポレーション法を用いた鶏胚への遺伝子導入の概略
(A) 細いガラスピペットを用いた数 μl の DNA 溶液の胚体への注射．
(B) L字型電極を用いたエレクトロポレーション法

14.3.1 エレクトロポレーション法の原理

エレクトロポレーション法は，細胞に電気パルスをかけ，細胞膜を圧縮させることにより，細胞表面に小さな可逆的な穴を開け，その穴を通じて遺伝子を細胞内に導入する方法である．電流を負荷すると熱が発生するが，その発生熱はスクエア－電気パルス（方形波のこと．一般的にはエクスポネンシャルパルスが馴染み深いと思われるが，*in ovo* の場合スクエアーパルスの方がよい）の場合，近似的に次のような式に従って表される[3]．

$$Q = V^2 \cdot T / (4.2 \times R)$$

ただし Q は負荷時間当たりの発生熱 (J)，R は抵抗 (Ω)，T は負荷時間 (sec)，V は電圧 (V) とする．

この発生熱が細胞に与えるダメージが極端に大きくなる場合を除き，原則として発生熱が同じになるように電流，抵抗，負荷時間あるいは電圧をセッ

トすれば,遺伝子導入による発現強度はほぼ一致すると考えられる.したがって,もし抵抗値が同じであると仮定するならば,例えば電圧 1000 V,電流負荷時間 100 μsec は 25 v,160 msec に等しい.

　電流負荷時間と細胞膜孔の開いている時間,すなわち遺伝子が移動可能な時間は必ずしも一致しない.50 msec 以内の負荷時間であるならば,ほぼ 50 msec 程度の細胞膜の開口が期待されるが,50 msec 以上であるならば開口時間がより長くなると予想される.したがって,細胞膜開口時間が長ければ長いほど遺伝子の移動にとって有利であるため,電流負荷時間をなるべく長く,かつ熱によるダメージの少ない条件を選ぶのがポイントである.経験的に鶏胚の場合,電気パルスの回数は 2,3 回程度,電流負荷時間は約 100 msec,電圧は 25 V 程度でよい.

14.3.2　試験の準備

1.実験動物

　単冠白色レグホーン種の種卵を孵卵器 (incubator & heater) によって 46〜49 時間孵卵して実験に用いる.その際,どの発生ステージのものを用いてもよいが,24 時間より 48 時間孵卵したものの方が導入後の生存率が高い.また,孵卵 4 日後以降の胚でも導入可能であるが,導入時の出血を防ぐことが重要である.卵殻膜を除去しただけでも出血する可能性がある.特に発生が進み血管系が発達した胚を扱う場合には電極間に太い血管がこないように電極の設置を工夫する必要がある.

2.試　薬

1) DNA 溶液　導入に用いる遺伝子を 0.2〜1.0 μg/μl になるようにオートクレーブ滅菌した蒸留水に溶解して調製する.DNA 溶液の塩濃度などは色々変えても溶液によってあまり違いはなく,滅菌した TENA (0.12g/l (1 mM) トリスヒドロキシメチルアミノメタン,9.31 g/l (25 mM) エチレンジアミン四酢酸 2 ナトリウム・2 水和物,8.77 g/l (150 mM) 塩化ナトリウム) で十分である.用いる DNA については一過性発現での検出を目的とする場合には環状プラスミドで十分である.この実験例では大腸菌 β-ガラクト

シダーゼをコードする lacZ 遺伝子を含む pmiwZ（コード No.VE 056, ヒューマンサイエンス研究資源バンク）とした．その理由は検出に特別な機器を必要とせず，簡単な染色のみで実施可能なためである．この方法による鶏胚における lacZ 遺伝子発現例を図 14.3.2-1 に示した．これ以外の入手可能な遺伝子については上記のヒューマンサイエンス研究資源バンクのカタログもしくは American Type Culture Collection（ATCC）発行の組換え DNA カタログ[4]を参照されたい．

2）0.85 % 塩化ナトリウム水溶液　塩化ナトリウムを 0.85 %（w/v）となるようにオートクレーブ滅菌した蒸留水に溶解して調製する．

3）リン酸緩衝液（以下 PBS と略す）　各成分をオートクレーブした蒸留水 1 l に溶解して最終濃度を 0.20 g/l（2.7 mM）塩化カリウム，8.01 g/l（137 mM）塩化ナトリウム，0.24 g/l（1.4 mM）リン酸二水素カリウム，1.15 g/l（1.3 mM）リン酸水素二ナトリウム（$Na_2PO_4 \cdot 12H_2O$）に調製したものをオートクレーブ滅菌して，室温で保存する．

4）固定液　25 % グルタルアルデヒドを 1 % になるように PBS に溶解し，水酸化ナトリウムで pH を 7.6 に調節し，4 ℃ で保存する．ただし，この固定液は通常培養細胞の染色用である．この固定液の特徴として検出感度が高い反面，無処理の鶏胚についても内因性の青緑色が見られやすいため，後の染色過程で染色時間を 1 時間以内にとどめなければなら

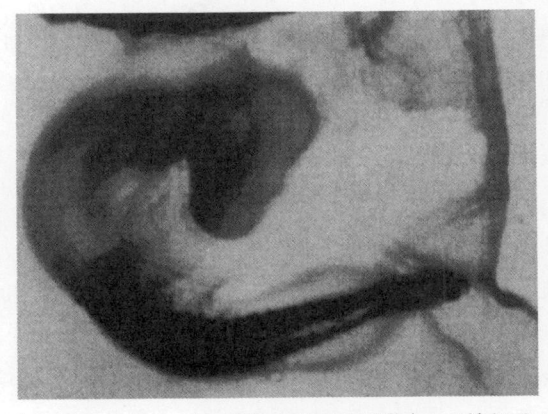

図 14.3.2-1　ニワトリ胚における大腸菌 LacZ 遺伝子の発現
大腸菌 β-ガラクトシダーゼ活性は *in ovo* エレクトロポレーションによる遺伝子導入の 48 時間後に X-gal 染色によって検出した．

ない.一方,4％(v/v)ホルムアルデヒド溶液を固定液として用いた場合には,このような内因性の呈色をある程度抑えることはできるが,逆に検出感度が低下し,導入遺伝子由来の反応も同時に抑制してしまう欠点がある.

5) XGB液　PBSに最終濃度が $1.65\,g/l$ (5 mM) フェリシアン化カリウム,$2.11\,g/l$ (5 mM) フェロシアン化カリウム,$0.41\,g/l$ (2 mM) 塩化マグネシウム6水和物となるように各成分を添加して調製し,4℃で保存する.

6) XGA溶液　染色の直前に調製するのが望ましい.5-ブロモ-4-クロロ-3-インドリル-β-D-ガラクトピラノシド0.01 gをN,N-ジメチルホルムアミド500 mlに溶解して調製する.

7) Xgal染色液　XGB液に最終濃度が5％(v/v) XGA液,0.1％(v/v) TritonX-100となるようにそれぞれを添加して調製し,0.20 μmのフィルターで沪過滅菌して4℃で遮光保存する.

3. 器　具

1) エレクトロポレーター　T820型およびオプティマイザー500,T830型(共にBTX社)あるいは,スクエアーエレクトロポレーターCUY21型(トキワサイエンス社)がよい.この両機種ともスクエアーパルスを負荷でき,抵抗値の変動にかかわらず一定の電圧を設定できる.特にT830型やCUY21型は負荷時間を999 msecまで設定できる(T820型は約10分の1の99 msecまでしか設定できない)割に価格も安く,これらを使用するのがよい.

2) L字型電極　長さ12 mmの針金状鶏胚専用L字型電極で,孵卵5日目前後までの鶏胚であるなら十分に使用できる大きさの電極であり,電極間の距離も任意に変化させることができる.このL字型の有効部分を軽く卵白に接触させるだけでよく,電極自体を卵白中に挿入する必要はない.場合によっては卵殻膜を除去せず,卵殻膜上に接触させているだけで電流負荷が可能である.もちろんその場合にも遺伝子発現は確認できる.

3) ガラスキャピラリとDNA注入器具　ガラスキャピラリはDrummond社の25 μlのものを微小電極作製機(MPT-1型,島津製作所)で加工し,先端をピンセットで折って用いる.ガラスキャピラリーはあまり細く加工しすぎ

るとDNA注入がスムーズにいかないので，ピンセットで折るときに太めに折るのがコツである．注入器具は基本的にはマイクロインジェクションのシステムに準ずる．ガラスキャピラリーをホルダーで操作台（MMJR型，World Precision Instruments）に取り付け，内部をミネラルオイルで満たしたポリエチレンチューブに接続し，その先はハミルトンシリンジに接続して，注入量をコントロールする．ただし，これらの器具セットについては特に上記の型式にこだわる必要はない．

4) 歯科用電気ドリル　歯科用電気ドリル（C130型，Minotor）にダイヤモンドカッティングディスクA5131型（日本理化学機器）を装着して用いる．
5) 恒温器　37℃で使用できるものであれば型式は問わない．
6) プラスチック製12ウェルマルチプレート　浮遊細胞培養用のものであれば可．特別なコーティングなどは必要ない．

14.3.3　遺伝子導入操作と発現検出

1. 遺伝子導入操作

　この実験例では導入の1ないし2日後の短期遺伝子発現検出の場合について述べる．したがって，遺伝子導入胚を孵化させて発現検出することを目的とする場合には，不適当であることを念頭においていただきたい．

1) DNA溶液を26Gの注射針（No.SS-01 T 2613 S，テルモ）でガラス管（No.2-00-025, Drummond Scientific Co., USA）に10 μl 注入し，ガラス管引き延ばし器（島津マイクロピペットテンション MPT-1型，島津製作所）で引き延ばしたものを注入用ガラス管ピペットとする．1本の注入用ガラス管ピペットで，DNAを1.5〜5 μg 含むように調製する．この注入用ガラス管ピペットは外来遺伝子導入操作をする直前に作製すること．
2) あらかじめ約48時間孵卵しておいた鶏卵の鈍端を70％（v/v）消毒用エタノールで消毒する．
3) 鶏卵の鈍端にはダイヤモンドカッティングディスク（A5131，日本理化学機器）を用いて直径約1.5〜2.5 cmの穴を開け，ピンセットを用いて胚付近の卵殻膜を注意深く除去する．

4) 注入用ガラス管ピペットを操作台（島津マイクロピペットグラインダ MPG-1型, 島津製作所）にセットする.

5) 注入用ガラス管ピペットの先端を鶏胚に注意深く突き刺し, インジェクター（島津マイクロインジェクター IJ/MMS-20, 島津製作所）の摘みをゆるやかに回して DNA 溶液 5 μl を鶏胚に注入する（図 14.2.3-1）. DNA 注入部位としては胚本体に直接注入すると生存率が低下するので, 胚の中心のできるだけ胚体に近い膜部分に注入するとよい. 胚の頭部や尾部付近の膜でもよいが, 48時間孵卵胚では中心付近よりやや生存率が低下する. これに付随する問題として, 孵卵後 24 時間あるいは 48 時間では, 卵の鈍端部に穴を開け卵殻膜を除去しても胚が見えないことがある. その場合には, 少量の卵白をスポイトで吸い取ってやると胚が観察できるようになり, DNA 注入が可能となる.

6) エレクトロポレーションシステムを用いて鶏胚に電気パルス（25 V, 50 msec, 3回）をかけ, 外来遺伝子を導入する（図 14.2.3-1 参照）.

7) 鶏卵に開けた穴に卵白を糊として用いポリ塩化ビニリデンフィルムを貼り塞ぐ.

8) 孵卵器で 3 時間おきに 90 度の角度で転卵をしながら孵卵を続ける.

2. 発現検出

1) 遺伝子導入の 24 時間または 48 時間後に胚を胚体外膜とともに摘出する.

2) 摘出した胚と胚体外膜は 0.85%（w/v）NaCl 水溶液で十分に洗浄し, 卵黄を完全に除去する.

3) 12穴プラスチック皿内で胚および胚体外膜が完全に覆われるように固定液に浸け, 室温で 10〜20 分間程度固定する. 胚が大きい場合にはこの時間をさらに延長して固定を確実にする.

4) 固定液を除去した後, 胚および胚体外膜を 0.85% NaCl 水溶液で十分に洗浄し液を除去する.

5) 胚および胚体外膜が完全に覆われるように Xgal 染色液に浸け, 遮光して 37℃で遮光インキュベートする. 染色は必ず 1 時間以内にとどめ, 無処理胚あるいは lacZ 遺伝子を含まない対照胚と同時に実施する. 途中約 30 分後

に無処理胚や対照胚の内因性呈色状態を確認すること．もし，内因性の青緑色が見られ始めたら直ちに染色を停止する．

6) 実体顕微鏡で Xgal 染色の状態を観察する．大腸菌由来の β-ガラクトシダーゼと内因性のものは明らかに区別できるはずである（図 14.3.2-1 参照）．ただし，そのままの状態で観察を続けると光熱によって反応が促進し，内因性の呈色が進む．もし，必要ならば直ちに 0.85％ NaCl 水溶液で十分に洗浄しホルマリン固定した上で，切片にして顕微鏡観察する．このような切片で明らかな青藍色が認められなければ，内因性呈色を観察していたことになる．

3. 注意事項と代謝研究への応用

大腸菌由来の β-ガラクトシダーゼの検出には必ず無処理鶏胚あるいは lacZ 遺伝子を含まない対照鶏胚を同時に並べて固定・染色しながら，内因性呈色のない状態で検出する必要がある．もし，きちんと導入遺伝子発現があるのであれば，別のレポーターとしてホタルルシフェラーゼ遺伝子の発現による生物発光（図 14.3.3-1 参照），green fluorescent protein 遺伝子による緑色蛍光発光，クロラムフェニコールアセチルトランスフェラーゼ遺伝子によるアセチル基付加などでも確認できるはずである．ただ 1 種類のレポーターのみによる発現検出は誤りを犯す可能性があり危険である．

ここで解説したようなレポーター遺伝子の発現に十分習熟したならば，胚の代謝機能改変も可能であるし，鶏胚の栄養生理研究への応用も可能となるであろう．鶏胚への機能的遺伝子導入による代謝機能改変の一例として in ovo エレクトロポ

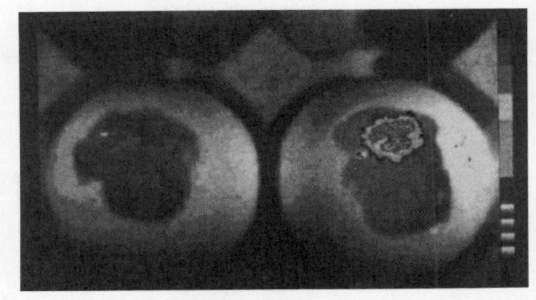

図 14.3.3-1　In ovo エレクトロポレーション法によってホタルルシフェラーゼ遺伝子を導入された鶏胚における生物発光像 Photon imaging を用いての微弱な生物発光の検出．

レーション法を応用したニワトリIGF-I遺伝子導入による全身タンパク質合成の促進の報告がある[5]．どのような遺伝子を導入し，代謝機能解析にいかに応用するかは，各自の工夫にゆだねられている．

(村松達夫)

引用文献

1) Muramatsu T. *et al*., 1996. Anim. Sci. Technol., 67 : 906 – 909.
2) Muramatsu T. *et al*., 1997. Biochem. Biophys. Res. Commun., 230 : 376–380.
3) Hofmann G. A. 1995. In: Methods in Molecular Biology (Nickoloff, J. A. ed.), Humana Press Inc., Totowa, NJ.
4) Maglott D. R. and W. C. Nierman, 1991. Catalogue of Recombinant DNA Materials, 2nd ed., American Type Culture Collection, Rockville, MD.
5) Kita K. and T. Muramatsu, 1996. In : Gene Expression and Nutrition: From Cells to Whole-Body (Muramatsu, T. ed.), Reserach Signpost, Trivandrum, India.

14.4 動物組織への遺伝子導入

　動物細胞・組織への遺伝子導入は，遺伝子治療や臓器移植などの医療への応用，動物の形質改変などの生産への応用，あるいは疾患モデル動物作出や遺伝子機能の同定などの基礎研究にとって不可避のステップである．遺伝子導入法は生物学的方法（ウイルスベクター法），物理学的方法および化学的方法に大別されるが，物理学的，化学的方法としての非ウイルスベクター法が必要とされる最大の理由がその安全性にあることは改めて強調するまでもない．ウイルスベクター法の場合の免疫原性，増殖可能ウイルス生成の可能性，発癌性などの短所が遺伝子導入効率の高さを相殺するような場合が想定されるからである．

　非ウイルスベクター法のうちマイクロインジェクション法やレーザー穿孔法などは個々の細胞について操作を加える代表的なものであるが，一度に大量の細胞や組織を対象にする方法としてはリン酸カルシウム法，リポフェクション法，エレクトロポレーション法などが広く用いられている．特に生体

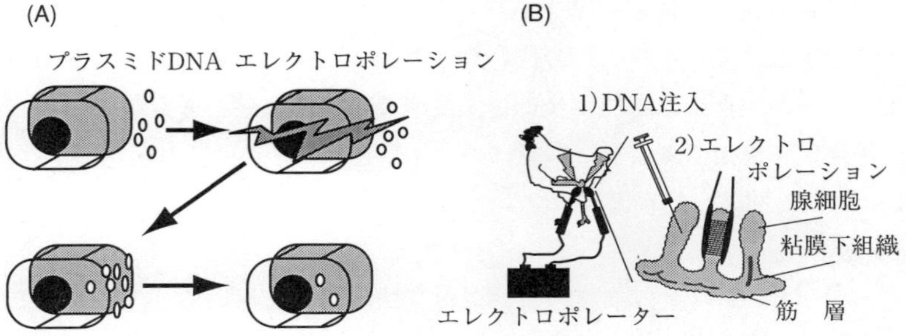

図 14.4-1 *In vivo* エレクトロポレーション法を用いた産卵鶏卵管への遺伝子導入の概略
(A) 電気パルスによる細胞表面上への小孔の生成とその小孔を通じたプラスミドDNAの細胞内への移動.
(B) 卵管膨大部粘膜壁へのプラスミドDNAの注射とピンセット型電極によるエレクトロポレーション.

組織における遺伝子導入に関する限り，エレクトロポレーション法が簡便でかつ導入効率がよい[1,2]．前節でも触れたように，動物生体組織への遺伝子導入がより手軽に実施できるようになり，今まさに栄養代謝研究の新しい途が開かれようとしている．

本節では，動物組織への生体 (*in vivo*) 遺伝子導入実験について，産卵鶏の輸卵管の例[3]を参考にして解説する．生体遺伝子導入にはエレクトロポレーション法を用いる．その概要を図 14.4-1 に示した．その原理については 14.3.1 節を参照されたい．もちろん適切な導入遺伝子とプロモーターを選ぶことによって，栄養試験への応用も可能であろう．各種動物組織への遺伝子導入実施例については最近の総説[4]を参照されたい．

本実験例ではレポーターとしての β-ガラクトシダーゼ活性の発現検出には DNA フロロメーターを用いる．これは本来 DNA 濃度測定用のものであるが，蛍光発光による β-ガラクトシダーゼ測定にも使用できる．なにより価格が安く，感度もほどよいことが実験例としてとりあげた理由である．

レポーターとしてさらによい感度での分析を必要とするむきにはホタルルシフェラーゼ，ウミシイタケルシフェラーゼあるいは分泌性ヒトアルカリフォスファターゼなどがあるが，高価な（数 100〜1000 万円程度）ルミノメー

ターやフォトンカウンター，フォトンイメージングシステムなどが必要である．遺伝子としてレポーターの代わりに実際のホルモン遺伝子などを用いてもよい．その場合には当然ホルモン濃度やそれに伴う発現形質などによって遺伝子発現を検出することになる．

14.4.1 試験の準備

1. 実験動物

産卵率が80％以上の単冠白色レグホン種産卵鶏を用いる．できればさらに産卵率の高いものを用いるとよい．産卵率の低いニワトリでは，卵管が退行していると導入操作がスムーズにいかない場合がある．

2. 試 薬

1) DNA溶液　導入に用いる遺伝子を0.2～1.0 $\mu g/\mu l$ になるようにオートクレーブ滅菌した蒸留水に溶解して調製する．DNA溶液の塩濃度などは色々変えても溶液によってあまり違いはないが，通常最終濃度が0.28 g/l (2.5 mM) $CaCl_2$, 8.50 g/l (145 mM) NaClの溶液に溶解して用いる．DNAについては一過性発現での検出を目的とする場合には環状プラスミドで十分である．この実験例では前節と同様に大腸菌 β-ガラクトシダーゼをコードするlacZ遺伝子を含むpmiwZ（コードNo.VE 056，ヒューマンサイエンス研究資源バンク）とした．

2) Buffer A[5]　次のものを最終濃度が0.36 g/200 ml (15 mM) トリスヒドロキシアミノメタン，0.89 g/200 ml (60 mM) 塩化カリウム，0.18 g/200 ml (15 mM) 塩化ナトリウム，0.15 g/200 ml (2 mM) エチレンジアミン四酢酸二ナトリウム，0.0061 g/200 ml (0.15 mM) スペルミン，0.031 g/200 ml (1 mM) ジチオスレイトール，(0.4 mM) フェニルメチルスルホニルフルオリドとなるように200 ml の蒸留水に溶解してNaOHでpH 8.0とし，フィルターで濾過滅菌した後，－20℃で保存する．

3) Buffer Z　次のものを最終濃度が4.26 g/500 ml (60 mM) 無水リン酸水素二ナトリウム，2.40 g/500 ml (40 mM) 無水リン酸二水素ナトリウム，0.37 g/500 ml (10 mM) 塩化カリウム，0.060 g/500 ml (1 mM) 無水硫酸マグネシウムとなるように蒸留水500 ml に溶解してNaOHでpH 7.5とし，4

℃で保存する.

4) 4-メチルウンベリフェリエリル-β-D-ガラクトピラノシド (4-m-β-D-g) 溶液 4-m-β-D-g 10 mg を buffer Z 200 ml に溶かし，4℃で遮光保存する.

5) 1 μM 4-メチルウンベリフェロン (4-Mu) 0.0018 g/10 ml (1 mM) 4-Mu を作製し (4℃遮光保存), 使用する度に 10 μl を蒸留水 10 ml 希釈して最終濃度が 1 μM の 4-Mu とする.

6) 0.2 M 炭酸ナトリウム (Na_2CO_3) 無水炭酸ナトリウム 35.23 g を 1l に溶かして作製する.

7) 1 μM 4-Mu を Na_2CO_3 に溶かした溶液 (4-MCl/Na_2CO_3) 1 μM 4-Mu 250 μl を Na_2CO_3 4.75 ml に加える.

3. 器　具

1) エレクトロポレーター　T 820 型およびオプティマイザー 500, T 830 型 (共に BTX 社) あるいは, スクエアーエレクトロポレーター CUY 21 型 (トキワサイエンス) を用いる (前節参照).

2) ピンセット型電極　先端の有効部分の直径が 10 mm のピンセット型電極. オプションとして陽極と陰極とを切り換える専用スイッチ (トキワサイエンス) を準備できればさらによい. DNA は負に荷電しているため, 遺伝子導入は主に陽極側に偏る傾向があるので, より広範囲に導入するためにはこのような装置が必要である.

3) 超音波破砕機 (No. 5202, 大岳製作所).

4) ホモジナイザー (No. HG-30, 日立工機).

5) DNA フロロメーター (TKO 100, Hoefer Scientific Instrument, USA) この機器は DNA 濃度測定用のものであるが, 蛍光発光による β-ガラクトシダーゼも測定できる. なにより安く感度もよい.

6) 注射筒 (No.SS-01 T 2613S, テルモ).

14.4.2 遺伝子導入操作

1) 産卵鶏をエーテル麻酔後, 開腹して卵管を露出させ, 膨大部を切開し, 粘

膜襞を暴露する．
2) DNA 溶液を注射筒（No.SS-01 T 2613S, テルモ）を用いて粘膜襞に注入した後，電極で DNA を注入した粘膜襞を挟んでエレクトロポレーターを用いて 50 V, 99 msec, 5～6 回パルスの条件で遺伝子を導入する．その際，一つ一つの粘膜襞につき異なる遺伝子を導入することも可能である．処理後には着色したクリップなどでマーキングしておく．DNA には pmiwZ 10-50 μg を用いる．
3) 閉腹した後，ニワトリを 2 日間飼育する．2 日ではなく，1 日あるいは 3 日としてもかまわない．もしホタルルシフェラーゼをレポーターとして用いる場合には発現が 1 日後に最大となるので，測定を 1 日後とすべきである．

14.4.3 発現検出

1．卵管のサンプルの摘出および細胞内タンパク質の抽出
1) ニワトリを断頭により屠殺，開腹し，卵管を摘出し切り開いて，遺伝子導入を行った箇所を鋏で切り取り，重量を測定する．
2) 重量の 3 倍の buffer A を加え，ホモジナイザーで 1 分間氷上で粉砕し，氷上で low-medium power (60-70 watts) で 18 回超音波破砕する．
3) ホモジネート 1 ml を 1.5 ml チューブに取り，11,000 rpm, 4 ℃で 10 分間遠心分離する．
4) 上清を新しいチューブに移し，-20 ℃で保存する．

2．β-ガラクトシダーゼ活性の測定
1) β-ガラクトシダーゼ活性は 1 サンプルにつき 3 回ずつ測定する．各サンプルのタンパク質量が 20 μg になるよう，1.5 ml チューブに加え buffer A を添加して 20 μl とする．そこへさらに 80 μl の 4-m-β-D-g を加え，全体を 100 μl とする．
2) 37 ℃で 30 分間インキュベートする．
3) インキュベートの終了したチューブに Na_2CO_3 を 900 μl 加える．
4) フロロメーターで励起波長 350 nm, 発光波長 460 nm で蛍光強度を測定する．

3. 注意事項

 基本的に遺伝子発現は一過性であり，導入プラスミド DNA の構造にもよるが卵管の場合には約 1 週間で発現検出は困難となる．したがって検出時期を十分に注意する必要がある．またここで示した β-ガラクトシダーゼは内因性の活性を拾いやすく，組織ごとにかなり内因性活性が異なるのであらかじめ組織の特性を知っておく必要がある．表 14.4.3-1 には産卵鶏の卵管の部位による内因性 β-ガラクトシダーゼ活性を示した[6]．

表 14.4.3-1 産卵鶏の卵管部位における内因性 β-ガラクトシダーゼ活性の比較[6]

卵管部位	(蛍光強度/mg タンパク質)
上部膨大部	49
中部膨大部	45
下部膨大部	41
狭部	173

 ここで見られるように，卵管膨大部の場合にはほぼどの部位でも変化が小さく，比較的安定した値が得られるので，外来遺伝子の大腸菌 β-ガラクトシダーゼ活性を上昇分として求めることは容易である．ホタルルシフェラーゼなどの場合にはこのような内因性活性の心配をする必要はない．

 レポーター遺伝子の転写活性の違いを検討する場合には，必ず恒常的な安定した遺伝子発現を得られるような別の種類のレポーター遺伝子を internal control として共導入し，調べたいレポーター活性と internal control レポーター活性との比活性で値の強弱を決定する必要がある．特に in vivo の場合，遺伝子導入箇所の同定が困難な場合が少なくないため，どうしても組織のサンプリングを多めにする傾向がある．したがって，サンプリングした組織ブロック当たりの DNA トランスフェクション効率補正のためにはこのような処理が必須である．図 14.4.3-1 にはそのようにして測定された異なるオボアルブミンプロモーターによって転写誘導された大腸菌 β-ガラクトシダーゼ活性を示した．この場合の補正は SV 40 (simian virus 40) プロモーターによるクロラムフェニコールアセチルトランスフェラーゼ活性によって行っている．通常よく用いられる internal control レポーター用のプロモーターとしては，SV 40 の他には本実験例の miw や CMV (cytomegalo virus) などがある．

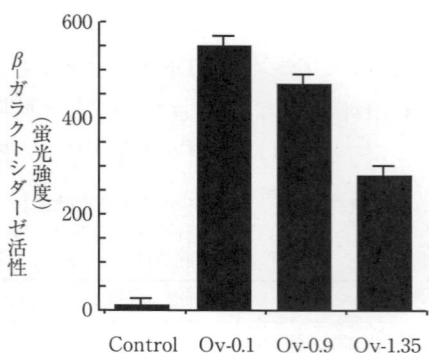

図 14.4.3-1 産卵鶏の卵管における異なる長さのオボアルブミンプロモーターによる大腸菌 LacZ 遺伝子転写活性の比較

転写活性はあらかじめ内因性活性を差し引いた β-ガラタトシダーゼ活性と internal control としてトランスフェクション効率補正のために共導入した pSVCAT 遺伝子による CAT 活性との比による相対活性として表した．

表 14.4.3-2 In vivo エレクトロポレーションを用いる際の各組織における最適電圧[4]

組　織	最適電圧 (V) [1]
産卵鶏卵管	50
ラット腹直筋	25
マウス精巣	25 – 30
マウス肝臓	40

[1] 電気パルスは方形波で電圧負荷時間は 99 msec，パルス回数は最大で5回までで，それぞれの組織におけるピンセット電極間の距離は 5〜7 mm 程度とした場合のおおよその目安である．

in vivo エレクトロポレーションを行う際の最適条件は対象組織毎にかなり異なり，同じ組織でも発現検出時期によっても大いに異なる．さらにピンセット型電極を用いた場合には，特に挟む距離によっても条件が変わってくるので，できるだけ一定の距離を保つことが重要である．表 14.4.3-2 に組織とおおよその目安としての最適電圧を示した[4]．この範囲内で，電圧条件について，それぞれが標的とする組織毎に電圧の最適化を行う必要があることを忘れてはならない． (村松達夫)

引用文献

1) Muramatsu T. et al., 1997. Biochem. Biophys. Res. Commun., 230 : 376–380.

2) Muramatsu T. et al., 1997. Biochem. Biophys. Res. Commun., 233 : 45–49.

3) Ochiai H. et al., 1998. Poult. Sci., 77: 299–302.

4) Muramatsu T. et al., 1998. Int. J. Mol. Med., 1: 55–62.

5) Pothier F. et al., 1992. DNA Cell Biol., 11: 83–90.

6) Muramatsu T. et al., 1998. Mol. Cell. Biochem., 185 : 27–32.

第15章 *In vitro* の試験法

15.1 単離細胞

　細胞を用いた実験系には樹立された培養細胞系と動物個体から単離してくる単離細胞系とがある．特に個体での栄養・生理状態を反映した代謝を探るためには後者が適していると言えよう．ここではその代表例として新鮮な単離肝細胞の実験法を紹介する．個体での肝機能を維持した肝実質細胞を分散して取り扱う方法は古くから試みられてきたが，Berry and Friend[1] により *in situ* でコラゲナーゼを灌流する方法が考案され，Seglen[2] により改良・完成された．わが国では市原・中村らにより広範な検討がなされてきた[3,4]．ここでは，Seglen の方法を簡便化した方法を紹介する．

15.1.1 試験の準備

1. 装　置

　手製のラット固定台，ペリスタポンプ（約 40 ml/分の流量が必要），振盪インキュベーター，混合ガス（95％ O_2-5％CO_2）などがあれば十分である．

2. 溶液の調製

　成分ごとの保存溶液を表 15.1.1-1 に従って調製しておく．実験当日，細胞単離用溶液として3種類の溶液,（Ⅰ）前灌流液,（Ⅱ）コラゲナーゼ用灌流

表 15.1.1-1　保存溶液の調製[1]

	分子量	濃度 (mM)	(g)	(ml)
NaCl	58.44	1.42 (M)	41.49	500
KCl	74.55	500	18.64	500
$CaCl_2 \cdot 2H_2O$	147.02	110	1.62	100
KH_2PO_4	136.09	154	2.10	100
$MgSO_4 \cdot 7H_2O$	246.48	154	3.80	100
HEPES	238.31	500	59.58	500
$NaH_2PO_4 \cdot 2H_2O$	156.01	100	0.39	25

[1] 各溶液を5℃で保存する．2～3週間は使用可能．

液，（Ⅲ）Krebs-Ringer 重炭酸緩衝液（KRB）を表 15.1.1-2 に従って調製する．

（Ⅰ）については pH 調整後，メンブレンフィルター（0.22 μm）で沪過し，前灌流液 500 ml，アルブミンを含まない洗浄用灌流 100 ml，細胞単離用洗浄液 200 ml などにわけておく．この溶液（Ⅰ）の 500 ml，（Ⅱ）の 100 ml，（Ⅲ）の 250ml は混合ガスを通気しながら 37℃ に保温しておく．アルブミンについては，精製水で一晩透析しておいた 15％ ウシ血清アルブミン溶液を前灌流液（Ⅰ），KRB 緩衝液（Ⅲ），細胞単離用洗浄液に各々最終濃度 0.3％，0.5％，0.5％ となるように加える．特に（Ⅰ）と（Ⅲ）については開始直

表 15.1.1-2　肝細胞単離用溶液の調製[1]

	（Ⅰ）前灌流液	（Ⅱ）コラゲナーゼ用灌流液	（Ⅲ）KRB 緩衝液[2]
総溶液	1000 (ml)	100 (ml)	250 (ml)
NaCl	100 (142 mM)[3]	4.70 (66.7 mM)	20.86 (118.5 mM)
KCl	13.4 (6.7 mM)	1.34 (6.7 mM)	2.37 (4.74 mM)
$CaCl_2 \cdot 2H_2O$	—	4.33 (4.76 mM)	5.68 (2.5 mM)
KH_2PO_4	—	—	1.92 (1.18 mM)
$MgSO_4 / 7H_2O$	—	—	1.92 (1.18 mM)
HEPES	20 (10 mM)	20 (100 mM)	—
$NaHCO_3$	—	—	493.6 mg (23.5 mM)
Glucose	—	—	270.3 mg (6 mM)
pH	7.4[4]	7.6[4]	7.4[5]

[1] 各溶液は保存溶液（表 15.1.1-1）を指定量（ml）ずつ加え，精製水を加えて総液量にする．
[2] $NaHCO_3$ とグルコースは調製時に粉末を秤量して加え，溶解する．
[3] 括弧内は最終濃度．
[4] 5 N NaOH で pH を調整する．コラゲナーゼ用灌流液は循環灌流中（約 10 分）に pH が低下することを考慮して，やや高めに設定する．
[5] 37℃，O_2-CO_2 ガス（95：5）飽和条件下でこの pH になるよう設定してあるので，pH 調製の必要はない．したがって，調製後使用直前までバブリングしておくこと．

15.1.2 解剖方法および細胞分散法

1) 解剖図については図 14.1.2-1 に示した．体重 150～300 g のラットを腹腔内にネンブタール（50 mg/kg 体重）を注射して麻酔をかけ，解剖台に仰向けに固定する．

2) 皮膚を解剖鋏で下腹部から胸部まで切開し，筋層を正中線に沿って同じく下腹部から剣状突起下まで切開し（横隔膜まで切ってしまわないこと．切ると呼吸停止ですぐに死んでしまう），腹腔を露出させ，腸を向かって右側に寄せ，門脈を露出させる．

3) 門脈の下に縫合糸（No.4）を通し，ゆるいループを作る．

4) 同様にして腎臓より少し上のあたりで下大静脈にゆるいループを作る．

5) 送液チューブ（タイゴン，3.2×4.8 mm）の先にカニューレとして注射針（19 G）をつけて前灌流液（I）を満たし，針を門脈に沿うように刺し込み，ループでしばり，固定する．

6) （I）を約 20 ml/分で流し始め，肝臓から血液が速やかに一掃されるのを確かめながら，下大静脈をループより下の位置で鋏で切断する．これにより肝臓を流れた液が血管内で充満することなくここから排出されることとなり，以下の操作中血圧の異常な上昇を防ぐことができる．

7) 胸郭部を鋏で素早く半円状に大きく切り開き，心臓を露出させる．

8) 心臓を有鈎ピンセットで軽くつまみ上げながら，送液チューブをつないだやや太い注射針（径 2 mm）を右心房から大静脈に沿って差し込み，縫合糸でこれを固定する．この静脈側チューブは頭部を縦断して大ビーカー（約 300 ml）にうける．

9) 6) で切断開放して灌流液が溢れ出ている下大静脈のループを縛る．すると肝臓を流れた灌流液が静脈側チューブより出てくるようになる．この時，静脈チューブの出口を肝臓より 10～15 cm 低くして落差をつけること（静脈側を陰圧に保つため）．

10)（I）を流速 40 ml/分程度に早め，一方向式の灌流で 7～8 分（約 300

ml）流す．また，この時間中にコラゲナーゼ 50 mg をコラゲナーゼ用灌流液（Ⅱ）100 ml に溶解しておく．コラゲナーゼ標品の善し悪しがこの細胞分散法の成否を決定するが，製品やロットによる違いが大きいことはよく知られている[4,5]．現在，細胞分散用として Sigma, Roche Diagnostics, 和光純薬など数多くの会社から市販されているが，筆者らは Roche Diagnostics 社の製品をロットテストしてからまとめて購入し，使用している．

11) 前灌流液（Ⅰ）からアルブミンを含まない洗浄用灌流液（Ca^{2+} - free, 100 ml）に切り替え，1.5～2 分流す．

12) コラゲナーゼ液に切り替える．肝臓内の灌流液がコラゲナーゼ液に置き換わったころ（約 40 秒），流速を約 20 ml/分に落とし，流出してきたコラゲナーゼ液を小ビーカー（100 ml）に回収する．この酵素液を再利用しながら 7～10 分間循環させる．

13) 肝臓が少しずつ膨らみ，各小葉表面（裏表とも）から液がしみだしてきてひび割れしたようになってきたところでポンプを停止し，肝臓を屠体から丁寧に取り出す．約 80 ml の KRB 緩衝液（Ⅲ）（0.5% アルブミンを含む）を入れた中ビーカーに肝臓を入れ，ゆっくり振とうしたりピンセットなどで丁寧にほぐしながら細胞を分散させる．この細胞懸濁液を粗いナイロンメッシュ 2 種（250 μm と 150 μm）で順次濾過し，結合組織や細胞の固まりを除去する．

14) 細胞懸濁液約 80 ml を 500 ml 三角フラスコ中で混合ガス供給下，37°C で 45～60 分振とうしながら（約 80 cycle/分）プレインキュベートする．懸濁直後の細胞は形もいびつで，また多くの損傷細胞や細胞破片，赤血球などを含んでいる．このプレインキュベーションにより次の精製操作での損傷細胞の除去がしやすくなり，また無傷細胞の形が丸い均一なものになる．

15.1.3 肝実質細胞の精製法

分散されたばかりの肝細胞懸濁液中には損傷細胞やその破片，赤血球などの不純物が多く，また非実質細胞も存在する．そこで，肝実質細胞のみを得るためには精製操作が必要である．通常は低速遠心法が用いられるが，より

完全な精製法としては密度勾配遠心法がある[6,7]．

1．低速遠心法

1) プレインキュベーションした肝細胞懸濁液をナイロンメッシュ（105 μm）で濾過する．

2) 濾液を 50 ml の遠心管 2 本に分注し，卓上遠心機で 400〜600 rpm，1 分間遠心する．

3) 上清をアスピレーターで静かに取り除く．沈澱（細胞）を細胞単離用洗浄液 60〜80 ml を少しずつ加えながら，注意深く再懸濁する．再懸濁は最初はごく少量の液で行うのが容易で，その後希釈していくのがよい．この操作が最終生存率に大きな影響を与えるので注意．再び低速遠心をする．

4) 同様に上清をアスピレーターで除去した後，約半量の洗浄液で再懸濁し，1 本の遠心管にまとめ，低速遠心をする．

5) 上清をアスピレーターで除去した後，KRB 緩衝液約 60 ml に再懸濁し，ナイロンメッシュ（63 μm）で濾過する．この単離細胞を 300 ml 三角フラスコ中で混合ガスを飽和させながら 37°C で振とうしつつインキュベートし，実験に供する．

このようにして得られた肝細胞は通常，生存率（viability）が 85〜90％程度である．また，非実質細胞が 5％以下にまで除かれており[2]，ほぼ実質細胞のみと考えてよい．なお，Kupffer 細胞などの非実質細胞を選択的に得たい場合は，プロナーゼなどの酵素に対する感受性の違いを利用した方法が工夫されている[2]．

なお，細胞懸濁液中の細胞数（cells/ml）を算出することは代謝の定量的議論をする上で必須である．普通，血球計算板（改良 Neubauer 型）を用いて顕微鏡下で数える．この基本的取り扱いについては松谷[8]を参照のこと．

15.1.4 肝細胞の正常性の判定

得られた肝実質細胞は電顕観察によると内部構造は全く正常であり，もとの肝臓組織と違いはない．肝細胞としての明確な特徴は細胞表面に一様に存在する微絨毛（microvilli）である．損傷を受けた細胞ではこれが減少する．

正常性の判定は通常トリパンブルー染色法が簡便で頻用されており，生存率80〜85％以上が一応の基準とされている．しかしながら，これでは信頼性が不十分であり，細胞内ATP量を測定すべきだという報告もある[9]．この場合，2.0 μmol ATP/g湿重量 以上を正常とみなす．他の組織でしばしば測定される酸素消費量は肝細胞の場合，必ずしもよい指標とはならない[2]．これ以上の評価については具体的な測定項目について個別に行われている．

最後に，ここで紹介した方法は，わが国においては初代培養肝細胞系の準備段階と見られることが多い．主な欠点として指摘されているのは，この単離細胞では2〜3時間という短時間の実験しかできないという点と，肝臓から単離直後のため，細胞膜の損傷が大きく，膜の透過性が異常に高くなっているのではないかという批判である．他方，初代培養にまでもっていくことが常によいとばかりもいえず，培養することにより細胞の代謝状態が生体内に存在していたときと異なってしまう例も報告されている．例えば，初代培養に伴うα_1-からβ-アドレナリン受容体サブタイプへの顕著な転換[10,11]，肝特異的mRNAの低下[12]，チトクロームP-450 mRNAの発現の変化[13]などがある．むしろ，ホルモンやアミノ酸に対する生理的感受性はこの単離細胞でも in vivo の状態をよく反映しており，灌流肝臓とほとんど変わらない好結果を得ている[14]．短期的作用を調べる場合には，取り扱いの簡単な優れた実験系であり，現在でも欧米の数多くの研究者の間でよく使われている．実験を始めるにあたって，どの系を採用するかは大変重要な点であり，研究の成否を左右する．自分が求めている解答を得るために最適な系を選択することが肝要である．　　　　　　　　　　　（門脇基二）

引用文献

1) Berry M. N. and D. S. Friend, 1969. J. Cell Biol., 43 : 506 - 520.
2) Seglen P. O., 1976. Methods Cell Biol., 13 : 29 - 83.
3) 中村敏一・市原 明, 1978. 蛋白質核酸酵素, 23 : 1272 - 1283.
4) 中村敏一, 1987. 初代培養肝細胞実験法, 学会出版センター．
5) Queral A. E. et al., 1984. Anal. Biochem., 138 : 235 - 237.

6) Dalet C. *et al*., 1982. Anal. Biochem., 122 : 119 − 123.
7) Wang S. - R. *et al*., 1985. *In Vitro* Cell. Develop. Biol., 21 : 526 − 530.
8) 松谷　豊, 1993. 動物細胞培養法入門, 学会出版センター.
9) Page R. A. *et al*., 1992. Anal. Biochem., 200 : 171 − 175.
10) Nakamura T. *et al*., 1983. J. Biol. Chem., 258 : 9283 − 9289.
11) Kajiyama Y. and M. Ui, 1994. Biochem. J., 303 : 313 − 321.
12) Clayton D. F. and J. E. Darnell, Jr., 1983. Mol. Cell. Biol., 3 : 1552 − 1561.
13) Padgham C. R. W. and A. J. Paine, 1993. Biochem. J., 289 : 621 − 624.
14) Venerando R. *et al*., 1994. Am. J. Physiol., 266 : C455 − C461.

15.2　ホモジネート

　臓器・組織・細胞のホモジネート（homogenate）は *in vitro* 実験において最も基本的な実験系であるが，酵素活性や細胞内代謝物質の測定，あるいはオルガネラの調製には必須である．ホモジネートを作る際には，その目的に応じて，適切な摩砕装置と用いる溶媒を選択することが重要である．

15.2.1　臓器・組織の保存

　実験に供する臓器や組織は採取直後に使用できることはむしろ少なく，後日の分析のために保存しておくことが多い．一般に，そのまま−20℃で凍結保存すれば酵素活性の低下や代謝物質の変化はほとんど起こらない．ただ，中間代謝物のように短時間で分解されることが予想される分析の場合，液体窒素やドライアイス−アセトン中などに浸漬させる方法や，表面の平らなドライアイスの塊二つで組織を強く圧縮させ瞬間凍結させる方法などを用いる．

　また後日使用する際，解凍せずに凍結状態のままで摩砕操作をすることが多いが，大きい塊のままだと非常に苦労する．したがって，採取直後に結合組織や血管，脂肪などを取り除き，適当な大きさに細断してから凍結保存するとよいことが多い．また，血液の混入などが問題になる場合には，採取時に臓器を生理的食塩水などで灌流してから凍結保存する．

15.2.2 溶 媒

ホモジネートの溶媒の選択は重要であるが，その基準はそれぞれの実験目的に応じて千差万別である．最も単純な場合は精製水でよいこともあるが，生理的食塩水 (0.9 % (w/v) NaCl) や Krebs-Ringer 緩衝液，非イオン性溶媒としては 85.58 g/l (0.25 M) 等張性スクロースなどがよく用いられる．酵素活性測定などに用いる場合は緩衝液を使うが，リン酸緩衝液，トリス－HCl 緩衝液，Hepes 緩衝液などが頻用されるが，その pH やイオン強度，加えるべき金属イオン，キレート剤，安定化剤，保護剤，プロテアーゼなどの阻害剤など考慮すべき点は多く，その詳細な考察は他の書[1]に譲る．

15.2.3 ホモジナイズの方法

臓器や組織の硬さは大きく異なるので，破砕（摩砕）法 (homogenization) もその材料と目的に合わせて選ばなければならない．比較的軟らかい，肝

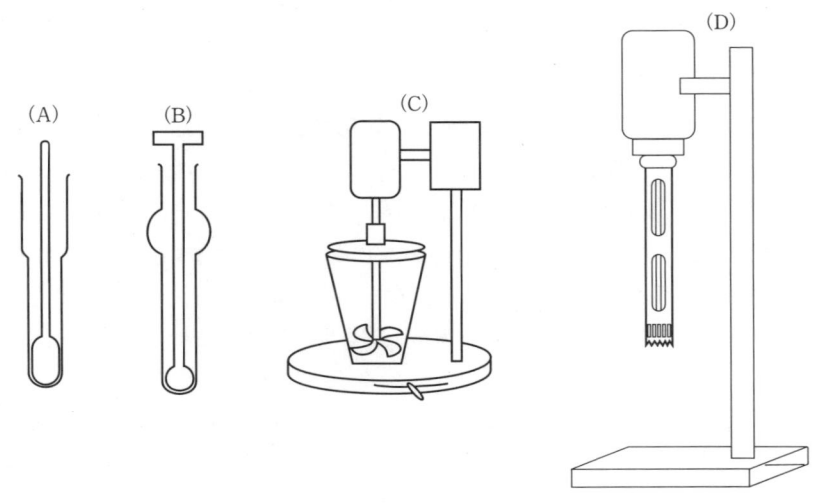

図 15.2.3-1　各種ホモジナイザー
(A) Potter-Elvehjem 型ホモジナイザー
(B) Dounce 型ホモジナイザー
(C) Waring ブレンダー
(D) ポリトロンホモジナイザー

臓・脳などの少量（〜10 g）の組織の摩砕には Potter-Elvehjem 型ホモジナイザーがよく利用される（図 15.2.3-1，A）．ガラスまたはテフロン製のペッスルのついたシャフトをモーターで回転させながら，ガラス製の円筒を上下（ストローク）させることにより摩砕する．このとき，外筒を氷冷することにより試料の温度上昇を防ぐ．摩砕状態はペッスルと外筒の間隙（クリアランス）や回転数，上下の回数などに依存するので，実験に適した条件を選択しなければならない．さらに穏和な条件で摩砕を行うにはガラス球状のペッスルをもつ Dounce 型ホモジナイザー（B, Wheaton Science Products 社）が優れている．これは手で上下動するものであり，厳密にクリアランスが設定されている．粗・密の異なるクリアランスのペッスルを使い分けて，オルガネラなどを再現性よく得るのに適している．

大量の臓器・組織などの処理には挽き肉機とブレンダーの組み合わせが多い．ミンチした肉などを Waring ブレンダー（C）で切断処理する．通常，溶媒は組織量の 5〜10 倍量を用いることが多い．また，筋肉組織や結合組織，皮膚など硬い組織の破砕にはポリトロンホモジナイザー（D, Kinematica 社）が適している．これは，固定した外刃と高速回転する内刃のせん断による破砕で，短時間で均一なホモジネートを得るのに便利である．しかし，これはオルガネラを得るような穏和・繊細な摩砕には向いていない．

15.2.4 ホモジネートの調製

1）筋肉ホモジネートの調製

ラット後肢より腓腹筋（gastrocnemius muscle）約 3 g を切り取り，50 ml 容ポリ遠心チューブに入れ，約 10 倍量の 0.15 M KCl 溶液中でハサミで細切する．ポリトロンで数十秒間上下しながらホモジナイズする．ポリトロンの回転速度，時間は経験により決定するが，チューブ内の組織が完全に均一になっていることが必要である．酵素活性測定用の試料など多くの場合，氷冷下で行うことが望ましい．その後，$2,000 \times g$ で遠心することにより粗ミオフィブリルの沈殿を得ることができる．

2）肝臓ホモジネートの調製

　肝臓は柔らかい臓器なので，摩砕しやすい．ここでは細胞内オルガネラを調製するための方法を紹介する．肝臓組織数 g に約 10 倍量の 0.25 M スクロース-1 mM EDTA（pH 7.4）溶液を加え，組織を鋏で細切後，Dounce 型ホモジナイザーで摩砕する．はじめ，クリアランスの大きい（粗の）ペッスルで 4〜5 ストローク，次いでクリアランスの小さい（密の）ペッスルを用いて 5 ストローク行うことで均一なホモジネートにすることができる．

　肝細胞の場合は，意外なことに摩砕することは肝臓組織よりも困難である．溶媒として非イオン性の溶液（スクロースなど）を用いることが肝要で，イオン性の緩衝液などではホモジナイザーでは摩砕することがほとんどできない．上記と同様，0.25 M スクロース溶液中で密のクリアランスのペッスルを用いて数 10〜100 回近くのストロークが必要である．この方法はオルガネラの中でも特に脆弱なリソソームの調製法として優れている．

（門脇基二）

引用文献

1) 日本生化学会編, 1990. 新生化学実験講座 1, タンパク質 I, 11-20, 東京化学同人.

15.3　リソソーム

　細胞質の中には多くのオルガネラが含まれている．そのうち，リソソームとミトコンドリアについて述べる．

　リソソーム（lysosome）はあらゆる真核細胞内に存在しており，50 種以上の加水分解酵素を含む細胞内消化に関わるオルガネラである．de Duve らにより発見されたこの有名なオルガネラは細胞内でオートファジー（自食作用）[1] やエンドサイトーシスなどの現象に密接かつ複雑に関わっているため，その重要性はよく知られてきた．けれどもその多様性と多形性から，また細胞質の容積の 2 ％程度というわずかな存在量のため，このオルガネラを純粋に取り出すのはそう容易ではない．通常行われる分画遠心法（differential centrifugation）ではミトコンドリアとともに沈澱してしまうので，さらに微妙な密度の違いを分ける密度勾配遠心法（density gradient centrifugation)と組み合わせることにより，初めてミトコンドリアから区別することができる．また，近年オートファジーに関わるリソソームにはオートファゴソーム，オートリソソーム，二次リソソームなどの多様性（heterogeneity）があることが明らかになっており，これらの小胞群を区別することも必要になってきた[1]．

本節ではリソソームをオートリソソームと区別する方法としてパーコール（percoll）を用いる方法，ミトコンドリアと区別する方法としてニコデンツ（nycodenz）を使う方法を紹介する．

15.3.1 分画遠心法

肝臓組織または肝細胞を 15.2.4. に従って 0.25 M スクロース-1 mM EDTA (pH 7.4) 溶液中で摩砕する．リソソームはオルガネラの中でも浸透圧感受性を示すので，等張の溶媒を使用することが必須である．そのホモジネートをまず，$650 \times g$, 10 分, 4 ℃の遠心により核画分および未破壊細胞を取り除き，次にその上清を $17,500 \times g$ で遠心する．この沈澱画分にミトコンドリアとリソソームが回収される（ML 画分）．リソソームのマーカー酵素（β-ヘキソサミニダーゼ）によると約 80 % の回収率となる．

15.3.2 密度勾配遠心法

リソソームをさらに精製するための二つの密度勾配遠心法を紹介する．

1）パーコール法[2]

いわゆる粗リソソーム画分（ML）は，さらに軽い密度の自食胞（オートファゴソーム，オートリソソーム，$d = 1.090$）と重い密度のリソソーム（残余小体，$d = 1.131$）に区別することができる．まず，等浸透圧のパーコール溶液（パーコール：2.5 M スクロース = 90：10）を作る．このパーコール溶液を 60 %，ポリビニルピロリドン（PVP）を 0.75 % 加えた 0.25 M スクロース溶液（pH 7.4）を密度勾配用媒体とする．5 ml 容遠心管（日立 5PA）にこの溶媒 4.0 ml を静かに注ぎ，その上に ML 画分 200 μl を添加し，高速冷却遠心機（日立 SCR 18 B）で垂直ローター（日立 R 20 V）を用いて $28,500 \times g$ (17,000 rpm), 60 分, 4 ℃の遠心分離を行う．遠心終了後，遠心管から 200

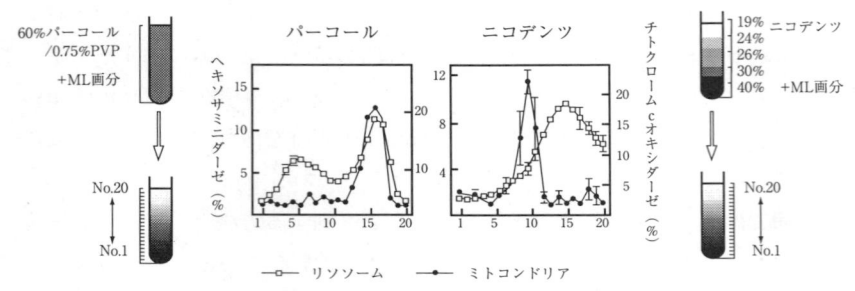

図 15.3.2-1　密度勾配遠心法によるリソソームの分離パターン
パーコール法（左）とニコデンツ法（右）．マーカー酵素としてβ-ヘキソサミニダーゼ（リソソーム）とチトクロームcオキシダーゼ（ミトコンドリア）を測定．

μlずつ20画分を採取する．各画分についてマーカー酵素（リソソーム：β-ヘキソサミニダーゼ，ミトコンドリア：チトクロームcオキシダーゼ）で両オルガネラの分布を確かめる．図15.3.2-1に示すようにリソソーム小胞群はミトコンドリアとほぼ重なる軽い密度のピークとほぼ純粋な重い密度のピークに分離することができる．前者はオートリソソーム，後者は二次リソソームに対応する．

2）ニコデンツ法[3]

ミトコンドリアとリソソーム関連小胞を分離するためにはパーコールは最適ではない．ここでは別の密度勾配媒体のニコデンツによる方法を紹介する．ニコデンツ溶液は5 mM Tris-HClを加え，pH 7.6に調製しておく．分画遠心法で得られたML画分の沈澱を40％（w/v）ニコデンツ溶液1.2 mlに再懸濁し，5 ml容遠心管（日立5 PA）の底に入れ，その上に静かに30,26,24,19％のニコデンツ溶液をそれぞれ0.7 ml重層する．その後，高速冷却遠心機（日立SCR 18 B）を用いて垂直ローター（日立R 20 V）により，$28,500 \times g$（17,000 rpm），120分，4℃の遠心分離を行う．遠心終了後，遠心管から200 μlずつ20画分サンプリングし，マーカー酵素の分布をパーコール法の場合と同様に測定する．図15.3.2-1（右）に示すように，中央部付近に鋭いミトコンドリアのピークと上部の密度の軽い領域にリソソーム小胞群のなだらかなピークとに分離することができる．ただし，この場合はオート

リソソームとリソソームの分離はできない．

このように，現在のところ一種類の密度勾配でこうした複雑なリソソーム関連小胞群を純粋に分離することは困難であるが，これらの方法を組み合わせてオートリソソームとリソソームを高い純度で得ることができる．

（門脇基二）

引用文献

1) 門脇基二, 1997. 日本栄養・食糧学会誌, 50 : 321 – 323.
2) Niioka S. *et al.*, 1998. J. Biochem., 124 : 1068 – 1093.
3) Graham J. M. *et al.*, 1990. Anal. Biochem., 187 : 318 – 323.

15.4 ミトコンドリア

ミトコンドリア（mitochondria）は，生命を維持するために必須な細胞小器官で，電子伝達によるエネルギーを ATP の合成に変換して，好気条件下での細胞のエネルギーの主要な供給機構を有する．ミトコンドリアの酸化的リン酸化の共役状態や呼吸速度は，ミトコンドリアを単離して，反応液中溶存酸素量を酸素電極法で測定すればわかる．なかでもピルビン酸の酸化的脱炭酸反応はピルビン酸脱水素酵素複合体により触媒され，ピルビン酸（pyruvate）からアセチル-CoA（acetyl CoA）を不可逆的に生成するエネルギー伝達の重要な段階で，エネルギー代謝の要路である．ピルビン酸脱水素酵素の測定には，NADH の産生を検出する方法，アセチル CoA の産生を検出する方法，$^{14}CO_2$ の生成を検出する方法などがあるが，現在，組織の粗試料を測定するうえで最も一般的に用いられているのは，[$1-^{14}C$] ピルビン酸を用いた $^{14}CO_2$ の生成を定量する方法である．

15.4.1 肝臓ミトコンドリアの単離と呼吸機能の測定

1．試 薬

(1) MSM 溶液（1 l）：マンニトール 40.07 g, スクロース（特級，密度勾配遠心用）23.96 g, mops（特級）1.046 g を精製水に溶かし，KOH にて pH 7.4 に調整後，1 l に定容とする．

(2) EDTA を含む MSM 溶液（250 ml）：EDTA（Dojin, 特級）1.861 g, マン

ニトール 10.02 g, スクロース 5.99 g, mops 0.262 g を精製水に溶かし, KOH にて pH 7.4 に調整後, 200 ml に定容とする.
(3) 反応液 (500 ml): KCl (特級) 3.1897 g, mops 5.596 g, KH_2PO_4 (特級) 0.364 g および EGTA (特級) 0.203 g を精製水に溶かし, KOH にて pH 7.0 に調整後, 500 ml にメスアップする. 使用直前に, 大気を飽和させ最終濃度 0.1 % (w/w) となるよう BSA (Sigma, A 6003) を添加する.
(4) 基質溶液 (最終濃度)

　　10 mM pyruvate + 2.5 mM L-malate + 10 mM malonate 混合液：ピルビン酸 (Sigma, P 2256) 2.75 g, リンゴ酸 (Sigma, M 1000) 0.838 g, マロン酸 (Sigma, M 1875) 2.603 g

　　10 mM L-glutamate：グルタミン酸 (Sigma, G 5889) 4.228 g

　　10 mM α-ketoglutarate：α-ケトグルタル酸 (Sigma, K 1128) 3.653 g

　　20 mM β-hydroxybutyrate：β-ヒドロキシ酪酸 (Sigma, H 6501) 6.305 g

　　10 mM succinate：コハク酸 (Sigma, S 9637) 6.755 g

　　5 mM ascorbate：アスコルビン酸 (Sigma, A 4034) 2.202 g

　　0.5 mM TMPD：TMPD (Sigma, T 3134) 0.297 g

以上の各基質を, 精製水に溶かし, KOH で pH 7.0 に調整後 25 ml にメスアップする.
(5) 阻害剤 (最終濃度)

　　3.75 μmM rotenone (Sigma, R 8875) 0.0296 g

　　0.4 μM antimycin A (Sigma, A 8674) 0.0042 g

以上の各阻害剤を, エタノール (Wako, 特級) に溶かし 100 ml とする.
(6) 22 mM ADP 溶液

　　ADP (Sigma, A 8146) 0.5440 g を精製水に溶かし, KOH で pH 6.8 に調整後 50 ml にメスアップし, 分注後直ちに -20 ℃ に凍結保存する.

2. 肝臓ミトコンドリアの単離の操作例 [1]

　　以下はすべて氷上で迅速に行う. ブロイラーを放血屠殺後, ただちに肝臓を摘出し, 氷冷した 220 mM マンニトールと 70 mM スクロースを含む 5 mM mops 緩衝液 (pH 7.4) の MSM 溶液に浸す. 肝表面の水分を沪紙で除い

た後，肝臓を秤量する．肝臓の右葉中央部より約4gを正確に採取し，これをサンプルとし，眼科用鋏で細切し，さらに，MSM溶液を加え，Potter–Elvehjem型テフロンホモジナイザーに移す．ホモジナイザーを氷冷しながら，ペッスルを600 rpmで真空にならない

```
                    組織ホモジネート
                       │ 4℃，遠心機
                       │ 400×g，10分遠心
              ┌────────┴────────┐
             上 清              沈 澱
              │ 7,000×g，10分遠心
         ┌────┴────┐
        上 清      沈 澱
                    │ MSM溶液で洗浄
                    │ 7,000×g，10分遠心
              ┌─────┴─────┐
             上 清        沈 澱
                           │ MSM溶液で洗浄
                           │ 7,000×g，10分遠心
                     ┌─────┴─────┐
                    上 清        沈 澱
                              ミトコンドリア画分
```

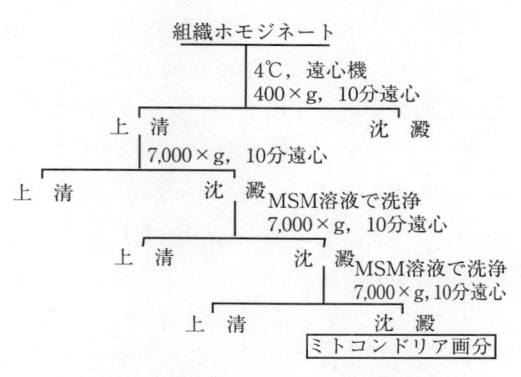

図15.4.1-1　ミトコンドリアの単離法

ように4回上下させてホモジナイズする．ホモジネートにEDTAを含むMSM溶液（最終濃度2 mM EDTA）を4 ml加え，はじめの肝臓重量の約10倍容になるようにする．組織ホモジネートを4℃の冷却下で，まず，400gで10分間遠心し，次に上清を7,000 gで10分間遠心し，最後に沈澱物をMSM溶液で洗浄した後，7,000 gで10分間遠心する（図15.4.1-1）．この最後の操作をさらに1回繰り返し，ここで得られた沈澱物をミトコンドリア画分とする．なお，臓器摘出から呼吸速度の測定終了まで2時間以内になるよう迅速に行う．

注意事項

(1) ミトコンドリア画分に核が混入することは少ないが，ミクロソーム・リソソームが混入しやすいので，調製を手早く行い，他の分画の洗い出しを入念にする必要がある．

(2) 緩衝液としてリン酸を使うとミトコンドリアに構造変化をきたすので避けるべきである．

(3) 等張の溶媒として0.25 Mのスクロースを使うのが普通であるが，マンニトールとスクロースの混合溶液を使うと，安定した呼吸調節率のミトコンドリアを得ることができることが指摘されている．

(4) テフロンホモジナイザーはペッスルが手を離して自然に筒内を落下する程度のクリアランス（筒とペッスルの間隔が0.15～0.2 mmのもの）がよく，

市販のペッスルを回転させて紙ヤスリで少し削っておく．

3. ミトコンドリアの呼吸機能の測定[2]

　反応溶液中の酸素濃度はクラーク型の酸素電極（Model 6331, YSI）を用いたポーラログラフ法で測定する．チャンバー（Model 5301, YSI）に 1.87 ml の 80 mM KCl, 50 mM Mops, 5 mM K_2PO_4, 1 mM EGTA, および, 0.1 %（w/w）牛血清アルブミンを含む反応溶液（pH 7.0）に，MSM 溶液に懸濁した 100 μl のミトコンドリア（タンパク質として約 1 mg）を添加して 37°C 下でインキュベーションを行う．上記の基質のうち一つを選んでその 20 μl（必要に応じて 10 μl の阻害剤を添加）を加えた後, 22 mM の ADP を 10 μl ずつ適宜加える．供試サンプルの State 3 と State 4 の各呼吸速度および ADP/O 比，呼吸調節率（RCR, respiratory control ratio）は，それぞれ ADP 添加の 3 回目と 4 回目の測定値を平均して求める[3]．37°C における反応液の溶存酸素は 390.0 ng atoms O/ml となるので，経時的な溶存酸素の変化から，State 3 の呼吸速度は ADP 存在下における酸素消費速度として，State 4 の呼吸速度は ADP 不在下における酸素消費速度として算出でき，また ADP/O 比は State 3 における消費酸素原子当たりの添加した ADP の分子数の比として，さらに RCR は State 3 と State 4 の比としてそれぞれ求めることができる．なお，チャンバーに注入する ADP 溶液の ADP と AMP 含量は酵素法により実測し，これより ADP 当量を正確に算出することができる[4]．

　Ca^{2+} はミトコンドリアの構造変化を起こすので，この濃度を最低限にするために，EGTA を使用する．EDTA を使うと Ca^{2+} と同時に Mg^{2+} も除去されるため，ミトコンドリアから K^+ が漏出しやすくなり機能低下をきたす．

4. 呼吸基質の選択

　ミトコンドリア内膜に存在する電子伝達鎖は，NADH-Q 還元酵素（複合体 I）および QH_2-チトクローム c 還元酵素（複合体 III），チトクローム c 酸化酵素（複合体 IV）の三つがプロトンポンプとして機能している[5]．酸化的リン酸化能の異常がどのポンプの機能障害に関与しているかは，複合体 I に電子を供与するピルビン酸，リンゴ酸やグルタミン酸，複合体 III や IV に電

15.4 ミトコンドリア (375)

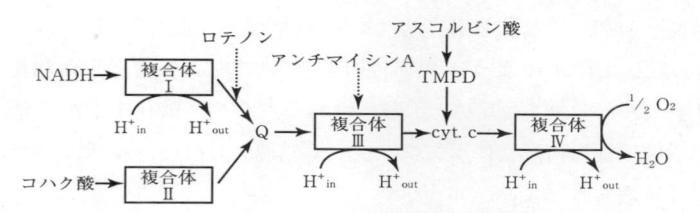

図 15.4.1-1 ミトコンドリア内膜における電子伝達鎖

子を供与するコハク酸やアスコルビン酸をそれぞれ呼吸基質として用いた呼吸活性から解明できる（図 15.4.1-1）．

15.4.2 ピルビン酸脱水素酵素（PDH）の活性測定[6,7]

ピルビン酸脱水素酵素複合体は，アロステリック酵素である．ミトコンドリア内のアセチル CoA や NADH の濃度が高くなると，複合体に結合しているタンパク質キナーゼの構造が変化し，ピルビン酸脱水素酵素をリン酸化して不活性型にする．逆にアセチル CoA や NADH の濃度が低下すると，ホスファターゼが結合してピルビン酸脱水素酵素を脱リン酸化し，再び活性型となる．このように，PDH には活性型と不活性型があり，ホスファターゼとキナーゼで調節されている．生体内における活性型を現活性として，活性型

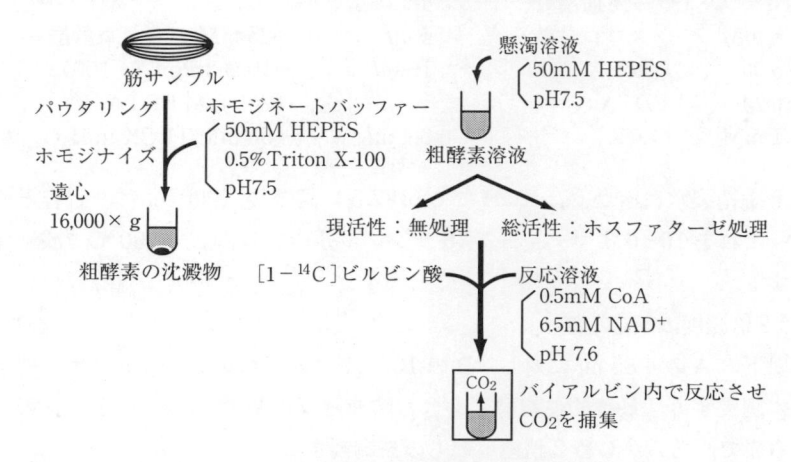

図 15.4.2-1 ピルビン酸脱水素酵素活性の測定法

と不活性型の和,すなわち潜在活性を総活性として測定できる.

図15.4.2-1に示すよう,現活性は筋サンプルより抽出した粗酵素に,[1-^{14}C] ピルビン酸を反応させ,放出される ^{14}C の二酸化炭素から算出できる.総活性は抽出粗酵素にホスファターゼ処理をした後,現活性測定の場合と同様に処理すればよい.

1. 試 薬

(1) ホモジネートバッファー

濃度	試薬	200 ml 用量	分子量・保存液濃度
50 mM	HEPES-K	2.764 g	(MW. 276.4)
0.1 mg/ml	trypsin inhibitor	0.02 g	
0.2 M	KCl	2.982 g	(MW. 74.55)
2 mM	DTT	0.1542 g	(MW. 154.2)
0.2 mM	コカルボキシラーゼ	0.046 g	(MW. 460.76)
50 mM	KF	0.581 g	(MW. 58.1)
0.5 μM	leupeptin	43 μl	(10 mg/ml leupeptin)
0.5 μM	pepstatin A	138 μl	(5 mg/ml pepstatin A)
1 μg/ml	aprotinin	20 μl	(10 mg/ml aprotinin)
1 μg/ml	chymostatin	20 μl	(10 mg/ml chymostatin)
2 %	ラット血清	4 ml	
0.5 mM	ジクロロ酢酸	4 ml	(25 mM ジクロロ酢酸)
0.5 %	Triton X-100	10 ml	(10 % triton X-100)
5 mM	EDTA	5 ml	(200 mM EDTA)
0.1 mM	TLCK	0.4 ml	(50 mM TLCK in H_2O)

以上を精製水に溶かし,KOHにて pH 7.5 に調整後,200 ml に一定容とする.これを 10 ml ずつチューブ(8 サンプル分)に分注し,-30 °C で凍結保存する.

(2) 2倍濃度の反応溶液

以下のAの 4.85 ml に対し,Bの 100 μl およびCの 50 μl を加え,使用時に調製する.最終的に粗酵素を含む溶液と反応基質により 1/2 に希釈されるので,あらかじめ2倍濃度のものを調製する.

(A) 保存液

濃度	試薬	100 ml 用量	
100 mM	HEPES-K	2.764 g	(MW. 276.4)
13 mM	NAD$^+$	0.8624 g	(MW. 663.4)
1 mM	CoA	0.0768 g	(MW. 767.5)
0.8 mM	コカルボキシラーゼ	0.037 g	(MW. 460.76)
4 mM	DTT	0.062 g	(MW. 154.2)
6 mM	α-ketoβ-methylvalerate	0.0913 g	(MW. 152.1)
6 mM	ジクロロ酢酸	24 ml	(25 mM ジクロロ酢酸)

以上を精製水に溶かし，KOHにてpH 7.6に調整後，97 mlとする．これを正確に4.85 mlずつチューブに分注し，-30℃で凍結保存する．

(B) 4 mM MgCl$_2$

 MgCl$_2$・6 H$_2$O 2.033 gを精製水で50 mlにして，200 mM MgCl$_2$溶液を調製する．

(C) 10 units of dihydrolipoamide reductase/ml (Sigma, L 2002)

(3) キナーゼ阻害剤（25 mM KF + 25 mM KPi）

 KF (MW. 58.10) 0.0726 gに1 M KPi 1.25 mlを加え，精製水で50 mlにする．

(4) 0.5 mM ピルビン酸反応基質溶液（最終濃度）

 2 mM [1-^{14}C] pyruvate (〜1,200 cpm/nmol) 溶液を調製する．最終的に反応溶液および粗酵素を含む溶液により1/2に希釈されるので，あらかじめ4倍濃度のものを調製する．

(5) 5.5 mM MgCl$_2$

 MgCl$_2$・6 H$_2$O 0.056 gを精製水に溶かし，50 mlとする．

(6) 1.2 M KOH

 KOH 33.67 gを精製水で500 mlとする．

(7) 反応停止液

濃度	試薬	500 ml 用量	
1 % (w/v)	SDS	5.0 g	
2 M	酢酸	58 ml	(MW. 61.06；比重1.053 g/ml)

以上を精製水に溶かし, 500 ml とする.

(8) 33% フェネチルアミンエタノール溶液 (v/v)

33 ml の phenethylamine をメタノールに溶かし 100 ml とする.

(9) キシレン系液体シンチレーター

xylene-base scintillation fluid（同仁シンチゾール EX-H）

2. 組織サンプル摘出と粗酵素の抽出

供試ラットにペントバルビタール（50 mg/kg 体重）を腹腔内注射して麻酔し, その後, 目的の組織を迅速に摘出し, 液体窒素で十分に冷やされたクランプで直ちに挟み, 瞬間凍結させ重量を測定する. これを $-80℃$ で凍結保存する. この一部を液体窒素の存在下でパウダー状にして, 約 100 mg を正確に秤量し, 2 ml エッペンチューブに採取し酵素活性の分析に供するまで, 再び $-80℃$ で凍結保存する. 以下の粗酵素の抽出操作は氷上または 4 ℃以下で行う.

サンプル約 100 mg の入ったエッペンチューブに Triton X-100 を含むホモジネートバッファー（Hepes Buffer）を 1 ml 加え, ハンディホモジナイザーで均一にする. これを 4 ℃, 16,000×g で 8 分間遠心し上清を回収し粗酵素液とする.

3. 現活性の測定

抽出した粗酵素液 24 μl にホモジネートバッファー 84 μl を加えて希釈し, 現活性の測定に用いる. この溶液 90 μl に NAD^+ と CoA を含む反応溶液 200 μl およびキナーゼ阻害剤（25 mM KF + 25 mM KPi）10 μl を 2 ml エッペンチューブに入れ, これを 1.2 M KOH 350 μl の入ったバイアル瓶の中に入れ, 30 ℃ の振とう型のウォーターバスの中で, 5 分間プレインキュベートする. 次にこのチューブ内に反応基質 2 mM [$1-^{14}C$] pyruvate（1,000 cpm/nmol, 最終濃度 0.5 mM）の 100 μl を素早く静かに入れ, 直ちにバイアル瓶にゴムキャップをして酵素反応を開始する. 10 分間反応させた後, 酢酸と SDS を含む反応停止液 800 μl をチューブ内に注入し, 反応を止める. その後 50 分以上ウォータバスの中で振とう放置し, 反応により発生した CO_2 をバイアル瓶内の KOH で捕促回収する. その後, ゴムキャップ

を取りチューブの底についている KOH を 33% フェネチルアミンエタノール溶液 1 ml で洗い流す．バイアル瓶内にキシレン系の液体シンチレーターを 5 ml 加え，この放射能をシンチレーションカウンターで測定後，酵素活性を算出する．なお，反応基質である [$1^{-14}C$] pyruvate 溶液は，30℃の振とう型のウォーターバスの中で 3 時間以上プレインキュベートし，酵素反応以外で遊離する ^{14}C をあらかじめ KOH で補集した後に使用する．

4. 総活性の測定

抽出した粗酵素液 24 μl に，5.5 mM $MgCl_2$ 3 μl にホモジネートバッファーと broad-specific phosphatase (BS-Pase) を加えて 120 μl とし，30℃の振とう型のウォーターバスの中で 15 分間インキュベートし，粗酵素中の PDH を総て活性型とする．この溶液 90 μl に反応溶液 200 μl およびキナーゼ阻害剤 10 μl を 2 m エッペンチューブに入れる．これ以降の操作は，現活性の測定と全く同様に行う．なお BS-Pase の調製はラット肝臓より行い，その度に力価を検定し，適量を加える必要がある[6]．　　　　（豊水正昭）

引用文献

1) Hoppel C. et al., 1979. J. Biol. Chem., 254 : 4164-4170.
2) Toyomizu M. and M. T. Clandinin, 1993. Br. J. Nutr., 69 : 97-102.
3) Chappell J. B., 1964. Biochem. J., 90 : 225-237.
4) Jaworek D. et al., 1974. In : Methods of Enzymatic Analysis 4 (Bergmeyer, H. U. ed.), pp. 2127-2131, Academic Press, NY.
5) Nicholls D. G., 1982. In : Bioenergetics, An Introduction to the Chemiosmotic Theory, pp. 65-98. Academic Press, NY.
6) Harris R. A. et al., 1993. In : Methods in Toxicology Mitochondrial Dysfunction 2 (Lash L. H. and Jones D. P. ed.), pp. 235-245, Academic Press, NY.
7) Shimomura Y. et al., 1990. J. Appl. Physiol., 68 : 161-165.

第16章 分子生物学的手法

16.1 最適な方法の選択と計画

　本節では分子生物学的手法を扱うが，この分野の方法は非常に広範な内容を含むので，必要な方法を逐一ここで解説していくことは不可能である．個々の方法についてはたくさんの実験書が出版されているので，それらを参照して進めていただきたい[1〜3]．また，各社から様々なキットが販売されており，遺伝子操作の実験法の中でキット化されていないものを探す方が難しいほどである．それらのキットを購入してその説明書に従って進めることで，特に初心者にとっては時間はもとより経費も節約になる場合も多い．本書では実際に動物の栄養に関する実験において分子生物学的な解析が必要となった場合に，おびただしい実験法の中から最適な方法を選択するための情報を提供するとともに，動物を対象とする場合の注意点も紹介する．

　栄養学的研究において遺伝子工学的手法が必要になるケースとして代表的なのは，特定の栄養素の有無や栄養条件の違いによって目的の遺伝子の発現がどのように変化するかを解析する場合や，その発現の変化の機構を明らかにしたい場合であろう．本節では前者において必要な方法を中心に述べ，機構の解析法は簡単に触れる．さらに，これら以外にも栄養に関わる様々な細胞活動を解析するための他の方法も必要になる場合があるであろう．そのような方法については本書の目的を越えると考えられるので，他書を参考にしていただきたい．

　また，この分野の方法はまさに日進月歩であり，新しい方法が毎日のように報告されている状態である．本節の方法は本書の執筆の時点までに一般的に利用され，あるいは報告されたものであるということを念頭においてお読みいただきたい．

16.2 遺伝子発現量の解析

　最終産物がRNAであるもの(rRNA, tRNAなど)を除き，遺伝子の発現(gene expression)は遺伝子からmRNA(messenger RNA)が転写され，さらにタンパク質ができるまでと捉えられる．このような広義の遺伝子発現量の解析は，最終産物であるタンパク質の量を測定することも含まれるのであるが，ここでは遺伝子の転写産物であるmRNAの測定法について解説し，タンパク質の測定については特に触れない．

　また，これから分子生物学的な実験を始めようとしている総ての研究者に，最初にこれだけは行って欲しいということを書いておく．それは遺伝子工学関係の試薬を扱っている会社のカタログをできるだけ揃えるということである．カタログには様々な貴重な情報が満載されていて，例えば各酵素の性質，新しい技術に関する情報や諸注意など，この分野で熟練した者にとっても有用な内容が多い．無料で勉強ができるようなものである．当然であるが，できるだけ多くのカタログを比べることで，経費の節約にもつながる．少なくとも以下の各社のカタログをもってきてもらうよう代理店に頼むとよい．(TaKaRa, TOYOBO, フナコシ，ニッポンジーン，アマシャムファルマシア，Promega, ロシュ・ダイアグノスティックス，インビトロン，コスモバイオ，クロンテック)である．なお，各社が提供している　ホームページからも有用な情報が得られる．

16.2.1　RNAの調製法 [1)]

　普通mRNAの測定に先だって組織からRNAを調製する必要がある．組織のRNAはおよそ80％を占めるリボソームRNA(ribosomal RNA, rRNA), 15％程度の転移RNA(transfer RNA, tRNA), 3〜5％程度のmRNAからなる．通常はこれらの混合物である全RNAを抽出してその中の目的のmRNAを測定することになる．全RNAの抽出法には，グアニジンイソチオシアネートと塩化セシウム超遠心による方法，塩化リチウム法，ホットフェノール法，AGPC法などがある．これらのうち，特によく使われるものについてその特徴を述べる．

1. グアニジン／セシウム法

比較的多量の組織や細胞から純度の高いRNAを得たいときによく用いられる．グアニジンチオシアネートを含む溶液中で組織を溶解することでRNaseの活性を抑え，さらに塩化セシウムによる密度勾配遠心によりRNAをペレットとして回収する方法である．スイングローターによる一晩の超遠心が必要であるなど手間がかかる．

2. AGPC法（Acid guanidinium - phenol - chloroform method）

酸性条件下でフェノール処理を行うと，RNAだけが水層に分配され，DNAやタンパク質などがフェノール層に分配されることを利用する簡便な方法である．微量なサンプルからのRNA抽出には特に適している．超遠心を使わないことや数時間でRNAが得られることから，近年多用されている．RNAzol，TRIzol，ISOGENなどの製品名で，抽出用試薬が数社から販売されている．

その他RNAに特異的に結合するマトリックスなどを用いた精製キットが何種類か販売されている．

3. RNAの抽出

RNAを用いる実験の成否は，RNA分解酵素（ribonuclease，RNase）の作用をいかに防ぐかにかかっている．RNaseは細胞，汗，唾液，皮膚などに存在するが，安定性が非常に高い（121℃のオートクレーブでも活性が残る）こともあって，室内の至るところに存在すると考えてよい．実験台の上や衣類や髪の毛に豊富にあり，さらに空気中の微粒子とともに漂っているということを忘れてはならない．したがって，用いる試薬や溶媒，ガラスやプラスチックの器具等は様々な方法でRNaseフリーにしておく必要がある．したがって，フタを開けたままにしない，話をしない，ディスポーザブル手袋を常に着用するといったRNAを扱う際の様々な決まり事がある．これらについても基本的な書[1,2]を参照していただきたい．

動物細胞内に普遍的に存在するRNaseは細胞内のRNA量を調節しているが，特に膵臓や骨髄などの組織には多くのRNaseが存在する．細胞が死んで細胞内の構造や局在性が失われるとRNaseによるRNAの分解は加速

される．したがって組織から RNA を抽出する際には細胞内の RNase から RNA を守るために，以下のような注意が必要となる．

1) まず組織はできるだけ素早く摘出すること，2) 摘出した組織は速やかに抽出操作に移すか，液体窒素で急速凍結して－70℃以下に保存することである．3) いくつかの組織を摘出する場合は，何人かで手分けをして行う．4) 多くの方法では RNase を阻害する物質（グアニジンなど）を含む液体中で組織をホモジナイズするのであるが，ホモジナイズが速やかに行われないと組織内部では RNA の分解が急速に進んでしまうことになる．5) ホモジナイズはできるだけ速やかに行えるように，できるだけポリトロン型のホモジナイザーを使用し，高速で短時間に行う．ポッター型やダウンス型の場合にはあらかじめ可能な限り組織が小さくなっている必要がある．6) 凍結した組織を用いる場合は，解凍してしまわないよう注意して破砕する．特に組織の重量を量るときに解凍しないようにする．

完全な形の RNA が取れたかどうかを確認することが重要である．それにはノーザンブロットに用いるゲルで 3 μg 程度の RNA を泳動してみて，エチジウムブロマイド（ethidium bromide）で染色して 18 S と 28 S の rRNA のバンドがくっきりと

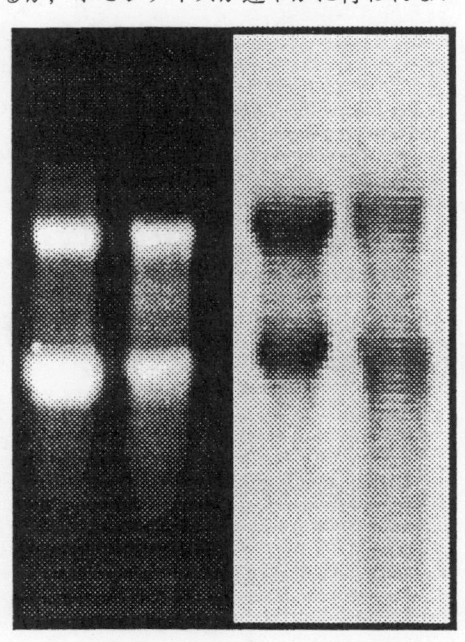

図 16.2.1-1　抽出した全 RNA の確認
抽出した全 RNA の 3 μg をノーザンブロットに用いるゲルで分離後，エチジウムブロマイド（レーン 1, 2）またはメチレンブルー（レーン 3, 4）で染色して，それぞれ紫外線と可視光を照射して観察したもの．レーン 1 と 3 はうまくとれている例，2 と 4 は RNA が分解しているのが見てとれる．

みえているかどうか，サンプル間でその量にばらつきがないかどうかを確認する（図 16.2.1-1）．

16.2.2　mRNAの調製法 [1~3]

目的の mRNA の発現レベルが低くて全 RNA を用いたノーザンブロットでは検出が困難な場合とか，ランダムプライマーを用いて cDNA の合成をする場合など，実験の材料として全 RNA は適さない場合も多い．rRNA, tRNA を極力除いて mRNA のみからなる画分を取得する方法として，mRNA がもつ 3'末端のポリ A テールを利用するのが一般的である．オリゴ（dT）を結合したセルロースやラテックスビーズが販売されており，これらを利用してカラム法やバッチ法で mRNA 画分を得る．磁気を利用した改良法も利用されている．一方，全 RNA の取得を介さずに，溶解した組織から直接にポリ A RNA を精製するキットも販売されている．これは組織が少量でサンプル数が多い場合などに便利であるが，途中に全 RNA を泳動してみて RNA が分解されていないのを確認することができない．したがって，実験が上手くいかなかった場合にどの段階に原因があるかがわからないという欠点がある．

16.2.3　mRNA 解析のためのプローブ（Probe）

目的の mRNA を検出するためには，それと相補的な配列をもつプローブを作成してそのハイブリダイゼーション（hybridization）を利用する．プローブは，放射性標識プローブ（radioactive probe）と非放射性標識プローブ（non-radioactive probe）に分けられる．放射性プローブは，放射線同位元素を扱う施設がなければ使えないことや ^{32}P などは半減期が短く，すぐ使えなくなるのが欠点であるが，これまでに多くのノウハウが蓄積され安定した結果が得やすい．一方，非放射性のプローブは手間が多くかかったりコストが高くついたりする場合が多いが，一度合成したら長く使用できるのでこれらの欠点はそれほど問題にならない．また，プローブは DNA プローブ，RNA プローブ，さらにオリゴ DNA プローブなどにも分類されるが，RNA プローブが特に比活性の高いものが得られる．

1. ノーザンブロット (Northern blot analysis) [1〜3]

目的のmRNAの測定法にはいくつかの方法がある．ノーザンブロットは最も一般的に用いられている方法である．図16.2.3-1に示すように，RNAをホルマリンを含むゲルで泳動後，ニトロセルロース等のメンブレン（フィルター）にブロットしてプローブとハイブリダイズするバンドを検出する．放射性，非放射性，DNA，RNA，オリゴDNAのすべてのプローブが利用できる．mRNAの長さについての情報が得られるのはこの方法だけである．プローブとの相同性が完全でなくてもある程度の相同性があれば検出できるので，例えば他種の動物の目的遺伝子のプローブを利用することが可能である．逆にこれが短所となる例として，目的遺伝子がファミリーを成しているなど類似の遺伝子が存在する場合には，そのmRNAとのクロスハイブリダイゼーションが問題となる．メンブレンにトランスファーする際にその効率は必ずしもよくないこともあり，特に長いmRNAのトランスファー効率は

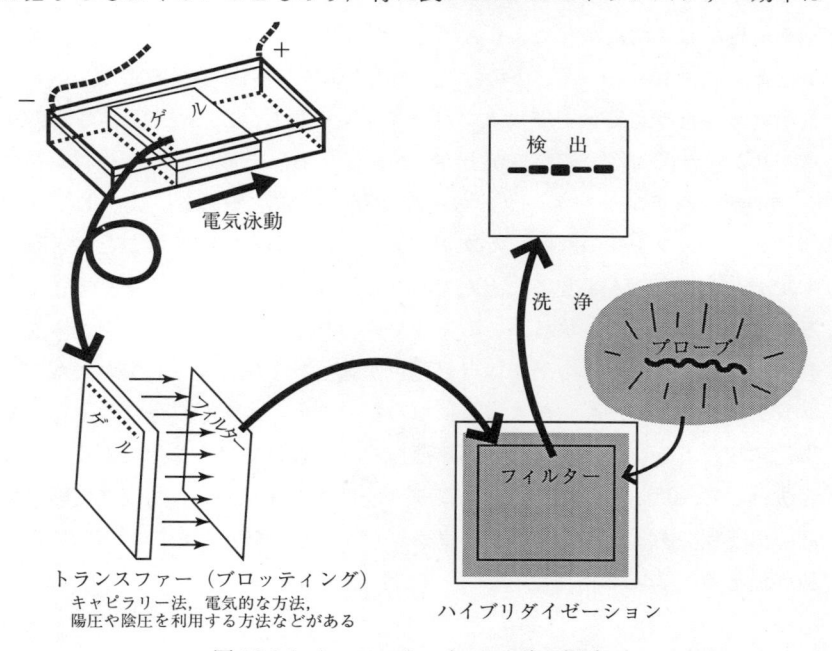

図16.2.3-1 ノーザンブロット法の概略

低くなってしまうことがある．

　ノーザンブロットでmRNAの定量を行う際に，供した各サンプルのRNA量が一定であるかどうかがしばしば問題となる．このため多くの実験ではインターナルスタンダード（internal standard）として変動の少ないと考えられているmRNAの量も定量し，各サンプル中のスタンダードmRNA当たりの目的mRNA量をデータとして提示することが多い．この場合，目的遺伝子のmRNAを測定した後，フィルターからプローブを解離させ，同じフィルターをスタンダードmRNAのプローブによる再ハイブリダイゼーションに供する．目的とスタンダードのmRNAのサイズが大きく異なる場合には，同時にハイブリダイゼーションすることも可能である．スタンダードmRNAとしては，β-アクチン，グリセルアルデヒド-3-ホスフェートデヒドロゲナーゼ，チューブリン，ユビキチンなどが利用され，これらのcDNAの多くは市販されている．これらのmRNA自身も，細胞の増殖過程やその細胞や組織がおかれた状況により大きく変動するという例も多く，完全なインターナルスタンダードというのは知られていない．別な手段として，電気泳動が終わった時点でエチジウムブロマイドで染色し，28Sと18SのrRNA量がサンプル間で均一であるかどうかを確認する，あるいはイメージングアナライザーやデンシトメーターなどで定量する方法がある．染色しておけば，トランスファーの終わったフィルターに紫外線を照射することによりフィルター上のrRNAも見ることができて，トランスファーがうまくできているかどうかの確認にもなる．この方法での注意点は，ホルムアルデヒドを含むノーザンブロット用のゲルは自己発色が強く，十分に脱色しておかないとバックグラウンドが高すぎて定量にならないこと，エチジウムブロマイドで染色するとトランスファーの効率が落ちるといわれていることである．この変法として，0.02％程度のメチレンブルーでゲルを染色し，可視光で観察するのが便利である．有害なエチジウムブロマイドを使用しないで済むという利点がある（図16.2.3-1）．

16.2.4 リボヌクレアーゼプロテクションアッセイ (RNase protection assay, RPA)[4,5]

リボプローブマッピングとも呼ばれる．図16.2.4-1に示すように，目的mRNAのcDNA (complementary DNA) の一部をT3, T7, SP6などのRNAポリメラーゼプロモーターを含むベクターに組み込んでおき，アンチセンスRNAプローブ (antisense RNA probe) を合成する．目的のmRNAとプローブがハイブリダイズしたところでRNaseを作用させると，ハイブリッドを形成している部分を残して分解される．分解からプロテクトされたプローブを変性アクリルアミド電気泳動 (denaturing polyacrylamide gel electrophoresis) で分離して定量する．

1. RPA法の長所

まず，感度がノーザンブロットの10から20倍と高いことである．またプローブとして比較的短い部分を使用するので，RNAが多少分解していてもmRNA全長のうちプローブの部分が残っていればよく，比較的信頼できる定量ができる．ノーザンブロットの場合は，mRNAの途中で1ヵ所切れただけで本来のバンドの位置からずれて，RNAの調製がよくないとスメア状になる．さらにノーザン

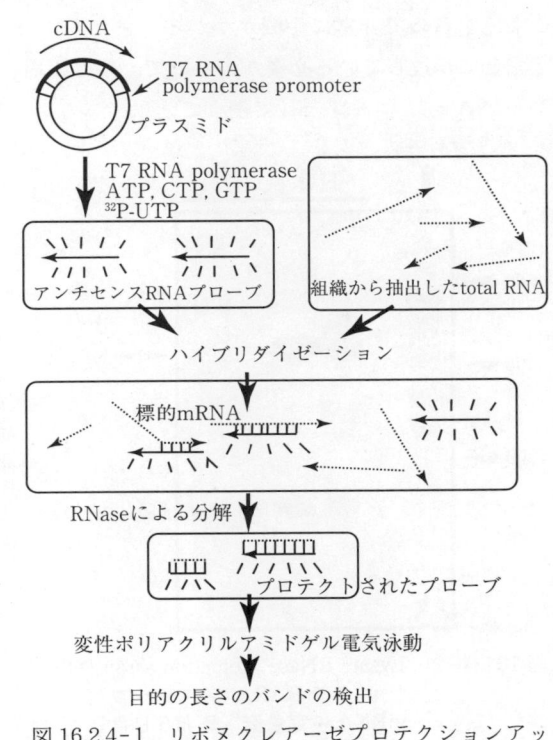

図16.2.4-1　リボヌクレアーゼプロテクションアッセイの概略

(388)　第16章　分子生物学的手法

ブロットにおけるトランスファーの効率の問題もない．RPA法は，mRNAの5'末端を決めるのにも用いることができるし，選択的スプライシングなどによって一つの遺伝子から多種のmRNAが合成される場合には，各mRNAを同時に測定できるので非常に有効である（後述）．また，複数の遺伝子プローブを同時に添加して，それらのmRNAを一度に測定することもできる．特にインターナルスタンダードのmRNAも同時に測定できるが，このような場合各プローブの長さが異なるように設計しておけばよい．

2．RPA法の短所

非放射性プローブが利用できないということがある．実際には利用できないことはないが，最後の電気泳動の後にそれをフィルターにブロットしてから染色するので非常に手間がかかる．また，プローブの配列がmRNAとほぼ完全に一致している必要があるので，多くの場合他種の動物の同じ遺伝子のcDNAをプローブとして使うことはできない．したがって目的とする動物の当該cDNAがクローニング（cloning）されていない場合には，そのクローニングから始めなければならず，インターナルスタンダードに関しても同様である．さらにこれは短所というより注意点であるが，RNAプローブを用いる方法はすべてプローブの分解にも相当気をつかわなければならない．RPA法でうまく行かない場合のほとんどはプローブの質に問題がある．プ

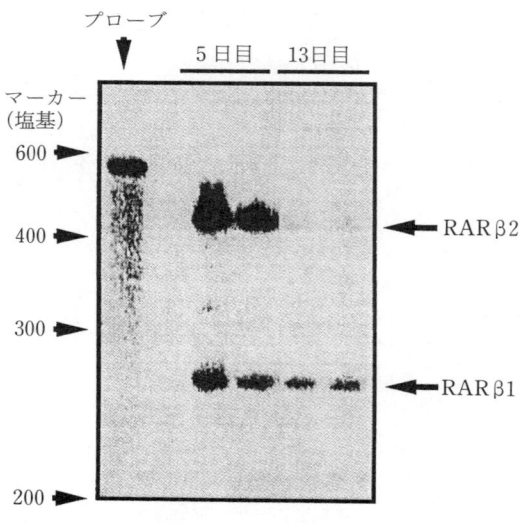

図16.2.4-2　Lysate RNase protection assayを用いたウズラRARβ各アイソフォームmRNAの定量例．孵卵5日目と13日目のウズラ胚の肢における各アイソフォームのmRNAを同時に定量した．

ローブの合成が終わったらプローブだけを泳動して見るとよい．図16.2.4-2のプローブは，バンドの下の方にも薄くスメアになっているのが見えるが，これが全く見えないのが理想であり，図16.2.4-2の例は使用になんとか堪えるという程度である．

3．RPA法の簡便法

RPA法をより簡便にしたものとしてライセートRNaseプロテクションアッセイ（lysate RNase protection assay：LRPA）法がある[6]．これはグアニジン液中でホモジナイズした組織に直接RNAプローブを加えてハイブリダイゼーションを行ってしまう方法である（図16.2.4-3）．これは組織からの全RNAの抽出というステップを経ないため，組織サンプルの処理を開始してから24時間以内で結果を得ることも可能である．この方法では組織一定量当たりのmRNA量を直接求めることができるので，インターナルスタンダードの使用も省くことができる．

図16.2.4-2はウズラ胚の肢におけるレチノイン酸レセプターβ（retinoic acid receptor β，RARβ）のmRNAをLRPA法により測定したものである．鳥類のRARβは主にRARβ1とRARβ2の2種のサブタイプからなり，これらはN末端部分の構造が異なる．図の実験に用いたプローブは，RARβ2のcDNAの一部から合成したもので，RARβ1とRARβ2に共通な部分

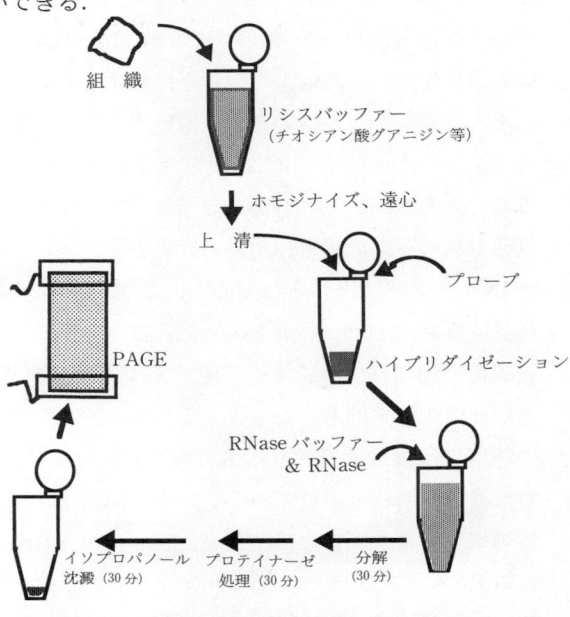

図16.2.4-3　Lysate RNase Protection Assay法の流れ

(260 bp) と RARβ2 だけに特異的な部分 (160 bp) から構成される．プローブ全長がプロテクトされた RARβ2 のバンドと共通部分だけがプロテクトされた RARβ1 のバンドが検出され，両者の量比が胚発生に伴って変化しているのが見られる．

　RPA 法と似た方法で，オリゴ DNA プローブを用いた S1 ヌクレアーゼアッセイが開発されている．感度や定量性が落ちるものの，数種類の mRNA の量を同時に測定できる (multiple S1 nuclease assay) のは便利である[7]．

16.2.5 RT−PCR (Reverse transcription − polymerase chain reaction) を用いる方法[8]

　感度の点で圧倒的に優れているのは，RT-PCR による方法である．様々な方法があるが，基本的には逆転写酵素 (reverse transcriptase) により mRNA の相補鎖 DNA を合成しこれを PCR によって増幅するものである．最も単純な方法は，PCR のサイクル数を少な目にして増幅がプラトーに達する前に停止し，増幅産物の量を比較するものであるが，これは定量値にほとんど信頼性がないのであまり用いられない．次善の策としてインターナルスタンダードとなる mRNA のプライマーも添加して，増幅産物の比を求める場合もあるが，これも様々な問題点を有するのであまり推奨できない．定量性を高めるために普通用いられる方法は competitive PCR といい，目的の mRNA の増幅に用いられるのと同じプライマーのセットで増幅されるような濃度既知の competitor RNA を添加する方法である．competitor RNA は，無関係の配列をプライマーの配列で挟んだものを用いるか，目的の mRNA の配列の一部を削除するなどして長さを変えたもの，あるいは部位指定変異で特定の制限酵素部位を導入したものを用いる．これらの competitor の中では後のものほど優れているが，その理由はプライマーの間の配列により増幅効率に影響があるためである．competitor RNA は cDNA などから T7 などの RNA ポリメラーゼにより合成しておく．サンプル中に何段階かの濃度の competitor RNA を入れたものを用意し，それぞれ RT-PCR を行って，目的 mRNA によるバンドと competitor のバンドとが同じ濃さになる点を求め

る．competitive PCR はおよその濃度を知るには優れており，特に発現量が低い遺伝子の場合に威力を発揮する．ただし手間がかかるのと，コスト（酵素代）がかなりかさむことを覚悟しなければならない．

最近蛍光プローブを利用したリアルタイムモニタリングによる定量的PCR が開発され（パーキンエルマージャパン他），mRNA の定量に応用されてきている．優れた方法であるが，特殊な装置を必要とする．

16.3 遺伝子発現調節機構の解析 [1, 3, 5, 9]

どのような解析が可能かということを紹介し，各方法を概説する．

16.3.1 転写速度 (Transcription rate) の解析

遺伝子の発現量の変化として mRNA 量の変化を観察したとしても，それが遺伝子の転写速度の変化によるものか，あるいは転写後のプロセシングやmRNA の安定性（分解速度）の変化によるのかは分からない．転写速度を解析する方法を以下に列挙する．

1. Nuclear run-on assay

単離した核に ^{32}P-UTP 等を加え転写を行わせる．新たな転写は始まらないが，核を単離した時点ですでに転写が始まっていた mRNA の合成が完了，標識される．目的の mRNA の cDNA をフィルターに固定しておいて，それとハイブリダイズさせることにより単離核中で目的の遺伝子がどの程度転写をされていたかを調べることができる．

2. mRNA 前駆体の量を調べる方法

核内の mRNA 前駆体の量を測定する．エクソンとイントロンにまたがるようなプローブを作ってこれで RPA を行えば，スプライシング前の RNA 量を測定できる．一般に mRNA 前駆体は速やかに mRNA へとプロセシングされるので，前駆体の量は転写速度を反映していると考えられる．

3. チオウリジン (Thiouridine) の取り込みを利用する方法 [10]

チオウリジンで RNA をパルスラベルし，チオール基を含む RNA をフェニル水銀のゲルで精製する．その中の目的 mRNA を定量すれば，パルス中に合成された mRNA が測定できる．

16.3.2 転写調節機構の解析

転写の調節機構は，様々な方法で解析されるが，ここではその一部を紹介する．ただし，栄養条件の違いでこれらの方法で検出できるような大きな変化が観察される例は多くない．また，以下の方法は，目的遺伝子のプロモーター（promoter）領域のクローニングがされていることが前提となる．

1. DNase I 感受性テスト

目的の遺伝子の転写が活発に行われている場合，その遺伝子のプロモーター領域のクロマチン構造がゆるくなり，DNase I による分解を受けやすくなっていることが多い．これを利用するのが DNase I 感受性テストである．

2. Run-off 法，G-free カセット法

また，クローン化した遺伝子のプロモーター領域を含む DNA を細胞のライセートなどを含む in vitro 転写系で転写させ，どの程度転写されるかを調べるのが，run-off 法，G-free カセット法などと呼ばれる方法である．

3. DNA フットプリンティング法，ゲルシフトアッセイ

さらに生きた細胞中での転写をみる方法として，プロモーターに酵素などの cDNA を結合し，これを培養細胞に導入，結合した酵素（レポーター，reporter）の活性をみる方法も盛んに利用されている．実際にプロモーター領域にどのような転写調節タンパク質が結合しているか，さらにどこの部分に結合しているかを解析するための方法が，DNase フットプリンティング法やゲルシフトアッセイである．これらは栄養条件の違いで DNA に結合するタンパク質がどのように変化するかといった解析に用いることができる．

16.3.3 mRNA の安定性

mRNA の安定性（寿命）に関する解析は，アクチノマイシン D (actinomycin D) などの mRNA の合成阻害剤を投与して目的 mRNA の減少速度を測定したり，チオウリジンのパルスラベルなどが用いられる．

16.4 翻訳調節機構の解析

翻訳速度の変化の解析は，転写に比べるとその手段が限られている．目的の遺伝子のタンパク質の合成の調節系において，翻訳効率の変化も寄与しているかどうかを調べたい場合がある．最も単純な検討は，mRNA 量の変化とタンパク質量の変化の間に食い違いがある場合に翻訳レベルでの調節が関わっていると推測するものである．ただし，タンパク質のプロセッシング過程や安定性が変化してこのようなことが起こる場合もあるので，注意が必要である．その他の方法としては，各条件の組織からポリソーム画分を調製し目的の mRNA がどの位の数のリボソームと結合しているかを指標とするもの，*in vitro* で合成した mRNA を *in vitro* の翻訳系で翻訳させる方法，恒常的に働くプロモーター下で目的 mRNA が合成されるような DNA を培養細胞に導入して各条件下でタンパク質の合成を測定する方法などがある．

（加藤久典）

引用文献

1) Sambrook J. and D. W. Russell, 2001. Molecular Cloning (3rd ed), Cold Spring Harbor Laboratory Press, Cold Spring Harbor, NY.
2) 中山広樹ら 1995~1997. バイオ実験イラストレイテッド①~⑤ 秀潤社．
3) 山本 雅ら 1993~1994. バイオマニュアルシリーズ 羊土社．
4) 村松正寛 ら 1996. 新遺伝子工学ハンドブック 羊土社．
5) Ausubel F.M. *et al.*, 1987. Current Protocols in Molecular Biology, John Wiley & Sons, New York.
6) 加藤久典・傅 正偉, 1997. 日本栄養・食糧学会誌, 50:375 – 377.
7) Thompson D. B. and J. Sommercorn, 1992. J. Biol. Chem., 267：5921 – 5926.
8) 真木寿治, 1997. PCR Tips, 秀潤社．
9) 佐々木博己, 1997. バイオ実験の進め方, 羊土社．
10) Johnson T. R. *et al.*, 1991. Proc. Natl. Acad. Sci. U. S. A., 88：5287 – 5291.

第17章　栄養と免疫[1]

　栄養は初乳摂取不足，感染，代謝疾患，薬物，ホルモン，加齢とともに後天的に免疫能力の低下を招く要因として考えられる．一般に栄養不良状態では，細胞性免疫能力が傷害を受け，リンパ球，特にT細胞が大幅に減少するとされている．免疫系細胞は成熟後も細胞分裂，増殖が盛んであり，細胞の増殖，機能維持に必要な金属酵素に金属イオンを提供している亜鉛，鉄，銅，セレンや各種ビタミンの欠乏および過剰は免疫機能に大きく影響する．

　一方，異物が侵入した際，抗原特異的リンパ球の反応が起こる前に，生体では様々な排除機構が働く．これらは抗原特異的なものではなく，異物に対して直ちに反応できるもので自然抵抗性または非特異的免疫と呼ばれる．非特異的免疫の中で特に重要なものには，マクロファージ，補体，ナチュラルキラー（natural killer, NK）細胞がある．抗原特異的レセプターをもったリンパ球が対応する抗原に出会うと，分裂増殖して異物の排除にあたるが，これを獲得免疫という．獲得免疫には，直接リンパ球が主体となって異物の排除を行う（細胞性免疫）ものと，抗体を介して行う（液性免疫）ものがある．液性免疫では抗体産生を担うB細胞と，二度目の抗原侵入において抗体産生を効率的に行うために特異抗原を記憶するリンパ球（記憶細胞）が重要である．細胞性免疫の担い手はT細胞であり，細胞表面のcluster of differentiation（CD）抗原によりCD4陽性T細胞とCD8陽性T細胞などに大別される．免疫応答において，T細胞レセプター（TCR）は遊離した状態の抗原を単独に認識できない．生体内に侵入した抗原はマクロファージ，樹状細胞などのaccessory細胞により処理されmajor histocompatibility（MHC）クラ

表17-1　主な免疫機能と *in vitro* での測定法

免疫能	測定法
獲得免疫の統合的測定 T細胞とB細胞の状態 本来的な免疫能力	特異抗体に対する抗体産生 CD4とCD8の数および比率，リンパ球の機能変化 単球・マクロファージの一酸化窒素産生能．NK細胞の活性測定

ス2分子と結合した抗原がヘルパーT細胞に認識される．一方，内在性抗原はMHCクラス1分子を発現する細胞で処理されて細胞傷害性T細胞に認識される．これらの細胞を抗原提示細胞といい，一連の反応を抗原提示という．

　免疫機能の評価法は数多く，本章ですべてを記載することは，不可能である．表17-1に示した免疫機能を測定することで，栄養による動物の免疫能力の変化を完全ではないにしても評価できると考える．一方，取り扱う動物により免疫機能の測定法も若干異なるので，実際に実験を行うときは，関連する文献および参考書を十分に参照することが望ましい．

17.1　獲得免疫の統合的測定

マイクロプレート法によるヒツジ赤血球（SRBC）凝集反応[3,5]

　抗原とそれに対する特異的抗体が結合すると抗原抗体反応が起こり，試験管内では可視的な反応として観察される．生体内に抗原が侵入すると，免疫反応により抗原に特異的な抗体が産生される．大部分の抗体は血清中に含まれるので，血清を用いた試験管内抗原抗体反応を行うことで生体内の免疫状態を知ることができる．獲得免疫の統合的測定には多くの測定方法があるが，ここでは試験管内抗原抗体反応の一つを記載する．

17.1.1　実験材料および器具

1．使用器具・機器

1) 96ウェル丸底マイクロプレート（蓋つき）．
2) ダイリューター，ドロッパー，オートピペット（25 – 50 μl容量，8連用のマルチチャンネルオートピペットがあれば作業はさらに効率的である）．
3) 冷却遠心機．
4) インキュベーター．
5) 湿潤箱．
6) 冷蔵庫．
7) 滅菌フィルター．
8) オートクレーブ．

2. 試　薬
1) Alserver溶液．1 l にグルコース 20.5 g，NaCl 4.2 g，クエン酸Na 8.0 g を含む．クエン酸でpH 6.1にし0.22 μmのフィルターで沪過滅菌する．
2) リン酸緩衝液：(1) 50 ml と (2) 50 ml を加え，全量を1000 ml とする．

　　(1) 0.2 M Na$_2$HPO$_4$ 360 ml と 0.2 M NaH$_2$PO$_4$ 140 ml を加え全量を1000 ml とする．

　　(2) 3 N NaCl．
3) 2-メルカプトエタノール．
4) 牛血清アルブミン (BSA，脂肪酸フリーのもの)．
5) 羊赤血球 (sheep red blood cell, SRBC)．

　5 % SRBC溶液：PBSを用いて調製する．

　1 % SRBC溶液：0.2 % BSAをPBS用いて調製し，この溶液で1 % SRBCを調製する．

17.1.2　操　作
1) 抗原浮遊液の調製

　ヒツジから採血した新鮮血液 (SRBC) を抗血液凝固剤を含むalserver溶液で2倍希釈し保存血液とする (低温で数週間保存可能)．この保存液は約20 % の赤血球 (2,000 rpm，10分間遠心後のパック容量) を含んでいる．これを原液としてリン酸緩衝液 (PBS) を用いて5および1 % 赤血球液を作成する．市販されている羊赤血球を使用することも可能である．

2) 抗原投与と抗血清の作成

(1) 動物は通常の栄養試験と同様にできるだけ病原性微生物などに感染されない条件で飼育する．
(2) 小動物では，最低1週間，できれば2週間以上試験飼料で飼育する．
(3) 抗原浮遊液である5 % SRBCを1 ml 動物に静脈より投与する．
(4) 投与後5－7日目に採血し，血清を調製する．
(5) 採血する前日の夕方から絶食しておけば，清澄な血清を得られる．
(6) 無菌的で，化学的に清浄な採血用器具を用いる．

(7) 血清の分離は採血した試験管をそのまま室温あるいは 37 ℃ に 15 − 30 分間保ち，血液を凝固させ，次に清浄なガラス棒などで血餅を試験管壁からはがして冷蔵庫（4 ℃）に一晩入れ，血餅を十分に収縮させて，血清をできるだけ浸出させる．

3) 抗体価の測定操作

(1) 96 ウェルの丸底マイクロプレートに市販の 25 μl 用ドロッパーまたはオートピペットおよび市販の 25 μl 用ダイリューターを用い，マイクロプレートの総てのウエルに 25 μl 血清サンプル（検体）の 2 倍希釈系列を 0.2 % 牛血清アルブミン（BSA）を含む PBS を用いて作成する．

(2) SRBC に対する総凝集抗体価を求めるためにはドロッパーまたはオートピペットで各ウェルに 25 μl の PBS を加える．また，SRBC に対する IgG 凝集抗体価を求めるためにはドロッパーまたはオートピペットで 0.02 M の 2-メルカプトエタノールを含む PBS 25 μl を加える．

(3) マイクロプレートをよく撹拌したのち，湿潤箱に入れ 37 ℃ で 1 時間培養する．

(4) 0.2 % BSA を含む PBS で調製した 1% SRBC を各ウェルに 50 μl 加える．

(5) マイクロプレートを撹拌したのち，湿潤箱に入れ 37 ℃ で 2 時間培養する．

(6) 培養後 4 ℃（冷蔵庫）に約 16 時間放置した後，陽性反応を示した最大の希釈倍率を血清の SRBC に対する抗体価とする．

(7) 結果は 2 を底とする対数で表示する．

4) 注意事項

多くの抗原抗体反応では，抗血清中の補体成分を壊しておいたほうがよいので，56 ℃ で 30 分間加温する．一般の保存法としては，NaN_3 を 0.1 % の割合で抗血清に加えて 4 ℃ で保存すれば，長期間保存可能である．新鮮なまま保存したいときは，無菌的に小分けした抗血清を − 70 ℃ で保存する．抗原投与量，投与時期および採血時期は抗体産生に影響するので，使用する動物ごとに予備試験を行い，最適な時期，量を決定することが望ましい．

SRBC 濃度は測定結果に影響するので 1 % を挟んでいくつかの濃度で予備試験を行う．総抗体価のみを求めるときには，BSA を含む PBS ではなく

PBSのみでもよい．

17.2 T細胞とB細胞の状態
リンパ球増殖反応によるリンパ球の機能検査法[2,3,4,6]

マイトーゲンにより刺激されたリンパ球では，各種サイトカインの産生や抗原非特異的ヘルパーT細胞，サプレッサーT細胞，細胞傷害性T細胞などが誘導されることや，B細胞を刺激すると多くの場合免疫グロブリン産生と結びつくことから，マイトーゲンによるリンパ球の増殖反応は免疫応答の研究に重要な位置を占めている．ここではリンパ球の基本的な分離法とリンパ球の機能検査の一つとしてマイトーゲンによるリンパ球増殖反応について記載する．

17.2.1 実験材料および器材

1．動物および飼育条件

小動物では，最低1週間できれば2週間以上試験飼料で飼育する．また，微生物の感染を受けにくい条件で飼育する．

2．器具・機器

1) クリーンベンチ（無菌操作用，できるだけ大きいものが望ましい）．
2) 炭酸ガス培養装置（細胞培養用）．
3) 冷却高速遠心機（細胞の回収用）．
4) 冷蔵庫（培地などの長期保存用）．
5) 冷凍庫（牛血清などの長期保存用）．
6) 高圧滅菌器（プラスチック（チップ）製品，ガラス製品の滅菌用）．
7) 乾熱滅菌器（ガラス製品の滅菌用）．
8) 超純水製造装置（培地などの溶液調製用）．
9) 超音波洗浄器（培養瓶やピペットなどの洗浄用）．
10) 倒立顕微鏡（培養中の細胞観察）．
11) 光学顕微鏡（細胞の計数用）．
12) 濾過滅菌装置（培地の滅菌）．
13) 電動ピペッター．

14）オートピペット（10，25，50，100 μl 容量），8連用のマルチチャンネルピペット．
15）放射性同位元素を使用する場合．
　セルハーベスター（細胞回収用）と液体シンチレーションカウンター．

3．頻繁に使う器具

1）滅菌済みのメスピペット（1，5，10 および 25 ml 用）およびパスツールピペット（使い捨て用が便利であるが，ガラス製を使用するときはアポステリパックのような高圧滅菌用パックを用いて高圧滅菌するか，ステンレス滅菌缶に入れて乾熱滅菌する）．
　　標準的高圧滅菌の条件は 100 ℃，1 気圧，20〜60 分
　　標準的乾熱滅菌の条件は 180 ℃で 30〜60 分
2）96 ウェル平底マイクロプレート（蓋つき，滅菌済みの市販品を用いる）．
3）遠心管（15 ml，50 ml 容量，滅菌済みの市販品を用いる）．
4）マイクロチップ（滅菌済みのラック入りのものを用いる）．
5）電動ピペッター．
6）メディウム瓶（滅菌するときは蓋の部分をアルミホイルで包む）．
7）血球計算盤．
8）滅菌フィルター（0.22 μm と 0.45 μm）．

4．脾臓細胞と胸腺細胞の調製に必要な器具

1）60 mm または 90 mm の滅菌済みシャーレ（市販の滅菌済みプラスチック製を用いる）．
2）ステンレス製メッシュ（80〜100 メッシュのもの）シャーレより一回り大きく裁断しアルミホイルに包み，滅菌缶に入れて乾熱滅菌する．
3）鋏とピンセット　ガラス試験管に入れ全体をアルミホイルに包んで乾熱滅菌する．この際ピンセットの頭の部分は試験管からでていることが望ましい．1 臓器に 2 セットが必要となる．
4）ナイロンメッシュ（100 メッシュ）5 cm×5 cm 位のものを 1 枚ずつアルミホイルに包みガラス製シャーレに入れて高圧滅菌する．
5）注射筒ピストン部分（市販の滅菌済み使い捨て注射器のピストン部分を

用いるとよい).

5. 試　薬

1) ヨードチンキ.
2) ヘパリン溶液.
3) 70％エチルアルコール溶液.
4) リン酸緩衝液：(1) 50 ml と (2) 50 ml を加え，全量を 1,000 ml とする.
(1) 0.2 M Na_2HPO_4 360 ml と 0.2 M NaH_2PO_4 140 ml を加え，全量を 1,000 ml とする.
(2) 3 M NaCl
5) リンパ球分離液：各種比重の分離液が Sigma, Pharmacia 社などから入手可能．特殊な比重液が必要であれば自作することも可能である.
6) 牛胎児血清（fetal calf serum）.
7) RPMI-1640 培養液：粉末培地から調製することも可能であるが，滅菌済みの ready to use の製品も市販されている．ペニシリン（100,000 単位）とストレプトマイシン（100 mg）を 1 l の RPMI-1640 に溶解し使用する.
8) トリパンブルー.
9) マイトーゲン：コンカナバリン A（Con A, concanavalin A），アメリカヤマゴボウレクチン（PWM, pokeweed mitogen），リポポリサッカライド（LPS, lipopolysaccharide）など各種.
10) ^3H-thymidine.
11) シンチレーター：トルエン系でもキシレン系でもよい.
12) 赤血球融解用緩衝液：(塩化アンモニウム－トリス等張緩衝液：0.83％ NH_4Cl とトリス（ヒドロキシ）アミノメタン（pH 7.65, 20.594 g/l）を 9：1 の割合で混合する．その他，Gey 溶液や修正塩化アンモニウム－トリス等張緩衝液がある).

17.2.2　免疫担当細胞の調製法

当然のことであるがクリーンベンチなどを用いて無菌的環境下で免疫担当臓器を採取し，細胞の調製も同様の条件で行う．使用する鋏やピンセット，

スライドガラスなども滅菌済みのものを用いる．指先，手と腕（肘のところまで）も逆性石鹸（オスバン）などでよく消毒する．

1．臓器・血液の採取
1) 動物は頸椎脱臼で屠殺することが望ましい．
2) 屠殺後，70％アルコールで全身を消毒する．噴霧器などを用いると便利である．動物が大きいときは局部のみ（できるだけ広い範囲を）70％アルコールで消毒する．切開部分をヨードチンキでよく消毒する．
3) 外皮を切開するために用いた鋏やピンセットは臓器を採取するとき使用しないで，新しい滅菌済みの鋏やピンセットを用いて採取する．
4) 採取した臓器は PBS か RPMI-1640 培地の入った滅菌済み 15 ml 遠心管かシャーレに移す．

　臓器を採取するクリーンベンチとリンパ細胞を調製するクリーンベンチは違う方が望ましい．また，臓器の入った遠心管やシャーレをクリーンベンチに持ち込むときには遠心管やシャーレを 70％アルコールで消毒する．

2．血液の採取
1) 滅菌フィルター（0.22 μm）で滅菌したヘパリンを抗血液凝固防止剤として用いる．注射針と注射筒は市販の滅菌済みのものを用いると便利である．注射筒にヘパリンを入れるときもクリーンベンチ内で行う．
2) 採取した血液はクリーンベンチ内で滅菌済みの 15 ml 遠心管に移すが，この際，注射筒や注射針をクリーンベンチに持ち込むときは注射筒や注射針を 70％アルコールで消毒することが望ましい．

17.2.3　脾臓細胞および胸腺細胞の調製法

1) 適当量の RPMI-1640 培地に入れたシャーレにステンレス製の金網を利用し，組織から細胞を押し出す（滅菌済みのすりガラス付き組織切片用スライドガラス 2 枚の間に脾臓を挟み，軽く圧迫しながら砕き細胞を押し出す．このときスライドグラスの一方を RPMI-1640 培地中に浸しておくと遊離してきた細胞は RPMI-1640 培地中に流れ，乾燥を防ぐ．脾臓皮膜や繊維性結合成分はスライドガラス間に残るので捨てる方法などもある）．

2）パスツールピペットを用いて細胞塊が無くなるまで十分に，しかし静かに撹拌する．

3）ナイロンメッシュを通して RPMI-1640 培地に浮遊した細胞をパスツールピペットで 15 ml 用遠心管内に移す．

4）細胞密度が濃い場合には RPMI-1640 培地を用いて希釈する．

5）4 ml のリンパ球分離液（著者はヒト用を利用している）の入った 15 ml 容遠心管に 4 ml の細胞浮遊液をパスツールピペットで静かに重層する．

6）15〜25℃条件下で 500 g, 45〜60 分間遠心する．リンパ球（＋単球）は血漿層とリンパ球分離液層との境界面に集まる．

7）血漿上清はアスピレーターを用いて捨てる．

8）パスツールピペットを用いてリンパ球層を集める．この際リンパ球分離液をできるだけ吸引しないようにする．

9）3〜5 ml の RPMI-1640 培地を分離したリンパ球に加えて 15〜25℃条件下で 500 g, 10 分間遠心洗浄する．

10）この操作を 3 回繰り返す．

11）リンパ球を 1 ml 当たり 2×10^6 個の細胞密度になるように RPMI-1640 で希釈する．

12）一部をとって等倍量のトリパンブルーと混合し 2〜3 分後に血球計算盤にて生細胞を数える．

17.2.4 血液細胞の調製法

PBS で 2 倍に希釈後リンパ球分離液に重層し，$600 \times g$ で 45〜60 分（10〜25℃）で遠心し，分離液と血漿の間にできるリンパ球層を集める．

上記の 3）以下は脾臓細胞と胸腺細胞の調製に準じて行う．

17.2.5 リンパ球増殖反応の測定

1）ペニシリンとストレプトマイシンおよび 5〜10％牛胎児血清を含む RPMI-1640 培養液を用いて，$5 \times 10^6 \sim 1 \times 10^7$ 個/ml の濃度のリンパ球浮遊液を調製する．

2) この 0.2 ml をマイクロプレートの各ウェルに分注する．
3) これにマイトジェンを含まない対照とマイトジェン（培養液に溶かす）を含む溶液の各種濃度を 10 μl 加える．
4) 1 濃度最低 3 ウェルとする．よく撹拌混和後，マイクロプレートは炭酸ガス培養器 37～39 ℃で 5 % CO_2 下で 30～54 時間培養する．
5) 各ウェルに ^{3}H-thymidine を加え，さらに 18 時間培養する．
6) ^{3}H-thymidine を取り込んだ細胞をセルハーベスターにより集める．
7) 生理的食塩水か PBS で洗浄後乾燥し，シンチレーターを加えた後，液体シンチレーションカウンターで測定する．

17.2.6 注意事項

　胸腺細胞は大部分がリンパ球であるが，多くの造血組織から得た浮遊細胞群には多数の赤血球が混入しているので，塩化アンモニウムにより赤血球を除去する．赤血球が混在した細胞浮遊液を遠心して上澄みを捨てた後，赤血球融解用緩衝液を適量（10^8 細胞あたり 0.5～1 ml）を加えて撹拌し，10～25 ℃，5 分間放置後遠心で洗浄を 3 回行う．

　マイトジェンのリンパ球に対する増殖能について注意すべき点として以下のことをあげておく．マイトジェンは動物の種に特異性を示す．マイトジェンには最適刺激濃度（ほとんどの場合 10～50 μg/ml の中に入る）が存在するので各種濃度を用いて容量－反応を検討する．既知のマイトジェンでも個体差，動物種により最適刺激濃度が異なることがあるので注意する．培養液に加える血清の種類やロット差，添加濃度も増殖能に影響する．血清のロットによりリンパ球の反応性が非常に異なるので，ロットチェックを行うことが望ましい．マイトジェンで刺激したリンパ球の増殖反応が最大となる時間は，動物種，マイトジェンで異なる．抗原刺激の系では，補助細胞，T 細胞，B 細胞の相互作用が必要であるが，マイトジェン刺激の系でも同様である．T 細胞刺激の Con A ではマクロファージが，また，B 細胞の PWM では T 細胞の協力が必要となる．したがって，T，B 細胞を精製している場合や，リンパ球の調製段階で特定の細胞群が除去される可能性があるときはそのこ

とを考慮しなければならない．細胞増殖アッセイには^{3}H-thymidine の取り込みが指標として用いられてきた．しかし，最近はより簡便でかつ放射性同位元素の使用を避けることができる手法として，thymidine のアナログとして 5-bromo-2'-deoxyuridine (BrdU) や MTT, alamar blue などを用いる方法が開発され，使用されるようになった．前者 2 方法は thymidine の核への取り込みを測定しているのに対して，後者の 2 方法は細胞の脱水素酵素活性を測定していることに留意する．

17.3 本来的な免疫能力

マクロファージ機能測定法[2,3,4]

非特異的免疫の中で特に重要なものには，マクロファージ，補体，ナチュラルキラー (natural killer, NK) 細胞の機能が挙げられる．ここでは腹腔マクロファージの一分離法と機能測定法について概説する．

17.3.1 試験の準備

1．器　具

基本的にはリンパ球の調製に準ずる．

2．試　薬

1) ハンクス液：自分で作成することは可能であるが，滅菌済み市販品を使用する方が簡単である．
2) PHA (phytohemagglutinin).

17.3.2 腹腔細胞単離法

1) 動物を放血死させる．
2) 70％アルコールで腹壁を消毒し，腹部中央の皮膚を剥ぎ，腹膜を露出させる．
3) 下腹部中央の部分より腹腔内に体重の 1〜2％量の冷ハンクス液（Ca^{2+} と Mg^{2+} を含まないもの）を注射器で注入する．
4) よくマッサージした後，液を注射器で回収する．
5) ポリプロピレン遠心管を用いて，1,000 rpm 10 分間遠心し，冷ハンクス液

で2〜3回洗浄する．

17.3.3 付着法によるマクロファージ単離

1) 腹腔細胞を5％FCS添加RPMI培地に浮遊させ，プラスチックシャーレに分注する．
2) 37℃，60〜120分間CO_2インキュベーター内に静置する．シャーレをよく振盪し，浮遊細胞を吸引する．
3) 温めたハンクス液で同様の操作を2〜3回繰り返し，非接着細胞を完全に除去する．
4) 2.5 mM EDTAを含むハンクス液を加え20分間氷冷後ピペットで吹き付け吸着細胞を浮遊させる．
5) 1,000 rpm 10分間遠心し洗浄後実験に使用する．

　腹腔マクロファージ誘導物質を用いるときには2％プロテオース・ペプトン，2〜10％デンプン，5％カゼインなどを適当量腹腔に注射し，3〜6日後に腹腔細胞を採取する．

17.3.4 インターロイキン-1（IL-1）産生能による
　　　　　マクロファージ機能の検定

　IL-1が広範な生体組織において似たような生物学的作用を担うことを利用して，それらの特性を用いるいわゆるバイオアッセイが開発されている．特に，従来から胸腺細胞のマイトジェン反応性の増強活性を指標としたco-stimulatorアッセイが最も頻繁に行われてきた．

1) 5％のFBSを含むRPMI-1640培地で分離したマクロファージ細胞（5×10^6個/ml）に2.5 μg/mlのLPSを加える．
2) 37℃で24時間培養し，上清液を回収する（必要に応じて透析処理を行う）．
3) 4〜6週齢のマウス（LPSに反応しない，IL-1への反応性の高い系統）の胸腺を摘出し，2％FCS添加RPMI-1640培地中で押し潰し，細胞浮遊液を調製する．
4) 同じ培地を用い$500 \times g$，5分間の遠心を2回行い細胞を洗浄する．遠心

後，細胞ペレットを7% FCS添加RPMI-1640培地に 1×10^6 個/ml となるように再浮遊させる．この際，PHAを2.0μg/mlになるように加えておく．
5) 96穴プレートにあらかじめ2)で調製したIL-1含有試料およびIL-1の標準品を7% FCS添加RPMI-1640培地で系列希釈する．通常は2倍希釈で行う．標準品が入手可能な場合は10 ng/ml以下の濃度として用いる
6) 各希釈試料100 μl に上述の胸腺細胞浮遊液を100 μl（1×10^6 個/ウエル）を加える．
7) 培養はCO_2 インキュベーター内で72時間行い，培養終了12時間前に^{3}H-thymidineを各ウエルに添加し，細胞をパルス標識する．培養終了後，細胞ハーベスターで細胞をガラス濾紙上に回収し，^{3}H-thymidineの取り込み量を液体シンチレーションカウンターで測定する．希釈倍率に対して取り込み量をプロット（Probit解析）し，取り込み量の最大量の50％を与える試料の希釈倍率から活性を求める．

17.3.5 注意事項

この方法は簡便であるが，IL-1αとβを区別できない上に，IL-2やIL-6が混入している場合には正確には定量できない欠点がある．また，マイトジェンやインヒビターなどの干渉物質の共存に注意する必要がある．最近ではILに特異性の高い抗体が作成され，これを利用した酵素免疫測定法やラジオイムノアッセイが主に用いられている．抗体がある場合には酵素免疫測定法を利用する方がよい．
(高橋和昭)

引用文献
1) 安東民衛・千葉 丈，1991．単クローン抗体実験操作入門 講談社．
2) 日本生化学会編，1986．続生化学実験講座5 免疫生化学研究法 東京化学同人．
3) 日本生化学会編，1989．新生化学実験講座12 分子免疫学1 免疫細胞・サイトカイン 化学同人．
4) 日本生化学会編，1989．新生化学実験講座12 分子免疫学3 抗原・抗体・補体 東京化学同人．
5) 矢田純一・藤原道夫，1990．新リンパ球の機能検索法 中外医学社．
6) 山内一也ら，1996．動物の免疫学 文永堂出版．

第18章　ルーメン機能解析法

　反芻動物（ruminant animal）の栄養の最大の特徴は，微生物との共生栄養（symbiotic nutrition）関係にあることである．すなわち，反芻動物は，第一胃（ルーメン，rumen）を生息の場として提供することによりバクテリア（細菌，bacteria），プロトゾア（繊毛虫，ciliate protozoa），ファンジャイ（真菌，fungi）などの嫌気性の微生物と相利共生（mutualism または symbiosis）の関係を確立している．そして，それらの微生物の力により動物自身では消化できないセルロースなどの繊維質を消化発酵してもらい，反芻動物はその発酵産物を主なエネルギー源として利用している．また，反芻動物は，ルーメン内で動物自身では利用できないアンモニアを窒素源として十分に増殖し得るそれらの共生微生物体を，最終的には，自らのタンパク質源として利用している．その上，ルーメン微生物が合成したビタミンB複合体やビタミンKなども利用することができる．このように反芻動物は，共生微生物から大きな利益を得ている．したがって，反芻動物の栄養試験をする場合は，まず，ルーメン微生物（rumen microorganisms）の機能と特殊な代謝産物ならびにそれらに連動して進化してきた宿主動物自体の特異な生理現象を念頭におく必要がある．ルーメン発酵（rumen fermentation）が正常であることが，まず，反芻動物の栄養生理上不可欠となっているからである．

　ルーメン機能という場合は，このようなルーメン微生物の機能の他に宿主側のルーメン粘膜のVFA吸収作用や尿素拡散放出作用などの機能が含まれる．さらにはルーメン環境の正常性の維持に欠かせないアルカリ性の唾液の分泌も，ルーメン機能に関わる宿主側の大切な機能である．ここでは，ルーメン微生物機能を中心としながらも上述した宿主側の生理機能の関わりの中での全体としてのルーメン機能解析法について話を進める．

18.1 ルーメン液成分の分析法

上記のように，共生栄養関係を確立している反芻動物の栄養生理にとって，ルーメン微生物が十分に機能していることが，まず何よりも重要である．そこで，最初に，ルーメン機能の正常性の判定のための情報となるルーメン液成分の分析法について述べる．ルーメン微生物が十分にその機能を発揮するためには，ルーメン環境（ruminal environment）が正常な状態にあることが必要である．ルーメン環境の正常性を判断するための有効な手段としては，一般に，比較的手軽に測定できるルーメン液（rumen fluid）のpH，アンモニアおよび揮発性脂肪酸（volatile fatty acid, VFA）の濃度，プロトゾアの種類と数などが使われている．いうまでもなく，ルーメン液のpHは，微生物による発酵産物のVFAなどの酸とルーメン内に流入する唾液中の塩基とのバランスで決まる．アンモニア濃度もルーメン微生物による飼料中の窒素化合物やルーメン粘膜から拡散放出される尿素などの分解によって生じるアンモニアの生成速度と微生物によるアンモニアの利用速度ならびにルーメン粘膜からの吸収速度とのバランスで決まっている．VFA濃度も微生物の消化発酵による生成速度とルーメン粘膜からの吸収速度とのバランスで決まる．したがって，ルーメン粘膜からのVFAの吸収はpHの決定にも関わっている．また，ルーメン液のpHに極めて敏感なプロトゾアの計測も行われる．ルーメン液成分の分析値は，このようなルーメンの総合的な機能の正常性を知るうえで有効な判断資料となる．

18.1.1 ルーメン内容物採取法

ルーメン液成分の分析に先立ちルーメン内容物を採取する必要があるので，まず，その方法について記す．ルーメンフィスチュラ（rumen fistula, ルーメンフィステル（ドイツ語）または第一胃瘻管ともいう）装着手術を施した動物の場合は，それを通していつでもルーメン内容物（rumen contents）が採取できる．いつでもとはいえ，通常，例えば，35〜40 kgのヤギ（ルーメン内容物は5〜7 l）から2 lぐらいの内容物を採取する必要があるときは，ヤギの栄養生理を考えて，1週間に1回しか採らないほうがよい．ルーメンフ

ィスチュラは，三紳工業（株）（横浜市港北区高田町）がウシおよびヒツジ・ヤギ用に製作販売している．ルーメンフィスチュラ装着動物は，装着状態がよく気密性がよければ正常性が維持され，例えば，ヤギの例では，その状態で分娩もし，10年以上（寿命まで）飼い続けることができる．ルーメン微生物の研究などのため，ルーメン内容物を時々採取する必要がある場合は，このようなルーメンフィスチュラ装着動物が必要となる．装着手術は，専門の外科医（獣医）に頼めば，麻酔下で動物に苦痛を与えることなく，ヤギで1時間，ウシで2時間程度で終了する．

　ルーメンフィスチュラを装着しない動物の場合は，ルーメンカテーテル（rumen catheter）を用いて採取する．ルーメンカテーテルは，富士平工業（株）（東京都文京区本郷）が胃カテーテル（FI-30, 2 m, 牛用）として製作販売している．カテーテル挿入の際は開口器が必要である．かつて，ウシ用十字型開口器が販売されていたが，現在は製造中止になっている．したがって，それに類するものを工夫して作る必要がある．また，カテーテルでルーメン内容物を採取するときは，試料採集瓶とトラップをつけた吸引用のポンプを接続すると採取しやすい．カテーテルの先の方にいくつか開けてある穴はルーメン内容物で詰まることがあるので，カテーテルを少し出し入れしながら採取するのがこつである．カテーテル試料は，唾液の混入が問題であり，pHの測定には向かないが，アンモニア，VFA，プロトゾアなどの計測には供試できる．

　ルーメン内容物の採取時刻は研究目的により異なり，飼料の消化などを見る場合は給餌後経時的に，ルーメン発酵のピーク時の状況を知りたい場合は給餌後3時間目ぐらいに，また，ルーメンプロトゾアなどを集める場合は，1日2回の飼料給与方式で飼育している動物では，次の給餌直前に採取するとよい．また，飼料は摂取後直ちにルーメン内容物と均一に混合されるわけではなく，摂取当初，未消化の粗飼料は上層部に浮いた形で存在し，液状の部分は下層になるので，目的に応じて，手が挿入できる程のルーメンフィスチュラが装着されている動物では，内容物をよく混合してから採取することもでき，また，そうでない動物ではルーメンの腹後盲嚢，腹嚢体，腹前盲嚢，背

後盲嚢など数ヵ所から試料を採取するのがよい．採取試料は，目的に応じて処理をし，保存する．

18.1.2 pHの測定

ルーメン液のpHは，採取直後のルーメン内容物を4枚重ねのガーゼまたはモスリンで搾り，搾汁（4重ガーゼ搾汁）を携帯した簡易型pHメーター（例えば，コンパクトpHメーター，Twin pH，B-211，Horiba）で測定する．おおよその数値が分かればよい場合は，BTB試験紙により判定してもよい．採取場所と研究室が近距離の場合は，研究室に持ち帰ってから，内容物を同様に処理し，通常のpHメーターにより測定してもよい．採集後直ちに測定することがポイントである．

18.1.3 アンモニアの定量

ルーメン液中のアンモニア（ammonia）の定量は，試料数が少ない場合は，ケルダール（Kjeldahl）の窒素蒸留装置（20.1.2参照）[1]でも定量できるが，試料が多い場合は，コンウエイの微量拡散分析法（Conway's microdiffusion analysis）[2]で定量するのが便利である．これらの方法は，原理的には，溶液をアルカリ性にしたときに揮発する揮発性塩基を酸に吸収させて，その吸収量を滴定して定量するものである．ルーメン液中の揮発性塩基は大部分がアンモニアであるが，メチルアミンなどの揮発性アミンも微量含まれる．他にもイオンメーターによる測定法（ガス-アンモニア電極法，Orion）などにより測定されている例[3]もあるが，そのためには測定機器が必要である．ここでは，安価に入手できる手軽な器具で測定できることから，一般的なアンモニア定量法として，コンウエイの微量拡散法について簡単に説明する．

1．試料調製法

アンモニアの定量に供するルーメン液試料は，4重ガーゼ搾汁を十分撹拌しながらそのまま試料としてもよい．しかし，その場合は，微細飼料片や微生物体が含まれていることに注意する必要がある．ルーメン搾汁の高速遠心分離液（4℃，27,000×g，20分）（rumen liquor，ルーメンリッカー）には，

ルーメンバクテリアサイズの粒子も含まれないのでかなり透明である．現在，どの状態のルーメン液を試料とするかは，国際的に決められているわけではないが，ルーメンリッカーには飼料片やバクテリアサイズ以上の微生物がほとんど含まれていない点で試料としての均質性があり，異なる飼料給与動物間での比較にも応用できるので，ルーメンリッカーを試料とした測定値をルーメン液中のアンモニア濃度とすることが妥当と考えられる．

ルーメン発酵や代謝を *in vitro* で検討する目的でアンモニアを測定する場合は，飼料片や微生物が含まれたままの液を試料とする場合もあり得るが，その場合は，すべて同じ試料調製処理を施したうえで測定すべきであるということはいうまでもない．

2．コンウエイの微量拡散分析法 [1,2)]

1925年，ダブリン大学生化学教授 E. J. Conway は，長年に亘たりアンモニアガスの分子活動を理論的に究明し，ミクロケルダール法に代わるアンモニアの μg 単位までの超微量定量法すなわちアンモニアの微量拡散分析法を考案した．

1) 試　薬

この分析法に必要な試薬は，次の通りである．

(1) 指示薬含有1％(w/v)ホウ酸溶液（吸収剤溶液）

99％エタノール	200 ml
純　水	700 ml
ホウ酸（特級）	10 g

・上記エタノールと純水を混合し，ホウ酸を完全溶解する．1％ホウ酸溶液を用いれば，300 μg NH_3-N まで測定可能である．

・この溶液に，混合指示薬（ブロムクレゾールグリーン 0.033％ およびメチルレッド 0.066％ を含むエタノール溶液，長期保存可能）10 ml を加えて混合したのち，0.05 M NaOH により pH 3.5～3.6（薄桃色）になるまで中和し，純水を加えて全量を 1 l とする．本溶液は，酸性側で赤色，アルカリ性側で緑色となる．

(2) 0.02 N HCl（滴定用）

　濃塩酸（35～37％，11.5 M）1.74 mlに純水を加えて1lとし，ファクター（F）を決定する．すなわち，潮解性のないシュウ酸アンモニウムを正確に秤量して，ミクロケルダール蒸留装置によりアルカリ性にしたのち蒸留し，上記のホウ酸溶液に蒸留液に含まれるアンモニアを吸収させ，調製した0.02 M HClにて滴定し，F（mgN/ml）を決める．

(3) 飽和炭酸カリウム溶液

　純水50 mlに炭酸カリウム（特級）55 gを加えて密閉して放置し，翌日以降，上清液を使用する．

(4) 膠着剤（トラガントゴム）

　トラガントゴム3 gに純水34 mlを加えて，乳鉢で擦り合わせ，これに15 mlのグリセリンおよび8 mlの飽和炭酸カリウム溶液を加える．

2）操 作 法

　操作法は，次の通りである．

(1) コンウエイユニット（微量拡散皿）（図18.1.3-1）の蓋の擦り合わせ部分に膠着剤を塗る．

(2) コンウエイユニット内室に1％ホウ酸溶液約1 mlを駒込ピペットで加える．

(3) コンウエイユニット外室の隔壁が低くなるようにコンウエイユニットの下にマッチ棒などをおき，隔壁の片側にルーメン液試料（4重ガーゼ搾汁）0.2 mlを加え，他の側に飽和炭酸カリウム溶液約1 mlを駒込ピペットで加えて，すばやく蓋をし，

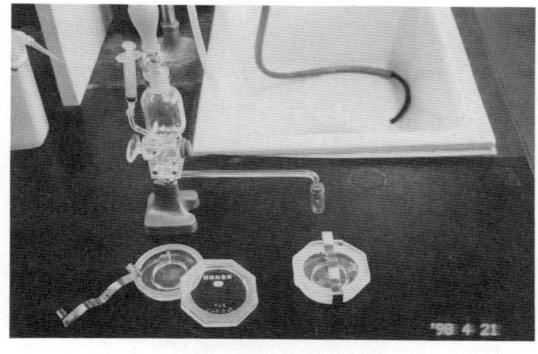

図18.1.3-1　コンウエイの微量拡散ユニット（コンウエイユニット）およびミクロビューレット

金具でコンウエイユニットを密閉したのち，外室のルーメン液試料と炭酸カリウム溶液を混合し，そのまま放置してアンモニアを拡散させ，内室のホウ酸溶液にアンモニアを吸収させる．なお，この後はマッチ棒は不要である．これにより，内室液の色調は，薄桃色から緑色に変わる．放置時間は，1夜とされているが，目的に応じて自ら回収率を測定し，短縮することができる．
(4) 拡散終了後，ミクロビューレット（図18.1.3-1）を使用して0.02 NHClにより薄桃色になるまで滴定して，HCl消費量にファクター（F）を乗じてアンモニア態窒素量を求める．

3. ルーメン液中アンモニア濃度

ルーメン内容物中のアンモニア濃度は，飼料の種類ならびに給餌後の時間によって異なる．例えば，細切したメドーフェスク乾草700 g/日を給与したヒツジでは，給餌前10 mM，給餌後3，5，10時間目で，それぞれ，19，12，8 mMであったという例が示されている．これに対して，タンパク質を多目に与えた場合の例として，細切メドーフェスク乾草600 g/日とラッカセイ粕300 g/日を与えているヒツジでは，給餌前13 mM，給餌後3，5，10時間目で，それぞれ，43，30，26 mMとかなり高くなるという．ルーメン内容物中アンモニア濃度が60 mM以上になるとアンモニア中毒が発症する危険性が高まる[4]．

18.1.4 揮発性脂肪酸の定量

ルーメン液中のVFAの定量は，一般に，ガスクロマトグラフィーにより行われる．総VFAはコンウエイの微量拡散法[2]によっても測定することができるが，この方法では，一般に，回収率が低い．また，総VFAは水蒸気蒸留法[5]によっても定量することができる．

近年の反芻動物の栄養試験では，総VFAよりも酢酸/プロピオン酸比などが問題になるので，ここでは，ガスクロマトグラフィーによるVFAの定量法について簡単に述べる．

1. ガスクロマトグラフィーによるVFAの定量

最近は，機器分析技術が進んでガス・リキッドクロマトグラフィー（gas

液体クロマトグラフィー（liquid chromatography, GLC）による定量法[6]も応用されているが，ここでは，ガスクロマトグラフィーによる簡便定量法を紹介する．この方法は，基本的には，蔭山ら[7]の開発した方法に依拠している．

1) 装 置

分析装置 ガスクロマトグラフィー（Yanaco），G 2800（図18.1.4-1）（これは以前に購入した機種であり，手持ちの装置で下記の条件が満たせる機種であればよい）．

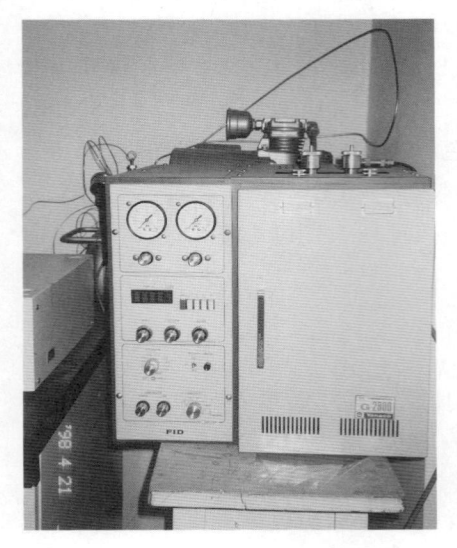

図 18.1.4-1 ガスクロマトグラフィー装置（柳本）

2) 分析条件

(1) カラム　PEG-6000 10 % on TPA（60～80メッシュ）〈テレフタール酸（TPA，60～80メッシュ）を担体とし，これにポリエチレングリコール（PEG-6000）を 10 % 塗布してカラムに詰めたもの〉，1.5 m ステンレスカラム

(2) 検出器　FID（Yanaco）

インジェクションおよび検出器温度，200 ℃.

カラム温度，135 ℃.

キャリアガス（N_2）流速，60 ml/分.

水素ガス流速，60 ml/分.

感度，10^2.

3) 試 薬

除タンパク剤（10 % メタリン酸）　2 N 硫酸に 10 %（w/v）となるようにメタリン酸を溶解する．

4) 操 作 法

ルーメン内容物の 4 重ガーゼ搾汁 1 ml に等量の 10 % メタリン酸溶液（上

記)を添加し，高速遠心分離(27,000 × g，20分)後，上清液 5 μl をインジェクションする．分析値は，検出されるピークの高さと VFA の濃度との検量線をあらかじめ作成しておき，読み取る．VFA の標準溶液濃度は，0.5〜5 mg/ml とすれば，ピークの高さは適度な範囲で出現する．

　ルーメン内容物中の総 VFA 濃度は，一般に 50〜190 mM (平均 120 mM) とされており，仮にその 60％が酢酸であるとすれば，72 mM すなわち 4.32 mg/ml となる．これを除タンパクのために 10％メタリン酸で 2 倍希釈するので，実測値は 2.16 mg/ml となって，ちょうど適度のピーク範囲に出現する．ちなみに，上記の条件で分析すると，酢酸，プロピオン酸，酪酸，吉草酸の順にピークが出現し，吉草酸のピークは 3 分で終了する．分枝 VFA を分析する場合は，もう少し時間を要する．ピークの高さは，等重量濃度 (mg/ml) でインジェクションした場合，プロピオン酸＞酪酸＞酢酸＞吉草酸の順で高くなる．

18.1.5　ルーメンプロトゾアの計数

　ルーメン環境(特に pH)の正常性のチェックには，pH に特に敏感なプロトゾアの種類と数を調べるのが便利である．以下，簡単に方法を述べる．

　正常なルーメン環境におけるプロトゾア数 (10^6 個/ml) の場合は，ルーメン内容物の 4 重ガーゼ搾汁 0.5 ml に 4.5 ml の 0.02 M ヨウ素 (I_2) 液を加えて栓をし，暗所に保存する．ヨウ素液の代わりに MFS (0.3 g メチルグリーンおよび 8.5 g NaCl を 1 l の 10％(v/v) ホルマリン溶液に溶解)[8] を用いて核を緑に染める方法もあり，現在はこれが一般に使われている．

　計数にあたっては，Fuchs-Rosenthal の血球計算盤に 5 μl の上記の染色固定液を撹拌しながら採り，その中に含まれるプロトゾアの種類と数を総て数える．

　プロトゾアの種類は，大きく 4 種類に分けてカウントする．それは，イソトリッチデー (Isotrichidae) 科，エントディニーネー (Entodiniinae) 亜科，ディプロデイニーネー (Diplodiniinae) 亜科，オフリオスコレシネー (Ophryoscolecinae) 亜科である(図 18.1.5-1)[9]．

〔小野寺良次〕

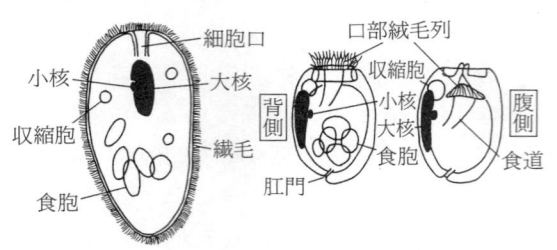

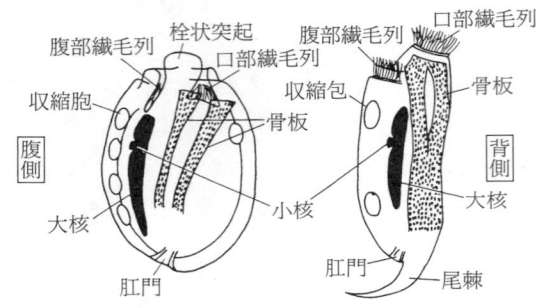

第18章 ルーメン機能解析法

図18.1.5-1　ルーメンプロトゾアのおもな種類（科名および亜科名）と細胞内構造（今井・勝野，1977[9]）

a. *Isotrichidae* 科
b. *Entodiniinae* 亜科
c. *Diplodiniinae* 亜科
d. *Ophryoscolecinae* 亜科

参考文献

1) 東京大学農学部農芸化学科編，1978．実験農芸化学　上，朝倉書店．
2) 石坂音治訳．1962．Conway E. J., 微量拡散分析及び誤差論．南江堂．
3) Schwab C. G. *et al.*, 1992. J. Dairy Sci., 75 : 3486 – 3502.
4) 神立　誠，須藤恒二監修，1985．ルーメンの世界．農山漁村文化協会．
5) 森本　宏監修，1971．動物栄養試験法．養賢堂．
6) Srewart C. S. and S. H. Duncan, 1985. J. Gen. Micorbiol., 131 : 427 – 435.
7) 蔭山勝弘ら，1973．日本畜産学会報 44:465 – 469.
8) Onodera R. *et al.*, 1977. Agric. Biol. Chem., 41 : 2465 – 2466.
9) 今井壮一，勝野正則，1977．ルーメン繊毛虫の同定の手引き．宮獣会報，30 : 3 – 24.

18.2 ルーメン微生物の培養法

ルーメンの総合的な機能の正常性を知る方法として，上述したような単純な化合物の定量などが行われるが，ルーメン微生物の代謝機能をより詳細に検討する場合は，特別にある種の化合物などがルーメン微生物によりどのように変換されるのかを具体的に知ることが必要になる．そのような場合には，ルーメン微生物を直接培養して検討する．全体としてのルーメン微生物機能を知るためには，ルーメンフィスチュラ（フィステルとも言う）を通して直接ルーメン内に被験物質を投入し，$in\ situ$ の状態でその変化を検討する必要があると思われるが，その場合は被験物質（基質）および代謝産物に関して，ルーメン粘膜からの吸収，下部消化管への流下，小腸からの吸収，大腸内での微生物による代謝，糞中への排泄，呼気からの排泄，尿中への排泄，動物体内での代謝などをすべてチェックしなければならないので，それらの化合物の定量的な変化を捉えることは極めて困難である．そこで，せめて動物自体の生理作用だけは関わらないような条件の下でルーメンと同様に半閉鎖的[1]なルーメン微生物生態系を確立しようと工夫されてきたのが人工ルーメンである．人工ルーメンについては18.3で詳述されるが，これには巧みに仕組まれた装置が必要になる．

ここでは，より手軽にルーメン微生物がもっている基本的な機能の一端を知る方法として，バッチカルチャー法によるルーメン微生物の培養法について述べる．

18.2.1 混合ルーメン微生物の培養

上述したように，決してルーメン微生物機能を知るための完璧な方法ではないが，ルーメン微生物機能の基本的な一端を知るには簡便で有効な方法と思われるので，ここでは，まず，混合ルーメン微生物懸濁液（混合ルーメン微生物系）の培養について述べる．混合ルーメン微生物系は，いわばルーメン微生物の生態系で，それをそのまま培養することによって得られる情報にこそ意味があるとする考え方は，微生物生態論[1～3]に立脚している．すなわち，ある微生物生態系における全体としての機能は，微生物間の相互作用を

勘案すれば，その系を構成する各微生物のもつ純粋培養系で得た個々の機能の総和では示すことができないという考え方に基づいている．

1. 混合ルーメン微生物系の調製法

ルーメンフィスチュラ装着動物からルーメン内容物を集め，4重ガーゼ搾汁を調製したのち，図18.2.1-1の手順[4]に従い混合ルーメン微生物系を調製する．この場合，ルーメン微生物は嫌気性なので，使用する容器の気相はあらかじめファーネス（灼熱還元銅酸素除去装置：石英管に金属銅片を詰め，電気炉内（約350℃）で灼熱．3ヵ月に一度灼熱状態で H_2 を通すことにより銅の還元状態を回復させる．図18.2.1-2に示す装置）を通過させて酸素を除去した混合ガス（$N_2 + CO_2$, 95:5）により置換しておくことが重要である．また，ルーメン液は特徴的な匂いがするので，これらの処理は，ドラフト内で行うのがよい．

```
                    ルーメン内容物
                      ↓4重ガーゼで搾る
          4重ガーゼ搾汁（分液ロート*に回収）
                      ↓39℃，約30分保温
                      ↓（搾汁が3層**に分離）
                 中層および下層液
              （エルレンマイヤーフラスコ*に回収）
                      ↓
               混合ルーメン微生物懸濁液
                （混合ルーメン微生物系）
                      ↓4℃に冷却
                      ↓遠心分離（270×g, 3分）
         ┌────────────┴────────────┐
    上清液画分               沈澱画分（プロトゾア）
 （混合ルーメンバクテリア系）    ↓MB9緩衝液に懸濁
                              ↓遠心分離（123×g, 1分）
                              ↓（MB9で洗浄5回）
                         混合ルーメンプロトゾア系
```

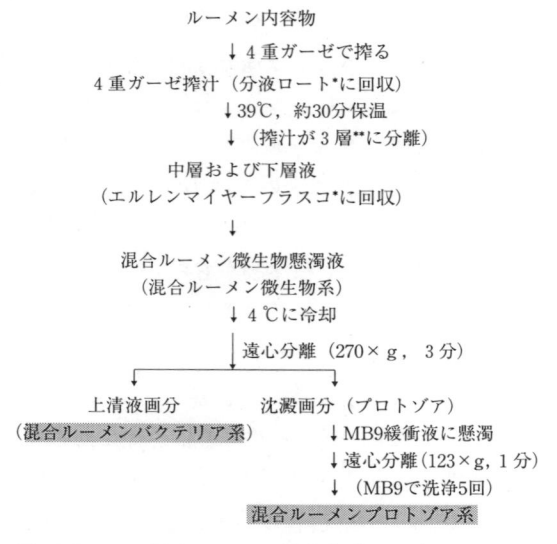

図 18.2.1-1　混合ルーメン微生物系，混合ルーメンバクテリア系および混合ルーメンプロトゾア系の調製法
 *気相を無酸素混合ガス（$N_2 + CO_2$, 95:5）置換
 **上層，微細飼料片；中層，浮遊バクテリアなど含むルーメン液；下層，おもにプロトゾアを含む白沈

混合ルーメン微生物系の粘性が高すぎるときは，緩衝液により適度に希釈して培養してもよい．緩衝液として，ルーメンプロトゾア培養用に開発されたMB9緩衝液[5]がある（表18.2.1-1）．

混合ルーメン微生物系を調製したのち，通常，プロトゾアの種類と数の計測のための試料を採り（18.1.5参照）保存する．また，この懸濁液中のプロトゾア体窒素およびバクテリア体窒素も測定する．測定法は便宜的なもので，まず，混合ルーメン微生物系の全窒素（TN），低速遠心分離（270 × g, 3分）上清液中窒素（混合ルーメンバクテリア系窒素，BN）および高速遠心分離（27,000 g, 20分）上清液中窒素（ルーメンリッカー窒素，LN）をケルダール法で測定する．次に，下記式により算出する：

全微生物体窒素　　　= TN- LN
バクテリア体窒素　　= BN- LN
プロトゾア体窒素　　= TN- BN

図18.2.1-2　ファーネス（灼熱還元銅酸素除去装置）および二酸化炭素，混合ガスおよび水素ガスボンベ

表18.2.1-1　MB9緩衝液組成[5]

添加する塩類	添加量 (g/l)
NaCl	2.8
KH_2PO_4	2.0
$MgSO_4 \cdot 7H_2O$	0.1
$CaCl_2$	0.06
Na_2HPO_4 この試薬は上記試薬を完全に溶解した後に加える．	6.0

塩類を完全に溶解したのち，無酸素混合ガス（$N_2 + CO_2$ 95：5）を15分間通気し，密栓する．

2．混合ルーメン微生物系の生化学的機能検討法

一例として，上記のようにして調製した混合ルーメン微生物系による2,6-ジアミノピメリン酸（DAP）からのリジンの合成量を検討した例[6]を単純

化・簡略化した形で記す．あらかじめ気相を無酸素混合ガス（$N_2 + CO_2$，95：5）で置換し，9.5 mgDAP（最終濃度 5 mM）および 50 mg の米デンプンを添加した 30 ml 容エルレンマイヤーフラスコに混合ルーメン微生物懸濁液（混合ルーメン微生物系）10 ml を加え，よく混合し，そのうち 1 ml を培養前のリジン分析用試料として濃塩酸（11.5 M）1 ml を含むスクリュー管（または封管）に採ったのち，エルレンマイヤーフラスコの気相を上記混合ガスで再度置換し，密栓して 39 ℃で培養する．

分析試料を採ったスクリュー管は気相を混合ガス（$N_2 + CO_2$，95：5）で置換後，110 ℃で 20 時間加熱して，培養液中の微生物体タンパク質を加水分解し，リジンの定量分析に供する．

他方，培養中のエルレンマイヤーフラスコは 6〜12 時間培養後，培養前の試料と同様に分析試料を採り，同様に処理する．対照区の培養として，DAP 無添加の混合ルーメン微生物系も同様に培養し，試料を採り，加水分解物のリジンを定量する．リジンはアミノ酸分析機または簡便 HPLC 法[7]により定量することができる．試験区から対照区の値を差し引いて，DAPから生成された正味のリジン量を求める．

18.2.2 ルーメンバクテリアの培養

本稿の主眼は，ルーメン機能が手軽に解析できるような方法を紹介することである．ルーメンバクテリアの純粋培養法は確立されているが，それにはかなりの装置と機器類が必要である．それについてはあとで触れることにして，ここではまず，手軽に培養できる混合ルーメンバクテリア懸濁液（混合ルーメンバクテリア系）の培養法から説明する．混合ルーメン微生物系のところで述べたように（18.2.1），混合ルーメンバクテリア系をそのまま培養することによって得られる情報に意味があるとする考え方は，微生物生態論[1〜3]に立脚している．この培養法は手軽であると同時に，純粋培養による情報では得られない混合ルーメンバクテリアの全体としての機能に関する情報を与えてくれる．

1. 混合ルーメンバクテリア系の培養

ルーメンフィスチュラ装着動物からルーメン内容物を集め、4重ガーゼ搾汁 (18.1.2) を調製したのち、図 18.2.1-1 の手順に従い、混合ルーメンバクテリア系を調製する。これは、混合ルーメン微生物系からプロトゾアを除いた画分のつもりである。ここでつもりであるといったのは、実際は $270 \times g$、3分間の遠心分離で沈澱するものを除くということで、プロトゾアのみを分け取っているわけではない。プロトゾアと一緒に大型のバクテリアの一部は沈澱するかもしれない。一応、この条件で遠心分離すればプロトゾアを含まないバクテリアを主とする画分が得られるということである。いったん沈澱したプロトゾアがまた運動を始めることのないように、4℃に冷却する。遠心力は、$270 \times g$ としているが、これは回転数 1,500 rpm のとき、遠心分離機の半径を遠心管の中央までの約 11 cm として計算したときの数値で、遠心管の底までの 16 cm とすれば、$402 \times g$ となる。そのような範囲であると理解しておく必要がある。ルーメンプロトゾアは実際は、$123 \times g$ の遠心力（上記の遠心分離機で 1,000 rpm）、3分でほとんど沈澱するが、プロトゾアを全く含まない状態でできるだけ多くのバクテリアが含まれるような懸濁液を得るため、それより高めの遠心力にしている。また、この中にもしルーメンファンジャイの遊走子 (zoospore) が含まれていれば、それらもバクテリア画分に混入していることになる。

このような混合ルーメンバクテリア系による代謝機能の検索結果を混合ルーメン微生物系の結果と比較すれば、プロトゾアがその代謝機能に関与した程度を推察することができる。代謝機能の検討をする場合の実験の進め方は、混合ルーメン微生物系 (18.2.1.2) の場合と同じでよい。

2. ルーメンバクテリアの純粋培養

ルーメンバクテリアの純粋培養は、Hungate が嫌気性培養技法[8]を提案してから可能となり、その後も改良され、優れた培養法が確立されている。基本的な点は、偏性嫌気性菌の発育環境を考慮して、培地調製時に使用する純水中の溶存酸素などを煮沸して除去し、システインなどの還元剤を添加して培地の酸化還元電位を $-150 \sim -350$ mV に低下させ、さらに、培養管にフ

ァーネス(灼熱還元銅酸素除去装置,図18.2.1-1)を通過させた無酸素炭酸ガスや混合ガスを噴射して気相を完全に無酸素状態にすることである.このような嫌気性菌の純粋培養に関する成書は多数ある.詳しくは,古い本ではあるが,Isolation of Anaerobes (1971)[9]を,そして最近の三森・湊の総説(1993)[10]を参照されたい.

混合ルーメン微生物系と純粋培養系との関係を微生物生態論の観点から整理[1]しておけば,「生態学的処理は,純粋培養と連携して初めてその生態学的内容が完成される‥‥‥生態学的研究方法が純粋培養を離れては成立しえない‥‥」[11]とされ,混合ルーメン微生物系の各要素の機能の解析と照合することによって,生態系の相互関係が解明されるものと解される.

近年,分子生物学分野の技術がルーメン微生物にも取り入れられ始めているが,その場合は,これまでに確立された純粋培養法が極めて重要な意味をもつことはいうまでもない.ここでは,液体培養の一例としてルーメン内で極めて一般的で主要なバクテリア,*Prevotella*属の培養法を簡単に述べ,また,寒天培地(ロールチューブ)の使用例としてルーメンバクテリアの総生菌数の計測法を簡単に述べるに留める.

1) *Prevotella sp.* の培養法

この培養法は,英国のローエット研究所(Aberdeen, Scotland)で開発され,一般化されている方法である.始めに,*Prevotella*属について一言しておくと,*Prevotella ruminicola*はかつては*Bacteroides ruminicola*として分類されていたが,1990年に*Prevotella ruminicola*に分類され,近年,これに含まれる株のいくつかが新種に格上げされた. *P. brevis* (*P. ruminicola* GA33), *P. albensis* (*P. ruminicola* M 384), *P. bryantii* $B_1 4$ (*P. ruminicola* $B_1 4$)がそれである[12].これらは,一般に,デンプン,キシラン,ペクチンを分解するが,セルロースは分解しない.また,タンパク質分解やペプチドの取り込みと分解,特にジペプチジルペプチダーゼ活性をもつことが他のルーメンバクテリアには見られない特徴である.

*Prevotella*属の培地としては,M8培地を用いる.この培地は,ルーメン総生菌数の計測を目的として調製された培地,M2培地(Hobson,

表 18.2.2-1　嫌気性ルーメンバクテリア培養用 M 8 培地組成および調製法

添加物	添加量
Bactocasitone	1.0 g
Yeast extract	0.25 g
塩類溶液 1 [a]	15 ml
塩類溶液 2 [b]	15 ml
ルーメンリッカー [c]	20 ml
乳酸ナトリウム	1 ml
レザズリン (0.1 %)	0.1 ml
炭酸水素ナトリウム	0.4 g
グルコース	0.2 g
セロビオース	0.2 g
マルトース	0.2 g
純　水	49 ml

上記試薬を完全溶解して、2回煮沸し、0.1 g のシステインを加える。再度煮沸したのち、冷却するまで無酸素状態の二酸化炭素を通気する。
Hungate ロールチューブ用の培地を調製する場合は、上記溶液の 100 ml 中に 0.75 g Bacto Agar を加えて加熱溶解し、同様に処理する。ただし、その場合の冷却は 50 ℃までとし、その 7.0 ml (可変的) を試験管に分注する。

[a] 塩類溶液 1

K_2HPO_4	3.0 g/l

[b] 塩類溶液 2

純　水	1 l
$CaCl_2$	0.6 g
KH_2PO_4	3.0 g
$(NH_4)_2SO_4$	6.0 g
NaCl	6.0 g
$MgSO_4$	0.6 g

始めに、$CaCl_2$ のみを純水に溶解し、そのあと残りのものを溶解する。
[c] ルーメンリッカー
ルーメン内容物の4重ガーゼ搾汁をオートクレーブし、27,000 × g, 30 分高速遠心分離したのち、その上清液を 4 ℃または－2 ℃に保存したもの。

1969)[13]、から寒天を除いたものである。その組成と調製法は表 18.2.2-1 に示した。もちろん、表の中に記した通り、これに寒天 (Bacto agar) を加えてロールチューブ用の培地 (M 2 培地) として使用することもできる。

　M 8 培地 (液体培地) として使用する場合は、Wheaton Bottle (Sigma) (容量 50～200 ml) に入れてプッシュストッパー (push stopper) をしたのち、専用の道具を使ってアルミニウムのシールをし、オートクレーブをする。

ブチルゴムストッパーつきスクリューキャップ式のボトルでもよい．これを使えば，高圧に耐える．M2培地（ロールチューブ用）を調製した場合は，50℃の状態で7〜8 ml をロールチューブ用試験管（Hungate tube）に分注し，オートクレーブする．オートクレーブ後は，室温に数ヵ月間保存しても使用できる．

次に，酵素活性などを測定するためにバクテリア細胞を集める目的で，例えば，*Prevotella bryantii* $B_1$4 を液体培養する際は，あらかじめストッパーに100％エタノールを1滴落として火焔滅菌しておき，この菌の希釈液を滅菌注射器によりストッパーから注入し，接種することができる．このような液体培養をする場合は，通常，培養液量50〜200 ml の範囲で，39℃，1晩静置培養する．その後，4℃，20,000〜30,000×g，15〜30分の高速遠心分離で細胞を集めることができる．この細胞は，25 mMリン酸緩衝液（1 mMシステイン含有，嫌気的，pH 7）で1回洗浄し，同様に遠心分離後，20ml の同じ緩衝液に再懸濁する．また，酵素活性などを測定する場合は，さらに，集めた細胞を超音波処理により破壊する．その場合は，氷水中で，15秒間破壊し，15秒間休み，また15秒間破壊するという操作を40回繰り返す．これは，30秒破壊，30秒休憩を20回繰り返してもよいといわれている．

2）ルーメンバクテリアの総生菌数の計測

ロールチューブ用培地（M2培地）を使用する例としてルーメンバクテリアの総生菌数の計測法を記す．ロールチューブ法でバクテリアを培養する場合は，まず，オートクレーブして保存してある寒天培地（M2培地）を45〜50℃に保温して培地を溶解する．ルーメン液中の細菌数を調べる場合は，ルーメン液の 10^7，10^8 および 10^9 の希釈液を別々のロールチューブに0.5 ml ずつ滅菌注射器で火焔滅菌法により無菌的に接種して，泡がでないように注意しながら静かに混合する．培地は溶解した状態でなければならない．混合後，冷却しながらチューブを転がして培養液を管壁に薄いフィルム状に固着させる．冷却は水中で行うとよい結果になる．また，手で転がしてもよいし，ロールチューブ作成機を使用してもよい．ルーメン液の希釈に用いる希釈液の組成は，表18.2.2-2に示した．一般に，1希釈液につき3本のロー

表 18.2.2-2　ルーメン液希釈用の希釈液組成

添加物	添加量
Bactocasitone	1.0 g
Yeast extract	0.25 g
塩類溶液1	15 ml
塩類溶液2	15 ml
ルーメンリッカー	20 ml
レザズリン (0.1%)	0.1 ml
Tween 80	0.1 ml
炭酸水素ナトリウム	0.4 g
純水	50 ml

上記試薬を完全溶解して、2回煮沸し、0.1gのシステインを加える。再度煮沸したのち、冷却するまで無酸素状態の二酸化炭素を通気する。のち、9 ml を嫌気的に希釈用の Bellco チューブなどに分注する。これはオートクレーブ後使用する。
塩類溶液1, 塩類溶液2, ルーメンリッカーは表 18.2.2-1 に記した通りである。

ルチューブを用意して培養する。培養は、試験管立てに立てて、39℃で2〜3日間行う。その後、出現したコロニー数を計測する。

18.2.3　ルーメンプロトゾアの培養

本稿ではルーメン微生物機能を手軽にチェックする方法を中心に話しを進めてきたが、ルーメンプロトゾアについては、これまでまだ純粋培養が確立されていないので、その生化学的機能を検討する場合には一般に洗浄混合プロトゾア懸濁液（混合ルーメンプロトゾア系）が用いられている。この方法は、純粋培養が確立されるまでは、なお重要な役割を果たすと思われるので、混合ルーメンプロトゾア系調製法について簡単に記す。なお、ルーメンプロトゾアの培養法の詳細については、ルーメン微生物培養法の進歩（小野寺、1993）[14] を参照されたい。

1. 混合ルーメンプロトゾア系の調製法

ルーメンフィスチュラ装着動物からルーメン内容物を集め（約 1,000 ml）、4重ガーゼ搾汁を調製したのち、図 18.2.1-1 の手順に従い混合ルーメンプロトゾア系を調製する。なお、これらの操作も、防臭のため、すべてドラフト

内で行う方がよい．ここで，混合ルーメン微生物系から混合ルーメンバクテリア系を調製する際はプロトゾアが全く含まれないようにするために，念のために270×gで3分の遠心分離を行う．逆に，混合ルーメンプロトゾア系を調製する場合は，混合ルーメンプロトゾア系にバクテリアができるだけ混じらないようにするために，123×g，1分でプロトゾアを遠心分離するのがよい．続いて，沈澱物を目盛りつき遠心管に移し，手動式遠心分離機またはモーター式遠心分離機で遠心分離（手動式の場合は，123×g，30秒でも構わない）・洗浄（MB9緩衝液使用）を5回繰り返し，洗浄虫体（混合ルーメンプロトゾア系）を得る．動物個体によっても異なるが，通常，ヤギのルーメン内容物約1 lから5～10 mlの新鮮プロトゾアが得られる．得られたプロトゾアの量に応じて，4％（v/v）となるようにMB9緩衝液に懸濁すると，ルーメン内の通常の密度である10^5～10^6/mlのプロトゾア懸濁液となる．

　代謝などの検討にこの混合ルーメンプロトゾア系を用いる際は，必要に応じて，例えば混入細菌の影響を防ぐためであれば，ストレプトマイシン，ペニシリンまたはアンピシリン，クロラムフェニコール（各100 μg/ml）などを加える．また，長時間の培養に耐えるように配慮するのであれば，米デンプンを加えることがある．米デンプンを使うのは，プロトゾアの口の大きさを考慮して，*Entodinium caudatum*など小型のプロトゾアでもデンプン粒子が食べられるようにするためである．米デンプンは3～5 μmの微粒子である．このようにして洗浄混合虫体懸濁液を調製し，18.2.1.2に記した場合と同様に，これに基質などを添加して一定時間インキュベートし，生化学的機能を検討することができる．MB9緩衝液を使用する場合は，24時間のインキュベーションに耐える．ただし，その場合は，12時間目に抗生物質を再添加する必要がある．

2．単一種ルーメンプロトゾアの *in vitro* 培養法

　ルーメン微生物機能の検討に際して，単一種のプロトゾアの機能を検討することが必要になる場合がある．例えば，酵素の精製やDNA解析などの目的がある場合は単一種のプロトゾアが必要になる．単一種のプロトゾアは，プロトゾアの生息しない動物（無繊毛虫動物）のルーメンに単一種のプロト

ゾアを接種したモノフォーネート動物(mono-faunated animal)から集めることもできるが，単一種のプロトゾアを*in vitro*で長期間培養できるものもあるので，それから得ることもできる．単一種のルーメンプロトゾアの培養といっても，既述したように，純粋培養ではない．プロトゾアの培養には，今のところ生細菌の共存が必要と考えられている．したがって，この培養法は，未同定ルーメン細菌群の共存下での単一種のプロトゾアの培養法(アノトバイオート培養, agnotobiotic culture)である．

ところで，*in vitro*培養している単一種のプロトゾア(筆者の場合は*Entodinium caudatum*)からは，十分なmRNAを得るのは困難であるが，モノフォーネート動物から集めたプロトゾアからは十分なmRNAを得ることができる．おそらくプロトゾアの増殖速度はルーメン内の方が断然速いに違いないと思われる．DNA解析などの場合は，*in vitro*培養しているプロトゾアからでも十分なDNA量を得ることができる．ここでは，手軽に培養できる単一種のプロトゾアの*in vitro*培養法(アノトバイオート培養)について記す．

1) ルーメンプロトゾア培養用培地添加物の調製法
(1) デンプン

これは，主にプロトゾアのエネルギー源として給与されるものである．米デンプンを0.3～0.6 mg/m*l*の範囲で培地に直接添加する．米デンプンは，日本では市販品としては製造されていないので，Sigmaなどのものを使用する．あるいは，Hinoら[15]の結果を参考にして，13％(w/w)β-シトステロール被覆デンプンを調製する．これを加えると，確かにルーメンプロトゾアの一種，*Entodinium caudatum*の増殖がよい[5, 16]．

被覆米デンプンを調製する際は，まず，3gのβ-シトステロールを40～50℃で300 m*l*のエタノールに溶解する．続いて，500 m*l*容のロータリーエバポレーター用ナス型フラスコに20gの米デンプンと300 m*l*のβ-シトステロールエタノール溶液を入れてよく混合し，ロータリーエバポレーター(50℃)にセットして回転させながら溶媒を蒸発させ，乾固する．最後に，ナス型フラスコ内の粉末を乳鉢に移して微細粉末とし，褐色瓶に保存する．

(2) ヘイキューブ粉末

これは，古くから多くの研究者によりルーメンプロトゾアの培養に試用されてきた．ヘイキューブを 65 ℃で 2 時間乾燥し，粉砕後，80 メッシュの篩を通した粉末[16])を使用している．これは，恐らく共生細菌などの繊維素給源であるとともに，プロトゾアに対する増殖因子（ステロール類）の給源[15])としての意味をもつと考えられる．

(3) ルーメン液

プロトゾアの単離培養および保存培養には，培地に 10 %（v/v）以内でルーメン液が添加されてきた．これは，基本的には，プロトゾアの増殖を支える生細菌のイノキュラムおよび細菌の増殖因子の給源としての意味をもつ．

培地に添加するルーメン液は，プロトゾアの混入を防ぐため，通常，ルーメン内容物の 4 重ガーゼ搾汁を $500 \times g$ で 5 分間遠心分離し，その上清液を 4 ℃に 1 週間以上保存したものでなければならない．いったんプロトゾアの単離・培養が確立されれば，その後の保存培養にはルーメン液の添加は不要である．

2) ルーメンプロトゾアの単離法

Coleman[17])は，顕微鏡下にセットしたマイクロピペット装置を用いて，スライドグラスに滴下したプロトゾア懸濁液（適当に希釈）から目的とするプロトゾアを吸い取ることにより単離した．

Onodera and Henderson[5])は，スライドグラスに滴下した 1 滴のルーメンプロトゾア懸濁液中に目的とするプ

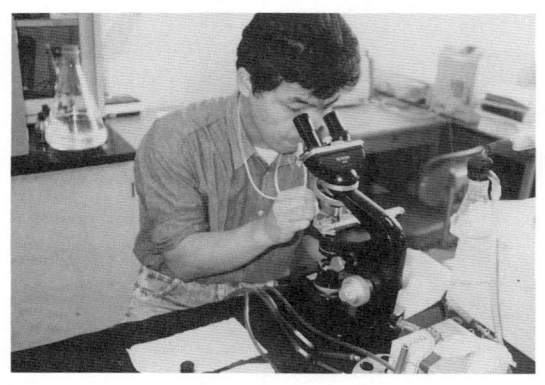

図 18.2.3-1　顕微鏡下で単一種のルーメンプロトゾアをミクロキャピラリーにより採取

ロトゾアが1個体のみ含まれる可能性があるようにMB9緩衝液で希釈した懸濁液を用いて単離した．すなわち，鏡検によりある滴に1個体の目的とするプロトゾアのみが含まれていることを確認したら，その滴をパスツールピペットを用いて完全に単離用培地（後述）に植え込む．このようにして，1本のフラスコまたは試験管に1個体またはそれ以上のプロトゾアを植え込んで培養を続けると，2週間後には，鏡検により確認できるほどにそのプロトゾアが増殖する．

プロトゾアサイズの口径をもつキャピラリーに吸引チューブをつけて顕微鏡下で目的とする1個体を吸い取るColeman[17]の方法も最近取り入れられている（図18.2.3-1）．この場合，キャピラリーの作成が重要である．

3）*Entodinium caudatum* の培養法

ここでは，ルーメン内で一般的な *Entodinium caudatum* の培養についてのみ述べる．無酸素状態の $N_2 + CO_2$（95：5）通気下で100 ml 容エルレンマイヤーフラスコ（ゴム栓使用）に50 ml のMB9緩衝液，上述の5 ml のルーメン液および13％（w/w）β-シトステロール被覆米デンプン30 mgを加えて39℃に保温し，これを単離用培地とする．この培地に上述した単離細胞（*E. caudatum*）を接種する．1個体の接種でも20％程度の確率で成功するが，確実にするためには，5〜10個体を一つのフラスコに接種するとよい．接種後1週間は2日に1回だけ20 mgの上記デンプンを添加し，その間7日目に培養液の遠心分離（500×g, 5分）上清液を半分（約25 ml）だけ培地交換用新鮮培地（下記）と交換する．2週間後，プロトゾアの増殖が確認されたら，同様に培地上清液を半分だけ交換する．その後は，毎日20 mgの β-シトステロール被覆米デンプンを給与し，週に1回だけ培地を撹拌しながら半分だけ新鮮培地と交換する（遠心分離不要）．なお，交換する新鮮培地組成は次の通りである．

(1) 培地交換用新鮮培地

50 ml MB9緩衝液＋ヘイキューブ粉末30 mg＋NH_4Cl 27 mg（10 μ mol/ml）

培地交換の際に取り除かれた半分の培養液からは，*E. caudatum* 細胞を集

めることができる．また，*E. caudatum* 細胞が必要な場合は，別に大量培養すればよい．細胞の集め方は以下の通りである．

(2) 大量培養 *E. caudatum* の集め方

 E. caudatum の培養液を遠心分離（5,000×g, 5分）して沈殿を集め，これを 10 ml 容目盛りつきスピッツ管に移して MB 9 緩衝液（39 ℃）に懸濁し，遠心分離・洗浄を繰り返して再懸濁したのち，ガーゼおよびナイロン布（ストッキングなど）を各 2 枚重ねてろう斗上に置き，これで懸濁液を沪過する．沪液中には飼料片などがほとんど含まれない *E. caudatum* 細胞が懸濁している．これを遠心分離法により MB 9 緩衝液で 5 回洗浄し，生化学機能の検討や DNA の抽出に使うことができる．もし，虫体内に残存する生細菌などを除く必要があるときは，上述した抗生物質を添加した MB 9 緩衝液で 3 時間飢餓状態でインキュベーションを行い，その後再洗浄したのち使用する．このようにして集めた虫体は，-20 ℃に保存し，DNA の抽出などに使うことができる．

 面白いことに，*E. caudatum* は単一種で培養すると徐々に尾棘が短縮する．これはルーメン内に共生している別のプロトゾア *Entodinium bursa* による捕食から解放されたためであると考えられている．

18.2.4 ルーメンファンジャイの培養

 ルーメンファンジャイは，1975 年に Orpin[18] により初めて発見された．これは，当時，その形態や運動性などから原生動物の鞭毛虫と考えられていたものであったが，それがファンジャイの遊走子であることがつきとめられた．これは，嫌気性の真菌の初の発見であった．ルーメン内では，全バイオマスの約 8 %を占めるが，繊維質の分解では重要な役割を果たしていると考えられている．

 ルーメンファンジャイの培養法には，基本的にはルーメンバクテリアの培養法と同様にロールチューブ法が取り入れられている．ルーメン機能を検討するための手軽な方法を紹介するのが本稿の主眼なので，ルーメンファンジャイの純粋培養法については，ここでは参考文献を紹介するに留めたい．す

なわち，その詳細は，牛田（1993）[19] および Orpin and Joblin（1997）[20] を参照されたい． 　　　　　　　　　　　　　　　　　　　　（小野寺良次）

引用文献

1) 小野寺良次，1993．ルーメン微生物生態論再読 (1)．獣医畜産新報，46：323−328．
2) Hungate R. E., 1955. Bacteriol. Rev., 19 : 277−279.
3) 植村定次郎，1957．微生物生態論．日農化誌，31：A91−A98．
4) Onodera R. et al., 1992. Anim. Sci. Technol. (Jpn.), 63 : 23−31.
5) Onodera R. and C. Henderson, 1980. J. Appl. Bacteriol., 48 : 125−134.
6) El−Waziry A. M. and R. Onodera, 1996. Curr. Microbiol., 33 : 306−311.
7) Or−Rashid M. M. et al., 1999. J. AOAC Int., 82 (4) : 809−814.
8) Hungate R. E., 1950. Bacteriol. Rev., 14 : 1−49.
9) Shapton D. A. and R. G. Board ed., 1971. Isolation of Anaerobes. (The Society for Applied Bacteriology Technical Series No. 5). Academic Press. London. New York.
10) 三森真琴・湊　一，1993．ルーメン微生物培養法の進歩 (3)−ルーメン細菌の培養法について−．畜産の研究，47：423−429．
11) 友田宣孝ら編，植村定次郎ら，1956．微生物実験法．pp. 160−220．共立出版．
12) Stewart C. S. et al., 1997. The rumen bacteria. Hobson P. N. and C. S. Stewart ed., "The Rumen Microbial Ecosystem 2nd ed. " pp. 10−72. Blackie Academic & Professional. London, Weinheim, New York, Tokyo, Melbourne, Madras.
13) Hobson P. N., 1969. Rumen Bacteria. in "Methods in Microbiology (3B)"ed. Norris J. R. and D. E. Ribbons, D. E. pp. 133−159. Academic Press.
14) 小野寺良次，1993．ルーメン微生物培養法の進歩 (5)−ルーメンプロトゾアの培養法−，畜産の研究，47：617−624．
15) Hino T. et al., 1973. J. Gen. Appl. Microbiol., 19 : 397−413.
16) Onodera R. and H. Suzuki, Agric. Biol. Chem., 51 : 1463−1465. 1987.
17) Coleman G. S., 1971. The cultivation of rumen entodiniomorphidprotozoa. in

'Isolation of Anaerobes' ed. by Shapton, D. A. and R. G. Board, 159 – 176. Academic Press. London and New York.
18) Orpin C. G., 1975. J. Gen. Microbiol., 91 : 249 – 262.
19) 牛田一成, 1993. ルーメン微生物培養法の進歩(4)－ルーメン藻菌(嫌気性ツボカビ類)の単離と同定－, 畜産の研究, 47 : 526 – 531.
20) Orpin C. G. and K. N. Joblin, 1997. The rumen anaerobic fungi. Hobson P. N. and C. S. Stewart ed., "The Rumen Microbial Ecosystem 2nd ed." pp. 140 – 195. Blackie Academic & Professional. London, Weinheim, New York, Tokyo, Melbourne, Madras.

18.3 ルーメン微生物の連続培養法・人工ルーメン

連続培養(continuous culture)とは,微生物を定常状態(steady state)で培養することである.バッチ法培養が閉鎖系であり,栄養源の濃度,環境条件,微生物個体数などが常に変化し,したがって増殖速度や代謝の状況も変化していくのに対し,開放系の連続培養における定常状態ではそれらはすべて一定である.つまり,定常状態とは微生物細胞の外部も内部も一定の状態のことであり,そのような状態に保つ方法が連続培養法である.連続培養法は微生物の代謝を細密に解析するには不可欠の手法である[1,2].また,複数の微生物の動態を解析しエコロジカルな知見を得るためにも,連続培養法は有効な手法である.いうまでもなく,ルーメン内は厳密な意味(狭義)での定常状態が保たれているわけではないが,一定量の飼料を与えている場合は,日内変動がほぼ一定のリズムで繰り返されると考えられるので,変動幅を許容して長期間では広義の定常状態と見做すこともできる.いわゆる人工ルーメンと呼ばれている方法は,広義の連続培養法と位置づけることができる.

18.3.1 狭義の連続培養法

1. 液体培地を用いる基本的方法

この方法は,基本的には1種類のバクテリア(pure culture)についての詳しい知見を得たいときに用いられるが,上述のように複数種の既知菌(gnotobiotic culture)を用いることも可能である.しかし,ルーメンプロトゾア

は現在は pure culture が不可能なので，連続培養をする意味が大してない．カビ類も，その生育特性から考えて連続培養を行う意義は小さい．いわゆる混合ルーメン微生物のような不特定菌を用いる実験（agnotobiotic culture）は，ごく限られた目的には連続培養が都合がよいこともあるが，一般的には結果の解釈が難しい．第一，すべての菌の同定と計数をしないと，厳密な定常状態が定義できない．混合系の場合は，後述の人工ルーメンを用いることになる．

1) 装　置

装置は，使用目的に応じて自身で作るのがよい．そのための装置（オーバーフロー型）の一例を図 18.3.1-1〜3 に示す[3]．目的によっては簡略化できるが[1]，要点は嫌気条件を保つこと，オートクレーブできること，雑菌の

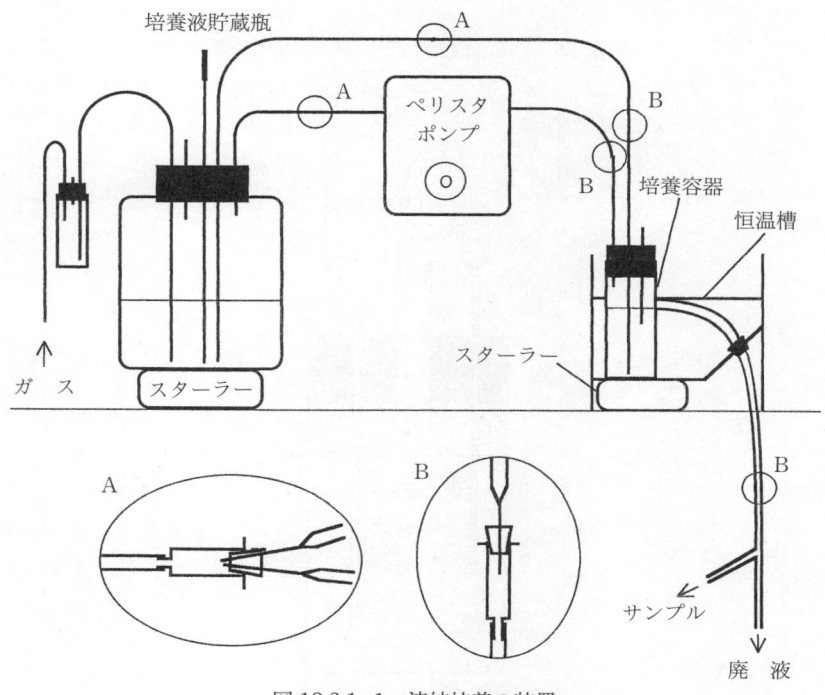

図 18.3.1-1　連続培養の装置

(434)　第18章　ルーメン機能解析法

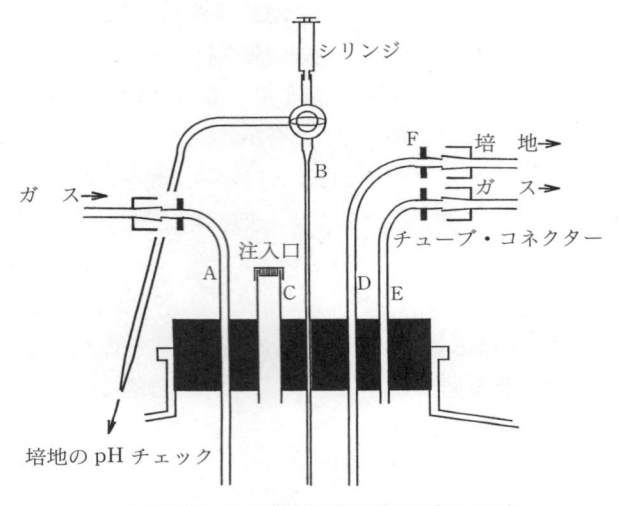

図 18.3.1-2　培養液貯蔵瓶の頭部の構造

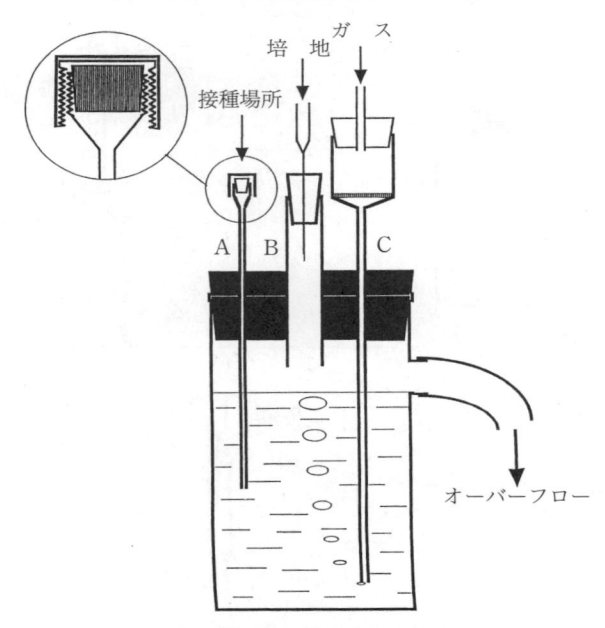

図 18.3.1-3　培養容器の構造

侵入を防ぐことなどである．また，操作しやすいように工夫をするとよい．
2）操　作
(1) 滅　菌
　培養液貯蔵瓶，培養容器，および送液・送気管をジョイントの部分（図18.3.1-1 の A と B）で離し，接続口をアルミホイルでカバーした後オートクレーブする．送液・送気管はオートクレーブによりふやけて接続したあと抜けやすくなるので，早めにオートクレーブした後，60〜70℃で乾燥させる必要がある．またチューブの接続後は，すぐステンレス針金で縛ることが望ましい．
　培養液は，大きな（5〜10 l）貯蔵瓶に入れ，ゴム栓部分をはずして別々にオートクレーブする（大きな瓶は，密閉すると危険）．つまり，空気下で滅菌することになるので，後で嫌気的にする．70〜80℃まで冷えたらオートクレーブから取り出し，装置を組立てた後，ガスを通気して系内全体を O_2 のない状態にする．その後，別に嫌気的に調製し（N_2 で置換）オートクレーブしたシステイン溶液を注入し，pH を調整する．
(2) 培　養
　培養液を培養容器内に導入し，pH と温度が適切であることを確認した後，菌を接種する．ガスは常時少しずつ流す方がよい．系の内部がわずかに陽圧になる方が雑菌の侵入を防げるからである．ガスとしては，N_2 と CO_2 を大体 9：1 に混合したものが都合がよい（CO_2 だけでは pH 低下が大きい）．培養液を所定の速度で流入させ，希釈率を一定にする．希釈率は，培養容器内の液量（V ml）に対する培養液の流入（＝流出）速度（F ml/h）の割合とすると，希釈率（D）＝ F/V（/h）で示される．自動制御機構のない普通のペリスタポンプでは，長時間使用すると流速が変わるので，時々流速の調整をする．その後，流出液の pH をチェックし，一定になるように貯蔵瓶中の培養液の pH を調整する（培養容器内の pH より高くなる）．定常状態にするには菌の増殖速度を一定にしなくてはならないが，そのためには何か一つの要因が増殖の制限要因となるようにする必要がある．目的に応じて種々の制限要因を設定することになるが，エネルギー源の供給を制限するのが最も容易で問題

も少ない．

pHと菌体密度（600 nm で吸光度を測定）が一定になったら，一応定常状態になったとみなしてよいが，VFAやアンモニアなどの濃度も一定になっていることを確認する方がよい．また，長時間にわたると他菌のコンタミネーションの機会が多くなるので，時々鏡検により確認する必要がある．

2. 固形成分を用いる連続培養法

ルーメンバクテリアに関する重要な問題として繊維の消化があり，その解析のために，セルロースパウダーを用いたセルロース分解菌の連続培養が行われている．この場合はセルロースパウダーを培養液貯蔵瓶に添加し，沈殿しないように激しく撹拌しながら送液することになるが，セルロースパウダーを一定速度で流入させるのは容易ではない．送液の途中で沈殿して不均一になるばかりでなく，ペリスタポンプの部分に貯まって流速を変えたり送液不能にしたりするからである．細いチューブと大きな培養容器を用いることにより速い流速にすれば，多少の不均一さには目をつぶれば送液できるかもしれないが，セルロースがほとんど分解されない内にオーバーフローするようであれば，セルロース分解菌はセルロースに付着して一緒に流されてしまう．これでは後の解析が困難で，また定常状態を得るのも困難である．

理想的には，セルロースはほぼすべてが分解されて流出液中にほとんど出てこないのが望ましいが，50％以上消化される状態で定常状態が得られれば，解析は可能であろう．特に，普通の培養条件でセルロースのみをエネルギー源とする場合は，エネルギー供給が制限要因となるのであるから．

遅い流速でセルロースパウダーを流入させる方法がいくつか報告されているが，Weimerら[4]は簡便な方法を工夫している．つまり，図18.3.1-4のように培養液の送液チューブにガスを合流させ，液とガスを同じ流速で（1つのペリスタポンプで）流すことによりチューブ内を液の部分とガスの部分に分節させるようにしている．分節によりセルロースが沈殿しにくくなるし，流速が2倍になりポンプの部分に貯まらなくなる．この場合に注意すべきことは，送液チューブはできるだけ短くし，液が上昇するような構造にしないことである．培養液貯蔵瓶の下端に出口を作り，高い所から下向きに液を送

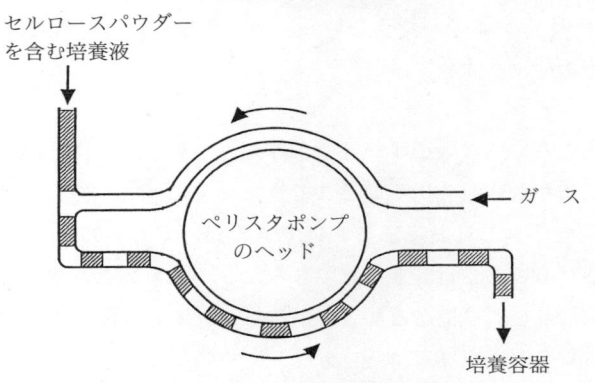

図 18.3.1-4　培養液の送液システム

るようにする．また，ペリスタポンプのヘッドが水平に回転するものを使う方がよい．

18.3.2　広義の連続培養法・人工ルーメン

1．広義の連続培養法

人工ルーメン（artificial rumen）という言い方は人工臓器（人工物を生体内で使う）と紛らわしいので最近はあまり好まれない．これはルーメンの状態に近付けた培養法であるが，ウエイトの置き方によって，1) ルーメン系の再現，および 2) 広義の連続培養と 2 通りの考え方がある．すなわち，a) in vivo の試験の煩わしさを避けるための簡便法として，飼料や薬物などの効果を予備的に調べるスクリーニングに用いる場合，および b) in vivo の試験では不可能または困難なことを in vitro の系で解析する場合である．a) の場合はできるだけ in vivo に近いのが望ましいが，b) の場合はできるだけ解析しやすいのが望ましく，着目点をピックアップした単純なモデル化が必要．

いずれの場合も，ルーメン内にいた微生物群ができるだけ増殖・維持されるのが望ましいが，これはたやすい問題ではない．1) の場合も in vivo の条件を in vitro で満たすことは不可能であり，結局はどの点を重視し，どの点を無視するかという選択が必要である．いくら精巧な装置を作ろうとも，所詮は人工物であり本物とは異なるので，むしろ，in vivo でできることはでき

るだけ in vivo でやるのが望ましいし，バッチ培養で済むことはその方法を工夫する方が能率がよい．

2．人工ルーメン

古くからいろいろな人工ルーメンが作られており，それぞれの目的に応じて種々の工夫がなされている．ここではそれらすべてを説明する余裕はないので，一例を紹介しておく．これはできるだけ多くのルーメン微生物を増殖・維持させることを目的とし，できるだけルーメンに近付けようと試みたもので，かなり複雑な構造となっている．これまでの報告では，特にプロトゾアに着目したもの以外ではプロトゾアについては全く無視されている．恐らく，それらの方法ではプロトゾアは短期間で消失したであろうと思われる．特にイソトリッチデーを維持することは難しい．同様に，メタン菌の維持も難しく，これも無視されることが多い．それゆえ，イソトリッチデーとメタン菌の維持を重視し，最終的に作ったものが図 18.3.2-1 である[5]．

この装置を用いることにより，少なくとも 10 日間はダシトリカを含めてほとんどのプロトゾアを in vivo と同程度のレベルに保ち，また一定のメタン生成を維持することができる．VFA やアンモニアなどの濃度（日周変動

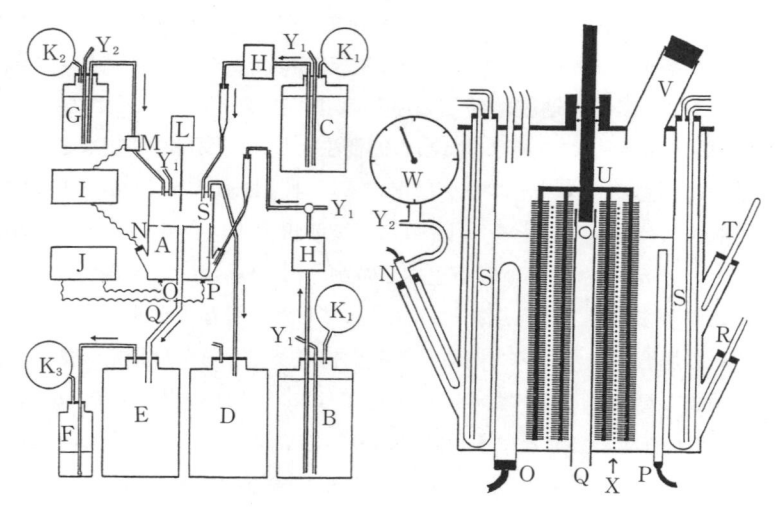

図 18.3.2-1　人工ルーメンの一例

のパターン）も一定しており，広義の定常状態が保たれている．労力の関係で10日間しか運転しなかったが，これだけの期間安定であれば，長期間の維持も可能であると考えられる．ただし，飼料の消化速度は *in vivo* に比べて遅く，給餌量を少なくしないと飼料が蓄積していき，定常状態が得られない．また，イソトリカは1週間以内に消失したので，何らかの要因が欠けていたのであろう（イソトリカはもともと極めて少数なので，あまり重要ではないが）．バクテリアについては，どの菌がどの程度の数存在しているかを知ることは不可能に近い．各菌を容易に同定・定量する方法が開発されると好都合であり，特異性の高いDNAプローブの作成が望まれるが，その重要性は今後いろんな意味で増すであろう．

　普通，人工ルーメンは無菌的に行われていないが，*in vitro* では混入した雑菌が勢力を伸ばす可能性があるので，その点も注意すべきである．このような問題も含め，長期間にわたると，*in vivo* の微生物構成とは違った状態で安定化する可能性があるので，なるべく短期間で実験する方が無難である．

　図18.3.2-1の装置は手作りで安価に作製されているが，運転には多大の労力を要する．もっと金と時間をかけて自動化すれば便利となろう．一般的にいえば，多くの機能をもたそうとするほど複雑になり操作も煩雑になる．多くの労力を要し，トラブルも多くなるので，使い勝手は悪くなる．よほどの自動化を図らない限り，長期間の運転は大変な苦労を伴う．それよりも，どこまで妥協し，どれだけ単純化するかを考える方が利口かもしれない．特に，飼料の評価や薬物の効果の検討などの目的で，サーベイあるいはスクリーニングとして利用する場合はもっと単純な方がよい．最終的には，その結果は動物実験によって確かめられなければならないのであるから．

（日野常男）

引用文献

1) 日野常男．1993．畜産の研究，47：719 – 723，824 – 828．
2) Pirt S. J. 1975. Principles of microbe and cell cultivation. Blackwell Scientific Publications, Oxford.
3) Hino T. and T. Miwa. 1996. 明大農研報，107：59 – 64．

4) Weimer P. J. *et al*., 1991. Appl. Microbiol. Biotechnol., 36 : 178 – 183.
5) Hino T. *et al*., 1993. J. Gen. Appl. Microbiol., 39 : 35 – 45.

18.4 ナイロンバッグ法

　本法は飼料サンプルを小さな袋に入れ，第一胃内の環境に置き，飼料成分の消化性を消化試験を行うことなく測定する簡易な方法で，広く用いられている．この袋は第一胃内容液と微生物は自由に出入りできるが，内部の試料は外に漏れないナイロン布で作ったものである．これに試料を採り，フィステルより第一胃内に挿入し，一定時間浸漬後に取り出し，乾物や飼料成分の消失量を測定する．

1．**実験材料**
1) 供試動物：第一胃フィステルを装着したウシあるいはヒツジ・ヤギを用い，成分値および消化率が既知の飼料を栄養要求量を満たすように給与する．この場合，粗濃比が極端にならないようにする．
2) ナイロンバッグ：フルイ用の 200 メッシュ（穴径 40～60 μm）のナイロン布を用いて，図 18.4-1 のような袋を作る．大きさは，ウシでは縦 10～20 cm，横 5～10 cm 程度とし，ヒツジ・ヤギではそれぞれ 1～2 cm 小さめにすると扱いやすい．袋の縦左右の合せ目は袋縫いとし，口の部分は 3 つ折りぐちにして，第一胃内に吊り下げるための紐を通しておく．
3) 試料の粉砕程度は，タンパク質飼料（大豆粕，魚粉など）や製造副産物（ふすま，コーングルテンミールなど）については 2 mm 程度がよいとされている．これは粉砕をしなくても 70 % 以上が 2 mm の

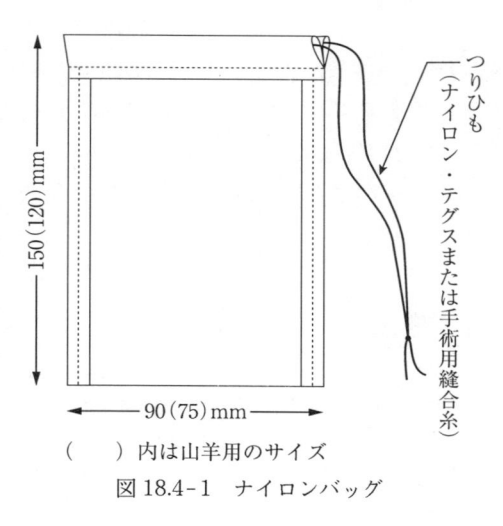

図 18.4-1　ナイロンバッグ
（　）内は山羊用のサイズ

篩を通過し，粉砕することによって均一性を増せることによる．穀類，繊維性副産物飼料（大豆皮，ビール粕など）および乾草などの乾物が 60 % 以上の粗飼料は 5 mm の粉砕程度がよい．この場合も均一性が増し，測定値の変動が減少する．

4) バッグの表面積に対する飼料の量が多くなると第一胃液の進入および接触が低下し，特に培養初期段階の消化速度の低減を生じる．このことから，バッグの表面積に対し，試料の量は $10 \sim 20 \, mg/cm^2$ が適当とされている．牛用のバッグでは 3〜5 g となる．バッグには試料とともに 10〜15 g のおもり（パチンコ玉で 3 個程度）を入れ，バッグの口を結束用の糸（釣り糸の 8〜10 号程度のもの）でしっかり縛っておく．

2．測定法

1) フィステルを通してバッグを第一胃内に挿入する．このとき，バッグは胃内容液に十分浸るようにし，バッグの吊り紐はフィステルの外側に固定しておく．一度に挿入できるバッグの数はウシでは 20 個以内，ヒツジ・ヤギでは 8 個以内が適当である．浸漬時間は普通は最大 72 時間程度であり，実験の目的によっては経時的に測定する．この場合，バッグを時間毎に挿入し，終了時に一度に取り出せるようにするとよい．同一試料の反復数は少なくても 2〜3 点が必要である．

2) 浸漬終了後，取り出したバッグを流水中で洗液が無色透明になるまで水洗する．次に，バッグを裏返しながら内容物をビーカーに移し，バッグの内側に付着した不溶物をすべてビーカー内に洗い込む．

3) 不溶物をあらかじめ恒量を求めておいた沪紙（No. 5 A）上に集め，100 ℃ の乾燥器内で 1 夜乾燥後秤量して不溶物の量を求める．浸漬前の試料の乾物量から不溶物の量を減じたものを乾物の消失量とし，これよりナイロンバッグ法による乾物の消化率を算出する．各成分の消化率も同様に算出できる．

（甘利雅拡，板橋久雄）

参考文献

1) Nochek J. E., 1988. J. Dairy Sci., 71, 2051 − 2069, 1988.
2) Orskov E. R, 1982. Protein nutrition in ruminants. Academic Press, London.

第19章　試料の調製法

　栄養試験のためには各栄養素や指示物質の分析をする．そのための分析試料には偏りがあってはならない．また分析するまでの間に変質しないようにしなければならない．

　本章では飼料，排泄物および血液試料の調製法について述べる．

19.1　粗飼料

　飼料の形態は多種多様であるばかりでなく，粗飼料の場合には飼料の部位により成分の分布が異なることが多い．そのため，分析用の試料は以下の方法により採取し，高水分飼料は乾燥の過程で揮散あるいは変化するおそれのある成分の定量を行う場合を除き，通常，乾燥して風乾物とし，粉砕混合して均質なものを調製する．

19.1.1　乾燥飼料

　乾草，わら類などの乾燥飼料については一梱包から何点ものサンプリングをするのではなく，多くの梱包から採取しそれを混合するのがよい．各所から集めた飼料1～2 kgを1～3 cm程度の長さに細断しよく混合した後，四分法（乾草の丸い山を4等分し，対角線で2分し，片方の山で同じ作業を繰り返す）で，最終的には250 g程度を試料として採取する．

　この作業を縮分という．縮分された試料は粉砕器で粉砕し，1 mmの篩を通して分析に供する．

19.1.2　サイレージ

　サイロの各部位から採取したサイレージ15 kg（高水分サイレージの場合）を細切後，四分法により縮分して250 g程度の試料を採取する．中水分あるいは低水分サイレージの場合には5 kg程度から縮分を開始するとよい．縮分され実験室に搬入されたサイレージサンプルは乾物の定量と分析サンプルの調製を兼ねて行うのが便利である．具体的には以下の手順となる．

1) 採取サイレージをバットに移し，60℃の乾燥機で1夜(16～18時間)乾燥させた後，室温に放置する．ここで風乾物量を得る．
2) 風乾試料を粉砕し1 mmの篩を通過させて分析サンプルとする．この試料について135℃乾燥法で乾物量を得る．

　1) および2) からサイレージの乾物含量が求められる．

　サイレージ中には揮発性脂肪酸，アルコール，アンモニア態窒素などが含まれ，これらは上記の方法では乾燥中に揮散してしまうことから，水分の定量はトルエン蒸留法で行うのが望ましい．また，タンパク質の定量のためには高水分材料を5 mm以下に細切し，それをケルダール法の分析材料として供試することが望ましい．

19.1.3 サイレージ抽出液

　サイレージの揮発性脂肪酸，乳酸および揮発性塩基態窒素はサイレージの抽出液を用いて分析する．抽出液は以下のように調製する．
1) 5～10 mm程度に細切された高水分材料を200 ml容の広口サンプル瓶に採取する．採取量は乾物で15 g程度に相当する量 (A)（高水分サイレージの場合には70 g程度）とする．
2) 蒸留水を140 ml加え，時々振とうしながら，冷蔵庫内で16～24時間抽出する．
3) その後，薬サジなどでサイレージをよく圧搾し，ロート上の沪紙 No.5 A (18.5 cm，ひだ折り) の上に2重ガーゼを広げ，液とサイレージ固形物を移して沪過し，最後にはガーゼを十分に絞る．サイレージの水分含量を W%とすれば，この抽出液1 mlはサイレージ新鮮物 $A/((140+A) \times W/100)$ gに相当する．

19.2 濃厚飼料

19.2.1 風乾飼料

　穀類，油粕類，配合飼料などの風乾飼料はなるべく多くの場所から均等に少量ずつ採取して1 kg程度のヤマを作り，250 g程度に縮分して粉砕し，1

mm の篩を通して分析サンプルとする．

19.2.2 高水分材料

ビール粕，豆腐粕などの高水分食品製造副産物はサイレージと同様に風乾試料の調製と水分の定量を合わせて行う．縮分開始の量は2 kg程度とし，乾燥用のバットには500 g程度の材料を入れる．

19.2.3 脂肪含量の多い飼料

綿実，大豆などは脂肪の含量が高く，粉砕が困難である．このような飼料については以下の前処理を行うとよい．縮分試料100 gを正確に秤り取り，乳鉢で砕いてから1 l 容のフラスコに移す．乳鉢は約500 ml のエーテルで洗い，この洗液もフラスコに加える．フラスコに栓を施し，時々振とうしながら1日間放置する．次に，あらかじめ秤量してある濾紙で濾過し，濾紙上の残渣をエーテルで十分に洗浄する．残渣は濾紙とともに室内で乾燥し，大部分のエーテルを除いてから60℃の乾燥機内で2～3時間乾燥し，そのまま1～2日室温に放置した後，粉砕し，分析用サンプルとする．一方，抽出，洗浄に用いたエーテルは全量を集めて一定量として，その50 ml を恒量を求めてある脂肪瓶にとりソックスレーで抽出し，脂肪の量を求める．この予備抽出で得られた脂肪の量を把握しておき，成分分析値の算出に際してその値で補正する．

19.2.4 均質な液状飼料

糖蜜やフィッシュソリュブルなどの均質な液状飼料は分析項目にもよるが，そのまま分析に供試する．エネルギー，脂肪などの分析では，高水分材料の場合と同様に風乾試料にする必要がある．

19.3 糞

糞の採取法については第6章で述べた．鳥類の場合を除いて糞と尿は別々に採取することができる．集めた糞は一般的には加熱・通風乾燥し，容器に

入れて低温保存する．こうして調製された糞は硬くなり，その後の粉砕がしにくい欠点がある．凍結乾燥すると，粉砕がしやすく，試料の加熱による変性を抑えることができる．また，水分を測る場合や直ちに分析したい場合は，生糞をよく混合して供試する．また水を加えて一定容として，撹拌しながら，一定量を採取して供試することもできる．一般的な方法を動物種ごとに紹介する．

1. 小動物

マウス，ラット，モルモットなどの糞は粒状で水分が少ないので扱いやすい．ただし，食糞がある場合には，首輪などをつけて，食糞を防ぐことが必要である．毛やこぼした飼料をピンセットを用いて取り除いてから，全重量を測定して，60 ℃で通風乾燥，または凍結乾燥をする．通風乾燥の場合はアンモニアなどの揮発性の物質が飛散するので，事前に塩酸やホウ酸の洗溶液を散布するなどの工夫が必要である．粉砕後分析に供試する．

2. ニワトリ

糞は毛やこぼした飼料などを十分に取り除いてから，毎日一定時刻に全量を採取する．採取した糞をバットに薄く広げ，約60 ℃の通風乾燥機で乾燥後，室内に放置し，風乾糞を粉砕して分析に供試する．

3. ブタ

一般にブタでの消化試験は酸化クロムを用いたインデックス法で行われるが，飼料中に酸化クロムを均一に混合できない場合には全糞採取法による消化試験が望ましい．

1) インデックス法による消化試験では，糞中に含まれる酸化クロムの濃度が日内変動するため，少なくとも朝夕の2回，毎日一定時刻に尿などがかかった部分を取り除いて採糞する．採取した糞はバットに薄く広げ，約60 ℃に設定した通風乾燥機で乾燥し，室内に放置し風乾状態にしてから粉砕して分析に供試する．

2) 全糞採取法では毎日一定時刻に全量の糞を採取し，バットに薄く広げてから，約60 ℃に設定した通風乾燥機で乾燥する．その後，室内に放置してから毛などの異物を取り除き，風乾糞重量を測定する．本試験期間中の全糞

をよく混合し，一部を粉砕して分析に供試する．

4．ウ　シ

　ウシの場合，排泄量が多いので，全量を扱うことが難しい．

　本試験期間中に一定の時間間隔で全量の新鮮糞を採取し，秤量後，撹拌機などを用いて十分に混合する．図19.3-1に牛糞の撹拌機を示した．混合後，生糞の排泄量に対して毎日一定割合の生糞（例えば1日1頭当たり1kg程度）を採取し，ビニール袋などを用い密封して冷蔵庫に保存する．なお，生糞重は尿や異物の混入があった場合には取り除いてから測定する．本試験終了後，保存しておいた生糞を冷蔵庫から取り出し，室温に戻してから撹拌機などで十分に混合する．混合後，風袋重量を測定したバットに生糞1kg程度を正確に秤量し，約60℃に設定した通風乾燥機で乾燥する．室温に放置した後，秤量して風乾率を求める．生糞はバットに薄く広げ表面をスパーテルなどによって起伏をつけておくと乾燥しやすい．風乾した糞は粉砕し，分析に供試する．ただし，水分と粗タンパク質の分析には生糞をそのまま供試する．混合した糞は樹脂製の容器に入れてフリーザーで保存する．

図19.3-1　牛糞撹拌機

5．ヒツジ・ヤギ

　本試験期間中に一定の時間間隔で全量を採取し，バット内に片寄りがないように薄く広げて約60℃に設定した通風乾燥機で乾燥する．その後，室内に放置して毛などの異物を取り除いてから風乾糞重量を測定する．風乾糞はビニール袋などに密封して保存し，本試験終了後，糞の全量をコンテナ容器などに入れ，よく混合してから一部の糞を粉砕して分析に供試する．

19.4 尿

尿量は表 19.4-1 に示したように，動物種により異なり，また同一種でも体重や飼料の質と量，環境温度などによって変わる．場合によっては第6章で述べたような代謝装置を用いるが，特に糞などによって汚染されていない新鮮な尿を用いたい場合は膀胱から直接採尿する方法が考案されている．尿成分は変化しやすいので，長時間放置しないようにしたり，トルエン，チモールなどの防腐剤を入れて冷暗所に保存する．

1. 小動物

動物の排泄・排尿の時間は決まっているため，あらかじめ排泄される時間を観察しておくと，長時間尿を放置しないで済む．部分的に尿を採取したいときは腹部を圧迫して排泄させることができる．

2. ニワトリ

ニワトリの場合，人工肛門鶏に尿袋を取り付ければ，尿を糞に汚染させることなく採取できる．また膀胱にカテーテルを挿入して採取することもできる．

3. ブタ

ブタの尿は代謝装置に入れて集めるのとカテーテルによって集める方法がある．まず膣鏡により膣部を開き，尿管カテーテルを潤滑ゼリーを用いて膀胱に差し込み，1 N-HCl 0.2 ml を含む試験管に1回当たり 0.5〜10 ml 採取する．

表 19.4-1 動物の糞尿排泄量

動物種		体重 (kg)	糞 (kg/日)	水分 (%)	尿 (kg/日)
ラット		0.03〜0.3	0.01	75	0.01
産卵鶏	雛 鶏	0.04〜1.4	0.06	78	—
	成 鶏	1.4〜1.7	0.14	78	—
ブロイラー		0.05〜2.8	0.13	78	—
ブ タ	子 豚	3〜30	0.8	75	1.0
	肉 豚	30〜110	1.9	75	3.5
肉用牛	育 成	30〜400	7	78	5.5
	肥 育	200〜700	15	78	10.5
乳用牛	育 成	40〜550	10	80	7.5
	経 産	550〜650	30	80	20

4. 反芻動物

ヒツジ・ヤギおよびウシの場合，排尿の頻度が高いのは朝の飼料給与前30分〜1時間位である．この時刻に動物が横にならないように保定しておき，自然排尿をバケツなどの容器に受ける．雄畜では採尿袋を腰部に吊り下げて採尿する．会陰部を軽く摩擦して尿意を催させることもできる．

カテーテルの使用法はブタの場合と同じである．

カテーテルを使用すると確実に新鮮な尿が採取できる．用意するものは膣鏡，尿管カテーテル（外径8 mm，長さ60〜90 cmの肉厚ゴム管），カテーテルの芯（鋼鉄の針金），採尿瓶である．

まず動物の後半身が動かないように保定する．図19.4-1に示すように，膣鏡を入れて開膣する．ウシの場合，約10 cm位のところに膣弁が見える．その下に幅1.5〜2 cm，深さ3〜4 cmの憩室がある．膣弁の下面に沿って持ち上げるように，2〜3 cm挿入する．尿道に入ったらカテーテルの芯を抜き，さらに10〜15 cm挿入すると尿が出てくる．

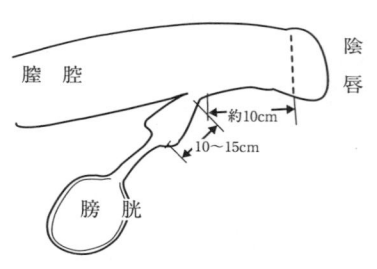

図19.4-1 尿道開口部

確実に挿入されても尿が出てこないときは，尿がないか，カテーテルの穴が膀胱壁に密着しているためである．後者の場合はカテーテルを回して見るか，下腹部をつきあげてみる．

全尿量を採取した場合は，重量または容積を測定し，十分撹拌してから，2重ガーゼで沪過し，異物を取り除いてから毎日一定割合をサンプル瓶にためて低温保存する． （阿部 亮）

19.5 血 液

動物の栄養状態の解析や栄養素の代謝の研究のために，血液成分の分析がよく用いられる．血液採取法には，分析の目的や血液の用途により多くの方法がある．栄養試験で血漿または血清中の成分の変動を測定する場合には通

常は体循環の静脈血を用いるが，乳腺など特定の器官や組織における栄養素の代謝動態を知ろうとするときには，そこに出入する動脈血と静脈血を採取し，その成分の差を調べることもある．

血液採取にあたっては，全血液，血漿，血清のどれを必要とするかによって，採取器具，血液の処理に相違があり，血液の凝固防止法も適当なものを選定する．採血は注射筒もしくは真空採血管を用いて行う．いずれの場合にも，採血に使用する器具は，必ず滅菌乾燥したものとする．分析対象によっては溶血が起こると，成分含量が変動することがあるので，1回の刺入で採血が終わるようにする．また，動物に苦痛や恐怖感を与えると血糖値などは直ちに上昇するので，なるべく自然の状態で採血を行う．各種の負荷試験などで採血を繰り返し行う必要がある場合には，あらかじめ静脈留置針を刺入し，カニューレを装着することにより，注射針の頻回刺入を避ける．以下では，家畜からの採血法について述べるが，ラットやマウスなどの小動物からの採血については成書を参照されたい．

19.5.1 血液の採取法

1. 小動物

試験の目的によって血液を少量必要とする場合と大量必要とする場合とがあり，動物を殺さないで継続して採血を行う一部採血法と，殺して全血を採血する方法がある．

1）数滴必要な場合

尾静脈から採血する場合には，動物に麻酔をかけるか保定器に入れ，アルコールで尾部を消毒し，太めの針を使って採血する．眼窩静脈叢からも間隔をおいて連続採取できる．1回 0.5～1 ml 採取可能であるが，1回 1 ml 以下に留める．

無麻酔下で継続して採取するためには頸動脈にカニューレを装着して行う．カニューレは詰まりやすいので，絶えず凝結を防止するため，ヘパリン液でカニューレを洗浄する．カニューレを装着したラットを業者から入手することもできる．

2）大量に必要な場合

大量に必要な場合は麻酔下で，心臓，後大静脈，腹大動脈から，ないしは頚動・静脈を切断して採取する．

2．ニワトリ

鳥類における一般的な採血部位は翼下（上腕または尺骨）静脈であるが，大量の血液が必要で，かつ解剖が可能な場合は開腹して総腸骨静脈や後大静脈または心臓から直接採血する．保定は右または左を下方にして横臥で行う．上位にある翼を反転して開き，翼の内面を露出する．雛では細いサイズの採血針を用いる．その際，次のような要領で行う．

1）上腕および肘関節部分の内面の毛を取り除き，消毒する．

2）翼の根部を左拇指で圧すると静脈が明瞭になるので，採血部位からやや離れた皮膚から鶏体に向けて採血針を刺入し，徐々に採血する．静脈壁は極めて薄いので，血管背面まで針を通すことのないように注意する．採血後は刺込部位を指で圧して止血する．

注射針が使えない小鳥などの場合，爪の先端を切ることによって2～3点の血液を採取できる．動・静脈にカテーテルを装着することも可能である．

3．ブタ

静脈血はウシなどと同様に頚静脈から採取するが，微量であれば，耳静脈から採血することもできる．子豚は仰臥位に保定して採取するが，50日齢以降のブタはこの位置に保定することが困難なので，ワイヤーを用いる鼻保定

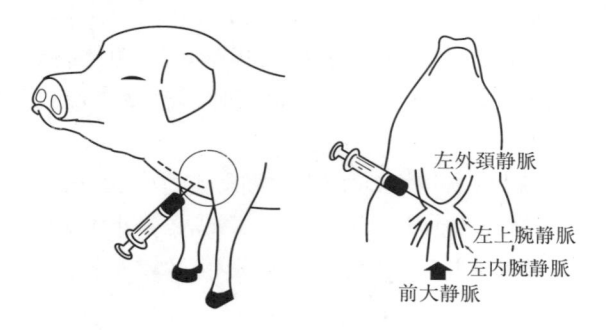

図19.5.3-1　ブタの静脈採血部位

とし，起立した状態で実施する．

1) 図 19.5.3-1 に示したように，第一肋骨と頸の中心線との交叉する部位に現れる三角形の窪みをアルコール綿で消毒する．

2) 採血針を交叉する窪みの部分から胸部に向け，皮膚面および頸中心線に対し，約70°の傾斜で刺入する．頸静脈に入ったら，針先を動揺させることなく採血する．

3) 鼻保定した場合には，ウシなどと同様に起立状態で 2) に記した位置から採血する．しかし，体重 90 kg 以上のブタでは皮下脂肪が厚いので，頸部からの採血にはかなりの熟練を要する．

4．大型動物

ウシでは尾静脈から直接採血できる．ヒツジ・ヤギ，ウマ，ウシの場合には，左右の頸静脈から採血することが多い．また連続して採血する場合には，動脈または静脈にカテーテルを装着する．

1) 静脈血採取法

保定はウシとウマの場合には枠場を利用するか，頭絡などでしっかり保定し，頸を斜め上方に伸展させる．ヒツジとヤギの場合には，補助者が頸部を伸ばすように保定する．採血針は幼動物やヒツジ，ヤギでは外径 0.8 mm のものを用いるが，大動物では外径 1.2 mm のものも使用できる．

(1) 左または右側頸溝の中央付近をアルコール綿で消毒する．毛が長い場合は鋏で短くしておく．

(2) 左手の拇指で頸溝を圧迫すると静脈は太く怒張するので，採血針を静脈の真上から皮膚面に刺入する．血管に達したのち，静脈の走行に沿って採血針をわずか上方に押し進めて固定し，流出する血液を容器に受ける．真空採血管の場合は刺入後，採血管をホルダーに入れ，シール栓を通過させ，採血する．血管まで到達する距離は個体，年齢によってかなり差がある．抗凝固剤入りの採血管は，採血後直ちにゆっくり5～6回転倒混和する．

2) 静脈血連続採取法

血液成分の変化を経時的に調べるために連続して採血する場合や，採血による刺激を避ける必要のある場合には，静脈内にカテーテルを留置しておく

ことが望ましい．保定および術部は上記の頚静脈採血法と同様である．これには，内径2 mmのポリプロピレン製カニューレと内径1.32 mmで長さが70 cmの塩化ビニル製カテーテルがセットになった市販品がある．カテーテルは伸縮性の絆創膏でしっかり固定する．カテーテル先端での血液凝固を防ぐため，採血間隔時にはヘパリン・生理食塩水（生食水100 mlにヘパリン0.02～0.04％を溶解する）をカテーテル内に満たしておく．この際，カテーテルの手もとに三方コックをつないでおくと便利である．長時間に及ぶ試験ではヘパリンの濃度を高める必要がある．

3）動脈血採取法（動脈ループ）

　静脈血に比べ，動脈血の頚部からの採取は技術的に難しいが，手術により頚部の体表にループを形成すると，そこから確実に動脈血を採取することができる．以下では，ヤギにおける手術法および採血法を示す．

　(1) ヤギを仰臥位に保定し，頚の中央部を剃毛し消毒後，頚の中心線から左側（または右側）にかけて1％塩酸プロカイン液により局所麻酔を行う．

　(2) 頚の中心線からやや左側によった部分を縦に7 cm程度切皮した後，頚溝の部分まで皮膚を剥離する．

　(3) 頚溝に沿って筋層を開き，頚静脈の内側に走行している動脈を探す．

　(4) 頚動脈に付着する迷走神経幹を分離し，頚動脈を筋層の上まで引き上げ，その下方で筋肉を2～3ヵ所縫合する．これにより動脈は筋肉の上に2 cm程度露出する．

　(5) 頚動脈を皮膚で被い，皮膚は頚の中心線に近い切皮部分で縫合する．術部を消毒し，抗生物質を投与し，数日後に抜糸する．

　(6) 採血では頚静脈血採取の場合と同様に，頚を伸ばした状態に保定し，指で軽く圧して動脈を確認し，採血針を刺入する．抜針後はその部位を軽く圧迫して止血する．

19.5.2 血液の取り扱い法

1．血液凝固防止剤

　血漿を分離するには血液の凝固を防ぐ必要があるが，これにはいくつかの

凝固防止剤があり，それらが入った真空採血管が市販されている．最も広く用いられているのはヘパリンで，通常 0.1～1％溶液として採血管に入れておく．また，血液 1 ml に対しクエン酸ナトリウム 5 mg を用いることもある．クエン酸ナトリウムの 3.8％溶液は赤血球沈降速度の測定などに用いられる．血液の保存性をよくし，血糖や乳酸などの成分の変動を抑えるためにはフッ化ナトリウムが用いられ，血液 1 ml に対して 10 mg 加える．フッ化ナトリウムは各種の酵素作用を止めるので，酵素活性を測定するときには用いられない．

2．血液の保存法

血液は採取後空気に触れると酸素を吸収し，二酸化炭素を失い，また，グルコースの分解や窒素化合物の変化が起こる．このため，血液は直ちに分析することが望ましいが，これができないときは血漿または血清を速やかに分離後，-20℃以下に保存する．分析項目が多く一度に分析できないときは試料を小分けし，凍結と融解を繰り返さないようにする．

3．血漿および血清の分離

血漿の分離では凝固防止した血液を 3,000 rpm で約 15 分冷却遠沈し，その上清をピペットで他の試験管に移す．血清の分離は，血液を遠沈管または試験管に取り，そのまま凝固させる．血液が凝固し，血清がわずかに分離するのが見えたら，血液を試験管壁から細いガラス棒などで分離し，遠沈する．血清の分離は血液の凝固が完全であるほどうまくいく．凝固時間は家畜や温度によって異なり，ウシではウマやヤギに比べて血清分離はやや困難であり，また気温の低いときには凝固しにくいので，孵卵器に 1～2 時間入れ，凝固してから室温に放置するとよい．

4．除タンパク

血漿および血清には各種のポリペプチドやタンパク質が含まれており，可溶またはコロイド状態となっている．遊離アミノ酸を測定するにはこれらを除去しなければならない．除タンパク剤はタンパク質を変性させて溶解度をさげるもので，アルコール，アセトンなどの有機溶媒，硫酸アンモニウムなどの中性塩，トリクロロ酢酸，スルフォサリチル酸，アルカロイド試薬，重

金属などがある．

　血漿から除タンパクして遊離のアミノ酸を残す除タンパク剤として，スルホサリチル酸がよく使われる．試料中のスルホサリチル酸濃度が2％以上になるように添加して，よく撹拌する．一定時間放置後，$10,000 \times g$ で1分以上遠沈する．その上澄み画分を分析用試料とする．この試料は-20 ℃以下で分析時まで保存できる．HPLCによるアミノ酸の分析は第20章を参照されたい．

（板橋久雄）

参考文献

1) 高杉　進ら，1982．実験生物学講座(江上信雄ら編)，12，ホルモン生物学，13~40，丸善．
2) 田先威和夫監修，1996．新編畜産大事典，養賢堂．

第20章　栄養実験のための分析法

20.1　一般成分（6成分）

20.1.1　水　分（Moisture）

　水分の測定には乾燥法（減圧または常圧加熱，凍結など），蒸留法，滴定法，あるいは電気的測定法など多くの測定法があり，試料の性質に応じてそれぞれ適用されるが，飼料分析では主として加熱乾燥法が用いられ，試料によっては蒸留法も利用されている．

　加熱乾燥法のうち，減圧加熱乾燥法は標準法とされているが，装置や操作が煩雑なため，常用されることは少ない．日常の分析には，常圧下で加熱を行う 105～110 ℃ 恒量法，あるいは 135±2 ℃，2時間乾燥法が用いられ，後者は簡便迅速で便利であるが，試料によっては適用できないものもある．蒸留法は生草やサイレージなどのように水分の多い試料を，直接，短時間で測定するのに適している．

1．105～110 ℃ 乾燥恒量法

　試料約2gをあらかじめ乾燥し，恒量を求めておいたアルミニウム製秤量缶に取り，105～110 ℃ 電気恒温器に入れて3時間乾燥し，デシケーター中で放冷後秤量する．引き続き乾燥，秤量を繰り返して恒量（前後の秤量差が1％以内）を求める．

　最初の重量（秤量皿＋試料）と乾燥後の重量との差をもって水分量とし，この量の供試量に対する百分率を求め，これを水分含量とする．

　試料が液状の場合は，秤量皿に適当量のガラス玉（径2～3 cm）あるいは海砂と撹拌用の細いガラス棒（長さ4～5 cm）を入れて恒量を求めておき，秤取した試料（5～10 g）とよく掻き混ぜて，試料の表面積を大きくして乾燥するとよい．

2．135 ℃ 2時間乾燥法

　恒量法と同様に操作して試料を秤量皿に取り，135±2 ℃ の電気恒温器内

で2時間乾燥し，放冷後秤量する．乾燥前後の重量差をもって水分量とする．

本法は操作が簡便な上，所要時間も短く，一般の風乾試料では恒量法の定量値とほぼ一致した値が得られるが，糖分の多い飼料（糖蜜およびその配合飼料，カブなど），フィッシュソリュブルなどには適用できない．

分析にあたっては次の事項に注意する．
1) 秤量皿に取った試料は，できるだけ平らに拡げるようにする．
2) 乾燥法では，使用する電気恒温器内の温度分布が一様であることが大切である．市販の乾燥器中には温度分布が一様でないものが少なくないが，このようなものでは定量時の誤差が大きくなる．電気恒温器は熱風水平循環式が適当である．
3) デシケーター中での放冷時間は，できるだけ一定（30～40分）にすることが望ましい．

3．蒸留法

試料を水と混合しない有機溶剤（通常トルエンが用いられる）とともに加熱蒸留して，水のみを計量管に集め，その容量から試料の水分量を算出する方法である．本法は，定量に要する時間も短く，水分の多い試料の水分を直接測定できるため，水以外の揮発性成分を含む試料，例えばサイレージなどの水分定量に適するが，容量法であるため，乾燥法に比して精度はいくらか劣り，また，同時に多数の試料について行い難い欠点がある．

1) 試薬および装置
(1) トルエン　試薬1級（沸点111℃，比重0.867），水分を全く含まないもの．
(2) 装置　図20.1.1-1のように，蒸留フラスコA，計量管B，還流冷却器Cよりなる水分定量装置を用いる．計量管は1 mlの1/10～1/20の目盛りがあり，その容量は定量の精度を上げるためにできるだけ大きい方がよい．サイレージなどのように水分含量の多い試料では，容量が20 ml以上のものが望ましい．

計量管にはB′のように底部にコックのついたものもあるが，これは連続

して定量を行う場合に便利である．

2）操　作

(1) 蒸留フラスコに適当量の試料を取り，直ちに試料を完全に覆う量のトルエンを加える．試料の採取量は，できるだけ計量管の最大目盛に近い水の量が得られるようにすると，定量の精度が上がる．

(2) 蒸留フラスコに計量管と冷却器を接続し，冷却器の上部からトルエンを加えて計量管内をトルエンで満たし，冷却器の上端は軽く綿栓して外気の流入を防ぐ．

(3) フラスコを加熱して蒸留を開始する．加熱の程度は，蒸気が冷却器の中程で液化される位が適当である．滴下した水はトルエンより比重が大きいため，計量管の底部に溜る．溢れたトルエンはフラスコに戻り，繰り返し蒸留される．

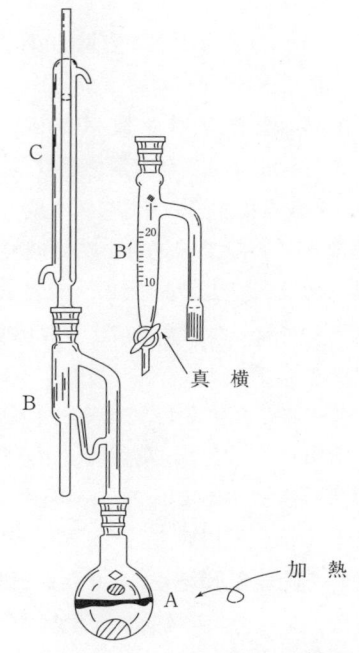

図 20.1.1-1　トルエン蒸留装置

(4) 計量管に水が留出しなくなったら，加熱を止め，トルエンで湿したピペットブラシを冷却器の上端から挿入して管内を擦り，トルエンを上から注いで管内に付着した水滴を計量管に洗い落とす．

(5) 再び蒸留を行い，計量管に水が留出しないことを確認して操作を終了し，計量管の水が室温になってから容量を読み取る．

　B′の計量管を使用した場合は，操作終了後コックを開けて小型メスシリンダーに水を移し，管内をブラシで擦って付着した水滴をトルエンで洗い落し，室温になるまで放置後，容量を読み取ってもよい．

(6) 計　算

　　水分（%）＝計量管の水の容量（ml）/試料の採取量（g）×100

20.1.2　粗タンパク質（Crude protein, CP）

　ケルダール法により全窒素を定量し，これに 6.25（タンパク質中の窒素含量を 16% とみなす）を乗じて CP 量とする．ケルダール法では硝酸態窒素は定量できないので，試料中に硝酸態窒素が含まれる場合の全窒素の定量は，ガンニング変法による．ただし，この場合でも CP 量は通常ケルダール法によって定量した窒素量により算出する．

　試料を濃硫酸とともに加熱分解すると窒素は硫酸アンモニウムの形となって濃硫酸中に存在する．この液を強アルカリ性として加熱蒸留するとアンモニアが留出してくるが，蒸留法には水蒸気蒸留法と蒸留フラスコを直接加熱する直接蒸留法がある．また，蒸留は分解液を希釈してその一部を用いるか，もしくは全量用いて行う．留出するアンモニアは硫酸標準液に吸収させ，過剰の硫酸を水酸化ナトリウム標準液で滴定する方法と，ホウ酸溶液に吸収させ，アンモニアを直接硫酸標準液で滴定する方法がある．

　原理はまったく同じであるが，分解，滴定もしくは両者を自動的に行う機器が市販されている．

1．試料の分解

　試料約 1〜2 g を試料の量に応じて 50〜200 ml 容のケルダール分解瓶に取り，分解促進剤約 1 g と濃硫酸 10〜30 ml を加えてよく混合する．泡がでるときは消泡剤を加える．これをドラフト内で，はじめ徐々に加熱し，泡が立たなくなったら，強く熱して褐色，黄色，そして透明になったら，さらに 1〜2 時間加熱して分解を終了する．放冷後，水 30〜50 ml を加えて混合する．液が冷えてから 50〜250 ml のフラスコに移す．分解瓶は水で数回洗浄し，洗液は全部定容フラスコに加える．よく混合して，放冷後，標線まで水を加える．再びよく混合して一定量を蒸留に用いる．

　分解液の全量を蒸留する場合には，試料 0.5 g を 100 ml 容ケルダール分解瓶に取り，分解促進剤 1 g と硫酸 10 ml を加えて分解し，放冷後，水約 50 ml

を加えて放冷しておく．この場合は，供試量が少ないため，サンプリングエラーが生じやすいので，試料の均一性に十分注意しなければならない．

2．水蒸気蒸留法

蒸留は図 20.1.2-1 の装置により次のようにして行う．

Aには水（硫酸 1 滴を加え，酸性にしておく）を入れ，沸石（軽石末，亜鉛末など）を加えて沸騰させ，装置に十分蒸気を通じてから，G1 を開き，H を閉じて C に溜った水を排除する．

100〜300 ml 容三角フラスコに硫酸標準液 10〜20 ml を正確に取り，指示薬を加えて冷却管の先端が硫酸の液面下にあるように装置に接続する．H と G3 を開き，定容フラスコから一定量（5〜20 ml）の分解液をとって D を通じて C に入れ，D を洗浄後中和用水酸化ナトリウム混液を褐色または青色になるまで（10〜20 ml）加え，再び水で洗い込む．

G1 と G3 を閉じて水蒸気を通じ，溜液は 1 ml/分の割合で，約 20 分間蒸留後フラスコを下げて冷却管の先端を液面から離して 1〜2 分蒸留を続けた後，冷却管の先端を洗浄してフラスコを外し，G1 を開き H を閉じて C の廃

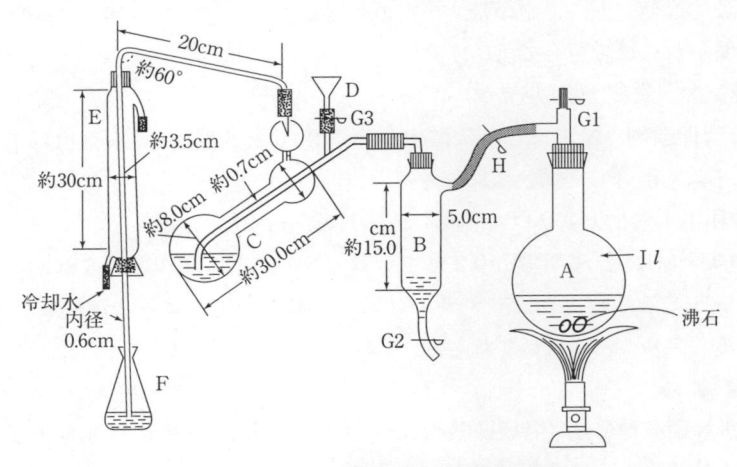

図 20.1.2-1　窒素蒸留装置（水蒸気蒸留）

H，G：ピンチコック
E：冷却器（外面に水滴が生ずるときはその下降防止のため冷却器に布片をまくとよい）

液を排除して次回の蒸留に備える．溜液を受けたフラスコは直ちに水酸化ナトリウムまたは硫酸標準液で滴定する．

3．留出するアンモニアの吸収法

蒸留に際し，留出するアンモニアを硫酸標準液に吸収させる方法とホウ酸溶液に吸収させる方法がある．後者では，ホウ酸溶液に吸収されたアンモニアを直接硫酸標準液で滴定するため，水酸化ナトリウム標準液が不用であり，ホウ酸溶液の採取量は正確でなくともよいので，操作が楽な利点がある．

溜液が出始めると，ホウ酸溶液は赤色から青色に変わる．3.5％ホウ酸溶液 10 ml は窒素 25 mg まで定量可能である．滴定はあらかじめ試料を加えないで空蒸留を行い，微赤色を帯びた灰色になるまで滴定し，その色を終点の基準とする．

4．計　算

硫酸で受けた場合，全窒素量（mg）＝標準液中の N（mg）×滴定量（ml）

ホウ酸で受けた場合，滴定量から空蒸留滴定値を差し引く．

5．試　薬

ここでは便宜上，一定の量，一定の濃度について記すが，実験の目的に合わせてそれらは変更してよい．

1) 濃硫酸　試薬 1 級以上．

2) 分解促進剤　粉末にした硫酸カリウム 90 g と硫酸銅（5 水和物）（青色）10 g をよく混合し，着色瓶に貯える．

3) 中和用水酸化ナトリウム溶液　試薬 1 級，約 40％溶液．

4) BCG・MR 混合指示薬　0.2％ブロム・クレゾール・グリーン（BCG）のアルコール溶液 5 容と 0.2％メチルレッド（MR）のアルコール溶液 2 容を混合する．アルコールはいずれも 95％エタノールを用いる．

6．標　準　液

1) 0.1 N 硫酸標準液　特級硫酸約 52 g をとり，水約 1 l 中に掻き混ぜながら加え，放冷後さらに希釈して 10 l とする．

2) 0.1 N 水酸化ナトリウム標準液　300 ml 容三角フラスコに水 150 ml を取り，水酸化ナトリウム（特級）約 180 g を徐々に加えて溶解し，よく撹拌後，

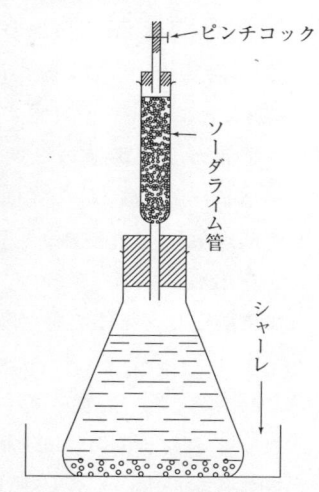

図20.1.2-2のような炭酸ガス吸収用のソーダライム管を付したゴム栓をして，少なくとも1週間放置する．フラスコの底に，混入した炭酸ナトリウムと過剰の水酸化ナトリウムは沈澱する．この水酸化ナトリウムの飽和溶液の濃度は，15℃で約17 N, 20℃では20 Nであるので，上澄液をとって炭酸を含まない水で希釈して約0.1 N水酸化ナトリウム標準液を調製する．例えば，20℃の場合は上澄液50 mlを取り，水を加えて10 lとする．水に含まれている炭酸を除くには，20％水酸化ナトリウム溶液を入れた洗気瓶を通し，炭酸ガスを除いた空気を72時間通ずればよい．

図20.1.2-2 飽和水酸化ナトリウム溶液の調製法

また．少量の塩酸を加え，酸性にして同様に通気すれば，通気は1時間でよい．

3) 標準液の標定　調製した標準液は密栓して時々振とうしつつ，少なくとも数日間放置後，希硫酸および20％水酸化ナトリウム溶液をそれぞれ入れた洗気瓶を連結して，設置する．ゴム管とガラス管の接続部はワセリンを塗って麻糸で堅く縛る．標準液の容量が1〜2 lの場合は自動ビュレットを用いるとよいが，水酸化ナトリウム標準液では外気と通ずる部分はソーダライム管を付しておく．

酸およびアルカリ標準液の標定は次の方法により行う．

(1) 酸標準液の標定

純結晶ホウ酸ナトリウム（$Na_2B_4O_7 \cdot 10H_2O$）19.072 gを精秤し，蒸留水に溶かして正しく1 lとして0.1 N溶液を作る．その10 mlをビーカーに取り混合指示薬2〜3滴を加え，0.1 N硫酸標準液で滴定し，正確に1 mlが窒素何mgに相当するかを決めておく．

ここで，基準物質として用いるホウ酸ナトリウムとシュウ酸は結晶水の組成が正しいものであることが必要で，新しく再結晶を行って風乾したものが

よい．再結晶は55℃以下の液温で行う（それ以上では5水和物が混入してくる）．評定後，日数が経つにつれて標準液の濃度が変化してくるので，4～6ヵ月ごとに評定をやり直す必要がある．

(2) アルカリ標準液の標定

　純結晶シュウ酸（$C_2H_2O_4 \cdot 2H_2O$，分子量126.069）6.303 gを精秤し，蒸留水に溶かし，1 l とする．その10 ml をビーカーにとり，フェノールフタレンを指示薬として，アルカリ標準液で淡紅色が30秒以上消えないようになるまで滴定し，正確な規定度を定める．

20.1.3 粗脂肪 (Crude fat)

　ソックスレー（Soxhlet）脂肪抽出装置を用い，エーテル（試薬1級以上，水を含まないもの）で16時間抽出することにより定量されたものを粗脂肪（エーテル抽出物）とする．粗脂肪中には脂肪の他に，色素類，ロウ，有機酸などが含まれることがある．

1. エーテル抽出

1) 脂肪定量瓶B（図20.1.3-1）は，あらかじめ100℃で乾燥し，恒量を求めておく．試料2～3 gを円筒沪紙（抽出管aの直径よりやや小さく，吸収管bの頂点より5 mm低いもの）に取り，その上に脱脂綿を少量ずつ数回に分け軽くおさえるようにして栓をする．これを95～100℃で2時間乾燥してからソックスレー脂肪抽出装置に入れる．

　脂肪定量瓶Bにエーテルを，還流するために必要な量より多めに入れ，継続して16時間抽出を行う．

2) 抽出終了後，円筒沪紙を取り除き，瓶の中のエーテルをAに集めて回収し，定量瓶をはずして熱水中につけて完全にエーテルを散逸させてから清潔なガーゼで拭き，100℃で3時間乾燥し，放冷後秤量する．抽出前後の定量瓶重量の差を粗脂肪量とし，供試量に対する百分率を求め，これを粗脂肪量とする．

　乾燥酵母などのように堅い細胞膜に覆われ，そのままでは脂肪の抽出が不完全となるものは，抽出前に塩酸で処理し，細胞膜を破壊してから抽出する．

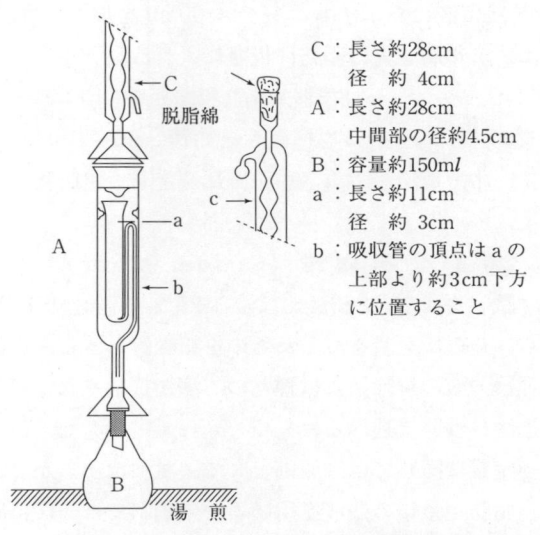

前処理の操作は，試料2～5 gをビーカーに取り，25％塩酸（比重1.125）100 mlを加えて5分間煮沸する．水100 mlを加え，冷却後，細かく切った濾紙片を約5 g加えて撹拌し，濾紙（No. 5C）で濾過する．濾液が酸性を呈さなくなるまで水で洗浄する．ろ斗ごと95～100℃で乾燥後，濾紙を円筒濾紙に入れ，ろ

C：長さ約28cm 径 約4cm
A：長さ約28cm 中間部の径約4.5cm
B：容量約150ml
a：長さ約11cm 径 約3cm
b：吸収管の頂点はaの上部より約3cm下方に位置すること

図 20.1.3-1　ソックスレー脂肪抽出装置

う斗はエーテルで洗い，その洗液は脂肪瓶に加え，抽出装置に接続して前と同様に脂肪を抽出する．

2．酸分解ジエチルエーテル抽出法

　エキスパンド状の飼料および粉末状油脂を原料とする哺乳期子牛育成用代用乳用配合飼料の場合には酸分解ジエチルエーテル抽出法を行う．

1) 飼料2 gを正確に秤量し，100 mlのビーカーに入れ，エタノール20 mlを加える．ガラス棒で混和して試料を潤した後，塩酸（濃塩酸4に純水1で希釈）20 mlを加えて時計皿で覆い，70～80℃の水浴上でときどき掻き混ぜながら1時間加熱する．

2) 放冷後，内容物を200 mlの分液ろ斗に入れ，容器をエタノール10 ml，ジエチルエーテル25 mlで順次洗浄し，洗液を先の分液ろ斗に入れ，さらにジエチルエーテル75 mlを加えて激しく振り混ぜる．

3) 静置後，ジエチルエーテル層（上層）を脱脂綿を詰めたろ斗で濾過し，脂肪秤量瓶（あらかじめ95～100℃で乾燥し，デシケーター中で放冷後，重さを正確に測定しておいたもの）に入れる．

4) 残留液にジエチルエーテル 50 ml を加え，同様に 2 回操作し，ジエチルエーテル層を先の脂肪秤量瓶に入れる．

5) ソックスレー抽出器で脂肪秤量瓶中のジエチルエーテルを回収し，残りのジエチルエーテルを揮散させた後，95〜100℃で 3 時間乾燥し，デシケーター中で放冷後，重さを正確に測定し，粗脂肪量を算出する．

20.1.4 粗繊維（Crude fiber）

試料を 1.25％硫酸および 1.25％水酸化ナトリウム液で処理した残渣から，その灰分量を減じたものを粗繊維とする．操作中，酸およびアルカリ処理後の液の排除法には種々の方法が提唱されているが，ここでは静置法と沪過法について述べる．

定量に際しては，原則として，試料はあらかじめ脱脂を行うか，もしくは粗脂肪定量後の残渣を用いるが，飼料では一般に脂肪含量が少ないので，秤取した試料は直ちに硫酸処理を行っても差支えない．

1. 静置法

1) 操　作

(1) 試料 2〜3 g を 500 ml 容トールビーカーに取り，1.25％硫酸溶液 200 ml を加え，液面に沿って正確に標線を付し，粗繊維定量用煮沸装置により加熱する．沸騰しはじめてから正確に 30 分間煮沸する．煮沸装置が使用できない場合は，ビーカーの口を時計皿で覆い加熱中蒸発する水分は熱水をもって絶えず補い，常に液面を標線に保ち硫酸の濃度の上昇を防がなければならない．また内容物が容器の壁に付着する場合はこれを落とし，液外に残らないように注意する．

(2) 沸騰 30 分後，300 ml の水を加えて希釈し，一昼夜放置する．このようにすれば不溶物が沈降するので，上澄液をできるだけ丁寧に吸引管を用いて吸引排除する．

もし容器の壁に残渣が付着する場合は，ポリスマンを用い洗浄瓶によって洗い落しながら，最後に 200 ml の標線まで水を加える．

(3) 次に，前と同様正確に 30 分間の煮沸を行った後，希釈，放置，吸引など

の操作を行う．吸引後，水を加えて液量を130～140 mlとし，5％水酸化ナトリウム溶液50 mlを加え，水を補って200 mlとする（水酸化ナトリウムの濃度は1.25％になる）．正確に30分間沸騰させる．

(4) あらかじめ沪紙をアルミニウム製秤量皿に入れて，135±2℃で2時間乾燥する．秤量した沪紙（No. 5A）で沪過する．沪液のアルカリ性反応がなくなるまで熱水で洗浄する．95％アルコール，エーテルの順にそれぞれ2～3回洗浄する．

(5) 風乾してエーテルを除いてから，もとのアルミニウム製秤量皿に移し，135±2℃で2時間乾燥，放冷後秤量して前後の差から残渣の量を求める．

(6) 次に，あらかじめ恒量を求めてある磁製ルツボに移し，ガスバーナーまたは電気炉中で灰化し，放冷後秤量して灰分量を求める．残渣の量から灰分量を減じ，供試量に対する百分率を求め，これを粗繊維含量とする．

2) 試　薬

(1) 1.25％硫酸溶液　硫酸130 gを水に溶解して10 lとする．0.1 N NaOH標準液で滴定して濃度を定める．水あるいは硫酸を加えて1.25％（0.255 N）になるように調製する．

(2) 5％水酸化ナトリウム溶液　水酸化ナトリウム（炭酸ナトリウムをほとんど含まないもの）約520 gを水に溶解して10 lとする．0.1 N硫酸で滴定，補正して5％（1.25 N）になるように調製する．

2．沪過法

　静置法の場合と全く同様に操作して，1.25％硫酸溶液で煮沸後，直ちにナイロン沪紙（No. 1025，特殊製紙製）で沪過する．沪液がリトマス試験紙で酸性を呈さなくなるまで熱水で洗浄する．残渣は130～140 mlの水で完全にもとのビーカーに移し，5％水酸化ナトリウム溶液50 mlを加え，200 mlの標線まで水を補う．その後は静置法と同様に操作すればよい．

　タンパク質含量の高い試料（魚粉，大豆粕など）では，硫酸溶液で煮沸後放置して液温が下ると，沪過が困難になりやすいので，直ちに沪過を行う．

20.1.5 粗灰分（Crude ash）

試料を一定の条件で灼熱灰化して得られた灰の重量を定量し，粗灰分とする．試料の灰化法としては，電気炉による方法とガスバーナーを用いる方法とがあるが，加熱温度を一定に保つことができる電気炉を用いることが望ましい．

試料2〜3gを，あらかじめ550〜600℃で恒量を求めてある磁製ルツボ（内径3.7 cm，高さ3.5 cm）に取り，ガスバーナでゆるやかに加熱する．試料が炭化し煙が出なくなったら，電気炉に入れ550〜600℃で2時間灰化し，放冷後秤量する．この重量からルツボの恒量を減じたものを粗灰分量とし，供試量に対する百分率から粗灰分含量を求める．

電気炉が使用できない場合は，ガスバーナーで試料を炭化後，ルツボの底が暗赤色になる程度加熱する．2〜3時間加熱後，放冷，秤量し，再び加熱，放冷，秤量を繰り返して恒量を求め，ルツボの恒量を減じて粗灰分量とする．

なお，電気炉を用い，550〜600℃で2時間灰化して求めた粗灰分量とガスバーナーを用いた恒量法による粗灰分量とは，ほとんど一致した値が得られる．

なお，操作にあたっては次のことに留意する
1) 液状の試料は，あらかじめ湯煎上で蒸発乾固してから加熱燃焼する．
2) 糖分の多い試料や動物性試料では，炭化の際，膨化してルツボ外へ溢れ出るものがあるので，注意して加熱する．

20.1.6 可溶無窒素物（Nitrogen free extract, NFE）

可溶無窒素物（NFE）は直接定量を行わず，100から水分，粗タンパク質，粗脂肪，粗繊維，粗灰分の各成分の含量（%）の合計を差し引いたものを可溶無窒素物含量（%）とする．

可溶無窒素物の主成分は糖類であるが，その他，デキストリン，有機酸，ペクチン，ゴム質など，さらに粗飼料ではヘミセルロース，リグニンの一部が含まれる． 〔阿部　亮〕

20.2 窒素化合物 (Nitrogen compound)

　本項では生体中の窒素化合物，タンパク質および非タンパク態窒素化合物の分析法について述べる．タンパク質については代表的な生化学的定量法を紹介する．非タンパク態窒素化合物としてはペプチド，遊離アミノ酸，尿素，尿酸，クレアチニン・クレアチンおよびアンモニアなどが挙げられるが，ここではペプチド，アミノ酸，尿素，アンモニアの定量法について紹介する．なお，尿酸に関しては，還元法やウリカーゼ法が良く知られている[1]．また，クレアチニンおよびクレアチンは Jaffe 反応を利用した Folin の改良法が主に利用されている[2]が，糖やケトン体の共存により非特異的発色が起こるため，HPLC によるより正確な分析法[3]も開発されている．飼料中の硝酸および亜硝酸態窒素についてはカドミウムカラムと塩化バリウムで抽出する方法が報告されている[4]．

20.2.1 タンパク質 (Protein)

　タンパク質の定量法はこれまで数多くの工夫がなされてきたが，タンパク質中の窒素で測定する場合はケルダール法（前節参照）が現在でも最も信頼できる．他にビューレット法，紫外線吸収法，比濁法，蛍光法など多数あるが，ここでは最も頻用されている Lowry 法と Bradford 法について紹介するにとどめ，他は優れた成書を参照されたい[5-7]．

1. Lowry 法[8]

　タンパク質溶液をアルカリ性条件下で Cu^{2+} と反応させたのち，フェノール試薬を加えると Cu^{2+} によりリンモリブデン酸-タングステン酸複合体が還元され，青く発色する．これはタンパク中のチロシン，トリプトファン，システインなどの側鎖とフェノール試薬の反応と，ペプチド結合がアルカリ性溶液中で Cu^{2+} と紫色の錯体を形成するビューレット反応を組み合わせたものである．微量のタンパク質（50～500 $\mu g/ml$）を定量できるので標準的方法となったが，界面活性剤や EDTA などのキレート剤，2-メルカプトエタノールなどの還元剤を始め，多くの物質によって妨害を受けるので注意が必要である[5]．

1) 操　作

試料または標準液 (0〜500 μg/ml) 200 μl を試験管に加え，アルカリ性銅溶液 2 ml を加える．15 分室温で放置後，フェノール試薬 200 μl をすばやく加え，混和する．20 分放置後，吸光度 (750 nm) を測定する．

2) 試　薬

(1) A 液　2 % 炭酸ナトリウム (Na_2CO_3) を 0.1 N NaOH 中に溶解する．
(2) B 液　0.5 % 硫酸銅 ($CuSO_4 \cdot 5H_2O$) を 1 % 酒石酸ナトリウムまたはカリウム中に溶解する．
(3) アルカリ性銅溶液　A 液と B 液 (50:1) を混合 (用時調製)．
(4) フェノール試薬 (Folin 試薬)　市販フェノール試薬を蒸留水で 2 倍に希釈 (用時調製)．
(5) タンパク質標準液　牛血清アルブミンを蒸留水で溶解する (〜500 μg/ml)．

2. Bradford 法[9]

Coomassie brilliant blue G-250 がタンパク質の塩基性および芳香族アミノ酸の側鎖と結合し，吸収のピークが 465 nm から 595 nm へとシフトすることを利用した方法である．

Lowry 法と比べてより簡単，迅速，高感度で，還元剤や EDTA などの影響を受けないが，界面活性剤の影響は受けやすい．

1) 操　作

試料 (タンパク質を 10〜50 μg 含んでいる溶液) または標準液を 100 μl 試験管に取る．CBB 溶液 5 ml を加え，十分に混和する．約 1 時間以内に吸光度 (595 nm) を測定する．

2) 試　薬

(1) CBB 溶液　coomassie brilliant blue G-250 100 mg を 95 % エタノール 50 ml に溶解する．これに 85 % (w/v) リン酸 100 ml を加え，蒸留水で 1 l にする．
(2) タンパク質標準液　牛血清アルブミンまたは γ-グロブリンを 500 μg/ml で使用．特に本法では後者の方が平均的タンパク質の発色を代表して

いる.　　　　　　　　　　　　　　　　　　　　　　（門脇基二）

引用文献

1) 金井　泉・金井正光編, 1993, 臨床検査法提要, 改訂30版, 金原出版, 517-520.
2) 金井　泉・金井正光編, 1993, 臨床検査法提要, 改訂30版, 金原出版, 512-517.
3) Murakita H., 1988, J. Chromatogr., 431 : 471-473.
4) AOAC., 1995, Official Methods of Analysis, 16th ed., Chap. 4 : 14-15.
5) 菅原　潔・福島正美, 1977, 蛋白質の定量法, 第2版, 学会出版センター.
6) 日本生化学会編, 1990, 新生化学実験講座1, タンパク質(I), 東京化学同人, 87-107.
7) 堀尾武一編, 1994, 蛋白質・酵素の基礎実験法, 改訂第2版, 南江堂, 455-461.
8) Lowry O. H. *et al.*, 1951, J. Biol. Chem., 193 : 265-275.
9) Bradford M. M., 1976, Anal. Biochem., 72 : 248-254.

20.2.2　ペプチド

　アミノ酸がペプチド結合によって結合したもので，鎖長の比較的短いものをペプチド，長いものをタンパク質と呼んでいる．この両者の境界に明確な定義はない．したがって，通常，ペプチドの定量はタンパク質の場合と共通の方法で行うことができる．

　しかし，ペプチドは，鎖長が短いことからアミノ酸組成に偏りがあることが多く，280 nmにおける紫外吸光法のように，特定の残基を利用した方法を用いて定量する場合には注意する必要がある．

　ここでは，簡便であり，試料の回収が可能な紫外吸光法による定量について述べることにする．

1．紫外吸光法による定量

　紫外吸光法は，ある波長における吸光度 A がその物質特有のモル吸光係数 ε と濃度 c に比例するという Lambert-Beer の法則（$A=\varepsilon cl$）を利用した定量法である（l は光路長で通常1 cm）．ただし，高濃度では吸光度が飽和し，誤差を生じるので，吸光度が1.5を越えるような場合は，希釈して測定するべきである．

紫外領域の吸収はペプチドに特異的な現象ではないので，ペプチド以外の紫外吸収物質が測定に影響を及ぼす．280 nm における定量では主に核酸，225 nm では各種の低分子紫外吸光物質がペプチド定量の妨害物質となりうる．したがって，正確な定量のためには試料の適切な精製，前処理が必要である．

1）280nm における定量

分子内に Trp，Tyr，Phe，ジスルフィド結合を含むペプチドは波長 280 nm において吸収をもつが，モル吸光係数から鑑みてそのほとんどは Trp と Tyr に由来するものと考えてよい．構造未知のペプチドの定量には，標準試料として，牛血清アルブミン（BSA）が利用される．BSA は光路長 1 cm，濃度 1 mg/ml において $A_{280} ≒ 0.68$ の吸光度を示すので，次の等式が成り立つ．

$$C\,(mg/ml) = A_{280} / 0.68$$

しかし，前述のように，モル吸光係数はアミノ酸組成により大きく異なるので，あくまでも BSA 換算値であることを忘れてはならない．

核酸の極大吸収は 260 nm であるが，280 nm においても強い吸収をもち，ペプチドの正確な定量を妨害する．しかし，280 nm と 260 nm の吸光度の比が 1.5 以下なら核酸の影響はほとんど考えなくてよい．

この方法で実際に測定できるのは，約 0.1～1.0 mg/ml の範囲である．

2）225nm における定量

225 nm の吸収はペプチド結合に由来し，特定のアミノ酸残基に依存しないため，ペプチド間の吸光度の差は 280 nm の場合より小さい．核酸の影響を除くことはできるが，二重結合をもつ低分子も 225 nm の吸収をもつため，妨害物質は多くなる．測定感度は 280 nm における測定より 10 倍程度高く，光路長 1 cm，濃度 1 mg/ml における BSA の吸光度は，$A_{225} ≒ 10.0$ であるので，次の等式が成り立つ．

$$C\,(mg/ml) = A_{225} / 10$$

この方法で実際に測定できるのは約 5～180 μg/ml の範囲である．

〔石橋　純〕

20.2.3 アミノ酸（Amino acid）

タンパク質は約20種のアミノ酸のペプチド結合により構成される．タンパク質構成アミノ酸の測定は，加水分解による総アミノ酸の定量により行われる．一方，生体内の生理状態や食品の呈味成分を把握する目的などで，遊離アミノ酸が測定される．前者は加水分解によりタンパク質のペプチド鎖を切断し，個々のアミノ酸を遊離状態として定量する．酸加水分解により複数のアミノ酸を定量できるが，総てのアミノ酸を一時に定量する加水分解手法は現段階ではないため，目的に応じて選択する．

ここでは高速液体クロマトグラフィー（HPLC）による方法について述べる．

アミノ酸分析には，前述の試料に対応して，総アミノ酸測定のための加水分解法と，遊離アミノ酸を測定する生体成分分析法とがある．前者はナトリウム緩衝液，後者はリチウム緩衝液を用いる．

1．試料の前処理

試料の前処理法として，飼料の塩酸加水分解と血液の遊離アミノ酸の調製法ついて述べる．いずれの試料においても，カラム導入試料液にはタンパク質や高分子炭水化物が含まれないように前処理を行う．そのため前処理の最終過程では，0.45 μm フィルターによる沪過を行う．

2．飼料の総アミノ酸

試料は第19章の採取方法に従ってサンプリングし，ボールミルで微粉砕する．この試料を約 0.2 g 秤取し，耐圧分解瓶に入れ，6 N 塩酸を 5 ml 加える．酸化を防ぐため，窒素ガスを封入する．蓋は軽くしめたまま，あらかじめ 105 ℃に設定した恒温槽に入れ，1時間の脱気を行う．次いで密封し，21時間加熱する．放冷後，減圧沪過を行い，5 N 水酸化ナトリウムにて中和し，50 ml に定容する．一部をマイクロチューブに移し，測定時まで－20 ℃で凍結保存する．測定時は，0.2 N クエン酸ナトリウム緩衝液で適切な濃度に希釈し，0.45 μm フィルターにより沪過してから分析に供する．

加水分解手法としては，大部分のアミノ酸は塩酸による酸加水分解を用いるが，その他にトリプトファン定量にはアルカリ加水分解，メチオニンは過

ギ酸分解を用いる．

3．血漿遊離アミノ酸

ヘパリン処理をしたシリンジで採血を行う．採取した血液は，2,000×gで3～5分間の遠心分離（動物により差がある）により上清を得る．次にスルホサリチル酸，トリクロロ酢酸などの除タンパク剤で除タンパクを行う．スルホサリチル酸を用いる場合，上清に等量の3％スルホサリチル酸を加え，十分に混和後，遠心分離（2,000 g×3分間）する．この上清を採取して，試料とし，測定時まで凍結保存する．採血方法については，各動物の試料採取法の項に詳述する．

4．測　　定

1）移　動　相

アミノ酸分析は，加水分解による総アミノ酸測定のための加水分解法にはナトリウム緩衝液，遊離アミノ酸を測定する生体成分分析法にはリチウム緩衝液を用いる．アミノ酸の溶出挙動は移動相のpH及び塩濃度に依存し，また移動相へのアンモニアのコンタミネーションはベースラインを大きく変動させる．

2）アミノ酸の検出

カラムで分離したアミノ酸の検出は，溶離液をニンヒドリンと反応させる方法や，N-アセチルシステインまたはメルカプトエタノール存在下でo-フタルアルデヒド（OPA）と反応させ蛍光を検出する方法がある．後者ではプロリンなどの2級アミンの感度を上げるために，次亜塩素酸液と連続反応させる方法が開発されている．

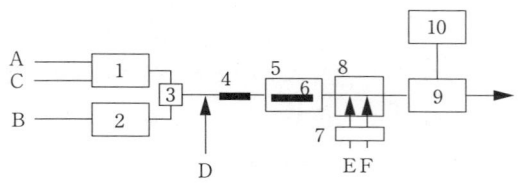

図20.2.3-1　アミノ酸分析システム構成の例
1，2：送液ポンプ，3：ミキシングブロック，4：アンモニアトラップカラム，5：カラムオーブン，6：カラム，7：ローラーポンプ，8：化学反応槽，9：検出器，10：レコーダー
A：移動相（基本液），B：移動相（溶出液），C：洗浄液，D：サンプル，E：次亜塩素酸溶液，F：o-フタルアルデヒド溶液

3) 分　析

前処理により得た試料をそれぞれの分析システムのマニュアルに従い，測定する．以下に島津製作所の HPLC の例を基に，基本液と溶離液の 2 液を用いたリニアグラディエント法によるアミノ酸分析法を述べる．また，図 20.2.3-1 には流路図，図 20.2.3-2，20.2.3-3 には分析例を示す．

5．酸加水分解による総アミノ酸の定量

1）機　器

高速液体クロマトグラフィーにより，カラム

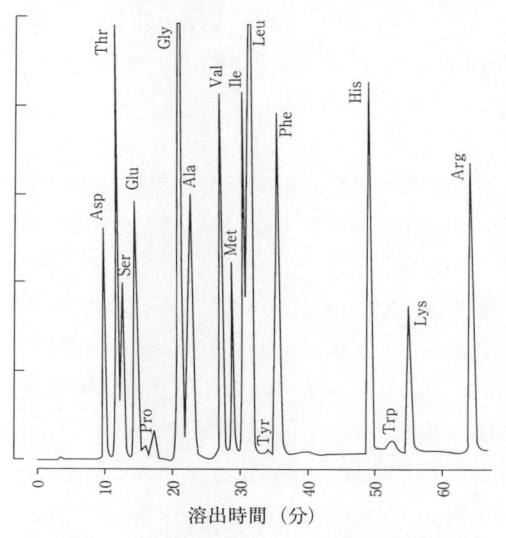

図 20.2.3-2　Na タイプカラムによる分析例

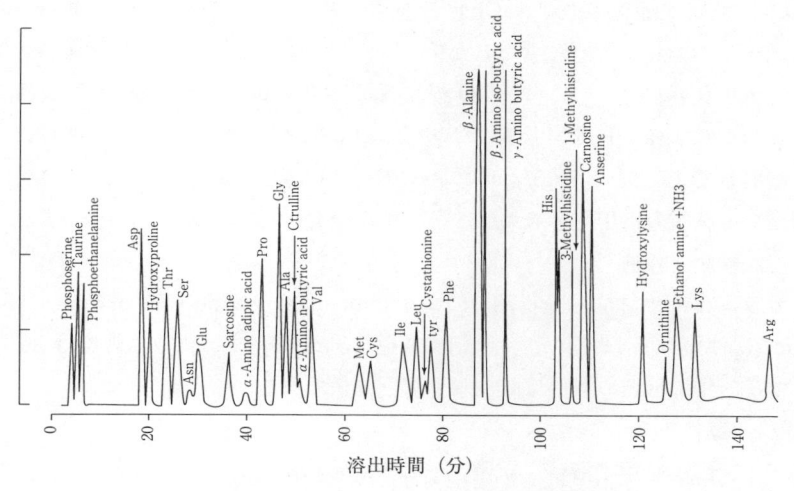

図 20.2.3-3　Li タイプカラムによる分析例

は，加水分解物分析用カラム (Shim-pack Amino-Na, 6 mm×150mm, 島津製作所) を用い，試料中のアミノ酸をカラム温度60℃で分離する．溶出したアミノ酸はOPAを用いて誘導体化し，蛍光検出器により，Ex 348 nm, Em 450 nmでの蛍光検出を行う．移動相の流速は0.5 ml/分で，発色液の流量は0.2 ml/分とする．

2）試　薬

HPLC用またはそれに準じた試薬を用いる．アミノ酸標準液は試薬メーカーから市販されている（例：アミノ酸混合標準液H型，和光純薬工業）．

3）移動相

基本液（A），溶出液（B）および洗浄液（C）を用いる．A：7％エタノールを含む0.2 Nクエン酸ナトリウム溶液を過塩素酸でpH 3.2に調製する．B：0.6 Nクエン酸ナトリウム－0.2 Mホウ酸溶液を水酸化ナトリウムでpH 10.0に調製する．C：0.2 M水酸化ナトリウムとする．いずれも0.45 μmフィルターで濾過して測定に供する．これらの移動相および洗浄液はアミノ酸分析用ナトリウム型移動相キットとして市販もされている．

4）発色液

OPA液と次亜塩素酸（NaClO）液を用いる．OPA液は，OPA 0.8 g（エタノール14 mlに溶解），N-アセチルシステイン1 g，ポリオキシラウリルエーテル0.4 gを，一方，NaClO液はNaClO 0.4 mlを，ホウ酸-炭酸緩衝液（0.22 Mホウ酸，0.38 M炭酸ナトリウム，0.11 M硫酸カリウム（pH 10.5））に溶解して1 lとし，0.45 μmフィルターで濾過し測定に供する．この発色液はアミノ酸分析用反応液キットとして市販もされている．

6．生体成分分析

カラムは，生体成分分析用カラム (Shim-pack Amino-Li, 6 mm×150 mm, 島津製作所) を用い，移動相流量を0.6 ml/分とし，カラム温度は39℃とする．他の機器の条件は酸加水分解と同様である．

1）試　薬

アミノ酸混合標準液は，試薬メーカーから市販されている（例：アミノ酸混合標準液ANII型，B型，和光純薬工業）．

2）移動相

基本液（A），溶出液（B）および洗浄液（C）を用いる．A：7％エチレングリコールモノメチルエーテルを含む0.15 Nクエン酸リチウム溶液を過塩素酸でpH 2.6に調製する．B：0.3 Nクエン酸リチウム－0.2 Mホウ酸溶液を水酸化リチウムでpH 10.0に調製する．C：0.2 M水酸化リチウム溶液とする．いずれも0.45 μmフィルターで沪過し測定に供する．これらの移動相はアミノ酸分析用リチウム型移動相キットとしても市販されている．

3）発色液

試薬および調製法は加水分解法と同様とする． （藤村　忍）

引用文献

1) Ishida Y., T, et al., 1981. New detection and separation method for high-performance liquid chromatography, J. Chromatog., 204：143-148.
2) 波多野博行・花井俊彦，1988．実験高速液体マトログラフィー，化学同人．
3) 鈴木忠直，1996．アミノ酸組成の定量法，新・食品分析法，日本食品科学工学会，新・食品分析法編集委員会編，493-508，光琳．
4) Fujimura S. et al., 1992. Bull. Fac. Agri., Niigata Univ., 44：89-92.
5) 島津アミノ酸分析システム応用データ集，2-3，島津製作所．

20.2.4 尿　素（Urea）

定量法として，ウレアーゼ法，ジメチルアミノベンズアルデヒド（DMAB）法[1]など多数工夫されてきたが，ここでは頻用されているジアセチルモノオキシム法を紹介する．

1．ジアセチルモノオキシム法[2]

尿素にジアセチルモノオキシムとチオセミカルバジドを加えて，強酸下で加熱すると530 nmに吸収極大を持つ赤色物質になる（Fearon反応）．チオセミカルバジドは尿素酸化物とジアセチルモノオキシムの縮合物を安定化させ，高濃度のリン酸は加熱後のタンパク質凝固による混濁を防いでいる．

1) 操　作

血清または標準液 20 μl を試験管に加える．発色試薬 3.0 ml を加え，100℃ で 20 分正確に煮沸する．アルミホイルなどで試験管の蓋をする．冷水中で約 5 分間冷却させた後，540 nm の波長で吸光度を測定する．

2) 試　薬

(1) 12 g/l ジアセチルモノオキシム水溶液．
(2) 0.6 g/l チオセミカルバジド水溶液．
(3) 34% リン酸　リン酸 (85%，d＝1.689) 400 ml に水を加え，全量を 1 l にする．
(4) 発色試薬　ジアセチルモノオキシム溶液：チオセミカルバジド溶液：リン酸溶液＝1：1：10 の容量比に混ぜて発色試薬とする．（用時調製）
(5) 尿素窒素標準液　尿素 2.14 g を水に溶かして，全量を 100 ml とする（窒素として 10.0 g/l）．これを 40 倍に希釈して使用する．

20.2.5　アンモニア（インドフェノール法[3]）

アンモニアは体内での毒性が高く，血中アンモニア濃度の測定は重要である．現在，測定原理のうえから微量拡散法，イオン交換樹脂法，直接比色法，酵素法などに大別される[4]が，ここでは直接比色法であるインドフェノール法を紹介する．

なお，血中アンモニア値は測定法自体の誤差以上に，採血時の環境やその後の経時的上昇が非常に大きな影響要因となるため，これら諸条件に注意が必要である．

全血をタングステン酸で除タンパクして呈色阻害成分と血中諸酵素を除去し，上清を分離してインドフェノール反応（Berthelot 反応）で定量する．これは，アルカリ性次亜塩素酸存在下でアンモニアがフェノールと反応して青色のインドフェノールを生成するもので，ニトロプルシドナトリウムはこの反応の触媒として用いられる．

1) 操　作

血液 0.5 ml にタングステン酸ナトリウム溶液 1 ml，および硫酸溶液 1 ml

を加え，血液全体が褐色になるまで十分撹拌する．次に 3,000 rpm で 5 分遠心して除タンパクする．得られた上清 1 ml に，発色液 A 1 ml，発色液 B 0.5 ml，発色液 C 1 ml をそれぞれ加えた後，静かに混合する．37 ℃ に 30 分放置して発色させた後，吸光度（630 nm）を測定する．これは少なくとも室温で 2 時間半は安定である．

なお，本法は除タンパクにより血液中内因性アンモニアの発生を防ぐという利点があるが，血中アミノ酸の異常増加時には発色の阻害が起こることが知られており，注意が必要である．また，尿中アンモニアを定量する場合には，尿を約 100 倍に希釈し，同様の操作を行う．冷所保存で約 2 日間安定である．

2）試　薬

(1) 10 ％ タングステン酸ナトリウム溶液　$Na_2WO_4 \cdot 2H_2O$ 10 g を水 100 ml に溶かす．

(2) 1 N 硫酸溶液　濃硫酸 15 ml を水 485 ml 中に加える．

(3) 発色試薬 A　フェノール 2 g とニトロプルシドナトリウム 7.5 mg を水 50 ml に溶かす．

(4) 発色試薬 B　KOH 1.25 g を水に溶かし，25 ml とする．

(5) 発色試薬 C　炭酸カリウム 14 g，次亜塩素酸ナトリウム溶液（有効塩素 10 ％）1.5 ml に水を加えて 50 ml にする．

試薬 A および C は冷蔵庫中に保存する．

(6) アンモニア標準液　400 μg/ml

（門脇基二）

引用文献

1) AOAC, 1995. Official Methods of Analysis, 16th ed., Chap. 4 : 13 - 14.

2) 柴田　進・佐々木匡秀，1969. 日常臨床生化学超微量定量法，増訂 2 版，金芳堂，239 - 245.

3) 奥田拓道・藤井節郎，1966. 最新医学，21 : 622 - 627.

4) 金井　泉・金井正光編，1993. 臨床検査法提要，改訂 30 版，金原出版，522 - 526.

20.3 脂 質 (Lipid)[1]

　脂質はタンパク質や糖質と並んで，生体を構成する主要な成分の一つである．本項では脂質の分析について，化学構造も代謝も異なるトリグリセリド，リン脂質，コレステロール，遊離脂肪酸，糖脂質などの総和である総脂質の分離および定量と，それに続く総脂質中のこれら各種脂質の定量に分けて述べる．脂質の定量法として種々の方法が挙げられるが，ここでは現在広く使われている比色法を採用した．

　なお，各種脂質の構成成分の分離・定量に関しては，項の終りに成書[1～4]を推薦するに留める．

　また，これまで栄養実験においては，血清中の各種脂質を指標の一つとして用いてきたが，血清中では脂質の大部分がリポタンパク質として存在していることから，リポタンパク質の変化をも含めて考えた方が理解しやすい場合もある．血清リポタンパク質の分離・定量については，専門書[1,2,4]を参照されたい．

20.3.1 総 脂 質 (total lipid)[1-7]

　極性溶媒で脱水し，脂質-タンパク質間の結合を切ることにより，組織から脂質を抽出し，Folch の水洗法によりこの抽出液中に含まれる非脂質性夾雑物を除去して精製し，総脂質を得る．総脂質量は溶媒を蒸発させ，残渣を秤量することにより求める．

　ただし，秤量精度がこの方法の適用限界であることから，その含有量が比較的少ない血清中の総脂質を分離・定量する場合には，Bragdon の方法を用いる方がよい．すなわち，Folch の溶媒と希硫酸を用いて血清から総脂質を抽出精製する．次に，溶媒を蒸発後，重クロム酸カリウム試薬と反応させ，発現する暗褐色を比色することにより総脂質量を求める．

　なお，脂質の分解や酸化を防ぐには，40℃以下で抽出操作を行う，窒素気流下で溶媒除去を行う，溶媒に抗酸化剤（例えば，溶媒1 l 当たり 2,6-ジ-t-ブチル-4-メチルフェノール 2 mg を添加）を添加する．非極性溶媒に溶解して冷暗所に保存するなどの留意が必要となる．

1) 操　作

　組織湿重量の 20 倍量 (v/w) のクロロホルム-メタノール (2:1, v/v) を加えてホモジナイズし，室温暗所に一夜静置後，沪過する．得られた沪液に 0.2 容量の 0.04 % (w/v) 塩化マグネシウムを加えて混和し，上下 2 層が透明になるまで冷暗所に静置後，上層 (水層) を捨て，下層を総脂質抽出液とする．この総脂質抽出液の一部 (10 mg 以上の総脂質を含有) を三角フラスコに取り，70 ℃ の温浴中で溶媒を蒸発させ，真空デシケーター (乾燥剤として塩化カルシウムを使用) 中で 2 時間静置後，三角フラスコ中の残渣を秤量し，総脂質量とする．

2) 血清からの総脂質の分離とその定量

(1) 共栓付遠沈管 (容量 50 ml, 25 ml に標線あり) に血清 1 ml を取り，クロロホルム-メタノール (2:1, v/v) 約 22 ml を勢いよく加え，振らずにそのまま 5 分間静置する．30 秒間振り混ぜた後，25 ml の標線まで同溶媒を加え，さらに 5 分間静置する．0.05 % (w/v) 硫酸 50 ml を加え，10 分間静かに転倒混和後, 10 分間静置する．遠心分離 (2,000 rpm, 15 分) して，下層を総脂質抽出液とする (この場合，下層液量は常に 18 ml となる)．

(2) この総脂質抽出液あるいは標準液の一部 (1 mg までの総脂質を含有) を試験管に取り，70 ℃ の温浴中で溶媒を蒸発後，さらにアスピレーターに繋いだピペットで溶媒を完全に吸引除去する．重クロム酸カリウム液 4 ml を加え，栓をして沸騰水浴中で 30 分間加温後，流水で冷却する．蒸留水 6 ml を加えて混和後，流水で冷却し，波長 580 nm で吸光度を測定する．

3) 試　薬

(1) 標準液　パルミチン酸 50 mg をクロロホルム-メタノール (2:1, v/v) に溶かして全量 100 ml にする．

(2) 重クロム酸カリウム液　重クロム酸カリウム 2 g を濃硫酸に溶かして全量 100 ml にし，遮光して保存する (1 ヵ月は安定)．

20.3.2　トリグリセリド (Triglyceride)[1,3,8,9]

　総脂質をイソプロピルアルコールに溶解後，類似呈色を示すグリセロリン

脂質やグリセロ糖脂質などを吸着剤に吸着させて除去し，トリグリセリドを得る．次いで，このトリグリセリドを鹸化して生ずるグリセロールを，過ヨウ素酸で酸化し，生じたホルムアルデヒドをアセチルアセトンおよびアンモニアと反応させて，発現する黄色を比色することによりトリグリセリド量を求める．

1）操　作
(1) 総脂質抽出液あるいは標準液の一部（0.4 mg までのトリグリセリドを含有）を試験管に取り溶媒を蒸発後，イソプロピルアルコール5 ml で溶解する．
(2) 吸着剤 0.5 g を加え，5分おきに10秒ずつ3回激しく混和して3時間以上静置後，遠心分離（2,500 rpm，5分間）する．
(3) 得られた上清の 2 ml を新たな試験管に取り，まず 5 %（w/v）水酸化カリウム 0.6 ml を加え，50 ℃で15分間加温する．
(4) 次いで酸化試薬 0.1 ml を加え，室温で15分間静置する．さらに発色試薬 1.5 ml を加え，50 ℃で40分間加温後，流水で冷却し，波長 410 nm で吸光度を測定する．

2）試　薬
(1) 標準液　トリパルミチン 400 mg をクロロホルム-メタノール（2：1，v/v）に溶かして全量 100 ml にする．
(2) 吸着剤　ゼオライト（110 ℃で3時間活性化して使用）8 g，水酸化カルシウム 23 g，ケイ酸アルミニウム 1 g および硫酸銅五水和物 0.5 g をよく混和し，密栓する（1週間は安定）．
(3) 酸化試薬　2 M 酢酸と 0.05 M 過ヨウ素酸ナトリウムを等量混和する（用事調製）．
(4) 発色試薬　アセチルアセトン 0.75 mg をイソプロピルアルコール 60 ml に溶かし，次いで 2 M 酢酸アンモニウム 100 ml を加え，最後に 1 M 酢酸で全量 300 ml にして，冷蔵する（1週間は安定）．

20.3.3 リン脂質 (Phospholipid)[1〜4, 10]

リン脂質に必ず含まれるリンに着目し,総脂質中のリン量の25倍をもってリン脂質量とする.すなわち,まず,総脂質を湿式灰化して得られる無機リンをモリブデン酸と結合させ,生成したリンモリブデン酸をアスコルビン酸で還元して,発現する青色を比色することにより無機リン量を求める.そして,得られた無機リン量からリン脂質量を算出する.

総脂質抽出液の一部 (1.25 mgまでのリン脂質あるいは0.05 mgまでのリンを含有) をケルダールフラスコに取り溶媒を蒸発後,濃硫酸4滴を加え,表面から白煙が立ち昇るまで加熱する.さらに60%過塩素酸2滴を加え,無色透明になるまで再び加熱後,放冷し,蒸留水で全量25 mlにする.その4 mlあるいは蒸留水で全量4 mlにした標準液を試験管に取り,蒸留水1.6 ml,6 N硫酸0.8 ml,2.5% (w/v) モリブデン酸アンモニウム0.8 mlおよび10% (w/v) アスコルビン酸0.8 mlを加え,37℃で約2時間加温後,室温まで冷却し,波長820 nmで吸光度を測定する.得られた無機リン量を25倍してリン脂質量とする.

標準液は第一リン酸カリウム液0.879 mgを蒸留水に溶かして全量100 mlにする.

20.3.4 コレステロール (Cholesterol)[1, 4, 11]

総脂質をエタノール-アセトン混液に溶解後,この一部を蒸発乾固し,酢酸中で塩化第二鉄と反応させ発現する赤褐色を比色することにより,総コレステロール量を求める.また,別の一部にジギトニンを加えることにより,遊離型コレステロールのみをジギトナイド沈澱として得,この沈澱をアセトンで洗い純化する.酢酸中で上述と同様の反応を行い,遊離型コレステロール量を求める.総コレステロール量から遊離型コレステロール量を差し引いて,エステル型コレステロール量とする.

1) 操 作

(1) 総脂質抽出液あるいは標準液の一部 (0.8 mgまでのコレステロールを含有) を試験管に取り溶媒を蒸発させ,エタノール-アセトン (1:1, v/v) 約

5 ml で溶解後，沪過し，同溶媒で全量 10 ml にする．
(2) その 2 ml を新たな試験管に取り，溶媒を蒸発後，氷酢酸 3 ml と発色試薬 2 ml を加え激しく混和し，30 分後に波長 560 nm で吸光度を測定して，総コレステロール量を求める．
(3) 別の 2 ml を別の試験管に取り，まず 1 ml になるまで溶媒を蒸発後，ジギトニン液 1 ml を加え 4 時間静置後，遠心分離（3,000 rpm，10 分間）し，上清を捨てる．次いでアセトン 4 ml を加えよく混和後，遠心分離（3,000 rpm，10 分間）し，上清を捨てる．最後に氷酢酸 3 ml と発色試薬 2 ml を加え激しく混和し，30 分後に波長 560 nm で吸光度を測定して，遊離型コレステロール量を求める．そして，総コレステロール量から遊離型コレステロール量を差し引き，エステル型コレステロール量を算出する．

2）試　薬
(1) 標準液　コレステロール 160 mg をクロロホルム-メタノール（2:1，v/v）に溶かして全量 100 ml にする．
(2) 発色試薬　塩化第二鉄 2.5 g を濃リン酸 100 ml に溶かし（冷蔵），その 8 ml に濃硫酸を加えて全量 100 ml にする．
(3) ジギトニン液　ジギトニン 1 g を約 50 ℃ の温浴中でエタノール-水（1:1，v/v）に溶かして全量 100 ml にする．

20.3.5　遊離脂肪酸（Free fatty acid）[1, 4, 12]

　遊離脂肪酸をクロロホルムとリン酸緩衝液で総脂質から抽出し，銅と結合させて選択的にクロロホルム層に移行させる．次いで，この遊離脂肪酸に結合した銅をハイドロキノンで還元し，バゾクプロインと反応させて，発現する黄褐色を比色することにより遊離脂肪酸量を求める．

1）操　作
(1) 総脂質抽出液あるいは標準液の一部（0.05 mg までの遊離脂肪酸を含有，容量を 0.2 ml までとし低濃度の場合は濃縮し調整）を試験管に取り，クロロホルム 6 ml およびリン酸緩衝液（pH 6.4）1 ml を加え，90 秒間激しく振とう後，15 分間以上静置する．

(2) 下層の 5 ml を共栓付遠沈管に取り，銅試薬 2 ml を加え，2 分間激しく振とう後，遠心分離 (2,500 rpm, 5 分間) する．
(3) クロロホルム層 (下層) の 3 ml を新たな試験管に取り，還元発色試薬 1 ml を加えて混和し，波長 480 nm で吸光度を測定する．

2) 試　薬
(1) 標準液　パルミチン酸 25 mg をクロロホルム-メタノール (2:1, v/v) に溶かして全量 100 ml にする．
(2) リン酸緩衝液 (pH 6.4)　1/30 M 第一リン酸カリウム 2 容と 1/30 M 第二リン酸ナトリウム 1 容を混合する．
(3) 銅試薬　1 M トリエタノールアミン 9 容，1 M 酢酸 1 容および 6.45% 硝酸銅 10 容を混合する．
(4) 還元発色試薬　ハイドロキノン 200 mg をエタノール 5 ml に溶かす．次に，バゾクプロイン 100 mg をクロロホルム－ヘプタン (2:1, v/v) 95 ml に溶かし，両液を混和後，遮光して冷蔵する．

20.3.6　糖脂質 (Glycolipid)[1〜4,13]

　糖脂質として，最も単純なセレブロシドから 6〜7 種類の多糖体で構成される高級糖脂質であるガングリオシドに至るまで，実に 30 種類以上が知られている．一般に糖脂質含量は少ないこと，ステロールやリン脂質の存在が糖の比色定量を妨げること，糖の種類により比色定量時の発色率が異なること，ガングリオシドなどは Folch の水洗法 (20.1.4.1 参照) の水層に分配されることなどを考慮すると，糖脂質の定量は，まず種々のクロマトグラフィーを用いて個々の糖脂質を分離し，次いでそれぞれの糖量などから各々の糖脂質量を求め，最後にそれらを加え合わせることによって行われるべきと考えられる．個々の糖脂質の分離・定量については，すでに多くの成書[1,2,4,13] に述べられているのでそれらを参照されたい．

（長谷川　信）

引用文献

1) 馬場茂明・奥田　清編, 1973. 医化学実験法講座 3B (臨床化学 II), 101-254, 中山書店.

2) 山川民夫編, 1972. 医化学実験法講座 1B (生体構成成分 II), 115 - 302, 中山書店.

3) 日本生化学会編, 1976. 生化学実験講座 3 (脂質の化学), 75 - 231, 東京化学同人.

4) 今井　陽・坂上利夫編, 1978. 新版脂質の生化学, 1 - 128, 朝倉書店.

5) Folch J. et al., 1957. J. Biol. Chem., 226 : 497 - 509.

6) Bragdon J. H., 1960. Lipids and the steroid hormones in clinical medicine, Sunderman F. W. and Sunderman F. W., ed., 9- 14, Lippincott, Philadelphia and Montreal.

7) 福井　厳・久城英人, 1972. 臨床病理, 特集 19 : 38 - 51.

8) Sardesai V. M. and J. A. Manning, 1968. Clin. Chem., 14 :156 - 161.

9) Fletcher M. J., 1968. Clin. Chim. Acta, 22 : 393 - 397.

10) Chen P. S. Jr. et al., 1956. Anal. Chem., 28 : 1756 - 1758.

11) Zak B. et al., 1954. Amer. J. Clin. Pathol., 24 : 1307 - 1315.

12) 久城英人ら, 1970. 臨床病理, 18 : 833 - 837.

13) 牧田　章, 1967. 生物化学実験法 VII (蛋白質・核酸・酵素, 別冊), 106- 128, 共立出版.

20.4 炭水化物 (Carbohydrate)

20.4.1 単糖類および少糖類 (Mono-and oligosaccharides)

単糖類および少糖類が 80 % の熱エタノールに溶解し, フラクトサン, デンプンはこれには溶解しないことを利用した分離定量法について述べる. 熱エタノール抽出液について, 脱エタノール, 除タンパク, 除色素の操作を行って単・少糖類の水溶液を得る. これについてアンスロン試薬による比色定量を行う.

1) 操　作

(1) 試料 1 g を 50 ml 容の遠心分離管に採取する. 80 % エタノール 30 ml を加え, 逆流冷却器に付して 30 分間熱水中にて抽出を行う. この際, 脂肪抽出器の冷却管を上下, 逆さまにセットし, すりの部分ではない, 細い管の部分

にビニールゴム栓を取り付け，これに遠心分離管を差し込むと便利である．

(2) 抽出後，遠心分離 (2,500 rpm で 5 分間程度) し，上澄液を 100 ml 容のメスフラスコにあける．残渣に 80 % エタノール 20 ml を加え，30 分間，(1) と同様に抽出する．抽出後，遠心分離し，上澄液は先のメスフラスコに開ける．この操作をもう一度繰り返す．つまり，3 回のエタノール抽出を行うことになる．この際，洗浄およびメスフラスコの定容は総て 80 % エタノールで行う (80 % エタノール用の洗浄ビンを用意する)．

(3) 遠心分離管中の残渣は 70 ℃ 前後の乾燥器中でエタノールを飛ばし，次のデンプンの定量に用いる．

(4) エタノール抽出液 5 ml を試験管に取り，これを煮沸湯浴中に入れてアルコールを飛散させる．試験管の底部に少量の水溶液が残っている時点でこの操作を終え，少量 (1 ml 程度) の水を加える．次に除タンパク，除色素を実施する．すなわち，試験管中に 0.3 N 水酸化バリウム溶液を 1 ml 加えてよく振り，さらに 5 % 硫酸亜鉛溶液を 1 ml 加える．白濁した溶液を No. 5A の沪紙で沪過し，沪液を 100 ml 容のメスフラスコに受ける．沪紙上の残渣は水で 2～3 回洗浄した後，フラスコで定容とする．この溶液はグルコース，スクロースなどが混在する単・少糖類の水溶液であるので，これについて以下のように糖の比色定量を行う．

(5) まず，試験管にアンスロン溶液を 5 ml 取る．次に，上記糖溶液 1 ml をこれに加える．冷水中で試験管を振り，両溶液をよく混和させる．その後，アルミホイルでしっかりとシールし，煮沸湯浴中で正確に 15 分間加熱し，直ちに冷却する．緑色の溶液の吸光度を 625 nm の波長で測定する．この場合，標準液としては 1 ml のグルコース溶液 (100 μg グルコース含有) を用い，ブランクには 1 ml の水を用いる．単・少糖類はグルコースとして定量する．

(6) 試料溶液 1 ml 中の単・少糖類の量 (g) は試料溶液中の吸光度/標準液の吸光度×100 として求められる．

2) 試　薬

(1) 80％エタノール　エタノール (99.5％) 800 ml に 200 ml の水を加え，比重計で 0.848 に調整する．

(2) 0.3 N 水酸化バリウム水溶液　水酸化バリウム，$Ba(OH)_2 \cdot 8H_2O$ 48 g を水 1 l に溶かし，生じた沈澱を濾別して除き，濾液を用いる．この際，CO_2 の浸入を防ぐために，容器にはソーダライム管をつけておく．

(3) 硫酸亜鉛溶液　硫酸亜鉛 $ZnSO_4 \cdot 7H_2O$ 50 g を 1 l の水に溶解する．

(4) アンスロン試薬　蒸留水 153 ml に濃硫酸 393 ml を水の中で冷却しながら加え，冷却後，チオ尿素 500 mg，アンスロン 500 mg を溶解する．これを褐色瓶に入れ，冷蔵庫内に貯蔵する．1～2週間は安定で使用に耐える．

(5) グルコース標準液　無水グルコース 1 g を 0.25％安息香酸液 (2.5 g の安息香酸を 1 l の水に溶解) に溶解し，100 ml のメスフラスコに定容とする．この溶液は 10,000 ppm であり，保存原液とする．使用の際に 100 倍に希釈 (100 μg グルコース/ml) して用いる．

(6) その他　遠心分離器，脂肪抽出器，湯煎，分光光度計 (または比色計) を用意する．

20.4.2　デンプン (過塩素酸抽出，グルコースオキシダーゼ比色法)

デンプンが過塩素酸に抽出される性質のあることを利用した方法である．試料を過塩素酸で処理することによってデンプン溶液を得，さらにこの水溶液を煮沸することによってグルコースを単離させ，これを比色定量するものである．

1) 操　作

(1) 単・少糖類を分類した後の遠心分離管内容物に 10 ml の水を加える．ガラス棒でときどき撹拌しながら煮沸湯浴中で約 10 分間デンプンの糊化を行う．冷却後，9.2 N 過塩素酸 10 ml を加え，ときどきガラス棒で撹拌しながら室温で 15 分間デンプンの抽出を行う．

(2) 抽出後，適当量の水を加えて，遠心分離 (2,500～3,000 rpm で約 10 分

間)し，上澄液を 250 ml 容のメスフラスコにあける．
(3) 残渣に 20 ml の 4.6 N 過塩素酸を加え，同様の操作をさらに 2 回繰り返す．都合 3 回の 4.6 N 過塩素酸抽出を行うことになる．水を加えてメスフラスコを 250 ml 定容とし，デンプンの抽出を終わる．
(4) 次に，抽出液の過塩素酸濃度が 0.6 N になるように希釈し，煮沸湯浴中で 2 時間，デンプンの加水分解を行う．この場合，抽出原液の過塩素酸濃度が 1.1 N であるので，これを 2 倍に希釈する．すなわち，試験管中に抽出原液を 1 ml 取った場合には水を 1 ml 加え，アルミホイルでシールし，煮沸湯中でデンプンの加水分解を行う．
(5) 分解終了後，試験管の中の溶液を 100 ml 容のフラスコに移し，水を加えて定容とし，グルコースの希過塩素酸水溶液を得る．
(6) 次に，グルコース含量が 20 mg 以下の量を含む加水分解液 1 ml を試験管に取り，グルコースオキシダーゼ溶液 5 ml を入れ，20〜25 ℃の室温で 50 分間放置し呈色させる．吸光度の測定は 420 nm の波長で行う．
(7) 標準液としては 20 mg/ml のグルコース溶液を，また，ブランクには 1 ml の水を用い，デンプン量は得られたグルコース量に 0.9 を乗じて求める．

2) 試　薬
(1) 9.2 N 過塩素酸　60 % の濃度の過塩素酸 (9.2 N) の市販品があるので，これをそのまま利用する．
(2) 4.6 N 過塩素酸　上記 9.2 N 過塩素酸を水で 2 倍に希釈する．
(3) グルコースオキシダーゼ　山内・ベーリンガーマンハイム製のブラッドシュガーテストが使われている．グルコオキシダーゼ試薬には酵素，色素，緩衝剤が混ぜられており，これを規定量の水に溶かせばよい．調製した溶液は褐色瓶に入れ，冷蔵庫に保存する．
(4) グルコース標準液　単・少糖類の定量の項参照．しかし，この場合には，グルコース 20 mg/ml のものを使用時に調製する．
(5) その他　遠心分離器，湯煎，分光光度計 (または比色計) を用意する．

20.4.3 細胞壁物質と細胞内容物（Cell wall and cellular contents）—中性デタージェント（Neutral detergent, ND）分析法

試料中の中性の不溶部分を界面活性剤（デタージェント）で処理することにより細胞内の糖類，タンパク質，脂質などを乳化溶解させ，これらを繊維状の細胞壁物質から分離する方法をその基本としている．中性デタージェン

表20.4.3-1 細胞内容物（CC）と細胞壁物質（CW）の化学構成

分類	化学組成
CC	有機物，可溶性炭水化物，デンプン，非タンパク態窒素化合物，タンパク質，色素，脂質，その他可溶物質
CW	ヘミセルロース，セルロース，リグニン，熱変性タンパク質

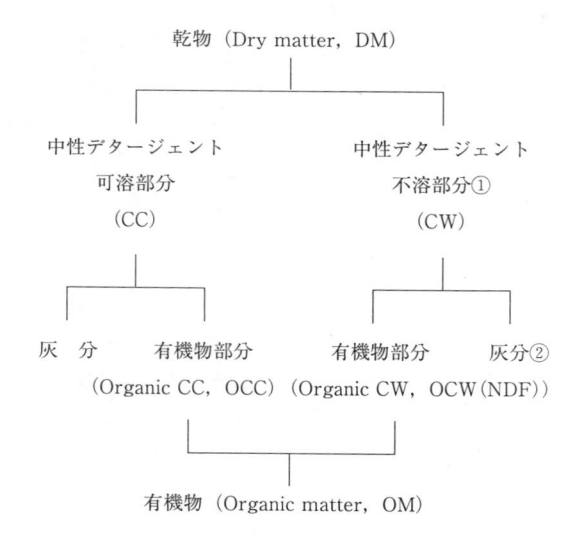

```
                    乾物（Dry matter, DM）
                            |
          ┌─────────────────┴─────────────────┐
    中性デタージェント                  中性デタージェント
       可溶部分                            不溶部分①
         (CC)                              (CW)
          |                                 |
      ┌───┴───┐                         ┌───┴───┐
    灰 分   有機物部分                 有機物部分   灰分②
          (Organic CC, OCC)    (Organic CW, OCW(NDF))
                  └─────────────┬─────────────┘
                       有機物（Organic matter, OM）
```

DM = CC + CW, OM = OCC + OCW(NDF)

*①と②を分析時に実測

図20.4.3-1 中性デタージェント分析による乾物および有機物の分画様式

ト可溶の部分を細胞内容物（cellular contents, CC），不溶の部分を細胞壁物質（cell wall, CW）とし，乾物はCCとCWから構成されるものとする．CC，CWの内容については表20.4.3-1に，中性デタージェントによる乾物および有機物の分画については図20.4.3-1に示す

1) 操　作

デンプンを含む試料の場合

(1) 試料0.5～1 gを100 ml容の三角フラスコに取り，純水20 mlを加える．これをホットプレート上（ヒーターでも可）に乗せて加熱し，デンプンの糊化を行う．煮沸状態になればこの操作を終了してもよい．

(2) 冷却後，20 mlのα-アミラーゼ溶液を加え，40℃の振とう培養器中で16時間デンプンの加水分解を行う．すなわち，夕方の5時にセットし，翌朝9時に降ろす．その後，残渣をNo. 5Aの沪紙で沪過し，水で3～4回洗浄し，前処理を終了する．

(3) 次に，ポリエチレンの洗浄瓶から沪紙上の残渣にND溶液を吹き付け500 ml容のトールビーカーに洗い込み，ND溶液の液量を約100 ml（ビーカーに目安の線をつけておくとよい）とし，デカリンを数滴加えて，粗繊維煮沸台上で1時間煮沸する．煮沸は内容物が静かに環流する位でよい．

(4) 煮沸後，あらかじめ恒量を測定してある沪紙で沪過する．水で6～7回洗浄し，残存界面活性剤を洗い流した後，アセトンでさらに3～4回洗浄する．アセトン用のポリエチレン洗浄瓶を用意しておくと便利である．ろう斗上でアセトンを飛散させた後，沪紙と残渣をアルミ皿に戻し，135℃の乾燥器中で2時間乾燥し，冷却後，秤量する．この残渣がCWである．CCの含量は100からCWの乾物中の含量（%）を差し引いて求める．

(5) 次に，沪紙と残渣をあらかじめ恒量を測定してあるルツボに移し，ヒーター上で予備灰化後，600℃の電気炉中で2時間灰化する．CW量からこの灰分を差し引いてOCW（ここではneutral detergent fiber, NDF）とする．OCCの含量は有機物の含量からNDFの値を差し引いて求める．

試料中にデンプンを含まない場合

　イネ科の北方系牧草（オーチャードグラス，チモシーなど），または多くの

消化試験時の糞（穀実を含む飼料を給与したウシのものは除く）など，デンプンの含量がゼロまたは無視できるほどに少ないものについては，500 ml のトールビーカーに直接サンプリングし，ND 溶液，デカリンを加えてデンプンを含む試料の場合と全く同じ処理を行う．なお，この場合には ND 処理液の濾過速度が非常に遅いので，静置法を用いる．つまり，処理後ビーカーに水を満たし，一夜放置する．次に，上清液を吸引除去し，その後残渣を濾紙で濾別する．この場合，濾過板付きガス噴射管をサッカーに取りつけて用いると便利である．

2）試　薬

(1) α-アミラーゼ用リン酸緩衝液　リン酸1カリウム KH_2PO_4 460.4 g とリン酸2ナトリウム $Na_2HPO_4 \cdot 12H_2O$ 19.9 g を水に溶かして 5 l とする．pH は 5.8 である．

(2) α-アミラーゼ溶液　pH 5.8 のリン酸緩衝液 20 ml に α-アミラーゼ 1 mg の割合で溶解する．この溶液は使用直前に調製する．懸濁液である．

(3) 中性デタージェント液（ND 液）5 l の水に以下の試薬を溶解する．ラウリル硫酸ナトリウム 150 g，EDTA・2Na 93.1 g，ホウ酸ナトリウム $Na_2B_4O_7 \cdot 10H_2O$, 34.1 g, リン酸ナトリウム $NaHPO_4 \cdot 12H_2O$ 57.4 g, エチレングリコールモノエチルエーテル 50 ml をまず 1 l のビーカーに秤り込み，水を少量加えて，薬サジでよく練り潰し，ラウリル硫酸ナトリウムの粒をなくした後，残りの水で 5 l のビーカーに洗い込み（この時点では水は 5 l すべてビーカーに入れる），ヒーター上で温めることにより透明な溶液が得られる．冬期間，室温が下がると溶液中のラウリル硫酸ナトリウムが析出し，乳白色の溶液となる．そのときは加熱し，透明な溶液としてから用いる．

(4) デカリン　消泡剤として用いる．デカヒドロナフタリン（デカリン）をそのまま使用する．

(5) アセトン　1級のものでよい．

(6) アルミ皿と濾紙　アルミ皿に濾紙（No. 5 A, 径 12.5 cm の大きめのものがよい）を入れ，135 ℃ にて 2 時間乾燥し，秤量しておく．

(7) ルツボ　磁性のルツボを 600 ℃ の電気炉内で 2 時間焼き，秤量してお

く．

(8) その他　粗繊維煮沸台，乾燥器，電気炉，サッカーと吸引瓶一式，40℃に調整した振とう培養器などを用意する．

20.4.4　細胞壁物質と細胞内容物－酵素分析法

細胞壁（CW）の分離定量の場合，糖類，非タンパク態窒素化合物などはどのような処理でも，簡単に可溶化でき，また脂質，色素類も適当な有機溶媒で洗浄することにより除去できる方法が過去に種々検討された．先に記したデタージェントを用いる方法がその代表的なものとして採用されている．

ここではタンパク質を分解除去する手段としてタンパク質分解酵素（アクチナーゼ）を用いる方法を紹介する．

まず，デンプンを除去するために，アミラーゼの処理を行うが，この際の糊化（加熱）の過程で糖類などの可溶物が液相に移行し，さらにアミラーゼの加水分解作用でデンプンも除去される．この操作を終えて得られた処理

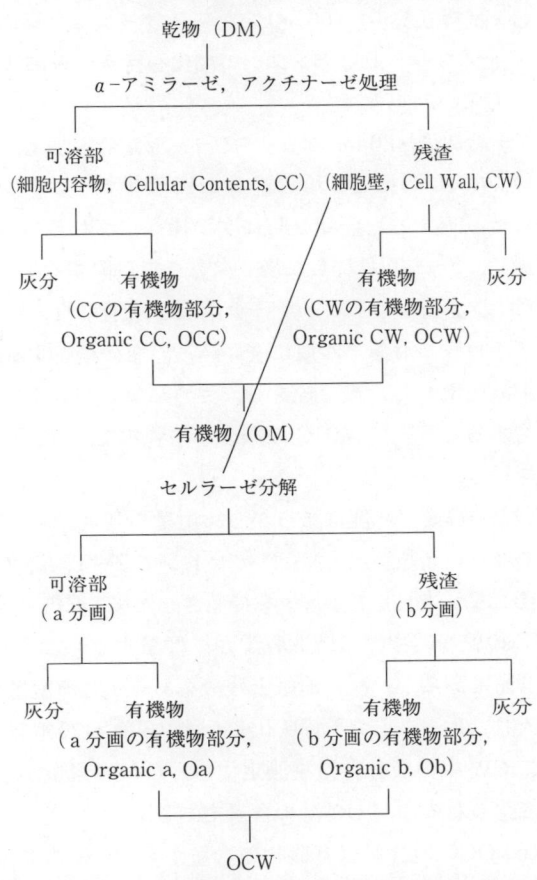

```
                    乾物 (DM)
                        │
            α-アミラーゼ，アクチナーゼ処理
                    ┌───┴───┐
                可溶部             残渣
        (細胞内容物, Cellular Contents, CC)  (細胞壁, Cell Wall, CW)
            ┌───┴───┐             ┌───┴───┐
          灰分    有機物          有機物    灰分
              (CCの有機物部分,    (CWの有機物部分,
              Organic CC, OCC)    Organic CW, OCW)
                    └──────┬──────┘
                      有機物 (OM)
                       セルラーゼ分解
                    ┌───┴───┐
                可溶部           残渣
                (a分画)          (b分画)
            ┌───┴───┐       ┌───┴───┐
          灰分   有機物     有機物   灰分
              (a分画の有機物部分,  (b分画の有機物部分,
              Organic a, Oa)      Organic b, Ob)
                    └──────┬──────┘
                          OCW
```

図 20.4.4-1　酵素分析による乾物，有機物の分画

残渣は主にCWとタンパク質および脂肪から構成されている．

これをアクチナーゼの処理に付すことによりタンパク質が分解除去され，その残渣をアセトンで洗浄することにより，脂質，色素類も除去され，最終的にはCWが残渣として得られる．後述するが，CWのセルラーゼ分解を含めた図20.4.4-1に示すような一連のシステムを酵素分析と呼んでいる．

1）操　作

デンプンを含む試料についての処理

(1) 試料0.5 gを100 ml容の三角フラスコに採取し，水20 mlを加える．ホットプレート上でデンプンの糊化を行う．煮沸状態になればこの操作を終了してよい．

(2) 冷却後，20 mlのα-アミラーゼ溶液を加え，アルミホイルでシールした後，40℃の振とう培養器中で16時間のデンプン加水分解を行う（夕方5時にセットすると翌朝9時に次の操作に移れる）．残渣はNo. 5 Aの沪紙で沪過し，2～3回水洗した後，夕方まで放置する．

(3) 洗浄瓶からアクチナーゼ溶液を残渣に吹き付けて，それを50 mlのポリスチロールサンプル瓶に洗い込み，瓶の栓をする余裕を残してアクチナーゼ溶液を満たした後，栓をし，さらにゴムバンドで押さえ（十字にたすきがけをすると安全），40℃の振とう培養中で16時間，今度はタンパク質の分解を行う．

(4) 分解後，今度はあらかじめ恒量を測定してある沪紙で残渣を沪過し，水で3～4回洗浄し，さらにアセトンで2～3回洗浄する．

(5) ろう斗上でアセトンを飛散させた後，沪紙と残渣をアルミ皿に戻し，135℃の乾燥器中で2時間乾燥し，秤量する．ここで得られた残渣量がCWの含量であるが，次に沪紙と残渣をあらかじめ恒量を測定してあるルツボ中に入れ，ヒータ上で予備灰化した後，600℃の電気炉で2時間灰化し，秤量してCW中の灰分含量を測定する．CWの含量からCW中の灰分含量を引いて得られるのがOCWの含量である．

(6) OCCの含量は有機物の含量からOCWの含量を差し引くことによって求められる．

デンプンを含まない試料についてのOCWの定量

　牧乾草，牧草サイレージ，油粕類，また多くの消化試験の糞など（穀実を含む飼料を給与したときの牛糞は除く）のデンプンを含まない試料では0.5 gの試料を直接50 ml 容のポリスチロールサンプル瓶に採取し，アクチナーゼ溶液を加えるところからスタートする．その後の操作はデンプンを含む試料の場合と全く同様であるが，糞の場合，また油粕類の場合には処理後の沪過が非常に困難なので，これらの場合には静置法を用いるとよい．

　すなわち，処理後のポリスチロールサンプル瓶の内容物を200 ml 容のビーカに水であけ，ビーカを水で満たして，翌朝まで放置する．次に沪過板付きのガス噴射管で上澄液を吸引除去し，その残部を沪紙で沪過するとよい．

2）試　薬

(1) α-アミラーゼ用リン酸緩衝液　α-アミラーゼおよび酵素液の調製はNDF定量の項で述べたものと全く同様にする．

(2) pH 7.4のリン酸緩衝液　KH_2PO_4 9.0 gと$Na_2HPO_4 \cdot 12H_2O$ 94.5 gを5 l の水に溶解する．使用に当たり，この溶液1 l 当たり，酢酸カルシウム$Ca(CH_3COO)_2 \cdot H_2O$ を0.04 g加える．これはアクチナーゼの活性化のためである．

(3) アクチナーゼ　科研科学製のアクチナーゼ（アクチナーゼE）を用いる．

(4) アクチナーゼ溶液　上記pH 7.4のリン酸緩衝液に0.02％(w/v)の割合で，アクチナーゼを溶解（1 l の緩衝液に200 mgのアクチナーゼ）する．この溶液は使用直前に調製する．1試料の処理につき，約50 ml が必要である．

(5) アセトン　1級のものでよい．

(6) アルミ皿＋沪紙　アルミ皿に沪紙（No. 5 A, 12.5 cmの径のものがよい）を入れ，135℃で2時間乾燥し，秤量しておく．

(7) ルツボ　空ルツボを600℃で2時間焼き，秤量しておく．

(8) 50 ml 容の透明のポリスチロールサンプル瓶，幅広のゴムバンド（自転車の古チューブを7〜8 cmの幅に切ったものでよい），サッカーと吸引瓶の一式，乾燥器，電気炉，振とう培養器（40℃にセット），ホットプレートなども

準備しておく．

20.4.5 繊維とリグニン―酸性デタージェント法

1Nの硫酸溶液に界面活性剤を溶解した処理液と試料を煮沸することにより，まず界面活性剤の作用で前項のCW定量で見られたものと同じCC成分（タンパク質，単・少糖類，デンプン，有機酸，脂質など）の溶液中への分散が起こり，次いで，それが酸で分解されると同時にCW中のヘミセルロース，セルロースも加水分解を受ける．このとき，ヘミセルロースのかなりの部分は加水分解を受けて流出するが，セルロースの結晶領域は抵抗性を示す．リグニンの一部も除去される．したがって，この処理での残渣として得られるものの主成分は，有機物ではリグニンとセルロースであり，無機物ではケイ酸が残っている．この処理残渣の有機物部分を酸性デタージェント繊維（acid detergent fiber, ADF）とする．

セルロースとリグニンを主体とするところからADFを別名リグノセルロースと呼ぶこともある．

次にリグニンを定量する場合には上で得られた残渣を72％の硫酸で処理する．この操作で，セルロースは完全に加水分解され，リグニンが残渣として得られるので，これを定量する．これを一般的にADFリグニンと呼んでいる．

1) 操　作

ADFのみを定量する場合

(1) 試料1gを500 m*l* 容のトールビーカーに採取し，AD溶液100 m*l* とデカリン数滴を加える．粗繊維煮沸台上で1時間煮沸し，静かに還流する程度に加熱し，あらかじめ恒量を測定してある沪紙で沪過する．

(2) 水で6～7回よく洗った後，さらにアセトンで3～4回洗浄する．ろう斗上でアセトンを飛散させた後，135℃の乾燥器中にて2時間乾燥し，秤量する．ここで得られる残渣はADFとケイ酸である．

(3) 次に，残渣と沪紙をあらかじめ恒量を測定してあるルツボに入れ，ヒーター上で予備灰化した後，600℃の電気炉内で2時間灰化し，秤量して灰分

（ケイ酸）の量を求める．先に測定した値からこの灰分の量を差引き，AD 溶液による処理残渣有機物を ADF とする．

ADF，リグニン，ケイ酸を連続して定量する場合

(1) 上記 ADF の場合と全く同様にして 1 時間煮沸した後，残渣を軽く吸引しながらグラスフィルターで濾過する．

(2) 水で 6〜7 回よく洗浄してからさらにアセトンで 3〜4 回洗浄し，135 ℃の乾燥器内で 2 時間乾燥し，秤量する (A)．

(3) 次に，グラスフィルターを 100 ml 容のビーカー中に入れ，フィルターの残渣に 72 ％の硫酸を 20 ml 加える．ガラス棒 (10 cm 位の細い物を用意し，各フィルターの中に 1 本ずつ入れておく) にて固まりを潰して硫酸とよく混和させる．その後も 30 分に 1 回程度の割合で撹拌しながら室温に 4 時間放置する．この際フィルターの底部から硫酸がビーカー中に浸出するが，気をつけて見ておき，その量が多い場合にはフィルター中に戻しておく．

(4) グラスフィルターおよびビーカーの内容物を 500 ml 容のトールビーカーに水で洗い込み (フィルター内の濾過板に強く水を吹き付け残渣を落とす)，液量を約 400 ml とした後，粗繊維煮沸台の上で 10 分間静かに煮沸してセルロースの加水分解を終了する．このとき，煮沸台上のクーラーは不要である．

(5) 水でビーカーを満たし，1 夜静置して，残渣を沈降させる．次に NDF のところで述べた濾過板つきのガス噴射管にて上澄液を吸引除去し，ビーカー底部の残渣をあらかじめ恒量を測定してあるグーチルツボにて吸引濾過する．この際，ルツボ中のガラス濾紙は吸引しながら水でよくルツボに密着させ (指で押しつけながらやるとよい)，その後，濾過を開始する．残渣は水で 4〜5 回洗浄した後，135 ℃の乾燥器中で 2 時間乾燥し，秤量する．ここで得られた残渣の量 (B) はリグニンとケイ酸の合量である．

(6) ルツボと残渣は予備灰化することなしに直接 500 ℃の電気炉に入れ (煙が出るので電気炉は最初少し開けておく)，2 時間灰化して秤量し，ケイ酸の含量 (C) を求める．(A) より (C) を差し引いて ADF の含量を求め，(B) より (C) を差引いてリグニンの含量を求める．

2) 試　薬

(1) 酸性デタージェント溶液 (acid detergent 溶液, AD 溶液)　1 ml の 1 N 硫酸 (濃硫酸, 98 %, 51 g を水で 1 l とする) に 20 g の臭化セチルトリメチルアンモニウム (cethyltrimethyl ammonium bromide, CTAB) を加え, ヒーター上で加温しながら溶解する.

(2) デカリン　デカハイドロナフタレン (デカリン) をそのまま使用する. 消泡剤である.

(3) 72 % 硫酸　1 l のビーカーに水を 333 ml 入れ, 水中で冷却しながら濃硫酸 667 ml を静かに加える. 冷却後, 比重計を用い, 比重が 1.6338 になるように水, または濃硫酸で調整する.

(4) アセトン　1 級のものでよい.

(5) アルミ皿＋沪紙　アルミ皿に No.5 A の沪紙 (径 12.5 cm のもの) を入れ, 135 ℃ で 2 時間乾燥して秤量しておく.

(6) ルツボ　空ルツボを 600 ℃ で 2 時間焼き, 秤量しておく.

(7) グラスフィルター　1 G-2 を用いる. 135 ℃ で 2 時間乾燥し, 秤量しておく. 使用に際しては, 自転車のチューブを被せた適当なホルダー (吸引瓶に装着) に差し込んで用いる.

(8) グーチルツボ＋ガラス沪紙　グーチルツボにガラス沪紙を入れ, 500 ℃ で 2 時間焼き, 秤量しておく.

(9) その他　粗繊維煮沸台, 乾燥器, 電気炉, サッカーおよび吸引瓶などを用意しておく.

(阿部　亮)

20.5　サイレージ発酵産物

20.5.1　有機酸－揮発性脂肪酸 (Volatile fatty acid, VFA) と乳酸

　サイレージ発酵で生成される有機酸には, VFA と乳酸がある. VFA は, 水溶液のままガスクロマトグラフィーで比較的簡単に測定できる. 乳酸はガスクロマトグラフィーでは定量が困難であるが, VFA との同時定量も試みられている. また, 液体クロマトグラフィーによる定量も有効である. クロ

マトグラフィーには，機器，検出法，カラムの組み合わせにより色々な方法がある．

1．ガスクロマトグラフィーによるVFAの定量

VFAのガスクロマトグラフィーによる分析は古くから行われており，DEGS系をはじめとして様々なカラムが用いられている．その中で水溶液として分析が可能であり，耐久性，分離能力に優れている充填剤の一つを用いた方法を述べる．この方法で数百点のサイレージ抽出液を分析してもカラムの劣化は認められない．

1）操　作

以下に示す通り調製した各VFA標準液8種を混合し，数種の各酸濃度0.01～0.1％の混合標準液を調製する．この混合標準液を4 mlとり，クロトン酸-リン酸溶液を1 ml添加し混合後，ガスクロマトグラフに1 μl 注入する．サイレージ抽出液も同様に4 mlとり，クロトン酸-リン酸溶液を1 ml添加し，よく混合した後，2,000～3,000 ppmで遠心分離し，上清液1 μl をガスクロマトグラフに注入する．

2）測定条件

カ ラ ム　ガラスカラム 100～150 cm
充 填 剤　Thermon-1000 5％ ＋ 0.5％リン酸 Chromosorb W（AW-DMCS）
　　　　　80～100 Mesh
ガ　　ス　N_2　30～40 ml/分
温　　度　検出器 250 ℃，試料注入口 230 ℃，カラム 130 ℃

3）標準液の調製

酢酸，プロピオン酸，イソ酪酸，酪酸，吉草酸は1％，乳酸は5％，イソ吉草酸，イソカプロン酸およびカプロン酸は溶解しにくいため，飽和の標準溶液を調製し，滴定により正確なファクターを求める．

必要に応じ，各酸標準溶液を混合して数種の異なる濃度の混合標準溶液を調製する．ガスクロマトグラフィーの標準物質として，VFAの分析にはクロトン酸，VFAと乳酸の同時分析にはチグリン酸を使用し，どちらも0.5％の溶液を調製する．このとき，リン酸を5％添加する．ガスクロマトグラフ

は，水素炎イオン化検出器（FID）つきとし，データ処理装置を有するものとする．VFAおよび内部標準物質は特級を使用する．特級のないものは1級でもよい．乳酸はシグマ社製の特級（結晶）が純度が高い．

4）検量線の作成および定量

標準溶液の分析より得られたクロマトグラムより，保持時間を求め，クロトン酸を内部標準と検量線を作成し，定量する．

2．ガスクロマトグラフィーによるVFA，乳酸の同時定量

カラムには水溶液に耐久性のあるテレフタール酸（TPA）系の担体にアルコール系（ポリエチレングリコールなど）液相を塗布した充填剤や，表面の吸着現象が少ないフッ化エチレン樹脂などの坦体に，エステルを液相とした充填剤が用いられている．

酢酸からノルマルカプロン酸までの8種類のVFAを分離し，乳酸をより早く溶出させるために100～190℃の昇温分析を行うが，試料抽出液を数多く注入するうちに乳酸の再現性が低下する欠点がある．これはエステル結合の加水分解や抽出液中の金属イオン，糖類によるカラムの目詰まりによるものと考えられる．しかし，一番大きな要因は注入した際に不揮発物がインサート部に残って炭化し，乳酸を吸着して分析を不安定にすることである．

特にポリエチレングリコール系のカラムでは劣化が著しい．また，ロットによる差が出る場合もある．このようにガスクロマトグラフィーによって乳酸を分析することは現状では避けた方がよいが，どうしても分析せざるを得ない場合は，精度を上げるためにインサート部の交換ができるガスクロマトグラフを用いて，数点の分析ごとにインサート部を交換しなければならない．

1）操　作

前項で調製した各VFA標準液8種と乳酸の混合標準液を混合し，数種の各VFA濃度 0.01～0.1％，乳酸濃度 0.1～1％の混合標準液を調製する．この混合標準液を 4 ml とり，チグリン酸－リン酸溶液を 1 ml 添加し混合，ガスクロマトグラフに 1 μl 注入する．サイレージ抽出液も同様に 4 ml とり，チグリン酸-リン酸溶液を 1 ml 添加，混合した後，2,000～3,000 ppm で遠心

分離し，上清液 1 μl をガスクロマトグラフに注入する．

2）測定条件

カラム　ガラス 150 cm

充填剤　KOCL-3000 T 1 %，Greensorb-F　40/60 Mesh
または Thermon-3000 3 %，Shimalite TPA　60-80 Mesh

キャリアーガス　N_2 30〜40 ml/分

温　度　検出器 250 ℃，試料注入口 250 ℃，カラム 120〜170 ℃ 昇温

3）検量線の作成および定量

　標準溶液の分析より得られたクロマトグラムより保持時間を求め，チグリン酸を内部標準とした検量線を作成し定量する．

3．高速液体クロマトグラフィー（HPLC）による VFA と乳酸の同時定量

　定性・定量分析における高速液体クロマトグラフィー（HPLC）の最近の発展は著しく，複数成分の同時分析法として広く用いられるようになった．有機酸の分析も，複雑なポストラベル法や感度の低い UV を用いた検出法が用いられてきたため，なかなか一般的なものとはならなかったが，ここでは比較的簡便なブロムチモールブルー（BTB）を用いたポストラベル法による VFA と乳酸の同時定量を示す．なお，電気化学検出器による定量も有効である．

1）前処理

　各標準液，サイレージ抽出液はガスクロマトグラフィーと同様である．前処理として，サイレージ抽出液を 10 ml とり，Amberlite IR-120 H^+ 型を 1 ml 加え激しく振とう，その上澄液をとって遠心分離（12,000 rpm × 3 分）する．上清液を 0.45 μm のフィルターにて沪過，分析用試料とする．

2）測定装置および条件

　測定は紫外可視分光検出器，ポストカラム反応装置およびデータ処理装置の付いた高速液体クロマトグラフを用いる．測定条件は以下の通りである．

　　カラム　Shodex Ionpak C-811（＋プレカラム）

　　カラム温度　60 ℃

　　移動相　3 mM$HClO_4$ 溶液，流速 1.5 ml

反応液　0.2 mM BTB/8 mM Na_2HPO_4/2 mM NaOH 溶液, 流速 1.5 ml/分

検出波長　445 nm

定量は標準溶液を用いて作成した検量線により行う.

BTB によるポストラベル法は UV による直線法に比べて有機酸だけを選択的に検出でき, 測定感度は少なくとも 0.5% までは直線性があり, サイレージ新鮮物中の有機酸濃度 0.01〜2.5% までをカバーするに十分である.

20.5.2 揮発性塩基態窒素

サイレージのアンモニア態窒素の定量は, 一般に試料溶液をアルカリ性にすることによって発生するアンモニアガスを酸に吸収させて定量する. この様な条件下で発生する揮発性物質があれば, それらは総て定量される. したがって, この方法で定量される画分は揮発性塩基態窒素 (volatile basic nitrogen, VBN) と呼ばれている. すなわち, VBN にはアンモニアの他に低級アミンが含まれる. しかし, サイレージ中の VBN は大部分がアンモニアであることがわかっている. なお, 全窒素の分析は乾燥粉砕サンプルでは VBN の多くの部分が失われているために, 新鮮物で行うことが望ましい.

1. 水蒸気蒸留法

水蒸気蒸留法はミクロケルダール蒸留装置を用い, サイレージ抽出液を弱アルカリにして蒸留, 弱酸に吸収させ, 塩酸で滴定して求める方法である.

1) 操作法

サイレージ抽出液 2 ml をミクロケルダール装置に取り, ホウ酸緩衝液 10 ml を加えて蒸留し, 2% ホウ酸エタノール溶液 5 ml に吸収させる. 約 7 分間で留出液量が約 50 ml になるように蒸留する. 留出液を 0.01N HCl で滴定する.

2) 試　薬

(1) ホウ酸緩衝液 (pH 9.5)　0.2 M ホウ酸ナトリウム溶液 (ホウ酸 12.4 g + NaOH 4 g に水を加え 1 l にする) 4 容に 0.1 N NaOH 1 容を加えて, pH メーターにより pH 9.5 に正確に調整する.

(2) 2％ホウ酸エタノール溶液（指示薬含有）　ホウ酸40g，メチルレッド（MR）0.02g，ブロムクレゾールグリーン（BCG）0.06gをエタノール1,600 ml，蒸留水400 mlに溶解させる．

(3) 滴定用 0.01 N HCl

2．計　算

滴定値をB ml，0.01 N HClのファクターをFとすれば，新鮮物中のVBN含量（％）は，次の式で求められる．

$$\mathrm{VBN}(\%) = 0.14 \times F \times B \times \frac{1}{2} \times \frac{140+(A \times W)/100}{A} \times \frac{100}{1000}$$

A：サイレージサンプリング量（g），W：サイレージ水分（％）

（柾木茂彦）

20.6　ミ ネ ラ ル

生体を構成している元素のうち，O，C，N，H以外の元素をミネラル（無機元素）という．ミネラルの中で生体に不可欠のものを必須ミネラルと呼び，Ca，P，S，K，Na，Cl，Mgの主要ミネラルの他，微量ミネラルと呼ばれるFe，F，Zn，Si，Mn，Cu，V，Se，I，Mo，Ni，Cr，AsおよびCoがある．これらの元素に加えて，Sn，Pb，Cd，Hg，Al，Sb，Sr，Baなどが動物の栄養に関連があると考えられる．

20.6.1　試料の調製

1．乾燥・粉砕

試料を代表する均質な縮分試料を採取する．水分の多い試料は約60℃の加熱乾燥器中で24〜48時間乾燥した後，再度室内に数時間放置して吸湿させる．これを風乾試料と呼ぶ．粉砕には，Fe，Cu，Znなどが混入する恐れのある材質の粉砕器は用いない．乳鉢，ボールミル，遠心式ミルなどで0.5〜1.0 mm目（32〜64メッシュ）を通るように微粉砕する．

乾燥や粉砕しにくい試料は，ホモジナイザーやミキサーでペースト状の均質化試料にする．試料は二重のポリエチレン袋に入れよく混和し，測定用試

料とする．

2．測定用試料溶液調製法

通常，ミネラルは試料を溶液として測定するので，ミネラルを分析するためには，測定元素を主要成分であるタンパク質，炭水化物や脂質から遊離させて試料溶液を調製する必要がある．この場合，外部からの汚染がないように，金属製の容器や器具類の使用を避け，分析に用いるガラス器具，ポリ製品は，塩酸（1:1）に一晩浸漬した後，水道水でよく洗い，次いでイオン交換水でよく濯いで自然乾燥させる．微量のNaの測定のためには，ガラス器具の使用を避けてプラスチック製の器具を用いる．

1）乾式灰化法

測定用風乾試料2g（1〜5g）を磁製ルツボに秤取し，ホットプレート上で予備炭化を行う．次いで，ルツボを電気マッフル炉に入れ，室温から1時間に約100℃の速度で昇温させ，550℃に達したら試料が白色または灰白色になるまで3〜5時間保温して灰化させる．電気炉の電源を切り，扉を少し開けて温度を下げ，約400℃にまで下がったらルツボを取り出す．内容物を数滴のイオン交換水で湿らせて，塩酸（1:1）5 mlで溶解し，プレート上で加熱蒸発乾固して，ケイ酸を塩酸不溶物とする．次いで，あらかじめ加温した1N塩酸5 mlと熱水5 mlで塩類を溶解し，沪紙（5B）を用いて沪液および洗液を定容フラスコ（100または250 ml）に集める．

磁製容器では高温で灰化すると重金属元素類が容器に固着して回収率の低下が見られたり，Na，K濃度に影響を与えるので，厳密には，白金製蒸発皿の使用が望ましい．

2）湿式灰化法

湿式灰化は，有機物を酸により分解除去する方法で，乾式灰化では揮散する恐れのあるHg，As，Seなどを多く含む試料に用いられる．K，Mg，Ca，Mn，Fe，Cu，Zn，Pの定量には硝酸-過塩素酸が，全As，全Hgの定量には硫酸-硝酸-過塩素酸が用いられる．湿式分解の操作には，酸の加熱に伴うガスが発生するので必ずドラフト内で行う．

(1) 定 法

　容量 100 ml のパイレックス製コニカルビーカーに，測定用試料を乾重量として 1～2 g 秤取し，硝酸（精密分析用または重金属測定用）10 ml を加え一晩静置する．比較的低温（60～100 ℃）のホットプレート上で加熱分解を行う．この際ビーカーの口にはパイレックス製の時計皿を置き，汚染を防ぐとともに，硝酸を還流させ，蒸発を防ぐ．最初は褐色のガスが発生するが，その反応が収まり，液が透明になったらホットプレートから降ろして冷却後，60 % 過塩素酸（精密分析用または重金属測定用）2 ml を加え，加熱温度を 150 ℃ に上げて分解を続ける．液が褐色になり始めたらホットプレートから降ろし，1 ml の硝酸を加えて分解を続ける．液が褐色になる場合は，この操作を繰り返すが，液が透明あるいは淡黄色になったら，時計皿をはずして乾固寸前まで濃縮する．有機物が残った状態で乾固させると爆発するので注意する．冷却後，0.1 N 塩酸で加熱溶解し，定容フラスコ（100 ml）に移し分析に用いる．

(2) 簡 易 法

　10 ml 標線入りのパイレックス試験管に，測定用試料 0.2 g を秤取し，硝酸 3 ml を加え一晩ドラフト内に静置後，ヒートブロックで 60 ℃ で加熱する．試験管の口には，口径より大きなビー玉を置いて酸を還流させる．試験管を振っても褐色のガスが生じず，液が黄色透明になったら，60 % 過塩素酸を 2 ml 加え，加熱温度を 80 ℃ にする．液が透明になったら，ビー玉をはずし，加熱温度を 150 ℃ に上げて，液が 1 ml になるまで濃縮する．冷却後，0.1 N 塩酸で標線まで定容とし分析に用いる．

　この方法は，場所をとらずに多量の試料を同時に処理できるので便利である．また，サンプル量に応じて，採取する試料の量や試験管の大きさ，試料溶液量を決めればよい．

3．希酸抽出法

　有機物を完全に分解するのではなく，希酸で無機元素を主要成分から遊離させて抽出する方法である．容量 100 ml のポリエチレンあるいはポリプロピレン瓶に試料を 1～2 g 秤取し，3 % 塩酸 100 ml を加え，時々振り混ぜな

から80℃で1時間抽出する．抽出液を3,000 rpmで15分間遠心分離し，その上澄液を測定用試料とする．Na, K, Mgの抽出には1％塩酸，室温でもよい．

20.6.2 定　量　法

　無機成分の測定には，滴定法，吸光法，原子吸光法，誘導結合プラズマ発光分析法，イオンクロマトグラフィー法，熱中性子放射化分析法などが用いられているが，近年は機器分析が主流になってきている．

1．原子吸光法

　原子蒸気化した金属元素が基底状態にあるとき，特定波長の光を吸収する現象を利用して，目的とする元素の吸光度から試験溶液中の濃度を求める．バーナーを用いた化学炎によるフレーム方式原子化ではNa, K, Cu, Mg, Ca, Sr, Ba, Zn, Cd, Al, Sn, Pb, V, Cr, Mn, Fe, Co, Niの定量ができる．ファーネス（フレームレス）原子吸光法では試料を入れた炭素管に電流を通して灰化した後，高温で試料の原子化を行う．測定感度はフレーム法の10〜100倍と高いため，干渉効果や汚染に注意する必要がある．ファーネス法はCu, Be, Cd, Sn, Pb, V, As, Sb, Bi, Cr, Se, Mn, Fe, Co, Niの定量に適用される．

2．誘導結合プラズマ（ICP）発光分光分析法

　試験溶液中の分析対象元素をICP（inductively coupled plasma）によって

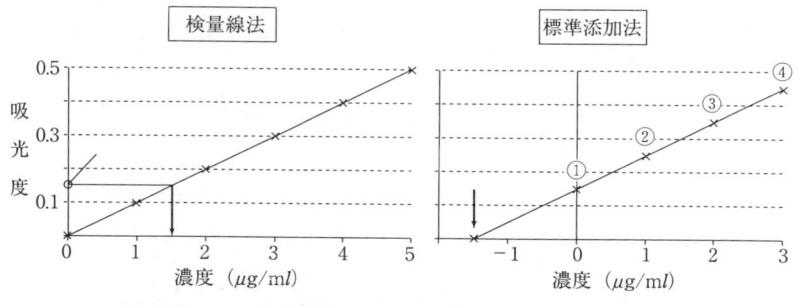

図20.6.2-1　検量線法と標準添加法による定量の作図例

原子化・励起し，観測される原子発光スペクトル線の波長における発光強度を測定する方法である．検量線の直線範囲が最大5桁と大きく，多元素の逐次分析，同時分析が可能である．ポリクロメーターを用いれば，最高50元素が同時に分析できる．ただし，スペクトル線が重なる分光干渉や試料溶液の粘性や塩類濃度による物理干渉が大きいので注意が必要である．またアルゴンガスの消費量が多い（15〜20 l/分）．

なお，試料中の対象元素の濃度を求める方法には検量線法と標準添加法の二つがある（図20.6.2-1）．

1) 検量線法　濃度の異なる3〜5種類の測定用標準溶液の吸光度から検量線（直線性を示す濃度範囲が望ましい）を求め，分析試料の吸光度から濃度を算出する．

2) 標準添加法　試料溶液中の共存元素による干渉が不明の場合，一定量の試料溶液を何本かに分注し，濃度の異なる標準溶液（試料溶液の元素濃度の0.5, 1, 1.5倍量）を添加して測定し，X軸切片から測定用試料溶液中の元素濃度を求める．

20.6.3　ナトリウム（Na）およびカリウム（K）—フレーム原子吸光法，炎光光度法

1．試料の調製

Na，Kは1％塩酸で完全に可溶化して抽出されるので，微量の測定には試料を均質化して1％塩酸で抽出した試料溶液を用いる．

尿，血液などの液体試料は直接水で希釈して測定してもよいが，共存する他元素の干渉を防ぐため，試料溶液とほぼ同一組成の他元素を標準液に添加する必要がある．また希釈倍率が低い血清と標準液では粘度が異なるので，双方に界面活性剤を添加することもある．生体試料はNaやK含量が高いので，湿式灰化して有機物を分解した上で測定することが望ましい．

2．フレーム原子吸光法

Naは原子吸光光度計のNa用中空陰極ランプを用い，測定波長を589.0 nmで直接噴霧法で測定する．Naは試薬からの混入，ガラス容器からの溶出

があるので，溶液の調製には原子吸光用塩酸や精密分析用塩酸，プラスチック製容器を用いる．また，原子吸光法による Na の測定は感度がよいため，希釈して測定する必要のある Na 濃度の高い生体試料では大きな誤差になるので注意する．標準溶液は 1,000 ppm のものが市販されているので，検量線用には 0，1.0，10.0 ppm の濃度のものを調製し，ポリエチレン瓶に保存する．

K は原子吸光光度計の K 用中空陰極ランプを用い，測定波長を 766.5 nm で直接噴霧法で測定する．検量線用には 0.5〜2.5 ppm の濃度のものを調製する．測定用試料中の濃度が高すぎる場合は，原子吸光光度計のバーナーヘッドを回転させて感度を落とすか，測定波長を感度の低い 404 nm に設定して吸光度を測定する．検量線用には 30〜150 ppm のものを用いる．

3．炎光光度法

アルカリ元素は，炎中で励起されると，その元素量に比例して発光するので，その光の強さにより目的元素の定量をする．Na, K, Li, Sr, Ba の定量に適用される．Na：589 nm，K：768 nm，Li：670.8 nm，Sr：461 nm，Ba：554 nm の輝線波長を用いて，原子吸光分光光度計で炎光による定量分析ができる．測定範囲は 1〜10 ppm で感度はあまり高くない．アセチレン－空気炎でもよいが，バックグラウンドの小さい空気-水素炎が炎光分析に有利である．

20.6.4 カルシウム（Ca）およびマグネシウム（Mg）―フレーム原子吸光法

1）操　作

Ca は，測定波長を 422.7 nm に設定してアセチレン-空気フレームに導入する．2〜25 ppm の濃度の標準液を調製する．

Mg は，0.2〜2.5 ppm の標準液を調製し，測定波長 285.2 nm で測定する．

乾式灰化，湿式灰化後の塩酸試料溶液中のリン酸は，アセチレン－空気フレーム中で Ca と耐火性の化合物を生成して減感干渉する．Mg の共存でこの干渉はさらに増大する．この干渉を抑制するためには Ca よりもリン酸と

化合物を作りやすい La あるいは Sr を高濃度に含む試料溶液として測定するのがよい．

干渉抑制剤はその添加濃度によって干渉を抑制できるリン酸濃度の範囲が異なるので，試料中の P と Ca の含量の比に応じて，測定用試料溶液中の干渉抑制剤濃度を決定する．

P / Ca			
	0～10	Sr	3,000 ppm
	10～20	Sr	3,000 ppm
	20～60	La	10,000 ppm

2）試　薬
（1）La 溶液　10％ La 溶液（塩化ランタン－0.1％塩酸）
（2）Sr 溶液　5％ Sr 溶液．塩化ストロンチウム6水和物 $SrCl_2・6H_2O$ 15.215 g を 0.1％塩酸に溶解して 100 ml に定容する．

20.6.5　亜鉛（Zn），銅（Cu），鉄（Fe），マンガン（Mn），コバルト（Co）およびモリブデン（Mo）－フレーム原子吸光法，ファーネス原子吸光法，ICP発光分析法

1．試料の調製

生体内に微量しか存在しない元素類なので，希酸抽出法よりも灰化法による調製が望ましい．

飼料，糞，屠体成分，尿，血液（全血，血漿，血清）などは湿式灰化法あるいは乾式灰化法で塩酸試料溶液を調製する．

2．フレーム原子吸光法

標準溶液は市販のものを用いる．検量線範囲は以下の通りである．フレーム原子吸光法による測定は Na の原子吸光法に準ずる．

	フレーム法 (ppm)	ファーネス法 (ppm)
Zn	0.01～1.5	—
Cu	0.05～4	0.03～0.3
Fe	0.8～3.5	0.03～0.3
Mn	0.1～12	0.03～0.3
Co	0.1～10	0.04～0.4
Mo	—	0.01～0.02

1) フレーム法の場合試料溶液中の元素濃度は，Zn，Cu，Mn および Co で 0.1 ppm 以上，Fe で 0.5 ppm 以上あることが必要である．濃度が低い場合は試料溶液を濃縮してフレーム法で測定する．Fe，Cu，Zn，Co はピロリジンジチオカルバミン酸アンモニウム（APDC）とのキレート化合物にして，2,6-ジメチル-4-ヘプタノン（ジイソブチルケトン，DIBK）または 4-メチル-2-ペンタノン（メチルイソブチルケトン，MIBK）で抽出する．

2) Cu　試料溶液 50 ml 以下をスクイップ型分液ろう斗に取り，0.1 N 塩酸を加えて 50 ml とする．2% APDC 溶液 2 ml を加えて時々振り混ぜて 5 分間放置後，DIBK 5 ml を加えて 3 分間激しく振り混ぜ，数分静置後，DIBK 層を共栓試験管に分取する．この DIBK 溶液をアセチレン-空気フレームに吸入噴霧して，324.7 nm の吸光度を測定する．あらかじめ標準溶液の 10 ml について同様の操作を行って作成した検量線から濃度を求める．

3) Zn　試料溶液 40 ml 以下をスクイップ型分液ろう斗に取り，0.1 N 塩酸を加えて 40 ml とした後，硫酸アンモニウム 20 g を加えてほとんど溶解後，0.1 N 塩酸を加えて 50 ± 2 ml にする．2% APDC 溶液 2 ml を加えて時々振り混ぜて，約 5 分間放置した後，MIBK 5 ml を加えて 3 分間激しく振り混ぜる．数分静置後，DIBK 層を共栓試験管に分取する．あらかじめ標準溶液 10 ml について同様の操作を行って作成した検量線から濃度を求める．

4) Co　試料溶液 50 ml 以下をスクイップ型分液ろう斗に取り，50% クエン酸 2 アンモニウム溶液 2 ml とメチルオレンジ指示薬を加えて混合し，橙黄色となるまでアンモニア水を添加する．さらに酢酸-酢酸ナトリウム緩衝液 2 ml と 2% APDC 溶液 2 ml を加えて，時々振り混ぜて 5 分間放置後，DIBK 5 ml を加えて 3 分間激しく振り混ぜ数分静置する．DIBK 層を共栓試験管に分取する．あらかじめ標準溶液 10 ml について同様の操作を行って作成した検量線から濃度を求める．

3. ファーネス（フレームレス）原子吸光法

ファーネス法での検量線範囲はフレーム法の 100 倍程度の感度である．各元素ごとの温度プログラムで測定する．

1) Cu　試料溶液 20 μl をマイクロピペットでグラファイトチューブに入

れ，さらに同一のチップで n-ブタノール 20 μl を導入する．室温より 100 ℃ まで 2 秒で加温し，45 秒間乾燥を行う．灰化は 900 ℃ まで 40 秒で昇温させ，10 秒間そのまま保つ．原子化は 2,600 ℃ で行い，327.4 nm の吸収を測定する．定量は吸収ピークの面積で行い 2 回以上の測定値の平均を用いる．

	温度（℃）	昇温時間（秒）	保持時間（秒）
乾　燥	100	2	45
灰　化	900	40	10
原子化	2,600	0	5
クリーンアップ	2,700	1	3

2) Co　試料溶液 50 μl を注入し，次に示した温度プログラムで測定する．灰化段階の最後の 5 秒間と原子化段階ではアルゴンを流さない．ピークの高さを用いて定量する．

	温度（℃）	昇温時間（秒）	保持時間（秒）
乾　燥	140	2	10
	160	2	10
灰　化	1,000	10	15
原子化	2,400	0	6
クリーンアップ	2,400	0	5

3) Mo　硫酸とカリウムが共存するとモリブデンの吸収が減少するので湿式灰化では硫酸を使用しない．試料 1 g を 250 ml の三角フラスコに取り，濃硝酸 3 ml と過酸化水素水 3 ml を加えてから穏やかに 1 時間加熱する．冷却後，分解液を濾紙で濾過し，水で 50 ml に定容する．

試料をグラファイトチューブに注入し，次に示した温度プログラムで測定する．標準液は市販の 1,000 mg/ml 液を希釈して 0〜20 μg/ml となるように調製する．

	温　度（℃）	昇温時間（秒）	保持時間（秒）	ガス流量（l/分）
乾　燥	110	10	20	300
灰　化	1,800	10	20	300
原子化	2,650	0	6	0
冷　却	20	5	30	300
クリーンアップ	2,400	0	5	300

4．ICP発光分析法

試料を灰化した塩酸溶液を直接ネブライザーで吸入噴霧し，発光強度を測定する．試料溶液中の灰分濃度が 0.1％ 未満の場合は，多量元素の影響は無視できる．

例えば，Mn を測定するとき，測定波長を Mn の中性原子線である 257.610 nm に設定し，測定溶液を直接ネブライザーで吸入噴霧し，スプレーチャンバー内で分別された微細な霧をアルゴンプラズマに導入して発光強度を測定する．あらかじめ 0, 0.1, 1.0 μg/ml に調製した標準溶液で作成した検量線から，濃度を求める．その他，Zn, Cr, Ni, Co, Mo の場合の条件は下記の通りである．

なお，分光法によって Mo を測定する方法もあるがここでは省略する．

元素	標準液（μg/ml）	測定波長（nm）
Mn	0, 0.1, 1.0	257.610
Zn	0, 0.5, 5.0	213.856
Cr	0, 0.5, 5.0	206.149
Ni	0, 1.0, 10.0	221.647
Co	0, 0.5, 5.0	238.892
Mo	0, 1.0, 10.0	202.030

20.6.6 リン（P）

1．試料の調製

1）全 P

湿式灰化法で塩酸試料溶液を調製する．

2）非フィチン態 P（有効 P）

0.5 cm のふるい目を通した試料約 2 g を正確に 50 ml の三角フラスコにとり，0.8 M 塩酸（濃塩酸 1：水 14）を 20 ml 加え，室温で 2 時間振とう抽出する．1,800×g で 10 分間遠心処理し，上清液を測定に供する．

2．バナドモリブデン酸吸光光度法

1）操　作

測定用 P 標準液の 5 ml を 50 ml のメスフラスコに取り，水 30 ml，次にバ

ナドモリブデン酸試薬を 10 ml 加え，水で定容して混和する．10 分後，分光光度計で 400 nm で吸光度を測定する．イオン交換水を同様に操作してブランクの値として検量線を作成する．

　検量線の直線範囲内の P 量になるように試料溶液を 2～10 ml の範囲で 50 ml のメスフラスコに取り，水を加えて約 35 ml とし，バナドモリブデン酸試薬 10 ml を加え，水で定容として混和する．10 分間放置後，吸光度を測定し，検量線から測定用試料溶液中の P 含量を求める．

2）試　薬
(1) バナドモリブデン酸試薬　(A) モリブデン酸アンモニウム 4 水和物 $(NH_4)_2MoO_4 \cdot 4H_2O$ 20 g を熱水 200 ml で溶解し冷却する．(B) メタバナジン酸アンモニウム NH_4VO_3 1.0 g を熱水 125 ml で溶解後，冷却し，次に 60 % 過塩素酸 263 ml を徐々に加えて混和する．掻き混ぜながら (B) の溶液中に (A) の溶液を徐々に加えて混和後冷却し，水で 1 l 定容とする．
(2) P 標準液　P 標準原液 (1,000 ppm のものが市販されている) をイオン交換水で適宜希釈し，20～200 μg/ml の標準溶液を調製する．

3．比色法－リン・モリブデン酸ナトリウム法 (Gomori 法)
1）操　作
(1) 測定用 P 標準溶液 (0, 4, 8, 12 ppm) 1 ml に硫酸モリブデン試薬 4 ml と還元剤 0.5 ml を加え，混和するとブルーに発色するので，45 分後に 760 nm で測定し，検量線を作成する．
(2) 検量線の範囲内になるように調製した試料溶液 1 ml を同様に操作して測定し，検量線から測定用試料溶液中の P 含量を求める．

2）試　薬
(1) 硫酸モリブデン試薬　5 % $Na_2MoO_4 \cdot 2H_2O$ 溶液 (12.5 g を水に溶解して 250 ml に定容) と 5 N 硫酸 (35.11 ml を 250 ml に定容) を等量混合してイオン交換水で 3 倍に希釈する．
(2) 還元剤　3 % $NaHSO_4$ 溶液 100 ml に Elon (パラメチルアミノフェノールスルホン酸) 1 g を溶解する．2 週間保存可能である．

4. ICP発光分析法

試料溶液を直接ネブライザーで吸入して霧状にし，アルゴンプラズマに導入してPによる発光を213.618 nmで測定する．検量線として，0，10，100 μg/mlの標準溶液を用意する．

5. フィチン酸塩

粉砕または細切した試料1～5 gに0.6 N塩酸を加え，ホモジナイザーで十分に粉砕混合した後，0.6 N塩酸で50 mlとし，室温で2時間振とう抽出する．遠心分離（30,000 × g，20分）して得られた上澄液3 mlにWade試薬（鉄・スルホサリチル酸錯体：0.03 % $FeCl_3$，0.3 % スルホサリチル酸）1 mlを加えると，形成された鉄・リン酸塩の量に対応して吸光度が減少する．500 nmで測定する．標準溶液としてはフィチン酸12ナトリウム塩を1.147 g精秤し，100 mlとして標準原液（ナトリウム塩として10 mg/ml）とする．これを10～400 mg/mlに希釈してWade液と反応させて検量線を作成する．

20.6.7 塩素（Cl）－イオンクロマトグラフィー

1）試料の調製

試料2～5 gを白金皿（または磁製蒸発皿）に取り，10 %炭酸ナトリウム溶液5～10 mlを加え，試料に均一に滲みわたるようにガラス（パイレックス）棒で十分掻き混ぜた後，ホットプレート上で蒸発乾固させる．次いで電気炉内で550 ℃で3～5時間灰化する．放冷後，水10～20 mlを加え，炭塊をガラス棒で崩しながらホットプレート上で温めて可溶物を溶出する．5Aの濾紙で濾過し，濾液を250 mlメスフラスコに集め，蒸発皿の洗浄加温と濾紙の洗浄を繰り返して定容する．

2）装置および器具

電気伝導度検出器を備えた高速液体クロマトグラフィーで，塩素イオンを酸性側のpHで分離できる充塡カラム（Shodex IC I-524または相当品）を用いる．

3）操作

溶離液を流し，カラム恒温槽を40 ℃に設定し，ベースラインが安定した

後, 孔径 0.22 μm (0.45 μm でもよい) のフィルターを通した試料溶液 10～20 μl をイオンクロマトグラフィーに注入し, 電気伝導度検出器で測定する.

イオンクロマトグラフィーでは試料中の無機陰イオンを分離し, 感度よく一斉分析を行うことができる. Cl^- の他に, F^-, NO_2^-, NO_3^-, Br^-, PO_4^{3-}, SO_4^{2-} が測定できる. 標準溶液は各イオンの混合溶液を用いるが, 濃度は 1 ml 中 F^- 10 μg, Cl^- 10 μg, NO_2^- 20 μg, NO_3^- 40 μg, Br^- 40 μg, PO_4^{3-} 40 μg, SO_4^{2-} 40 μg とする.

4) 試　薬

0.1 M トリヒドロキシメチルアミノメタン水溶液で, pH 4.0 に調整した 2.5 mM フタル酸水溶液を溶離液として用いる.

20.6.8 セレン (Se) — 蛍光光度法

試料を硝酸と過塩素酸で湿式分解し, Se を揮発性の低い H_2SeO_4 に酸化後, 塩酸と加熱することにより H_2SeO_3 に還元する. 酸性溶液中の Se と 2,3-ジアミノナフタレンが反応して, 蛍光性の 4,5-ベンゾピアセレノールを生成するので, 酸性 (pH 1.5) でシクロヘキサンに転溶させて蛍光強度を測定する.

1) 試料の調製

(1) 試料 0.5～1.0 g を正確に秤量し, 2～3 個のビーズを入れた 100 ml ケルダール試験管に移し, 硝酸 5 ml を加え室温に 4 時間以上放置する.

(2) ヒートブロックで 60～80 ℃ で加温し, 液が黄色透明になり試験管を振っても褐色の煙が出なくなったら 2 ml の過塩素酸 (60 % - $HClO_4$ 重金属測定用) を加え, さらに数時間同じ温度で液が無色透明になるまで加温する.

(3) 試験溶液の硝酸を除去するために 150 ℃ 加熱を 10 分間行い, さらに 2 時間 80 ℃ で加温して 1～2 ml にまで濃縮する.

(4) 20 % 塩酸を 1 ml 加え, ウォーターバス上で 30 分間加温してさらに硝酸を蒸発させる (硝酸が残っていると塩酸を加えたときに液が褐色を呈する). 100 ml のメスフラスコに試験溶液を移す. その際ケルダール試験管は

5～10 ml の 0.1 N 塩酸で 3～4 回洗浄して定容とする．ビーズはここで取り除く．

2）操　作

(1) 試料溶液の適当量を正確に 100 ml のトールビーカーに分取し，0.1 M EDTA 溶液 4 ml，20％塩酸ヒドロキシルアミン溶液 2 ml を加え，10％塩酸および 10％アンモニア水を用いて pH 1～1.5 に調整した後，0.1％ 2,3-ジアミノナフタレン溶液 5 ml を加え，混合後，50℃の水浴中で 30 分間加温する．

(2) 放冷後，容量 200 ml の分液ろう斗に移し，シクロヘキサン 10 ml を正確に加え 5 分間振り混ぜた後，蛍光分光光度計で励起波長 378 nm，蛍光波長 520 nm でシクロヘキサン層の蛍光強度を測定する．同様に操作して作成した検量線から測定溶液中の濃度を求める．

3）試　薬

(1) 測定用 Se 標準液　市販の原子吸光分析用標準液を 0.1 N 塩酸で希釈して，0.01～0.1 μg/ml の標準溶液を調製する．

(2) シクロヘキサン　特級．

(3) 10％塩酸，10％アンモニア水　特級試薬を希釈する．

(4) 0.1 M エチレンジアミン四酢酸二ナトリウム（EDTA）溶液　EDTA 37.22 g を水に溶かして 1 l とする．

(5) 20％塩酸ヒドロキシルアミン溶液　塩酸ヒドロキシルアミン 100 g を水に溶かして 500 ml とする．

(6) 0.1％ 2,3-ジアミノナフタレン溶液　2,3-ジアミノナフタレン 0.1 g を 0.1N 塩酸 100 ml に溶かした後，50℃で 30 分間加温する．放冷後，分液ろう斗に移し，シクロヘキサン 10～20 ml を加え，5 分間振り混ぜた後，水層を沪過する．この操作を繰り返し行い，水層を使用する．この溶液はその都度調製する．

20.6.9　ヨウ素（I）－イオンクロマトグラフィー

ヨウ化物イオンを陰イオン交換樹脂カラムで分離し，電気化学検出器で測

定する．試料溶液中のヨウ素濃度が，0.02 μg/ml 以上の場合に適用できる．

1）試料の調製

試料 2～10 g をニッケル製蒸発皿に採取し，4 N NaOH 溶液 2 ml を加える．エタノール 2 ml を加え，テフロン棒でよく混和した後，ホットプレート上で乾燥させる．電気炉で 500 ℃ で 3～4 時間灰化，放冷後，水を加えテフロン棒で灰を細かく砕き，不溶解物ごと 100 ml のメスフラスコに移して，水で定容とし，超音波抽出器で 30 分間抽出する．

2）装置および器具

電気化学検出器を備えたイオンクロマトグラフィーに，耐酸性，耐アルカリ性のある充填カラムを用いる．

3）操　作

溶離液を流量 1.2～1.5 ml/分で流し，ベースラインが安定した後に孔径 0.22 μm（0.45 μm でもよい）のフィルターを通した試料溶液をイオンクロマトグラフィーに 20～50 μl 注入し，電気化学検出器で検出する．

4）試　薬

30 mM NaOH 溶液　カラムの溶離液に用いる．使用前に孔径 0.45 μm のフィルターを通す．

〔矢野史子〕

参考文献

1) 日本薬学会編，衛生試験法注解，1970．
2) 竹内次夫，鈴木正己，1972．原子吸光分光分析，南江堂．
3) 堤　忠一ら，1979．食品総合研究所研究報告，稀酸抽出法，No. 34，132．
4) 泉　美治ら，1985．機器分析のてびき，化学同人．
5) 安井明美ら，1986．分析化学，35，115．
6) 原口　紘，1986．ICP 発光分析の基礎と応用，講談社サイエンティフィク．
7) 原口　紘ら共訳，1995．微量元素分析の実際，丸善．
8) AOAC，1995．Official Methods of Analysis of AOAC International，1995．16th ed.
9) 日本食品科学工業会，1996．新・食品分析法編集委員会編　新・食品分析法，光琳．

20.7 ビタミン (Vitamin)

　ビタミンは発見の順に A, B, C…と名づけられ, 1975 年に国際純正・応用化学連合 (IUOAC) で名称が統一されたが, 現在も慣用名で呼ばれることが多い. ビタミンは脂溶性 (A, B, D, K) と水溶性 (B 群, C) に大別されるが, 脂溶性のものは水溶性に, 水溶性のものは脂溶性になるような誘導体がつくられている. 分析法の進歩によって, その生理活性がより詳しく調べられるようになってきている. ビタミンには化学構造上の共通性はなく, 共通の分析法もない. ここでは各ビタミンについて代表的な分析法について紹介するが, その他の方法については, 参考書を参照されたい.

20.7.1 ビタミン A (Vitamin A)

　動物性飼料ではビタミン A の 70〜90 % がレチノールおよびその脂肪酸エステルとして存在している. 一方, 植物性飼料は動物体内でレチノールに変化するカロチノイドを有する. また, 飼料添加物としてはレチニルアセテートやレチニルパルミテートなどのレチノールエステルが多く用いられている. 動物体内ではレチノールやそのエステル, レチナールやレチノイン酸およびこれらの代謝産物として存在することが知られている. これらビタミン A 関連物質の多くは紫外吸光検出器を装着した逆相高速液体クロマトグラフィーを用いて分析が可能であるが, レチノールおよびそのエステルの分析に関しては蛍光検出器の方が感度, 特異性ともに高く望ましい. 試料からカロチノイドやレチノールを抽出・精製後に分光法により直接分析が可能であるが, 煩雑であり現在はほとんど行われていない.

　ここでは高速液体クロマトグラフィーによる血清中レチノールおよび肝臓中レチニルパルミテート濃度の測定法を示す. レチノールエステルを鹸化した後に, 総レチノールとして分析することも行われており, この鹸化はビタミン E 分析法で示す方法に準じて行うことができる. カロチン, レチノイン酸などの分析法に関しては参考文献を参照されたい.

1. 肝臓中レチニルパルミテートの測定

　生体試料中のレチノールやレチニルパルミテートの測定では, エチルアル

コールによるタンパク質変性の後に n-ヘキサンにより抽出を行い，次いで溶媒を n-ヘキサンからイソプロピルアルコールに換えて逆相高速液体クロマトグラフィーに適用する．なお，ビタミン A は光や酸化に対して著しく不安定であるため，前処理を光の照射がないような半暗所で行う．操作は常温以下で行う．濃縮は窒素ガス気流中で 50 ℃ 以下で行う．

1）操 作
(1) 500 mg（湿重量）の肝臓に 10〜30 ml の水を加える．ホモジネート 1 ml 当たりレチニルパルミテートとして 0.3〜0.6 μg となるようにする．ポリトロンなどによりホモジナイズする．
(2) ホモジネート 50 μl を 10 ml の褐色有栓遠心管に移し，50 μl のエチルアルコールを加える．血漿中のレチノールの分析にはホモジネートの代わりに，同量の血漿を用いる．
(3) 10 秒間撹拌後に 300 μl の n-ヘキサンを加え，さらに 1 分間撹拌する．
(4) 3,000 rpm で 5 分間遠心分離を行い，上層 250 μl を新しい 10 ml の褐色有栓遠心管に移す．
(5) 遠心管を窒素ガス気流下 30 ℃ の水浴上で n-ヘキサンを蒸散させ，冷却後に 50 μl のイソプロピルアルコールを加えて残留物を完全に溶解させる．
(6) この抽出液 20 μl を高速液体クロマトグラフィーに用いる．

2）分 析 例
　　カラム　Shim-pack CLC-ODS（内径 6 mm，長さ 150 mm）
　　移動相　100 % メチルアルコール移動相は 0.45 μm のメンブレンフィルター（セルロースアセテート製）により沪過し，脱気とともに埃などの除去を行うことが望まれる．また，レチノールの分析には移動相としてメチルアルコール・20 mM 酢酸ナトリウム緩衝液（pH 6.0）9：1 を用いるとよい．
　　カラム温度　45 ℃
　　流速　1 ml/分
　　検出　蛍光（励起波長，340 nm，測定波長，460 nm）

3）試 薬
(1) メチルアルコール　液体クロマトグラフィー用特製試薬が望ましい．

(2) n-ヘキサン

(3) エチルアルコール

(4) イソプロピルアルコール　抗酸化剤としてブチルヒドロキシトルエンを20 μg/ml程度加えておく．

(5) レチニルパルミテート標準品（和光純薬）またはレチノール　市販のレチノール試薬は70％程度の溶液であることがある．そのため，標準液の調製に先立ち濃度を正確に求める必要がある．レチノールはイソプロピルアルコール中では，紫外線部極大吸光波長325.5 nmで$E_{1cm}^{1\%}$（吸光係数：1％のレチノール液の液層1 cmにおける吸光度）は1835を示す．そこで，レチノール試液を約3 mg/l程度に希釈し，325.5 nmにおける吸光度を測定し正確な濃度を求める．また，レチノールは保存中に特に分解されやすいので，標準原液中のレチノールの純度を紫外線検出器を装着した高速液体クロマトグラフィーにより検定した上で用いる．

(6) レチニルパルミテートまたはレチノール標準液　レチニルパルミテート標準品をイソプロピルアルコールに溶解し，0.5，1.0，1.5 μg/mlとしたものを用いる．濃度を検定したレチノール原液をイソプロピルアルコールに溶解し，0.5，1.0，1.5 μg/mlとしたものを用いる．

図20.7.1-1に肝臓中のレチニルパルミテートのクロマトグラムの例を示す．

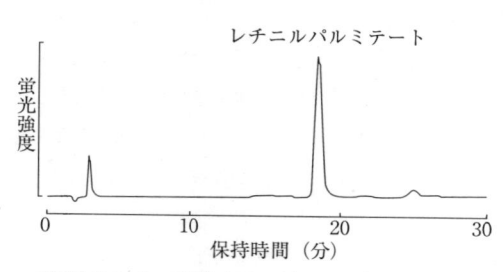

図20.7.1-1　肝臓中のレチニルパルミテートクロマトグラム

20.7.2 ビタミンD (Vitamin D)

ビタミンDには側鎖構造の異なる二つの同族体であるビタミンD_2（エルゴカルシフェロール）とビタミンD_3（コレカルシフェロール）がある．ビタミンDは肝臓で25-(OH)-ビタミンDに水酸化され，腎臓に輸送される．次いで腎臓でさらに代謝を受け活性型ビタミンDである$1\alpha, 25$-$(OH)_2$-ビタミンDとなる．血漿中25-(OH)-ビタミンD濃度測定にはODSカートリッジによる分取の後にビタミンD結合タンパク質を用いたタンパク質拮抗結合法による分析法がある．また，25-(OH)-ビタミンDの分析には高速液体クロマトグラフィーによる分取，次いで再度の高速液体クロマトグラフィーによる分析も行われている．この方法により25-(OH)-ビタミンD_2と25-(OH)-ビタミンD_3の分析が可能である．

血漿中$1\alpha, 25$-ビタミンD濃度は，ビタミンDや25-(OH)-ビタミンDと比較し極めて濃度が低い．この分析には通常，高圧（速）液体クロマトグラフィーまたはセファデックスLH-20低圧クロマトグラフィーを用いた分取により他のビタミンD代謝物と分離した後にラジオレセプターアッセイ法を用いた分析が行われている．また，血漿中25-(OH)-ビタミンDと$1\alpha, 25$-ビタミンD濃度を同時に分析する方法も考案されている．

なお，$1\alpha, 25$-$(OH)_2$-ビタミンDおよび25-(OH)-ビタミンDの分析用キットが数社から販売されている．

20.7.3 ビタミンE (Vitamin E)

天然のビタミンE同族体には，α-, β-, γ-, δ-トコフェロールとトコトリエノールの8種類が存在し，緑葉植物，海藻，動物体内に広く分布している．これらは通常は遊離型で存在するが，合成品の場合は酢酸やコハク酸エステル型がある．さらに合成ビタミンEには多くの光学異性体が含まれている．

血清中では，ビタミンE剤を摂取しない限りは非エステル型のトコフェロールが主なビタミンEであり，その90％程度がα-トコフェロール，残りがγ-トコフェロールとしてリポタンパク質中に含まれている．

1. 肝臓中のα-トコフェロールの測定

飼料，動物組織や赤血球中のビタミンEの場合はアルカリによる鹸化を行い，不鹸化物としてビタミンEを抽出した後に高速液体クロマトグラフィーを用いて分析を行う．血清中のビタミンEの場合は，まずエチルアルコールによりタンパク質を変性させた後に，有機溶媒で抽出し高速液体クロマトグラフィーを用いて分析を行う．検出器としては蛍光検出器を用いる．ここでは逆相高速液体クロマトグラフィーによる肝臓中α-トコフェロールの分析法を示す．なお，内部標準として 2, 2, 5, 7, 8-ペンタメチル-6-クロマノールを用いることができる．

1) 操 作

(1) 組織 0.2 g を 1 ml の 1% 塩化ナトリウム液（w/v）中でポリトロンなどによりホモジナイズした後に 0.2 ml のホモジネイトを有栓褐色遠心管に移す．血漿中ビタミンEの分析には血漿 0.5 ml に対し同量の水と 1 ml のエチルアルコールを加え，撹拌した後に，操作 4) 以降に示した方法に従って抽出・濃縮を行う．なお，抽出は酢酸エチル・n-ヘキサンの代わりに 5 ml の n-ヘキサンでよい．

(2) 3% ピロガロール（w/v）/エチルアルコール液を 1 ml 加えて撹拌し，70℃で 2 分間加熱する．

(3) 60% 水酸化カリウム液（w/v）を 0.1 ml 加え再び撹拌した後に，70℃で 30 分間加熱する．その後に氷冷し，1% 塩化ナトリウム液（w/v）を 2 ml 加える．

(4) 酢酸エチル/n-ヘキサン（1:9）を 1.5 ml 加える．

(5) 5 分間激しく振とうした後に 3,000 rpm で 5 分間遠心分離し，上層 1.3 ml を別の有栓褐色遠心管に移す．

(6) n-デカン・n-ヘキサン溶液（50 μl/ml）を 1 ml 加え，窒素ガス気流下 30℃の水浴上で溶媒を蒸散させる．

(7) 冷却後に 100 μl のイソプロピルアルコールを加えて残留物を完全に溶解させる．

(8) 20 μl の溶解液を高速液体クロマトグラフィーに適用する．

2) 分析例

(1) カラム　Shim-pack CLC-ODS (内径 6 mm, 長さ 150 mm)
(2) 移動相 100％ メチルアルコール　移動相は 0.45 μm のメンブランフィルター（セルロースアセテート製）により沪過し，脱気とともに埃などの除去を行うことが望ましい.
(3) カラム温度　40 ℃.
(4) 流速　1 ml/分.
(5) 検出　蛍光 (励起波長, 296nm　測定波長, 325 nm).

3) 試　薬

(1) エチルアルコール.
(2) ピロガロール.
(3) 60％ 水酸化カリウム液 (w/v).
(4) 1％ 塩化ナトリウム液 (w/v).
(5) 酢酸エチル.
(6) n-ヘキサン.
(7) n-デカン.
(8) メチルアルコール　液体クロマトグラフィー用特製試薬が望ましい.
(9) イソプロピルアルコール　液体クロマトグラフィー用特製試薬が望ましい.
(10) ビタミン E 標準液.

ビタミン E の分析用の標準液（エーザイ）をイソプロピルアルコールにより 0.5, 1, 2, 3 μg/ml に希釈する.

図 20.7.3-1 に肝臓中の α-トコフェロールのクロマトグラムの例を示す.

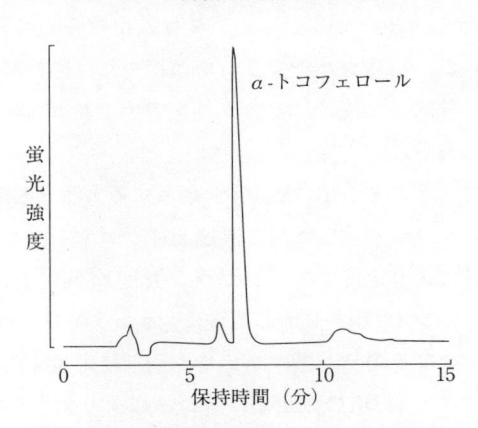

図 20.7.3-1　肝臓中の α-トコフェロールのクロマトグラム

20.7.4 ビタミン K (Vitamin K)

天然のビタミン K としては、K_1 および K_2 類が存在している。また、合成品として多くのビタミン K_3 がある。通常の飼料や生体試料中に微量に存在する K は逆相高速クロマトグラフィーを利用した分析法により定量が行われているが、一般的な定量法は確立されていない。分析法の一例としては、生体試料からビタミン K を n-ヘキサンにより抽出し、シリカカートリッジや薄層クロマトグラフィーにより夾雑物を取り除いた後に、逆相高速クロマトグラフィーにより分離する。この高速液体クロマトグラフィーの溶出液を白金カラムを用いてオンラインで還元し、蛍光性の物質に変化させた後に蛍光検出器で分析を行う方法がある。

20.7.5 ビタミン B_1 (Vitamin B_1)

飼料や生体内ではビタミン B_1 はチアミンおよびチアミンリン酸エステルとして存在している。これらビタミン B_1 の分析には赤血塩やブロモムアンによりビタミン B_1 を青色蛍光を有するチオクロムに変化させてその蛍光強度を測定する方法が行われている。

総ビタミン B_1 測定法としては、チアミンリン酸エステルを切断してチアミンとした後に、チオクロムに変化させ蛍光光度計により定量を行う方法と、得られたチアミンを順相または逆相高速液体クロマトグラフィーにより分離した後に、オンラインでチオクロム化し蛍光検出器で定量を行う方法がある。

ビタミン B_1 類を分別定量する方法としては、ビタミン B_1 類をそのままチオクロム化した後に高速液体クロマトグラフィーにより分離し、蛍光検出器により定量するプレカラム法および高速液体クロマトグラフィーによりビタミン B_1 類を分離した後に、オンラインでチオクロムを形成させ、チアミンおよびそのリン酸エステルを個別に定量するポストカラム法がある。なお、ビタミン B_1 の測定値は分析法により大きく変動する場合があり、特に分別定量法は共存物質による干渉が大きいので注意が必要である。

ここでは順相カラムを用いた高速液体クロマトグラフィーによる血液中の

総ビタミン B_1 の測定法を示す．

1. 血液中総ビタミン B_1 の測定

血液中でビタミン B_1 はタンパク質と結合しているのでトリクロロ酢酸によりタンパク質を取り除き，ビタミン B_1 を遊離型とした後に，タカジアスターゼ処理によりリン酸エステル結合を切断し，ビタミン B_1 類をすべてチアミンとする．次いで高速液体クロマトグラフィーによる分離を行い，その後反応コイル内で赤血塩によりチアミンをチオクロム化し，蛍光検出器で定量を行う．なお，カラムは順相でも逆相でも分析が可能である．

1）操　作

(1) 血液 0.2 ml に 0.8 ml の 10％（w/v）トリクロロ酢酸を加え，激しく撹拌する．

(2) 35,000×g で 30 分間遠心分離を行い，上清 0.4 ml を試験管に移し，60 μl の 4 M 酢酸ナトリウム液を加える．pH が 4.5〜4.7 になっていることを確認する．

(3) 最終濃度が 0.05％（w/v）となるように 40 μl のタカジアスターゼ液を加え，10 時間程度 37 ℃で加温する．

(4) 100 μl を高速液体クロマトグラフィーに適用する．

2）分析例

(1) カラム　Shodex OHpak M-414（内径 4 mm，長さ 250 mm）

(2) 移動相　0.2 M リン酸ナトリウム緩衝液（pH 4.3）移動相は 0.45 μm のメンブレンフィルター（ニトロセルロース製など）により濾過し，脱気とともに埃などの除去を行うことが望ましい．

(3) カラム温度　35 ℃.

(4) 流速　0.3 ml/分.

(5) 反応液　0.01％フェリシアン化カリウム（w/v）・15％水酸化ナトリウム（w/v）.

(6) 反応液流速　0.3 ml/分.

(7) 反応コイル　内径 0.3 mm，長さ 2 m.

(8) 加温コイル　内径 0.8 mm，長さ 1 m.

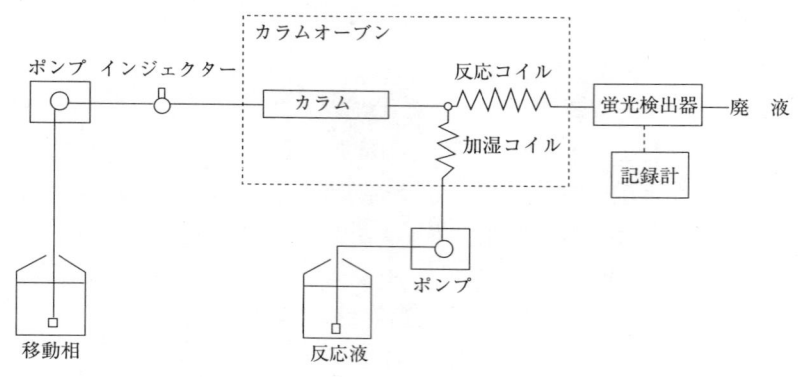

図 20.7.5-1 ポストカラム法によるチアミン分析装置

(9) 検出　蛍光（励起波長，375 nm　測定波長，450 nm）．

図 20.7.5-1 にポストカラム法によるチアミン分析装置を示す．

3）試　薬

(1) 10％トリクロロ酢酸．
(2) 4 M 酢酸ナトリウム．
(3) タカジアスターゼ液　チアミン定量用のタカジアスターゼを用いる．タカジアスターゼにはフォスファターゼが含まれており，この作用によりリン酸エステルが切断される．チアミン定量用のタカジアスターゼが三共から販売されている．タカジアスターゼにはチアミンが含まれている場合があるので使用前にパームチットにより取り除く．
(4) 0.2 M リン酸ナトリウム緩衝液（pH 4.3）．
(5) フェリシアン化カリウム
(6) 水酸化ナトリウム（w/v）．
(7) ビタミン B_1 標準品（武田薬品）．
(8) チアミン標準液　チアミンを 0.2 M リン酸ナトリウム緩衝

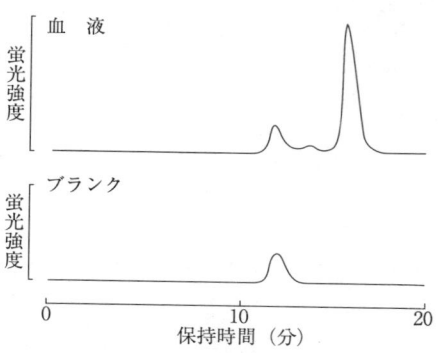

図 20.7.5-2　血液中総チアミンクロマトグラム

液（pH 4.3）で 0, 2, 4 pmol/ml に希釈したものを用いる．

20.7.6 ビタミン B_2（Vitamin B_2）

通常の試料に含まれるビタミン B_2 はリボフラビン，フラビンモノヌクレオチドとフラビンアデニンジヌクレオチドである．ビタミン B_2 の分析にはビタミン B_2 の可視光領域における吸光，ビタミン B_2 の有する蛍光，またはビタミン B_2 群をアルカリ性条件下で光によりすべてルミフラビンとした後に生じる蛍光が用いられ，総ビタミン B_2 の測定が可能である．また，個々のビタミン B_2 誘導体を分別定量するには，高速液体クロマトグラフィーにより分離した後にビタミン B_2 の有する蛍光を蛍光検出器により定量を行う．

20.7.7 ビタミン B_6（Vitamin B_6）

生体試料や飼料中ビタミン B_6 には，ピリドキシン，ピリドキサール，ピリドキサミンおよびこれらのリン酸エステルの6種が主に含まれている．

定量法としては，微生物を用いたバイオアッセイ法が広く用いられている．また，酵素を用いた定量法ならびに高速液体クロマトグラフィー定量法もある．

微生物バイオアッセイには *Saccharomyces uvarum* などが用いられる．この方法は共存物質の影響を受けにくい長所があるが，分析に先立ちオートクレーブ処理を行い，リン酸エステルを加水分解する必要がある．また，前処理としてカラムクロマトグラフィーにより各ビタミン B_6 を分別し，その後バイオアッセイを行うことによりビタミン B_6 誘導体の分析も可能となる．

ピリドキサールリン酸はピリドキサールリン酸依存性酵素であるトリプトファナーゼやチロシンデカルボキシラーゼのアポ酵素を用いることによって比較的簡便に定量が可能である．しかし，酵素法はピリドキサールリン酸の定量のみに限定される．

ビタミン B_6 の理化学的分析には，分離のために順相イオンペア高速液体クロマトグラフィー，陽イオン交換高速液体クロマトグラフィー，逆相高速液体クロマトグラフィーが用いられている．また検出は吸光検出器でも蛍光

検出器でも行うことが可能である．しかし，吸光法では感度が低く，また蛍光法では共存物質の影響を受ける場合がある．

20.7.8 ビタミン B_{12}（Vitamin B_{12}）

ビタミン B_{12} にはシアノコバラミン様の生物活性を有する多くのコバラミン同族体が含まれる．その分析法としては，比色法が比較的正確であるが，感度が低いため，試料の精製が必要であり，実際には広くは用いられていない．そこで，生体試料や飼料中のコバラミン分析には同位体希釈法や微生物によるバイオアッセイが用いられることが多い．また，同族体の分別定量には高速液体クロマトグラフィーが用いられている．

微生物バイオアッセイには *Lactobacillus leichmannii* 菌株を用いる．この方法は比較的感度が高く，分析に影響を及ぼす共存物質の影響が少ないので，生体試料の分析に適している．一方，飼料中に含まれる抗生物質や増殖調節物質は定量に大きな影響を及ぼすので注意が必要となる．また，この方法は用いる微生物に対する増殖促進作用により定量が行われるので，用いる微生物により分析値が異なる場合が多い．

同位体希釈法は試料中のビタミン B_{12} と放射性同位元素標識化したビタミン B_{12} がビタミン B_{12} 結合タンパク質と競合結合することを利用して定量化するものであり，最も感度が高い．また，多くの試料が一度に分析可能であるため，頻繁に用いられるようになってきた．ビタミン B_{12} 結合タンパク質には内因子（胃内因子）を用いることが行われている．なお，この分析用キットがチバコーニング社から販売されている．

高速液体クロマトグラフィーは現在多くの基礎的データが蓄積されつつある．分別には逆相カラムが，また検出には紫外吸光検出器が用いられている．

20.7.9 ナイアシン（Niacin）

ナイアシンはニコチン酸とニコチンアミドの総称であり，多くの同族体が存在する．血中ニコチンアミドアデニンジヌクレオチド（**NAD**）はナイアシンの栄養状態をよく反映し，その分析には分光法が広く用いられている．ま

た，尿中ナイアシン代謝産物の分析には高速液体クロマトグラフィーによる分別の後に蛍光検出器による定量が可能である．飼料中のナイアシンはその活性を *Lactobacillus plantarum* を用いた微生物バイオアッセイにより定量することが行われている．ここでは分光法による血中 NAD（NAD^+／NADH）濃度分析法を示す．

1. 血液中の NAD（NAD^+／NADH）の測定

エチルアルコールとアルコールデヒドロゲナーゼを用いて，NAD^+ を NADH とする．次いで NADH によりチアゾールブルー（MTT）を還元し，フェナジンメトスルファート（PMS）共存下で産生される紫色を呈するホルマザンを分光法により測定する．MTT の還元は NADH 濃度に比例するので定量が可能となる．

1）操　作

(1) ニコチンアミド・リン酸緩衝液を 200 μl エッペンチューブに入れる．

(2) 10 μl の血液を加え十分に撹拌した後に，90 ℃の熱水中で 1.5 分間加温する．

(3) 氷冷し，10,000 rpm で 3 分間遠心分離を行い上清をとる，紅い色が残っている場合は再度加熱を繰り返す．

(4) 50 μl の MTT 液，800 μl の PMS 液，1.95 ml のグリシルグリシン-水酸化ナトリウム緩衝液および 100 μl の上清または標準液を順次褐色小試験管に入れる．

(5) 37 ℃で 5 分間加熱し，100 μl のアルコールデヒドロゲナーゼ液を加えた後に 37 ℃で 10 分間加熱する．

(6) 556 nm の吸光度を測定する．

2）試　薬

(1) 0.1 M ニコチンアミド・50 mM リン酸カリウム緩衝液（pH 6.0）．

(2) 5 mg/ml チアゾールブルー（MTT：臭化 3－(4，5－ジメチル－2－チアゾリル)－2,5－ジフェニル－2H－テトラゾリウム．

(3) 1 mg/ml フェナジンメトスルファート（PMS）．

(4) 0.1 M ニコチンアミド・0.5 M エチルアルコール・65 mM グリシルグリシ

ン-水酸化ナトリウム緩衝液（pH 7.4）．
(5) 酵母アルコールデヒドロゲナーゼ液　1 mg/ml となるように 50 mM リン酸カリウム緩衝液 (pH 7.0) に溶解する．
(6) 標準液　0.1 M ニコチンアミド・50 mM リン酸カリウム緩衝液 (pH 6.0) に 0, 2.5, 5.0 nmol/ml の NAD を加える．
試薬 (2), (3) および (5) は不安定なので，測定する日に調製する．

20.7.10　ビタミンC（Vitamin C，アスコルビン酸）

　ビタミンCは強い還元作用を有しており，酸化されてデヒドロアスコルビン酸となるが，生体内では還元されてアスコルビン酸に戻る．この両者の生物学的効力は同一であると考えられるので，アスコルビン酸とデヒドロアスコルビン酸の合計を総アスコルビン酸と呼ぶ．ビタミンCは不安定な物質なので，試料を採取直後に氷冷し速やかに分析することが必要となる．血漿中のビタミンCは4℃では6時間程度は安定である．なお，赤血球中のオキシヘモグロビンは分析操作の過程でビタミンCを分解するので，溶血を避けることは不可欠である．

　ビタミンCの定量法には，その還元能を利用した方法や高速液体クロマトグラフィーによる方法が報告されている．還元能を利用する方法は多く報告されているが，共存するビタミンC以外の還元能を有する物質の干渉を受けるので，測定値は実際より高めとなる場合が多い．

　ここではアスコルビン酸の還元能を利用した血漿中のアスコルビン酸の定量法について記す．この方法はリン酸酸性下でアスコルビン酸により Fe^{3+} を Fe^{2+} に還元し，この Fe^{2+} と α, α'-ジピリジルの反応で生じる呈色を測定するものである．

　近年は電気化学検出器を用いたイオンペア高速液体クロマトグラフィーによる血中のビタミンC測定法が開発されており，この方法はビタミンC自体を測定するので共存物質の干渉を受けにくい．

1）操　作

(1) 血漿 1 ml に 10％トリクロロ酢酸水溶液（w/v）1 ml を加えた後によく

混和する．トリクロロ酢酸溶液中でもアスコルビン酸は分解されるので，以降の操作は速やかに行うこと．
(2) 10分間氷冷した後に，4,000 rpmで3分間遠心分離を行う．
(3) 1.5 mlの上清または標準液に1 mlの発色液を加えて混和する．
(4) 37℃で15分間加温する．反応中に白色の沈澱が生じたならば，遠心分離を行う．
(5) 525 nmの吸光度を測定する．

　同様の方法で動物組織中や試料中のアスコルビン酸の測定も可能である．組織の場合は19倍量の5％トリクロロ酢酸水溶液（w/v）中でホモジナイズし，遠心分離した後に測定を行う．組織を採取する際には十分に放血を行い，赤血球の混入を防ぐ必要がある．

2）試　薬
(1) 5％および10％トリクロロ酢酸水溶液（w/v）　冷蔵庫で1週間は安定である．
(2) α, α'-ジピリジル溶液　0.8 gのα, α'-ジピリジルを水80 mlおよび5 mlのリン酸を加えて溶解する．冷蔵庫で1ヵ月は安定である．赤色を呈してはならない．
(3) 塩化第二鉄液　塩化第二鉄（6水塩）の3％水溶液（w/v）とリン酸を2:1の割合で混和する．冷蔵庫で1ヵ月は安定である．
(4) 発色液 2)と3)を85:15で混和する．
(5) 標準液　アスコルビン酸を5％トリクロロ酢酸液（w/v）に溶かし，0, 2, 4 mg/100 mlとする．調製直後に使用する．　　　　　　（松井　徹）

参考文献

1) 日本ビタミン学会編，1985．ビタミン実験法Ⅰ，東京化学同人．
2) 日本ビタミン学会編，1985．ビタミン実験法Ⅱ，東京化学同人．
3) AOAC, 1995. Official Methods of Analysis, 16th ed, (飼料中ビタミンの分析).
4) De Leenheer A. P. et al., 1982. J. Lipid Res., 23 : (レチノイン酸の分析).
5) Kimura M. et al., 1982. Clin. Chem., 28 : 29-31(チアミンの分析).

6) Yagi K. and M. Sato 1981. Biochem. Int., 2 : 327-331(リボフラビンの分析).
7) 梅垣敬三ら, 1999. 日本栄養・食糧学会誌, 52 : 107-111(ビタミンCの分析).

20.8 ホルモン (Hormone)

　動物栄養学の分野においてホルモンを分析する例が多くなってきた．代謝調節に果たすホルモンの役割を考えれば，これは自然なことである．糖代謝におけるインシュリンの役割については一般によく知られているが，この一点を考えるだけでも，栄養学におけるホルモンの重要性は十分納得される．栄養・代謝の研究においてホルモン分析は今後一層重要になると思われる．しかし，ホルモンの作用は，多くの場合，多岐にわたり，作用機構など不明な点も多いので，栄養・代謝の研究に結びつける上では，慎重な検討が必要である．

　本節の目的は，動物栄養学研究において用いられるホルモンの分析法について述べることである．現在，ホルモンの定量は，主としてラジオイムノアッセイ（radioimmunoassay, RIA），エンザイムイムノアッセイ（enzyme immunoassay, EIA）および高速液体クロマトグラフィー（high-performance liquid chromatography, HPLC）によって行われている．ここでは，この3法による副腎皮質ホルモン（glucocorticoid）（コルチコステロン，corticosterone）の定量法について述べるが，他のホルモン定量法も多くの点が共通している．他のホルモンについては文献を示すにとどめた．

　本節では，まず，ホルモン測定の原理を簡単に解説し，次に，コルチコステロン分析の実際について述べる．なお，ほとんどのホルモンについてRIAおよびEIAによる精度の高い測定キットが市販されている．ホルモン抗体およびラベルホルモンを購入すれば，キットを使わずとも比較的簡単にRIAおよびEIAを行うことができる．また，目的によってはHPLCが便利な場合もある．例えば，HPLCを使用すれば同時に多数の異なるステロイドホルモンの分析が可能である．

　動物より採血する際には注意が必要である．例えば，副腎皮質ホルモンを分析するときには，動物にストレスを与えないことが重要である．ストレス

を与えると直ちに血中の副腎皮質ホルモンレベルが上昇する．血管カテーテルを装着して動物に気付かれないように採血することは最も有効な方法であるが，動物を各種の実験操作にあらかじめ馴らしておくことも有効である．また，摂食などにより影響を受けるホルモンもある．

20.8.1 ラジオイムノアッセイ（Radioimmunoassay, RIA）

可溶性タンパク抗原（インシュリンなど）やハプテン（甲状腺ホルモンや副腎皮質ホルモンなど）に対する抗体を作り，この抗体と目的とするホルモンが特異的に結合する性質を利用してホルモンを定量する方法である．一般には，ラジオアイソトープで標識したホルモンと血漿中のホルモンが競合的に抗体に結合することを利用し，抗体に結合したラジオアイソトープを測定することにより血漿中のホルモン量を推定する．

1. ホルモン定量の実際

1) 抗体（antibody）作製法[1]

抗体作製にはウサギとモルモットがよく用いられる．動物の種，系統，個体によって抗体産生には差があるので，できれば，2種以上の動物をそれぞれ3頭以上免疫するのが望ましい．

2) 免疫原

免疫原としては，可能な限り精製したものを用いるのが望ましい．タンパク質やペプチドは分子量が5,000以上であれば免疫原として作用するが，免疫原として作用しない物質（ハプテン）であっても，免疫原生のある担体タンパク質（アルブミン，チログロブリンなど）と結合させることにより抗体を得ることができる．ハプテンとしてはアンギオテンシンのような低分子のペプチド類，ステロイド類，薬物など多くの物質が考えられる．コルチコステロンの場合には corticosterone-3-carboxymethyloxime-BSA あるいは corticosterone-21-hemisuccinate-BSA などを免疫原として用いる．また，動物を免疫する際には，通常，免疫を刺激する目的でアジュバントが用いられる．例えば，2種のアジュバント，ミョウバンおよび百日咳死菌を免疫原と混合して注射することが行われる．

多くの場合，4, 5週間の間隔で何回かの免疫を繰り返した後に目的とする

抗血清が得られる．生体成分など免疫原としての能力の低い物質の場合にも長く免疫を続ければ大抵は抗血清を得ることができる．

3) 免疫原の注射部位

　免疫原の注射部位としては，皮下，皮内，静脈内，筋肉内，腹腔内などがあるが一般には，数ヵ所に分けて注射する．しかし，追加免疫のときに静脈注射するとアナフィラキシーショックを起こす危険性があるので注意を要する．

　RIAにはモノクローナル抗体も利用されるが，ここでは，この点には触れない．

2. 抗血清 (antiserum) の分離および保存[1]

　血液は室温に約2時間放置して凝血させた後，さらに冷蔵庫に一晩おいてから $1,500 \times g$ で15分間遠心して血清を分離する．得られた血清は，個体により力価が著しく異なる場合があるので，プールしない方がよい．

　溶液で保存する場合にはアジ化ナトリウム (0.1%) などを加えて防腐し，4℃で保存する．長期間（1〜2年間）保存するにはミリポアフィルターで沪過する．数年以上にわたって保存するにはディープフリーザーに保存する．最初の凍結にはドライアイス-メタノールなどを用い，急速冷凍する．また，凍結融解を繰り返すと力価が低下するので小分けして保存する．

3. IgG (immunoglobulin G) の調製[2]

1) 1 ml の血清に撹拌しながら 0.18 g の Na_2SO_4 をゆっくり加え，完全溶解後 22〜25℃ で30分間撹拌する．

2) 22〜25℃，$5,000 \times g$ で10分間遠心する．

3) 沈澱部を 1 ml のリン酸ナトリウム緩衝液 pH 6.3, 17.5 mM に溶解し，同じ緩衝液に対して透析する．

4) 透析内液をリン酸緩衝液 pH 6.3, 17.5 mM で平衡化された DEAE-セルロースカラムに添加する．10 mg の透析内液中のタンパク質を処理できる DEAE セルロースの湿容積は 1 ml である．

5) IgG の量は 280 nm における吸光係数と IgG の分子量をそれぞれ，1.5 $g^{-1} \cdot cm^{-1}$ および 150,000 として算出する．

4. ポリスチレンチューブを用いた抗体の固相化[3]

1) ポリスチレンチューブ (Falcon 2008) の底に，抗体溶液 (0.1 M NaCl, 1mM $MgCl_2$ および 0.1% NaN_3 を含む 10 mM リン酸緩衝液 (pH 7.3) (緩衝液A) の 200 μl に 100 ng の IgG を溶かしたもの) を入れ，37℃で1時間保温して，抗体を固相化する．

2) チューブのブロッキングには，0.5% ウシ血清アルブミン (0.5 ml) を加え，37℃，30分放置後に内容物を捨てて，チューブを緩衝液B (緩衝液Aに 0.1% 卵白アルブミンを含む) 1 ml で2回洗浄する．

5. マイクロプレートを用いた抗体の固相化[2]

1) マイクロプレート (NUNC Immunoplate I, コード番号 2-39454, 他の製品でも可) のウェルに IgG (1～10 μg/ml) をリン酸緩衝化生理食塩水 (PBS, pH 7.2) (0.0025 M $NaH_2PO_4 \cdot H_2O$, 0.0075 M $NaH_2PO_4 \cdot 12H_2O$, 0.1450 M NaCl) で希釈して 50～100 μl ずつ加え，アルミホイルで覆い，4℃で一晩インキュベートする．

2) 溶液を捨て，固相の抗体非付着部を，1% アルブミン (BSA) 200 μl を加え，室温で1時間反応させることによりブロックする．残存したアルブミン溶液は捨てる．

3) 洗浄・希釈用 PBS 緩衝液 (上記の PBS 緩衝液で 0.1% Tween 20 を調製する) をウェルに満たし3分間放置した後捨てる．これを2回以上繰り返す．

6. コルチコステロンの定量[3,4,5]

1) コルチコステロン抗体をコーティングしたポリスチレンの試験管に 50 μl の血清を入れる．同様にコルチコステロンを含まない血清に溶解した 50 μl のコルチコステロン標準液 (20, 50, 100, 200, 500, 1,000, 2,000 ng/ml) を入れる．

2) 0.1% のリゾチームを含むリン酸 (0.05 M) /クエン酸 (0.025 M) 緩衝液 (pH 3.0) に溶解した ^{125}I ラベルコルチコステロン 200 μl (0.01～0.1 μCi) を加え混合する．

3) 4℃で4時間インキュベートする．

4) 溶液を捨て，0.5 ml の生理食塩水で洗い，試験管を沪紙の上に逆さまに置

き水滴を完全に除く．

5) ガンマーカウンターでアイソトープを測定する．

6) 標準液のアイソトープより標準曲線を作製する．標準曲線より血清中のホルモン量を読み取る．

7) 注意事項

(1) マイクロプレートを用いる場合にはラベルコルチコステロン溶液の量を少なくする．

(2) 本法を実施する場合には必ず精度，再現性を標準液および既知試料を用いて確認すること．

20.8.2 エンザイムイムノアッセイ（Enzyme immunoassay, EIA）

ホルモンの定量には一般に抗体を固相に結合させ，抗原（ホルモン）を酵素で標識する方法が用いられる．RIA と同様に，抗原と標識抗原が競合的に抗体に結合する性質を利用して定量する．標識に用いられる酵素にはアルカリフォスファターゼ，β－ガラクトシダーゼ，グルコースオキシダーゼ，ペルオキシダーゼなどがある．抗体に結合した標識酵素の量は，基質を加えて反応させれば吸光度，発光強度，蛍光強度などの変化より酵素活性として測定できる．酵素活性は抗原（ホルモン）の量を反映する．

なお，抗体の作製および抗体の固相化は RIA の場合と同じであるので省略する．

1. **酵素標識抗原（ホルモン）の作製[6]－西洋ワサビペルオキシダーゼ（HRP）を用いる方法**

1) 1 mg の corticosterone-21-hemisuccinate を 0.2 ml のジオキサンに溶解し，10 μl の tri-n-butylamine および 4 μl の isobutylchlorocarbonate を加える．

2) 10℃で30分間撹拌した後，HRP 溶液 1 ml（15 mg の HRP を含む）を加え，pH 8.0〜8.5 に調整した後氷水中に5時間保つ．

3) この溶液を 0.05 M リン酸緩衝液に透析する．

4) 0.9% NaClを含む0.05 Mリン酸緩衝液 (pH 7.0) で平衡化したBio-Gel P-60カラムに流す.

5) ピークの部分を回収し，0.1% BSAを含む0.05 Mリン酸緩衝液で希釈, 4℃で保存する. 通常，500〜2,000倍に希釈後，ホルモン定量に用いる.

2. コルチコステロンの定量[6]

1) 10 μl 血漿を 50 μl 蒸留水で希釈し，500 μl methylene chloride で1分間抽出する.

2) 静置し，下層を 50 μl 取り，窒素ガスを流して乾固する. 残渣に 0.1% BSAを含む 0.05 Mリン酸緩衝液 (pH 7.0) 0.1 ml を加え溶解する.

3) 0.1 mlのサンプル溶液を免疫抗体を固相化したポリスチレン試験管に取り，4℃で一夜インキュベートする.

4) コルチコステロンの標準溶液 (0〜1 ng) を同様に処理する.

5) 0.5 mlのHRP標識コルチコステロンを加え，再度 4℃で一夜インキュベートする.

6) 溶液を捨て，適量の生理食塩水で3回洗浄した後，沪紙の上に逆さに放置し，溶液が完全に落下した後，0.01 Mリン酸緩衝液 (pH 7.0)，0.01M H_2O_2 および 0.01 Mのルミノールをそれぞれ 0.5 ml ずつ加える.

7) よく混合した後，ケミルミノメータで化学発光強度を測定する.

8) 標準溶液の値より標準曲線を作製する. 標準曲線より血漿中のコルチコステロン量を読み取る.

9) 注意事項

(1) マイクロプレートを用いる場合には 3, 5, 6 で用いるサンプルおよび試薬を 1/5 にする.

(2) 本法を実施する場合には必ず精度，再現性を標準液および既知試料を用いて確認すること.

20.8.3 高速液体クロマトグラフィー (High-Performance Liquid Chromatography, HPLC)

1969年にDu Pont社のKirklandによって創始された. 現在，実験化学の

分野でこれを利用しない分野はないほど一般的な分析法である．HPLC では溶媒に溶けさえすれば試料に制限がなく，従来のクロマトグラフィーに比べて遥かに短時間で分析ができる．HPLC の分離の原理は基本的に従来の液体クロマトグラフィーおよびガスクロマトグラフィーと同じであり，固定相と移動相に対する分配係数の差を利用して溶質を分離する．高圧に耐える表面多孔性充填剤と高圧ポンプを使用する点が従来の液体クロマトグラフィーと異なる．

1．コルチコステロンの定量[7]

1）試料の調製

(1) 50 ml 容の共栓ガラス遠沈管に 1 ml の血漿と 0.1 ml の dexamethasone 溶液（30 ng/ml）（内部標準）を入れ，混合し，10 分間室温に放置する．

(2) 0.6 ml の 0.25 M NaOH を加え，混合し，10 分間室温に放置する．

(3) 15 ml の dichloromethane を加え，1 分間，ゆっくり撹拌してコルチコステロンと dexamethasone を抽出する．

(4) 5,900 × g で 10 分間遠心する．

(5) 上層および中間層（固形物）をパスツールピペットで取り除き，適量の dichloromethane をナス型フラスコに移し，減圧乾固する．

(6) HPLC にかける直前に 0.1ml の移動相溶媒（58 ％メタノール）を加え，残渣を溶かす．

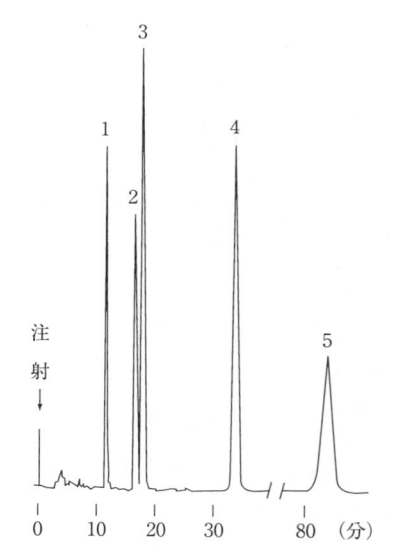

図 20.8.3-1　5 種のステロイド混合物の HPLC による分離
1. コルチゾール 10 mg，2. デキサメタゾン 12 mg，3. コルチコステロン 14 mg，4. テストステロン 300 mg，5. プロジェステロン 19 mg.

2）HPLC の運転条件

(1) カラム　Shim-pack CLC-ODS (6 × 150 mm).

(2) 検出　248 nm における吸光度.

(3) カラム温度　45 ℃.

(4) 移動相　58％メタノール．
(5) 移動相の流速　1.0 ml/分．
(6) 保持時間　各種ステロイドの保持時間および血漿から抽出した試料を分析したときの溶出パターンを図 20.8.3-1 および図 20.8.3-2 に示した．

3）計　算

コルチコステロン（ng/ml 血漿）＝

サンプル中のコルチコステロンのピーク高×（標準コルチコステロンの量/標準コルチコステロンのピーク高）×（標準 dexamethasone のピーク高/サンプルの dexamethasone のピーク高）/血漿の量

コルチコステロン以外のホルモン定量法については触れなかった．他のホルモンの定量法については引用文献 3) を参照されたい．　　　　（林　國興）

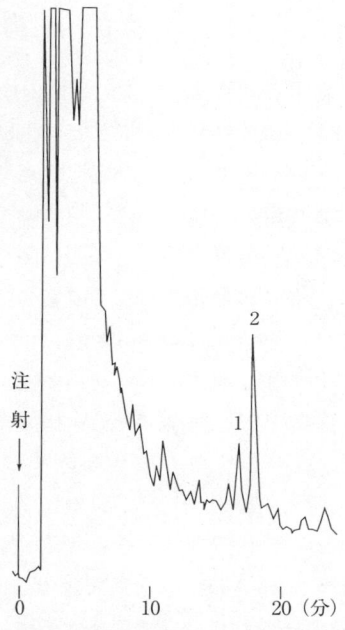

図 20.8.3-2　正常なブロイラー雄の血漿のクロマトグラム
1. デキサメタゾン，2. コルチコステロン．

引用文献

1) 中島暉躬ら，1988．新基礎化学実験法 6，生物活性を用いる測定法．丸善．
2) Clausen J. (佐々木實 訳) 1993．免疫化学的同定法 第 3 版，東京化学同人．
3) 井村裕夫ら，1992．新生化学実験講座 9 ーホルモン I および II ー東京化学同人．
4) Gwosdow-Cohen A. *et al.*, 1982. Proc. Soc. Exp. Biol. Med., 170 : 29-34.
5) Al-Dujaili E. A. S. *et al.* 1981. Steroids, 37 : 157-176.
6) Arakawa H. *et al.*, 1979. Anal. Biochem., 97 : 248-254.
7) Ohtsuka A. *et al.*, 1995. Jpn. Poult. Sci., 32 : 137-141.

20.9 酵　素（Enzyme）

　酵素の研究は，酵素の活性の検出，分離精製および同定，酵素の構造決定，酵素の機能性発現機構などに大別することができる．本稿では栄養との関わりの深い酵素の活性測定に焦点を当てて，酵素を扱う際の一般的注意といくつかの酵素を取り上げ，粗酵素溶液からの活性測定法を記述する．その他の酵素の機能性発現にも栄養は関与すると思われるが，本稿では割愛する．また，各種の動物における酵素の精製から保存，活性測定法まで詳しく記載した Methods in Enzymology などの優れた参考書があるので十分に利用することが望まれる．

20.9.1　酵素を取り扱う際の基礎的注意

1. 試料の採取，取り扱いなど

　個々の酵素タンパク質の化学的および酵素化学的な性質をよく知る必要がある．一般的には，酵素が安定な低温（4℃以下）で行うが，逆に低温で失活しやすい ATP アーゼなどの低温感受性酵素もあるので注意を要する．また，抽出材料としてできるだけ新鮮な臓器，細胞が望ましい．肝臓を試料として用いる場合，肝細胞中には通常グリコーゲンが存在しており，好ましくない影響を及ぼすことがある．グリコーゲンを減らす目的で，一昼夜の絶食がよく行われる．その場合，酵素によっては活性の増加あるいは減少を伴う場合があるので，目的の酵素の活性がどのような挙動をとるのかあらかじめ調べておく必要がある．また，活性値の日周変動が大きい酵素では動物を屠殺する時刻（飼料，明暗のいずれの影響かを見極めた上で）を考慮することが望ましい．また，組織のホモジネートの赤色の大半は血液のヘモグロビンに由来する．ヘモグロビンは細胞分画するとミクロソーム画分に強く吸着し，可溶性画分にも相当量残留する．そのため血液由来のタンパク質が肝細胞の画分に多量に混入してくることになる．そのため吸収スペクトルの測定が阻害される．これを避けるためには灌流などの操作により血液を除去する必要がある．

2. 酵素タンパク質の抽出法

1）物理的抽出法

(1) 切断と摩砕

　組織や細胞の種類により細胞膜の硬さは異なるので，破砕法も材料と目的に合わせて選択しなければならない．比較的柔らかい組織の破砕には Potter-Elvehjem 型ホモジナイザーが使用される．抽出液と外筒を氷冷することにより試料の温度の上昇を防ぐことができる．一般的には，鋏で細切した組織と 5〜10 倍量の抽出液を 0.1〜0.3 mm の擦り合わせをもつホモジナイザーで 500〜1,000 rpm で摩砕する．筋組織や結合組織，皮膚などの固い組織の破砕にはポリトロン型のホモジナイザーが適している．

(2) 超音波破砕

　超音波破砕は血球などの単細胞やホモジナイザーで摩砕した試料のオルガネラの破壊，膜タンパク質の可溶化に有効である．動物組織の細切した大きな塊りには向かない．抽出液と外筒を氷冷することにより試料の温度の上昇を防ぐ．

2）化学的抽出法

(1) pH やイオン強度の変化

　細胞質やオルガネラの酵素の抽出には，塩濃度の低い低張液にさらし，浸透圧ショックにより細胞膜を破砕する方法が用いられることがある．これはミトコンドリアの膜酵素の抽出に用いられている．

(2) 有機溶媒による組織破壊と抽出

　アセトン，アルコール，クロロホルムなどにより脂質膜構造を破壊し，また，脂溶性物質を有機溶媒層に移行させることによりタンパク質部分を抽出することができる．事前に有機溶媒を $-20\ ℃$ に冷却しておいて使用する．溶液を十分撹拌しながらゆっくりと有機溶媒を滴下し，放置した溶液から遠心分離または濾過により得た沈澱物を濾紙で乾燥し，脱脂した粉末を得る．溶血液のクロロホルム–アルコール処理により赤血球のカタラーゼ，グルタチオンレダクターゼ，スーパーオキサイドジスムターゼなどが精製されている．ミトコンドリア型のリンゴ酸脱水素酵素や脂肪組織のリポタンパク質リ

パーゼはアセトン粉末により抽出される．

3. 緩衝液および抽出溶媒

1) pHとイオン強度

酵素タンパク質が最も安定なpH値をもつ緩衝液を選択し，イオン強度も考慮する必要がある．抽出操作による細胞の破壊により抽出液のpHは一般的には低下するので，抽出操作の後，目的のpHに再度調製する必要がある．

2) 安定化剤

基質や基質類似体，補酵素などの補助因子の共存は酵素活性保持と熱安定性の増加に有効であることが多く，抽出，精製過程のすべての段階で共存させることも必要となる．また，添加によりプロテアーゼに対する耐性が増すこともある．10％程度のグリセロール，スクロース，エチレングリコールなどの添加は一般にタンパク質の安定性を増加させることが知られている．

3) チオール基保護剤

抽出や精製過程の撹拌操作での酸素との接触や，細胞由来の酸化剤による酸化防止のために，何らかの試薬を添加する必要がある．ジチオスレイトールを0.1〜2 mMの濃度で添加することが一般的である．しかし，S-S結合を解離させることがあるので，構造維持上S-S結合が必須の酵素タンパク質を扱う場合は注意する必要がある．

4) プロテアーゼ作用の抑制

細胞やオルガネラの破砕により，それまで別々の場所に局在していたプロテアーゼと目的タンパク質との接触により多量体の形成や不活性化が引き起こされる可能性がある．プロテアーゼ作用を抑制するための一手段は，低温で迅速に抽出操作を行うことである．プロテアーゼインヒビターであるジイソプロピルオロリン酸，o-フェナントリン（金属酵素阻害剤）などの添加により回収率が改善されることがある．

5) その他の添加剤

金属イオンが酵素の補助因子となっていることも多いが，逆にこれらの金属イオンの存在により酵素が失活することもある．多価の金属イオンをキレート効果により取り除くために0.5〜5 mM EDTAの添加が一般的に行わ

れている．また，Caイオンの選択的キレート剤としてEGTA（エチレングリコールビス（2-アミノエチルエーテル）四酢酸）なども使用する．

20.9.2 酵素活性または濃度の測定法

酵素活性や酵素濃度は，分光学的方法，バイオアッセイ，pHスタット，免疫学的方法，酵素電極，酵素的増幅測定法などで測定される．活性測定に当たっては，反応液のpHとイオン強度，溶液の脱気，酵素の安定pH領域と温度領域，酵素濃度，反応生成物の確認，測定波長，活性の酵素濃度依存性などに注意する必要がある．ここでは，薬物代謝酵素系で中心的役割を担っている肝臓ミクロソームのチトクロムP-450量の測定法，一酸化窒素合成酵素の蛍光を用いた測定法と酵素的増幅法を用いた測定法，および活性酸素種の一つである O_2^- の不均一化に重要なMn-SOD（superoxide dismutase）とCu，Zn-SODの間接的活性測定法と酵素量の測定法を紹介し，分光学的方法，免疫学的方法，酵素的増幅測定法による酵素活性および濃度測定について概説する．

20.9.3 分光学的方法による肝臓ミクロソームのチトクロムP-450量の測定

薬物代謝研究には肝臓ホモジネートが広く使用されている．組織ホモジネートを調製する際に重要なことは実験に先だって総ての器具や調製溶液を氷中もしくは4℃に冷却しておくことである．さらに酵素の分解を最小限にするため，組織の分離，調製操作中の温度を4℃以上に上げないことである．

1. 細胞画分の調製法

動物を屠殺後できるだけ早く組織を取りだす．組織に付着している水分を拭い，重量を測る．0.25Mスクロース含有0.1Mトリス緩衝液で20%ホモジネートを調製する．ホモジネートを $12,500 \times g$ で15分間遠心分離を2回繰り返した後，上清画分を得る．超遠心法によるミクロソーム画分は，$12,500 \times g$ 上清画分を $100,000 \times g$ で60分間遠心分離した後上清を捨て，

沈澱物を20%グリセロール含有0.1 Mトリス緩衝液に再懸濁する.

2. チトクロムP-450量の分光学的測定法

タンパク質溶液のタンパク質濃度が約2 mg/mlになるように調製する. それを対照側セルと試料側セルに入れ, 400〜500 nm間のベースラインを記録する. 次いで, ごく少量のNa_2SO_4を両方のセルに入れゆっくり掻き混ぜる. 次に試料セルのみに一酸化炭素を約1分間通気する. 400〜500 nm間のスペクトルを記録する. チトクロムP450量は450nmと490 nmの吸光度の差から吸光係数91 $mM^{-1} cm^{-1}$を用いて計算する.

20.9.4 一酸化窒素合成酵素 (NOS) 活性の測定ーRI法, 蛍光法および酵素増幅法

一酸化窒素合成酵素はアルギニン (Arg), NADPH, O_2 からシトルリン (Cit), $NADP^+$, 一酸化窒素を生じる. 粗酵素液からの測定法としてはArgをラベルし, ラベルされたCitを測るRI法, 生成物の一つであるNOを吸光や化学発光によって定量し, 一酸化窒素合成酵素活性を求める方法および$NADP^+$を定量し, 酵素活性測定に役立てる方法がある.

1. RI法によるNOS活性の測定

1) 測定方法

細胞または組織ホモジネートを調製後4℃条件下15,000×gで30分間遠心し, 上清を得る. 10 μlの上清に90 μlの反応液を加える. 37℃で10分間培養後, 200 μlの反応停止溶液を加え反応を停止する. この0.25 mlを反応停止液で平衡化しておいたDowex 50 WXカラム (Na^+型, 200〜400メッシュ) に室温条件下でアプライする. 500 μlの反応停止溶液で洗い出した後, 3 mlのClear-sol (シンチレーター) を加え, 放射能を測定する. 内皮細胞由来以外のNOSの場合は上清を用いるが, 内皮細胞由来のNOSの場合は超遠心後のミクロソーム画分を用いる.

2) 試　薬

(1) ホモジナイズ溶液　250 mMスクロース, 1 mM EDTA, 1 mM EGTA, 1mM DTT, 10 μg/mlのpepstatin, leupeptinおよび0.1 mMのPMSF

(phenylmethyl-sulphonyl fluoride) を含む 50 mM トリス-HCl (pH 7.4).
(2) 反応液 70 μl 測定溶液　10 μl L-[U-^{14}C]-Arg (1.55 mM), 10 μl 水
測定溶液　1 mM DTT, 1mM $CaCl_2$, 0.1 mM BH_4, 1 mM NADPH, 10 μM
FAD, 10 $\mu g/ml$ calmodulin を含む 50 mM Hepes-NaOH (pH 7.8).
(3) 反応停止溶液　10 mM EDTA を含む 100 mM HEPES (pH 5.1–5.5).
(4) Dowex 50 WX.

2. 蛍光法による $NADP^+$ 生成量からの NOS 活性測定

1) 粗酵素液の調製

1 mM EDTA, 1 mM DTT, 10 $\mu g/ml$ の antipain, pepstatin, leupeptin および 0.1 mM の PMSF を含む 50 mM トリス-HCl (pH 7.5) を用い, 10～20% の組織ホモジネートを調製する. 100,000×g で 60 分間遠心分離し上清を得る.

2) 測定方法

反応液 A または B (0°C で保存) 100 μl を 25°C で 5 分間以上前培養する. 2 μl のホモジネート (8.17 mg タンパク質/ml) を加えることにより反応を開始する. 25°C で 30 分間培養した後, 10 mg のペプシンを含む 1 M HCl を 10 μl 加えて反応を停止する. サンプル中の酵素と反応液中 NADPH を破壊するために 38°C で 30 分間加温する. その後, 1 ml のアルカリ溶液を加え, よく混合する. 室温下 1 時間以上暗所で保存後蛍光を測定する. 対照としては 0.1～0.3 nmol の NADP を反応液 A に加え, その蛍光を測定する.

3) 試　薬

(1) 反応液 A　(NOS 特異的 NADP 生成活性用) 100 μM L-Arg, 15 μM NADPH, 1.25 mM $CaCl_2$, 1 $\mu g/ml$ calmodulin, 1 mM DTT, 1 mM EDTA, 3.0 mM nicotinamide, 10 $\mu g/ml$ の antipain, pepstatin, leupeptin および 0.1 mM の PMSF を含む 100 mM PIPE (ピペラジン-N, N′-ビス (2-エタンスルホン酸))-NaOH (pH 7.0).
(2) 反応液 B　(NOS 非特異的 NADP 生成活性用) 反応液 A に 500 μM NG-nitro-L-Arg.

(3) アルカリ溶液　6.6 M NaOH + 2 mM imidazole 反応停止液　10 μl 中に 10 mg のペプシンを含む 1 M HCl.

3．酵素的サイクリング（酵素的増幅測定法）による NOS 活性の測定

酵素的サイクリングは測定すべき微量の物質や酵素反応生成物を基質とする別の酵素反応によって量的に増幅して定量する方法である．一般に NAD (H)，NADP (H)，アセチル CoA などは 2 種の酵素反応系を利用すると容易に増幅できるので，測定すべき物質や酵素反応生成物がこれらに変換できる場合に本法を効果的に利用できる．しかし，基質や生成物の変化量を直接測定する一般的な酵素活性測定法と異なり，複雑な反応系と時間を必要とする．

1）測定法

20 ℃下で 1.25 μl の反応液 A と B を Terasaki plate に取り，サンプルを加えて反応を開始する．20 ℃で 30 分間培養する．2 mg/ml のペプシンを含む 0.2 NHCl を 1.25 μl を加える．その後，38 ℃で 30 分間加温する．20 ℃まで冷却した後，0 ℃で保存しておいたサイクリング液 50 μl を加える．38 ℃で 1 時間培養した後，100 ℃で 3 分間で加温し，冷却する．1 ml の指示反応液を加え 38 ℃で 30 分間培養する．室温まで冷却した後，蛍光を測定する．対照としては 1〜5 pmol の NADP を同様に反応させ測定する．

2）試薬

(1) NADP サイクリング液　5 mM α-oxoglutarate，1 mM glucose-6-phosphate，25 mM ammonium acetate，0.1 mM ADP，0.02 % bovine serum albumin，3.0 μg/ml glucose-6-phosphate dehydrogenase，32 μg/ml glutamate dehydrogenase を含む 100 mM Tris-HCl (pH 8.0).

(2) 指示反応液　100 μM NADP，0.1 mM EDTA，0.2-0.5 μg/ml 6 phosphogluconate dehydrogenase を含む 100 mM Tris-HCl (pH 8.0).

20.9.5　スーパーオキサイドジスムターゼ（SOD）の測定

1．間接測定法による Mn-SOD 活性の測定

SOD の活性測定は基質である O_2^- が不安定であるため，O_2^- を産生させ

る系でSODが存在すると反応が阻害されることを利用した間接法が一般的である．すなわち O_2^- による発色をSODが阻害する割合により活性を定義している．チトクロームC法，NBT法，亜硝酸法など多くの測定法がある．ここではNBT (nitroblue tetrazolium) を利用した方法を示す．

1) 活性測定法

960 μl 反応液Aをキュベットに取る．20 μl の反応液Bとサンプル20 μl を加える．混合後25 ℃条件下で数分間560 nmの吸光度の変化をモニターする．吸光度を波長560 nmで数分間測定し，直線的な変化になることを確認する．この場合ブランクを用いた吸光度の変化が0.0165/分になるように反応液Bの濃度と量を調整する．希釈は2 M 硫酸アンモニウム，1 mM EDTA溶液を用いて行う．この吸光度の変化が50 ％阻害されるときのSOD活性を1 Uと定義する．

シアンによりCu, Zn-SODの活性が阻害されるためシアンを用いてMn-SODとCu, Zn-SODの区別を行う．活性測定法は組織の粗抽出液などでは，SOD様活性物質や阻害剤の影響が除外できず，正確な活性測定が困難な場合もある．

2) 試　薬

(1) ホモジナイズ溶液　(0.25 M sucrose, 1 mM EDTAを含む10 mM Tris-HCl緩衝液 (pH 7.4)) で10〜20 ％の組織ホモジネートを調製する．その後氷冷下で超音波破砕 (出力60 W，0.5 secで1分間5回) を行う．
(2) 反応液A　0.1 mM xanthine, 0.025 mM NBT, 0.1 mM EDTAを含む50 mM 炭酸ナトリム緩衝液 (pH 10.2, 25 ℃)．
(3) 反応液B　xanthine oxidase溶液．

2．免疫学的方法によるSOD量の測定

活性測定には不正確な点もあるので，特異的な抗体を用いた測定系が開発されている．ここではポリクロナル抗体を用い，サンドウィッチ法を用いてアビジン−ビオチン系で二次抗体を標識する方法を示す．

1) 測定方法

96穴のマイクロプレートに一次抗体を入れる．4 ℃に一昼夜放置し，一

次抗体を捨て，洗浄液で3回洗浄する．100 μl のブロッキング液を加える．4℃で一昼夜放置または37℃で1時間放置後，洗浄液で3回洗浄する．100 μl のスタンダードもしくはサンプルを加える．室温で2時間または37℃で1時間放置後，洗浄液で3回洗浄する．100 μl の二次抗体を加える．室温で2時間または37℃で1時間放置後，100 μl のペルオキシダーゼ標識アビジン溶液を加える．室温で10～15分間放置後，洗浄液で4～5回洗浄する．100 μl の発色液溶液を加える．10～15分後500 μl の1N硫酸を加える．490 nmで吸光度を測定する．濃度の計算は縦軸に吸光度，横軸にMn-SOD濃度を対数とする片対数グラフに標準曲線を描き，試料の吸光度よりMn-SODの濃度を求める．

2）試　薬

(1) 洗浄液　0.05％Tween 20を含む20 mM PBS (pH 7.4)．ブロッキング液：1％牛血清アルブミンを含む20 mM PBS (pH 7.4)．

(2) 希釈液　標準液，試料，二次抗体の希釈のために用いる0.1％牛血清アルブミンを含む20 mM PBS (pH 7.4)．

(3) 一次抗体　Mn-SODに対する抗体を固定化するために用いる．抗体を50 mM 炭酸水素ナトリウム (pH 9.6) で希釈する．いくつかの濃度で予備試験を行い，至適な発色の得られる濃度を決定する．通常は1～10 μl/ml である．

(4) 二次抗体　抗体溶液を0.1 M 炭酸水素ナトリウム (pH 8.0) で透析する (4℃)．Biotin-N-hydroxysuccinimide を dimethylsulfoxide (DMSO) に溶かす (1 mg/ml)．抗体溶液とDMSO溶液を混ぜ (抗体1 mg 当たりDMSO溶液1 ml) 室温で4時間静置する．20 mM PBS (pH 7.4) で透析 (4℃) し，このbiotin抗体を適当な濃度に希釈して用いる (1～5 μg/ml)

(5) ペルオキシダーゼ標識アビジン溶液　市販のものを用いる．適当な濃度に希釈して用いる．

(6) 発色液　0.1 M クエン酸緩衝液 (pH 5.0) 15 ml，OPD (o-phenylenediamine) 10 mg，30％過酸化水素溶液 6 μl，発色の程度により濃度は調整する．

〔高橋和昭〕

参考文献

1) Methods in Enzymology, Academic Press, New York.
2) 谷口直之 監修, 1994. 活性酸素実験プロトコール, 秀潤社.
3) 日本生化学会 編, 1975. 生化学実験講座5 酵素実験法（上）, 東京化学同人.
4) 堀尾武一 編, 1994. 蛋白質・酵素の基礎実験法 改訂第2版, 南江堂.

20.10 核酸関連物質

栄養実験に伴う核酸関連物質の評価法としては，動物の組織中における総DNA量，総RNA量，総mRNA量，特定のmRNA量および個々のヌクレオチドプールの測定がある．これらの評価結果から，栄養実験に伴う動物組織の成長および生理機能の変化に関する知見を得ることができる．

20.10.1 総DNA量および総RNA量の測定

DNAはプリンまたはピリミジン塩基，デオキシリボースおよびリン酸から構成されているヌクレオチドを基本単位としており，その成分のいずれを用いても定量可能であるが，正確な定量を行うためには，目的とする核酸関連物質以外の物質，例えばタンパク質，多糖類および脂質などの混在していない核酸試料を調製しなければならない．ここでは比色による総DNA量および総RNA量の定量によく用いられる核酸分画法であるSchmidt-Thannhauser-Schneider法の変法[1]について紹介する．

1．酸可溶性画分の除去

精秤した約1gの凍結組織を遠沈管中に取り，約10 ml の2％氷冷過塩素酸（$HClO_4$）を加えて，ポリトロン型のホモジナイザーで氷冷しながらホモジネートにする．冷却遠心分離機で遠心分離（4℃, 5,000 rpm, 10分）し，上清（酸可溶性画分）と沈殿とに分ける．上清は別の容器に移す．沈殿には2％氷冷過塩素酸を5 ml 加え，よく懸濁した後，4℃, 5,000 rpmで10分間遠心分離する．上清は別の容器に移し，沈殿を2％氷冷過塩素酸でさらに2回洗浄する．上清には遊離アミノ酸などが含まれているので，必要に応じて分析まで−20℃で保存する．過塩素酸の代わりにトリクロロ酢酸（TCA）を用いてもよい．

2. RNAの分画

酸可溶性画分除去後の沈澱に 4.5 ml の蒸留水を加え,ガラス棒などを用いてよく懸濁する.ガラス棒を 4.5 ml の蒸留水で洗浄しつつ洗液を懸濁液と一緒にする.3 M NaOH を 1 ml 加えよく混合した後,37 ℃で一晩保温する.この段階で RNA は加水分解され,ヌクレオチドを生じるが,DNA は分解されない.氷上で冷却後,タンパク質と DNA を沈澱させるために 20 %過塩素酸を 2 ml 加えてよく混合する.氷上でさらに 15 分間冷却した後,4 ℃,8,000 rpm で 10 分間遠心分離する.RNA 分解物を含む上清を RNA 画分とし別の容器に移し,分析まで -20 ℃で保存する.

3. DNAの分画

RNA を分画した後の沈澱に 8 %過塩素酸を 5 ml 加え,よく混合した後に 70 ℃で 45 分間加熱し,DNA を加水分解する.氷上で冷却した後 4 ℃,8,000 rpm で 10 分間遠心分離する.DNA 分解物を含む上清を DNA 画分とし,別の容器に移し,分析まで -20 ℃で保存する.

4. オルシノール法による RNA の定量

オルシノール 1 g を塩化鉄 6 水和物 0.5 g を含む 36 %濃塩酸 100 ml に溶かしてオルシノール溶液を調製する.試験管に RNA 画分を取り,等容のオルシノール試薬を加え,沸騰水中で 30 分間加熱する.この際,ガラス玉など酸による腐食を受けにくい物質で軽く蓋をしておく.加熱終了後,流水中で冷却した後,660 nm で吸光度を測定する.市販のウシ肝臓由来 RNA などを 0.3 M NaOH で溶かした試料をスタンダードとして用いて標準曲線を作製し,RNA 画分の濃度を求める.

5. ジフェニルアミン反応による DNA の定量

ジフェニルアミン 4 g を氷酢酸 100 ml に溶解して 4 %ジフェニルアミン溶液を調製する.アセトアルデヒド 1.6 ml に蒸留水を加えて 1 l とし,0.16 %アセトアルデヒド溶液を調製する.必要に応じて希釈した DNA 画分 2 ml に 4 %ジフェニルアミン溶液を 2 ml,0.16 %アセトアルデヒド溶液を 0.1 ml 加え,30 ℃で 24 時間反応させる.冷却した後,595 nm および 700 nm で吸光度を測定し,700 nm から 595 nm の吸光度を引いた値を用いる.

市販のDNAを8％過塩素酸を用いて70℃で45分間処理した試料をスタンダードとして用いて標準曲線を作製し，DNA画分の濃度を求める．

20.10.2　総mRNA量の測定
1．組織からの総RNAの抽出

　組織からRNAを抽出する方法はいくつかあるが，ここでは超遠心など特別な装置の必要がなく，比較的簡単なChomczynski and Sacchiの方法[2]を紹介する．なお，RNAはリボヌクレアーゼにより簡単に壊されるため，操作に用いる器具は滅菌済みのディスポーザブル器具を用いるか，オートクレーブ処理（121℃，20分間）などを施さなければならない．また作業中は必ずディスポーザブルグローブを装着し，素手からのリボヌクレアーゼの混入による汚染を防がなければならない．

1）オートクレーブした超純水293 ml にチオシアン酸グアニジン250 g，0.75 Mクエン酸3ナトリウム17.6 ml および10％ N-ラウロイルサルコシン酸ナトリウム溶液26.4 ml を加え，65℃で保温し溶解させる．

2）約0.5 gの凍結組織を遠沈管に取り，5 ml の調製したチオシアン酸グアニジン溶液および36 μl の2-メルカプトエタノールを加え，氷上でポリトロン型ホモジナイザーを用いてホモジネートにする．

3）0.5 ml の2 M酢酸ナトリウム（pH 4.0），5 ml の水飽和フェノールおよび1 ml のクロロホルムを加え，激しく混合し氷上で15分間冷却した後，冷却遠心分離器で4℃，8,000 rpmで30分間遠心分離する．

4）上清全量を別の遠沈管に移し，同量のイソプロパノールを加えて−20℃で少なくとも1時間冷却した後，4℃，8,000 rpmで30分間遠心分離する．

5）上清を捨て，5 ml のチオシアン酸グアニジン溶液および36 μl の2-メルカプトエタノールを加えて沈澱を溶かし，イソプロパノールを5 ml 加えて−20℃で1時間冷却した後4℃，8,000 rpmで30分間遠心分離する．

6）沈澱を70％エタノールで洗浄し，遠沈後エタノールを捨てRNAの沈澱を乾燥した後，TE緩衝液（10 mM Tris-HCl（pH 7.5），EDTA 1 mM）に溶解し，総mRNA量を測定し，ノーザンハイブリダイゼーションあるいはリボ

ヌクレアーゼプロテクションアッセイに用いる．

最近では，より簡便なキットも多数市販されるようになってきており，価格も手頃になっている．これらのキットでは試薬はあらかじめ調製されており，操作も極力簡略化されているため，多量の試料を一度に扱いたい場合には都合がよい．

2. 紫外吸光を利用した RNA の定量

抽出した高分子 RNA サンプルを総 mRNA 量測定，ノーザンハイブリダイゼーションあるいはリボヌクレアーゼプロテクションアッセイなどに用いる場合，あらかじめ RNA サンプル溶液中の RNA 濃度を測定しておく必要がある．前述したオルシノール法でも測定可能であるが，ここではより簡便に測定できる紫外吸光を利用した RNA の定量法について紹介する．

プリンやピリミジンは 260 nm 付近に特異的な紫外吸光をもつので，その性質を利用して RNA を定量することができる．中性溶液中での高分子 RNA 1 mg/ml 溶液の吸光度は約 25 である．したがって，吸光度 1 の溶液で RNA 濃度は 40 μg/ml となる．

ただし，アルカリや酸で加水分解すると核酸はモノヌクレオチドになり，260 nm の吸光度は分解前の核酸に比べて大きく増加するので注意が必要である．

3. ポリ（U）セファロース 4B アフィニティークロマトグラフィーによる総 mRNA の分画

DNA から転写された mRNA は，そのほとんどが 3′末端部に通常 100 から 200 塩基のポリ（A）鎖と呼ばれる特異的な配列をもっている．このポリ（A）鎖と相補的配列をもち特異的に結合可能なのがポリ（U）鎖であり，ポリ（U）セファロース 4B は，このポリ（U）鎖がセファロース樹脂の表面にコーティングされたものである．したがって，ポリ（U）セファロース 4B を用いれば mRNA を特異的に吸着可能なアフィニティークロマトグラフィーを作製することができる．ここでは，植物核酸の分離にポリ（U）セファロース 4B アフィニティークロマトグラフィーを用いた Grotha (1976) の方法[3]を動物組織由来の mRNA 分離に用いた方法[4]について紹介する．

1) 小型のビーカーに 0.5 g のポリ (U) セファロース 4B を取り，30 ml のオートクレーブ済み 0.1 M 塩化ナトリウム溶液 (pH 7.5) を加え，一晩ゲルを膨潤させる．

2) 膨潤したゲルをオートクレーブ処理したカラム (内径 1 cm，長さ 5 cm) に充填し，最終濃度がホルムアミド 90 %，リン酸カリウム 10 mM，EDTA 10 mM および N-ラウロイルサルコシン酸ナトリウム 0.2 % となるように調製した緩衝液 A (pH 7.5) を 50 ml 用いて樹脂を洗浄する．

3) 次に最終濃度をホルムアミド 25 %，塩化ナトリウム 0.7 M，Tris HCl 50 mM および EDTA 10 mM に調製した緩衝液 B (pH 7.5) を 50 ml 用いて樹脂を洗浄する．

4) RNA サンプルは，2 ml の界面活性剤 (1 % ラウロイルサルコシン酸ナトリウム，30 mM EDTA) で溶解した後，8 ml の緩衝液 B で希釈し，カラムに通す．

5) 次いで 20 ml の緩衝液 B でカラムを洗浄した後，1 ml の界面活性剤で 3 回洗浄する．この段階で，総 RNA サンプル中に含まれていた mRNA はポリ (U) セファロース樹脂に結合し，その他の RNA は溶出されている．

6) mRNA を溶出するために 1 ml の 0.025 M NaOH のアルカリ溶液で 7 回カラムを洗浄し，1 ml ずつ分画しておく (フラクション No. 1-7)．この際，フラクション No. 3-5 に mRNA が含まれているので，プールして mRNA 濃度をオルシノール法など適当な方法で測定する．通常 mRNA の回収率は 90 % 程度である．なお樹脂はアルカリ溶液に弱いので，mRNA 溶出後は速やかに緩衝液 B を 20 ml 流してカラムを平衡化しておく．

このカラムクロマトグラフィーの操作は，基本的には圧力をかける必要はなく，緩衝液の自然な滴下にまかせればよい．またペリスタポンプなどを用いて流量や圧力をコントロールすることも可能であるが，その際には事前にどのフラクションに目的とする mRNA が溶出されてくるか，市販されているポリ (A) などを用いて確認する必要がある．

本方法は総 mRNA 溶出のためにアルカリを用いているのでノーザンハイブリダイゼーションやリボヌクレアーゼプロテクションアッセイには用いる

ことはできない．もし mRNA サンプルをノーザンハイブリダイゼーションなどに用いるのであれば，mRNA 溶出時にアルカリ溶液の代わりに緩衝液 A を用いる必要がある．この際，mRNA の回収率は30％位まで低下するが mRNA は加水分解されていないので，特定の mRNA を検出することが可能である．緩衝液 A を用いて mRNA を溶出した後は，必ずアルカリで洗浄して残っている mRNA を除去し，緩衝液 B で樹脂を平衡化しておくことが必要である．

20.10.3 特定の mRNA およびヌクレオチドプール

1. 特定の mRNA 量の測定

総 RNA サンプルから特定の mRNA を検出して定量する方法としては，ノーザンブロットハイブリダイゼーション法（Northern blot hybridization），リボヌクレアーゼプロテクションアッセイ（RNase protection assay），あるいは RT-PCR（Reverse transcription and polymerase chain reaction）などがある．いずれの方法も，最近の分子生物学の発展と技術の進歩に伴い様々な分野で広く用いられるようになってきている．Molecular Cloning[5]のような詳細なマニュアルや日本語で書かれたマニュアルも多く出版されているのでここでの紹介は省略する．また各試薬メーカーからより操作が簡便なキットも市販されるようになってきているので，初心者やサンプルを大量に処理したい人には好都合である．

2. ヌクレオチドプールの測定

動物の組織中にはモノヌクレオチド，ジヌクレオチドおよびトリヌクレオチドがそれぞれ数種類ずつ，微量なものまで含めれば数十種類以上のヌクレオチドが存在している．これらのヌクレオチドは，生体内におけるエネルギー伝達，核酸などの生体高分子合成の基質あるいは細胞内シグナル伝達などに大きく関与している．

ヌクレオチドを分離定量する方法としては，ギ酸-ギ酸アンモニウム系の強陰イオン交換樹脂を用いたイオン交換クロマトグラフィーや過塩素酸-リン酸緩衝液系のオクタデシルシリル化シリカゲルを用いた逆相クロマトグラ

フィーが用いられている．最近では新しい樹脂の開発技術が進み，グラジェントポンプを用いなくてもヌクレオチドを分離可能な高速液体クロマトグラフィー用カラムも開発されている．しかし，いずれの方法においても総てのヌクレオチドを一度に完全に分離することは不可能であり，目的とするヌクレオチドをいくつかに絞って単離可能な条件を設定するか，あるいは数種類のカラムクロマトグラフィーを用いる必要がある．具体的な分離方法についてはカラムの種類によって大きく異なるので，各カラム購入時に付属してくるマニュアルを参考にするとよい．　　　　　　　　　　　　（喜多一美）

引用文献

1) Schneider W. C., 1946. J. Biol. Chem., 164 : 747.
2) Chomczynski P. and Sacchi, N., 1987. Analyt. Biochem., 162 : 156 – 159.
3) Grotha R., 1976. Biochem. Physiol. Pflanzen., 170 : 273 – 277.
4) Kita K. *et al*., 1993. Comp. Biochem. Physiol., 104A : 589 – 591.
5) Sambrook J. *et al.,* 1989. Molecular Cloning, A Laboratory Manual, 2nd ed. Cold Spring Harbor Laboratory Press, USA.

20.11　消化試験などの指標物質

消化率や消化管内容物の滞留時間，通過速度などを測定するために，様々な不消化・非吸収性物質が指標物質（マーカー，marker）として利用されている．飼料中には本来存在しないか，または存在量が非常に少ない物質を，飼料に添加あるいは経口投与して用いる場合を外部マーカー（external marker）といい，クロム（Cr），コバルト（Co），希土類などの各種化合物や，ポリエチレングリコールなどがある．これに対して，飼料中に含まれる不消化成分をマーカーとして用いる場合を内部マーカー（internal marker）といい，リグニン，クロモーゲン，酸不溶性灰分，ワックスアルカンなどがある．

20.11.1　酸化クロム（Cr_2O_3）

消化率測定用マーカーとして広く用いられる．定量には吸光光度法（いわゆる比色法）を用いることが多い．試料を灰化し，酸溶液として原子吸光分光法によりCrを定量してもよいが，その場合は，各種共存元素による干渉の

補正が必要になる．

ここでは，吸光光度法による Cr_2O_3 の定量法のうち，リン酸カリ試薬を用いる方法[1]について述べる．

1）前処理

(1) Cr_2O_3 1.5 mg 相当の試料をルツボに採取し，600 ℃ の電気炉で 2 時間加熱処理（予備灰化）する．

(2) 放冷後，コーンスターチ 0.2～0.3 g とリン酸カリ試薬（K_3PO_4 50 g と KOH 25 g を水に溶かし 100 ml とする）1 ml を加えて混和する．コーンスターチを添加するのは，リン酸カリ試薬を加えて液状となった試料が電気炉内で飛散するのを防ぐためで，コーンスターチ添加の代わりに乾燥器で予備乾燥してもよい．

(3) 800 ℃ の電気炉で 30 分間加熱灰化する．

(4) 放冷後，蒸留水を用いてルツボ内容を 250 ml 容のメスフラスコに移し，一夜放置する．

(5) 250 ml 定容とし，よく撹拌してから遠心分離して，上清を分析に供する．

2）標準液

100 ℃ で 3 時間乾燥した Cr_2O_3 0.5 g とコーンスターチ 99.5 g を乳鉢を用いてよく混和して標準試料とする．標準試料 0.5 g にリン酸カリ試薬 1 ml を加えて試料と同様に処理し，250 ml 定容として，これを蒸留水で希釈して検量線作成に必要な濃度の標準液を調製する．

3）測定・定量

蒸留水をブランクとして 370 nm の吸光度を測定し，検量線法により定量する．

20.11.2 コバルト EDTA（Co－EDTA）

Co とエチレンジアミン四酢酸（EDTA）の錯体であり，消化管内における液状相の移動速度測定用マーカーとして用いられる．Co の定量は原子吸光分光法による．Cr-EDTA も同様の目的で使用されるが，Co の方が原子吸光分析の際に共存元素の干渉が小さく，補正の必要がないため分析が容易で

ある.

1) 前処理

ルーメン液は遠心分離し,上清を希釈して分析に供する.試料の粘性による干渉を抑えるためには,0.5％酢酸で2.5倍容に希釈する[2].糞は,常法により乾式または湿式灰化して酸溶液とする(20.6 ミネラルを参照).また,後述するYbと同様の方法で抽出してもよい.

2) 標準液

標準原液として,通常は市販の原子吸光分析用Co標準液(1,000 ppm)を用いる.あるいは,100℃で3時間乾燥したCo_3O_4 1.3621 gを塩酸(HClと水を容量比1:1で混合する) 200 mlで加熱溶解し,水で1 lとする.標準原液を水で希釈し,必要な濃度の標準液を調製する.

3) 測定・定量

空気-アセチレンフレームを用い,検量線法により定量する.

20.11.3 希土類元素

ランタン(La),セリウム(Ce),サマリウム(Sm),ユーロピウム(Eu)などの希土類元素は,飼料粒子表面に容易に吸着させることができるため,主に固形物の消化管通過速度測定のためのマーカーとして用いられる.原子吸光分析法で十分な測定感度が得られるのはイッテルビウム(Yb)のみであるが,中性子放射化分析法[3]を用いれば,複数の希土類元素を同時に,しかも高感度で定量することが可能である.この方法は,ほとんど前処理を必要としない非常に簡易な定量方法である.研究用原子炉(国内では日本原子力研究所,京都大学,武蔵工業大学などにある)が利用できることが必須条件となる.

ここでは,原子吸光分光法によるYbの定量法のうち,EDTA抽出による方法[2]について述べる.

1) 前処理

(1) 乾燥・粉砕した試料200 mgを50 mlのスクリューキャップ付き遠心管に採取する.

(2) 抽出試薬（EDTA 0.05 mol を 0.5 % KCl 水溶液に溶解し，アンモニア水で pH 6.5 に調整した後，0.5 % KCl 水溶液で 1 l とする）を 20 ml 加える．
3) 密栓し，振とう機で 30 分間激しく振とうした後，遠心分離または沪過して分析に供する．

2）標 準 液

標準原液として，通常は市販の原子吸光分析用 Yb 標準液（1,000 ppm）を用いる．あるいは，100 ℃ で 3 時間乾燥した Yb_2O_2 1.1387 g を塩酸（塩酸と水を容量比 1 : 1 で混合する）200 ml で加熱溶解し，水で 1 l とする．標準原液を水で希釈して必要な濃度の標準液を調製する．

3）測定・定量

酸化二窒素－アセチレンフレームを用いて測定するが，共存元素による様々な干渉があるため，定量には標準添加法を用いる．すなわち，試料溶液を 10～15 ml ずつ 3～4 点取り分け，これに濃度の異なる標準液を一定量ずつ添加したものを測定し，得られた測定値から図 20.11.3-1 に示す方法によって試料溶液中の Yb 濃度を求める．あるいは，Yb 非添加飼料またはその飼料摂取時に採取した糞を試料と同じ方法で抽出処理し，これに標準液を添加したものを用いて検量線を作成する．

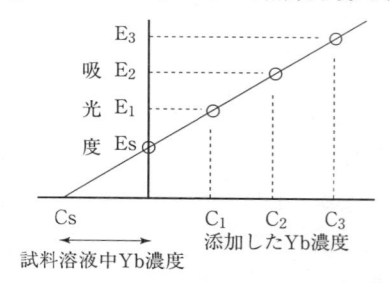

図 20.11.3-1　標準添加法による Yb 定量

20.11.4　ポリエチレングリコール（Polyethylene glycol, PEG）

PEG は水溶性物質であり，液状飼料の消化率や消化管内通過速度の測定に用いられる．

1）前 処 理 [4]

(1) ルーメン液などの液状試料は，遠心分離または沪過する．飼料および糞は，1 g あたり 1～5 ml の蒸留水を加え，全体が均質になるまで十分に混和

し，一昼夜放置した後に遠心分離または沪過する．
(2) 1〜3 ml の上澄を，10 ml に標線のある遠沈管に採取し，0.3N‐Ba(OH)$_2$ 1 ml，5％ ZnSO$_4$・7H$_2$O 1 ml，10％ BaCl$_2$・2H$_2$O 0.5 ml を順に加える．
(3) 水で 10 ml としてよく混和し，5 分間静置した後に遠心分離する．
(4) 適量（PEG 量として 0.75 mg 以下となる量）の上清を試験管に採取し，水を加えて 5 ml とする．
(5) TCA/BaCl$_2$ 溶液（トリクロロ酢酸 30 g と BaCl$_2$・2H$_2$O 5.9 g を水 100 ml に溶かす）5 ml を加え，よく混和し，60 分間放置した後に測定を行う．

2）標 準 液

　0〜0.75 mg/5 ml の PEG 水溶液各 5 ml に上記 (5) の操作を行い，標準試料とする．

3）測定・定量

　濁度計を用いて濁度を測定し，検量線法で定量する．

20.11.5　リグニンおよびクロモーゲン

1．リグニン

　リグニンの定量方法には様々なものがあるが，72％硫酸に不溶な有機物として定量されるリグニンは，通常，摂取量の 90〜100％が糞中に回収されるため，消化率測定のための内部マーカーとして用いられる．しかし，消化管内，特にルーメン内における分解性は飼料によって大きく異なり，摂取したリグニンの 30％以上が消化管内で消失する場合もあるので注意を要する．定量方法は 20.4.5 の「繊維とリグニン」の項を参照されたい．

2．クロモーゲン

　クロモーゲンはクロロフィルおよびその部分分解物の総称で，85％アセトンによる抽出物の吸光度として測定する．不消化成分として消化率測定の内部マーカーに用いるが，リグニンと同様に一部は消化管内で分解される．光に対して不安定な物質であるため，抽出操作は暗室で行う．

1）前処理（抽出）方法[5]
(1) 試料は細断または粉砕し，乾物として1〜2g相当量を共栓付き三角フラスコに採取する．
(2) 85％アセトン溶液（アセトンと水を容量比85：15で混合）100 mlを加えて振り混ぜ，一昼夜放置した後，フラスコを静かに傾けて，上清を500 ml容のメスフラスコに移す．
(3) 三角フラスコの残渣に，新たに85％アセトンを加え，同様の抽出操作を行う．三角フラスコ内のアセトンに着色が認められなくなるまで抽出操作を反復し，抽出液はすべてメスフラスコに集める．
(4) 抽出液に85％アセトンを加え500 ml定容とし，沈澱がある場合には乾燥濾紙で濾過してから測定を行う．

2）測定・定量
　85％アセトンをブランクとして410 nmの吸光度を測定する．消化率を計算する際には，測定値（吸光度）を試料量で除した値をクロモーゲン濃度（unit/g）として用いる．

20.11.6 酸不溶性灰分（Acid insoluble ash, AIA）

　AIAの主成分であるケイ酸は，消化管内においてわずかに吸収される．しかし，分析操作が極めて簡易であるという点で，リグニンやクロモーゲンよりも内部マーカーとして優れている．

1）分析操作[6]
(1) 吸引濾過用の濾紙をルツボに入れ，100℃で一昼夜乾燥させた後，秤量しておく（重量S_1）．
(2) 試料10 gを150 mlのビーカーに採取し，500℃のマッフルで12時間灰化する．
(3) 放冷後，2N HCl 100 mlを加え，ホットプレート上で5〜10分間煮沸する．
(4) (1)の濾紙を吸引濾過器にセットしてビーカーの内容物を濾過し，濾紙上の残渣を熱水で洗浄した後，残渣を濾紙ごとルツボに戻して，100℃で一

昼夜乾燥させ，秤量する（重量 S_2）．
(5) ブランクとして，試料を入れずに 1，3，4 の処理を行う（処理前重量 B_1 および処理後重量 B_2）．

2）定　量

次式により AIA 量を算出する．

供試試料中 AIA 量 $= S_2 - (S_1 \times B_2 / B_1)$

20.11.7　ワックスアルカン

植物のワックス中に含まれる飽和直鎖炭化水素（n-alkane，一般式 C_nH_{n+2}）で，炭素鎖の長いものほど糞中への回収率が高いが，それらのうち植物体中の存在量が比較的多い C_{33} の回収率は 90％ 程度で，消化率測定用の内部マーカーとして用いた場合の信頼性はあまり高くない．しかし，植物体には炭素数偶数のアルカンが非常に少ないこと，および，炭素数が近いものは糞中への回収率がほぼ等しいことから，C_{32} の定量投与と組み合わせた二重マーカー法（dual-marker technique）による採食量の推定[7] に用いられる．定量にはガスクロマトグラフィーを用いる．

1）前 処 理[8]
(1) 凍結乾燥し粉砕した試料 0.5〜1 g を 25 ml 容のテフロンライナー付きスクリューバイアルに秤量する．
(2) 内部標準として C_{34} 溶液（ガスクロマトグラフィー分析用 C_{34} 標準試料（$C_{34}H_{70}$）50 mg をヘプタン 25 ml に溶解する）250 μl を加える．
(3) 1.5 N-アルコール性水酸化カリウム（KOH 84 g を少量の水で溶かし，95％ エチルアルコールを加えて 1 l とする）10 ml を加えて栓をし，90 ℃ で一晩加熱する．
(4) 放冷後，ヘプタン 8 ml と水 5 ml を加えて振り混ぜ，45 ℃ で 5 分間加温した後，室温まで戻す．
(5) 1,500 × g で 3 分間遠心分離し，上層（ヘプタン層）をパスツールピペットでシンチレーションバイアルに移す．
(6) 残った下層にヘプタン 5 ml を加え，(4)，(5) の処理を行う．この操作を

3回反復し，ヘプタン層はすべてシンチレーションバイアルに移す．

(7) 室温下において，バイアル内の液表面に空気を吹き付けて蒸発乾固させた後，再びヘプタン2 mlを加える．

(8) ホットプレート上で45℃に加温して溶かし，パスツールピペットを用いてベッドボリューム5 mlのシリカゲルカラム（70〜230メッシュのクロマトグラフィー用シリカゲルをヘプタンに懸濁させてカラムに流し込む）に移し，流出液を新しいシンチレーションバイアルに受ける．カラムには5 mlピペット用ディスポーザブルチップの先端にストッパーとしてグラスウールを詰めたものを用いるとよい．

(9) 試料の入っていたバイアルを2 mlのヘプタンで5回洗浄し，1回ごとに洗浄液を(8)と同様に処理する．流出液はすべてシンチレーションバイアルに受ける．

(10) (7)と同様にして蒸発乾固させる．使用直前にヘプタン200 μlを加え45℃に加温して溶かす．

2）標準試料

市販のガスクロマトグラフィー分析用C_{32}標準試料およびC_{33}標準試料をヘプタンに溶解して検量線作成に必要な濃度の標準液を調製し，これに内部標準C_{34}を試料と等濃度（2.5 mg/ml）となるように添加する．

3）測定・定量

以下にガスクロマトグラフィーによる分析条件の一例をあげる．

測定器	水素塩イオン化検出器（FID）
キャリアガス	ヘリウム
カラム	フューズドシリカキャピラリーカラム（直径0.25 mm×長さ50 m）
オーブン温度	250 ℃→320 ℃
昇温速度	10 ℃/分

定量には内部標準法を用いる．すなわち，測定対象のC_n（nは32または33）と内部標準であるC_{34}のピーク面積の比を，標準液のC_n濃度に対してプロットし，検量線を作成する．試料についてもC_nとC_{34}とのピーク面積

の比を求め，検量線から C_n 濃度を得る．

(須藤まどか)

引用文献

1) 武政正明, 1992. 畜試研報, 52：7-13.
2) Hart S. P. and C. L. Polan, 1984. J. Dairy Sci., 67：888-892.
3) Pond K. R., *et al.*, 1985. J. Dairy Sci., 68：745-750.
4) Smith R. H., 1959. J. Agri. Sci., 52：72-78.
5) 亀岡暄一・森本　宏, 1957. 農技研報 G, 13：77-91.
6) Thonney M. L. *et al.*, 1985. J. Dairy Sci., 68：661-668.
7) Mayes *et al.*, 1986. J. Agr. Sci., 107：161-170.
8) Laredo M. A. *et al.*, 1991. J. Agr. Sci., 117：355-361.

20.12　エネルギー（Energy）

　試料の熱量はボンブ熱量計（bomb calorimeter）を用いて測定する．測定原理は従来と同じであるが，装置の自動化によって，測定時の肉体的，精神的疲労が大幅に軽減されるとともに，熟練者でなくても正確な値が得られるようになっている．

20.12.1 熱量計の種類

　栄養学，飼料学の分野では，燃研式ボンブ熱量計と真空式断熱ボンブ熱量計の2種類が用いられているが，最近では，燃研式ボンブ熱量計の操作を自動化した自動熱量計が主に使用されている．

1．燃研式ボンブ熱量計と原理

　ボンブ内の試料を高圧酸素下で燃焼させ，発生した熱をボンブを浸した内筒の水に吸収させる．この水の温度上昇を測定し，上昇温度と内筒水量とから発生熱量を算出する．この際，測定中の外界温度の影響を除くために，加温水槽から外槽に熱水を送って外槽水温を内筒水の温度上昇に追随させる．内筒と外槽にはそれぞれ撹拌機がついており，これらは測定中に水を撹拌して水温を均一に保つようにしてある．

2．真空式断熱ボンブ熱量計

　装置が小さく軽いこと，また分析精度も燃研式と大差ないことから，よく

用いられている．燃研式との違いは断熱方式であり，外槽ではなく真空槽によって外界から断熱されている．

20.12.2 装置および器具

1）設置場所

外気温の変化は測定精度に大きく影響するので，直射日光が当たらず，室温変化の少ないところに設置しなければならない．

2）温度計

従来用いられていたベックマン温度計は操作が煩雑であるために，現在ではその代わりにサーミスターセンサーが用いられている．

3）ボンブ

燃焼時に発生する腐食性のガスに耐えるために，材質としてステンレススチールが用いられている．水圧試験で 200 kg/cm^2 に 5 分間耐えられるものでなければならない．

4）燃焼皿

多くはステンレススチール製で，材料および重量の揃ったものを使用する．

5）点火線

径約 0.1 mm，長さ約 10 cm のニッケル線を使用する．熱量計用として市販されている．

6）酸素ボンベと圧力調整器

酸素充填のために酸素ボンベと圧力調整器（レギュレーター）が必要である．

20.12.3 試薬および助燃剤

1）酸　素

ボンブに注入して燃焼に使用する酸素は純度の高い局方のものを使用する．電解法で作った酸素は水素を 1〜2％ 含有するので，その誤差は大きくなる．酸素容器はなるべく大型のものを用い，容器が変わるごとに可燃物を

含まないことを確かめる．

2) 安息香酸 (benzoic acid)

　水当量の測定，熱量の標定には熱量標定用を錠剤成型器で成型して使用する．現在では錠剤に成型した製品が市販されている．安息香酸は 70～80 ℃ の乾燥器内で 2 時間以上乾燥するか，シリカゲル入りのデシケーター内で 2 昼夜以上乾燥して使用する．

3) 包　紙

　粉体およびペースト状試料の場合，包紙として雁皮紙，インディアンペーパー，ポリエチレンフィルムなど，均質で薄手のものを用いる．使用に際しては，1 枚の重量および 1 g の熱量を予め測定しておいて補正値を求める．包紙は約 6～8 cm 角とし，デシケーター中に保存する．熱量測定用として熱量が標示されている雁皮紙が市販されている．

4) 助燃剤

　包紙も一種の助燃剤であり，比較的難燃性の試料である飼料，風乾糞などは試料を包紙で包んで燃焼させる．水分の多い試料を生のままで測定する場合の助燃剤としては，熱量既知の流動パラフィン，安息香酸などが用いられている．助燃剤として具備すべき条件としては，秤量が容易で正確にできること，揮発性でないこと，水と混ぜても完全に燃焼すること，などである．この点でエチルアルコールなどは不適当である．

20.12.4 試　料

　風乾状態の試料を 1 回に約 1 g 正確に計り取る．ただし，熱量が著しく高いと予想される試料の場合は，あらかじめ量を減らしておく．粉末にした飼料や排泄物は錠剤成形器で成形するか，成形しにくい場合は紙やカプセルで包む．急燃性の試料は燃焼時にボンブ内に飛散し，事故の原因となる可能性があるので，錠剤に成形して用いる．水分の多い試料の場合は助燃剤を添加して測定し，後で補正することも可能であるが，測定誤差を考えると事前に乾燥させた試料について測定した方がよい．

20.12.5 水当量の測定

　水当量とは熱量計自身の熱容量を水量に換算したものである．水当量の測定は，室温が3℃以上変化したとき，内筒や内筒関係の部品を補修または交換したとき，ベックマン温度計を使用している場合はその基点を更新したときなどに行う必要がある．試料としては熱量測定用の安息香酸1gを錠剤に成形し，正確に秤量したものについて発熱量測定と同一条件下で測定する．

$$\frac{安息香酸の発熱量(cal/g) \times 安息香酸の重量(g)}{燃焼後の水温 - 燃焼前の水温} - 内筒水量(g) = 水当量(g)$$

この測定は5回以上繰り返して行い，最大値と最小値の差異が8.0g以内におさまった5つの数値の平均値をもって，その熱量計の水当量とする．
　自動熱量計では水当量の変動に対して補償機構をもっている．

20.12.6 測　定

1．測定方法

　測定は熱量計のタイプ，自動化の程度によって異なるので，それぞれのマニュアルに従って行えばよい．1試料当たりの測定所要時間は約20分である．測定後，ボンブを取り出して上部のバルブをゆっくりと弛めて，静かにガスを放出し，蓋を開け，燃え残りやすすの有無を点検する．これらが認められたときは測定をやり直す．飼料や排泄物では灰分が残るので，手にとって燃え残りがないか確認する．

2．発熱補正

1）包紙，助燃剤の補正

　あらかじめ1g当たりの発熱量を求めておいて，測定に使用した重量を乗じた値を補正値とする．

2）点火線の補正

　通常は点火線の補正は行わないが，補正する場合には測定前のニッケル線の重量と測定後に残ったニッケル線の重量の差を求め，1g当たり775calとして補正する．

3）生成酸の補正

ボンブ内で試料が燃焼するときに，試料中の窒素が燃焼して硝酸を生成するために発生した熱量と，試料中のイオウが燃焼して硫酸に変化するときの生成熱との和を生成酸の補正値とする．通常はこの補正を行わないので，その方法については省略する．

3. 測定回数と許容差

発熱量測定は原則として同一試料について2回以上繰り返して行う．JISでは2回の測定値の許容差を50 cal/gと規定している．測定操作に熟練すればこの差を20 cal/g以内に収めることができる．　　　　（神　勝紀）

第21章　飼料価値の評価

　飼料の価値は飼料に含まれる栄養素の量によって決まる．しかし，各栄養素がどう利用されるかは動物試験を介さなければ明らかにならない．それらの栄養価を測定するにはそれぞれの目的に応じた方法がある．発育や生産成績や消化率に基づく方法や一般成分やアミノ酸など化学成分に基づく方法についてはすでに述べた．

　本章では，上記以外の方法で飼料の価値を判定する採食量，消化管通過速度，飼料の物理性について述べ，さらに人工消化試験法，エネルギーおよびアミノ酸を中心とした評価法について述べる．

21.1　粗飼料の採食量の測定

　動物には飼料に対する嗜好性がある．この嗜好性は飼料の特性の一つである．ヒトの場合は食品に対する嗜好性は官能評価試験によって判定できるが，家畜ではこれとは趣が異なる．嗜好性は感覚によって評価されるものであるため，機械的に測定することはできない．採食速度を測る方法として，1ヵ所に供試する数だけの飼料を置いておき，その飼料の摂食順序と採食量より差を判断するカフェテリア方式などの方法が考えられているが，確立された方法とはいえない．

　しかし，飼料の価値を判断する上で，採食量は極めて重要な要因である．家禽やブタなど放牧しない動物では採食量を容易に測定することができる．ここでは反芻動物の採食量の推定法について述べる．

21.1.1　乾草・サイレージ・生草の採食量の測定

　乾草およびサイレージはその刈り取り調製の時期，水分含量，切断長の相違によって採食量が大きく異なり，TDN の評価と同様，あるいはそれ以上に乾物摂取量を評価することが飼料特性評価の上で重要な意義をもつ．乾物摂取量の測定は自由採食試験（voluntary intake method）によることを基本とする．

21.1 粗飼料の採食量の測定 (567)

1. 供試動物と試験期間

供試動物にはヤギ，ヒツジ，ウシが用いられるが，実用的な見地からはウシでの試験が望ましい．ウシの場合には乾乳牛，繁殖和牛を用いることが多い．試験期間は予備期間，本試験期間ともに1週間とし，ラテン方格法による試験で個体の影響を消去できる．ヒツジ，ヤギの場合も同様である．飼料の給与量は自由採食を基本とするが，予備期間中におおよその量を把握しておき，本試験期間はその知見をもとに少量の残食がでる程度の給与量とすると作業量が軽減できる．サイレージ・生草の場合，試験飼料，特に本試験飼料は秤量・袋詰めしたものを冷凍あるいは冷蔵貯蔵できれば品質の変化が少なく，理想的な試験ができる．

2. 試験飼料の調製

切断長の比較を行う試験以外は飼料の切断長を揃えることが必要である．切断長と乾物摂取量の関係を表21.1.1-1に示す．また，サイレージの場合には水分含量の比較試験を行う以外は供試材料の水分含量は一定に揃える必要がある．同一材料草でも水分含量によって採食量が異なるからである．

3. 飼料分析

乾物摂取量と飼料成分含量との関係を把握するために，水分，総繊維，高消化性繊維，低消化性繊維，粗タンパク質，リグニン含量を定量するとともに，サイレージの場合には有機酸含量の測定も併せて行うとよい．

4. 乾物摂取量の表示

乾物摂取量は，1) 供試家畜の代謝体重当たりのg数，2) 生体重100 kg当たりのkg数，3) 体重当たりの%などで表示する．

表21.1.1-1 牧草サイレージ（ペレニアルライグラス）の切断長とウシにおける乾物摂取量の関係

切断長 (mm)	水分 (%)	可消化有機物含量 (乾物中 %)	乾物摂取量 (kg/日)	採食・反芻時間 (分/kg乾物)
72.0	78	64	6.97	117.4
17.4	78	65	8.34	105.4
9.4	77	66	9.24	91.0

21.1.2 放牧草地における採食量の推定法

1. 刈り取り前後差法

家畜が放牧される前の草量と放牧後の草量の差として求める．草量は草地の代表的な複数の地点に一定面積の枠ないしはプロテクトケージを置き，その内部の草を刈り取って重量を測定する．簡易ではあるが定置放牧や不均一な草地では正確に推定することがむずかしい．

2. 体重差法

放牧前後の体重の変化から採食量を推定する方法で，1時間以内の採食量の推定に適用され，以下の式によって求められる．

採食量＝放牧後の体重＋排糞量＋排尿量＋不感蒸発量－放牧前の体重－飲水量

糞量，尿量を測定するために家畜に糞袋，尿袋を装着させる必要がある．不感蒸散量は糞袋，尿袋を装着した別の家畜を用意しておき，放牧せずに同じ環境下に同時間置き体重の減少から推定する．精度の高い体重計と家畜を体重を測定する場所に追い込む手間が必要であるが，短時間の測定では比較的正確に採食量が推定できる．

3. 指示物質法

広く用いられる方法で1週間程度の期間中の採食量を推定する．以下の式で求める．

採食量＝排糞量／（1－消化率／100）

排糞量は不消化の指示物質（マーカー）を家畜に投与し，投与量を糞中濃度で除して求める．一般的には糞を採取する7日以上前から酸化クロムを1日2回放牧家畜に毎日経口投与し，糞を5～7日間採取する．マーカーの糞中濃度が一定ではないため，平均濃度を代表するような糞のサンプルを採取することが極めて重要である．したがって直腸糞を採取する場合にはマーカーの投与法を考慮して採取時間と回数を決定する．また，この誤差を少なくするために，草地上の糞をランダムに採取する方法もあるが，この場合にはウシ個体ごとに色違いのポリエチレン粒を与え，糞の個体識別を可能としておく方法がとられる．

最近，糞中濃度の日内変化の問題を解決する方法として，酸化クロムが一定の速度で第一胃液に溶出するカプセルが使用されている．1回の投与で3週間は濃度が一定に維持され，家畜を拘束してマーカーを毎日投与する手間が省ける利点がある．一方，草の消化率は放牧草を用いたヒツジ・ヤギでの消化試験，*in vitro* 消化試験法などで求められる． 　　　（阿部　亮）

参考文献
1) Castle M. E. *et al.,* 1979. Grass and Forage Sci., 34 : 293 − 301.
2) 梅村恭子，1996. 畜産の研究，50 : 81 − 86.

21.2 飼料の消化管通過速度

　飼料の消化管通過速度は飼料の消化率あるいは乾物摂取量を規定するものであり，飼料特性の重要な要素の一つである．従来，飼料の消化管通過速度測定の指示物質（マーカー）としてはリグニン，酸化クロム，フクシン染色飼料片などが用いられてきた．しかし，リグニンは糞中での回収率が低いこと，酸化クロムは消化管内での移動速度が必ずしも飼料片とは一致しないこと，またフクシン染色法は手間がかかり過ぎるなどの欠点が指摘されている．ここでは希土類元素をマーカーとして用いる方法を述べる．

1．標識方法と通過速度の測定

　1 cm に切断した乾草片（飼料片）を塩化ディスプロシウム（$DyCl_3$）あるいは塩化イッテルビウム（$YbCl_3$）の 0.5 ％（w/v）溶液に 24 時間浸漬し，1 時間流水洗浄した後，55 ℃で 48 時間乾燥し標識飼料を調製する．次に1日当たりの給与量の一部に標識した飼料片を混合し，供試動物に給与する．給与の 30 分後に飼槽中の標識飼料の残部を除去し，次に1日分の給与量の残りを給与する．糞の採取は標識飼料投与時を0時とし，以後3日目までは4時間間隔，3～5日目の間は8時間間隔，5～7日目の間は12時間間隔，計 168 時間行う．この間の飼料給与は毎日一定の時間（標識飼料を給与した時間）に行う．

2．希土類元素の分析

　ディスプロシウムあるいはイッテルビウムは試料を硝酸で湿式灰化し，

ICP発光分析装置で分析する．

3．計　算

通過速度定数の計算は以下の式にあてはめて行う．また，全消化管平均滞留時間は $1/K1+1/K2+TT$ の式より算出する．

（Y：糞中希土類元素濃度，A：スケールパラメーター，K1：反芻胃通過速度定数，K2：下部消化管通過速度定数，t：マーカー投与後の経過時間，TT：マーカーの初期出現時間）

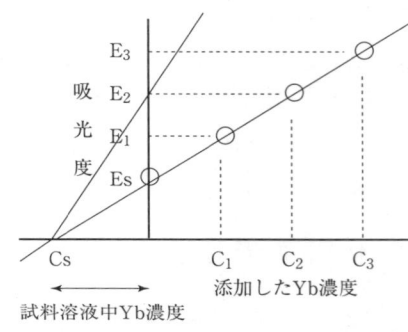

図21.2-1　標準添加法による Yb 定量

（阿部　亮）

参考文献

1）大下友子ら，1995．日畜会報，66：875 − 881．

21.3　飼料の物理性の評価

反芻家畜の第一胃発酵を安定的に維持する要素の一つとして飼料の物理性がある．唾液の第一胃への流入を誘起するのも飼料の機能の一つである．これは通常，飼料乾物1 kg の採食と反芻に要する時間（分）で表現され，粗飼料因子（roughage value index，RVI）と呼ばれる．ここでは桜井らのポリグラフを用いる方法[1]を紹介する．

1）測定器具

送信機（送信機本体，送信アンプ，筋電アンプ），受信機（アンプケース，受信ユニット，生体電気用増幅ユニット），記録器および周辺機器（ディスポーザブル電極，電極コード，アンテナコード，記録紙）．

2）送信機の装着

図21.3-1 のように送信機をスポンジで包み，さらにその上から二重のビニール袋で覆ったうえでゴムバンドで送信機を十文字にしばり固定する．

21.3 飼料の物理性の評価 （ 571 ）

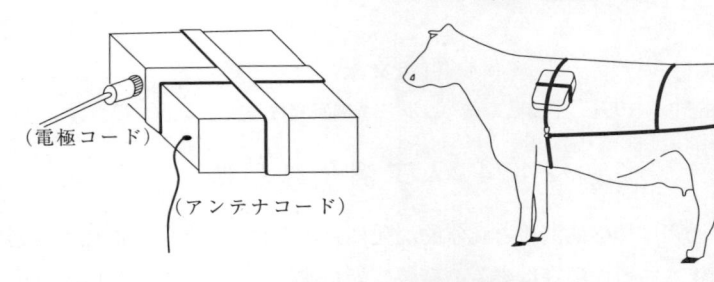

図 21.3-1　送信機の装着

3）電極の装着

後頭部を固定した後，横顔の咬筋部位を 15 cm，耳根部分を 10 cm 剃毛し，咬筋部に 2 枚，耳根部に 1 枚のディスポーザブル電極をゴム糊で張りつける．次に送信機からの電極コードを後頭部と眼下の紐にビニールテープで固定し，コードを咬筋部のディスポーザブル電極に，アースコードを耳根部のディスポーザブル電極に接続し，医療用のテープで固定した後，顔面を帆布で作ったマスクで覆う（図 21.3-2）．

4）測　定

測定前日の午後にはポリグラフをセットして馴致させ，2 日程度の測定を行う．記録紙に描かれる波形は採食，反芻，飲水，偽反芻それぞれに特徴的であり，読み取りは容易である．咀嚼行動の記録は記録紙の送り速度を 10 mm/分とし，記録された筋電図の読み取りは各咀嚼行動の波形を定規を用いてその長さを測ることで咀嚼行動を時間

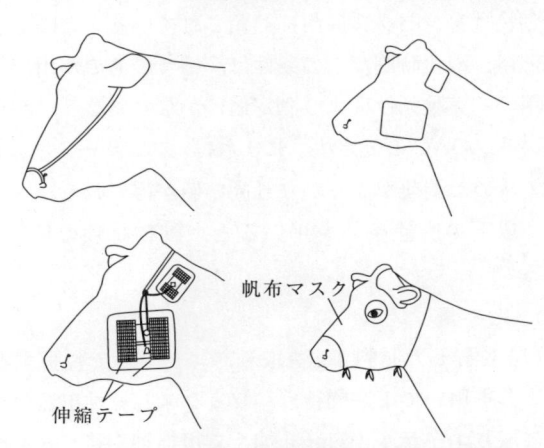

図 21.3-2　ディスポーザブル電極の装着と離脱防止用マスク

(分)として測定できる. (阿部　亮)

引用文献

1) 桜井和己ら，1991．千葉県畜産センター特別研究報告，第2号，72．

21.4　人工消化試験法

　消化の過程は機械的消化と化学的消化に分けられる．化学的消化は酵素によって触媒される．現在は酵素の精製技術が進んで，種々の消化酵素を入手することができ，それらの酵素を用いて *in vitro* で消化率を予測することができる．しかし，消化管では多数の消化酵素が同時に働いているため，生体での現象を正確には再現し得ない．そのため，より正確な再現を目指して，多くの努力がなされてきた．ブタの小腸液を用いる方法，反芻動物のルーメン液と人工唾液を用いる方法，さらに，飼料を入れたナイロンバッグをフィステルを通して消化管内に入れ直接消化酵素群を働かせる方法（第18章）などが開発されてきた．

21.4.1　ペプシン消化率の測定法

　タンパク質の消化性を判定するため，実験室内で行う簡便な方法として，塩酸・ペプシン液による *in vitro* の消化率測定法がある．これは魚粉などの動物性タンパク質原料に適用されている．この方法では，ペプシン液の濃度と量，消化時間などの条件は，種々のものが用いられていて，同一試料でも用いる実験条件により測定値はかなり異なる．現在，比較的多く用いられているAOACの公定法[1]によれば，フェザーミール以外は，一般に動物を用いて求めた消化率よりかなり高い値が得られる．

　以下の実験条件を用いると，動物試験の値に比較的近い成績が得られる[2]．

1）定　量

（1）粉砕した試料1gを取り，エーテルで脱脂する．脱脂はソックスレー抽出器を用いて1時間行う．ソックスレー抽出器のない場合は，試料を遠沈管に取りエーテル10 mlを加えて撹拌抽出後，遠心分離（2,000 rpm，5分間）して上清を捨て，再び残渣にエーテルを加え，同様の操作を4〜5回繰り返

す．脱脂した試料は風乾してエーテルを完全に除く．
(2) 風乾した試料は 200 ml 容三角フラスコに移し，あらかじめ約 40 ℃ に加温した 0.002 % ペプシン液 150 ml を加えて密栓する（振とう中に栓が抜けないよう注意）．試料がフェザーミールの場合は，0.2 % ペプシン液 150 ml を用いる．
(3) 振とう培養器に入れ，40 ℃，16 時間連続振とうを行う．振とう培養器が使用できない場合は，普通の恒温器を用いてもよいが，消化は 24 時間行い，最初の 4 時間と終りの 2 時間は 30 分ごとに手で振とうすると，連続振とうによる成績とほぼ同じ値が得られる．
(4) 終了後沪紙 (No.6) で沪過し，不溶物を 0.075 N 塩酸溶液，次いで蒸留水で洗浄する．不溶物は沪紙とともに分解瓶に移し，ケルダール法により窒素を定量して，ペプシン不溶性の窒素量を求める．

2) 試薬の調製
(1) 0.075 N 塩酸溶液　濃塩酸 6.2 ml を蒸留水で希釈して 1 l とする．
(2) 0.002 % および 0.2 % ペプシン液　ペプシン（力価 1 : 10,000 のもの）20 mg および 2 g を 0.075 N 塩酸溶液 1 l に溶解する．これは使用前に調製する．

3) 計算方法

$$\text{粗タンパク質のペプシン消化率 (\%)} = \left(1 - \frac{\text{試料のペプシン不溶性窒素量}}{\text{試料の全窒素量}} \times 100\right)$$

飼料検査に用いられる飼料分析基準（農林水産省）では，基本操作は上記の方法と同じであるが，塩酸濃度（濃塩酸 1 ml に蒸留水 150 ml），ペプシン消化温度 (45 ℃)，沪紙 (No. 5A) が異なる他，不消化物の洗浄を温水で行うこととなっている．

引用文献

1) AOAC., 1995. Official Methods of Analysis, 16th ed. Washington, DC.

21.4.2 セルラーゼによる消化率の測定法

反芻動物を直接用いないで乾物，繊維，タンパク質，TDN の含量を評価するため，in vitro ではセルラーゼを用いた方法，およびルーメン液と人工唾液を用いた方法，in situ でナイロンバッグを用いた方法など種々の方法が提案されている．ここでは繊維の消化率の測定法について述べる．この方法は 20.8 で述べた酵素分析法による細胞壁物質（総繊維，OCW）と細胞内容物（OCC）の分離定量に継続して行う分析システムである．総繊維 OCW をセルラーゼによって分解し，その消化性を測定する手法である．

1) 操 作

総繊維の分析を終えた後，全く別の実験として総繊維の量が 0.3 g に相当する試料量を 100 ml 容三角フラスコ，バイアル瓶あるいはポリスチロールサンプル瓶に採取する．総繊維定量と同様の操作を行って沪紙上に繊維残渣を得る．残渣は 3〜4 回水洗し，これをセルラーゼ分解に供試する．すなわち，セルラーゼ溶液を沪紙上の残渣に吹き付け 50 ml 容のポリスチロール瓶（あるいはバイアル瓶）に洗い込み，容器をセルラーゼ溶液で満たす．次にこれを 40 ℃ の振とう培養器内に入れ 4 時間のセルラーゼ加水分解を行う．残渣はあらかじめ恒量を測定してある沪紙を用いて沪過し，水洗後，アセトンで脱水し，アセトンが飛散したのち，残渣と沪紙をアルミ皿に戻して 135 ℃ の乾燥機中で 2 時間乾燥する．乾燥後はアルミ皿内の内容物を恒量を測定済みのルツボに入れ，予備灰化後，600 ℃ の電気炉で灰化し，残渣中の灰分含量を測定する．

2) 試 薬

酢酸緩衝液（pH 4.0，氷酢酸 24.3 g と酢酸ナトリウム 3 水和物 12.9 g を 5 l の水に溶解する），セルラーゼ（セルラーゼオノズカ P-1500，ヤクルト製）を準備し，1.0 %（w/v）溶液を調製する．その他にアセトン，秤量済みの沪紙（No.5A）とルツボを準備する．

3) 栄養価評価への応用

上記の操作で総繊維 OCW はセルラーゼ分解性の分画（Oa 区分）と難分解性の分画（Ob 区分）とに分けられる．Oa 区分はどのような飼料でも 100 %

かあるいはそれに近い消化率を示すのに対して，Ob区分はそれよりもかなり低い消化率しか示さない．例えばイネ科草やトウモロコシサイレージでは40％前後，アルファルファでは23％程度の値である．したがって，両者の比率によって飼料の総繊維消化率の推定が可能である． （阿部　亮）

参考文献

1) 阿部　亮，1988. 畜産試験場研究資料，第2号．

21.4.3　ブタの消化過程を模倣した人工消化試験法

　ブタにおける飼料の消化は，第1段階として胃における塩酸酸性下でのペプシンによるタンパク質の部分的な分解，第2段階として小腸での消化酵素による管腔内消化と小腸粘膜細胞における終末消化，さらに大腸における微生物による繊維性物質の分解ということになるが，主たる栄養素の消化吸収は小腸末端で終了する．また，飼料の滞留（通過）時間は，胃では3～5時間，小腸で3～4時間，大腸で20～40時間程度である．

　ここで述べるブタ小腸液を用いる人工消化試験[3]は，原理的には，ブタの胃および小腸管腔における消化過程を模倣したものである．この人工消化試験に大腸での消化を考慮した *in vitro* －ナイロンバック法[4]があるがここでは省略する．

1) 人工消化試験の実施要領

(1) 試験飼料は1mmの篩を通過するように粉砕し，乳鉢でよく混合して試料とする．

(2) 試料0.5gを100mlのフラスコに秤取し，0.2％ペプシン0.075NHClを10ml加えてコルク栓をする．

(3) 37℃で4時間，内容物がよく混ざるように振とうしつつ反応させる．

(4) 0.2N NaOH (NaOH 4.0gを500mlにする) をピペットを用いてpH7.0になるまで加える (pH試験紙を用いる)．中和後であれば，冷蔵庫で保存して翌日次の過程を行ってもよい．

(5) 使用直前に遠心分離 (1,500g, 10分間) したブタ小腸液10mlを加え，再度37℃で4時間反応させる．

(6) 反応後，フラスコ内容物をすぐさま 50～120 ml の遠沈管に移し，1,250 × g で 10 分間遠心分離する．上清液を捨て，沈澱物に約 50 ml の水を加えてよく混合し，再度遠心分離して上清を捨てる．

(7) 沈澱残渣を少量の水とともに乾燥・秤量済み（秤量管ごとの重さでよい）の沪紙を用いて沪過する．沪過後，残渣は沪紙とともに元の秤量管に入れて，105 ℃，5 時間以上乾燥後秤量して残渣の乾物量を求める．

(8) 乾物の消化率は，試料の乾物量から残渣の乾物量を差し引き，これを試料乾物量で除せば求められる．

(9) 残渣の粗タンパク質あるいはエネルギーを測定すれば，それぞれの消化率を求めることができる（残渣は沪紙ごと測定し，沪紙の粗タンパク質あるいはエネルギー含量を差し引けば，残渣のみの値が求められる）．

2) 試　薬

(1) 0.2％ペプシン溶液　濃塩酸 3.2 ml を水で 500 ml とする．これにペプシン（和光 1：10,000）1 g を懸濁させる．よく撹拌してから念のため沪紙で沪過する．保存（5 ℃）した場合は使用前に再度沪過して使用する．

(2) ブタの小腸液　ブタの小腸液は，小腸上部フィステル装着豚から採取する．採取時のブタの飼料の種類は考慮しなくてよいが，採食直前に飲水すると内容液が薄まるので，飼料は練り餌で与えて飲水制限する．装着豚 1 頭から毎日 500 ml 程度の内容物が採取でき，これを遠心分離して上澄を小腸液として使う．凍結で長期保存でき，凍結乾燥しても活性は変わらない．使用直前に遠心分離して，保存中に生じた沈澱物を除く．

3) 人工消化率によるブタの飼料の栄養価の推定

　人工消化率は，ブタによる消化率と高い相関が認められるが，絶対値では多少食い違うのが普通である．その理由は，人工消化試験では大腸での消化を考慮していないため，乾物やエネルギーの消化率では，繊維を多く含む飼料ほどブタに比較して低くなる，また，人工消化試験では可溶化されたものは総て消化されるとみなすので，特にタンパク質の消化率は逆に高くなる，などである．したがって，ブタの消化率を推定するには，ブタの消化率が既知のいくつかの標準飼料を人工消化試験に併用して，それによって補正する

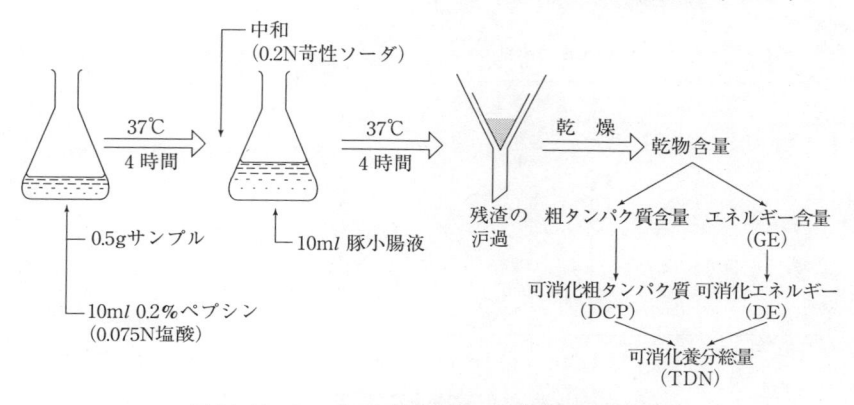

図21.4.3-1 ブタ小腸液を用いる人工消化試験法

必要がある．この補正した消化率を用いることによって，供試飼料のDCPおよびDEが算出でき，TDNはDCPおよびDEから精度よく推定できる[5]（図21.4.3-1）． 　　　　　　　　　　　　　　　　　　　　　　　　　　　　（古谷　修）

引用文献
1) 古谷　修ら，1986．日畜会報，57：859-870．
2) 古谷　修・梶　雄次，1987．日畜会報，58：228-235．
3) Furuya S. *et al.*, 1979. Br. J. Nutr., 41：511-520.
4) 古谷　修ら，1981．日畜会報，52：198-204．
5) 古谷　修ら，1981．日畜会報，52：459-466．

21.4.4 ルーメン液と人工唾液による消化率測定法

反芻家畜の第一胃内容液を採取し，嫌気状態下で試料と混合して培養し，乾物，タンパク質，繊維，脂肪などの分解率を測定する手法である．

1）操　作
（1）フィステル装着動物　第一胃フィステルを装着したウシ，ヒツジあるいはヤギを準備する．
（2）人工唾液　表21.4.4-1の組成の溶液を人工唾液として用いる．使用前に炭酸ガスを十分に通気しておき，レサズリンの赤色が消えた状態にしてお

表21.4.4-1 人工唾液の組成

試 薬	g/l 蒸留水
$NaHCO_3$	9.8
KCl	0.57
$CaCl_2$	0.04
Na_2HPO_4 (12水和物)	9.30
$NaCl$	0.47
$MgSO_4$ (7水和物)	0.12
システイン塩酸塩	0.25
レサズリン	0.001

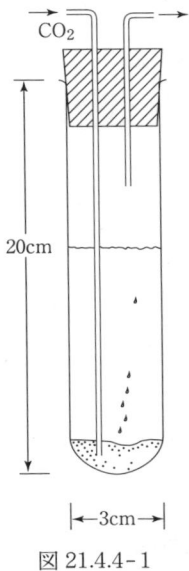

図21.4.4-1 培養器

(3) 培養器　図21.4.4-1に示すような大型試験管あるいは三角フラスコを用いる．炭酸ガスボンベから複数の培養器具に通気するために分解管を用いるとよい．

(4) 培養液の調製　採取第一胃内容液は2重ガーゼで沪過後，沪液を1,000rpmで5分間遠心分離し，上清液を用いる．ルーメン液と人工唾液を1：4の割合で混合したものを培養液とし，試料（通常は1〜2g）を採取してある培養器具に加える．試料として分離抽出した総繊維材料などのように極端にタンパク質が少ない材料を供試する場合には人工唾液中に培養管当たり6mgの尿素窒素を加えるのがよい．

2) 培　養

培養器は40℃の恒温水槽内で炭酸ガスを通気しながら所定の時間培養する．培養後の残渣は恒量を測定してある沪紙あるいはグラスフィルターにて沪過し，残存乾物量あるいは有機物量を測定する．残渣についてタンパク質の定量をする場合には，残渣を沪紙とともに60℃の乾燥機内で乾燥した後，ケルダール分解に供する．　　　　　　　　　　　　　　　（阿部　亮）

21.5　エネルギーを中心とする評価法

飼料として取り込まれた化学的エネルギーの一部は糞，尿およびガスの化学的エネルギーとして，また，一部は発酵，養分代謝および基礎代謝の熱エネルギーとして，残りが産肉や産乳など生産物の化学的エネルギーとして用

いられる．このようなエネルギーの流れは，単胃動物と反芻動物では，その様相が異なり，また，同じ飼料であっても摂取量や飼育条件により変化する．

図 21.5.5-1 では泌乳牛と哺乳子牛における飼料エネルギーの流れを示した．反芻動物では糞，メタンおよび発酵熱としてのエネルギー損失が大きいのが特徴である．哺乳子牛における飼料エネルギーの流れは単胃動物とほぼ同一と考えてよい．なお，飼料エネルギーが不足すると，最初に蓄積，生産への流れが消失し，極端に不足した場合には蓄積されている体成分からのエネルギーが逆流する．

エネルギーの各画分は以下の通りである．

21.5.1 総エネルギー（Gross energy, GE）

栄養素の化学的エネルギーはすべて熱エネルギーに転化し，燃焼熱として測定することができる．ボンブカロリーメーターによる GE の測定では，試料約 1 g を約 25〜30 kg/cm^3 の酸素とともに容積約 300 ml の耐圧ボンブ（爆発筒）に収容して密閉し，断熱層で囲んだ水槽に漬ける．通電点火により試料を燃焼させ，ボンブと水槽内の水の温度上昇および熱容量から，発熱量を求める．ボンブ内では燃焼により試料中の有機化合物の C から CO_2，H から H_2O，N から N_2 および N 酸化物，S から希硫酸 $H_2SO_4 \cdot (H_2O)n$，P から希リン酸 $H_3PO_4 \cdot (H_2O)n$ が生成する．燃焼熱はこれらの生成物の状態により異なるため，これらが基準状態（25℃，1 kg/cm^3）になるまでに放出される熱量で表すこととしている．

なお，式1および式2に示したように，供試原料の一般成分〔粗タンパク質，粗脂肪，粗繊維および可溶無窒素物（NFE）〕含量（%）から GE を近似的に推定することもできる．式1は一般的な飼料原料の GE についての推定式であるが，トウモロコシやマイロ（グレインソルガム）などの穀類では式2を用いると，より近似した値が推定できる．

(式1) GE (kcal/100 g) = 5.61 × CP + 9.66 × 粗脂肪 + 4.38 × NFE + 5.06 × 粗繊維

(式2) GE (kcal/100 g) = 5.72 × CP + 9.50 × 粗脂肪 + 4.17 × NFE + 4.79 × 粗繊維

21.5.2 可消化エネルギー（Digestible energy, DE）

飼料として摂取される GE から糞の GE を差し引いたもので，家畜に吸収された栄養素のエネルギーを表している．しかし，糞の GE には代謝性糞エネルギー（MFE）も含まれているので，このようにして求めた DE は，厳密には見かけの DE（apparent DE）といわれ，飼料の GE から飼料に直接由来する糞のエネルギーを差引いて得られる真の DE（true DE）と区別すべきである．単に DE という場合は見かけの DE を指す．

21.5.3 代謝エネルギー（Metabolizable energy, ME）

DE から尿とガスの GE を差し引いたものをいう．しかし，尿には内因性尿エネルギー（MUE）も含まれているので，このようにして求めた ME は，見かけの ME（apparent ME）といわれ，真の DE から飼料に直接由来する尿およびガスのエネルギーを差引いた真の ME（true ME）と区別している．家禽ではガスによるエネルギーの損失をほとんど無視でき，GE から糞尿のエネルギーを差引くことで ME を容易に推定できることから，エネルギー単位として広く用いられている．また，GE に対する ME の割合（ME/GE, %）を代謝率という．

ME の同義語として，生理的燃焼価（physiological fuel value）と，有効エネルギー（利用可能エネルギー，available energy）がある．available energy は，ヒナの増体量を指標として生物定量法により求めたエネルギー価を表す術語として用いられることもある．

21.5.4 真の代謝エネルギー（True metabolizable energy, TME）

ニワトリでは，糞と尿が総排泄腔で混合されて排泄されるという生理的な特徴から，可消化エネルギー（digestible energy, DE）に比べて代謝エネルギーの測定が容易である．そこで，ニワトリにおける飼料のエネルギー価値を評価する指標として，ME が用いられてきた．しかし，その測定には，多くのニワトリや施設を必要とし，最短でも約2週間の期間を要し，また，かな

21.5 エネルギーを中心とする評価法

りの量の試料が必要とされる．さらに，飼料の ME 価は，自由採食の条件下で測定されるが，その採食量により変動することが示されている．飼料の ME 価と測定時のニワトリの採食量の関係は，図 21.5.4-1 のようになる．通常の自由採食条件下では，ME 価は比較的一定の範囲内に

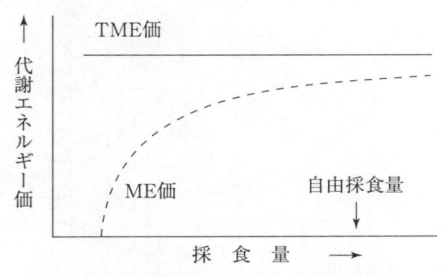

図 21.5.4-1 代謝エネルギー価に及ぼす採食量の影響

あるが，何らかの原因で自由採食条件よりも少ない採食量となった場合，ME 価は低く見積もられることになる．ME 価が低く見積もられる原因は，採食量が少ない場合には飼料由来のエネルギー排泄量に比べて内因性のエネルギー排泄量 (endogenous energy loss, EEL) の割合が高くなるためである．そこで，このような欠点を改善するために，Sibbald[1] は飼料における真の代謝エネルギー (TME) 価の測定法を提案した．その特徴は，ME 価を EEL で補正するもので，採食量による変動が極めて小さく，迅速で簡便な測定法であり，試料の必要量が少なくて済む利点がある．

飼料の TME 価は，Sibbald の方法に準じて次のようにして測定する[2]．

1. 供試動物

通常，卵用種の成鶏雄を用いる．これは，卵用種の成鶏の消化・吸収機能が安定状態にあり，操作上適当な体重であり，雄は雌に比べて内分泌などの変動が少ないためである．単冠白色レグホーン種では，20 週齢，体重 1,700〜1,800 g ぐらいから使用可能である．なお，試験に用いないときは，同一の卵用鶏大雛用飼料などを与えて健康な状態を維持しておく．

2. 器 具

1) 代謝ケージ

単飼用ケージ (高さ×幅×奥行き = 50 × 30 × 40 cm) を用いる (図 21.5.4-2)．床面積のあまり広いケージでは排泄物の飛散面積が広くなり，採取するときに不便である．

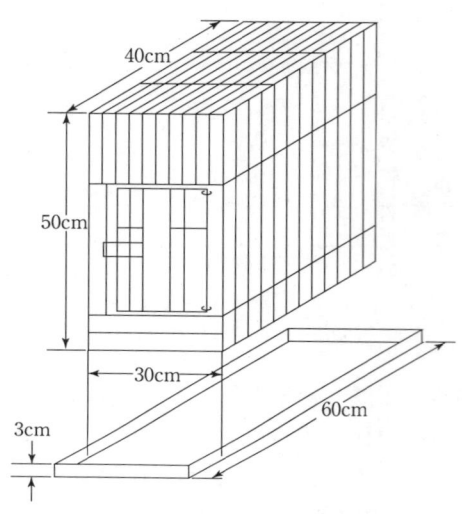

図 21.5.4-2　代謝ケージと採糞用トレー

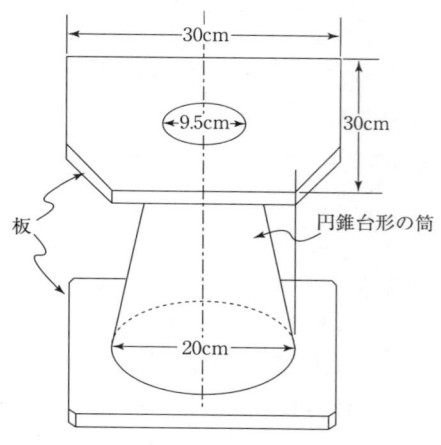

図 21.5.4-3　試験鶏の保定箱

2）強制給餌用具

ニワトリの保定箱（図21.5.4-3）およびろう斗の付いた管と先端を丸めた棒（図21.5.4-4）を用いる．保定箱は図に示すような円錐台形の筒で，下部の広い口（直径20cm）からニワトリを入れて上部の口（直径9.5 cm）から頭部を引き出して保定できる．ろう斗の付いた管（直径1.1 cm，長さ39 cm）をニワトリの口腔より嗉嚢まで差し入れて，ろう斗部（直径9〜9.5 cm）から試料を落とし，さらに，先端を丸めた棒で押し込むことにより強制給与できる．棒で押し込む際，入りすぎると嗉嚢を傷つけるおそれがあるので，棒の先端から40 cmの部分にストッパーをつけるとよい．

3）採糞用具

代謝ケージの大きさに応じた広さの採糞用トレー（幅×奥行き＝30×60 cm）で排泄物を受けて，ピンセットやヘラなどを用いて羽やスケールなどを取り除き排泄物を全て秤量缶などの容器に採取する．なお，採糞用トレーの上をビニールシートで覆っておくとトレーの隅に落ちた排泄物の採取が容易になる．

3. 操 作

1) 成鶏雄を代謝ケージ内に入れて48時間絶食し，あらかじめニワトリの消化管内を空にしておく．供試羽数は1処理区（1試料）当たり4羽以上が望ましい．試料は1 mm以下の微粒子に粉砕し約30 gを精秤して，ろう斗を用いてニワトリの嗉嚢の中に強制給与する（図21.5.4-5）．油粕類などの膨潤する飼料原料や糟糠類などのかさのある飼料原料では，給与量を20～25 gと少なくした方がよい．

2) ニワトリは保定箱に入れて，箱の上部の穴より頭部を引き出してしっかり保定する．この際，ニワトリの首部は直線的になり，ろう斗の管の部分を挿入するために都合がよい．ろう斗の管の挿入は，先端を口腔より差し込み回転させながら滑るように嗉嚢に挿入する．なお，ニワトリの嗉嚢は形態学上，正中線よりも右側に位置することをイメージしながら管の先端が嗉嚢に達して止まるところまで挿入する．

3) 強制給与時より48時間，全排泄物を個体ごとに定量的に採取する．排泄物が乾いてしまうと上に落ちた羽やスケ

図21.5.4-4 強制給餌のため先端を丸めた棒（A）とろう斗のついた管（B）

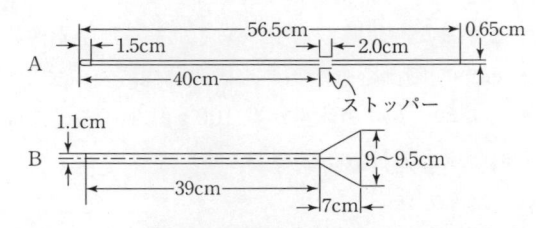

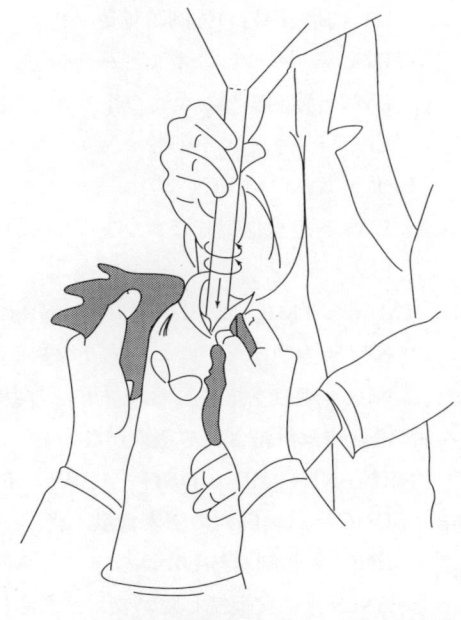

図21.5.4-5 強制給餌のためのろう斗の挿入

ルなどを取り除きにくくなるので，採取は複数回に分けて行った方がよい．

4) EEL の推定のために試料を強制給与しないニワトリからも同時に排泄物を 48 時間採取する．あるいは，個体差を小さくするために測定に用いる同一個体の 48 時間絶食を継続した場合のエネルギーと窒素の排泄量をあらかじめ求めておく．なお，飲水は自由とする．

5) 排泄物は凍結乾燥して重量を秤量後，そのエネルギーと窒素の含量を分析する．また，試験飼料中のエネルギーと窒素の含量も分析する．

6) 試験期間は絶食開始から排泄物採取終了までで 4 日間であり，1 回の測定によりニワトリの体重が数 100 g 減少するので，回復のために次の測定まで 1 週間以上の日数が必要である．

4．計算方法

次式より TME と窒素補正した TME（TMEn）を算出する．

$$\text{TME} = \{\text{ID} \times \text{DEC} - (\text{EWf} \times \text{EECf} - \text{EEL})\} \div \text{ID}$$

　ID ＝試験飼料の強制給与量（g）
　DEC ＝　〃　エネルギー含量（kcal/g）
　EWf ＝強制給与したニワトリから採取した排泄物の重量（g）
　EECf ＝　　　　〃　　　　エネルギー含量（kcal/g）

$$\text{EEL} = \text{EWs} \times \text{EECs}$$

　　EWs ＝絶食継続したニワトリから採取した排泄物の重量（g）
　　EECs ＝　　　　〃　　　　エネルギー含量（kcal/g）

$$\text{TMEn} = \text{TME} - 8.22 \times (\text{NRf} - \text{NRs}) \div \text{ID}$$

　NRf ＝強制給与したニワトリの窒素蓄積量（g）
　NRs ＝絶食を継続したニワトリの窒素蓄積量（g）
　（絶食時は供給される窒素がないので，NRs は負の蓄積量となる）

$$\text{NRf} - \text{NRs} = \text{ID} \times \text{DNC} - (\text{EWf} \times \text{ENCf} - \text{EWs} \times \text{ENCs})$$

　　DNC ＝試験飼料の窒素含量（g/g）
　　ENCf ＝強制給与したニワトリから採取した排泄物の窒素含量（g/g）
　　ENCs ＝絶食継続したニワトリから採取した排泄物の窒素含量（g/g）

5. 留意事項

　飼料の TME 価の測定法において，特に注意しなければならない点は内因性のエネルギーと窒素の排泄量の推定である．内因性の排泄量の推定は絶食したニワトリの排泄量から推定しているが，絶食したニワトリでは採食状態のニワトリとは体内代謝が異なり異化が高進した状態と考えられる．したがって，絶食したニワトリの排泄量では内因性の排泄量の正確な推定はできないと考えられる．内因性のエネルギー排泄量をより正確に推定する方法として，飼料の強制給与水準を3段階以上設けて外挿して求める方法が提案されたが，測定の規模や労力が大きくなり，TME 測定法の利点である簡便さが失われてしまう．実際，体重約 2,000 g の成鶏を用いてトウモロコシのような穀実類の TME 価を測定する場合，エネルギー給与量は約 120 kcal，上記のように強制給与して外挿で推定したニワトリの内因性エネルギー排泄量は約 12 kcal/48 時間である．一方，絶食したニワトリを用いて推定される内因性のエネルギー排泄量は約 18 kcal/48 時間となる．もし，EEL の推定において 10 % (1.8 kcal 程度) の誤差が生じた場合，エネルギー価では 1.67 % (0.06 kcal/g 程度) の誤差となる．絶食したニワトリの排泄量を内因性の排泄量として用いても，エネルギー価ではせいぜい数 % の誤差である．したがって，測定の精度を採るか簡便さを採るかの問題である．また，内因性の窒素排泄量を推定する場合，絶食したニワトリの窒素排泄量を用いる代わりに無タンパク質飼料を給与したニワトリの窒素排泄量を用いた方が理論上は正確であるが，やはり，測定の規模や労力などが大きくなり，簡便さの面からあまり実用的ではない． 　　　　　　　　　　　　（村上　斉）

引用文献

1) Sibbald I. R., 1979. Poult. Sci., 58：668－673.
2) Yamazaki M., 1983. Proceedings of 5th WCAP, Vol. 2：467.

21.5.5 正味エネルギー (Net energy, NE)

　ME から熱増加 (HI) を差引いたものをいい，理論的には飼料エネルギー中で家畜の維持と生産に用いられる有効部分を最も正しく表す単位とされて

第21章 飼料価値の評価

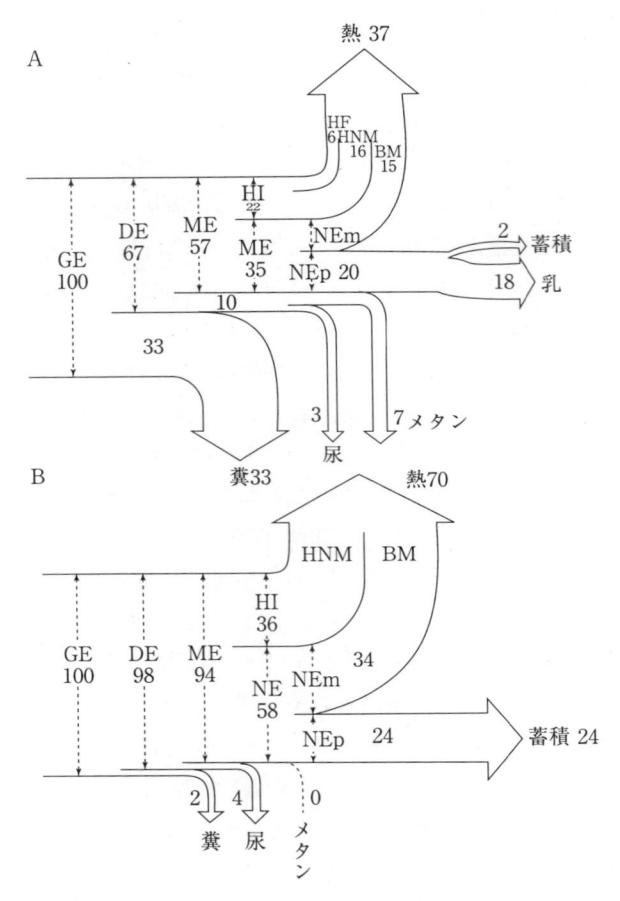

A
- 熱 37
- HF 6
- HNM 16
- BM 15
- HI 22
- GE 100
- DE 67
- ME 57
- ME 35
- NEm
- NEp 20
- 蓄積 2
- 乳 18
- 10
- 33
- 糞 33
- 尿 3
- メタン 7

B
- 熱 70
- HNM
- BM
- HI 36
- GE 100
- DE 98
- ME 94
- NE 58
- NEm 34
- NEp 24
- 蓄積 24
- 糞 2
- 尿 4
- メタン 0

GE：総エネルギー　　DE：可消化エネルギー
ME：代謝エネルギー　HI：熱増加
HF：発酵熱　　　　　HNM：養分代謝熱 (SDE)
BM：基礎代謝　　　　NE：正味エネルギー
NEm：維持の NE　　　NEp：生産の NE

A 泌乳牛：136 例の試験結果の平均
　　　　　体重 474 kg, GE 摂取量 46 Mcal/日
B 哺乳子牛：1 日の哺乳量 4 l, GE 約 3 Mcal

図 21.5.5-1　飼料エネルギーの流れ（%）

いる．NEも，前述のDEやMEと同様，見かけのNEであって，真のMEからHIを差引いたものが真のNEである．

また，NEはその用途により維持のNE（NEmaintenance，NEm），増体のNE（NEgrowth，NEg），生産のNE（NEproduction，NEp）などに分けられるが，泌乳牛では維持，妊娠および泌乳に要するNEを一括してNEl（NE-lactating cow）と表している．NEmは基礎代謝（生命維持のために必要な最小限の代謝活動）と等しい（図21.5.5-1）．

21.5.6 可消化養分総量（Total digestibie nutrients, TDN）

供試原料の一般成分含量（％）と，それぞれの消化率から各可消化成分量を算出し，この総和をTDNとする（脂肪が発生するエネルギーは他の成分より大きいことから可消化粗脂肪量のみ2.25倍する）．化学分析により一般成分含量を分析し，日本標準飼料成分表で飼料原料ごとに示されている各成分の消化率を乗ずることでTDNを計算することができる．現在，粗飼料のTDNについては近赤外分析（NIRS）による一般成分分析結果や，デタージェント分析，酵素分析結果からの推定も行われている．

TDN（％）＝（CP含量×消化率＋粗脂肪×消化率×2.25＋NFE含量×消化率＋粗繊維含量×消化率）/100

なお，DEおよびMEも，以下の式によりTDNや可消化成分量（％）から近似的に推定することができる．

DE（Mcal/kg）＝TDN（％）×4.41/100

反芻家畜のME（Mcal/kg）＝－0.330＋0.958×DE（Mcal/kg）

家禽のME（kcal/100 g）＝4.13×可消化CP＋9.39×可消化粗脂肪＋4.08×可消化NFE＋3.82×可消化粗繊維

〔阿部　亮〕

21.6 アミノ酸を中心とする評価法

飼料価値を評価するためには，第5～10章で述べた飼養試験，消化試験，吸収試験，代謝試験，屠殺試験などの直接的方法がある．すでに述べたように，それらの試験からは見かけの消化率，真の消化率，飼料効率が導き出さ

れる．また，飼養試験の結果からはさらに多くの評価法を導くことができる．飼養試験には多くの労力と時間を要することから，飼養試験を行わずに飼料価値を評価する方法も種々考案されている．ここではアミノ酸を中心とした，飼養試験から導き出せる評価法と化学分析による評価法の主なものについて紹介する．

21.6.1 アミノ酸の有効率

飼料中のアミノ酸は動物により総てが消化吸収され，利用されるとは限らない．アミノ酸の有効率は飼料原料の種類，加工条件，消化管内微生物などによって変わるので，タンパク質を合理的に給与するためには，アミノ酸の有効率を明らかにしておくことが重要である．

1. 成鶏におけるアミノ酸の有効率

飼料のアミノ酸有効率の推定にはいろいろな方法が提案されているが，性および年齢による差は少ないとして，現在では，雄成鶏による真の代謝エネルギー（TME）測定手法を応用した真のアミノ酸有効率測定法が実用的であり，信頼性も高い．主要な飼料原料中のアミノ酸有効率は，日本標準飼料成分表（2001）に掲載されているが，いずれもここで紹介する方法によって求めたものである．

TME 測定法に従って採取した絶食時と試料給与時の排泄物および試料中のアミノ酸含量を測定し，次式によって有効率を求める．アミノ酸の分析法は 20.2.3 を参照されたい．代謝性糞および内因性尿アミノ酸量は，絶食時の排泄物のアミノ酸含量を同一個体について測定し，補正に用いる．供試動物，器具および操作については，TME 測定法の項を参照されたい．

アミノ酸有効率（％）＝［摂取アミノ酸量－（排泄アミノ酸量－代謝性糞および内因性尿アミノ酸量）］÷摂取アミノ酸量×100

（武政正明）

参考文献

山崎昌良, 1983. 日本畜産学会報, 54 : 729-733.
Likuski H. J. A. and H. G. Dorrell, 1978. Poul. Sci., 57 : 1958-1660.

2. ブタにおけるアミノ酸有効率

　飼料の有効性の評価は一般に消化試験で行われるが，タンパク質（アミノ酸）の場合は大腸で微生物の作用を受けたものが生体に有効に使われないため，小腸（回腸）末端で消化率を測定するのが普通である．そのため，測定には回腸末端へのフィステルを装着したブタを準備する必要がある．アミノ酸消化率は見かけと真の二つに大別できるが，ここでは内因性アミノ酸を考慮する真のアミノ酸消化率の測定法について述べる．

1）回帰による真のアミノ酸消化率測定法 [1]

　本法はタンパク質飼料原料の評価に向いている．目的とする飼料原料の配合量をコーンスターチなどのタンパク質を含まない原料で段階的に3水準以上に変えた飼料を給与し，回腸末端より内容物を採取し，酸化クロムインデックス法で見かけのアミノ酸消化率を求めるものである（第7章参照）．飼料は4日間にわたり，1日に体重の4％を8時間間隔で3回に分与し，後の3日間の午後1～2時に乾物として10g程度の回腸内容物を採取する．内容物は凍結乾燥して分析に供する．1飼料区で3～4頭の供試豚が必要であるが，反復使用は可能である．

　横軸に各飼料区のアミノ酸摂取量，縦軸に各アミノ酸の吸収量（見かけのアミノ酸消化率から算出できる）を取ると，アミノ酸摂取量の増加につれてアミノ酸吸収量も直線的に増加し，この直線の勾配（×100）が求める真のアミノ酸消化率である．図21.6.2-1には，いくつかのタンパク質飼料の真のリジン消化率測定の実例を示した．

2）差による真のアミノ酸消化率測定法 [2]

　穀類のようにタンパク質（ア

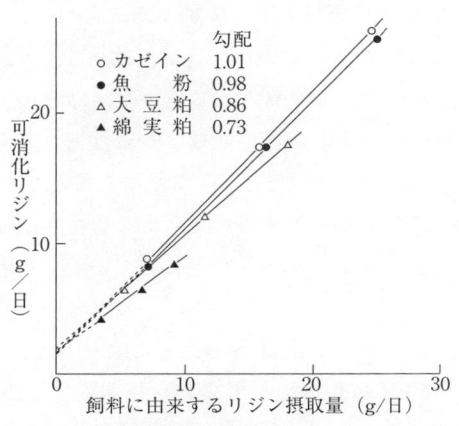

図21.6.2-1　回帰による真のリジン消化率の測定例

	勾配
○ カゼイン	1.01
● 魚　粉	0.98
△ 大豆粕	0.86
▲ 綿実粕	0.73

ミノ酸）含量が少ない飼料原料では回帰による方法は実施が困難なので，従来のような差による方法で行う．コーンスターチを主体とし，トウモロコシ，アルファルファミールなどを加えたCP3％程度の基礎飼料を調製し，目的とする飼料原料をこの基礎飼料中のコーンスターチで置換して，基礎飼料とともに消化試験に供試する．飼料給与法，回腸内容物の採取，処理などは回帰による方法と同じである．供試飼料中のアミノ酸消化率は基礎飼料給与時の回腸末端アミノ酸量を差し引いて求めるが，これには内因性アミノ酸も含まれているためこうして求めたアミノ酸消化率は真の消化率である．

（古谷　修）

21.6.2 タンパク効率（Protein efficiency ratio, PER）

幼動物では体重増加と体タンパク質蓄積量との間には高い相関があり，摂取したタンパク質が良質であるほど増体量が大きくなる．PERはタンパク質以外の栄養素を十分に含む飼料に供試タンパク質を配合して，幼ラットや雛に4週間程度給与し，この間の体重増加量を飼料摂取量から求めたタンパク質摂取量で除した値（体重増加量／摂取タンパク質量）である．供試タンパク質はグルコースなどと置換することにより配合する．PERは飼料中のタンパク質含量により変動することから，飼料中CP水準を2〜3水準設定することが望ましいが，通常，飼料中CP含量は1水準（10％程度）で実施する．また，AOAC法では得られたデータの比較に普遍性を持たせるため，カゼインを10％含む標準区を併設し，供試タンパク質のPERをカゼインのPERに対する割合（％）で示すこととしている．PERが大きいものほどタンパク質の栄養価が高いと評価できるが，体重増加には水分や脂肪による増加分も含まれること，維持に要する養分が考慮されていない問題点もある．

21.6.3 正味タンパク比（Net protein ratio, NPR）

PERに維持に必要なタンパク質量を加味して補正した値である．幼ラットや雛などに供試タンパク質を配合した試験飼料と無タンパク質飼料を給与し，無タンパク質飼料給与区の体重減少分が維持に要するタンパク質に相当

すると仮定して算出する．また，無タンパク質飼料給与区では長期間の飼育が困難なため，試験期間は通常10日程度とするが，PER測定時に無タンパク質飼料給与区を併設し，供試タンパク質飼料区の体重および飼料摂取量を10日目に測定しておけば，一つの試験で両方の値を得ることができる．

なお，NPRはPERに比べ飼料中CP含量の影響が少ない．

NPR＝（試験飼料の体重増加量＋無タンパク質飼料の体重減少量）/摂取タンパク質量

21.6.4 窒素成長指数（Nitrogen growth index）

幼動物では，飼料中CP含量がある程度の範囲内では体重増加量と摂取タンパク質量は直線的な関係を示す．さらに，摂取したタンパク質が良質であるほど，その直線の傾きは大きくなる．そこで，供試タンパク質の配合水準を数水準設けて，増体量とN摂取量の間に直線性が認められる範囲でのN摂取量に対する体重増加量の傾き（回帰係数）を算出する．

21.6.5 タンパク価（Gross protein value, GPV）

養鶏用飼料におけるタンパク質の栄養価の評価法として考案されたもので，供試タンパク質とカゼインに対する栄養価を，実用的な穀物タンパク質飼料に対する補足効果で比較し，カゼインに対する指数で示す．供試タンパク質の消化性をも含めた栄養価で，実用的な利用性を把握することが可能である．具体的には，穀類を主体とするCP8％の対照飼料と，これに供試タンパク質あるいはカゼインを添加してCPを11％に高めた飼料との3種類を雛に1～2週間給与し，各飼料給与区における摂取タンパク質当たりの増体量（g/g）から，次式によって算出する．

GPV＝（供試タンパク質飼料の増体量−対照飼料の増体量）/（カゼイン飼料の増体量−対照飼料の増体量）

21.6.6 生物価（Biological value, BV）

タンパク質の生物学的価値を，消化吸収された真の吸収N量に対する体内

の蓄積 N 量を指数（%）として示すもので，Thomas（1909）により考案され，Mitchell（1924）により改良されたことから Thomas・Mitchell の生物価ともいわれる．

試験は，供試動物に供試タンパク質を配合した試験飼料を給与して糞および尿への排泄 N 量（FN および UN）を求めるとともに，これと同一の条件で無タンパク質飼料あるいは全卵タンパク質などのタンパク質消化率が 100 % のタンパク質を 1 % 程度配合した飼料を給与して代謝性糞 N（代謝性 N，MFN）および内因性尿 N（内因性 N，EUN）を求め，次式により BV を算出する．

BV =〔摂取 N −（FN − MFN）−（UN − EUN）〕/〔摂取 N −（FN − MFN）〕× 100

なお，タンパク質摂取量が多いと相対的に蓄積 N 量の割合が低下し，BV が低下することから，幼動物では試験飼料の CP を 10 % に設定する．成熟動物では CP を 5 % 程度に下げる必要がある．また，摂取エネルギーが不足すると摂取したタンパク質や体タンパク質がエネルギー源として分解され，データに影響を及ぼすことから，タンパク質以外の栄養素を十分量に設定する必要がある．

21.6.7　窒素出納指数（Nitrogen balance index, NBI）

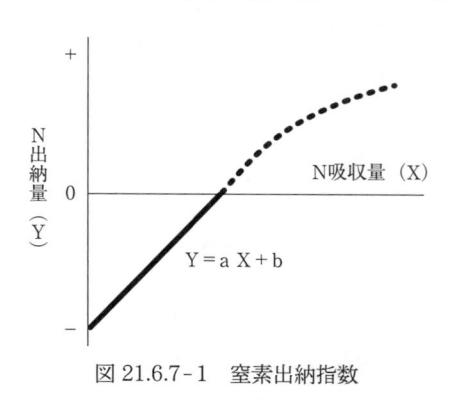

図 21.6.7-1 に示した通り，飼料中 CP を無タンパクから徐々に増加させた場合，N 出納値が負となる範囲では吸収 N（X）と N 出納値（Y）は直線関係を示す．供試タンパク質が良質であるほど吸収 N は多く保留されることから，直線の傾き（a）は急になる．この傾きの程度でタンパク質の栄養価を評価するこ

図 21.6.7-1　窒素出納指数

とができる．なお，この直線式のY軸との交点（b）はEUNを示し，直線の傾きは前項のBVと一致する．

21.6.8 ケミカルスコア（Chemical score）

タンパク質の栄養価をアミノ酸分析の結果から評価しようとするもので，供試タンパク質の必須アミノ酸（EAA）組成を全卵タンパク質のEAA組成と比較し，最も不足するアミノ酸（第1制限アミノ酸）についての供試タンパク質と全卵タンパク質中のアミノ酸含量比（％）をケミカルスコアとする．例えば，トウモロコシではリジンが第1制限アミノ酸であり，リジン含量は全卵タンパク質の33％であるのでケミカルスコアは33となる．ケミカルスコアが大きいほどタンパク質の栄養価が高いと評価できるが，アミノ酸の有効率や第2，第3…制限アミノ酸は考慮されていない．

21.6.9 必須アミノ酸指数（Essential amino acid index, EAAI）

ケミカルスコアは第1制限アミノ酸のみを指標として評価するが，これを全EAAに対象を広げてタンパク質の栄養価を評価する方法である．すなわち，各EAAごとに全卵タンパク質中と供試タンパク質中の含量比（％）を求め，これを幾何平均して算出する．この値が大きいほどタンパク質の栄養価が高いと評価できる．計算にあたって各アミノ酸含量が全卵タンパク質より多い場合には比率を100，供試タンパク質のアミノ酸含量が0の場合には1として算出を行う．

21.6.10 栄養比（Nutritive ratio, NR）

TDNから可消化粗タンパク質（DCP）を差し引いた値をDCPで除した値である．飼料原料ではエネルギーとタンパク質源のバランスがよいことが重要であることから，両者のバランスを示す評価として用いられる．養鶏用飼料では，MEとCPの含量比（カロリー：タンパク比，calorie protein ratio, CPR）がよく用いられる．

21.6.11 主成分の含量比

飼料の一般成分含量などを分析することにより，その飼料についてのおおよその価値を判断することができる．例えば，粗繊維含量が多ければエネルギー価が低く，粗脂肪含量が多ければエネルギー価が高いと考える．さらに，タンパク質についてはアミノ酸組成を分析して対象家畜の要求量パターンと比較すればタンパク質源としての価値をある程度予測することができる．しかし，化学分析値のみからは，消化吸収性や利用性は不明であって，粗タンパク質が高くても過熱によりタンパク質が変性したものは消化率が低いし，粗脂肪含量が多くてもワックスなどを多く含むものは消化率が低い．また，成分値が同一の飼料原料でもエクストルード処理などの加工処理の有無によって栄養価が著しく異なることに留意する必要がある．

（米持千里）

参考文献

1) Flatt W. P., 1966. J. Dairy Sci., 49 : 230-237.
2) Kolb E. und H. Guntler, 1971. Ernahrungsphysiologie der landwirtschaftlichen Nutztiere, Fischer Verlag.
3) 亀高正夫ら，1984．基礎家畜飼養学，養賢堂．
4) AOAC., 1995. Official Methods of Analysis 16th ed.
5) 農林水産省農林水産技術会議事務局，2001．日本標準飼料成分表(2001年版)，中央畜産会．
6) 山崎昌良ら，1982．農水省畜試研報，38 : 93-954.
7) 自給飼料品質評価研究会，1994．粗飼料の品質評価ガイドブック，日本草地協会．

第22章　飼料の鑑定法

　家畜・家禽に給与される飼料については，種々の原材料が用いられており，飼料の鑑定に際して，その飼料を構成する原材料などを適確に把握し，その品質を評価することが飼料鑑定の主軸となっている．この鑑定作業を進める上では，検体が多種にわたることと五感観察が大きな比重を占めることから，ある程度の経験と習熟が要求される．このため，常に飼料の原材料および飼料に混入する恐れのある夾雑物などの標準試料を収集して観察して，それらの特性に精通しておく必要がある．

　鑑定の一般的手法としては，図22-1の通り五感による観察，顕微鏡による鑑別，物理的鑑定（比重選別および流水淘汰選別）および化学的鑑定が支柱となっている．手順としては，五感により試料の形状，色調，触感などを観察し，おおよその品質などを把握する．

　次に篩分けを行い篩上部の比較的大きな破砕物については実体顕微鏡を用

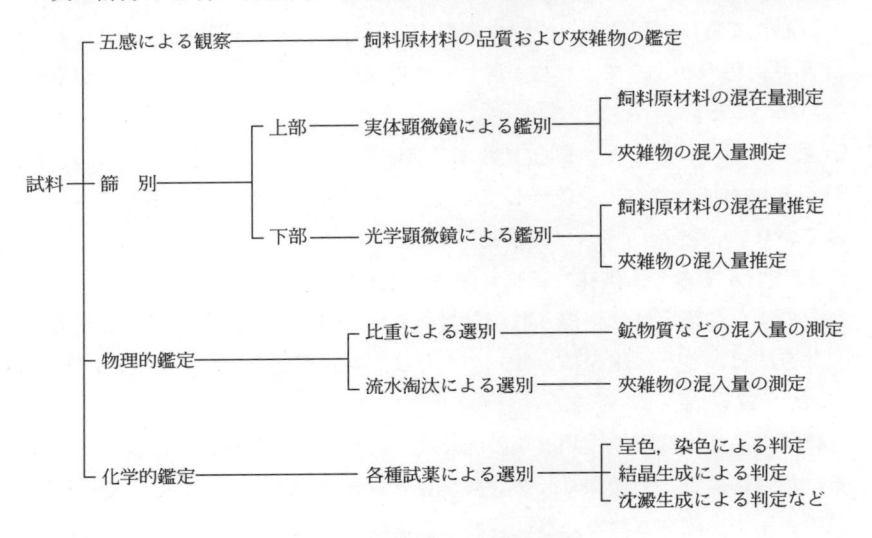

```
試料 ─┬─ 五感による観察 ──────── 飼料原材料の品質および夾雑物の鑑定
      │
      ├─ 篩　別 ─┬─ 上部 ── 実体顕微鏡による鑑別 ─┬─ 飼料原材料の混在量測定
      │          │                                 └─ 夾雑物の混入量測定
      │          └─ 下部 ── 光学顕微鏡による鑑別 ─┬─ 飼料原材料の混在量推定
      │                                            └─ 夾雑物の混入量推定
      ├─ 物理的鑑定 ─┬─ 比重による選別 ──────── 鉱物質などの混入量の測定
      │              └─ 流水淘汰による選別 ──── 夾雑物の混入量の測定
      └─ 化学的鑑定 ──── 各種試薬による選別 ─┬─ 呈色，染色による判定
                                              ├─ 結晶生成による判定
                                              └─ 沈澱生成による判定など
```

図22-1　飼料の鑑定の手順

いて形状，色調などを観察することにより各々の原材料などを鑑別し，篩下部の微細なものについては酸またはアルカリ処理を施して光学顕微鏡により細胞，組織構造を観察し，各々の原材料などを鑑別する．また，比重選別などの物理的鑑定や呈色などによる化学的鑑定を適宜必要に応じて行い，鑑別を行うことである．

なお，飼料の鑑定法については，「飼料分析基準」によりその方法が定められており，その操作などの解説については「飼料分析基準注解」に掲載されている．

22.1 五感による鑑定

いわゆる感覚による方法であり，平素から種々の飼料を注意して観察し，その特徴をよく知っておき，次のような点を観察すれば，飼料の良否を評価できる．

1．配合飼料

飼料原料，配合飼料，混合飼料などを経験的，感覚的に評価する方法は以下の通りであり，配合飼料や混合飼料では篩分けすると観察が容易になる．
1) 形状，色沢がよくて，異物が混じっていないこと．また，かびなどが生えていないこと．
2) 香気がよく，かび臭，刺激臭および腐敗臭などがないこと．
3) 手に触れてみて，十分乾燥しており，発酵した感じがなく，また，塊になっていないこと．
4) 口に含んでみて，渋味，苦味，固さなどを観察する．

このような鑑定は，軽視されがちであるが，最も簡単に行えて，しかも重要な方法であり，経験を積めば，かなりよく判定できる． （早川俊明）

2．乾 草

乾草の品種は材料の種類と草の成熟度，作り方，貯蔵法などによって決まる．色調は品質と関係深く，タンパク質含量と比例する．しかし，その測定値の表示法は確立されていない．わが国には品質判定の公定基準はなく，表22.1-1の基準が慣用されている．

表 22.1-1　乾草の品質基準（北海道）

区分	配点	級 科別	A 摘要	A 配点	B 摘要	B 配点	C 摘要	C 配点	D 摘要	D 配点	E 摘要	E 配点	備考
葉部割合	20	イネ科	60％以上	20	59〜40％	15	39〜20％	10	19〜10％	5	9％以下	2	イネ科草，赤，白，ラジノークローバーは葉身，小葉のみ（重量測定50〜100gより）
		マメ科	50％以上		49〜35％		34〜20％		19〜10％		9％以下		
緑度	20	—	80以上	20	70 / 60	18 / 15	50 / 40	13 / 10	30 / 20	7 / 3	0	0	色調表，早春萌芽時の緑度を100とし，以下ワラの色調を0とする．
刈取時における原料草の生育ステージ	15	イネ科	生育期（40cm以下）	15	生育期（41cm〜60cm）	12	穂孕期〜出穂後期	8	出穂完期〜開花期	4	開花後期〜結実期	1	混播の割合は主要草を中心に判定する．イネ科の草丈は乾草でき上りにおける草丈である．
		マメ科	生育期〜出蕾期		開花（1/10）初期		開花（1/5〜1/2）中期		開花（1/2以上）盛期		開花後期〜結実期		
マメ科の混入	10	—	60％以上	10	59〜40	8	39〜30％	5	29〜10％	3	9％以下	0	重量による
水分	10	—	最適（16％以下）	10	AとCの中間	8	やや多い（18％）	5	CとEの中間	3	不適（20％以上）	0	でき上り乾草の水分である
触感	10	—	柔軟で弾力のあるもの	10	AとCの中間	8	やや柔軟性と弾力の欠けるもの	5	CとEの中間	3	粗鋼で弾力のないもの	1	
かび，乾燥むら，香気	10	—	かび，むらがなく快い甘い芳香	10	AとCの中間	8	かび臭とむらが少しあるもの	5	CとEの中間	3	かび，むらがひどいもの	0	
雑草，夾雑物の混入	5	—	なし	5	僅かにあり（1％以内）	4	若干あり（2〜3％）	3	稍あり（4〜5％）	2	多い（10％以上）	0	

3．サイレージ

　材料と調製法によってサイレージの品質は大きく変わる．古くから，各国でいろいろな鑑定方法が考案されている．わが国には統一的な鑑定方法はなく，表22.1-2に示した基準が用いられている．よいサイレージができる条件は次のようである．1) 乳酸発酵がよく，乳酸が多量に発生し，pHが低

第22章 飼料の鑑定法

表22.1-2 サイレージの品質鑑定の基準（日本）

	総合点	100〜81	80〜61	60〜31	30〜0
	等級	優	良	可	不可

A表（通常のサイレージの場合）

pHによる採点（60点）		感覚による採点（40点）		
pH	点数	感覚	摘　要	点数
4.1以下	60	臭 (20点)	(a) それぞれの材料のサイレージとしての特有の芳香があり，優れていると認められるもの	20
4.2	55		(b) サイレージ固有の甘酸臭をもっている	16
4.3	40		(c) やや酸臭が強すぎるもの，あるいは酸臭をもつもの	8
4.4	30		(d) サイレージとして臭がないもの，あるいは悪臭のあるもの	0
4.5	23			
4.6	13	触感 (20点)	(a) 適当なしめりがあり，さらさらした感じのもの	20
4.7	3		(b) やや水分が多すぎると感じられるもの	16
4.8以上	0		(c) 簡単に握って水がしたたるもの	8
			(d) かびがあったり，ねばねば感じのあるもの	0

B表（低水分サイレージ—水分65%以下—の場合）

感覚による採点（100点）

感覚	摘　要	点数
臭 (25点)	(a) それぞれの材料の低水分サイレージとしての香があって，優れていると認められるもの	25
	(b) サイレージ特有の甘酸臭をもっている	20
	(c) サイレージとして臭の弱いもの	10
	(d) 固有の臭が全くなく，かび臭その他の異臭のあるもの	0
味 (25点)	(a) 快い酸味が感じれるもの	25
	(b) 酸味がやや感じられるもの	20
	(c) サイレージとして味がほとんどないもの	5
	(d) いやな味をもっているもの	0
色 (25点)	(a) 材料により固有の色をおびていて，明るい感じのもの	25
	(b) 明るさに欠けるもの	12
	(c) 暗黒褐色または堆肥のような色を呈するもの	10
触感 (25点)	(a) さらさらしていて，しかも握って弾力を感ずるもの	25
	(b) 握ったときに，いくらかしめりを感ずるが，軟らかさが劣り，わらのような感じを与えるもの	10
	(c) かびがあって，ぬるぬるした感じのもの	10

ただし，臭による採点＋味による採点＋触感＝総合となる

い．2) そのための酪酸菌に繁殖が少なく，アンモニアの生成が少ない．3) 低水分の場合，発酵全体が弱いので pH は低くならないが酪酸発酵も起こらない．

（米持千里）

22.2 篩分けによる鑑定

種々の網目の組立篩（例えば 0.5, 1, 2 mm）を用いて粒度別にして見ると，一見目に付かなかった混入物を発見することができる．配合飼料や混合飼料は，篩分けにより粒度の大きい区分から順々に同種の物を集めて分類し，一つ一つ判定するのがよい．そのままで判定できない場合は，実体顕微鏡を用いるか，または一定の処理を行って光学顕微鏡で観察したり，化学的な定性試験を行って観察する．単体飼料でも篩分けは夾雑物の混在を確認するのに有効な手段である．

22.3 比重による鑑定

飼料原料の比重の差を利用して混合された試料を分別する方法であるが，顕微鏡鑑定に供する前処理としても利用できる．

多くの飼料原料の比重は表 22.3-1 に示した通りほぼ決まっており，比重が異なる液体（ブロモホルム 2.9，四塩化炭素 1.59，クロロホルム 1.5，ベンゼン 0.88，いずれも 15 ℃ の場合）を混合して目的の比重液を調製し，試料を入れて浮沈を観察することで，その種類や異物の混入度をある程度知ることができる．ただし，比重液に用いている試薬については，人体に有害なもの，環境的に規制されているものであり，現在これらに代わるものがないことからやむをえず使用しており，使用に際しては，最小限にする必要がある．

表 22.3-1 飼料原料などの比重

品　名	比　重	品　名	比　重
穀類，そう糠類，植物油粕類など	1.5 以下	かき殻，貝殻粉末	1.9～2.6
尿　素	1.2～1.4	食　塩	2.0～2.2
魚　骨	1.3～2.0	リン酸二カルシウム	2.2～2.4
えび殻，かに殻	1.4～2.0	炭酸カルシウム，大理石	2.6～2.9
けい藻土	1.8～2.5	リン酸三カルシウム	3.0～3.2
獣　骨	1.9～2.2		

飼料中の植物性原料，動物性原料の肉質部および獣毛などは比重 1.5 以下であり，動物性原料の骨および炭酸カルシウム，食塩などのミネラルは比重 1.5 以上なので，通常，四塩化炭素を用いて比重分離を行うとよい．

22.4 顕微鏡による鑑定

配合飼料の大半は植物性の原料で構成されており，その主なものは農産物の種子である．

種子は原形のまま飼料に使用されることは少なく，大半が粉砕，圧ぺん，加工処理された形で使用されている．また，畜産物および水産物の副産物などが多岐にわたり飼料原料として使用されている．このため，純粋な単体の飼料原料，混入物の標準品を収集しておかねばならず，この収集した標準品について肉眼により，あるいは実体顕微鏡または光学顕微鏡により，それぞれを鑑別するための特徴を熟知するよう努めることが必要である．

1. 実体顕微鏡による鑑定

低倍率の実体顕微鏡を用いて，試料を外見の特徴によって鑑別する方法である．この際，篩分け操作を行うことにより鑑別が容易になる．

試料 20〜50 g を 0.5, 1.0, 2.0 mm の組立篩で粒度別に篩分けし，各篩上を低倍率（5〜20 倍）の実体顕微鏡，またはルーペで観察する．適宜検体を摘出して個々について対応する検索作業を実施する．この操作では単体飼料中の夾雑物の検出，トウモロコシとグルテンフィードのように同じ原料であり光学顕微鏡で組織を観察した場合に同一所見を与えるものの識別，また血粉，皮革粉のように組織構造の特徴がなく光学顕微鏡では観察不可能なものの検出はこの段階で行わなければならない．

2. 光学顕微鏡による鑑定

高倍率（50〜400 倍）の光学顕微鏡を用いて，細胞または組織構造の特徴によって鑑別する方法である．この特徴は粉砕などの加工を行っても失われず，アルカリ処理あるいは酸処理を行うことにより鑑別が容易になることである．

植物性原料はアルカリ（1.25 % NaOH）で適宜煮ることにより，タンパク

質，脂肪は溶解し，繊維質が残るようになり，細胞膜は膨潤し透明となるので，細胞や組織の形状，色調構造が明らかに認められるようになる．動物性原料は同様の処理を行うことにより骨，魚鱗などが残る．一方，酸（1.25％ H_2SO_4）処理することにより，骨などが溶解し筋肉，獣毛などが確認できるようになる．

各処理を行った後，沈澱物が流出しないように注意しながら水で水層が透明になるまで数回洗浄し，沈澱物をスプーンを用いて少量をすくい取り，スライドグラス上に薄く広げ，カバーグラスを被せて検鏡を行う．試料によっては厚みのあるものもあり，カバーグラスを指で押さえてスリップさせ試料を平坦にすると観察しやすくなる．また，種子などは組織が数層から成っており，厚みがあるため 50～100 倍で焦点深度を変えながら各層の細胞組織の形状，色調を観察する．

各飼料原料の標準的な見本を作成し，それらの特徴を把握しておくことが必要である．

光学顕微鏡においては人工光源を用いており，色調が異なり特徴が識別しづらい場合もあるが，いずれも習熟すれば問題はない．

22.5 簡単な器具や薬品を使う鑑定法

簡単な器具などを用いた化学的鑑定は，顕微鏡鑑定と同様に飼料の鑑定において重要な方法であり，この方法は飼料を主として定性的に観察することにより鑑別する方法である．定性的方法としては呈色法が多く用いられているが他に染色法，発光法などもある．

また，より正確に鑑別を行う必要がある場合には，鑑定する成分または物質の特性に応じて紫外可視分光光度計，赤外分光光度計，蛍光分光光度計，X線回折装置，質量分析装置などの機器を選択して用いて鑑別する．

1．呈 色 法

1) デンプン

ヨウ素，ヨウ化カリウム溶液を 1～2 滴，滴下するとデンプンがある場合には濃青色を呈する．菓子屑，天かすなどの有無の判別に用いる．

2) リグニン

0.2％フロログルシン（エタノール溶液）に5分間浸し，塩酸1～2滴を加えるとリグニンがあると濃赤色を呈する．

植物の木質部，穂軸，殻，根，葉部の繊維中に多く含まれ，鋸屑，わらなどの有無の判別に用いる．

3) アンモニア

試料に水を加えてかき混ぜ，沪過し，沪液にネスラー試液を1～2滴，滴下するとアンモニアがあると黄色または赤褐色を呈する．魚粉などの動物性飼料の品質判断に使われる．

その他ミネラル，抗生物質，尿素なども呈色法により判別が可能である．

2．染 色 法

1) 魚骨，獣骨の判別

試料を比重分離し，0.2％マラカイトグリーン試液（エタノール溶液）に浸し，水浴上で乾固，エタノールおよび水で洗浄し，実体顕微鏡で観察する．獣骨は着色なし，蒸製骨粉は鮮青色，スケトウダラの骨は青緑色，マグロの骨は黒緑色を呈する．

2) 甲殻類の判別

試料を比重分離し，0.1％ブロモチモールブルー試液（20％エタノール溶液）を滴下し，実体顕微鏡で観察する．甲殻類は緑色，または不透明を呈する．

3．発 光 法

血粉の有無を判別する場合には微粉砕した試料0.1gを時計皿に取り，エタノールで潤し，0.1％ルミノール試液（0.5％過酸化ナトリウム溶液）5mlを加えて暗所で観察する．獣血粉は1～2分発光するが，鶏血粉は発光しない．

（早川俊明）

参考文献

1) 飼料原料図鑑編集委員会編，1997．飼料原料図鑑，芝光社．
2) 農林水産省畜産局長通達，1987．飼料分析基準の制定について．
3) 飼料分析基準研究会編，1998．飼料分析法注解（第3版），(社)日本科学飼料協会．

付　表

付表1. ウマの養分要求量表（1日当たり）
軽種馬飼養標準（日本中央競馬会競争馬総合研究所 編, 1998）

ウマ	体重〈kg〉	日増体重〈kg/日〉	可消化エネルギー〈Mcal〉(Mcal/kg)	粗タンパク質〈g〉(%)	リジン〈g〉(%)	カルシウム〈g〉(%)	リン〈g〉(%)	マグネシウム〈g〉(%)	ビタミンA〈1,000 IU〉(1,000 IU/kg)
発育時期のウマ									
哺乳期, [ ]内は乳由来摂取量を示す									
2ヵ月齢	130	1.15	8 [7.9]	330 [300]		23 [12]	13 [8]	3.4 [0.6]	
4ヵ月齢	195	1.00	9 [5.9]	430 [220]		25 [7]	14 [5]	4.2 [0.3]	
育成期									
10ヵ月齢	315	0.45	17.5 (2.50)	780 (11.2)	34 (0.49)	27 (0.39)	15 (0.22)	5.3 (0.08)	14 (2)
15ヵ月齢	405	0.40	20.5 (2.30)	920 (10.3)	39 (0.44)	29 (0.33)	16 (0.18)	6.6 (0.07)	18 (2)
22ヵ月齢（育成調教時）	450	0.20	26.5 (2.65)	1,120 (11.2)	45 (0.45)	34 (0.34)	19 (0.19)	9.9 (0.10)	20 (2)
成　馬									
競走期	455〜475	—	27〜35 (2.70)	1,300 (11.2)	46 (0.40)	40 (0.34)	29 (0.25)	15.1 (0.13)	22 (1.9)
繁殖期									
妊娠後期	640	0.50	25 (1.80)	1,100 (7.7)	38 (0.27)	47 (0.33)	36 (0.26)	12.0 (0.08)	38 (2.7)
泌乳前期	570		31 (2.40)	1,600 (12.5)	57 (0.45)	61 (0.48)	41 (0.32)	12.2 (0.10)	34 (2.7)
泌乳後期	570		28 (2.20)	1,200 (9.4)	42 (0.33)	42 (0.33)	26 (0.20)	9.8 (0.08)	34 (2.7)

付表2. マウス，ラット，モルモットおよびウサギの養分要求量（飼料1kg当たり）
Nutrient requirements of laboratory animals (NRC, 1995)
Nutrient requirements of rabits. (NRC, 1977)

		マウス 成長	ラット 維持	ラット 成長	ラット 繁殖	モルモット	ウサギ 成長	ウサギ 維持	ウサギ 妊娠	ウサギ 授乳
粗タンパク質	(g)	180.0	50.0	150.0	150.0	180.0	160.0	120.0	150.0	170.0
粗脂肪	〃	50.0	50.0	50.0	50.0	1.33-4.0	20.0	20.0	20.0	20.0
リノール酸	〃	6.8		6.0	3.0	1.33-4.0				
リノレイン酸	〃									
粗繊維						150.0	100〜120	140	100〜120	100〜120
代謝エネルギー	(Mcal)	3.8-4.1	3.8-4.1	3.8-4.1	3.8-4.1		DE2.5	DE2.1	DE2.5	DE2.5
アルギニン	(g)	3.0		4.3	4.3	12.0	6			
ヒスチジン	〃	2.0	0.8	2.8	2.8	3.6	3			
イソロイシン	〃	4.0	3.1	6.2	6.2	6.0	11			
ロイシン	〃	7.0	1.8	10.7	10.7	10.8	6			
リジン	〃	4.0	1.1	9.2	9.2	8.4	6.5			
メチオニン+シスチン	〃	5.0	2.3	9.8	9.8	6.0	6			
フェニルアラニン+チロシン	〃	7.6	1.9	10.2	10.2	10.8	11			
トレオニン	〃	4.0	1.8	6.2	6.2	6.0	6			
トリプトファン	〃	1.0	0.5	2.0	2.0	1.8	2			
バリン	〃	5.0	2.3	7.4	7.4	8.4				
カルシウム	〃	5.0		5.0	6.3	8.0	4	—	45	75
リン	〃	3.0		3.0	3.7	4.0	2.2	—	3.7	5
カリウム	〃	2.0		3.6	3.6	5.0	6	6	6	6
マグネシウム	〃	0.5		0.5	0.6	1.0	0.3-04	0.3-0.4	0.3-0.4	0.3-0.4
ナトリウム	〃	0.5		0.5	0.5	0.5	2	2	2	2
塩素	〃	0.5		0.5	0.5	0.5	3	3	3	3
銅	(mg)	6.0		5.0	8.0	6.0	3	3	3	3
鉄	〃	35.0		35.0	75.0	50.0				
マンガン	〃	10.0		10.0	10.0	40.0	8.5	2.5	2.5	2.5
亜鉛	〃	10.0		12.0	25.0	20.0				
ヨウ素	(μg)	150.0		150.0	150.0	150.0	200	200	200	200
モリブデン	〃	150.0		150.0	150.0	150.0				
セレン	〃	150.0		150.0	400.0	150.0				
ビタミンA	(mg)	0.72		0.7	0.7	6.6	0.83		0.83	
ビタミンD	〃	0.025		0.025	0.025	0.025				
ビタミンE	〃	22.0		18.0	18.0	26.7	40		40	40
ビタミンK	〃	1.0		1.0	1.0	5.0			0.2	
アスコルビン酸						200.0				
ビオチン	〃	0.2		0.2	0.2	0.2				
葉酸	〃	0.5		1.0	1.0	3.0-6.0				
ニコチン酸	〃	15.0		15.0	15.0	10.0	180			
パントテン酸	〃	16.0		10.0	10.0	20.0				
リボフラビン	〃	7.0		3.0	4.0	3.0				
チアミン	〃	5.0		4.0	4.0	2.0				
ピリドキシン	〃	8.0		6.0	6.0	2.0-3.0	39			
ビタミンB_{12}	(μg)	10.0		50	50					
コリン	(g)	2.00		0.75	0.75	1.8	1.2			

付表3. ネコおよびイヌの養分要求量
Nutrient requirements of cats (NRC, 1986)
Nutrient requirements of dogs (NRC, 1985)

	ネコ[a] (飼料1kg中)		イヌ (体重kg当たり)		
	単位	成長	単位	成長[b]	維持[c]
タンパク質	g	240	—	—	—
脂肪	—	—	g	2.7	1.0
リノレイン酸	g	5	mg	540	200
カルシウム	〃	8	〃	320	119
リン	〃	6	〃	240	89
カリウム	〃	4	〃	240	89
ナトリウム	mg	500	〃	30	11
塩素	g	1.9	〃	46	17
マグネシウム	mg	400	〃	22	8.2
鉄	〃	80	〃	1.74	0.65
銅	〃	5	〃	0.16	0.06
マンガン	〃	5	〃	0.28	0.10
亜鉛	〃	50	〃	1.94	0.72
ヨウ素	μg	350	〃	0.032	0.012
セレン	〃	100	〃	0.006	0.0022
ビタミンA	IU	3333	IU	202	75
ビタミンD	〃	500	〃	22	8
ビタミンE	〃	30	〃	1.2	0.5
チアミン	mg	5	μg	54	20
リボフラビン	〃	4	〃	100	50
パントテン酸	〃	5	〃	400	200
ニコチン酸	〃	40	〃	450	225
ピリドキシン	〃	4	〃	60	22
葉酸	〃	0.8	〃	8	4
ビオチン	〃	0.07	〃		
ビタミンB_{12}	〃	0.02	〃	1.0	0.5
コリン	g	2.4	mg	50	25
アルギニン	〃	10	〃	274	21
ヒスチジン	〃	3	〃	98	22
イソロイシン	〃	5	〃	196	48
ロイシン	〃	12	〃	318	84
リジン	〃	8	〃	280	50
メチオニン+シスチン	〃	7.5	〃	212	30
フェニルアラニン+チロシン	〃	8.5	〃	390	86
トレオニン	〃	7	〃	254	44
トリプトファン	〃	1.5	〃	82	13
バリン	〃	6	〃	210	60
可欠アミノ酸	—	—	〃	3,414	1,266

注) a:ネコ,成長期(10～20週), b:イヌ,成長期(平均体重3kg), c:成犬(平均体重10kg)として.

付表4. 家禽の養分要求量
日本飼養標準・家禽（農水省農林水産技術会議，1997年版）

栄養素	区分	卵用鶏およびブロイラー種鶏 育成期 幼雛 (0〜4週齢)	卵用鶏およびブロイラー種鶏 育成期 中雛 (4〜10週齢)	卵用鶏およびブロイラー種鶏 育成期 大雛 (10週齢〜初産)	産卵期 産卵鶏	産卵期 種鶏
代謝エネルギー	Mcal/kg	2.90	2.80	2.70	2.80	2.75
粗タンパク質 (CP)	%	19.0	16.0	13.0	15.5	15.5
カルシウム	〃	0.80	0.70	0.60	3.40	3.40
非フィチンリン	〃	0.40	0.35	0.30	0.35	0.35
カリウム	〃	0.37	0.34	0.25	0.15	0.15
ナトリウム	〃	0.15	0.15	0.15	0.12	0.12
塩素	〃	0.15	0.15	0.15	0.12	0.12
マグネシウム	〃	0.06	0.06	0.06	0.05	0.05
銅	mg/kg	5.0	4.0	4.0	−	−
鉄	〃	80.0	60.0	40.0	45.0	60.0
ヨウ素	〃	0.35	0.35	0.35	0.20	0.20
マンガン	〃	55.0	55.0	25.0	25.0	33.0
セレン	〃	0.12	0.12	0.12	0.12	0.12
亜鉛	〃	40.0	40.0	35.0	35.0	45.0
ビタミンA	IU/kg	2,700	2,700	2,700	4,000	4,000
ビタミンD_3	〃	200	200	200	500	500
ビタミンE	〃	10.0	10.0	5.0	5.0	10.0
ビタミンK	mg/kg	0.5	0.5	0.5	0.5	1.0
チアミン	〃	2.0	1.8	1.3	0.7	0.7
リボフラビン	〃	5.5	3.6	1.8	2.5	3.8
パントテン酸	〃	10.0	10.0	10.0	2.0	7.0
ニコチン酸	〃	29.0	27.0	11.0	10.0	10.0
ビタミンB_6	〃	3.1	3.0	3.0	2.5	4.5
ビオチン	〃	0.15	0.15	0.10	0.10	0.10
コリン	〃	1,300	1,300	500	1,050	1,050
葉酸	〃	0.55	0.55	0.25	0.25	0.35
ビタミンB_{12}	〃	0.009	0.009	0.003	0.003	0.020
リノール酸	%	1.0	1.0	1.0	1.0	1.0
アルギニン	〃	1.02	0.81	0.62	0.65	0.65
グリシン+セリン	〃	0.71	0.57	0.44	0.51	0.51
ヒスチジン	〃	0.26	0.22	0.16	0.16	0.16
イソロイシン	〃	0.60	0.49	0.37	0.52	0.52
ロイシン	〃	1.10	0.83	0.65	0.76	0.76
リジン	〃	0.85	0.57	0.42	0.65	0.65
有効リジン	〃	−	−	−	0.55	0.55
メチオニン	〃	0.30	0.26	0.19	0.33	0.33
有効メチオニン	〃	−	−	−	0.28	0.28
メチオニン+シスチン	〃	0.60	0.48	0.40	0.54	0.54
有効(メチオニン+シスチン)	〃	−	−	−	0.49	
フェニルアラニン	〃	0.55	0.44	0.33	0.44	0.44
フェニルアラニン+チロシン	〃	1.02	0.81	0.62	0.77	0.77
トレオニン	〃	0.69	0.56	0.35	0.45	0.45
有効トレオニン	〃	−	−	−	0.35	0.35
トリプトファン	〃	0.17	0.13	0.10	0.17	0.17
バリン	〃	0.62	0.51	0.38	0.57	0.57
プロリン	〃	−	−	−	−	−

付表4. 家禽の養分要求量つづき

ブロイラー		日本ウズラ		アヒル		
前期	後期	育成期	産卵期	育成期		産卵期
(0〜3週齢)	(3週齢以後)	(0〜初産)		(0〜4週齢)	(4週齢〜初産)	
3.10	3.10	2.80	2.80	2.90	2.90	2.90
21.0	17.0	24.0	22.0	22.0	16.0	15.0
0.90	0.80	0.80	2.50	0.65	0.60	2.75
0.45	0.40	0.30	0.35	0.40	0.30	0.35
0.30	0.24	0.40	0.40	—	—	—
0.20	0.15	0.15	0.15	0.15	0.15	0.15
0.20	0.15	0.14	0.14	0.12	0.12	0.12
0.06	0.06	0.03	0.05	0.05	0.05	0.05
8.0	8.0	5.0	5.0	—	—	—
80.0	80.0	120.0	60.0	—	—	—
0.35	0.35	0.30	0.30	—	—	—
55.0	55.0	60.0	60.0	50.0	50.0	—
0.12	0.12	0.2	0.2	0.2	0.2	—
40.0	40.0	25.0	50.0	60.0	60.0	—
2,700	2,700	1650	3,300	2,500	2,500	4,000
200	200	750	900	400	400	900
10.0	10.0	12.0	25.0	10.0	10.0	10.0
0.5	0.5	1.0	1.0	0.5	0.5	0.5
2.0	1.8	2.0	2.0	—	—	—
5.5	3.6	4.0	4.0	4.0	4.0	4.0
9.3	6.8	10.0	15.0	11.0	11.0	11.0
37.0	7.8	40.0	20.0	55.0	55.0	55.0
3.1	1.7	3.0	3.0	2.5	2.5	3.0
0.15	0.15	0.3	0.15	—	—	—
1,300	750	2,000	1,500	—	—	—
0.55	0.55	1.0	1.0	—	—	—
0.009	0.004	0.003	0.003	—	—	—
1.0	1.0	1.0	1.0	—	—	—
1.21	1.17	1.40	1.25	1.1	1.0	—
1.21	1.10	1.70	1.70	—	—	—
0.34	0.29	0.40	0.40	—	—	—
0.78	0.68	1.10	1.00	0.63	0.46	0.38
1.16	1.06	1.90	1.70	1.26	0.91	0.76
1.16	0.97	1.20	0.90	0.90	0.65	0.60
0.98	0.80	—	—	—	—	—
0.46	0.37	0.50	0.45	0.40	0.30	0.27
0.41	0.33	—	—	—	—	—
0.90	0.70	0.90	0.80	0.80	0.80	0.55
—	—	—	—	—	—	—
0.70	0.63	1.10	1.10	0.70	0.55	0.50
1.30	1.18	2.10	2.00	—	—	—
0.77	0.70	1.20	1.10	—	—	—
0.65	0.55	—	—	—	—	—
0.22	0.17	0.25	0.25	0.23	0.17	0.14
0.87	0.79	1.10	1.00	0.78	0.56	0.47
0.58	0.53	—	—	—	—	—

付表5. ブタの養分要求量（1日当たり）
日本飼養標準・豚（農水省農林水産技術会議，1998年版）

区　分		子　豚			肥育豚	
体　重（kg）		1-5	5-10	10-30	30-70	70-115
期待増体日量	kg	0.20	0.25	0.55	0.80	0.85
風乾飼料量	kg	0.22	0.38	1.05	2.16	3.12
体重に対する比率	%	7.3	5.1	5.3	4.3	3.4
粗タンパク質	g	53	84	190	324	406
可消化タンパク質	〃	47	76	166	266	328
可消化エネルギー	Mcal	0.85	1.41	3.58	7.14	10.30
カルシウム	g	2.0	3.1	6.9	11.9	15.6
非フィチンリン	〃	1.2	1.7	3.7	5.4	6.2
ナトリウム	〃	0.22	0.4	1.1	2.2	3.1
塩　素	〃	0.18	0.3	0.8	1.7	2.5
カリウム	〃	0.66	1.1	2.7	4.3	5.3
マグネシウム	〃	0.09	0.2	0.4	0.9	1.2
鉄	mg	22	38	84	108	125
亜　鉛	〃	22	38	84	119	156
マンガン	〃	0.9	1.5	3.2	4.3	6.2
銅	〃	1.3	2.3	5.3	7.6	9.4
ヨウ素	〃	0.03	0.05	0.15	0.30	0.44
セレン	〃	0.07	0.12	0.26	0.32	0.31
ビタミンA	IU	480	840	1,840	2,810	4,060
ビタミンD	〃	50	80	210	320	470
ビタミンE	〃	3.5	6.1	11.6	23.8	34.3
ビタミンK	mg	0.1	0.2	0.5	1.1	1.6
チアミン	〃	0.33	0.38	1.05	2.16	3.12
リボフラビン	〃	0.88	1.34	3.16	4.98	6.24
パントテン酸	〃	2.6	3.8	9.5	16.2	21.8
ニコチン酸	〃	4.4	5.8	13.2	18.4	21.8
ビタミンB_6	〃	0.44	0.58	1.58	2.16	3.12
コリン	〃	130	190	420	650	940
ビタミンB_{12}	μg	4.4	6.7	15.8	16.2	15.6
ビオチン	mg	0.22	0.02	0.05	0.11	0.16
葉　酸	〃	0.07	0.12	0.32	0.65	0.94
アルギニン	g	1.2	1.7	3.7	5.4	5.7
ヒスチジン	〃	1.2	1.6	3.6	5.2	5.5
イソロイシン	〃	2.2	3.1	6.7	9.8	10.4
ロイシン	〃	3.6	5.1	11.2	16.3	17.3
リジン	〃	3.6	5.1	11.2	16.3	17.3
有効リジン	〃	3.5	4.3	9.5	13.8	14.7
メチオニン＋シスチン	〃	2.2	3.1	6.9	9.9	10.6
有効メチオニン＋シスチン	〃	2.1	2.8	5.9	8.5	9.0
フェニルアラニン＋チロシン	〃	3.4	4.8	10.6	15.5	16.4
トレオニン	〃	2.4	3.3	7.3	10.6	11.2
有効トレオニン	〃	2.3	2.7	6.2	8.9	9.5
トリプトファン	〃	0.7	1.0	2.1	3.1	3.3
バリン	〃	2.4	3.5	7.6	11.1	11.8

付表5. ブタの養分要求量（1日当たり）つづき

繁殖育成豚			妊娠豚	授乳豚
60-80	80-100	100-130	175	200
0.60	0.55	0.50	−	−
2.19	2.29	2.44	2.13	5.35
3.1	2.5	2.1	1.2	2.8
285	298	317	266	803
230	240	256	224	669
6.75	7.05	7.52	6.56	17.66
16.4	17.2	18.3	16.0	40.1
9.9	10.3	11.0	9.6	24.1
3.3	3.4	3.7	3.2	10.7
2.6	2.7	2.9	2.6	8.6
4.4	4.6	4.9	4.3	10.7
0.9	0.9	1.0	0.9	2.1
175	183	195	170	428
110	115	122	107	268
21.9	22.9	24.4	21.3	53.5
11.0	11.5	12.2	10.7	26.8
0.31	0.32	0.34	0.30	0.75
0.33	0.34	0.37	0.32	0.80
8,760	9,160	9,760	8,520	10,700
440	460	490	430	1,070
48.2	50.4	53.7	46.9	117.7
1.1	1.1	1.2	1.1	2.7
2.19	2.29	2.44	2.13	5.35
8.21	8.59	9.15	7.99	20.06
26.3	27.5	29.3	25.6	64.2
21.9	22.9	24.4	21.3	53.5
2.19	2.29	2.44	2.13	5.35
2,740	2,860	3,050	2,660	5,350
32.9	34.4	36.6	32.0	80.3
0.44	0.46	0.49	0.43	1.07
0.66	0.69	0.73	0.64	1.61
−	−	−	−	30.9
4.2	4.6	4.8	3.2	18.0
6.9	7.6	7.9	9.3	32.3
12.6	13.8	14.4	8.0	53.0
12.6	13.8	14.4	10.8	46.1
10.7	11.7	12.2	9.2	39.2
6.3	6.9	7.2	7.2	25.4
5.4	5.9	6.1	6.2	21.6
12.1	13.2	13.8	8.3	53.0
7.6	8.3	8.6	9.1	32.3
6.4	7.0	7.3	7.7	27.5
1.9	2.1	2.2	1.7	8.8
8.8	9.7	10.1	11.6	46.1

付表6. ヒツジの養分要求量（1日当たり）
日本飼養標準・めん羊．（農水省農林水産技術会議，1996年版）

体重(kg)	1日増体重(kg)	乾物量(kg)	粗タンパク質(g)	可消化タンパク質(g)	可消化エネルギー(Mcal)	カルシウム(g)	リン(g)	ビタミンA(1,000 IU)
雌羊の育成								
40	0.08	1.24	3.1	108	57	3.27	2.8	1.8	1.88
60	0.08	1.68	2.8	130	61	4.44	3.4	2.3	2.82
哺乳子羊								
10	0.35	0.45	4.5	86	77	1.87	6.4	3.0	0.47
30	0.15	0.96	3.2	98	55	3.03	3.7	2.0	1.41
成雌羊の妊娠初期から中期の15週間								
60	0.06	1.03	1.7	101	58	2.99	3.4	2.6	2.82
80	0.06	1.24	1.5	119	67	3.60	3.8	3.2	3.76
成雌羊の妊娠末期6週間								
単胎羊								
60	0.14	1.19	2.0	130	79	3.46	5.4	4.0	5.10
80	0.14	1.40	1.8	148	88	4.07	5.7	4.8	6.80
双胎羊								
60	0.22	1.37	2.3	170	109	3.98	7.7	4.8	5.10
80	0.22	1.58	2.0	188	118	4.60	8.0	5.6	6.80
成雌羊の授乳前期8週間								
単子授乳羊								
60	−0.07	1.92	3.2	276	188	5.59	6.7	5.5	5.10
80	−0.07	2.13	2.7	294	197	6.20	7.0	6.4	6.80
双子授乳羊								
60	−0.12	2.25	3.8	347	242	6.56	9.0	6.8	6.00
80	−0.12	2.46	3.1	365	251	7.17	9.3	7.6	8.00
成雌羊の授乳後期8週間								
単子授乳羊								
60	0	1.44	2.4	174	111	4.18	4.6	4.0	5.10
80	0	1.65	2.1	192	120	4.79	4.9	4.8	6.80
双子授乳羊								
60	0	1.75	2.9	226	148	5.11	6.5	4.8	5.10
80	0	1.96	2.5	244	157	5.72	6.8	5.6	6.80
成雌羊の回復期（乾乳期）								
60	0.05	1.25	2.1	112	59	3.32	3.6	2.5	2.82
80	0.05	1.49	1.9	131	69	3.93	4.0	3.1	3.76
雌子羊の肥育								
30	0.18	1.12	3.8	127	78	3.82	4.4	2.3	1.41
50	0.18	1.36	2.7	123	66	4.64	4.7	2.8	2.35
雄羊の肥育								
40	0.14	1.47	3.7	141	78	3.88	4.1	2.2	1.88
60	0.14	1.99	3.3	163	81	5.26	4.8	2.8	2.82
80	0.12	2.28	2.9	172	79	6.04	4.8	3.2	3.76

付表7. 肉用牛の養分要求量
付表7-1. 肉用牛. 育成に要する養分量（1日当たり）
日本飼料標準.（農水省農林水産技術会議, 2000年版）

体重(kg)	増体日量(kg)	乾物量(kg)	粗タンパク質(g)	可消化粗タンパク質(g)	可消化養分総量(kg)	可消化エネルギー(Mcal)	代謝エネルギー(Mcal)	代謝エネルギー(MJ)	カルシウム(g)	リン(g)	ビタミンA(1000 IU)
雌牛											
25	0.6	0.57	180	162	0.71	3.13	2.91	12.16	9	5	1.1
	1.0	0.79	284	257	0.99	4.37	4.05	16.95	14	9	1.1
50	0.6	0.81	193	171	0.97	4.28	3.95	16.54	10	6	2.1
	1.0	1.07	297	266	1.29	5.68	5.25	21.97	15	9	2.1
100	0.4	1.62	207	158	1.37	6.04	5.37	22.45	11	7	4.2
	0.8	2.22	338	266	1.88	8.28	7.36	30.79	20	10	4.2
	1.2	2.82	469	374	2.39	10.52	9.35	39.13	29	13	4.2
150	0.4	3.52	392	228	2.06	9.08	7.45	31.16	15	8	6.4
	0.8	4.08	559	353	2.68	11.83	9.70	40.57	26	12	6.4
	1.2	4.36	710	473	3.18	14.03	11.50	48.14	37	15	6.4
200	0.4	4.37	481	278	2.55	11.27	9.24	38.67	16	10	8.5
	0.8	5.06	660	409	3.32	14.67	12.03	50.34	26	13	8.5
	1.2	5.41	819	534	3.94	17.41	14.28	59.73	36	16	8.5
300	0.4	5.92	569	306	3.46	15.28	12.53	52.41	18	13	12.7
	0.8	6.86	739	423	4.50	19.89	16.31	68.23	26	15	12.7
400	0.2	6.42	546	271	3.52	15.53	12.74	53.29	16	14	17.0
	0.6	8.02	732	382	4.98	21.98	18.02	75.41	22	16	17.0
肉用種雄牛											
250	1.0	5.55	788	503	4.00	17.65	14.47	60.55	34	17	10.6
	1.4	6.19	971	640	4.66	20.58	16.88	70.62	45	20	10.6
300	1.0	6.36	826	511	4.58	20.24	16.59	69.43	34	18	12.7
	1.4	7.09	1007	643	5.35	23.60	19.35	80.97	44	21	12.7
400	0.8	7.36	801	460	5.18	22.88	18.76	78.49	30	19	17.0
	1.2	8.37	984	585	6.17	27.24	22.34	93.46	39	22	17.0
500	0.6	8.00	769	414	5.50	24.28	19.91	83.31	27	20	21.2
	1.0	9.33	955	532	6.72	29.68	24.34	101.84	35	23	21.2
600	0.6	9.17	828	429	6.31	27.84	22.83	95.52	29	23	25.4
	0.8	9.97	922	485	7.02	31.01	25.43	106.38	32	24	25.4
700	0.4	9.29	786	390	6.23	27.52	22.57	94.43	27	25	29.7
	0.6	10.29	884	443	7.08	31.25	25.63	107.22	30	26	29.7
800	0.2	9.03	736	355	5.91	26.10	21.40	89.54	27	27	33.9

付表 7-2. 乳用種去勢牛の育成・肥育に要する養分量（1日当たり）

体重 (kg)	増体日量 (kg)	乾物量 (kg)	粗タンパク質 (g)	可消化粗タンパク質 (g)	可消化養分総量 (g)	可消化エネルギー (Mcal)	代謝エネルギー (Mcal)	代謝エネルギー (MJ)	カルシウム (g)	リン (g)	ビタミンA (1000 IU)	ビタミンD (IU)
乳用種去勢牛												
50	0.4	0.86	168	137	0.85	3.74	3.38	14.16	14	6	2.1	300
	0.8	1.11	287	241	1.09	4.80	4.34	18.16	27	10	2.1	300
100	0.6	2.35	452	314	1.78	7.87	6.45	27.00	21	9	4.2	600
	1.0	2.84	650	467	2.20	9.70	7.95	33.28	34	13	4.2	600
200	0.6	4.54	583	360	2.96	13.05	10.70	44.78	23	12	8.5	
	1.0	5.25	779	504	3.58	15.82	12.97	54.28	34	16	8.5	
	1.4	5.82	966	647	4.16	18.35	15.05	62.96	45	19	8.5	
300	0.8	6.36	756	452	4.38	19.35	15.87	66.39	29	16	12.7	
	1.2	7.17	942	586	5.17	22.82	18.71	78.30	39	20	12.7	
	1.6	7.82	1119	717	5.89	26.00	21.32	89.21	49	23	12.7	
400	0.8	7.55	813	464	5.37	23.71	19.44	81.34	30	19	17.0	
	1.2	8.49	991	588	6.32	27.88	22.86	95.66	39	22	17.0	
	1.6	9.24	1158	707	7.18	31.71	26.00	108.78	48	25	17.0	
500	0.8	8.55	856	471	6.27	27.69	22.70	95.00	31	22	21.2	
	1.2	9.59	1024	583	7.36	32.48	26.63	111.43	39	24	21.2	
	1.6	10.42	1181	691	8.35	36.86	30.23	126.47	47	27	21.2	
600	0.8	9.41	889	473	7.11	31.38	25.73	107.66	32	24	25.4	
	1.2	10.52	1047	574	8.32	36.71	30.11	125.96	39	26	25.4	
700	0.8	10.15	914	473	7.89	34.84	28.57	119.53	33	27	29.7	
	1.2	11.32	1060	562	9.21	40.66	33.34	139.50	38	28	29.7	
800	0.6	10.09	860	429	7.87	34.76	28.50	119.24	31	29	33.9	
	1.0	11.44	1002	508	9.36	41.30	33.87	141.71	36	30	33.9	

付　表　(613)

付表 7-3. 肉用種去勢牛の肥育に要する養分量（1日当たり）

体重 (kg)	増体 日量 (kg)	乾物量 (kg)	粗タンパク質 (g)	可消化 粗タンパク質 (g)	可消化 養分 総量 (g)	可消化 エネルギー (Mcal)	代謝エネルギー (Mcal)	代謝エネルギー (MJ)	カルシウム (g)	リン (g)	ビタミン A (1000 IU)
肉用種去勢牛											
200	0.60	4.49	571	351	3.14	13.86	11.37	47.57	22	12	8.5
	0.80	5.00	675	424	3.59	15.84	12.99	54.33	28	13	8.5
	1.00	5.45	776	496	4.01	17.71	14.52	60.77	33	15	8.5
	1.20	5.86	873	566	4.42	19.50	15.99	66.90	38	17	8.5
300	0.60	5.84	643	371	4.08	18.01	14.77	61.80	23	14	12.7
	0.80	6.46	744	438	4.63	20.45	16.77	70.17	28	16	12.7
	1.00	7.01	841	505	5.16	22.77	18.67	78.13	33	17	12.7
	1.20	7.51	935	569	5.66	24.98	20.49	85.71	37	19	12.7
	1.40	7.95	1025	633	6.14	27.09	22.21	92.94	42	20	12.7
400	0.60	6.93	696	384	4.84	21.38	17.53	73.37	24	17	17.0
	0.80	7.62	792	445	5.46	24.12	19.78	82.75	28	18	17.0
	1.00	8.23	883	504	6.05	26.72	21.91	91.69	32	20	17.0
	1.20	8.78	971	562	6.62	29.20	23.95	100.19	36	21	17.0
	1.40	9.26	1055	619	7.15	31.57	25.88	108.30	40	22	17.0
500	0.60	7.82	736	391	5.47	24.14	19.79	82.81	25	20	21.2
	0.80	8.53	824	444	6.12	27.03	22.16	92.73	29	21	21.2
	1.00	9.17	908	496	6.75	29.78	24.42	102.17	32	22	21.2
	1.20	9.74	987	547	7.34	32.40	26.57	111.60	36	23	21.2
600	0.40	7.74	680	346	5.27	23.29	19.09	79.89	24	22	25.4
	0.60	8.54	764	393	5.97	26.36	21.62	90.45	27	22	25.4
	0.80	9.25	843	439	6.63	29.29	24.02	100.48	29	23	25.4
	1.00	9.87	917	483	7.26	32.07	26.30	110.02	32	24	25.4
700	0.40	8.36	710	353	5.69	25.13	20.61	86.23	26	24	29.7
	0.60	9.11	782	392	6.37	28.12	23.06	96.49	28	25	29.7
	0.80	9.78	849	429	7.01	30.96	25.39	106.24	30	26	29.7

付表 7-4. 肉用種雄牛および交雑種去勢牛の肥育に要する養分量（1日当たり）

体重 (kg)	増体日量 (kg)	乾物量 (kg)	粗タンパク質 (g)	可消化粗タンパク質 (g)	可消化養分総量 TDN (kg)	可消化エネルギー (Mcal)	代謝エネルギー (Mcal)	代謝エネルギー (MJ)	カルシウム (g)	リン (g)	ビタミン A (1000 IU)
肉用種雄牛											
200	0.8	4.54	630	399	3.19	14.10	11.56	48.37	26	13	8.5
	1.2	5.11	802	528	3.83	16.92	13.88	58.05	36	16	8.5
300	0.8	6.16	698	409	4.33	19.11	15.67	65.57	26	15	12.7
	1.2	6.93	859	522	5.20	22.93	18.81	78.69	34	18	12.7
400	0.4	6.32	586	309	4.15	18.31	15.01	62.80	19	15	17.0
	0.8	7.64	756	414	5.37	23.71	19.44	81.36	26	18	17.0
	1.2	8.60	905	511	6.45	28.46	23.34	97.63	32	20	17.0
500	0.6	8.31	730	371	5.65	24.94	20.45	85.58	23	19	21.2
	1	9.65	878	475	7.01	30.93	25.36	106.10	28	21	21.2
600	0.4	8.56	700	338	5.62	24.81	20.34	85.12	22	21	25.4
	0.8	10.36	852	414	7.28	32.14	26.35	110.27	25	22	25.4
交雑種去勢牛（ホルスタイン×黒毛和種）											
200	0.6	4.42	567	349	2.88	12.71	10.42	43.60	22	12	8.5
	1.0	5.17	759	490	3.53	15.59	12.78	53.49	33	15	8.5
	1.4	5.78	942	628	4.13	18.22	14.94	62.52	44	19	8.5
300	0.6	5.73	636	369	3.85	17.02	13.95	58.38	23	14	12.7
	1.0	6.68	822	498	4.71	20.80	17.06	71.36	33	17	12.7
	1.4	7.45	996	623	5.49	24.26	19.89	83.22	42	20	12.7
400	0.6	6.81	689	381	4.73	20.87	17.11	71.60	24	17	17.0
	1.0	7.91	865	498	5.76	25.42	20.85	87.22	32	20	17.0
	1.4	8.80	1028	610	6.70	29.58	24.25	101.48	40	22	17.0
500	0.6	7.72	730	389	5.53	24.40	20.01	83.72	25	20	21.2
	1.0	8.94	894	492	6.71	29.62	24.29	101.63	32	22	21.2
600	0.6	8.50	762	392	6.27	27.69	22.70	94.99	27	22	25.4
	1.0	9.82	913	482	7.59	33.50	27.47	114.93	32	24	25.4
700	0.6	9.18	787	393	6.97	30.77	25.23	105.57	28	25	29.7
	1.0	10.57	924	468	8.41	37.11	30.43	127.33	32	26	29.7

付表 7-5. 肉用牛. 妊娠, 授乳および維持に要する養分量 (1日当たり)

体重 (kg)	乾物量 (kg)	粗タンパク質 (g)	可消化タンパク質 (g)	可消化養分総量 (kg)	可消化エネルギー (Mcal)	代謝エネルギー		カルシウム (g)	リン (g)	ビタミンA (1000 IU)
						(Mcal)	(MJ)			
妊娠末期2ヵ月間に維持に加える養分量										
−	−	179	135	0.83	3.67	3.01	12.58	14	4	注1
授乳中に維持に加える養分量 (牛乳1 kgを生産するのに必要な養分量)										
−	−	82	53	0.36	1.61	1.32	5.52	2.5	1.1	注1
成雌の維持に要する養分量										
400	5.53	447	214	2.76	12.21	10.0	41.88	12	13	17.0
500	6.54	521	247	3.27	14.43	11.8	49.51	15	16	21.2
600	7.49	591	278	3.75	16.54	13.6	56.76	18	20	25.4
種雄牛の維持に要する養分量										
800	8.53	676	319	5.44	24.03	19.71	82.45	25	26	33.9
900	9.32	733	344	5.95	26.25	21.53	90.06	28	30	38.2
1000	10.08	788	368	6.44	28.41	23.3	97.47	31	33	42.4

注1) 体重1 kg当たり, 33.6 IUを維持量に加える.

付表 8-1. 乳牛．育成および維持に要する養分量
日本飼養標準 乳牛（農水省農林水産技術会議，1999年版）

体重(kg)	週齢(週)	増体日量(kg)	乾物量(kg)	粗タンパク質(g)	可消化粗タンパク質(g)	可消化養分総量(kg)	可消化エネルギー(Mcal)	代謝エネルギー(Mcal)	カルシウム(g)	リン(g)	ビタミンA(1000IU)	ビタミンD(1000IU)
雌牛の育成に要する1日当たり養分量												
45	1	0.3	0.55	110	97	0.80	3.53	2.89	7	4	1.9	0.27
50	3	0.4	0.70	138	121	0.93	4.12	3.38	9	5	2.1	0.30
		0.6	0.86	189	167	1.07	4.73	3.88	14	7	2.1	0.30
100	13	0.5	2.72	317	204	1.76	7.76	6.36	16	8	4.2	0.60
		0.9	3.09	446	309	2.26	9.96	8.16	19	10	4.2	0.60
200	33	0.5	4.49	514	302	2.93	12.91	10.59	20	13	8.4	1.20
		0.9	4.85	666	421	3.78	16.67	13.67	23	15	8.4	1.20
300	52	0.5	6.25	633	351	3.97	17.50	14.35	23	17	12.6	1.80
		0.9	6.62	782	466	5.12	22.60	18.53	25	19	12.6	1.80
400	71	0.5	8.02	751	398	4.92	21.72	17.81	24	19	16.8	2.40
		0.9	8.39	898	512	6.36	28.04	22.99	27	21	16.8	2.40
500	94	0.2	9.51	758	359	4.55	20.06	16.45	27	16	21.0	3.00
		0.6	9.88	904	472	6.25	27.54	22.58	28	20	21.0	3.00
600	149	0.1	11.19	839	377	4.73	20.86	17.10	26	16	25.2	3.60
		0.2	11.28	875	405	5.22	23.00	18.86	27	16	25.2	3.60
成雌牛の維持に要する1日当たり養分量												
400			5.5	404	242	2.88	12.69	10.40	16	11	17	2.4
500			6.5	478	287	3.40	15.00	12.30	20	14	21	3.0
600			7.5	548	329	3.90	17.19	14.10	24	17	25	3.6
700			8.5	615	369	4.38	19.30	15.83	28	20	30	4.2

付表8-2. 乳牛．妊娠および産乳に要する養分要求量

胎子の品種と胎子数	粗タンパク質(g)	可消化粗タンパク質(g)	可消化養分総量(kg)	可消化エネルギー(Mcal)	代謝エネルギー(Mcal)	カルシウム(g)	リン(g)	ビタミンA(1000IU)	ビタミンD(1000IU)
分娩前9～4週間に維持に加える1日当たり養分量									
乳用種　単胎	313	188	1.42	6.26	5.13	14	6	18	2.4
肉用種　単胎	231	138	0.91	4.02	3.30	10	4	18	2.4
肉用種　双子	332	199	1.44	6.37	5.22	15	7	18	2.4
交雑種　単胎	256	154	1.07	4.73	3.88	12	5	18	2.4
分娩前3週間に維持に加える1日当たり養分量									
乳用種　単胎	408	245	1.89	8.35	6.85	18	8	24	2.4
肉用種　単胎	302	181	1.22	5.36	4.40	13	6	24	2.4
肉用種　双子	433	260	1.93	8.49	6.96	20	9	24	2.4
交雑種　単胎	334	201	1.43	6.31	5.17	16	7	24	2.4
産乳に要する養分量（牛乳1kg生産当たり）									
3.0 (%)	65	43	0.29	1.26	1.04	2.7	1.5	1.2	
4.0 (%)	74	48	0.33	1.44	1.18	3.2	1.8	1.2	
5.0 (%)	82	53	0.37	1.62	1.33	3.6	2.1	1.2	
6.0 (%)	90	58	0.41	1.80	1.48	4.1	2.3	1.2	

付表8-3. 乳牛．種雄牛の育成および維持に要する養分量

体重(kg)	週齢(週)	増体日量(kg)	乾物量(kg)	粗タンパク質(g)	可消化タンパク質(g)	可消化養分総量(kg)	可消化エネルギー(Mcal)	代謝エネルギー(Mcal)	カルシウム(g)	リン(g)	ビタミンA(1000 IU)	ビタミンD(1000 IU)
種雄牛の育成における1日当たり養分給与量												
55	3	0.53	0.9	200	180	1.0	4.4	3.61	5	4	3	0.36
100	11	1.09	3.1	590	500	2.8	12.1	9.92	16	12	5	0.59
200	22	1.44	6.6	910	660	4.4	19.4	15.91	25	19	10	1.19
300	33	1.07	8.6	1,170	850	5.8	25.4	20.83	32	24	16	—
400	47	0.99	9.9	1,290	920	6.6	29.1	23.86	36	28	20	—
500	62	0.91	11.2	1,480	1,060	7.5	33.1	27.14	36	28	25	—
600	78	0.82	12.5	1,630	1,170	8.1	35.7	29.27	36	28	31	—
700	97	0.72	13.7	1,770	1,290	8.8	38.8	31.82	36	28	36	—
800	118	0.62	15.1	1,900	1,410	9.4	41.5	34.03	36	28	41	—
1,000	177	0.36	16.0	2,200	1,500	10.2	45.0	36.90	36	28	46	—
種雄牛の維持における1日当たり養分給与量												
500			8.3	740	440	5.2	22.9	18.78	24	18	25	
700			11.0	940	560	6.7	29.5	24.19	30	23	36	
900			13.3	1,120	670	8.1	35.7	29.27	36	28	46	
1,100			15.5	1,290	770	9.4	41.5	34.03	42	32	56	
1,300			17.6	1,450	870	10.7	47.2	38.70	48	37	66	

家畜の養分要求量が明らかになると，それを満足させるように飼料を給与するためには飼料原料の養分含量がわからなければならない．したがって飼料配合に際しては，その都度必要とする成分を分析する必要がある．しかし，実際それは困難なので，飼料成分表を利用することになる．

飼料成分表は，それが改訂されるまでの間に分析された多くの分析値の平均値として示してあり，信頼性の高いものである．しかし，養分要求量と同様，種々の要因の影響によって変動するものであることを知っておく必要がある．植物の分析値は品種，産地，肥培管理，生育段階，生育時の気温，その他によって，組成や栄養価に差がある．濃厚飼料は粗飼料に比べると変動は少ない．また，消化率は動物側の要因によっても変わる．

付表9. 飼料原料の成分，消化率，栄養価（原物中）
日本標準飼料成分表2001年版（農業技術研究機構）

飼料名	水分(%)	粗タンパク質(%)	粗繊維(%)	ADF(%)	NDF(%)	粗タンパク質乾物消化率(%)			可消化エネルギー(Mcal/kg)		TDN(kg)	代謝エネルギー(Mcal/kg)
						ブタ	ニワトリ	ウシ	ブタ	ウシ	ウシ	ニワトリ
トウモロコシ	13.5	8.0	1.7	2.6	9.1	80	85	78	3.57	3.52	79.9	3.27
ハイオイルコーン	12.2	8.7	1.8	—	—	79	—		3.86			3.49
グレインソルガム	13.2	8.8	1.8	5.7	8.7	74	78	78	3.57	3.46	78.4	3.22
小麦	11.5	12.1	2.4	3.4	10.2	87	82	84	3.52	3.47	78.7	2.97
大麦	11.8	10.6	4.4	5.8	14.5	76	75	72	3.10	3.27	74.1	2.77
玄米	13.8	7.9	0.9	—	—	79	89	70	3.64	3.58	81.3	3.29
大豆												
（湿熱加熱）	11.5	36.9	5.5	7.2	7.9	92	85	92	4.20	4.18	94.7	3.41
（キナコ）	5.7	39.5	5.9	7.7	8.4	92	85	92	4.44	4.42	100.3	3.59
大豆粕	11.7	46.1	5.6	7.9	12.6	88	85	92	3.13	3.38	76.6	2.39
綿実粕	11.5	35.4	13.8	22.9	32.1	73	82	81	2.19	2.55	57.9	1.87
ナタネ粕	12.3	37.1	9.7	19.4	29.1	79	73	86	2.64	2.85	64.5	1.69
ラッカセイ粕	8.9	45.0	9.7	13.0	15.6	88	85	81	3.06	3.01	68.2	2.34
米ヌカ												
（生米ヌカ）	12.0	14.8	7.7	10.3	24.9	71	68	72	3.33	3.39	76.9	2.79
（脱脂米ヌカ）	12.8	17.5	9.0	14.1	40.5	71	68	73	2.30	2.46	55.8	1.64
フスマ	11.3	15.7	9.3	12.6	34.4	76	74	76	2.64	2.82	63.9	1.97
コーングルテンミール												
（CP60%）	10.3	64.1	1.0	—	—	87	81	90	3.37	3.57	80.9	3.63
ビートパルプ	13.4	10.9	17.0	22.8	43.3	41	—	50	2.69	2.85	64.6	—
魚粉												
（ホワイトフィッシュミール）	7.2	65.4	0.2	—	—	91	91	93	3.18	3.25	73.6	2.97
（CP65%）	7.9	67.4	0.2	—	—	87	87	89	3.23	3.43	77.7	3.11
（CP50%）	7.6	53.5	0.8	—	—	80	78	85	2.74	3.16	71.6	2.53
全乳	88.6	2.9	0.0	—	—	94	—	95	0.63	0.64	14.5	—
全脂粉乳	3.3	25.4	0.1	—	—	94	—	95	5.16	5.27	119.4	—
脱脂粉乳	5.9	35.8	0.1	—	—	94	94	95	3.65	3.69	83.6	3.39

付　表（619）

付表 9. 飼料原料の成分，消化率，栄養価（原物中）つづき

飼料名	水分(%)	粗タンパク質(%)	粗繊維(%)	ADF(%)	NDF(%)	粗タンパク質乾物消化率(%)			可消化エネルギー(Mcal/kg)		TDN(kg)	代謝エネルギー(Mcal/kg)
						ブタ	ニワトリ	ウシ	ブタ	ウシ	ウシ	ニワトリ
[生草]												
オーチャードグラス	82.4	3.1	4.4	5.1	9.4	53	—	74	0.37	0.53	12.1	
（1番草・出穂前）												
イタリアンライグラス	83.7	3.0	3.2	3.7	7.6	60	—	77	0.41	0.52	11.8	
（1番草・出穂前）												
ペレニアルライグラス	83.6	2.8	3.5	4.1	8.0			77		0.52	11.7	
（1番草・出穂前）												
トウモロコシ	82.1	1.9	5.1	6.5	10.3			78		0.55	12.4	
（未乳熟期）												
ソルガム（出穂前）	85.1	1.6	4.8	6.0	9.1			72		0.46	10.4	
大麦（出穂前）	87.8	2.3	3.3	4.0	6.0					0.39	8.9	
飼料カブ（根）	91.3	1.3	0.9	2.7	3.4	78	—	71	0.29	0.31	7.1	
飼料用ビート（根）	89.8	1.2	0.7	—	—	59	—	71	0.35	0.38	8.6	
ススキ（出穂前）	73.6	3.5	7.9	—	—			57		0.65	14.7	
[サイレージ]												
オーチャードグラス	74.9	3.9	7.4	8.7	14.9			70		0.76	17.2	
（1番草・出穂前）												
チモシー												
（1番草・出穂前）	76.9	3.3	6.8	8.0	13.8			74		0.75	17.0	
（1番草・出穂期）	70.0	4.6	9.1	10.7	18.2			71		0.86	19.5	
（水分45〜65%）	50.5	7.0	15.8	31.0	18.6			65		1.41	32.0	
イタリアンライグラス	67.1	4.1	10.1	11.9	20.1			67		0.97	21.9	
（1番草・出穂期）												
アルファルファ	79.1	5.5	4.4	5.7	7.3			81		0.57	13.0	
（1番草・開花前）												
トウモロコシ	80.2	1.9	6.0	7.6	11.9	53	—	58	0.46	0.55	12.5	
（全国・乳熟期）												
ソルガム（子実型・出穂〜開花期）	84.5	1.7	5.6	6.9	10.6			66		0.38	8.7	
エンバク（出穂期）	81.0	2.1	7.1	8.2	13.6			58		0.50	11.4	
大麦	70.2	3.3	8.1	7.6	10.0			65		0.74	10.7	
生稲ワラ	68.8	2.2	9.3	11.1	18.7			37		0.59	13.4	
稲ワラ	57.6	2.3	14.5	17.7	27.8			25		0.79	17.9	

付表9. 飼料原料の成分，消化率，栄養価（原物中）つづき

飼料名	水分(%)	粗タンパク質(%)	粗繊維(%)	ADF(%)	NDF(%)	粗タンパク質乾物消化率(%)			可消化エネルギー(Mcal/kg)		TDN(kg)	代謝エネルギー(Mcal/kg)
						ブタ	ニワトリ	ウシ	ブタ	ウシ	ウシ	ニワトリ
[乾草]												
オーチャードグラス(1番草・出穂前)	6.2	15.5	20.5	23.8	46.5			67		2.79	63.2	
チモシー(1番草・出穂前)	10.6	13.4	23.7	27.8	49.7			67		2.62	59.3	
イタリアンライグラス(1番草・出穂期)	14.2	9.7	28.5	33.6	55.1			60		2.35	53.4	
ローズグラス(1番草・出穂期)	14.1	8.8	29.1	34.3	57.4			52		2.19	49.7	
アルファルファ(1番草・開花前)	10.6	19.5	19.5	25.2	32.2			78		2.32	52.7	
アルファルファヘイキューブ												
(良質)	12.6	17.8	22.3	28.0	35.2			77		2.32	52.6	
(普通品)	10.8	14.7	26.8	32.9	40.7			71		2.17	49.4	
稲ワラ												
(水稲)	12.2	4.7	28.4	34.4	55.4			26		1.66	37.6	
(石灰処理)	12.7	4.4	29.5	34.8	56.7			0		2.18	49.5	
(陸稲)	14.2	6.2	27.8	32.8	54.2			26		1.63	37.0	

付表10. 飼料原料中のアミノ酸含量（乾物中）
（日本標準飼料成分表2001年版．農業技術研究機構）

飼料名	アルギニン(%)	グリシン(%)	ヒスチジン(%)	イソロイシン(%)	ロイシン(%)	リジン(%)	メチオニン(%)	シスチン(%)	フェニルアラニン(%)	チロシン(%)	トレオニン(%)	トリプトファン(%)	バリン(%)	セリン(%)
トウモロコシ	0.43	0.36	0.25	0.31	1.07	0.27	0.20	0.21	0.42	0.30	0.33	0.08	0.43	0.43
ソルガム	0.43	0.37	0.25	0.43	1.39	0.25	0.19	0.20	0.57	0.31	0.36	0.13	0.54	0.50
小麦	0.68	0.57	0.33	0.48	0.95	0.39	0.23	0.33	0.65	0.46	0.41	0.17	0.61	0.65
大麦	0.62	0.51	0.28	0.43	0.85	0.44	0.21	0.28	0.64	0.39	0.43	0.16	0.62	0.53
小麦粉（末粉）	1.02	0.80	0.45	0.70	1.37	0.57	0.29	0.31	0.89	0.53	0.62	0.23	0.81	0.79
玄米	0.75	0.44	0.26	0.37	0.75	0.36	0.23	0.22	0.48	0.37	0.32	0.13	0.57	0.45
大豆	2.98	1.74	1.08	1.83	3.09	2.48	0.56	0.64	2.04	1.52	1.60	0.54	1.96	2.06
大豆（湿熱処理）	2.77	1.56	0.93	1.83	2.95	2.44	0.60	0.56	1.88	1.37	1.48	0.46	1.99	1.73
大豆粕	3.88	2.26	1.38	2.39	4.02	3.21	0.73	0.80	2.67	1.86	2.07	0.71	2.53	2.68
〃（脱皮大豆粕）	4.24	2.34	1.49	2.61	4.21	3.53	0.73	0.85	2.83	1.96	2.21	0.76	2.67	2.89
綿実粕	4.47	2.15	1.01	1.60	2.36	1.64	0.60	0.68	2.08	1.08	1.32	0.52	1.92	2.00
ナタネ粕	2.47	2.17	1.11	1.71	2.99	2.28	0.79	0.80	1.74	1.15	1.82	0.50	2.20	1.77
ラッカセイ粕	5.52	2.90	1.09	1.64	3.11	1.66	0.53	0.67	2.34	1.79	1.34	0.48	2.04	2.35
ゴマ粕	3.77	1.66	0.85	1.20	2.20	0.92	0.87	0.72	1.46		1.18	0.47	1.57	1.48
ヒマワリ粕	2.93	2.06	0.89	1.46	2.27	1.25	0.80	0.62	1.64	1.02	1.31	0.46	1.79	1.51
サフラワー粕	2.00	1.40	0.66	0.85	1.53	0.73	0.39	0.28	1.08	0.61	0.74	0.37	1.18	1.06
米ヌカ（生米ヌカ）	1.06	0.67	0.39	0.58	1.09	0.65	0.32	0.22	0.75	0.53	0.52	0.22	0.84	0.65
〃（脱脂米ヌカ）	1.39	0.96	0.50	0.64	1.27	0.83	0.35	0.37	0.81	0.67	0.68	0.21	0.99	0.81
フスマ	1.22	0.93	0.49	0.56	1.10	0.72	0.27	0.38	0.71	0.47	0.58	0.27	0.83	0.76
コーングルテンミール（CP 60 %）	2.13	1.89	1.37	2.74	11.21	1.12	1.65	1.24	4.28	3.86	2.32	0.37	3.13	3.59
魚粉 (ﾎﾜｲﾄﾌｨｼｭｯﾐｰﾙ)	4.48	4.76	1.72	3.01	5.16	5.10	2.13	0.65	2.82	2.48	3.05	0.83	3.47	3.23
〃（CP 65 %）	4.34	5.08	1.86	3.17	5.37	5.73	2.17	0.61	2.91	2.36	3.11	0.77	3.76	3.00
〃（CP 50 %）	3.94	5.23	1.59	2.45	4.34	4.40	1.52	0.43	2.35	1.86	2.74	0.60	2.99	2.76
フィッシュソリュブル	3.37	8.90	1.10	0.96	2.29	2.29	0.82	0.29	1.20	0.59	1.57	0.27	3.49	2.67
ミートミール	5.27	0.96	1.14	2.08	4.41	3.63	1.07	0.68	2.44	1.86	2.30	0.68	3.36	3.09
ミートボーンミール	3.69	7.29	1.12	1.50	3.21	2.67	0.74	0.54	1.80	1.32	1.74	0.35	2.35	2.19
家禽処理副産物	3.75	6.41	1.09	1.89	3.46	3.21	1.09	0.68	1.97	1.28	1.96	0.42	2.31	1.96
飼料用酵母（ビール酵母）	3.19	2.46	1.19	2.49	3.82	4.11	0.85	0.42	2.12	1.81	2.57	0.72	3.08	2.75
〃（トルラ酵母）	2.74	2.06	1.18	2.53	3.77	4.05	0.63	0.35	2.58	1.68	2.88	0.63	2.90	2.64
ｱﾙﾌｧﾙﾌｧﾐｰﾙ（サンキュア）	0.76	0.76	0.28	0.67	1.09	0.73	0.19	0.15	0.71	0.45	0.62	0.28	0.82	0.67
〃（デハイ）	0.77	0.77	0.33	0.71	1.21	0.82	0.21	0.17	0.80	0.53	0.69	0.26	0.90	0.71

付表 11. 飼料原料中のミネラル含量（乾物中）
（日本標準飼料成分表2001年版，農業技術研究機構）

飼料名	カルシウム(%)	全リン(%)	マグネシウム(%)	カリウム(%)	ナトリウム(%)	塩素(%)	鉄(mg/kg)	銅(mg/kg)	亜鉛(mg/kg)	マンガン(mg/kg)
トウモロコシ	0.03	0.31	0.12	0.38	0.04	—	100	2.9	23	6
グレインソルガム	0.03	0.30	0.14	0.40	0.05	—	100	2.5	19	14
小麦	0.05	0.36	0.14	0.45	0.01	—	100	7.0	31	48
大麦	0.07	0.38	0.15	0.46	0.06	0.25	100	7.2	36	17
小麦粉（飼料用）	0.05	0.38	0.14	0.36	0.04	—	100	4.6	31	29
玄米	0.03	0.33	0.09	0.25	—	—	100	3.3	10	21
大豆（湿熱加熱）	0.20	0.57	0.25	1.73	0.03	—	104	11.9	47	26
大豆粕	0.33	0.70	0.36	2.40	0.03	0.03	200	20.6	63	49
〃（脱皮大豆粕）	0.34	0.81	0.35	2.65	0.00	0.02	131	22.6	71	47
綿実粕	0.21	1.11	0.55	1.39	0.04	0.04	300	16.3	55	25
ナタネ粕	0.71	1.25	0.53	1.30	0.02	—	232	8.6	72	60
ラッカセイ粕	0.35	0.62	0.37	1.38	0.02	—	1200	29.0	66	65
ゴマ粕	2.40	1.33	0.68	1.17	0.03	—	1600	68.8	154	78
ヒマワリ粕	0.56	0.90	0.75	1.06	—	—	—	—	112	26
サフラワー粕	0.44	0.64	0.48	1.45	0.02	—	500	9.7	40	18
ヌカ類										
米ヌカ（生米ヌカ）	0.03	2.34	0.97	1.76	0.43	—	100	6.3	75	207
〃（脱脂米ヌカ）	0.07	2.82	1.26	2.39	0.11	—	200	11.4	77	280
フスマ	0.13	1.10	0.50	1.34	0.09	—	200	12.2	79	156
麦ヌカ（大麦混合ヌカ）	0.10	0.54	0.17	—	—	—	300	8.7	28	44
コーングルテンミール（CP 60 %）	0.03	0.36	0.02	0.45	0.01	—	200	17.1	25	7
魚粉（ホワイトフィッシュミール）	5.89	3.27	0.32	0.55	0.79	0.63	200	6.4	73	9
〃（CP 65 %）	5.29	3.17	0.23	0.74	0.83	0.71	200	12.3	111	14
〃（CP 50 %）	8.32	4.48	0.28	0.61	1.00	—	200	5.4	131	23
フィッシュソリュブル	0.13	1.28	0.13	2.00	2.10	3.68	280	22.6	43	15
ミートミール	2.18	1.16	0.11	0.40	0.56	0.80	500	14.5	62	9
ミートボーンミール	11.36	5.74	0.24	0.46	0.65	0.36	500	8.5	107	14
フェザーミール	0.37	0.77	0.03	0.24	0.17	0.35	700	9.5	137	14
家禽処理副産物	8.48	4.33	0.18	0.37	0.44	—	400	7.9	127	11
飼料用酵母（ビール酵母）	0.23	1.86	0.32	2.38	0.04	—	100	45.8	65	13
〃（トルラ酵母）	0.60	1.14	0.10	1.13	0.02	0.03	300	10.2	127	34

付表11. 飼料原料中のミネラル含量（乾物中）つづき

飼料名	カルシウム(%)	全リン(%)	マグネシウム(%)	カリウム(%)	ナトリウム(%)	塩素(%)	鉄(mg/kg)	銅(mg/kg)	亜鉛(mg/kg)	マンガン(mg/kg)
生草										
オーチャードグラス	0.53	0.62	0.40	3.38	0.14	—	200	6.1	39	81
（1番草・出穂期）										
イタリアンライグラス	0.43	0.33	0.18	4.24	0.42	1.27	860	10.7	29	105
（1番草・出穂期）										
ペレニアルライグラス	0.59	0.33	0.17	2.41	0.03	0.87	200	7.6	32	94
（1番草・出穂期）										
メドーフェスク	0.56	0.34	0.13	2.52	0.03	0.45	100	5.9	—	45
（1番草・出穂期）										
アカクローバー	1.65	0.27	0.37	2.89	0.07	0.53	200	11.0	33	42
（1番草・開花期）										
シロクローバー（開花期）	1.45	0.37	0.35	2.78	0.07	—	100	11.6	53	104
トウモロコシ（乳熟期）	0.26	0.28	0.16	2.74	0.05	—	500	7.9	35	47
ソルガム（出穂期）	0.42	0.29	0.21	3.21	0.02	0.90	600	10.9	47	23
エンバク（出穂期）	0.30	0.34	0.12	3.49	0.24	1.85	100	6.5	25	93
大麦（出穂期）	0.40	0.30	0.12	2.25	—	—	—	—	—	—
飼料カブ	0.31	0.24	0.16	3.29	0.52	1.22	—	7.8	29	24
飼料用ビート	1.70	0.27	0.80	4.35	0.49	1.80	200	12.2	54	104
ススキ（出穂前）	0.23	0.10	0.15	0.96	0.09	—	100	7.3	34	121
サイレージ										
オーチャードグラス	0.39	0.26	0.14	1.85	0.02	0.90	100	7.0	21	109
（1番草・出穂期）										
アルファルファ	1.67	0.27	0.29	1.97	0.04	0.58	200	10.2	24	65
（1番草・開花期）										
ローズグラス	0.77	0.25	0.24	3.57	0.42	1.30	400	10.2	50	99
（再生草・出穂期）										
トウモロコシ	0.27	0.28	0.16	2.52	0.03	0.50	—	—	—	—
（乳熟期・全国）										
ソルガム（乳熟期）	0.40	0.19	0.23	2.36	—	—	—	—	—	—
エンバク（出穂期）	0.85	0.32	0.28	3.23	0.27	1.44	800	17.0	37	158
大麦（出穂期）	0.40	0.31	0.14	1.97	—	0.22	—	—	—	—

付表12. 飼料原料中のビタミン含量（乾物中）
（日本標準飼料成分表2001年版，農業技術研究機構）

飼料名	全カロテン (mg/kg)	ビタミンA (IU/kg)	ビタミンD (IU/kg)	ビタミンE (mg/kg)	ビタミンK (mg/kg)	チアミン (mg/kg)	リボフラビン (mg/kg)
穀類およびマメ類							
トウモロコシ	5	—	—	26	—	4.7	1.3
グレインソルガム	—	—	—	7	—	4.4	1.3
小　麦	—	—	—	17	—	5.5	1.3
大　麦	—	0	—	7	—	5.7	1.1
小麦粉（飼料用）	—	1	—	61	—	9.1	0.9
玄　米	—	—	—	—	—	3.2	0.9
大豆（湿熱加熱）	—	—	—	247	—	—	—
植物性油粕類							
大豆粕	—	—	—	3	—	7.4	3.7
〃（脱皮大豆粕）	—	—	—	4	—	2.7	3.5
綿実粕	—	—	—	16	—	7.1	5.5
ナタネ粕	—	—	—	54	—	1.8	3.8
ラッカセイ粕	—	—	—	3	—	7.9	12.0
ゴマ粕	—	—	—	—	—	3.1	4.0
ヒマワリ粕	—	—	—	12	—	—	3.3
サフラワー粕	—	—	—	1	—	—	2.6
ヌカ類							
米ヌカ（生米ヌカ）	—	0	—	66	—	24.6	2.9
〃（脱脂米ヌカ）	—	0	—	11	—	24.0	2.9
フスマ	—	0	—	21	—	12.1	3.5
製造粕類							
コーングルテンミール（CP 60%）	—	0	—	46	—	—	0.2
動物質飼料							
魚粉（ホワイトフィッシュミール）	—	—	—	10	—	2.0	9.8
〃（CP 65%）	—	71300	—	—	—	2.8	5.8
〃（CP 50%）	—	5900	—	—	—	1.0	6.8
フィッシュソリュブル	—	—	—	—	—	10.8	28.4
ミートミール	—	6700	—	—	—	0.1	6.1
ミートボーンミール	—	2800	—	1	—	1.2	4.7
フェザーミール	—	0	—	15	—	0.0	1.3
家禽処理副産物	—	600	—	—	—	0.0	7.5
その他							
飼料用酵母（ビール酵母）	0	—	—	0	—	98.6	37.6
〃（トルラ酵母）	—	—	—	—	—	6.6	48.0
アルファルファミール（デハイ）	173	—	—	138	9.4	3.8	13.2

付表12. 飼料原料中のビタミン含量（乾物中）つづき

飼料名	パントテン酸 (mg/kg)	ナイアシン (mg/kg)	ピリドキシン (mg/kg)	ビオチン (mg/kg)	葉酸 (mg/kg)	コリン (mg/kg)	ビタミンB_{12} (mg/kg)
穀類およびマメ類							
トウモロコシ	5.8	27	8.4	0.07	0.23	600	―
グレインソルガム	12.8	48	4.6	0.20	0.27	800	―
小麦	13.6	64	―	0.11	0.45	900	―
大麦	7.3	65	3.3	0.22	0.56	1200	―
小麦粉（飼料用）	13.3	41	8.1	0.14	0.16	700	0.01
玄米	―	45	―	―	―	―	―
大豆（湿熱加熱）	15	―	―	―	―	―	―
植物性油粕類							
大豆粕	16.3	30	9.0	0.36	0.79	3100	―
〃（脱皮大豆粕）	16.1	24	8.9	0.36	4.01	3100	0.02
綿実粕	15.3	43	7.0	0.11	2.51	3100	―
ナタネ粕	9.2	160	15.2	1.34	0.95	6700	―
ラッカセイ粕	57.6	185	10.9	0.42	0.39	2200	―
ゴマ粕	6.9	32	13.4	―	―	1600	―
ヒマワリ粕	10.8	237	17.2	―	―	3100	―
サフラワー粕	56.5	14	―	―	―	1600	―
ヌカ類							
米ヌカ（生米ヌカ）	25.8	333	―	4.62	―	1400	―
〃（脱脂米ヌカ）	94.9	689	54.0	0.70	0.88	1700	0.04
フスマ	32.6	235	11.2	0.54	2.02	1100	0.00
製造粕類							
コーングルテンミール（CP60%）	11.3	55	8.8	0.16	0.22	400	0.05
動物質飼料							
魚粉（ホワイトフィッシュミール）	9.6	76	3.6	0.09	0.22	9700	0.11
〃（CP65%）	9.3	82	2.3	1.30	0.90	5600	0.21
〃（CP50%）	8.5	89	―	―	―	3800	0.39
フィッシュソリュブル	69.4	331	24.0	0.39	―	7900	1.31
ミートミール	7.1	44	―	―	―	1200	0.02
ミートボーンミール	3.9	51	2.7	0.15	0.05	2300	0.11
フェザーミール	5.5	23	0.3	0.22	0.61	300	0.16
家禽処理副産物	14.7	107	―	―	―	1800	0.22
その他							
飼料用酵母（ビール酵母）	118.1	481	46.6	1.04	10.43	4200	―
〃（トルラ酵母）	73.2	540	31.7	1.16	25.00	3100	0.02
アルファルファミール（デハイ）	32.2	49	6.8	0.35	2.43	1600	―

付 表

一般的な飼料原料の他に幼動物の成長促進あるいは寄生虫などによる生産物の低下を防止する目的で抗菌性物質，飼料成分の酸化を防止するために抗酸化剤が飼料添加物として指定され，使用されている．

付表13. 飼料添加物指定品目一覧（1997）

用途	類別	指定されている飼料添加物の種類
飼料の品質の低下の防止	抗酸化剤	エトキシキン，ジゾチルヒドロキシトルエン，ブチルヒドロキシアニソール
	防かび剤	プロピオン酸，プロピオン酸カルシウム，プロピオン酸ナトリウム
	粘結剤	アルギン酸ナトリウム，カゼインナトリウム，カルボキシメチルセルロースナトリウム，プロピレングリコール，ポリアクリル酸ナトリウム
	乳化剤	グリセリン脂肪酸エステル，ショ糖脂肪酸エステル，ソルビタン脂肪酸エステル，ポリオキシエチレンソルビタン脂肪酸エステル，ポリオキシエチレングリセリン脂肪酸エステル
	調整剤	ギ酸
飼料の栄養成分その他の有効成分の補給	アミノ酸	アミノ酢酸，DL-アラニン，塩酸L-リジン，L-グルタミン酸ナトリウム，2-デアミノ-2-ヒドロキシメチオニン，DL-トリプトファン，L-トリプトファン，L-トレオニン，DL-メチオニン
	ビタミン	L-アスコルビン酸，L-アスコルビン酸カルシウム，L-アスコルビン酸-2-リン酸エステルマグネシウム，アセトメナフトン，イノシトール，エルゴカルシフェロール，塩化コリン，塩酸ジベンゾイルチアミン，塩酸チアミン，塩酸ピリドキシン，β-カロチン，コレカルシフェロール，酢酸dl-α-トコフェロール，シアノコバラミン，硝酸チアミン，ニコチン酸，ニコチン酸アミド，パラアミノ安息香酸，D-パントテン酸カルシウム，DL-パントテン酸カルシウム，d-ビオチン，ビタミンA粉末，ビタミンA油，ビタミンD粉末，ビタミンD_3油，ビタミンE粉末，メナジオン亜硫酸水素ジメチルピリミジノール，メナジオン亜硫酸水素ナトリウム，葉酸，リボフラビン，リボフラビン酪酸エステル
	ミネラル	塩化カリウム，クエン酸鉄，コハク酸クエン酸鉄ナトリウム，酸化マグネシウム，水酸化アルミニウム，炭酸亜鉛，炭酸コバルト，炭酸水素ナトリウム，炭酸マグネシウム，炭酸マンガン，DL-トレオニン鉄，乳酸カルシウム，フマル酸第一鉄，ペプチド亜鉛，ペプチド鉄，ペプチド銅，ペプチドマンガン，ヨウ化カリウム，ヨウ素酸カリウム，ヨウ素酸カルシウム，硫酸亜鉛（乾燥），硫酸亜鉛（結晶），硫酸亜鉛メチオニン，硫酸ナトリウム（乾燥），硫酸マグネシウム（乾燥），硫酸マグネシウム（結晶），硫酸コバルト（乾燥），硫酸コバルト（結晶），硫酸鉄（乾燥），硫酸銅（乾燥），硫酸銅（結晶），硫酸マンガンリン酸一水素カリウム（乾燥），リン酸一水素ナトリウム（乾燥），リン酸二水素カリウム（乾燥），リン酸二水素ナトリウム（乾燥），リン酸二水素ナトリウム（結晶）
	色素	アスタキサンチン

付表13. 飼料添加物指定品目一覧（1997）つづき

用途	類別	指定されている飼料添加物の種類
飼料が含有している栄養成分の有効な利用の促進	合成抗菌剤	アンプロリウム・エトパベート，アンプロリウム・エトパベート・スルファキノキサリン，オラキンドックス，クエン酸モランテル，デコキネート，ナイカルバジン，ハロフジノンポリスチレンスルホン酸カルシウム
	抗生物質	亜鉛バシトラシン，アビラマイシン，アルキルトリメチルアンモニウムカルシウムオキシテトラサイクリン，エフロトマイシン，エンラマイシン，キタサマイシン，クロルテトラサイクリン，サリノマイシンナトリウム，セデカマイシン，センデュラマイシンナトリウム，チオペプチン，デストマイシンA，ノシヘプタイド，ハイグロマイシンB，バージニアマイシン，ビコザマイシン，フラボフォスフォリポール，ポリナクチン，モネンシンナトリウム，ラサロシドナトリウム，硫酸コリスチン，リン酸タイロシン
	着香料	着香料（エステル類，エーテル類，ケトン類，脂肪酸類，脂肪族高級アルコール類，脂肪族高級アルデヒド類，脂肪族高級炭化水素類，テルペン系炭化水素類，フェノールエーテル類，フェノール類，芳香族アルコール類，芳香族アルデヒド類およびラクトン類のうち，1種又は2種以上を有効成分として含有し，着香の目的で使用されるものをいう）．
	呈味料	サッカリンナトリウム
	酵素	アミラーゼ，セルラーゼ，アルカリ性プロテアーゼ，酸性プロテアーゼ，中性プロテアーゼ，フィターゼ，ラクターゼ，リパーゼ，キシラナーゼ・ペクチナーゼ複合酵素，セルラーゼ・プロテアーゼ・ペクチナーゼ複合酵素

和文索引

あ

- アイソレーター ……………… 108
- 亜 鉛 ………………………… 507
- アカシカ ……………………… 91
- アクチノマイシンD ………… 392
- アスコルビン酸 ……………… 528
- アセチル-CoA ……………… 371
- アノトバイオート培養 ……… 427
- アヒル(家鴨) ………………… 68
- アフィニティークロマトグラフィー 550
- アフリカンブラック種 ……… 72
- アミノ酸分析 ………………… 473
- アミノ酸の有効率 ……… 588, 589
- アミノ酸要求量 ……………… 282
- アラントイン ………………… 287
- アルカリ標準液の標定 …… 461, 462
- アルギニン …………………… 294
- アロステリック酵素 ………… 375
- アンチセンスRNAプローブ … 387
- 安定同位元素(SI) …………… 259
- アンモニア …………………… 410
- アンモニア態窒素 …………… 177
- 安楽死処置 …………………… 5

い

- 胃 液 ………………………… 166
- イオンクロマトグラフィー … 512
- 育雛器 …………………… 61, 62
- 育成試験 ……………………… 164
- イソカプロン酸 ……………… 497
- イソ吉草酸 …………………… 497
- イソトリカ …………………… 439
- イソトリッチデー …………… 438
- イソ酪酸 ……………………… 497
- 一過性発現 …………………… 346
- イッテルビウム(Yb) ………… 555
- 遺伝子操作 …………………… 380
- 遺伝子発現量 ………………… 381
- 胃内投与 ……………………… 265
- イヌ(犬) ……………………… 53
- 陰窩(crypt) ………………… 318
- 因 子 ………………………… 15
- インターロイキン-1(IL-1) … 405
- インデックス法 ……………… 445
- インドフェノール法 ………… 476

う

- ウィスター系(WS) …………… 41
- ウィルスベクター法 ………… 352
- ウォーキングマシーン ……… 83
- ウサギ(兎) …………………… 48
- ウシ(牛) ……………………… 191
- ウシ血清アルブミン ………… 328
- ウシ赤血球画分 ……………… 329
- ウズラ(鶉) …………………… 56
- 鬱 血 ………………………… 331
- ウマ(馬) ………………… 81, 186

え

- 栄養素の吸収過程 …………… 322
- 栄養比 ………………………… 593

和文索引

エーテル抽出 ……………………462
液状飼料 ………………………444
液体シンチレーター ……………378
枝肉の格付け ……………………166
枝分かれ実験 ……………………25
エネルギー出納 …………………198
エレクトロポレーター …………348
炎光光度法 ………………………505
エンザイムイムノアッセイ（EIA）…534
塩　素 ……………………………512

お

横斑プリマスロック種 ……………61
オートクレーブ …………………124
オートファジー …………………368
オスミウム酸 ……………308, 309
オリゴ（dT） ……………………384
オルガネラ ………………368, 539
オルシノール法 …………………548
温熱環境 …………………………155

か

回収率 ……………………………203
解体・剥皮 ………………249, 250
外部マーカー ……………………553
開放鶏舎 …………………………67
開放経路方式 ……………………199
火焔滅菌法 ………………………424
家　禽 ……………………………55
可消化エネルギー ………………580
可消化養分総量 …………………587
加水分解 …………………………473
ガスクロマトグラフィー
　……………………413, 496, 498

ガス交換量 ………………………198
カゼイン …………………………253
下大静脈 …………………………330
活性酸素種 ………………………541
カニューレ ………………137, 179, 330
カプロン酸 ………………………497
可溶無窒素物 ……………………466
カラーファン ……………………248
ガラス製代謝装置 ………………268
ガラスナイフ ……………………312
カリウム …………………294, 505
刈り取り前後差法 ………………568
カルシウム ………………………506
感覚細胞 …………………………324
乾式灰化法 ………………………502
肝実質細胞 ………………359, 362
環状プラスミド …………………354
完全無作為化法 …………………16
乾　草 ……………………………596
肝臓灌流法 ………………………326
乾乳牛 ……………………………103
官能評価 …………………………256
乾物摂取量 ………………172, 566
含硫アミノ酸 ……………………293

き

希酸抽出法 ………………………503
気　室 ……………………………335
希釈率 ……………………………435
吉草酸 ……………………………497
基底果粒細胞 ……………………323
希土類元素 ………………………555
キナーゼ …………………………375

揮発性塩基態窒素	500
揮発性脂肪酸（VFA）	413
起伏回数	217
気密試験	213
逆性石鹸液	123
逆転写酵素	390
キャットフード	52
厩舎	82
急速応答法	211
狂犬病予防法	55
凝集反応	395
共生栄養	407
強制換羽	64
強制給与	583
共生微生物	407
胸腺細胞	399
局所管理	15
局所麻酔	452
去勢	97
起立時間	217
銀ペースト	310

く

グアニジン	383
グアニジン/セシウム法	382
空胞	325
クェンチング	263
駆虫，皮膚病対策	80
クリアランス	367
クリープフィーディング	97
クリーンベンチ	338
グリコーゲン	538
グリセリン・ゼラチン	306

グルコースオキシダーゼ比色法	486
グルタチオン	290
クレアチニン	467
クレアチン	467
クレオソート・キシロール液	304
クローニング	388
黒毛和種	94
クロモーゲン	557
クロラムフェニコールアセチルトランスフェラーゼ遺伝子	351

け

蛍光測定法	513, 541
経口投与	265
計数効率	262
鶏胚	332
血液	472
血液細胞	402
血液性状	166
血液の凝固防止	449
血行不全	331
結合複合体	322
げっ歯	31
血漿遊離アミノ酸	282, 472
血清の分離	453
ケミカルスコア	593
ゲルシフトアッセイ	392
ケルダール法	458
嫌気性培養	421
原子吸光法	504
検量線法	504

こ

光学顕微鏡	300, 305

抗血清	397, 532
抗原提示細胞	395
後固定	308
酵素	538
高速液体クロマトグラフィー (HPLC)	499
酵素的増幅法	541, 542
酵素的サイクリング	544
酵素標識抗原	534
酵素分析法	491
抗体	531
コーティング	311
ゴールデンハムスター	38
高泌乳牛	171
呼気 $^{14}CO_2$ 産生	271
呼吸基質	374
呼吸試験法	198
呼吸商	206, 207
個体標識	79
固定	300
米デンプン	426
コラゲナーゼ	362
コリデール	90
コルチコステロン	533
コロニー（群）	33
コレステロール	481
コンウエイの微量拡散分析法	411
混合飼料	139, 170
混合ルーメンバクテリア系	418, 420
混合ルーメン微生物	417
混合ルーメンプロトゾア系	418
昆虫	31

さ

最小有意差 (LSD) 法	18
採尿袋	448
採糞	179, 183, 188, 191
細胞内容物	488, 574
細胞分画	538
細胞壁物質（総繊維，OCW）	488, 574
細胞膜開口時間	346
サイレージ	138, 597
サイレージ抽出液	443
サイレージ発酵	496
酢酸	415, 497
酢酸イソアミル	310
酢酸ウラン	311
サフォーク	90
酸化クロム	142, 178, 182, 186, 445, 553
三元交雑種	75
酸性デタージェント法 (ADF)	493
酸素消費速度	374
酸素分析計	201
酸分解ジエチルエーテル抽出法	463
産卵鶏	59

し

ジアセチルモノオキシム法	475
シアノコバラミン	526
飼育密度	155
シカ（鹿）	91
紫外吸光	550
磁気式酸素分析計	215
指示物質法	178, 186, 568
自食作用	325

シチメンチョウ（七面鳥）・・・・・・・・・・70
湿式灰化法・・・・・・・・・・・・・・・・・・502
β-シトステロール被覆デンプン・・427
指標物質（マーカー）・・・・・・・・294, 553
ジフェニルアミン反応・・・・・・・・・・・548
脂肪滴・・・・・・・・・・・・・・・・・・306, 320
ジャージー種・・・・・・・・・・・・・・・・・100
灼熱還元銅酸素除去装置・・・・・・418
自由採食・・・・・・・・・・・・・・・・・・・・146
自由採食試験・・・・・・・・・・・・・・・・566
重炭酸緩衝液・・・・・・・・・・・・・・・・328
十二指腸カテーテル・・・・・・・・・・・171
絨　毛（villi）・・・・・・・・・・・317, 318
縮　分・・・・・・・・・・・・・・・・・・・・・・442
瞬間凍結・・・・・・・・・・・・・・・・・・・365
消化試験・・・・・・・・・・・・・・・・・・・174
消化試験装置・・・・・・・・・・・・・・・・191
硝酸および亜硝酸態窒素・・・・・・467
飼養試験・・・・・・・・・・・・・・・・・・・145
小腸フィステル装着豚・・・・・・・・・131
小腸用T字型カニューレ・・・・・・・131
漿尿膜・・・・・・・・・・・・・・・・・・・・・333
正味エネルギー・・・・・・・・・・・・・・585
正味タンパク比・・・・・・・・・・・・・・590
静脈投与・・・・・・・・・・・・・・・・・・・266
静脈留置針・・・・・・・・・・・・・・・・・449
照　明・・・・・・・・・・・・・・・・・・・・・・64
除　角・・・・・・・・・・・・・・・・・・・・・・97
食鳥検査・・・・・・・・・・・・・・・・・・・248
食　糞・・・・・・・・・・・・・・・・・・・・・445
初代培養・・・・・・・・・・・・・・・・・・・364
除タンパク剤・・・・・・・・・・・・414, 453

飼　料・・・・・・・・・・・・・・・・・・・・・471
　-鑑定法・・・・・・・・・・・・・・・・・・595
　-効率・・・・・・・・・・・・・・・・・・・156
　-の消化管通過速度・・・・・・・・・569
　-の切断長・・・・・・・・・・・・・・・567
　-の物理性・・・・・・・・・・・・・・・570
　-要求率・・・・・・・・・・152, 154, 156
真空式断熱ボンブ熱量計・・・・・・561
人工肛門・・・・・・・・・・176, 178, 447
　-鶏・・・・・・・・・・・・・・・・・・・・・126
　-造成手術・・・・・・・・・・・・・・・120
人工消化試験法・・・・・・・・・・・・・572
人工心臓・・・・・・・・・・・・・・・・・・・372
人工肺・・・・・・・・・・・・・・・・・・・・・327
人工ルーメン・・・・・・・・・・・432, 437
シンチレーションカウンター・・・・・379
シンチレーター・・・・・・・・・・・・・・270
真のアミノ酸消化率・・・・・・・・・・589
真の消化率・・・・・・・・・・・・・・・・・185
真の代謝エネルギー（TME）価
　・・・・・・・・・・・・・・・・・・・580, 581

す

スイギュウ（水牛）・・・・・・・・・・・・103
水蒸気圧・・・・・・・・・・・・・・・・・・・206
水蒸気蒸留法・・・・・・・・・・・・・・・459
水当量の測定・・・・・・・・・・・・・・・564
水　分・・・・・・・・・・・・・・・・・・・・・455
スクロース・・・・・・・・・・・・・・・・・・372
スタンチョン式牛舎・・・・・・・・・・・・95
スプアー樹脂・・・・・・・・・・・・・・・・312
スプライシング・・・・・・・・・・・・・・・391

スプレーグ・ドーリー系（SD）ラット
　　‥‥‥‥‥‥‥‥‥‥‥‥‥41
スルホサルチル酸‥‥‥‥‥‥291
せ
正規分布‥‥‥‥‥‥‥‥‥‥11
制限給餌‥‥‥‥‥‥‥146，161
精製飼料‥‥‥‥‥‥‥‥‥144
生存率‥‥‥‥‥‥‥‥‥‥363
生体成分‥‥‥‥‥‥‥‥‥474
成長試験‥‥‥‥‥‥‥‥‥163
生物価‥‥‥‥‥‥‥‥‥‥591
生物学的半減期‥‥‥‥‥‥261
生理的食塩水‥‥‥‥‥‥‥366
絶　食‥‥‥‥‥‥‥‥‥‥320
切断長‥‥‥‥‥‥‥‥‥‥138
セルラーゼによる消化率‥‥574
セルロースパウダー‥‥‥‥436
セレン‥‥‥‥‥‥‥‥‥‥513
前固定‥‥‥‥‥‥‥‥‥‥307
染　色‥‥‥‥‥‥‥297，303
剪断力価‥‥‥‥‥‥‥‥‥252
全糞採取法 175，178，184，188，190
そ
総 RNA 量‥‥‥‥‥‥‥‥547
総エネルギー‥‥‥‥‥‥‥579
総 mRNA 量‥‥‥‥‥‥‥549
総凝集抗体価‥‥‥‥‥‥‥397
総コレステロール‥‥‥‥‥481
走査型電子顕微鏡‥‥306，309
総脂質‥‥‥‥‥‥‥‥‥‥478
総 DNA 量‥‥‥‥‥‥‥‥547
相利共生‥‥‥‥‥‥‥‥‥407

粗灰分‥‥‥‥‥‥‥‥‥‥466
粗酵素液‥‥‥‥‥‥‥‥‥543
粗脂肪‥‥‥‥‥‥‥‥‥‥462
粗繊維‥‥‥‥‥‥‥‥‥‥464
粗タンパク質‥‥‥‥‥‥‥458
ソックスレー脂肪抽出装置‥462
た
第一胃‥‥‥‥‥‥‥‥‥‥407
対給餌法（paired feeding）‥‥146
代謝運命（metabolic fate）‥‥267
代謝エネルギー‥‥‥‥‥‥580
代謝ケージ‥‥‥‥‥‥‥‥581
代謝試験‥‥‥‥‥‥‥‥‥174
代謝性糞中窒素‥‥‥180，184
代謝体重‥‥‥‥‥‥‥‥‥209
体重差法‥‥‥‥‥‥‥‥‥568
ダイヤモンドカッティングディスク
　　‥‥‥‥‥‥‥‥‥‥‥337
代用乳‥‥‥‥‥‥‥163，164
代理卵殻‥‥‥‥‥‥333，339
タウリン‥‥‥‥‥‥‥‥‥289
ダグラスバッグ法‥‥‥‥‥215
ダチョウ（駝鳥）‥‥‥‥‥72
脱　水‥‥‥‥‥297，301，310
断嘴（デビーク）‥‥‥‥‥63
炭水化物‥‥‥‥‥‥‥‥‥484
タンニン酸‥‥‥‥‥‥‥‥309
タンパク価‥‥‥‥‥‥‥‥591
タンパク効率‥‥‥‥‥‥‥590
タンパク質（アミノ酸）要求量‥‥162
タンパク質飼料‥‥‥‥‥‥440
単離肝細胞‥‥‥‥‥‥‥‥359

ち

チアミン ……………………522
チオウリジン ………………391
チオシアン酸グアニジン ……549
膣 鏡 ………………………448
窒素出納試験 ………………219
窒素成長指数 ………………591
窒素蓄積率 …………………295
注入用ガラス管ピペット ……349
超高精度質量比混合標準ガス …204
超薄切片 ……………………313

て

低速遠心法 …………………362
鉄 ……………………………507
電気パルス …………………345
電子染色 ……………………314
電子伝達鎖 …………………374
転写速度 ……………………391
デンプンの過塩素酸抽出 ……486

と

ドアフィーダ方式 …………147
銅 ……………………………507
同位体希釈法 ………………526
透過型電子顕微鏡 ……306, 311, 316
糖脂質 ………………………483
等張性スクロース …………366
透 徹 …………………297, 301
動物の福祉 …………………1
動物の分類 …………………31
糖 蜜 ………………………143
動脈ループ …………………452
独立性 ………………………13

トコフェロール ……………519
屠 殺 ………………………249
屠殺試験 ……………………243
ドッグフード ………………54
トップドレス方式 …………147
ドナー ………………………340
トナカイ ……………………91
トリグリセリド ……………479
トリパンブルー染色法 ……364
トルエン蒸留法 ……………443
トレッドミル ………………83

な

ナイアシン …………………526
内因性エネルギー排泄 ……581
内部マーカー ………………553
ナトリウム …………………505
鉛染色 ………………………314

に

肉 質 …………………248, 251
肉 色 ………………………252
肉専用種 ……………………94
肉用牛 …………………94, 165
二元配置法 …………………20
ニコチンアミド ……………526
ニコチン酸 …………………526
ニコデンツ法 ………………370
二酸化炭素分析計 …………201
二重マーカー法 ……………559
ニトロセルロース …………385
日本ザーネン種 ……………86
日本白色種 …………………48
乳 牛 ………………………100

乳　酸 …………………… 496	バクテリア ………………… 407
ニュージーランドホワイト種 …… 48	ハツカネズミ ……………… 35
乳　質 …………………… 253	発生熱 ……………………… 345
乳中窒素 ………………… 254	バッチ培養 ………………… 438
乳中尿素 ………………… 253	発熱補正 …………………… 564
尿管カテーテル ………… 447	鼻保定 ……………………… 450
尿　酸 …………… 271, 467	ハプテン …………………… 531
尿酸態窒素 ……………… 177	半減期 ……………………… 261
ニワトリ（鶏）………… 175	反芻動物 …………………… 407

ぬ

反転腸管法 ………………… 179

ヌクレオチドプール ……… 552	反　復 ……………………… 14

伴侶動物 …………………… 51

ね

ひ

ネコ（猫）…………………… 51	肥育牛 ……………………… 99
粘　液 …………………… 303	肥育豚 ……………………… 78
粘膜襞 …………………… 356	ビーグル …………………… 53

の

ノーザンブロット ………… 385	非ウィルスベクター法 …… 352
ノーザンブロットハイブリダイゼー 　　ション法 ……………… 552	比較屠殺法 ………………… 244
	比　重 ……………………… 599
ノトバイオート動物 …… 108	微生物生態論 ……………… 417

は

脾臓細胞 …………………… 399

パーコール法 …………… 369	ビタミンA ………………… 516
バイオアッセイ ………… 525	ビタミンB_1 ……………… 522
配　合 …………………… 140	ビタミンB_2 ……………… 525
配合飼料 ………………… 596	ビタミンB_6 ……………… 525
杯細胞 …………………… 303	ビタミンB_{12} …………… 526
胚体外体腔 ……………… 333	ビタミンC ………………… 528
胚盤葉期 ………………… 339	ビタミンD ………………… 519
ハイブリダイゼーション … 384	ビタミンD_2 ……………… 519
ハウユニット …………… 247	ビタミンD_3 ……………… 519
白色レグホーン種 ………… 60	ビタミンE ………………… 519
薄　切 …………… 298, 312	ビタミンK ………………… 522

和文索引 （ 637 ）

非タンパク呼吸商 ……………208
ヒツジ（羊）………………90, 190
必須アミノ酸 ………………270
必須アミノ酸指数 ……………593
泌乳牛 …………………………102
非必須アミノ酸 ………………270
標識方法 ………………………569
標準状態 ………………………204
標準精製飼料（AIN－93）………44
標準添加法 ……………504, 556
標準偏差 ………………………13
平飼い …………………………64
ピリドキシン …………………525
微量原料 ………………………142
ピルビン酸 ……………………371
ピルビン酸脱水素酵素 ………375

ふ

ファーネス ……………………418
ファンジャイ …………………407
フィチン酸塩 …………………512
フィッシュソリュブル ………143
風乾物 …………………………442
フェノール試薬 ………………467
ブタ（豚）…………………74, 181
　－小腸液 ………………575, 576
　－用ワクチン …………………80
フタルアルデヒド ……………472
不断給餌 ………………………161
腹腔細胞 ………………………404
腹腔内脂肪 ……………………157
腹腔内投与 ……………………266
プッシュストッパー …………423

歩留まり ………………………157
篩分け …………………………599
ブルーダー（傘型）……………67
ブルーダー（ガス）……………66
フレーム原子吸光法 …………505
ブロイラー …………………65, 153
プローブ ………………………384
プロテアーゼ作用 ……………540
プロトゾア ……………………407
プロトンポンプ ………………374
プロピオン酸 …………415, 497
プロモーター …………353, 392
分画遠心法 ……………………368
分画区法 ………………………24
粉砕粒度 ………………………139
分　散 …………………………12
　－の期待値 ……………21, 22
糞中窒素量 ……………………176
糞尿分離装置 …………………191

へ

ヘイキューブ …………428, 429
平均産卵率 ……………………150
閉鎖回路方式（Closed－circuit）…199
平方和 …………………………18
ベクレル（Bq）………………259
ヘパリン ………………………452
ペプシン消化率 ………………572
ヘマトキシリン・エオシン染色 …303
ヘマトキシリン溶液 …………305
ヘマトクリット値 ……………329
ペレット ………………………143
弁　色 …………………303, 304

ヘンデー・アベレージ …………151
ペントバルビタール ……………378
変量模型 ………………………16

ほ

ホウ酸溶液 ……………………460
放射性同位元素（RI）…………259
膨大部 …………………………355
防腐剤 …………………………447
包　埋 ……………………297, 301
ポーラログラフ法 ………………374
保水性 …………………………252
母数模型 ………………………16
ホスファターゼ ………………375
ホタルルシフェラーゼ遺伝子 …351
哺乳子牛 ………………………97
ホモジネート …………………365
ホモジネート－バッファー ……378
ポリ（A）鎖 ……………………550
ポリAテール …………………384
ポリエチレングリコール ………556
ポリソーム ……………………393
ポリトロンホモジナイザー ……367
ポリ（U）鎖 ……………………550
ホルスタイン …………………100
ホルモン ………………………530
ホロホロチョウ ………………58
ボンブ熱量計 …………………561

ま

マイクロプレート ……………533
マウス …………………………35
マグネシウム …………………506
マクロファージ機能 …………404

麻　酔 …………………………124
マンガン ………………………507
マンニトール …………………372

み

見かけのアミノ酸消化率 ……589
味嗅覚判定 ……………………257
ミクロケルダール蒸留装置 ……412
ミクロソーム画分 ……………538
ミクロビューレット …………413
密度勾配遠心法 ………………368
ミツバチ（蜜蜂）………………32
ミトコンドリア ………368, 371, 539
ミネラル ………………………501
耳パンチ ………………………40

む

無菌動物 ………………………107
無作為化 ………………………15
無繊毛虫動物 …………………427
無窓鶏舎 …………………62, 67

め

メタン菌 ………………………438
メタンの発生量 …………210, 211
3－メチルヒスチジン（3 MH）…285
メチレンブルー ………………386
メリノー ………………………90
免疫機能 ………………………394
免疫原 …………………………531

も

盲腸結紮鶏 ……………………130
盲腸切除鶏 ……………………130
モノフォーネート動物 ………427
モリブデン ……………………507

モルモット ……………………… 45
門　脈 …………………………330

や

ヤギ（山羊）………………… 85, 162

ゆ

有機酸 …………………………496
有効容積 ………………… 213, 214
有糸分裂 ………………………319
遊走子 …………………………421
遊離型コレステロール …………481
遊離脂肪酸 ……………………482
床面給温方式 ……………………66
油　脂 …………………………143

よ

溶　血 …………………………331
羊赤血球 ………………………396
ヨウ素 …………………………514
羊膜腔 …………………………333
翼　帯 …………………………155
予備期 …………………175, 188, 194
予備試験 ………………………176

ら

酪　酸 …………………… 415, 497
ラジオイムノアッセイ（RIA）……530
ラジオレセプターアッセイ（RRA）・519
ラット ………………………… 41, 174
ラテン方格法 ……………………23
卵　黄 …………………………321
卵黄嚢 …………………………333
乱塊法 ……………………………22
卵　殻 …………………………246
　－開窓栄養操作法 ……………337

和文索引 （ 639 ）

　－硬度計 ………………………246
　－重 ……………………………247
卵　質 …………………………246
卵　重 …………………………152
卵　白 …………………………247
卵白グリセリン ………… 302, 305

り

リグニン ………………… 494, 557
リソソーム ……………………368
離　乳 …………………………159
離乳試験 ………………………164
リボフラビン …………………525
硫酸標準液 ……………………460
リン ……………………………510
臨界点乾燥 ……………………310
リン酸緩衝液 …………………396
リンパ球増殖反応 ……………398

る

ルーメン ………………………407
　－液消化率測定法 ……………577
　－液の pH ……………………410
　－内容物 ………………………408
　－発酵 …………………………407
ルーメン微生物 ………………407
　－の純粋培養法 ………………421
　－の培養法 ……………………417
　－の連続培養法 ………………432
ルーメンファンジャイ ………430
ルーメンフィステル（フィスチュラ）
　　………………………… 134, 408
ルーメンプロトゾア …………415
　－の単離法 ……………………428

－の培養法 …………………425
ルーメンリッカー ……………410
れ
レシピエント …………………341
レチノイン酸レセプターβ ……389
レチノール ……………………516

ろ
ロードアイランドレッド種 ………60
ロールチューブ ………………422
ロットテスト …………………362
わ
和　牛 …………………………94
ワックスアルカン ……………559

英文索引

A
AAFCO ················· 52, 54
ADF ······················494
agnotobiotic culture ······· 427, 433
AGPC法 ···················382
alserver溶液 ················396

B
B細胞 ·····················394
bouin・$HgCl_2$ 固定液 ······ 300, 305
Bradford法 ················468

C
Cacodylate緩衝液 ············299
cDNA ·····················387
competitive PCR ············390
Con A ····················400
Consortium ·················2
coomassie brilliant blue G-250 ···468

D
DNAフットプリンティング法 ·····392
DNAプローブ ···············439
DNase I ···················392
Dounce型ホモジナイザー ·······362

E
EIA ······················530
endogenous energy loss (EEL) ····581
Entodinium caudatum 培養法 ······429

F
F_1 去勢牛 ···················94
FAPP鶏舎 ··················115
formaldehyde ···············307

G
G-freeカセット法 ············392
glutaraldehyde ··········· 299, 307
green fluorescent protein 遺伝子 ···351
grid mesh (seat mesh) ·········314

H
HPLC ············420, 499, 530
Hungate tube ···············424

I
IACUC ····················3
ICP (誘導結合プラズマ) 発光分光
　分析法 ··················504
IgG ······················532
IgG凝集抗体価 ··············397
in ovo ····················326
in situ ····················326
in vitro ···················326

K
kupffer細胞 ················363

L
lac Z遺伝子 ················347
L字型電極 ··················348
Lowry法 ···················468
lysate RNase protection assay ······389

M
metabolic body size ············209
3 MH ····················285
Mn-SOD活性 ···············544

mRNA·····················381
N
NaN₃（アジ化ナトリウム）········397
NBT (nitroblue tetrazolium)·······544
NDF······················489
NIH······················1
NRC····················52,54
nuclear run-on assay ············391
O
Oa区分····················574
Ob区分····················574
P
paraformaldehyde ··············299
paraphenylenediamine液 ··········317
paraplast ···················302
phosphate 緩衝生理食塩水·········305
Potter-Elvehjem型ホモジナイザー367
*Prevotella sp.*の培養法···········422
PUN·····················284
PWM····················400
R
RIA······················530
RI法·····················542
RNase····················382
RNase protection assay ····· 387, 552

RT-PCR··············· 390, 552
run-off法··················392
S
SAS······················27
SEM·····················307
SPF動物··················113
SudanⅢ液················306
Supurr 低粘度樹脂剤·············315
T
T細胞····················394
TEM·····················307
TMR·············· 139, 170, 187
toluidine blue ················313
trimming ············ 302, 307, 312
Tukeyの方法················18
V
VBN·····················500
veronal 酢酸緩衝液············317
VFA··················413,496
W
Wheaton Bottle ···············423
X
Xgal染色··················348
Z
Zuntz-Schumburg-Luskの表···207

JCLS	〈㈱日本著作出版権管理システム委託出版物〉	
2001	2001年10月30日　第1版発行	
新編動物栄養試験法		
著者との申し合せにより検印省略	著作代表者	石　橋　　　晃
	発　行　者	株式会社　養　賢　堂 代　表　者　及　川　　　清
©著作権所有	印　刷　者	株式会社　三　秀　舎 責　任　者　山　岸　真　純
本体 8200 円		
発行所	〒113-0033　東京都文京区本郷5丁目30番15号 株式会社　養賢堂　TEL 東京(03)3814-0911 振替00120 FAX 東京(03)3812-2615 7-25700	
	ISBN4-8425-0083-2 C3061	
PRINTED IN JAPAN	製本所　板倉製本印刷株式会社	

本書の無断複写は、著作権法上での例外を除き、禁じられています。
本書は、㈱日本著作出版権管理システム（JCLS）への委託出版物です。本書を複写される場合は、そのつど㈱日本著作出版権管理システム（電話03-3817-5670、FAX03-3815-8199）の許諾を得てください。